陈景文 编著

AutoCAD 电气设计从入门到精通

清华大学出版社
北京

内容简介

本书是一本 AutoCAD 的实例教程，系统全面地讲解了 AutoCAD 的基本功能及其在电气设计绘图中的具体应用。

全书共 13 章，分为 3 篇。第 1 篇为设计基础篇，主要介绍电气设计和 AutoCAD 的基本知识，内容包括电气设计基础、AutoCAD 绘图基础、图形绘制、二维图形的编辑；第 2 篇为设计进阶篇，主要介绍 AutoCAD 中高级命令的应用，内容包括文字和表格、尺寸标注、图块与设计中心的应用；第 3 篇为电气实例篇，介绍电气设计的有关知识和经验，内容包括常用电子元器件的绘制、电力工程图设计和电气控制图的绘制、起重机和住宅楼这些经典电气设计图纸的绘制等。本书在讲解过程中，由浅入深，从易到难，对于每一个命令，都尽量详细讲解命令行中各选项的含义，以方便读者理解和掌握。部分章节后面还提供了课后总结和课后习题，用于提高读者学以致用的能力。

本书具有很强的针对性和实用性，结构严谨，案例丰富。既可以作为大中专院校相关专业以及 CAD 培训机构的教材，也可以作为从事 CAD 工作的工程技术人员的自学指南。

图书在版编目(CIP)数据

AutoCAD 电气设计从入门到精通/陈景文编著. 一北京：清华大学出版社，2018 (2023.1 重印)
ISBN 978-7-302-47923-9

Ⅰ. ①A… Ⅱ. ①陈… Ⅲ. ①电气设备一计算机辅助设计一AutoCAD 软件 Ⅳ. ①TM02-39

中国版本图书馆 CIP 数据核字(2017)第 193534 号

责任编辑：袁勤勇　梅栾芳
封面设计：常雪影
责任校对：白　蕾
责任印制：沈　露

出版发行：清华大学出版社
网　址：http://www.tup.com.cn，http://www.wqbook.com
地　址：北京清华大学学研大厦 A 座　　**邮　编**：100084
社 总 机：010-83470000　　**邮　购**：010-62786544
投稿与读者服务：010-62776969，c-service@tup.tsinghua.edu.cn
质量反馈：010-62772015，zhiliang@tup.tsinghua.edu.cn
课件下载：http://www.tup.com.cn，010-83470236
印 装 者：三河市龙大印装有限公司
经　销：全国新华书店
开　本：185mm×260mm　　**印　张**：25.25　　**字　数**：577 千字
版　次：2018 年 4 月第 1 版　　**印　次**：2023 年 1 月第 4 次印刷
定　价：79.00 元

产品编号：074314-01

前言 Foreword

关于 AutoCAD

AutoCAD是Autodesk公司开发的专门用于计算机辅助绘图与设计的一款软件，具有界面友好、功能强大、易于掌握、使用方便和体系结构开放等特点。在机械设计、室内装潢、建筑施工、园林土木等领域有着广泛的应用。作为第一款引进中国市场的CAD软件，经过20多年的发展和普及，AutoCAD已经成为国内使用最为广泛的设计类应用软件之一。本书系统、全面地讲解了使用最新版本AutoCAD进行电气设计的方法和技巧。

本书内容

本书是中文版AutoCAD电气设计的案例教程。全书结合120多个知识点案例和综合实例，让读者在绘图实践中轻松掌握AutoCAD的基本操作和技术精髓。本书包含以下内容：

第1章　主要介绍电气设计的基本概念和入门知识，包括绘图标准、图纸种类、绘图技法等内容。

第2章　主要介绍AutoCAD的基本功能和入门知识，包括AutoCAD概述、基本文件操作、绘图环境设置等内容。

第3章　主要介绍基本二维图形的绘制与编辑，包括点、直线、射线、构造线、圆、椭圆、多边形、矩形等。

第4章　介绍图形修整、移动和拉伸、倒角和圆角等编辑命令的用法。

第5章　介绍文字与表格的创建、编辑方法。

第6章　介绍尺寸标注样式的设置、各类尺寸标注的用途及操作、尺寸标注的编辑等。

第7章　介绍块的使用，以及设计中心的调用方法和技巧。

第8章　介绍各类常用电子元器件的绘制方法。

第9章　介绍电力工程图的绘制方法。

第10章　介绍电气控制图的绘制方法。

第11章　以起重机为例,全方位地介绍电气原理图的绘制方法。

第12章　以住宅楼为例,结合平面图,介绍如何绘制电气平面图。

第13章　结合住宅楼的电气平面图,介绍绘制电气系统图的方法。

本书特色

(1) 零点起步,轻松入门。本书内容通俗易懂,讲解循序渐进,易于入手,每个重要的知识点都采用实例讲解,读者可以边学边练,通过实际操作理解各种功能的实际应用。

(2) 实战演练,逐步精通。安排了行业中大量经典的实例,每个章节都以实例示范来提升读者的实战经验。实例串起多个知识点,提高读者应用水平,使其快步迈向高手行列。

(3) 多媒体教学,身临其境。本书涉及多媒体资料可在清华大学出版社网站上获取,不仅有实例的素材文件和结果文件,还有由专业领域的工程师录制的全程同步语音视频教学,让读者仿佛亲临课堂,工程师"手把手"带领读者完成行业实例,让读者的学习之旅轻松而愉快。

(4) 以一抵四,物超所值。学习一门知识,通常需要购买一本教程来入门,掌握相关知识和应用技巧;需要一本实例书来提高,把所学的知识应用到实际当中;需要一本手册书来参考,在学习和工作中随时查阅;还要有多媒体资料来辅助练习。而本书包含了以上所有功能。

本书作者

本书由陕西科技大学陈景文编写。

由于编者水平有限,书中疏漏与不妥之处在所难免。在感谢您选择本书的同时,也希望您能够把对本书的意见和建议告诉我们。

联系邮箱:172769660@qq.com

作　者

2018年1月

目录 Contents

第 1 篇

第 2 篇

第 3 篇

第 1 篇

第1章 chapter 1

电气设计基础

绘制电气图、读懂电气图都需要具备一定的电气基础，如了解电气制图的规则，电气图有哪几种类型，电气图的表示方法有哪些，识读电气图的方法或技巧等。只有具备了一定的基础知识，才能够着手绘制或者阅读电气图。

电气设计的基础知识很多，本章以电气制图规则、电气图的分类为例，介绍电机设计的基础知识。

1.1 电气制图规则

在绘制电气图的时候，需要遵守相关的国家规定，如《电气制图》(GB/T 6988)、《电气图用图形符号》(GB/T 4728)、《电气技术中的项目代号》(GB/T 5094)、《电气技术中的文字符号制定通则》(GB/T 7159)。此外，一些通用的机械制图、建筑制图等规定，制图人员也要有所了解，以使所绘制的图纸符合规范。

1.1.1 图纸格式及幅面尺寸

本节介绍图纸格式的类型以及图纸幅面可选用的尺寸。

1. 图纸格式

电气工程图的图纸格式由图框线、标题栏、幅面线、装订线和对中标志组成，与建筑图纸的格式基本相同，如图 1-1～图 1-3 所示。

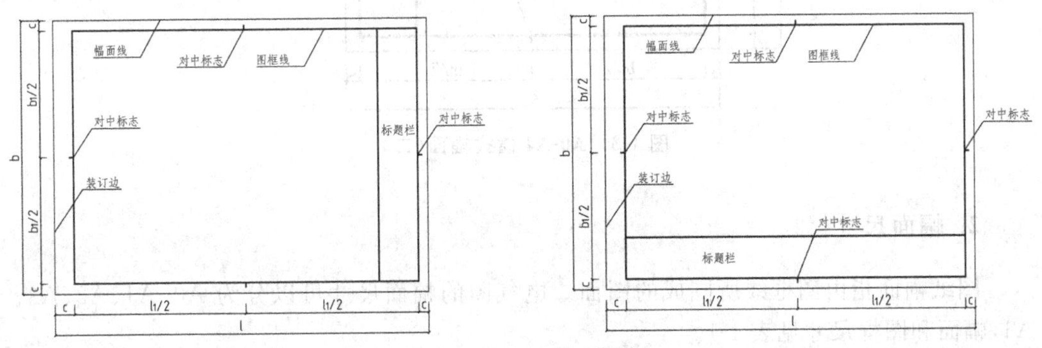

图 1-1 A0-A3 横式幅面

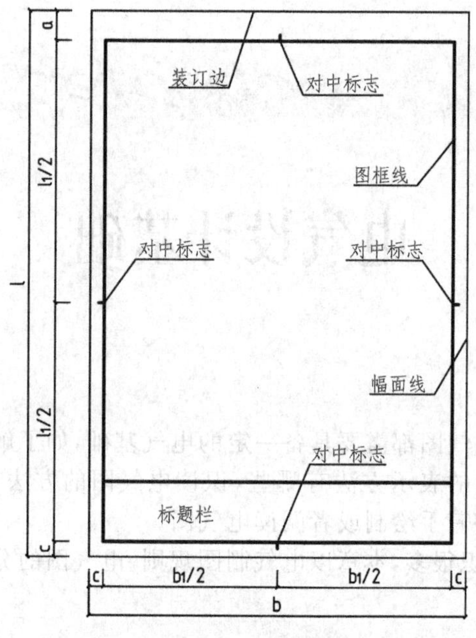

图 1-2 A0-A4 横式幅面（一）

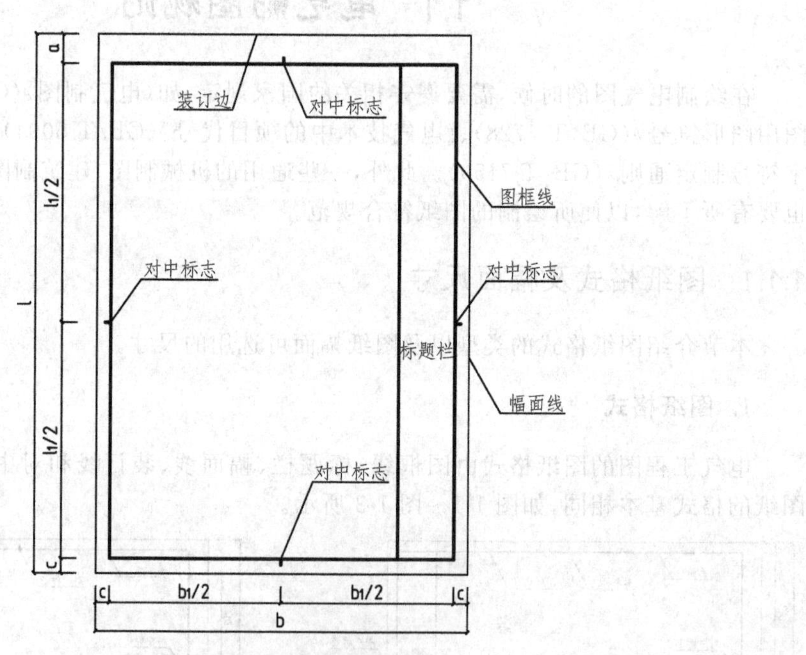

图 1-3 A0-A4 横式幅面（二）

2. 幅面尺寸

图纸幅面指由图框线所围成的图面。电气图的幅面尺寸可以分为 A0、A1、A2、A3、A4，幅面和图框尺寸见表 1-1。

表 1-1 幅面和图框尺寸 mm

尺寸代号 \ 幅面代号	A0	A1	A2	A3	A4
L	841×1189	594×841	420×594	297×420	210×297
c	10			5	
a	25				

其中，A0—A2 号的图纸通常情况下不得加长。A3、A4 号图纸可根据需要，沿短边加长，如 A4 号图纸的短边长为 210mm，假如加长为 A4×4 号图纸，则图纸尺寸为 210mm×4mm≈841mm^2，因此 A4×4 的幅面尺寸为 297mm×841mm。加长幅面尺寸见表 1-2。

表 1-2 加长幅面尺寸

序 号	代 号	尺寸/mm	序 号	代 号	尺寸/mm
1	A3×3	420×891	4	A4×4	297×841
2	A3×4	420×1189	5	A4×5	297×1051
3	A4×3	297×630			

图纸幅面的选用原则有以下几点。

(1) 所选用的幅面，要求图面布局紧凑、清晰和使用方便。

(2) 考虑设计对象的规模及复杂性。

(3) 由简图的种类来确定所需资料的详细程度。

(4) 符合打印、复印要求。

(5) 尽量选用较小的幅面，以方便图纸的装订与管理。

(6) 符合计算机辅助设计 CAD 的要求。

1.1.2 标题栏

标题栏是图纸的“铭牌”，用来确定图样的名称、图号等信息。无论是水平放置的 X 型图纸还是垂直放置的 Y 型图纸，标题栏的位置都应该在图纸的右下角。

标题栏通常情况下用修改区、签字区、名称区、图号区等组成，可以根据实际情况的需要来增减栏目。如图 1-4 所示为标题栏的常规样式。

1.1.3 明细栏

明细栏由序号、代号、名称、数量、材料、质量、分区、备注等组成，也可按照实际的需要来增加或减少项目。

序号：图纸中相应组成部分的序号。

代号：图纸中相应组成部分的图样代号或标准号。

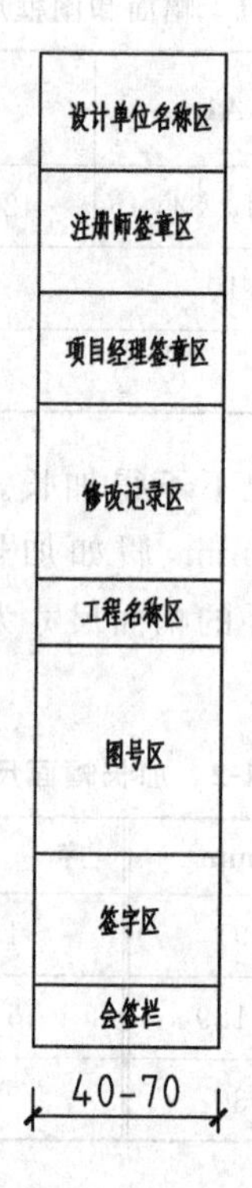

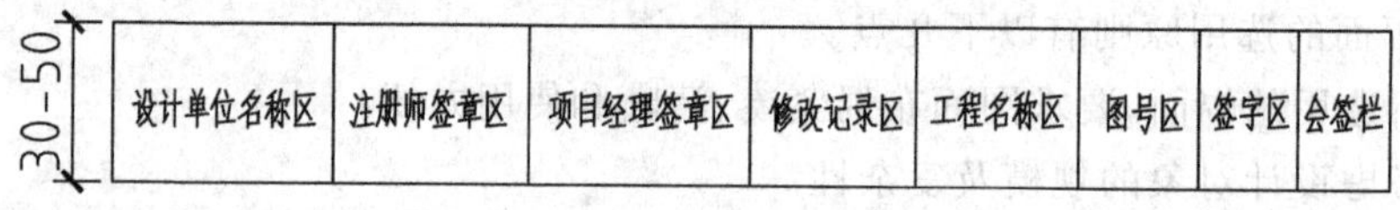

图 1-4　标题栏

名称：图纸中相应组成部分的名称，也可根据实际情况写出其型号和尺寸。

数量：图纸中相应组成部分在装配中所需要的数量。

材料：图纸中相应组成部分的材料标记。

质量：图样中相应组成部分单件和总件数的计算质量。以 kg（千克）为计量单位时，可以不写其计量单位。

备注：填写该项的附加说明或其他有关的内容。必要时，可以将分区代号填写在备注栏中。

1.1.4　图号

图号标注在每张图纸的标题栏中。假如一个完整的图由多张图纸组成，则其中每张图都应该按照相关的方法来编制序号。

假如在一张图上有几张几种类型的图，应通过附加图号的方式，使得图幅内的每个图都可以被清晰分辨。

电气图的编号方法如图 1-5 所示。

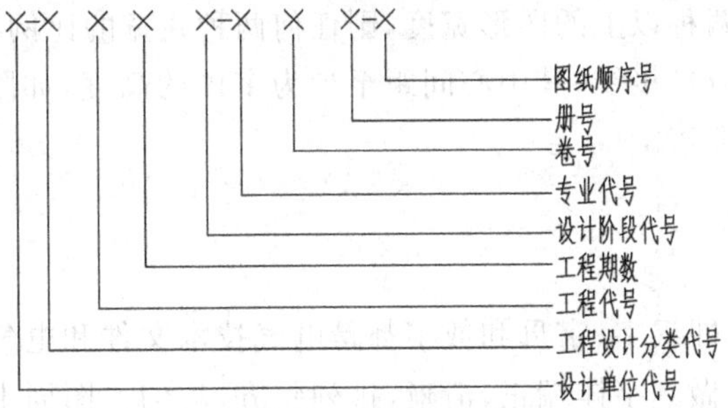

×-× × × ×-× × ×-×

图纸顺序号
册号
卷号
专业代号
设计阶段代号
工程期数
工程代号
工程设计分类代号
设计单位代号

图 1-5 编号方法

1.1.5 图线

绘制图样的八种基本图线见表 1-3。

表 1-3 图线的形式与应用

序号	名称	形　　式	宽度	应 用 举 例
1	粗实线	━━━━━━━━	b	可见过渡线、可见轮廓线、电气图中主要内容涌现、图框线，可见导线
2	中实线	━━━━━━━━	约 b/2	土建图上门、窗等外轮廓线
3	细实线	————————	约 b/3	尺寸线、尺寸界线、引出线、剖面线、分界线、范围线、指引线、辅助线
4	虚线	— — — — — —	约 b/3	不可见轮廓线、不可见过渡线、不可见导线、计划扩展内容用线、地下管道、屏蔽线
5	双折线	——∧∨——	约 b/3	被断开部分的边界线
6	双点画线	—··—··—	约 b/3	运动零件在极限或中间位置时的轮廓线、辅助用零件的轮廓线及其剖面线、剖视图中被剖去的前面部分的假想投影轮廓线
7	细点画线	——·——·——	b	有特殊要求的线或表面的表示线、平面图中大型构件的轴线位置线
8	粗点画线	—·—·—·—	约 b/3	物体或者建筑物的中心线、对称线、分界线、结构围框线、功能围框线

根据绘制电气图的要求，通常只使用以下四种图线，见表 1-4。

表 1-4 电气图的用线形式

序号	名称	形　　式	应 用 举 例
1	实线	————————	基本线、简图主要内容用线、可见轮廓线、可见导线
2	虚线	— — — — — —	辅助线、屏蔽线、机械连接线、不可见轮廓线、不可见导线、计划扩展内容用线
3	点画线	——·——·——	分界线、结构围框线、功能围框线、分组围框线
4	双点画线	—··—··—	辅助围框线

假如采用两种或两种以上的图形宽度，则任何两种线宽的比例都应不小于2∶1。

对电气图中的平行连接线，其中心间距至少为字体的高度，如附有信息标注，则间距至少为字体的高度的2倍。

1.1.6 字体

电气图中的文字，即汉字、字母和数字都是电气技术文件和电气图的组成部分，所以要求字体必须规范，应做到字体端正、清晰，排列整齐、均匀。图面上字体的大小，根据图幅来定。

根据图纸幅面的大小，电气图中字体最小高度如表1-5所示。

表1-5 电气图中字体最小高度

图纸幅面代号	A0	A1	A2	A3	A4
字体最小高度/mm	5	3.5	2.5	2.5	2.5

1.1.7 比例

比例指图面上所画图形尺寸与实物尺寸的比值。电气图是采用图形符号和连线绘制的，并且大部分电气线路图或者电路图都是不按比例来绘制的。但是电气平面布置图等一般都需要按照比例来绘制，方便在平面图上测出两点距离，就可按比例值来计算两者间的实际距离，如线的长度、设备间距等，方便导线的放线和设备机座、控制设备等的安装。绘图比例见表1-6。

表1-6 绘图比例

类别	推荐比例		
放大比例	50∶1 5∶1	20∶1 2∶1	10∶1
原比例	—	—	1∶1
缩小比例	1∶2 1∶20 1∶200 1∶2000	1∶5 1∶50 1∶500 1∶5000	1∶10 1∶100 1∶1000 1∶10 000

1.1.8 电气图的布局方式

电气图的布局要从对图的理解及方便使用出发，力图做到突出图的本意、布局结构合理、排列均匀、图面清晰，以方便读图。

1. 图线布局

电气图中用来表示导线、信号通路、连接线等的图线应为直线，即常说的横平竖直，并尽可能地减少交叉和弯折。

(1) 水平布局

水平布局的方式是将设备和元件按行布置，使得其连接线一般成水平布置，如图 1-6 所示。其中各元件、二进制逻辑单元按行排列，从而使得各连接线基本上都是水平线。

(2) 垂直布局

垂直布局的方式是将元件和设备按列来排列，连接线成垂直布局，使其连接线处于竖立在垂直布局的图中，如图 1-7 所示。元件、图线在图纸上的布置也可按图幅分区的列的代号来表示。

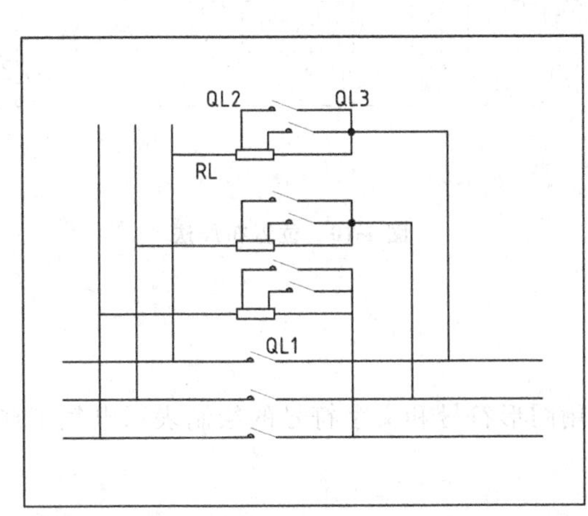

图 1-6　水平布局

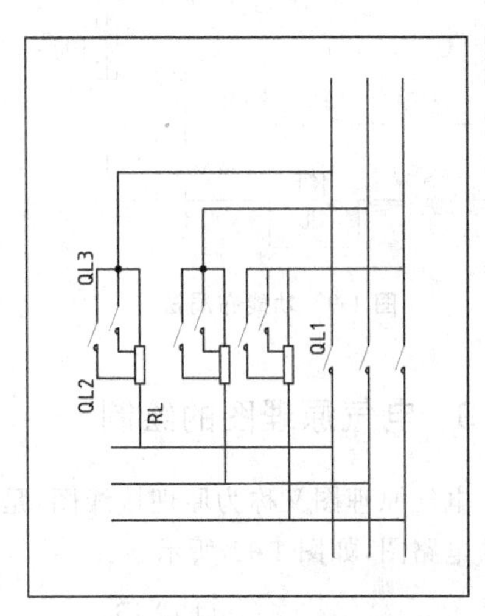

图 1-7　垂直布局

(3) 交叉布局

为把相应的元件连接成对称的布局，也可采用斜的交叉线方式来布置，如图 1-8 所示。

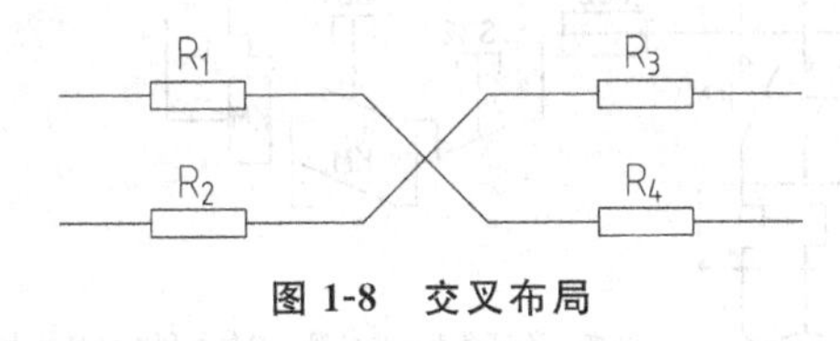

图 1-8　交叉布局

2. 电路或元件布局

电路或元件布局的方法有两种，一种是功能布局法，另一种是位置布局法。

(1) 功能布局法

着重强调项目功能和工作原理的电气图，应该采用功能布局法。在功能布局法中，电路尽可能按工作顺序布局，功能相关的符号应分组并靠近，从而使信息流向和电路功能清晰，并方便留出注释位置。

如图 1-9 所示功能布局法为水平布局，从左至右分析，SB1、FR、KM 都处于常闭状态，KT 线圈才能得电。经延时后，KT 的常开触合点闭合，KM 得电。

（2）位置布局法

强调项目实际位置的电气图，应采用位置布局法。符号应分组，其布局按实际位置来排列。位置布局法指电气图中元件符号的布置对应于该元件实际位置的布局方法。

如图 1-10 所示为采用位置布局法绘制的电缆图，提供了有关电缆的信息，如导线识别标记、两端位置以及特性、路径等。

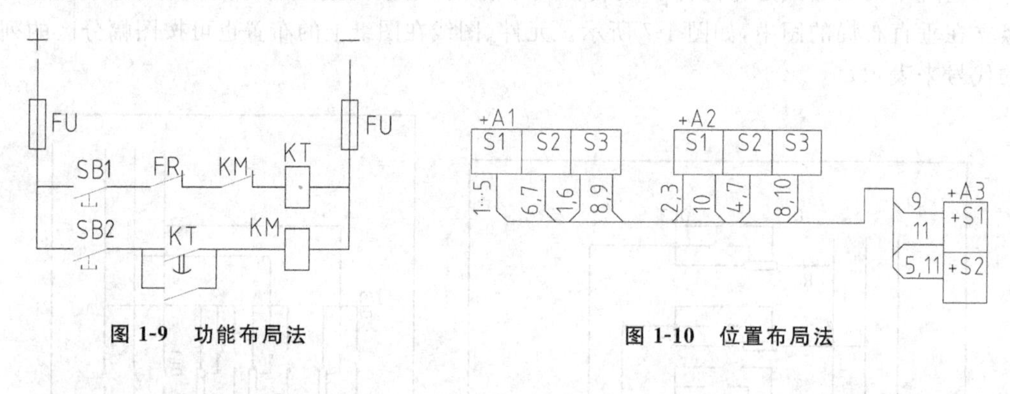

图 1-9　功能布局法　　　图 1-10　位置布局法

1.1.9　电气原理图的绘制

电气原理图又称为原理接线图，是使用图形符号和文字符号的绘制表示电气工作原理的电路图，如图 1-11 所示。

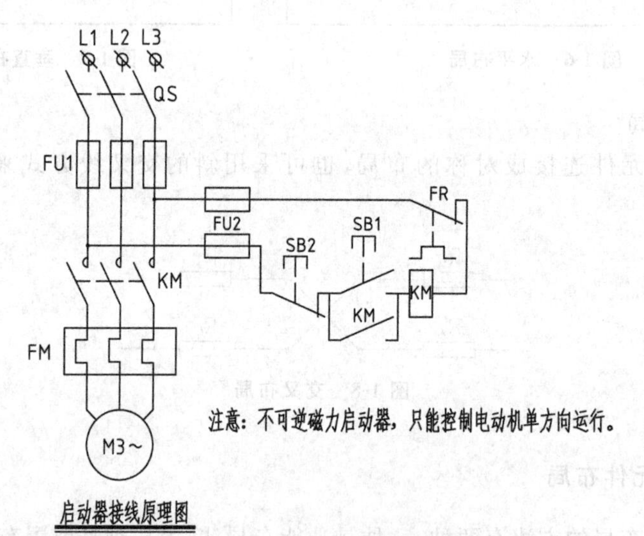

图 1-11　电气原理图

绘制原理图应遵循的原则如下。

（1）电气原理图通常分为电源电路、主电路、控制电路、信号电路以及照明电路等部分。电源电路在图纸的上部水平方向画出，电源开关装置也要水平画出。直流电源正端在上、负端在下画出，三相交流电源按相序 L1、L2、L3 由上而下依次排列画出，中性线 N

和保护地线 PE 都画在相线下面。

(2) 主电路指受电的动力装置和保护电路,它通过工作电流。主电路垂直于电源电路,在图纸的左侧。控制电路指控制主电路工作状态的电路;信号电路指显示主线路工作状态的电路;照明电路指实现设备局部照明的电路。这几种电路通过的电流较小,在原理图中垂直于电源电路,依次画在主电路右侧。电路中的耗能元件,如接触器的线圈、继电器的线圈、信号灯、照明灯等,画在电路下方,各电器的触头一般都画在耗能元件的上方。

(3) 在图中的各电器的触头位置都按电路未通电或电器未受外力作用时的常态位置画出。

(4) 图中的各电气元件均采用国家规定的统一国标符号画出。

(5) 图中同一电器的各元件按其在电路中所起的作用分别画在不同的电路中,但它们的动作相互关联,并标注相同的文字符号。假如图中相同的电器不止一个时,要在电器文字符号后面加上序数以示区别。

(6) 图中有直接电联系的交叉导线连接点,用"实心小圆点"来表示。

1.1.10 电气图常用的名词术语

(1) 半集中表示法

指为了使设备和装置的电路布局清晰,易于识别,将一个项目中某些部分的图形符号在电气图上分开布置,并用机械连接符号表示它们之间关系的方法。

(2) 集中表示法

把设备或成套装置中一个项目各组成部分的图形符号,在电气图上绘制在一起的方法。

(3) 表格

将数据按纵横排列的表达形式列出,用以说明系统、成套装置或设备中各组成部分的相互关系,或用以提供工作参数。表格采用行或列的表达形式,也可简称为表。

(4) 图

使用点、线、符号、文字和数字等描绘事物几何形态、位置及大小的一种形式。图是用图示法的各种表达形式的统称,是用图的形式来表示信息的一种技术文件。

(5) 图样

根据投影原理、标准或有关规定表示工程对象,并有必要技术说明的图。

(6) 部件

指由两个或更多的基本件构成的组件的一部分,可以整个替换,也可以分别替换其中的一个或几个基本件,如过流保护器件、滤波器网格单元、端子板等。

(7) 组件

由若干基本件、若干部件组成,或是将若干基本件和若干部件组装在一起,可用来完成某一特定功能的组合体,如发电机、音频放大器、电源装置、开关设备等。

(8) 单元接线图或单元接线表

表示成套装置或设备中的一个结构单元内的连接关系的一种接线图或接线表。

(9) 单线表示法

两根或两根以上的导线在简图上都分别用一条线表示的方法。

(10) 多线表示法

每根导线在简图上都分别用一条线表示的方法。

(11) 电路图

表示系统、分系统、装置、部件、设备、软件等实际电路的简图，采用按功能排列的图形符号，详细表示各元件、连接关系以及功能，而不考虑其实体尺寸、形状或者位置。

(12) 端子

用以连接器件和外部导线的导电件。

(13) 端子板

装有多个互相绝缘并通常与地绝缘的端子的板、块或条。

(14) 端子代号

用以同外电路进行电气连接的电气导电件的代号。

(15) 端子功能图

表示功能单元的全部外接端子，并用简化的电路图、功能图、功能表图、顺序表图或文字来表示其内部的功能的一种简图。

(16) 端子接线图或端子接线表

表示成套装置或设备的端子及其外部接线(必要时包括内部接线)的一种接线图或接线表。

(17) 图形符号

用于图样或其他文件，用来表示一个设备或概念的图形、标记或者字符。

(18) 项目

在图上通常用一个图形符号来表示的基本件、部件、组件、功能单元、设备系统等，如电阻器、继电器、发电机、放大器、电源装置、开关设备等都可称为项目。

(19) 项目代号

用来识别图、图表、表格和设备上的项目种类，并提供项目的层次关系、实际位置等信息的一种特定的代码。

(20) 功能图

描述设备功能之间逻辑的相互关系。

(21) 功能表图

表示控制系统的功能、作用和状态的表图。

(22) 简图

由规定的图形符号、带注释的围框或简化外形表示系统或设备中各组成部分之间相互关系及其连接关系的示意性图。在不致引起混淆时，简图也可称为图。

(23) 基本件

在正常情况下不破坏其功能就不能分解的一个(或相互连接的几个)零件、元件或器件，如连接片、电阻器、集成电路等。

(24) 设备元件表

由成套装置、设备和装置中各组成部分的相应数据列成的表格。

(25) 备用元件表

表示用于防护和维修的项目(零件、元件、软件、散装材料等)的表格。

(26) 接线图

表示或列出一个装置或设备的连接关系的简图。

1.2 电气图的分类

由于电气图所表达的对象不同,所以使电气图具有多样性。如表示系统的工作原理、工作流程和分析电路特性需要用电路图;表示元件之间的关系、连接方式和特点需用接线图;在数字电路中,由于各种数字集成电路的应用使得电路可以实现逻辑功能,因此就有了反映集成电路逻辑功能的逻辑图。

本节介绍各类电气图的基本知识。

1.2.1 系统图

系统图或框图,也称为概略图,是指用符号或带注释的框概略表示系统或分系统的基本组成、相互关系及其主要特征的一种简图。

系统图通常是某一系统、某一装置或某一成套设计图中的第一张图样。系统图布局采用功能布局法,可清楚地表达过程和信息的流向。为了便于识图,控制信号流向与过程流向应该相互垂直。

1. 用一般符号表示的系统图

这类系统图通常采用单线表示法来绘制。如图1-12所示为电动机的主电路图,它表示了主电路的供电关系,供电过程是由电源三相交流电→开关QS→熔断器FU→电动机M。

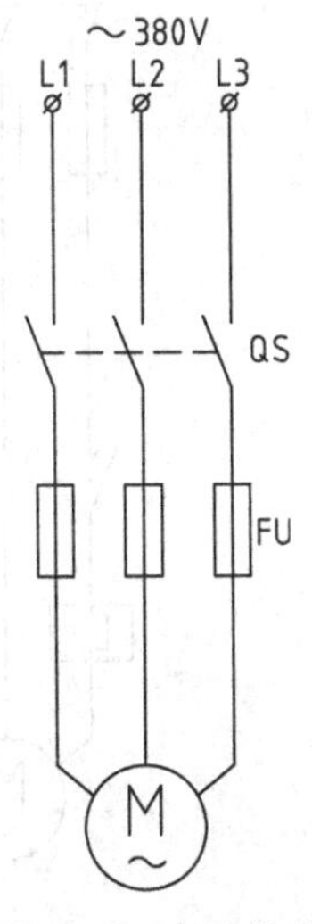

图1-12 电动机主电路图

2. 框图

比较复杂的电子设备,除了电路图之外,还需要使用电路框图来辅助表示。如示波器是由一只示波管提供各种信号的电路组成的,在示波器的控制面板上设有一些输入插座和控制键钮。测量用的探头通过电缆和插头与示波器输入端子相连。示波器种类很多,但是基本原理与结构基本相同,通常由垂直偏转系统、水平偏转系统、辅助电路、电源及示波管电路组成。

通用示波器结构框图如图1-13所示。

电路框图所包含的信息较少,因此根据框图无法清楚地了解电子设备的具体电路,只能作为分析复杂电子设备的辅助方式。

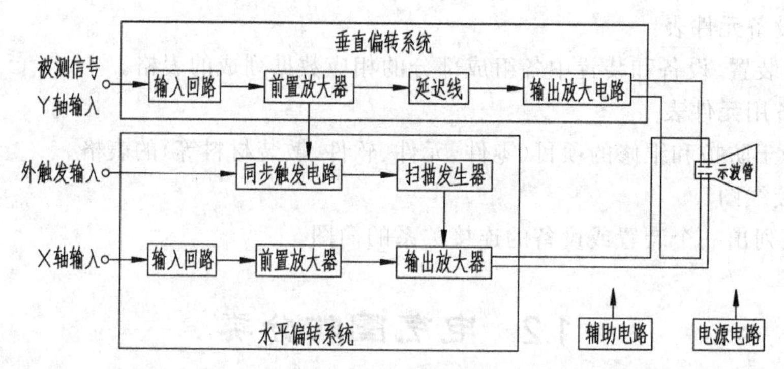

图 1-13 通用示波器结构框图

1.2.2 电路图

电路图指用国家统一规定的电气图形符号和文字符号，按工作顺序将图形符号从上到下、从左到右排列，详细表示电路、设备或成套装置的工作原理、基本组成和连接关系。

电路图表示电流从电源到负载的传送情况和电气元件的工作原理，不考虑其实际位置。电路图的目的是便于理解设备工作原理、分析和计算电路特性及参数，为测试和寻找故障提供信息，为编制接线图、安装和维修提供依据，因此电路图又称为电气原理图或原理接线图，简称为原理图。

如图 1-14 所示为绘制完成的电动机电气控制原理图。

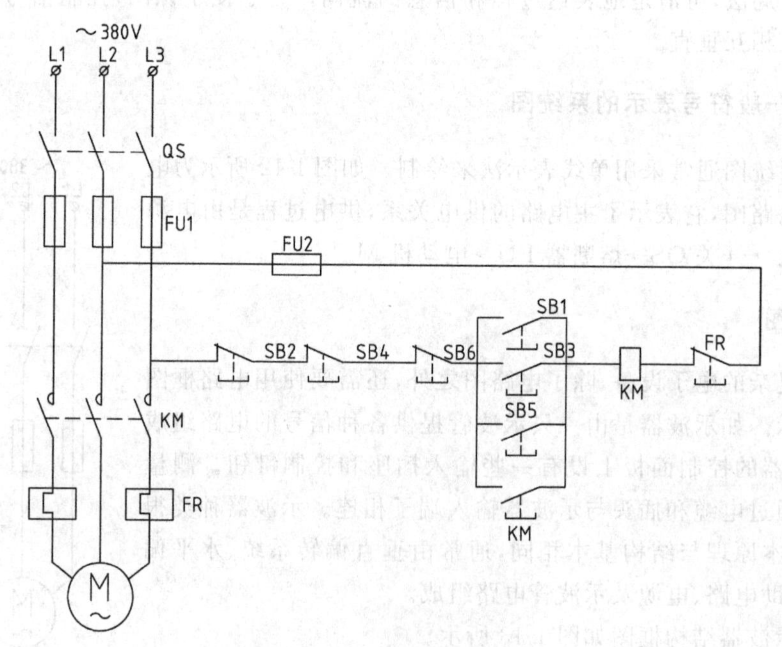

图 1-14 电动机电气控制原理图

1.2.3 位置图

位置图指用正投影法绘制的图。位置图是表示成套装置和设备中各个项目的布局、安装位置的图，一般用图形符号来绘制。

1.2.4 接线图

接线图是用来表示成套装置、设备、电气元件的连接关系，进行安装接线、检查、实验与维修的一种简图或者表格，又称为接线图或接线表。

接线图主要用来表示电气装置内部元件之间及其外部其他装置之间的连接关系，如图 1-15 所示是便于制作、安装和维修人员接线和检查的一种简图或表格。

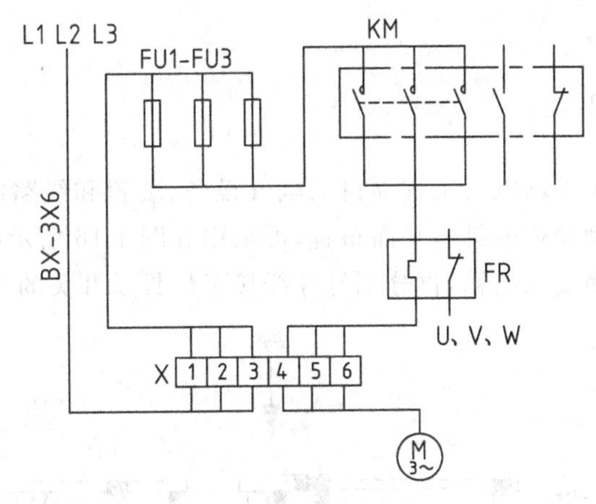

图 1-15 接线图

1. 绘制接线图时应遵循的原则

(1) 接线图必须保证电气原理图中各电气设备和控制元件动作原理的实现；

(2) 接线图仅标明电气设备和控制元件之间的相互连接线路，而不标明电气设备和控制元件的动作原理；

(3) 接线图中的控制元件位置要依据它所在的实际位置来绘制；

(4) 接线图中各电气设备和控制元件要按照国家标准规定的电气图形符号来绘制；

(5) 接线图中的各电气设备和控制元件，其具体的型号可以标注在每个控制元件图形的旁边，或者绘制表格来说明；

(6) 实际的电气设备与控制元件的结构都很复杂，因此在绘制接线图时，只要画出接线部件的电气图形符号。

2. 其他类型的接线图

在一个比较复杂的装置中，接线图被分解成以下几种。

(1) 单元接线图

单元接线图是表示成套装置或设备中一个结构单元内各元件之间的连接关系的一种接线图。结构单元指在各种情况下可独立运行的组件或某种组合体,例如电动机、开关柜等。

(2) 互连接线图

互连接线图表示成套装置或设备的不同单元之间连接关系的一种接线图。

(3) 端子接线图

端子接线图表示成套装置或设备的端子以及接在端子上的外部接线(必要时包括内部接线)的一种接线图。

(4) 电线电缆配置图

电线电缆配置图是表示电线电缆两端位置的一种接线图,必要时还包括电线电缆功能、特性和路径等信息。

1.2.5 电气平面图

电气平面图是用来表示电气工程项目的电气设备、装置和线路的平面布置图。为了表现照明设备及其控制设备的具体平面布置,可采用如图 1-16 所示的电气平面图。图中表示出了电源经控制箱或配电箱,再分别经导线接至灯具及开关的具体布置。

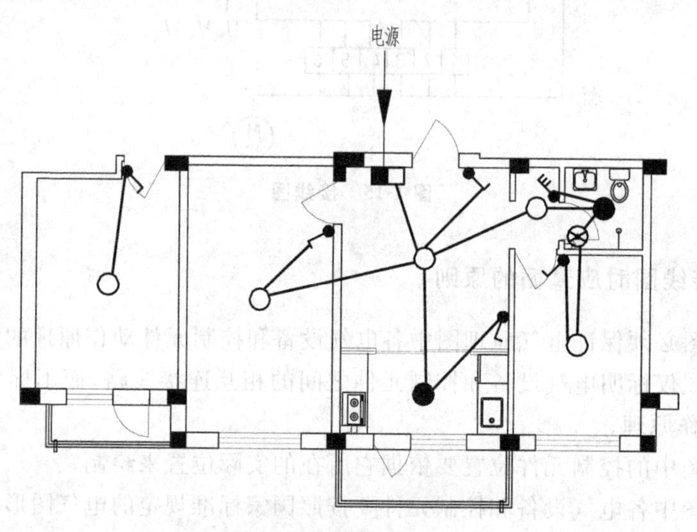

图 1-16 电气平面图

值得注意的是,为了表示电源、控制设备的安装尺寸、安装方法、控制设备箱的加工尺寸等,还必须有其他一些图。

1.2.6 逻辑图

逻辑图是使用二进制逻辑单元图形符号绘制的,以实现一定逻辑功能的一种简图,可以分为理论逻辑图(即纯逻辑图)和工程逻辑图(即详细逻辑图)两种类型。

理论逻辑图仅表示功能而不涉及实现方法，所以是一种功能图。工程逻辑图不仅表示功能，而且还有具体的实现方法，所以是一种电路图。

1.3 电气图电路的表示方法

根据所绘图样的特点，可以选用不同的方法来绘制电气图。本节介绍使用多线表示法与单线表示法来绘制电路图的方式。

1.3.1 多线表示法

在使用多线表示法来绘制的电气图中，电气设备的每根连接线各用一条图线表示，其中大多数为三线。如图 1-17 所示为使用多线表示法来绘制的电动机电气控制图。

多线表示法可以较为清楚地看出电路的工作原理，尤其是在各相或各线不对称的场合下，宜采用这种表示法。

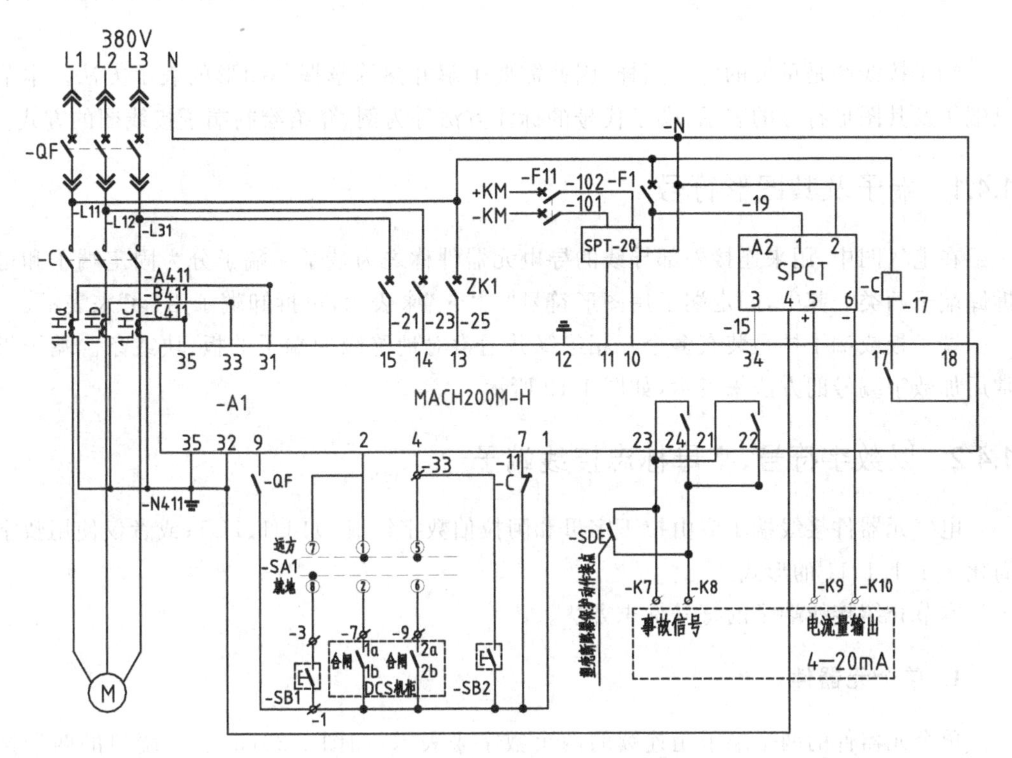

图 1-17 多线表示法

多线表示法的缺点是图线太多，作图烦琐，尤其对于较为复杂的设备，交叉多，使得图形显得更为繁杂，读图难，而且在绘制的过程中容易出现错误。因此在制图与读图时都要仔细。

1.3.2 单线表示法

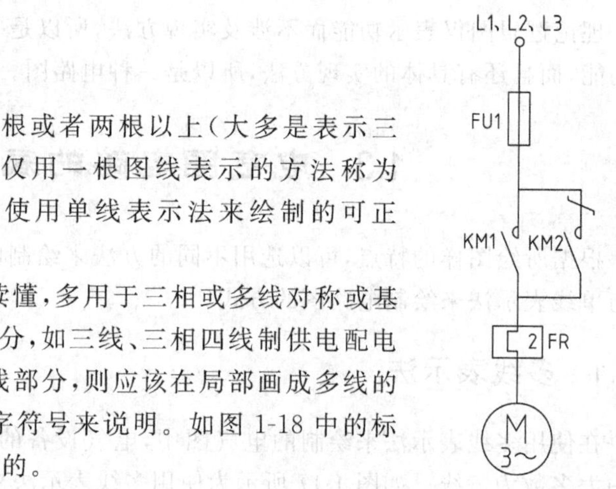

图 1-18 单线表示法

在电气图中，电气设备的两根或者两根以上（大多是表示三相系统的三根）连接线或导线，仅用一根图线表示的方法称为单线表示法。如图 1-18 所示为使用单线表示法来绘制的可正反转的电动机主电路图。

单线表示法易于操作，容易读懂，多用于三相或多线对称或基本对称的场合。凡是不对称的部分，如三线、三相四线制供电配电系统电路中的互感器、继电器接线部分，则应该在局部画成多线的图形符号来标明，或者另外用文字符号来说明。如图 1-18 中的标注文字 2，表明了热继电器是两相的。

1.4 元件接线端子的表示方法

端子接线图是重要的电气图样，因此需要了解并熟练掌握其图形的表示方法。本节以端子及其图形符号的表示、端子代号的标注方法等为例，介绍绘制端子接线图的方式。

1.4.1 端子及其图形符号

在电气图中，用来连接外部导线的导电元器件称之为端子。端子分为固定端子和可拆卸端子两类。其中，固定端子用图形符号“◦”“•”来表示，可拆卸端子用“⌀”来表示。

端子板或端子排是装有多个互相绝缘并通常对地绝缘的端子的板、块或条。端子板常用加数字编号的方法来表示，如图 1-19 所示。

1.4.2 以数字符号、字母标志接线端子

电气元器件接线端子应由拉丁字母和阿拉伯数字组成，如 U1、1U1；或者仅使用数字简化为 1、1.1、11 的形式。

本节介绍接线端子的符号标志方法。

1. 单个元器件

单个元器件的两个端子用连续的两个数字来表示，如图 1-20(a)所示绕组的两个接线端子分别用 1 和 2 来表示；单个元器件的中间各端子一般用自然递增数字来表示，如图 1-20(b)所示的绕组中间抽头端子用 3 和 4 来表示。

2. 相同元器件组

假如几个相同的元器件组合成一个组，对各个元器件的接线端子可按下列方式来标注。

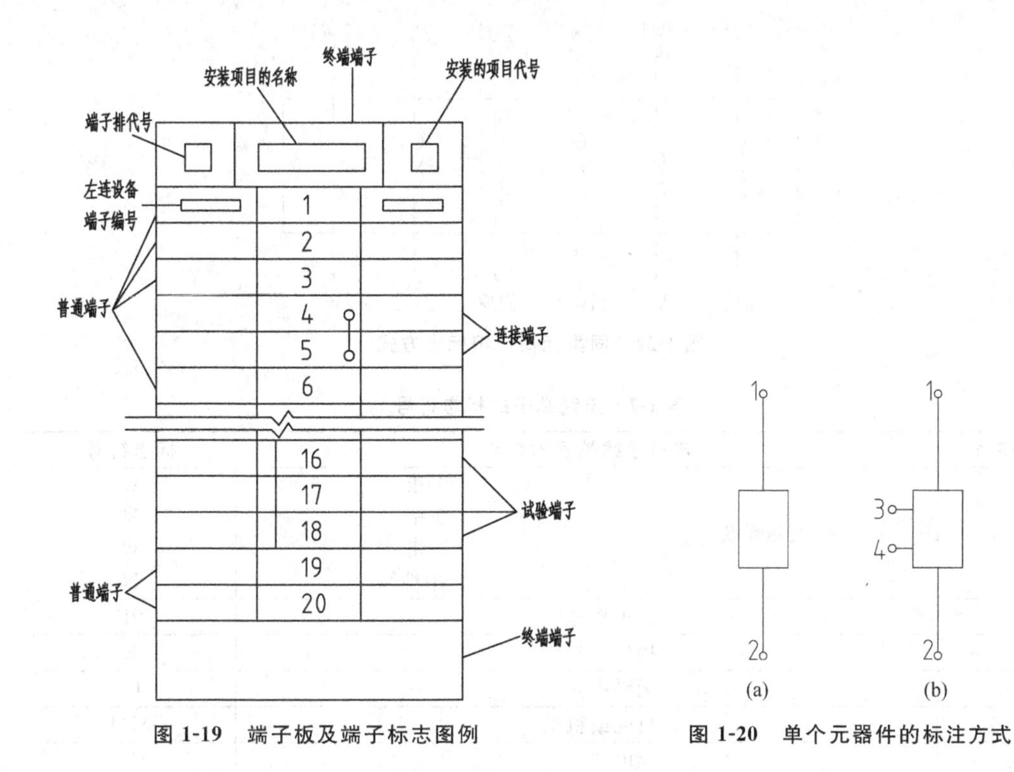

图 1-19 端子板及端子标志图例

图 1-20 单个元器件的标注方式

(1) 在数字前冠以字母,例如标志三相交流系统电气端子的字母 U1、V1、W1 等,如图 1-21(a)所示。

(2) 如果不需要区别不同相,则用数字标志,如图 1-21(b)所示。

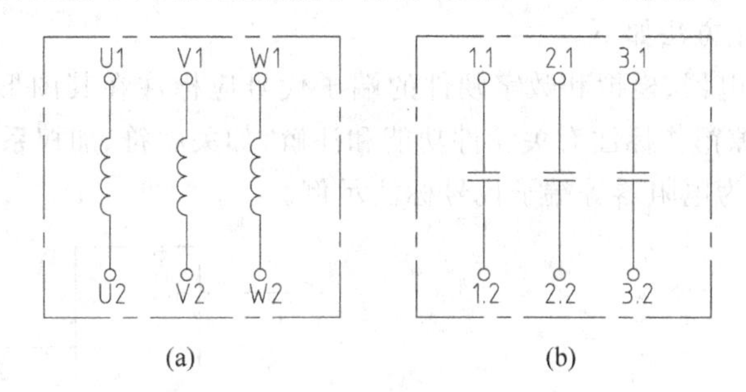

图 1-21 相同元器件组的标志方式

3. 同类元器件组

同类元器件组使用相同字母标志时,可以在字母前(后)冠以数字来区别,如图 1-22 所示的两组三相异步电动机绕组的接线端子分别用 1U1、2U1…来标志。

4. 电子接线端子的标志

与特定导线相连的电气接线端子标志的字母符号使用方式见表 1-7。

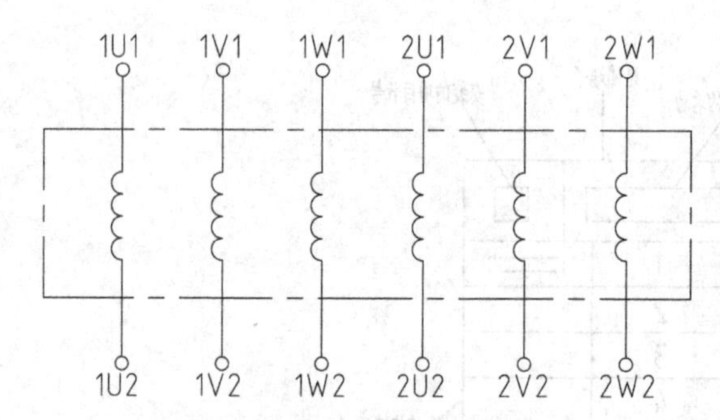

图 1-22 同类元器件组标志方式

表 1-7 接线端子的标志符号

序号	电气接线端子的名称		标志符号
1	交流系统	1 相 2 相 3 相 中性线	U V W N
2	保护接地		PE
3	接地		E
4	无噪声接地		TE
5	机壳或机架		MM
6	等电位		CC

1.4.3 端子代号的标注方法

端子代号的标注方法如下。

(1) 电阻器、继电器、模拟和数字硬件的端子代号应标注在其图形符号的轮廓线外。符号轮廓线内的空隙留作标注有关元件功能和注解，如关联符、加权系数等。

如图 1-23 所示为电阻器等端子代号标注示例。

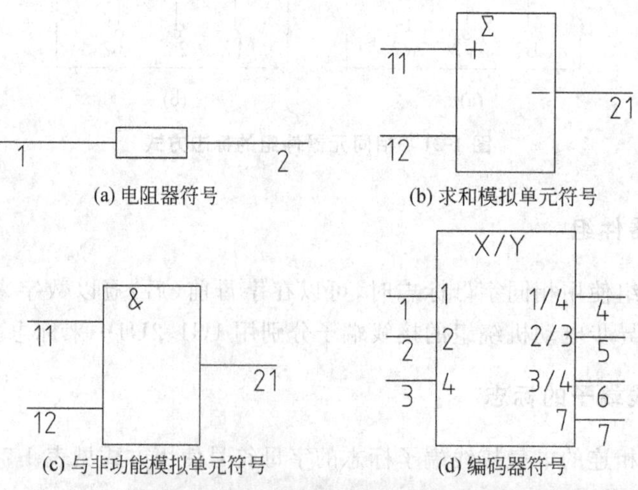

图 1-23 电阻器等端子代号标注示例

(2) 对用于现场连接、实验和故障查找的连接器件(例如端子、插头和插座等)的每一个连接点都应该标注端子代号。如图 1-24 所示为接线端子板和多极插头插座的端子代号的标注方法。

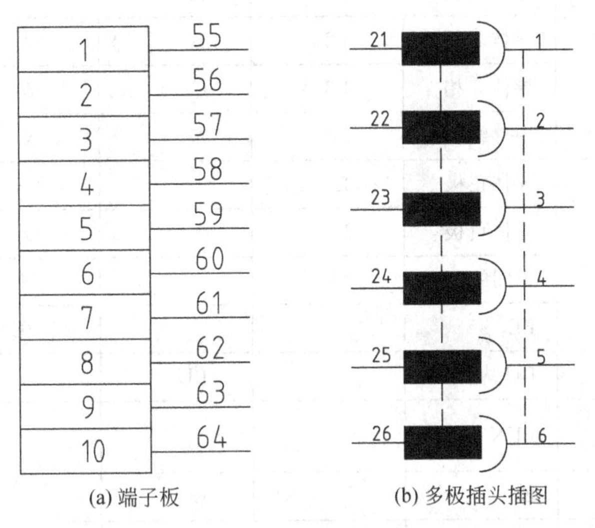

(a) 端子板　　(b) 多极插头插图

图 1-24 接线端子板和多极插头插座的端子代号标注示例

(3) 在画有围框的功能单元或结构单元中,端子代号必须标注在围框内,以免产生误解,如图 1-25 所示为其标注示例。

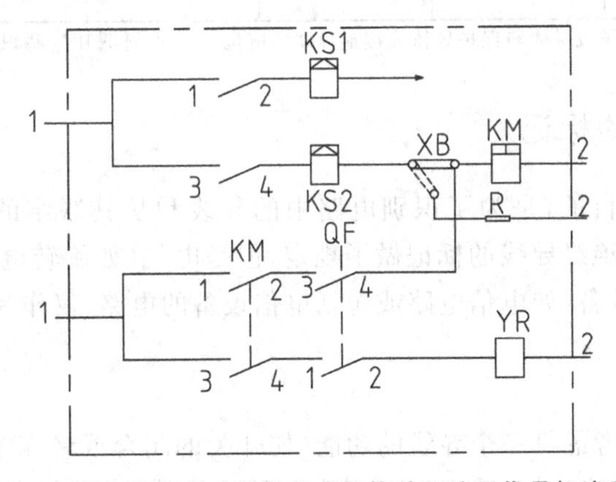

图 1-25 画有围框的功能单元或结构单元端子代号标注示例

1.4.4 电子接线端子和导线线端的识别标记

与特定导线直接或通过中间电器相连的电子接线端子按表 1-8 中所列的字母来进行标记。

表 1-8 识别标记

导体名称	标记符号				
	导线线端	旧符号	电器端子	旧符号	
交流系统电源	导体 1 相	L1	A	U	D1
	导体 2 相	L2	B	V	D2
	导体 3 相	L3	C	W	D3
	中性线	N	N	N	0
直流系统电源	导体正极	L+	+	C	
	导体负极	L—	—	D	
	中间线	M		M	
保护接地(保护导体)	PE			PE	
不接地保护导体	PU		PU		
保护中性导体(保护接地线和中性线共用)	PEN		—		
接地导体(接地线)	E		E		
低噪声(防干扰)接地导体	TE		TE		
接机壳或接机架	MM(1)		MM(1)		
等电位联结	CC(1)		CC(1)		

注：只有当这些接线端子或导体与保护导体或接地导体的电位不等时，才采用这些识别标记。

1.4.5 绝缘导线的标记

标记绝缘导线的目的，是为了识别电路中的导线和从其联结的端子上拆下来的导线。国家制图标准对绝缘导线的标记做了规定，但是电气(如旋转电机和变压器)端子的绝缘导线除外，其他设备(如电信电路或包括电信设备的电路)仅作为参考。

1. 功能标记

功能标记是分别考虑每一个导线的功能(如开关的闭合或者端子、位置的表示、电流或电压的测量等)的补充标记，或者一起考虑几种导线的功能(如电热、照明、信号、测量电路)的补充标记。

2. 相位标记

相位标记是表明导线连接到交流系统中某一相的补充标记。

相位标记采用大写字母、数字或者两者兼用来表示相序，如表 1-9 所示。交流系统中的中性线必须用字母 N 注明。同时，为识别相序，以保证正常运行和有利于维护检修，国家标准对交流三相系统及直流系统中的裸导线涂色规定如表 1-9 所示。

表 1-9 裸导线涂色规定

系统	交流三相系统					直流系统	
母线	第 1 相 L1 (A)	第 2 相 L2 (B)	第 3 相 L3 (C)	N 线及 PEN 线	PE 线	正极 L+	负极 L−
涂色	黄	绿	红	淡蓝	黄绿双色	褚	蓝

3. 极性标记

极性标记是表明导线连接到直流电路中某一极性的补充标记。

使用符号标明直流电路导线的极性时，正极用+标记，负极用−标记，直流系统中的中间线用字母 M 标明。如发生混淆，负极标记可使用(−)来标记。

4. 保护导线和接地线的标记

保护导线和接地线的标记如表 1-8 所示。在任何情况下，字母符号或数字编号的排列都应便于阅读。可以排成列，也可以排成行，并且从上到下、从左到右，靠近连接线或元器件图形符号排列。

1.5 识读电气图

初学者往往面对线路繁杂的电气图不知所措，不知从何处入手来识读图样。本节介绍识读电气图的基本要求与步骤。

1.5.1 电气识图的基本要求

电气识图的基本要求如下。

1. 具有电工学的基本技术知识

电工学讲的主要是电路和电器。电路可分为主电路和辅电路。主电路又称一次回路，是电源向负载输送电能的电路。辅电路一般包括继电器、仪表、指示灯、控制开关、接触器辅助触头等。

电器是组成电路的重要部分，如供电电路中的隔离开关、断路器、负荷开关、熔断器、互感器等。应了解这些电气元件、器件的性能、结构、原理、相互控制关系以及在整个电路中的地位和作用。

2. 熟记图形符号和文字符号

电气简图用图形符号和文字符号以及项目代号、接线端子等来标记，熟记图形符号和文字符号，可以快速地读懂电路图所表示的意义。

3. 掌握各类电气图的绘制特点

各类电气图都有自己的绘制方法与绘制特点，掌握这些特点并利用就能提高读图的效率。大型的电气工程通常有多张图纸，在读图时应将各种有关的图纸联系起来，对照阅读。如通过概略图、电路图找联系，通过接线图、布置图找位置。

4. 把电气图与土建图、管线图对照来读

电气工程往往与土建工程及其他工程，如工艺管道、蒸汽管道、给排水管道、采暖通风管道等工程配合进行。电气设备的布置与土建平面布置、立面布置相关，线路走向与建筑结构的梁、柱、门窗、楼板的位置、走向相关，与管道的规格、用途、走向相关。

安装方法与墙体结构、楼板材料有关，尤其是一些暗敷线路、电气设备基础及各种电气预埋件也与土建工程密切相关。因此在阅读电气图时，应该将其与其他类型的图纸相对照来读。

5. 了解涉及电气图的有关标准及规程

读图的目的就是为了知道如何施工、安装、运行、维修与管理。有些技术要求不需一一都在图样上反映、标注清楚，因为这些相关的技术要求已经在国家制图标准或者技术规程中作了明确的规定。因此在读电气图时，需要了解相关的规则、标准。

1.5.2 电气识图的步骤

电气识图的步骤如下。

1. 了解说明书

说明书介绍了电气设备总体概况及设计依据、电气设备的机械结构、电气传动方式、电气控制的要求、设备和元器件的布置情况、电气设备的使用操作方法、各种开关按钮等的作用等信息。因此在读电气图之前，需要通读说明书。

2. 理解图纸说明

读图前，首先阅读图纸的主标题栏及相关说明，了解设计的内容和安装要求，知道图纸的大概情况，以对该电气图的类型、性质、作用有一个明确的认识，从整体上理解图纸的概况和所要表述的重点。

3. 读懂系统图和框图

系统图及框图一般采用单线表示法来绘制，概略表示系统或分系统的基本组成、相互关系及主要特征，大致了解系统图和框图后，就可继续阅读电路图。

4. 掌握电路图

在阅读电路图时，首先识读图形符号和文字符号，了解电路图各组成部分的作用，分清主电路和辅助电路、交流回路和直流回路，其次依次按照先看主电路，再看辅助电路的顺序进行识读。

5. 了解电路图与接线图的关系

阅读接线图时，先看主电路，后看辅电路。根据端子标志、回路标号从电源端依次阅读下去，弄清楚线路走向和电路的连接方式，知晓每个回路是如何通过各个元件构成闭合回路的。

6. 掌握电气元器件的结构

电路由各种电气设备、元器件组成，了解这些电气设备、装置和控制元件、元器件的结构、动作和工作原理、用途和它们与周围元器件的关系以及在整个电路中的地位和作用，熟悉具体机械设备、装置或控制系统的工作状态，以方便读懂电气图。

第2章 chapter 2

AutoCAD绘图基础

AutoCAD是由美国Autodesk公司开发的通用计算机辅助设计软件。在深入学习AutoCAD绘图软件之前，首先介绍AutoCAD的工作界面、图形文件管理、绘图环境设置、视图控制等基本知识和基本操作，使读者对AutoCAD及其操作方式有一个全面的了解和认识，为熟练掌握该软件打下坚实的基础。

2.1 AutoCAD工作界面

启动AutoCAD后，即可进入如图2-1所示AutoCAD默认的工作界面。AutoCAD提供了【草图与注释】【三维基础】以及【三维建模】3种工作空间，默认情况下使用的是【草图与注释】工作空间，该空间提供了十分强大的“功能区”，方便初学者的使用。

AutoCAD操作界面包括应用程序按钮、快速访问工具栏、标题栏、菜单栏、交互信息工具栏、标签栏、功能区、十字光标、绘图区、坐标系图标、命令行及状态栏等，如图2-1所示。

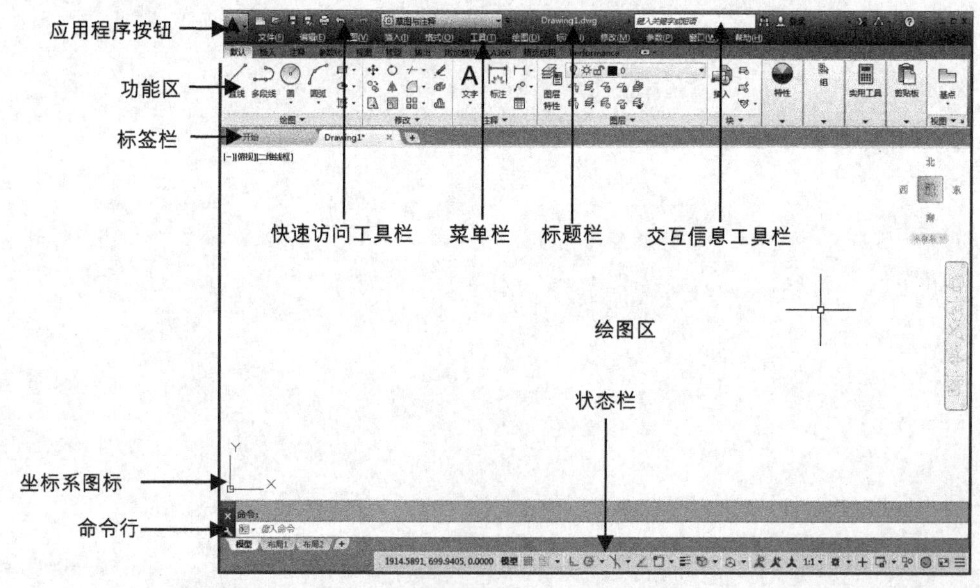

图2-1　AutoCAD默认的工作界面

2.1.1 应用程序按钮

【应用程序】按钮▲位于窗口的左上角。单击该按钮，系统弹出用于管理 AutoCAD 图形文件的菜单，包含【新建】【打开】【保存】【另存为】【输出】及【打印】等命令，右侧区域是【最近使用文档】列表，如图 2-2 所示。

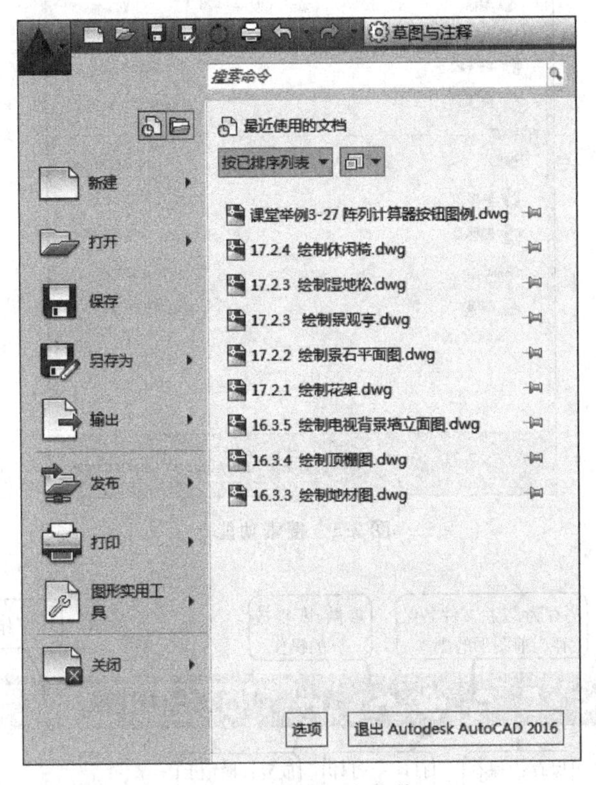

图 2-2 应用程序菜单

此外，在应用程序【搜索】按钮左侧的空白区域输入命令名称，即弹出与之相关的各种命令的列表，选择其中对应的命令即可执行，如图 2-3 所示。

2.1.2 快速访问工具栏

快速访问工具栏位于标题栏的左侧，包含文档操作常用的 7 个快捷按钮，依次为【新建】【打开】【保存】【另存为】【打印】【放弃】和【重做】，如图 2-4 所示。

可以通过相应的操作为【快速访问】工具栏增加或删除所需的工具按钮，有以下几种方法。

- 单击【快速访问】工具栏右侧下拉按钮，在菜单栏中选择【更多命令】选项，在弹出的【自定义用户界面】对话框选择将要添加的命令，然后按住鼠标左键将其拖动至快速访问工具栏上即可。
- 在【功能区】的任意工具图标上右击，选择其中的【添加到快速访问工具栏】命令。

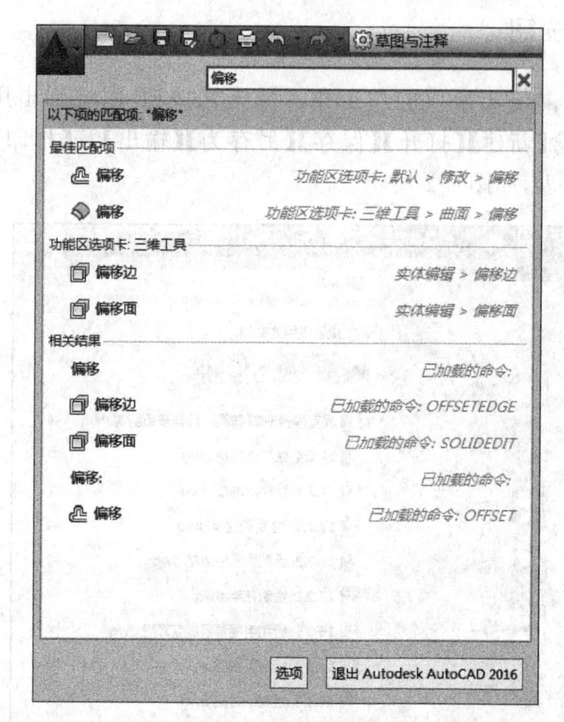

图 2-3　搜索功能

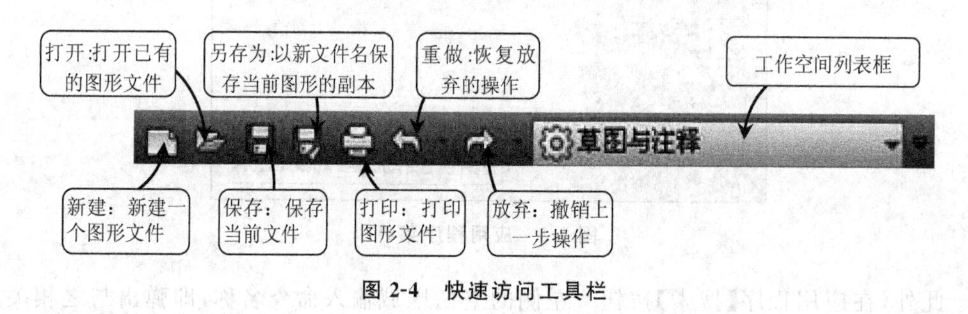

图 2-4　快速访问工具栏

如果要删除已经存在的快捷键按钮，只需在该按钮上右击，然后选择【从快速访问工具栏中删除】命令，即可完成删除按钮操作。

2.1.3　标题栏

标题栏位于 AutoCAD 窗口的最上方，如图 2-5 所示，标题栏显示了当前软件名称，以及当前新建或打开的文件的名称等。标题栏最右侧提供了【最小化】按钮 、【最大化】按钮 /【恢复窗口大小】按钮 和【关闭】按钮 。

图 2-5　标题栏

2.1.4 菜单栏

在 AutoCAD 中,菜单栏在任何工作空间都不会默认显示。在【快速访问】工具栏中单击下拉按钮，并在弹出的下拉菜单中选择【显示菜单栏】选项,即可将菜单栏显示出来,如图 2-6 所示。

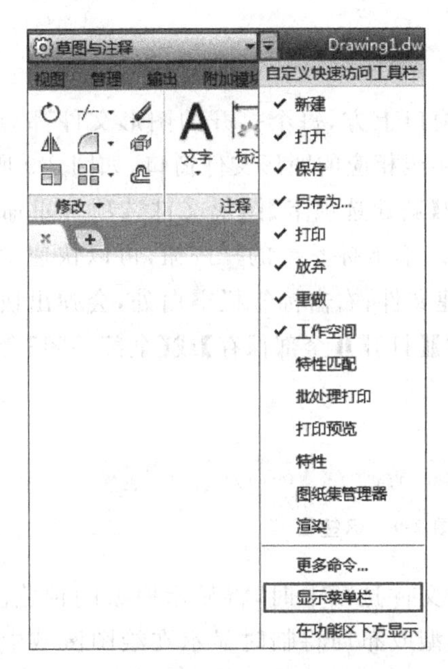

图 2-6 显示菜单栏

菜单栏位于标题栏的下方,包括 12 个菜单:【文件】【编辑】【视图】【插入】【格式】【工具】【绘图】【标注】【修改】【参数】【窗口】【帮助】,几乎包含了所有绘图命令和编辑命令,如图 2-7 所示。

图 2-7 菜单栏

2.1.5 功能区

【功能区】是一种特殊的选项卡,用于显示与绘图任务相关的按钮和控件,存在于【草图与注释】【三维基础】和【三维建模】空间中。【草图与注释】空间的【功能区】包含了【默认】【插入】【注释】【参数化】【视图】【管理】【输出】【A 360】【精选应用】【Performance】等选项卡,如图 2-8 所示。每个选项卡包含有若干个面板,每个面板又包含许多由图标表示的命令按钮。系统默认显示的是【默认】选项卡。

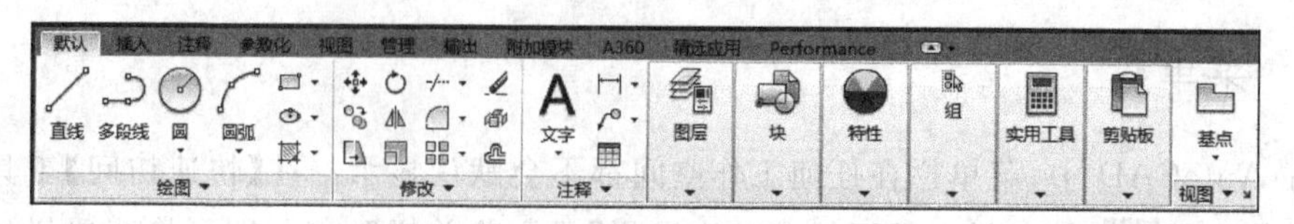

图 2-8　功能区

2.1.6　标签栏

文件标签栏位于绘图窗口上方，每个打开的图形文件都会在标签栏显示一个标签，单击文件标签即可快速切换至相应的图形文件窗口，如图 2-9 所示。

AutoCAD 的标签栏中【新建选项卡】图形文件选项卡重命名为【开始】，并在创建和打开其他图形时保持显示。单击标签上的×按钮，可以快速地关闭文件；单击标签栏右侧的+按钮，可以快速新建文件；右击标签栏空白处，会弹出快捷菜单（见图 2-10），利用该快捷菜单可以选择【新建】【打开】【全部保存】或【全部关闭】命令。

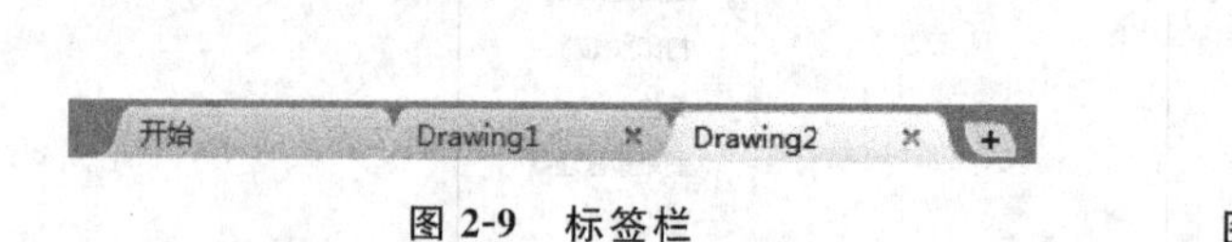

图 2-9　标签栏

新建...
打开...
全部保存
全部关闭

图 2-10　快捷菜单

此外，在光标经过图形文件选项卡时，将显示模型的预览图像和布局。如果光标经过某个预览图像，相应的模型或布局将临时显示在绘图区域中，并且可以在预览图像中访问【打印】和【发布】工具，如图 2-11 所示。

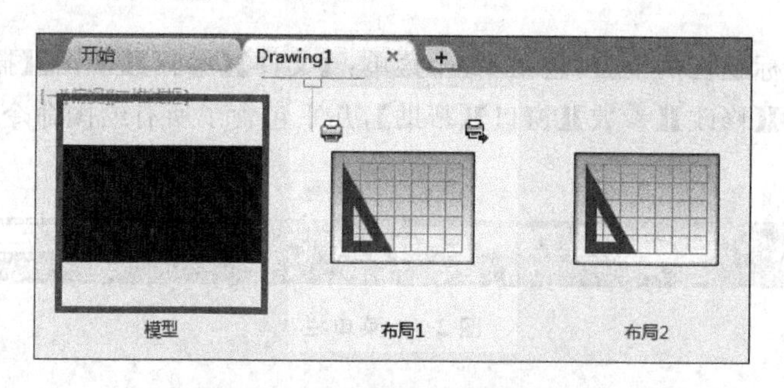

图 2-11　文件选项卡的预览功能

2.1.7　绘图区

【绘图窗口】又常被称为绘图区域，它是绘图的焦点区域，绘图的核心操作和图形显示都在该区域中。在绘图窗口中有 4 个工具须注意，分别是光标、坐标系图标、ViewCube 工具和视口控件，如图 2-12 所示。其中视口控件显示在每个视口的左上角，提供更改视图、视觉样式和其他设置的便捷操作方式，视口控件的 3 个标签将显示当前视口的相关设置。注意当前文件选项卡决定了当前绘图窗口显示的内容。

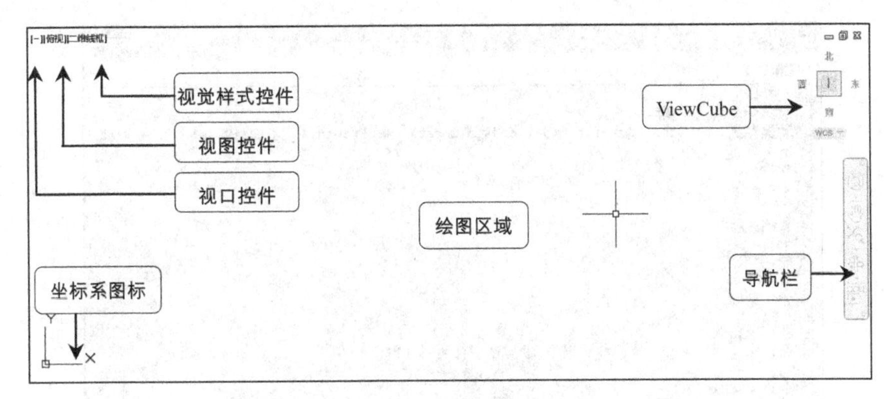

图 2-12 绘图区

2.1.8 命令行与文本窗口

命令行是输入命令名和显示命令提示的区域，默认的命令行窗口布置在绘图区下方，由若干文本行组成，如图 2-13 所示。命令窗口中间有一条水平分界线，它将命令窗口分成两个部分：命令行和命令历史窗口。位于水平线下方为【命令行】，它用于接收用户输入命令，并显示 AutoCAD 提示信息；位于水平线上方为【命令历史窗口】，它含有 AutoCAD 启动后所用过的全部命令及提示信息，该窗口有垂直滚动条，可以上下滚动查看以前用过的命令。

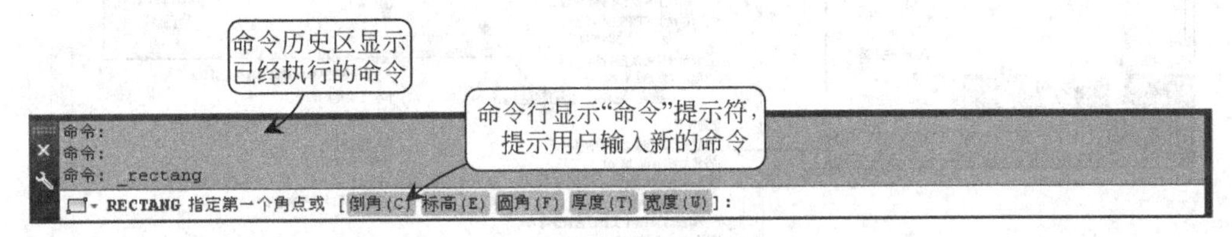

图 2-13 命令行

AutoCAD 文本窗口的作用和命令窗口的作用一样，它记录了对文档进行的所有操作。文本窗口在默认界面中没有直接显示，需要通过命令调取。调用文本窗口有以下几种方法。

- 菜单栏：选择【视图】|【显示】|【文本窗口】命令。
- 快捷键：Ctrl＋F2 组合键。
- 命令行：TEXTSCR。

执行上述命令后，系统弹出如图 2-14 所示的文本窗口，记录了文档进行的所有编辑操作。

提示：将光标移至命令历史窗口的上边缘，按住鼠标左键向上拖动即可增加命令窗口的高度。在工作中通常除了可以调整命令行的大小与位置外，在其窗口内右击，选择【选项】命令，单击弹出的【选项】对话框中的【字体】按钮，还可以调整【命令行】内文字字体、字形和大小，如图 2-15 所示。

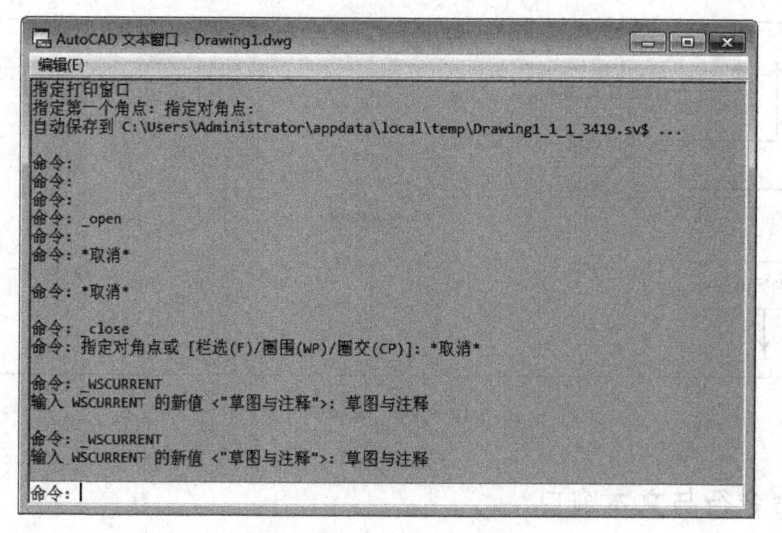

图 2-14 AutoCAD 文本窗口

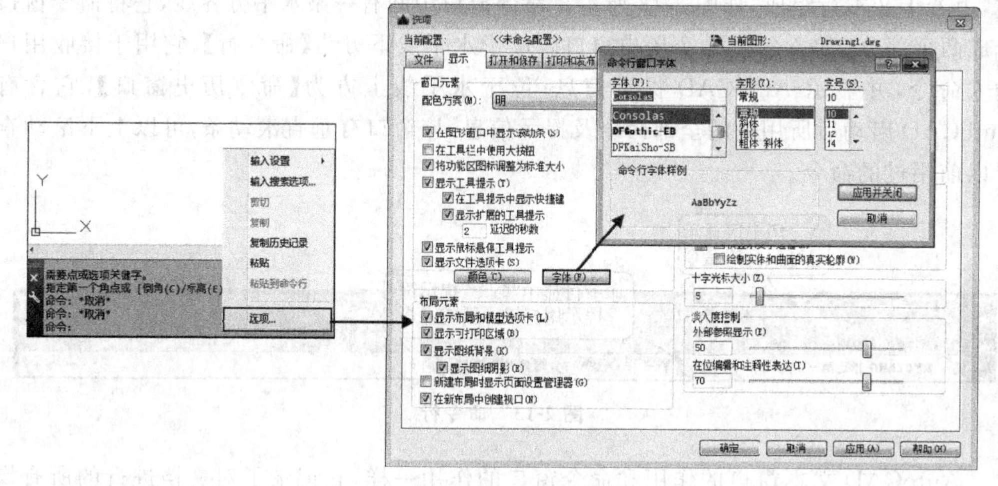

图 2-15 调整命令行字体

2.1.9 状态栏

状态栏位于屏幕的底部，用来显示 AutoCAD 当前的状态，如对象捕捉、极轴追踪等命令的工作状态。主要由 5 部分组成，如图 2-16 所示。同时 AutoCAD 将之前的模型布局标签栏和状态栏合并在一起，并且取消显示当前光标位置。

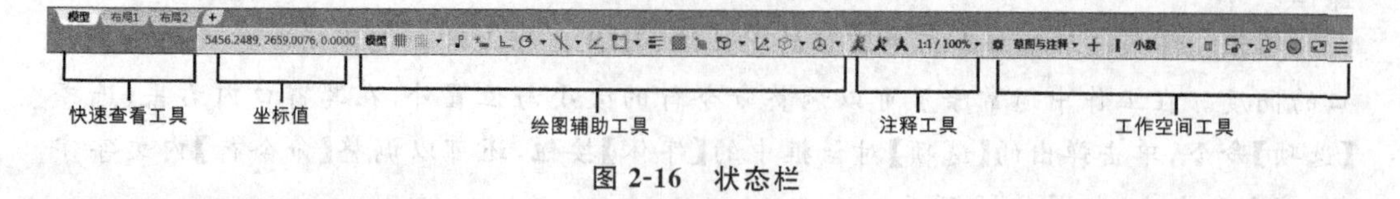

图 2-16 状态栏

1. 快速查看工具

使用其中的工具可以快速地预览打开的图形，打开图形的模型空间与布局，以及在其中切换图形，使之以缩略图形式显示在应用程序窗口的底部。

2. 坐标值

坐标值一栏会以直角坐标系的形式(X，Y，Z)实时显示十字光标所处位置的坐标。在二维制图模式下，只会显示 X、Y 轴坐标，只有在三维建模模式下才会显示第三个 Z 轴的坐标。

3. 绘图辅助工具

绘图辅助工具主要用于控制绘图的性能，其中包括【推断约束】【捕捉模式】【栅格显示】【正交模式】【极轴追踪】【对象捕捉】【三维对象捕捉】【对象捕捉追踪】【允许/禁止动态UCS】【动态输入】【显示/隐藏线宽】【显示/隐藏透明度】【快捷特性】和【选择循环】等工具。

4. 注释工具

注释工具用于显示缩放注释的若干工具。对于不同的模型空间和图纸空间，显示不同的工具。当图形状态栏打开后，显示在绘图区域的底部；当图形状态栏关闭时，移至应用程序状态栏。

5. 工作空间工具

工作空间工具用于切换 AutoCAD 的工作空间，以及进行自定义设置工作空间等操作。

- 切换工作空间：切换绘图空间，可通过此按钮切换 AutoCAD 的工作空间。
- 硬件加速：用于在绘制图形时通过硬件的支持提高绘图性能，如刷新频率。
- 隔离对象：当需要对大型图形的个别区域进行重点操作，并需要显示或临时隐藏和显示选定的对象。
- 全屏显示：AutoCAD 的全屏显示或者退出。
- 自定义：单击该按钮，可以对当前状态栏中的按钮进行添加或删除，方便管理。

2.2 AutoCAD 绘图环境

在使用 AutoCAD 进行制图之前，应根据实际情况设置相应的绘图环境，以保持图形的一致性，并提高绘图效率。本节介绍工作空间、图形单位及图形界限的设置方法和步骤。

2.2.1 设置工作空间

AutoCAD 提供了【草图与注释】【三维基础】和【三维建模】3 种工作空模式。用户可以根据自己的需要来切换相应的工作空间。

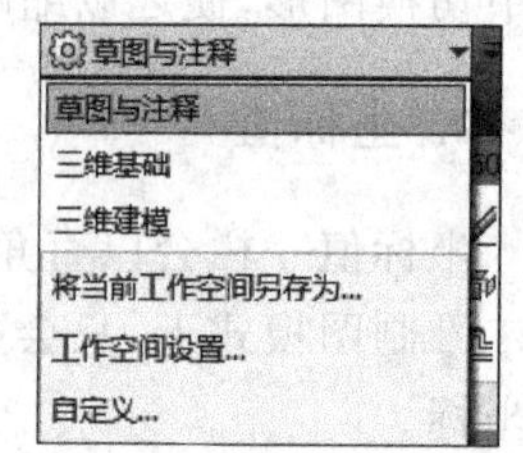

图 2-17　下拉列表切换方式

AutoCAD 工作空间的切换有以下几种方法。

- 快速访问工具栏：单击快速访问工具栏中的【切换工作空间】下拉按钮【草图与注释】，在弹出的下拉列表中选择工作空间，如图 2-17 所示。
- 菜单栏：选择【工具】|【工作空间】命令，在子菜单中进行选择，如图 2-18 所示。
- 状态栏：单击状态栏右侧的【切换工作空间】按钮，在弹出的下拉菜单中进行选择，如图 2-19 所示。

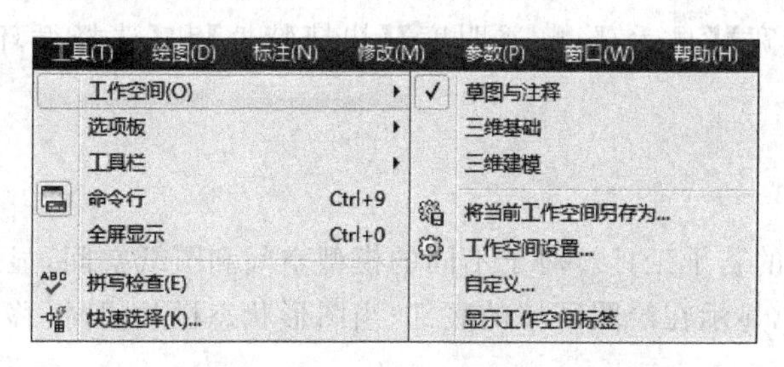

图 2-18　菜单栏切换方式

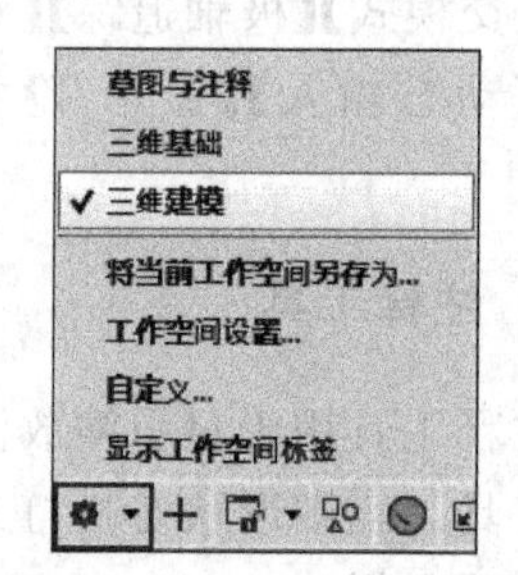

图 2-19　状态栏切换方式

1. 草图与注释工作空间

AutoCAD 默认的工作空间为【草图与注释】空间。其界面主要由【应用程序菜单】按钮、快速访问工具栏、功能区选项卡、绘图区、命令行窗口和状态栏等元素组成。【草图与注释】工作空间的功能区，包含的是最常用的二维图形绘制、编辑和标注命令，因此非常适合绘制和编辑二维图形时使用，如图 2-20 所示。

2. 三维基础工作空间

【三维基础】空间与【草图与注释】工作空间类似，但【三维基础】空间功能区包含的是基本的三维建模工具，如各种常用的三维建模、布尔运算以及三维编辑工具按钮，能够非常方便地创建简单的基本三维模型，如图 2-21 所示。

3. 三维建模工作空间

【三维建模】空间界面与【三维基础】空间界面较相似，但功能区包含的工具有较大差异。其功能区选项卡中集中了【实体】【曲面】和【网格】等多种建模和编辑命令，以及视觉样式、渲染等模型显示工具，为绘制和观察三维图形、附加材质、创建动画、设置光源等操作提供了非常便利的环境，如图 2-22 所示。

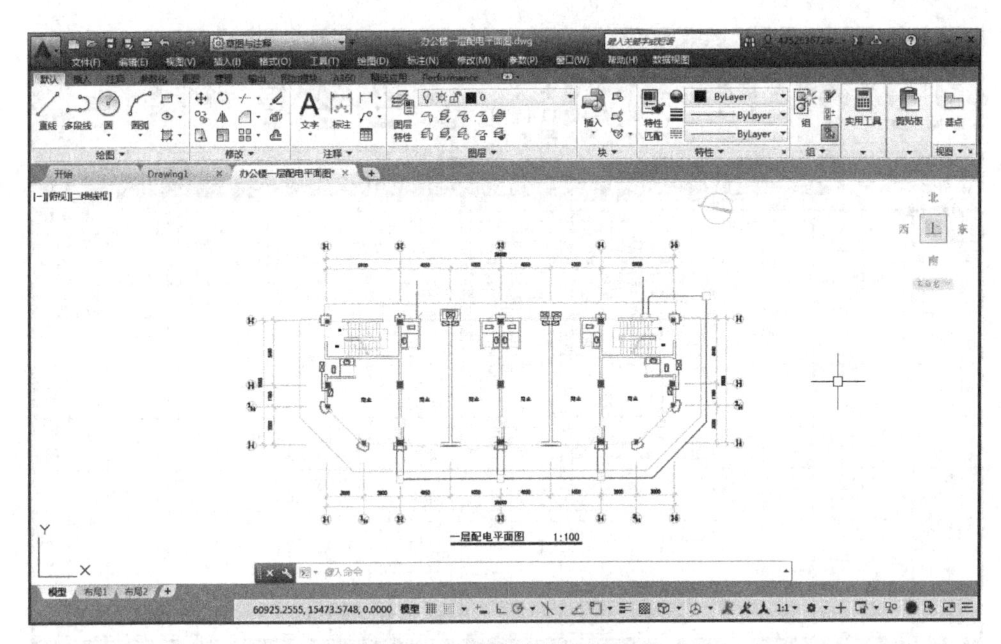

图 2-20 【草图与注释】空间

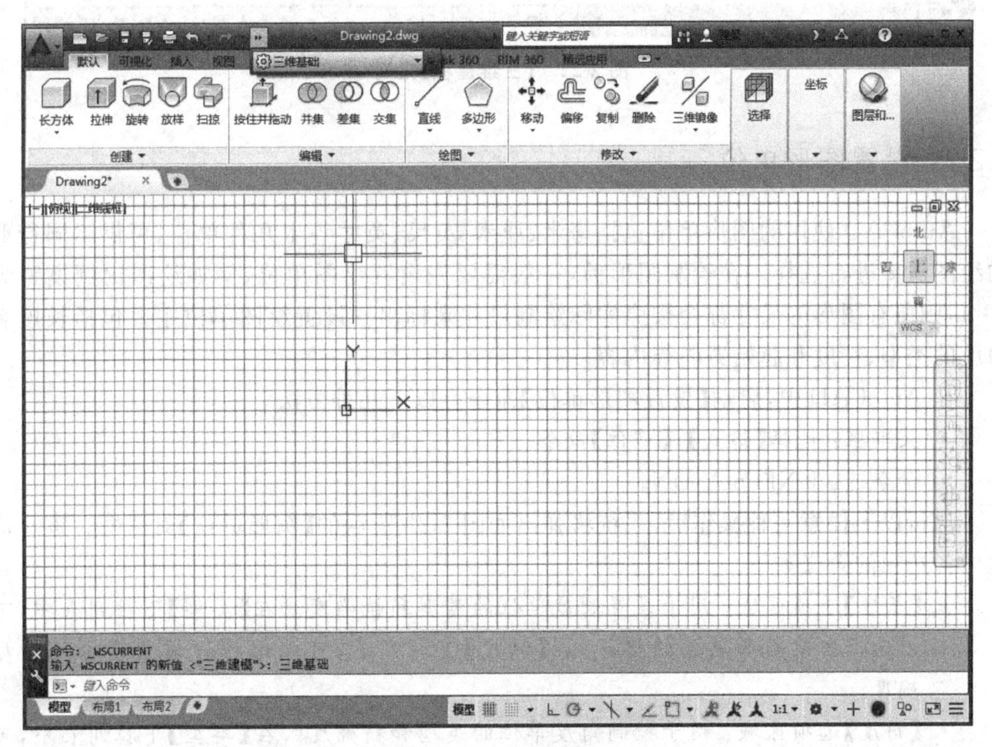

图 2-21 【三维基础】空间

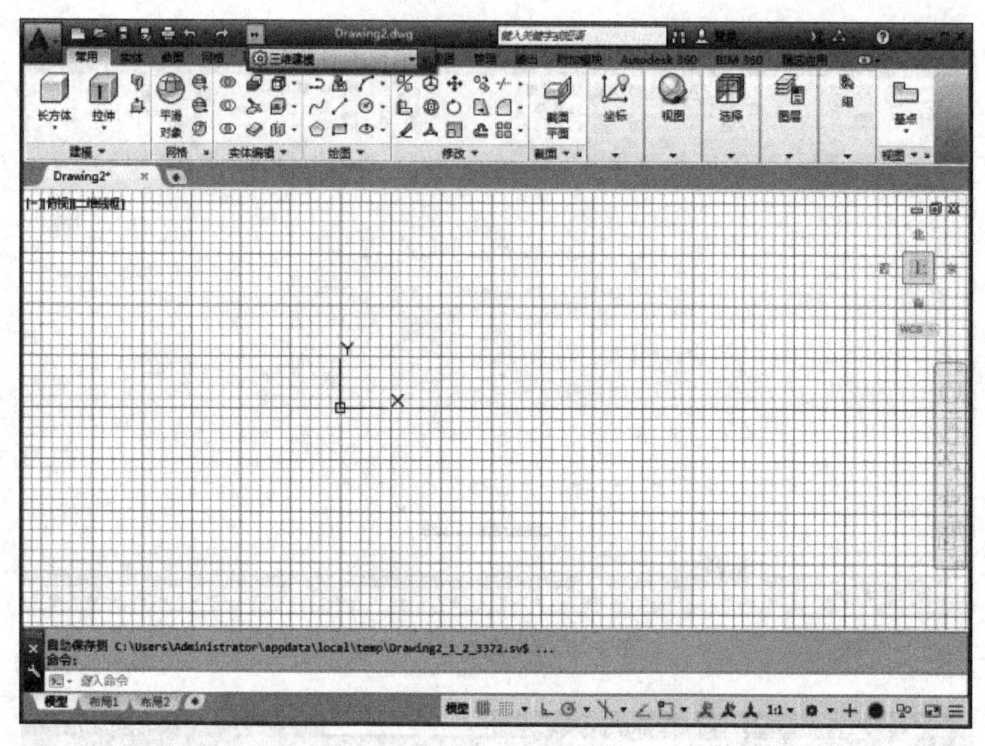

图 2-22 【三维建模】空间

2.2.2 设置图形单位

AutoCAD 使用的图形单位包括毫米、厘米、英尺、英寸等十几种单位，可供不同行业的绘图需要进行选择。在绘制图形前，一般需要先设置绘图单位，例如绘图比例设置为 1∶1，则所有图形的尺寸都会按照实际绘制尺寸来标出。设置绘图单位主要包括长度和角度的类型、精度和起始方向等内容。

在 AutoCAD 中，启动【设置图形单位】命令有以下几种方法。

- 菜单栏：选择【格式】|【单位】命令。
- 命令行：UNITS 或 UN。

执行以上任意一种操作后，系统将弹出如图 2-23 所示的【图形单位】对话框。该对话框中各选项的含义如下。

- 【长度】选项区域：用于设置长度单位的类型和精确度。在【类型】下拉列表中，可以选择当前测量单位的格式；在【精度】下拉列表，可以选择当前长度单位的精确度。
- 【角度】选项区域：用于控制角度单位的类型和精确度。在【类型】下拉列表中，可以选择当前角度单位的格式类型；在【精度】下拉列表中，可以选择当前角度单位的精确度；【顺时针】复选框用于控制角度增度量的正负方向。

- 【插入时的缩放单位】选项区域：用于选择插入图块时的单位，也是当前绘图环境的尺寸单位。
- 【方向】按钮：用于设置角度方向。单击该按钮将弹出如图 2-24 所示的【方向控制】对话框，在其中可以设置基准角度和角度方向，当选择【其他】选项后，下方的【角度】按钮才可用。

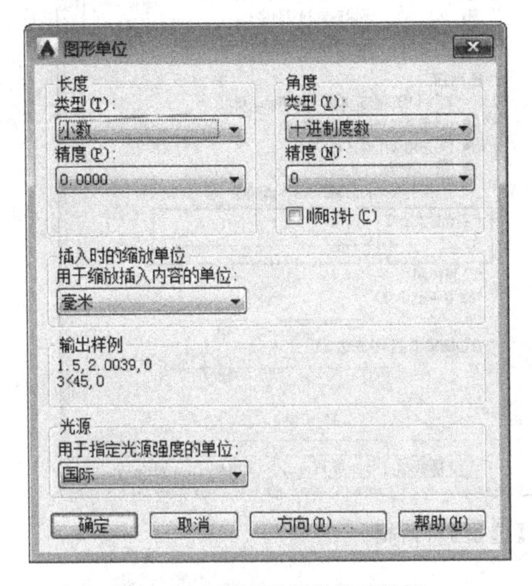

图 2-23 【图形单位】对话框

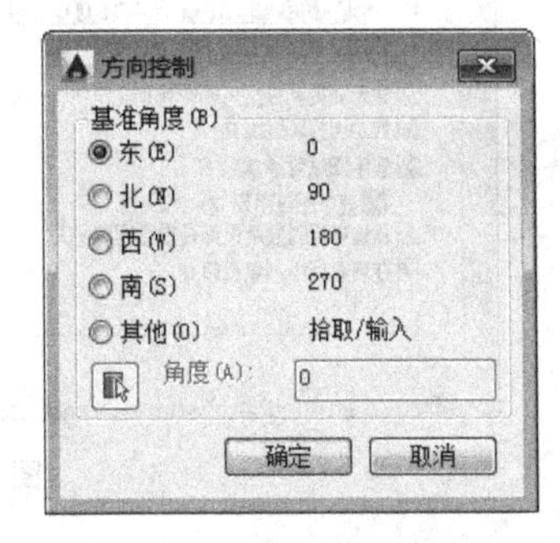

图 2-24 【方向控制】对话框

2.2.3 设置图形界限

AutoCAD 的绘图区域是无限大的，用户可以绘制任意大小的图形，但由于现实中使用的图纸均有特定的尺寸，为了使绘制的图形符合纸张大小，需要设置一定的图形界限。执行【设置绘图界限】命令有以下几种方法。

- 菜单栏：选择【格式】|【图形界限】命令。
- 命令行：LIMITS。

执行上述任一命令后，在命令行输入图形界限的两个角点坐标，即可定义图形界限。

2.2.4 设置十字光标大小

在 AutoCAD 中，十字光标随着鼠标的移动而变换位置，十字光标代表当前点的坐标，为了满足绘图的需要，有时须对光标的大小进行设置。

选择【工具】|【选项】命令，弹出如图 2-25 所示的【选项】对话框，在【显示】选项卡中，拖动【十字光标大小】选项组中的滑块可以设置十字光标的大小。

2.2.5 设置绘图区颜色

在绘制图形的过程中，为了使读图和绘图效果更清楚，需要对绘图区的颜色进行设置，具体步骤如下。

图 2-25 【选项】对话框

(1) 选择【工具】|【选项】命令,弹出【选项】对话框,单击【显示】选项卡中的【颜色】按钮,弹出如图 2-26 所示的【图形窗口颜色】对话框。

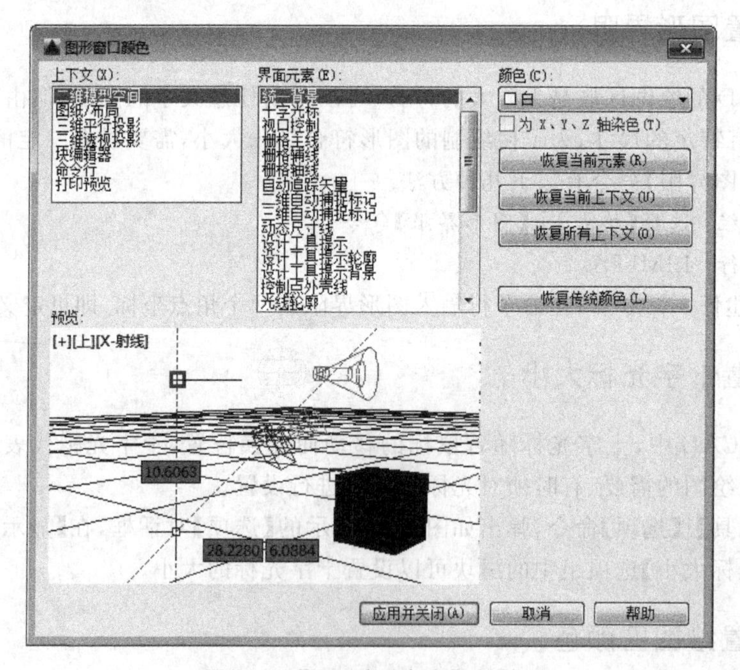

图 2-26 【图形窗口颜色】对话框

（2）在【上下文】列表框中选择【二维模型空间】，然后在右上方的【颜色】下拉列表框中选择【白】选项，如图2-27所示。单击【图形窗口颜色】对话框中的【应用并关闭】按钮，绘图区背景即变为白色。

提示：AutoCAD默认绘图区颜色为黑色，单击【恢复传统颜色】按钮，系统将自动恢复到默认颜色。

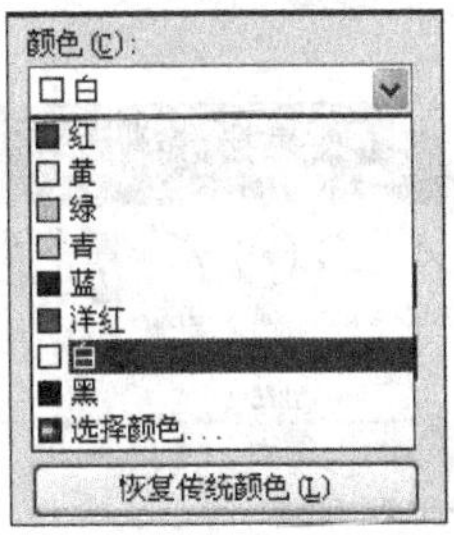

图2-27 【颜色】下拉列表

2.2.6 设置鼠标右键功能

为了更快速、高效地绘制图形，可以对鼠标右键功能进行设置。

执行OP命令，在弹出的【选项】对话框中切换到【用户系统配置】选项卡，单击【自定义右键单击】按钮，弹出【自定义右键单击】对话框，如图2-28所示。在该对话框中，可以设置在各种工作模式下鼠标右键单击的快捷功能，设定后单击【应用并关闭】按钮即可。

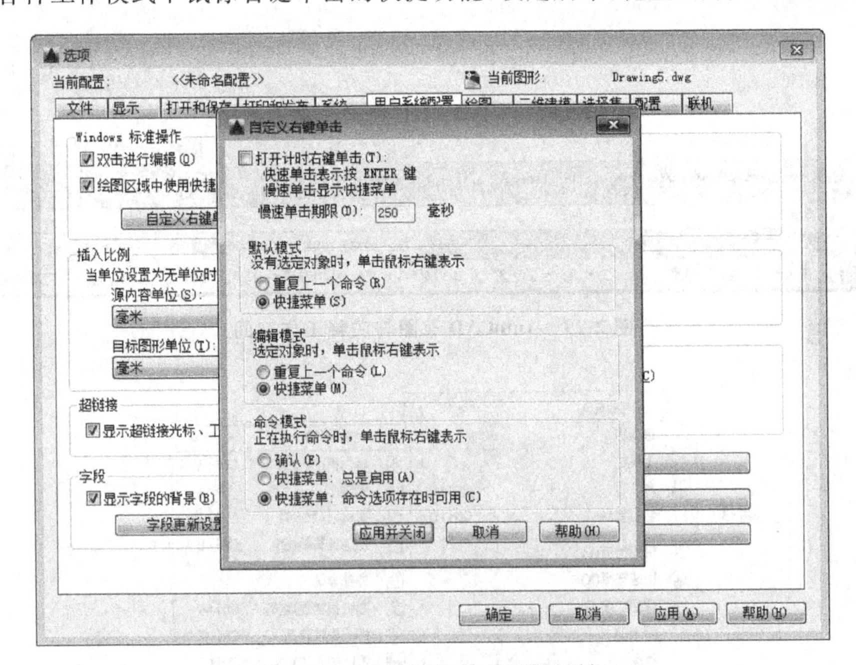

图2-28 【自定义右键单击】对话框

2.3 课堂练习：自定义工作空间

除以上提到的3个基本工作空间外，根据绘图的需要，用户还可以自定义自己的个性空间，并保存在工作空间列表中，以备工作时随时调用。

（1）双击桌面上的快捷图标，启动AutoCAD软件，如图2-29所示。

（2）单击【快速访问】工具栏中的下拉按钮，在展开的下拉列表中选择【显示菜单栏】选项，显示菜单栏，选择【工具】|【选项板】|【功能区】命令，如图2-30所示。

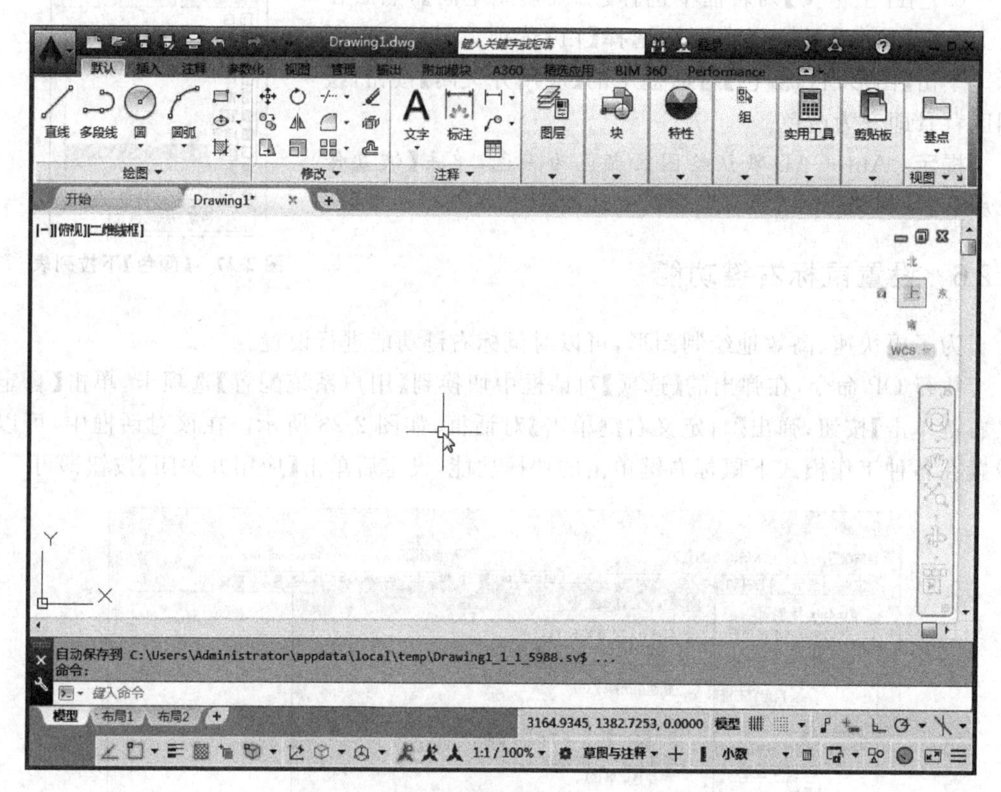

图 2-29　AutoCAD 草图与注释工作空间

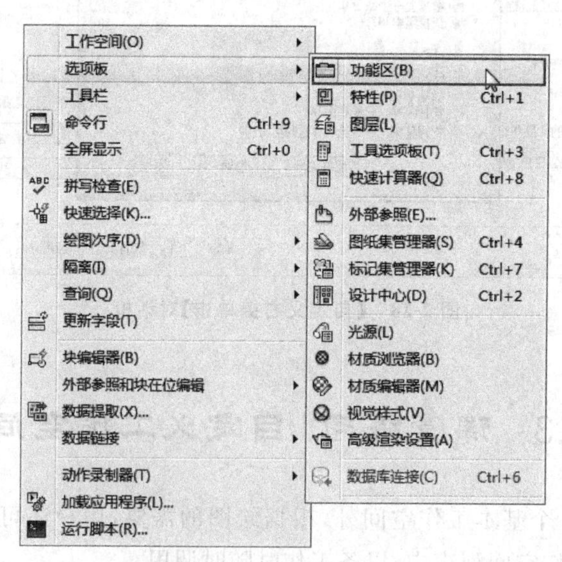

图 2-30　选择菜单命令

(3) 在【草图与注释】工作空间中隐藏功能区,如图 2-31 所示。

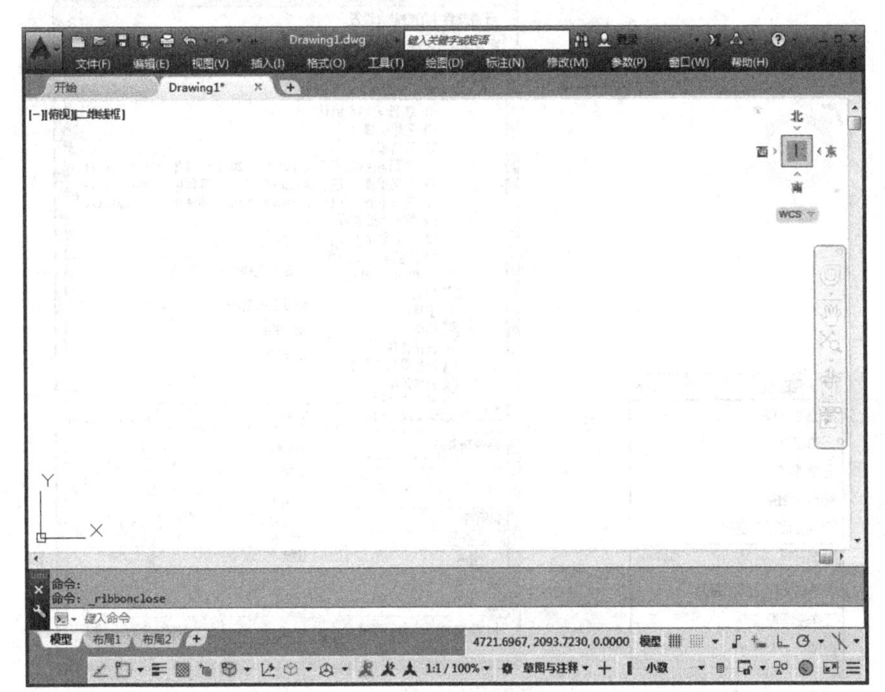

图 2-31　隐藏功能区

(4) 选择【快速访问】工具栏工作空间列表框中的【将当前空间另存为】选项,如图 2-32 所示。

(5) 系统弹出【保存工作空间】对话框,输入新工作空间的名称,如图 2-33 所示。

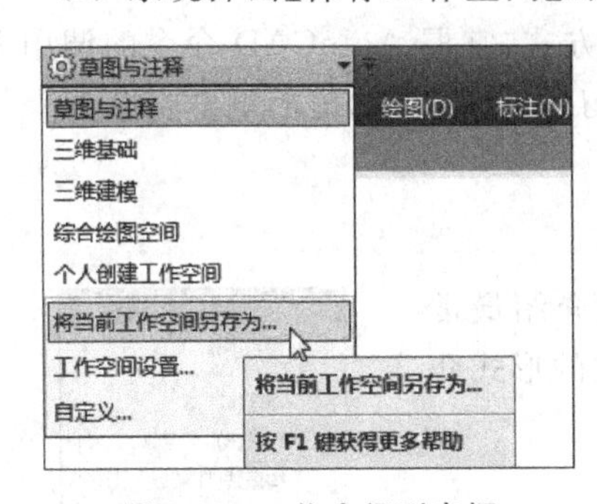

图 2-32　工作空间列表框

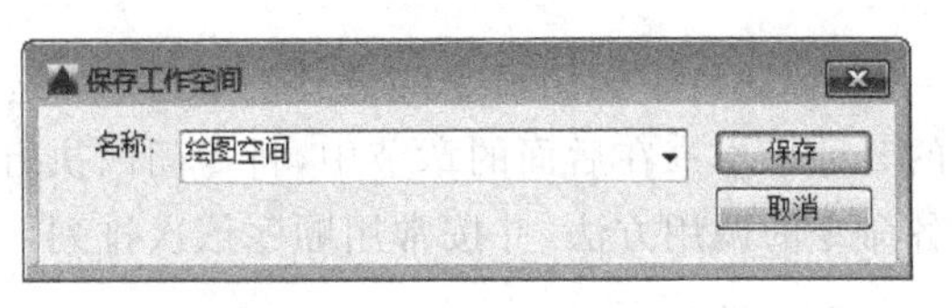

图 2-33　【保存工作空间】对话框

(6) 单击【保存】按钮,自定义的工作空间即创建完成,如图 2-34 所示。在以后的工作中,可以随时通过选择该工作空间,快速将工作界面切换为相应的状态。

提示: 不需要的工作空间,可以将其在工作空间列表中删除。选择工作空间列表框中的【自定义】选项,打开【自定义用户界面】对话框,在需要删除的工作空间名称上右击,即可删除不需要的工作空间,如图 2-35 所示。

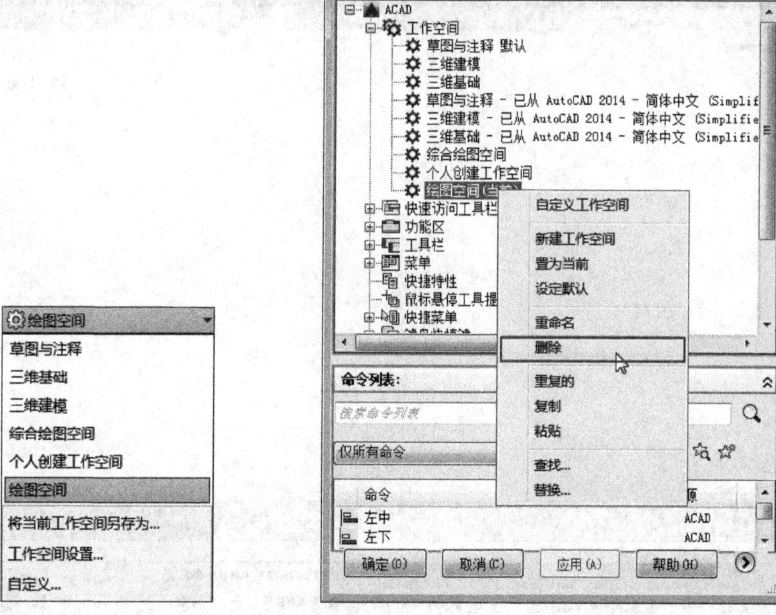

图 2-34　新空间选项　　　　图 2-35　删除自定义空间

2.4 AutoCAD执行命令的方式

命令是AutoCAD用户与软件交换信息的重要方式，掌握AutoCAD命令的调用方法，是使用AutoCAD软件制图的基础，也是深入学习AutoCAD功能的重要前提。

2.4.1 命令调用的5种方式

AutoCAD中调用命令的方式有很多种，这里仅介绍最常用的5种。本书在后面的章节中，将专门以执行方式的形式介绍各命令的调用方法，并按常用顺序依次排列。

1. 使用菜单栏调用

菜单栏调用是AutoCAD提供的功能最全、最强大的命令调用方法。AutoCAD绝大多数常用命令都分门别类的放置在菜单栏中。例如，在菜单栏中调用【多段线】命令，则选择【绘图】|【多段线】菜单命令即可，如图2-36所示。

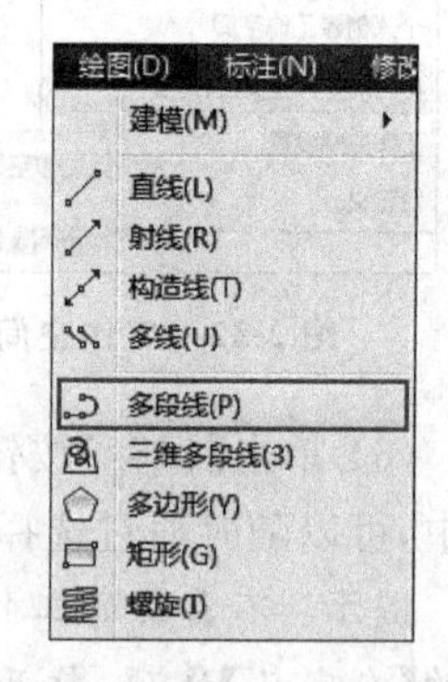

图 2-36　菜单栏调用【多段线】命令

2. 使用功能区调用

三个工作空间都是以功能区作为调用命令的主要方式。相比其他调用命令的方法，功能区调用命令更为直观，非常适合不能熟记绘图命令的 AutoCAD 初学者。

功能区使绘图界面无须显示多个工具栏，系统会自动显示与当前绘图操作相应的面板，从而使应用程序窗口更加整洁。因此，可以将进行操作的区域最大化，使用单个界面来加快和简化工作，如图 2-37 所示。

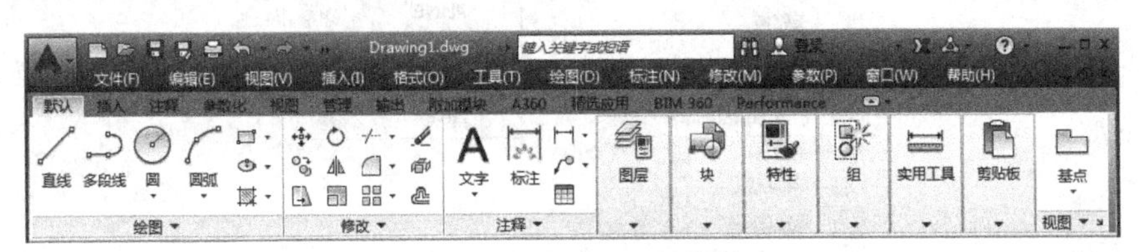

图 2-37 功能区面板

3. 使用工具栏调用

与菜单栏一样，工具栏不显示于三个工作空间中，需要通过【工具】|【工具栏】|【AutoCAD】命令调出。单击工具栏中的按钮，即可执行相应的命令。用户可以在其他工作空间绘图，也可以根据实际需要调出工具栏，如【UCS】【三维导航】【建模】【视图】【视口】等。

4. 使用命令行调用

使用命令行输入命令是 AutoCAD 的一大特色功能，同时也是最快捷的绘图方式。这就要求用户熟记各种绘图命令，一般对 AutoCAD 比较熟悉的用户都用此方式绘制图形，因为这样可以大大提高绘图的速度和效率。

AutoCAD 绝大多数命令都有其相应的简写方式。如【直线】命令 LINE 的简写方式是 L，【矩形】命令 RECTANGLE 的简写方式是 REC，如图 2-38 所示。对于常用的命令，用简写方式输入将大大减少键盘输入的工作量，提高工作效率。另外，AutoCAD 对命令或参数输入不区分大小写，因此操作者不必考虑输入的大小写。

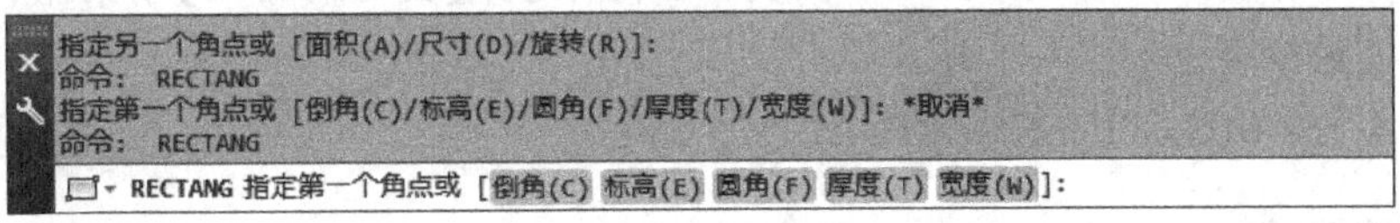

指定另一个角点或 [面积(A)/尺寸(D)/旋转(R)]:
命令: RECTANG
指定第一个角点或 [倒角(C)/标高(E)/圆角(F)/厚度(T)/宽度(W)]: *取消*
命令: RECTANG
RECTANG 指定第一个角点或 [倒角(C) 标高(E) 圆角(F) 厚度(T) 宽度(W)]:

图 2-38 命令行调用【矩形】命令

在命令行输入命令后，可以使用以下的方法响应其他任何提示和选项。

- 要接受显示在括号[ ]中的默认选项，则按 Enter 键。
- 要响应提示，则输入值或单击图形中的某个位置。
- 要指定提示选项，可以在提示列表(命令行)中输入所需提示选项对应的亮显字母，然后按 Enter 键。也可以单击选择所需要的选项，在命令行中单击选择【倒角】选项，等同于在此命令行提示下输入 C 并按 Enter 键。

5. 使用快捷菜单调用

使用快捷菜单调用命令，即右击，在弹出的菜单中选择命令，如图 2-39 所示。

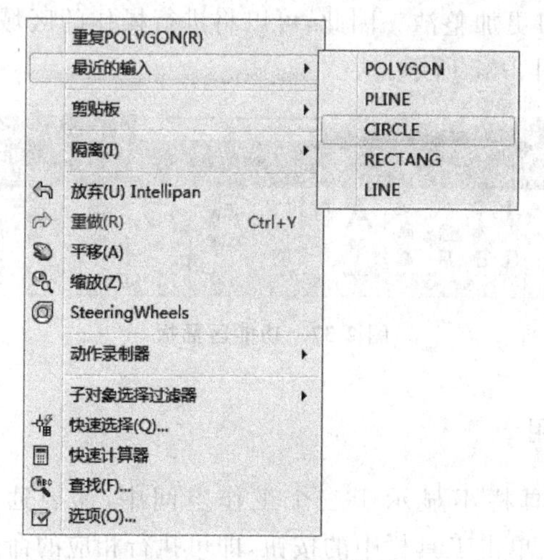

图 2-39 右键快捷菜单

2.4.2 命令的重复、撤销与重做

在使用 AutoCAD 绘图的过程中，难免重复用到某一命令或对某命令进行了误操作，因此有必要了解命令的重复、撤销与重做方面的知识。

1. 重复执行命令

在绘图过程中，有时需要重复执行同一个命令，如果每次都重复输入，会使绘图效率大大降低。执行【重复执行】命令有以下几种方法。

- 快捷键：按 Enter 键或空格键。
- 快捷菜单：右击，在系统弹出的快捷菜单中选择【最近的输入】子菜单，选择需要重复的命令。
- 命令行：MULTIPLE 或 MUL。

2. 放弃命令

在绘图过程中，如果执行了错误的操作，就需要放弃操作。执行【放弃】命令有以下几种方法。

- 工具栏：单击【快速访问】工具栏中的【放弃】按钮。
- 命令行：Undo 或 U。
- 快捷键：Ctrl+Z 组合键。

3. 重做命令

通过重做命令,可以恢复前一次或者前几次已经放弃执行的操作,重做命令与撤销命令是一对相对的命令。执行【重做】命令有以下几种方法。

- 工具栏:单击【快速访问】工具栏中的【重做】按钮。
- 命令行:REDO。
- 快捷键:Ctrl+Y 组合键。

2.5 AutoCAD 的坐标系

AutoCAD 的图形定位主要由坐标系统来确定。使用 AutoCAD 的坐标系,首先要了解 AutoCAD 坐标系的概念和坐标的输入方法。

2.5.1 认识坐标系

在绘图过程中,常常需要通过某个坐标系来精确地定位对象的位置。AutoCAD 的坐标系包括世界坐标系(WCS)和用户坐标系(UCS)。

1. 世界坐标系统

世界坐标系统(World Coordinate System,WCS)是 AutoCAD 的基本坐标系统,由三个相互垂直的坐标轴——X 轴、Y 轴和 Z 轴组成。在绘制和编辑图形的过程中,它的坐标原点和坐标轴的方向是不变的。

如图 2-40 所示,在默认情况下,世界坐标系统的 X 轴正方向水平向右,Y 轴正方向垂直向上,Z 轴正方向垂直于屏幕平面方向,指向用户。坐标原点在绘图区的左下角,在其上有一个方框标记,表明是世界坐标系统。

2. 用户坐标系统

为了更好地辅助绘图,经常需要修改坐标系的原点位置和坐标方向,这就需要使用可变的用户坐标系统(User Coordinate System,UCS)。在默认情况下,用户坐标系统和世界坐标系统重合,用户可以在绘图过程中根据具体需要来定义 UCS。

为表示用户坐标 UCS 的位置和方向,AutoCAD 在 UCS 原点或当前视窗的左下角显示了 UCS 图标,如图 2-41 所示为用户坐标系图标。

图 2-40 世界坐标系统图标　　图 2-41 用户坐标系图标

2.5.2 坐标的表示方法

在AutoCAD中直接使用鼠标虽然使得制图很方便，但不能精确定位，精确定位则需要采用键盘输入坐标值的方式来实现。常用的坐标输入方式包括绝对直角坐标、相对直角坐标、绝对极坐标和相对极坐标。

1. 绝对直角坐标

绝对直角坐标以WCS坐标系的原点(0,0,0)为基点定位，用户可以通过输入(X,Y,Z)坐标的方式来定义点的位置。

例如，在图2-42所示的图形中，Z方向坐标为0，则O点绝对坐标为(0,0,0)，A点绝对坐标为(1000,1000,0)，B点绝对坐标为(3000,1000,0)，C点绝对坐标为(3000,3000,0)，D点绝对坐标为(1000,3000,0)。

2. 相对直角坐标

相对直角坐标是以上一点为坐标原点确定下一点的位置。输入相对于上一点坐标(X,Y,Z)增量为(nX,nY,nZ)的坐标点的输入格式为(@nX,nY,nZ)。相对坐标输入格式为(@X,Y)，@字符作用是指定与上一个点的偏移量。

例如，在图2-43所示的图形中，对于O点而言，A点的相对坐标为(@20,20)，如果以A点为基点，那么B点的相对坐标为(@100,0)，C点的相对坐标为(@100,@100)，D点的相对坐标为(@0,100)。

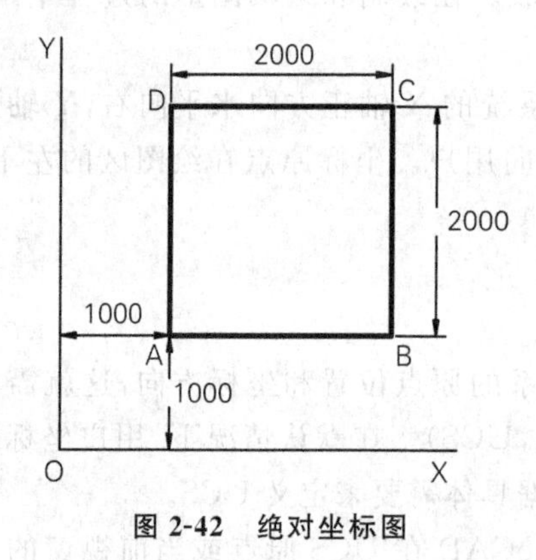

图2-42 绝对坐标图

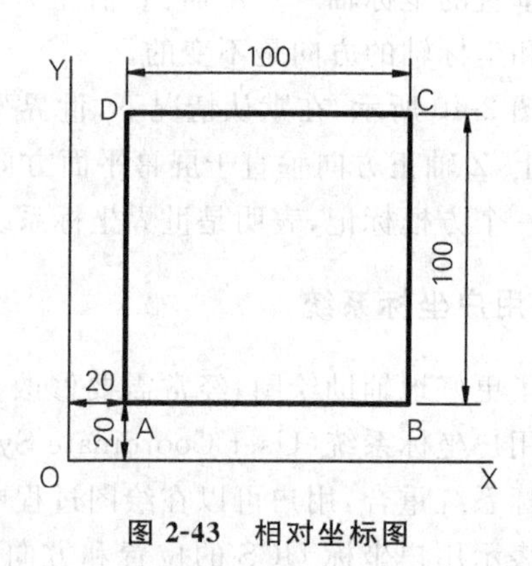

图2-43 相对坐标图

3. 绝对极坐标

该坐标方式是指相对于坐标原点的极坐标，例如，坐标(100<30)是指从X轴正方向逆时针旋转30°，距离原点100个图形单位的点。

4. 相对极坐标

相对极坐标是以上一点为参考极点，通过输入极距增量和角度值来定义下一点的位置，其输入格式为“@距离<角度”。

在运用 AutoCAD 进行绘图的过程中，使用多种坐标输入方式，可以使绘图操作更随意、灵活，再配合目标捕捉、夹点编辑等方式，在很大程度上提高了绘图的效率。

2.6 辅助绘图工具

本节介绍 AutoCAD 辅助工具的设置。通过对辅助功能进行适当的设置，可以提高用户制图的工作效率和绘图的准确性，例如捕捉和栅格、正交及对象捕捉功能等。

2.6.1 捕捉和栅格

捕捉功能经常和栅格功能连用，可以高精度捕捉和选择某个栅格上的点，从而提高制图的精度和效率。

打开【捕捉】功能有以下几种方法。

- 菜单栏：选择【工具】|【草图设置】，在弹出的【草图设置】对话框中勾选【启用捕捉】复选框，如图 2-44 所示。

图 2-44 启用捕捉

- 快捷键：F9 键。
- 状态栏：单击状态栏【捕捉】按钮。

打开【栅格】功能有以下几种方法。

- 菜单栏：选择【工具】|【草图设置】，在弹出的【草图设置】对话框中勾选【启用栅格】复选框，如图 2-45 所示。
- 快捷键：F7 键。

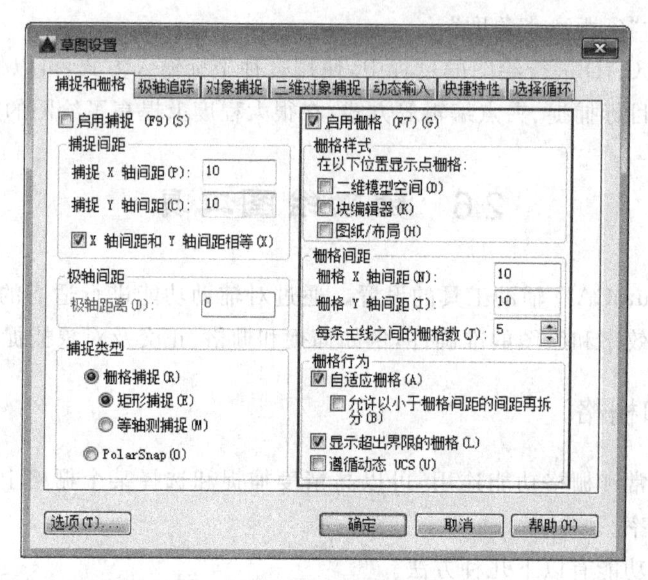

图 2-45 启用栅格

- 状态栏：单击状态栏【栅格显示】按钮。

【捕捉和栅格】选项卡中部分选项的含义如下。

- 【捕捉间距】区域：用于控制捕捉位置的不可见矩形栅格，以限制光标仅在指定的X和Y间隔内移动。
- 【捕捉类型】区域：用于设置捕捉样式和捕捉类型。
- 【栅格间距】区域：用于控制栅格的显示，这样有助于形象化显示距离。
- 【栅格行为】区域：用于控制当使用VSCURRENT命令设置为除二维线框之外的任何视觉样式时，所显示栅格线的外观。

2.6.2 正交工具

正交功能可以保证绘制的直线完全呈水平或垂直状态，以方便绘制水平或垂直直线。启用正交功能有以下方法。

- 状态栏：单击状态栏上【正交】按钮。
- 命令行：ORTHO。
- 快捷键：F8键。

2.6.3 极轴追踪

【极轴追踪】是按事先给定的角度增量来追踪特征点，实际上是极坐标的特殊应用。启用【极轴追踪】功能有以下几种方法。

- 状态栏：单击状态栏上的【极轴追踪】按钮。
- 快捷键：F10键。

可以根据用户的需要设置极轴追踪角度。执行【工具】|【绘图设置】菜单命令，打开【草图设置】对话框，在【极轴追踪】选项卡中可设置极轴追踪的开关和其他角度值的增量角等，如图 2-46 所示。

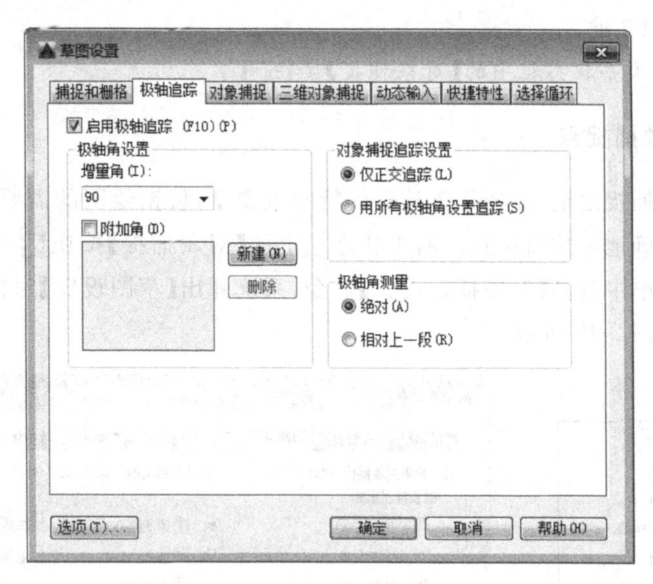

图 2-46 【极轴追踪】选项卡

【极轴追踪】选项卡中各选项的含义如下。

- 【增量角】列表框：用于设置极轴追踪角度。当光标的相对角度等于该角或者是该角的整数倍时，屏幕上将显示追踪路径。
- 【附加角】复选框：增加任意角度值作为极轴追踪角度。选中【附加角】复选框，并单击【新建】按钮，然后输入所需追踪的角度值。
- 【仅正交追踪】单选按钮：当对象捕捉追踪打开时，仅显示已获得的对象捕捉点的正交(水平和垂直方向)对象捕捉追踪路径。
- 【用所有极轴角设置追踪】单选按钮：对象捕捉追踪打开时，将从对象捕捉点起沿任何极轴追踪角进行追踪。
- 【极轴角测量】选项组：设置极角的参照标准。【绝对】单选按钮表示使用绝对极坐标，以 X 轴正方向为 0°。【相对上一段】单选按钮根据上一段绘制的直线确定极轴追踪角，上一段直线所在的方向为 0°。

2.6.4 对象捕捉

AutoCAD 提供了精确的捕捉对象特殊点的功能，运用该功能可以精确绘制出所需要的图形。进行精准绘图之前，需要进行正确的对象捕捉设置。

1. 开启对象捕捉

开启和关闭对象捕捉有以下 4 种方法。

- 菜单栏：选择【工具】|【草图设置】，在弹出的【草图设置】对话框中勾选【启用对象捕捉】复选框，但这种操作太烦琐，实际中一般不使用。
- 命令行：OSNAP。
- 快捷键：F3键。
- 状态栏：单击状态栏中的【对象捕捉】按钮。

2. 设置对象捕捉点

在使用对象捕捉之前，需要设置捕捉的特殊点类型，根据绘图的需要设置捕捉对象，这样能够快速准确地定位目标点。右击状态栏上的【对象捕捉】按钮，如图2-47所示，在弹出的快捷菜单中选择【对象捕捉设置】命令，系统弹出【草图设置】对话框，显示【对象捕捉】选项卡，如图2-48所示。

图2-47　选择【设置】命令

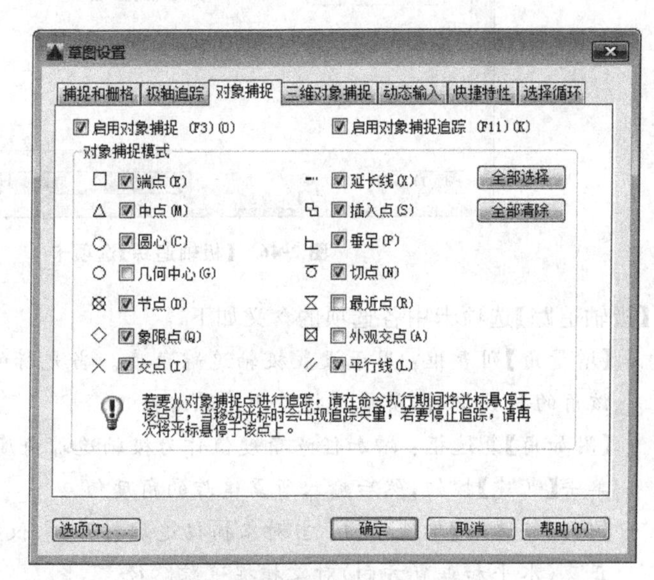

图2-48　【对象捕捉】选项卡

启用【对象捕捉】设置，在绘图过程中，当鼠标靠近这些被启用的捕捉特殊点后，将自动对其进行捕捉，如图2-49所示为启用了圆心捕捉功能的效果。

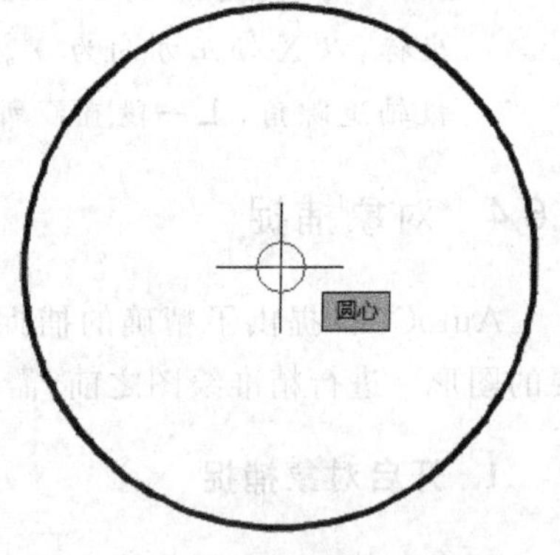

图2-49　捕捉圆心

2.6.5 对象捕捉追踪

在绘图过程中，除了需要掌握对象捕捉的应用外，也需要掌握对象追踪的相关知识和应用的方法，从而能提高绘图的效率。启动【对象捕捉追踪】功能有以下几种方法。

- 快捷键：按F11键切换开、关状态。

• 状态栏：单击状态栏上的【对象捕捉追踪】按钮。

启用【对象捕捉追踪】后，在绘图的过程中需要指定点时，光标即可沿基于其他对象捕捉点的对齐路径进行追踪。

提示：由于对象捕捉追踪的使用是基于对象捕捉进行操作的，因此，要使用对象捕捉追踪功能，必须先开启一个或多个对象捕捉功能。

2.6.6 临时捕捉

临时捕捉是一种一次性的捕捉模式，这种捕捉模式不是自动的，当用户需要临时捕捉某个特征点时，需要在捕捉之前手工设置需要捕捉的特征点，然后进行对象捕捉。这种捕捉不能反复使用，再次使用捕捉须重新选择捕捉类型。

在命令行提示输入点的坐标时，如果要使用临时捕捉模式，则按住 Shift 键然后右击，系统将弹出捕捉命令，如图 2-50 所示，可以在其中选择需要的捕捉类型。

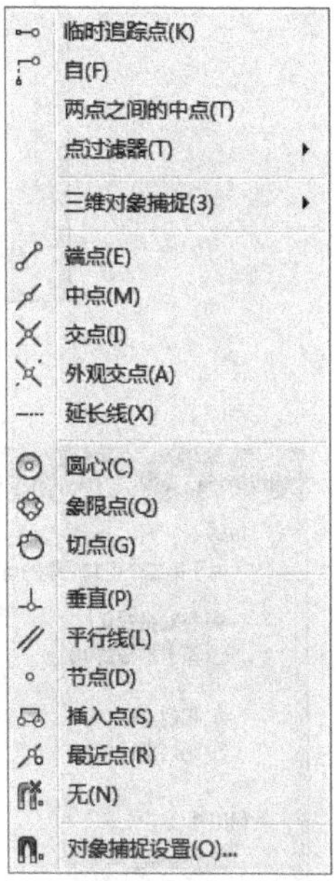

临时追踪点(K)
自(F)
两点之间的中点(T)
点过滤器(T)
三维对象捕捉(3)
端点(E)
中点(M)
交点(I)
外观交点(A)
延长线(X)
圆心(C)
象限点(Q)
切点(G)
垂直(P)
平行线(L)
节点(D)
插入点(S)
最近点(R)
无(N)
对象捕捉设置(O)...

图 2-50 临时捕捉模式

2.6.7 动态输入

在 AutoCAD 中，单击状态栏中的【动态输入】按钮，可在指针位置处显示指针输入或标注输入命令提示等信息，从而极大提高了绘图的效率。动态输入模式界面包含 3 个组件，即指针输入、标注输入和动态显示。

启动【动态输入】功能有以下几种方法。

• 快捷键：F12 键。
• 状态栏：单击状态栏上的【动态输入】按钮。

1. 启用指针输入

在【草图设置】对话框的【动态输入】选项卡中，可以控制在启用【动态输入】时每个部件所显示的内容，如图 2-51 所示。单击【指针输入】选项区的【设置】按钮，打开【指针输入设置】对话框，如图 2-52 所示。可以在其中设置指针的格式和可见性。在工具提示中，十字光标所在位置的坐标值将显示在光标旁边。命令提示用户输入点时，可以在工具提示（而非命令窗口）中输入坐标值。

2. 启用标注输入

在【草图设置】对话框的【动态输入】选项卡中选择【可能时启用标注输入】复选框，启用标注输入功能。单击【标注输入】选项区域的【设置】按钮，打开如图 2-53 所示的【标注输入的设置】对话框。利用该对话框可以设置夹点拉伸时标注输入的可见性等。

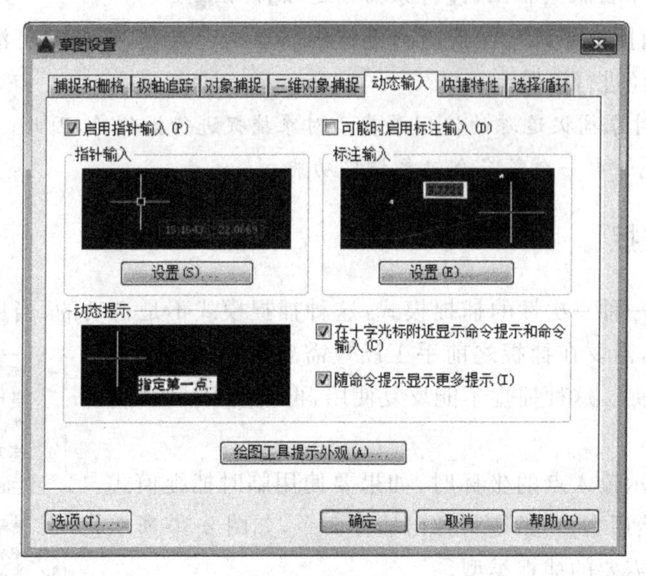

图 2-51 【动态输入】选项卡

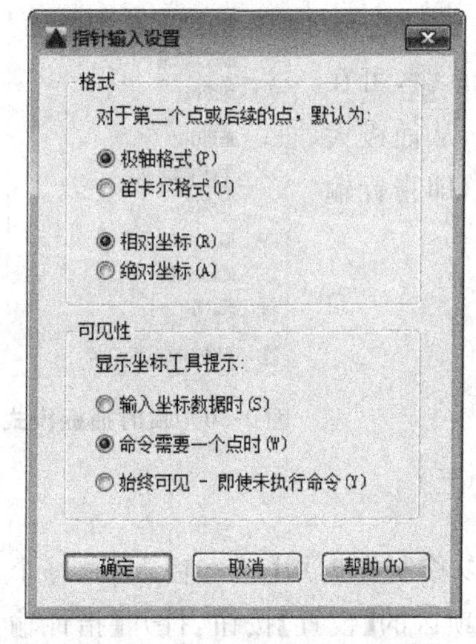

图 2-52 【指针输入设置】对话框

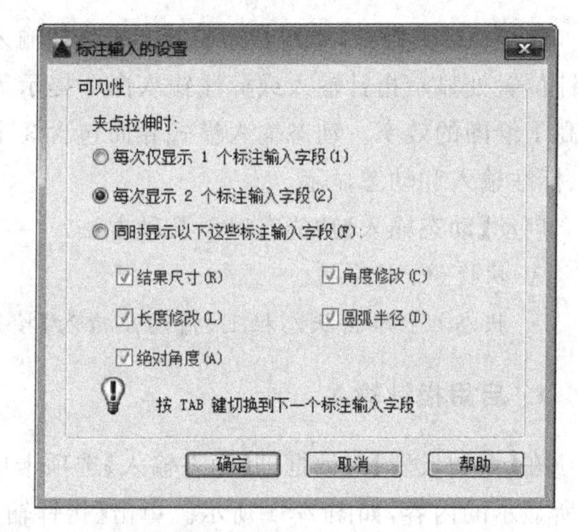

图 2-53 【标注输入的设置】对话框

3. 显示动态提示

在【动态输入】选项卡中，启用【动态显示】选项组中的【在十字光标附近显示命令提示和命令输入】复选框，可在光标附近显示命令显示。单击【绘图工具提示外观】按钮，弹出如图 2-54 所示的【工具提示外观】对话框，从中进行颜色、大小、透明度和应用场合的设置。

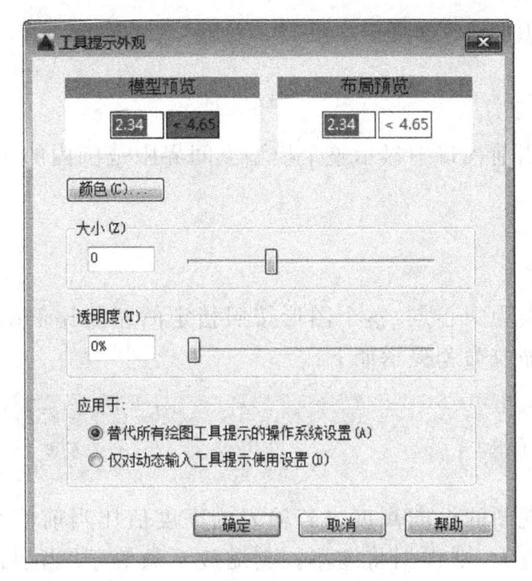

图 2-54 【工具提示外观】对话框

2.7 AutoCAD 视图的控制

在绘图过程中,为了更好地观察和绘制图形,通常需要对视图进行平移、缩放、重生成等操作。本节详细介绍 AutoCAD 视图的控制方法。

2.7.1 视图缩放

视图缩放命令可以调整当前视图大小,既能观察较大的图形范围,又能观察图形的细部而不改变图形的实际大小。执行【视图缩放】命令有以下几种方法。

- 功能区:在【视图】选项卡中,单击【导航】面板选择视图缩放工具,如图 2-55 所示。
- 菜单栏:选择【视图】|【缩放】命令。
- 命令行:ZOOM 或 Z。

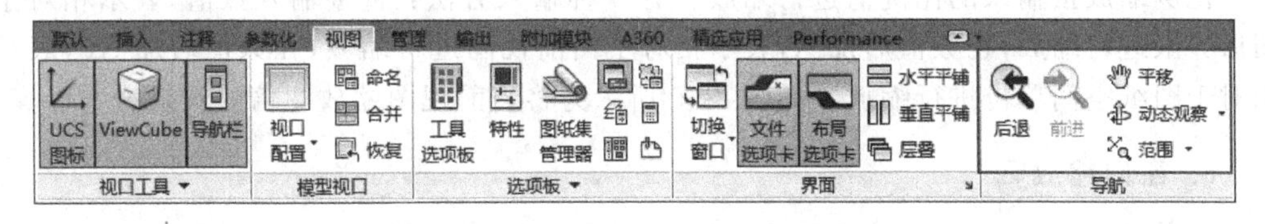

图 2-55 【视图】选项卡中的【导航】面板

执行缩放命令后,命令行提示如下。

```
命令: Z        ZOOM                                        //调用【缩放】命令
指定窗口的角点,输入比例因子 (nX 或 nXP),或者
[全部(A)/中心(C)/动态(D)/范围(E)/上一个(P)/比例(S)/窗口(W)/对象(O)] <实时>:
```

命令行中各个选项的含义如下。

1. 全部缩放

全部缩放用于在当前视口中显示整个模型空间界限范围内的所有图形对象，包含坐标系原点。

2. 中心缩放

中心缩放以指定点为中心点，整个图形按照指定的缩放比例缩放，缩放点即新视图的中心点。使用中心缩放命令提示如下：

```
指定中心点：                          //指定一点作为新视图的显示中心点
输入比例或高度<当前值>：              //输入比例或高度
```

"当前值"为当前视图的纵向高度。若输入的高度值比当前值小，则视图将放大；若输入的高度值比当前值大，则视图将缩小。其缩放系数等于"当前窗口高度/输入高度"的比值。

3. 动态缩放

动态缩放用于对图形进行动态缩放。选择该选项后，绘图区将显示几个不同颜色的方框，拖动鼠标移动方框到要缩放的位置，单击调整大小，最后按 Enter 键即可将方框内的图形最大化显示。

4. 范围缩放

范围缩放使所有图形对象最大化显示，充满整个视口。视图包含已关闭图层上的对象，但不包含冻结图层上的对象。范围缩放仅与图形有关，会使得图形充满整个视口，而不会像全部缩放一样将坐标原点同样计算在内，因此是使用最为频繁的缩放命令。

5. 比例缩放

比例缩放按输入的比例值进行缩放。有 3 种输入方法：直接输入数值，表示相对于图形界限进行缩放；在数值后加 X，表示相对于当前视图进行缩放；在数值后加 XP，表示相对于图纸空间单位进行缩放。如图 2-56 所示为将当前视图缩放 2 倍的效果。

6. 窗口缩放

窗口缩放可以将矩形窗口内选择的图形充满当前视窗。

执行完操作后，用光标确定窗口对角点，这两个角点确定了一个矩形框窗口，系统将矩形框窗口内的图形放大至整个屏幕，如图 2-57 所示。

7. 缩放对象

该缩放将选择的图形对象最大限度地显示在屏幕上。

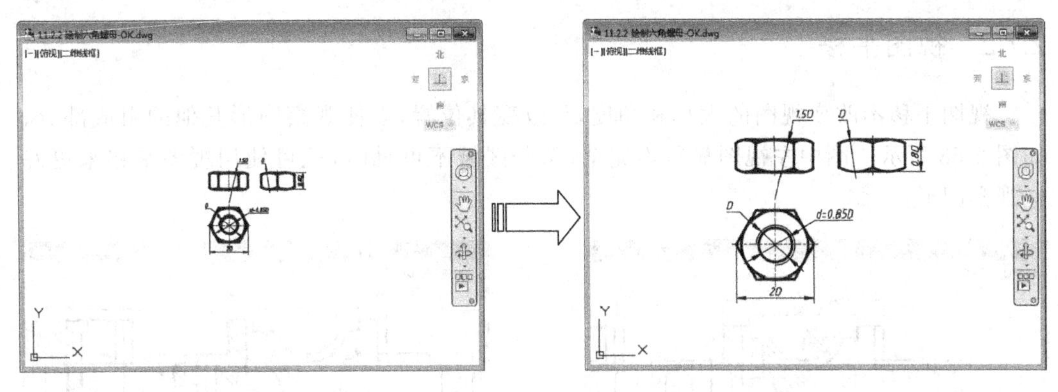

图 2-56 比例缩放效果

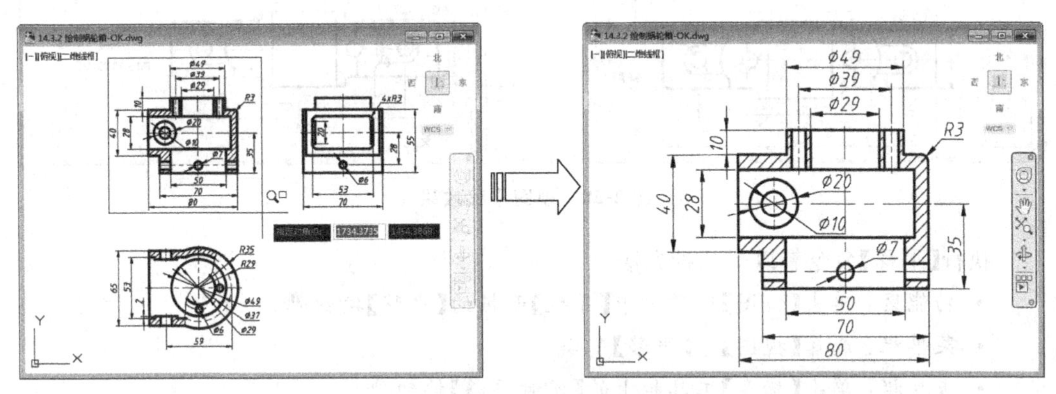

图 2-57 窗口缩放效果

8. 实时缩放

实时缩放为默认选项。执行缩放命令后直接按 Enter 键即可使用该选项。在屏幕上会出现一个形状的光标，按住鼠标左键不放向上或向下移动，即可实现图形的放大或缩小。

9. 缩放上一个

恢复到前一个视图显示的图形状态。

10. 放大

单击该按钮一次，视图中的实体显示比当前视图大一倍。

11. 缩小

单击该按钮一次，视图中的实体显示是当前视图的 50%。

2.7.2 视图平移

视图平移不改变视图的大小和角度，只改变其位置，以便观察图形其他的组成部分，如图 2-58 所示。图中左视图显示不完全，部分区域不可见时，就可使用视图平移来更好地观察图形。

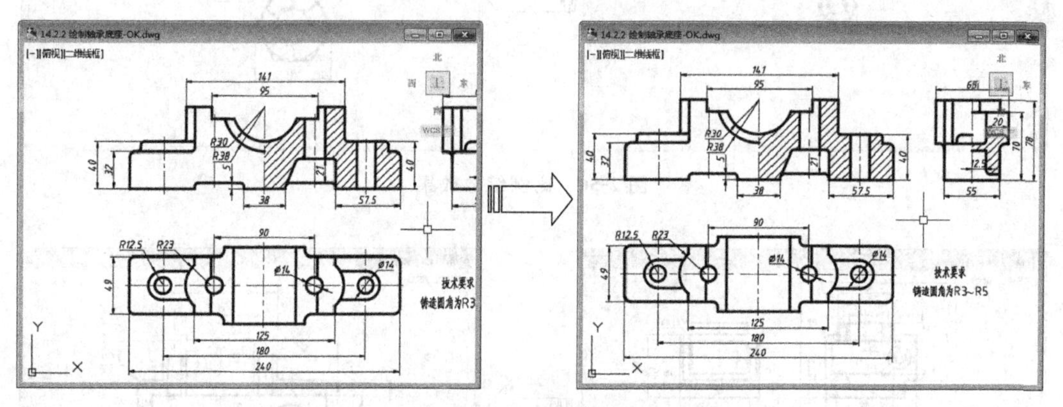

图 2-58 视图平移效果

执行【平移】命令有以下几种方法。

- 功能区：单击【视图】选项卡中【导航】面板的【平移】按钮。
- 菜单栏：选择【视图】|【平移】命令。
- 工具栏：单击【标准】工具栏上的【实时平移】按钮。
- 命令行：PAN 或 P。

视图平移可以分为实时平移和定点平移两种，其含义如下。

- 实时平移：光标形状变为手形，按住鼠标左键拖曳可以使图形的显示位置随鼠标向同一方向移动。
- 定点平移：通过指定平移起始点和目标点的方式进行平移。

在【平移】子菜单中，【左】【右】【上】【下】分别表示将视图向左、右、上、下 4 个方向移动。必须注意的是，该命令并不是真的移动图形对象，也不是真正改变图形，而是通过位移图形进行平移。

由于系统变量 MBUTTONPAN 不是初始值，它控制定点设备上的第三个按钮或滚轮的行为。当系统变量值为 0 时，支持自定义文件中定义的操作；当系统变量值为 1 时，支持平移操作。因此当鼠标中键不能使用平移功能时，在命令行中输入 MBUTTONPAN 按 Enter 键，再输入 1，然后按 Enter 键即可。

2.7.3 重画与重生成视图

在 AutoCAD 中，某些操作完成后，其效果往往不会立即显示出来，或者在屏幕上留下绘图的痕迹与标记。因此，需要通过刷新视图重新生成当前图形，以观察到最新的编辑效果。

视图刷新的命令主要有两个：重画命令和重生成命令。这两个命令都是自动完成的，不需要输入任何参数，也没有可选选项。

1. 重画视图

AutoCAD常用数据库以浮点数据的形式储存图形对象的信息，浮点格式精度高，但计算时间长。AutoCAD重生成对象时，需要把浮点数值转换为适当的屏幕坐标。因此对于复杂图形，重新生成需要花很长的时间。为此软件提供了重画这种速度较快的刷新命令。重画只刷新屏幕显示，因而生成图形的速度更快。执行重画命令有以下几种方法。

- 菜单栏：选择【视图】|【重画】命令。
- 命令行：REDRAWALL 或 RADRAW 或 RA。

2. 重生成视图

重生成命令不仅重新计算当前视图中所有对象的屏幕坐标，而且重新生成整个图形，还重新建立图形数据库索引，从而优化显示和对象选择的性能。执行【重生成】命令有以下几种方法。

- 菜单栏：选择【视图】|【重生成】命令。
- 命令行：REGEN 或 RE。

重生成命令仅对当前视图范围内的图形执行重生成，如果要对整个图形执行重生成，可选择【视图】|【全部重生成】命令。重生成的效果如图2-59所示。

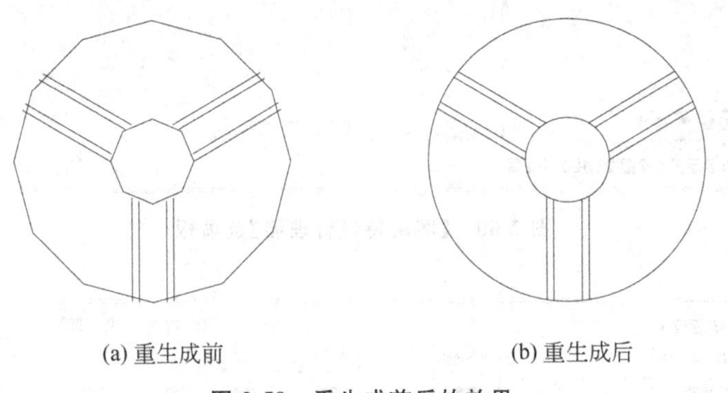

(a) 重生成前　　(b) 重生成后

图 2-59　重生成前后的效果

2.8 图层管理

图层是AutoCAD提供给用户的组织图形的强有力工具。AutoCAD的图形对象必须绘制在某个图层上，它可能是默认的图层，也可以是用户自己创建的图层。利用图层的特性，如颜色、线型、线宽等，可以非常方便地区分不同的对象。

2.8.1 创建和删除图层

在 AutoCAD 绘图前,用户首先需要创建图层。AutoCAD 的图层创建和设置其属性都在【图层特性管理器】选项板中进行。打开【图层特性管理器】选项板有以下几种方法。

- 功能区:单击【图层】面板中的【图层特性】按钮。
- 菜单栏:选择【格式】|【图层】命令。
- 命令行:LAYER 或 LA。

执行上述任一命令后,弹出【图层特性管理器】选项板,如图 2-60 所示,单击对话框上方的【新建】按钮,即可新建图层,如图 2-61 所示。

提示:按 Alt+N 组合键可快速创建新图层。设置为当前的图层项目前会出现✔符号。

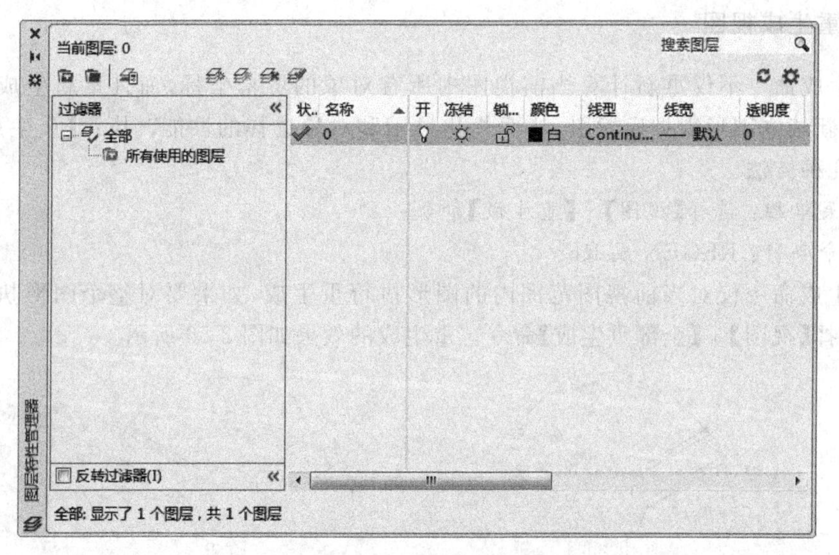

图 2-60 【图层特性管理器】选项板

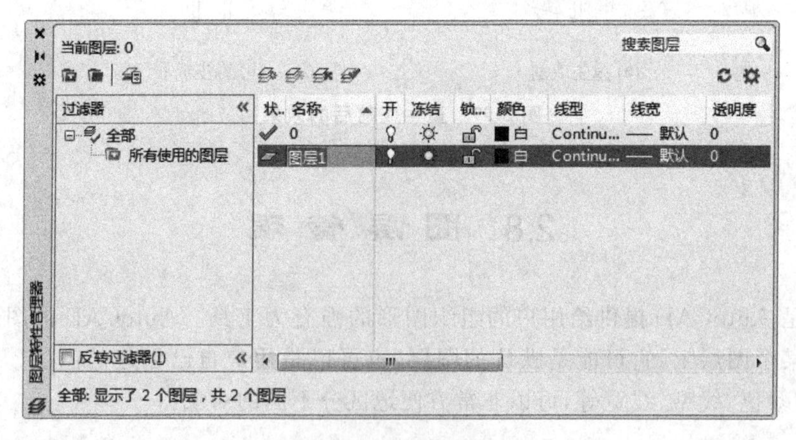

图 2-61 新建图层

及时清理图形中不需要的图层可以简化图形。在【图层特性管理器】选项板中选择需要删除的图层，然后单击【删除图层】按钮✖，即可删除选择的图层。但AutoCAD规定以下4类图层不能被删除，如下所述。

- 图层0层Defpoints。
- 当前图层。要删除当前层，可以改变当前层到其他层。
- 包含对象的图层。要删除该层，必须先删除该层中所有的图形对象。
- 依赖外部参照的图层。要删除该层，必先删除外部参照。

2.8.2 设置图层颜色

打开【图层特性管理器】选项板，单击某一图层对应的【颜色】项目，弹出如图2-62所示的【选择颜色】对话框，在调色板中选择一种颜色，单击【确定】按钮，即完成颜色设置，如图2-63所示。

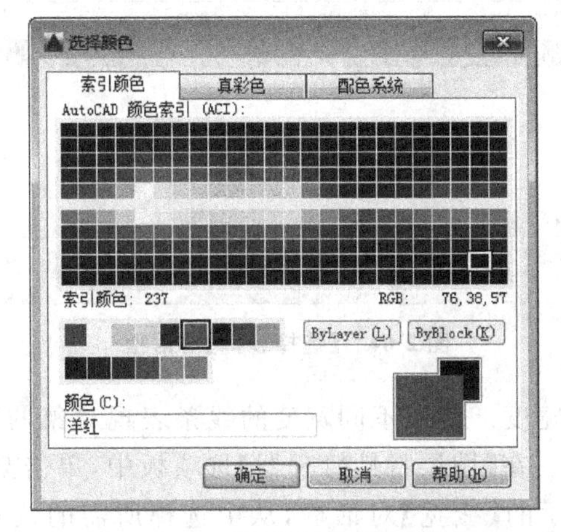

图2-62 【选择颜色】对话框

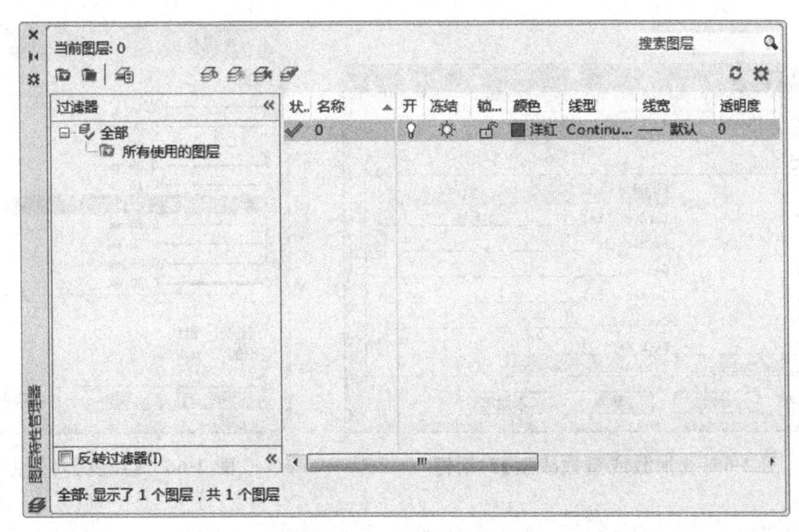

图2-63 设置颜色结果

2.8.3 设置图层的线型和线宽

线型是指图形基本元素中线条的组成和显示方式，如实线、中心线、点画线、虚线等。通过线型的区别，可以直观判断图形对象的类别。在 AutoCAD 中默认的线型是实线(Continuous)，其他的线型需要加载才能使用。

在【图层特性管理器】选项板中，单击某一图层对应的【线型】项目，弹出【选择线型】对话框，如图 2-64 所示。在默认状态下，【选择线型】对话框中只有 Continuous 一种线型。如果要使用其他线型，必须将其添加到【选择线型】对话框中。单击【加载】按钮，弹出【加载或重载线型】对话框，如图 2-65 所示，从对话框中选择要使用的线型，单击【确定】按钮，完成线型加载。

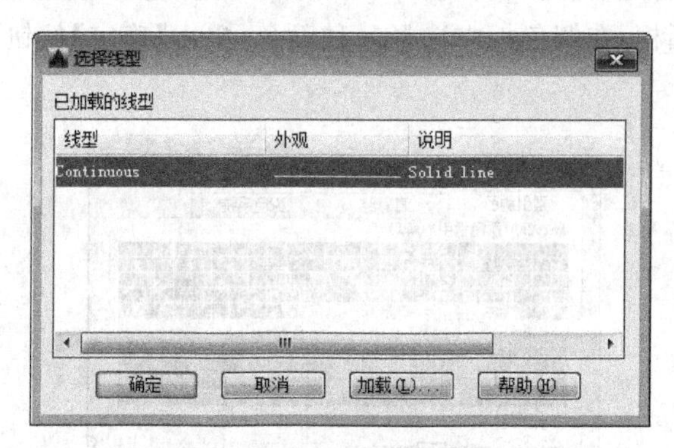

图 2-64 【选择线型】对话框

线宽即线条显示的宽度。使用不同宽度的线条表现对象的不同部分，可以提高图形的表达能力和可读性。在【图层特性管理器】选项板中，单击某一图层对应的【线宽】项目，弹出如图 2-66 所示的【线宽】对话框，从中选择所需的线宽即可，结果如图 2-67 所示。

图 2-65 【加载或重载线型】对话框

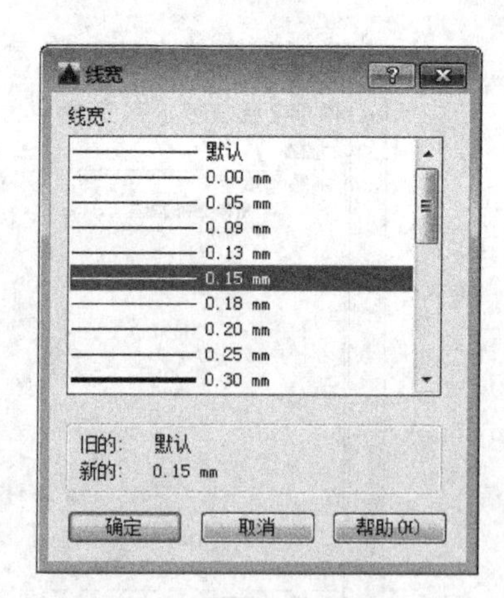

图 2-66 【线宽】对话框

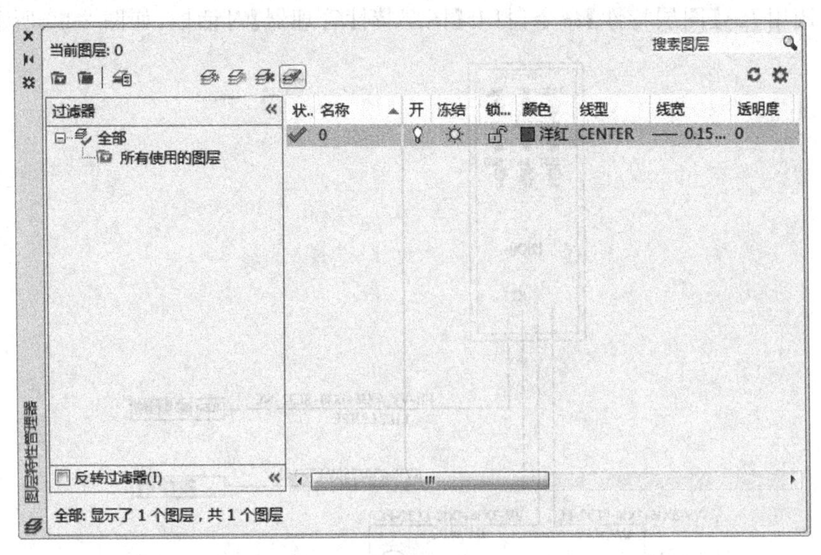

图 2-67 【线宽设置】对话框

2.8.4 控制图层的显示状态

图层状态是用户对图层整体特性的开/关设置，包括隐藏或显示、冻结或解冻、锁定或解锁、打印或不打印等，对图层的状态进行控制，可以更方便地管理特定图层上的图形对象。控制图层状态可以通过【图层特性管理器】对话框、【图层控制】下拉列表，以及【图层】面板上各功能按钮来完成。图层状态主要包括以下几点。

- 打开与关闭：单击【开/关图层】按钮，打开或关闭图层。打开的图层可见，可打印。关闭的图层则相反。
- 冻结与解冻：单击【冻结/解冻】按钮/，冻结或解冻图层。将长期不需要显示的图层冻结，可以提高系统运行速度，减少图形刷新的时间。AutoCAD中被冻结图层上的对象不会显示、打印或重生成。
- 锁定与解锁：单击【锁定/解锁】按钮/，锁定或解锁图层。被锁定图层上的对象不能被编辑、选择和删除，但该层的对象仍然可见，而且可以在该图层上添加新的图形对象。
- 打印与不打印：单击打印按钮，设置图层是否被打印。指定图层不被打印，该图层上的图形对象仍然可见。

2.9 课堂练习：设置控制箱接线图的图层特性

(1) 单击【快速访问】工具栏中的【打开】按钮，打开"第1章\1.7.5设置图层特性.dwg"素材文件，如图2-68所示。

(2) 调用 LA【图层特性】命令，打开【图层特性管理器】对话框，如图 2-69 所示。

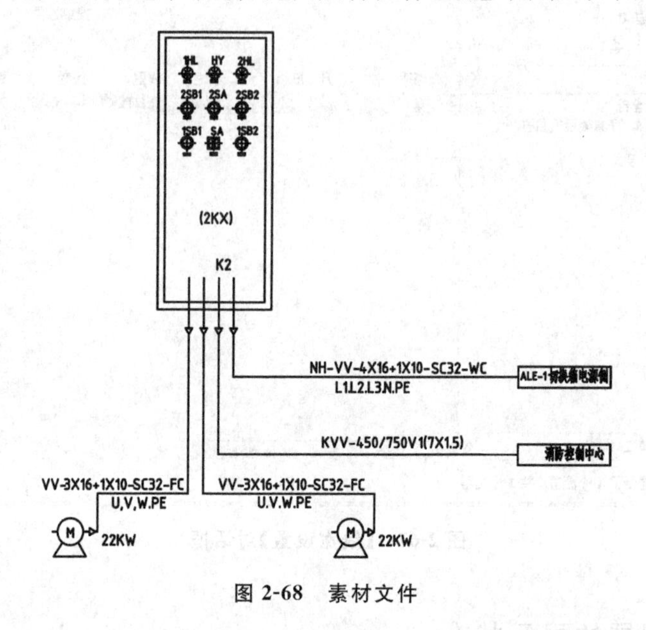

图 2-68 素材文件

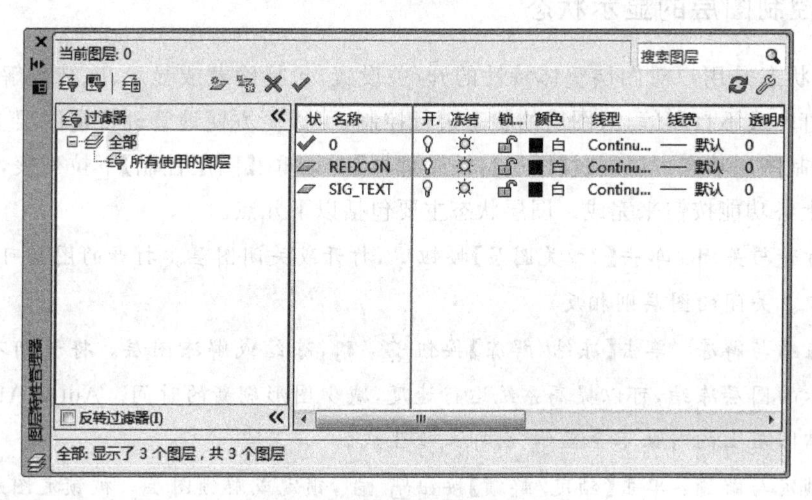

图 2-69 【图层特性管理器】对话框

(3) 单击对话框上方的【新建】按钮，依次创建【文字】【线型】和【线宽】3 个图层，如图 2-70 所示。

(4) 单击【文字】图层的【颜色】列，打开【选择颜色】对话框，选择【红】色，如图 2-71 所示，单击【确定】按钮即可。

(5) 单击【线型】图层中的【线型】列，打开【选择线型】对话框，选择 CENTER2 线型，如图 2-72 所示，单击【确定】按钮即可。

(6) 单击【线宽】图层的【线宽】列，打开【线宽】对话框，选择 0.30mm 选项，如图 2-73 所示。

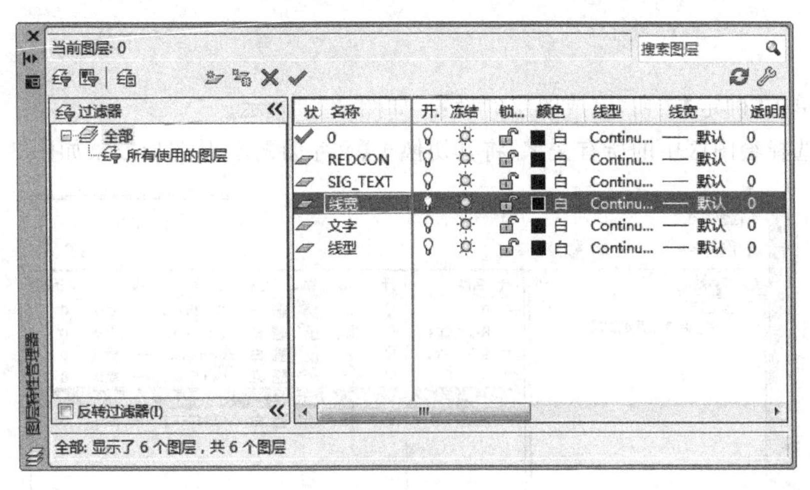

图 2-70 新建图层

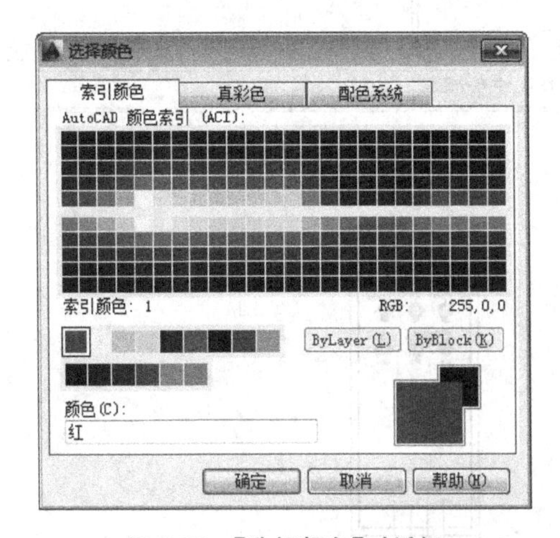

图 2-71 【选择颜色】对话框

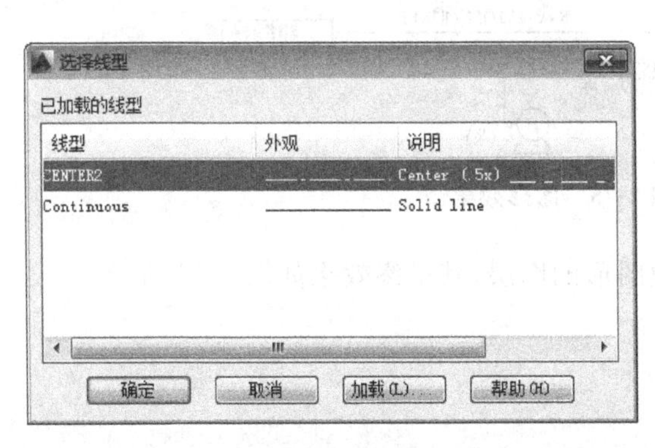

图 2-72 【选择线型】对话框

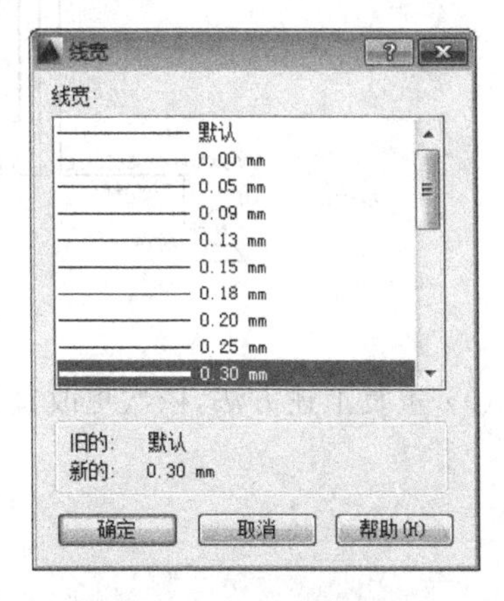

图 2-73 【线宽】对话框

(7) 单击【确定】按钮，完成图层的设置，如图 2-74 所示。

(8) 选择绘图区中的所有文字，将其切换至【文字】图层，其图形效果如图 2-75 所示。

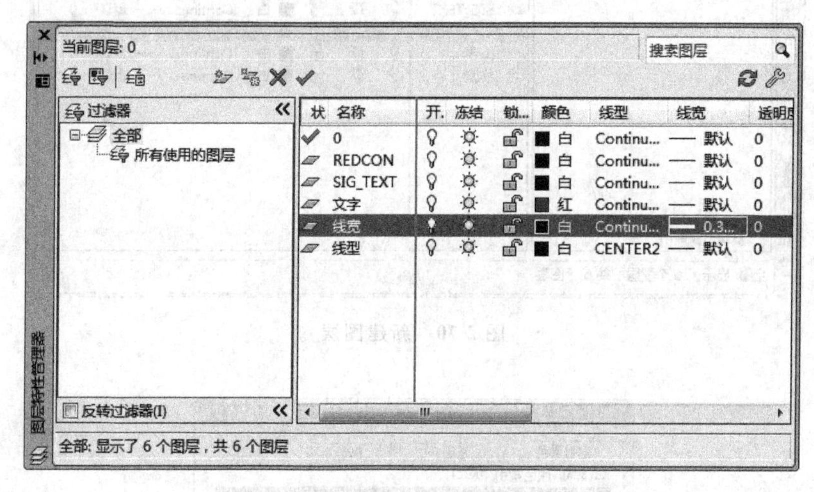

图 2-74 设置图层

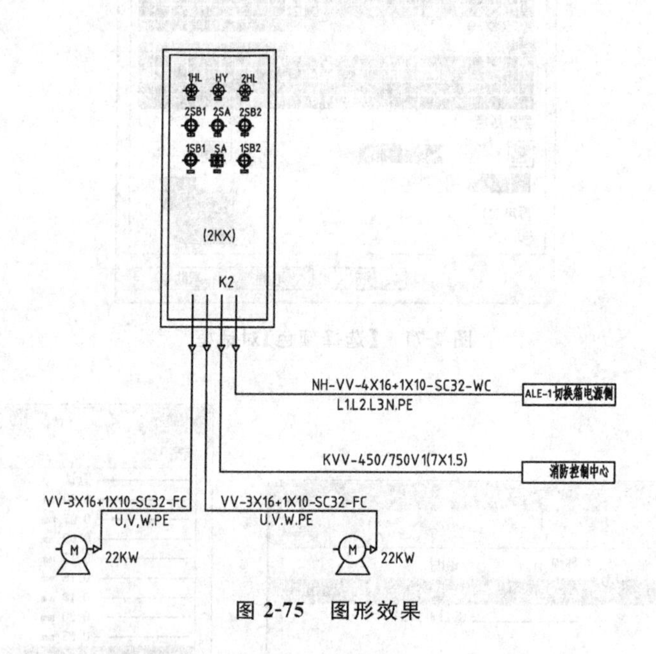

图 2-75 图形效果

(9) 重复上述方法，依次更改其他图形的图层，其最终效果如图 2-76 所示。

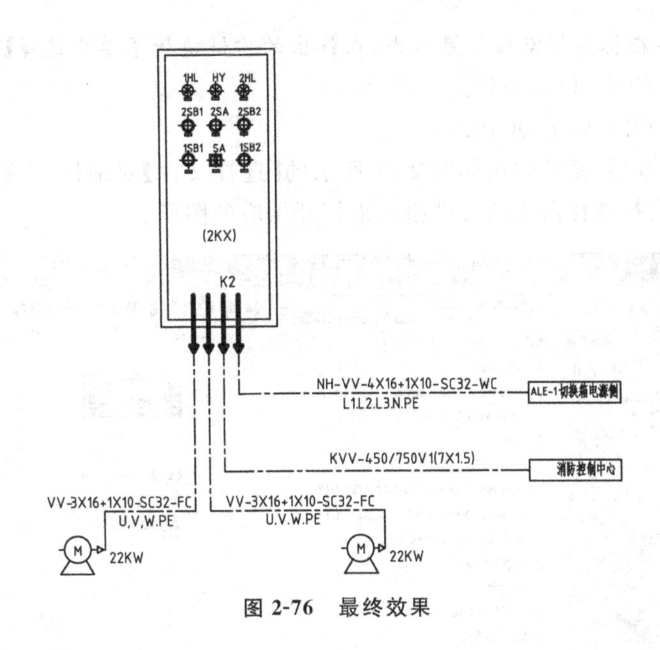

图 2-76　最终效果

2.10　图形文件管理

图形文件管理是软件操作的基础，本节介绍 AutoCAD 图形文件的管理方法，如文件的新建、打开及保存等操作。

2.10.1　新建文件

当启动 AutoCAD 后，如果用户需要绘制一个新的图形，则需要使用【新建】命令。启动【新建】命令有以下几种方法。

- 应用程序：单击【应用程序】按钮，在弹出的快捷菜单中选择【新建】选项。
- 快速访问工具栏：单击【快速访问】工具栏中的【新建】按钮。
- 菜单栏：选择【文件】|【新建】命令。
- 标签栏：单击标签栏上的按钮。
- 快捷键：Ctrl＋N 组合键。
- 命令行：NEW 或 QNEW。

2.10.2　打开文件

在使用 AutoCAD 进行图形编辑时，常需要对图形进行查看或编辑，这时就要打开相应的图形文件。启动【打开】命令有以下几种方法。

- 应用程序：单击【应用程序】按钮，在弹出的快捷菜单中选择【打开】选项。
- 快速访问工具栏：单击【快速访问】工具栏【打开】按钮。
- 菜单栏：执行【文件】|【打开】命令。

- 标签栏：在标签栏空白位置右击，在弹出的右键快捷菜单中选择【打开】选项。
- 快捷键：Ctrl+O 组合键。
- 命令行：OPEN 或 QOPEN。

执行上述命令后，系统弹出如图 2-77 所示的【选择文件】对话框，在【文件类型】下拉列表中，用户可自行选择所需的文件格式来打开相应的图形。

图 2-77 【选择文件】对话框

2.10.3 保存文件

保存文件不仅是将新绘制的或修改好的图形文件进行存盘，以便以后对图形进行查看、使用或修改、编辑等，还包括在绘制图形过程中随时对图形进行保存，以避免意外情况发生而导致文件丢失或不完整。

1. 保存新的图形文件

保存新文件就是对新绘制还没保存过的文件进行保存。启动【保存】命令有以下几种方法。

- 应用程序：单击【应用程序】按钮，在弹出的快捷菜单中选择【保存】选项。
- 快速访问工具栏：单击【快速访问】工具栏【保存】按钮。
- 菜单栏：选择【文件】|【保存】命令。
- 快捷键：按 Ctrl+S 组合键。
- 命令行：SAVE 或 QSAVE。

执行【保存】命令后，系统弹出如图 2-78 所示的【图形另存为】对话框。用户指定文件名和保存路径即可将图形保存。

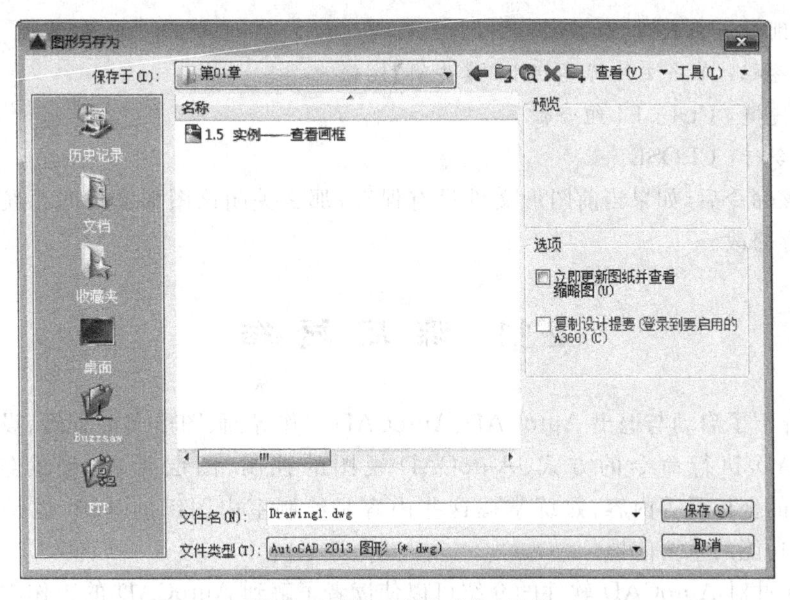

图 2-78 【图形另存为】对话框

2. 另存为其他文件

当用户在已存盘的图形基础上进行了其他修改工作,又不想覆盖原来的图形时,可以使用【另存为】命令,将修改后的图形以不同图形文件进行存盘。启动【另存为】命令有以下几种方法。

- 应用程序:单击【应用程序】按钮▲,在弹出的快捷菜单中选择【另存为】选项。
- 快速访问工具栏:单击【快速访问】工具栏【另存为】按钮。
- 菜单栏:选择【文件】|【另存为】命令。
- 快捷键:Ctrl+Shift+S 组合键。
- 命令行:SAVE As。

3. 定时保存图形文件

此外,还有一种比较好的保存文件的方法,即定时保存图形文件,可以免去随时手动保存的麻烦。设置定时保存后,系统会在一定的时间间隔内实行自动保存当前文件编辑的内容。

2.10.4 关闭文件

为了避免同时打开过多的图形文件,需要关闭不再使用的文件,执行【关闭】命令有以下几种方法。

- 应用程序:单击【应用程序】按钮▲,在弹出的快捷菜单中选择【关闭】选项。
- 菜单栏:选择【文件】|【关闭】命令。
- 文件窗口:单击文件窗口上的【关闭】按钮。注意不是软件窗口的【关闭】按钮,否则会退出软件。

- 标签栏：单击文件标签栏上的【关闭】按钮。
- 快捷键：Ctrl+F4 组合键。
- 命令行：CLOSE。

执行该命令后，如果当前图形文件没有保存，那么关闭该图形文件时系统将提示是否需要保存修改。

2.11 课后总结

本章介绍了启动与退出 AutoCAD、AutoCAD 工作界面、图形文件管理、设置绘图环境、AutoCAD 执行命令的方式、AutoCAD 视图的控制、图层管理、辅助绘图工具、AutoCAD 的坐标系等内容，熟练掌握这些内容是绘制室内图纸的基础，也是深入学习 AutoCAD 功能的重要前提。

本章通过对 AutoCAD 软件的介绍可以使读者了解到 AutoCAD 的工作空间变化较大，功能区在绘图过程中使用率很高，而状态区则显示作图过程中的各种信息，并提供给用户各种辅助绘图工具。

另外，AutoCAD 相对于旧版本增强了即时帮助帮助系统，所以在绘图过程中，对不熟悉的命令可以随时通过系统获得帮助。

AutoCAD 绘图软件虽然功能强大，但也要通过实例练习来熟练操作。在绘图过程中，一般使用功能区或工具栏中的按钮即可完成相应操作。但有的操作必须通过命令或者下拉菜单来执行，尤其是系统变量的设置，必须通过命令的输入才能完成。

本章还介绍了样板文件的使用方法，包括操作界面、图形单位、图形界限、图层的设置、辅助绘图的设置，提前创建电气样板可以大大节省绘图的速度，不用重复进行设置操作，提高绘图效率。

本章讲解的笛卡儿坐标系、极坐标系以及绝对坐标的内容，都是常用的知识，要熟练掌握。下面对这些内容进行简单归纳。

- 绝对坐标：(x,y)或(-x,-y)，也就是该点相对于坐标原点(0,0)在 x 轴和 y 轴正方向或负方向上移动的距离。
- 相对坐标：(@x,y)或(@-x,-y)，也就是该点相对于上一点在 x 轴和 y 轴正方向或负方向上移动的距离。
- 绝对极坐标：(L<&)，其中 L 表示长度，& 表示角度。
- 相对极坐标：(@L<&)，其中 L 表示长度，& 表示角度。

2.12 课后习题

定时开关是多段定时设置的智能控制开关，可用于各种需要按时自动开启和关闭的电器设备。本实例通过绘制如图 2-79 所示定时开关图形，主要考察对象捕捉功能、直线以及圆命令的应用方法。

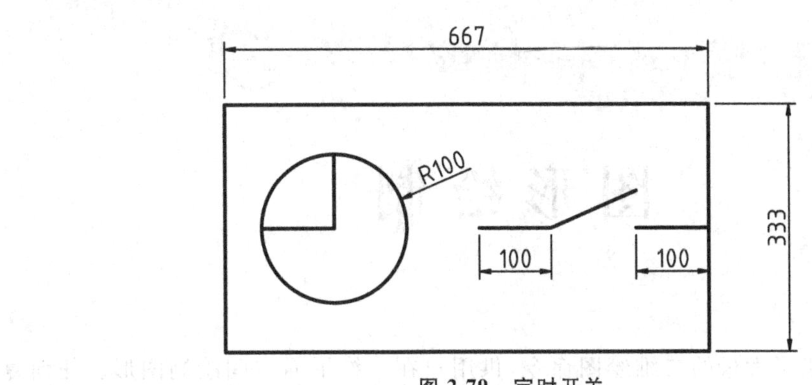

图 2-79 定时开关

提示步骤如下：

(1) 新建空白文件。调用 L【直线】命令，绘制直线，如图 2-80 所示

(2) 调用 C【圆】命令、【直线】命令，完善内部图形，如图 2-81 所示。

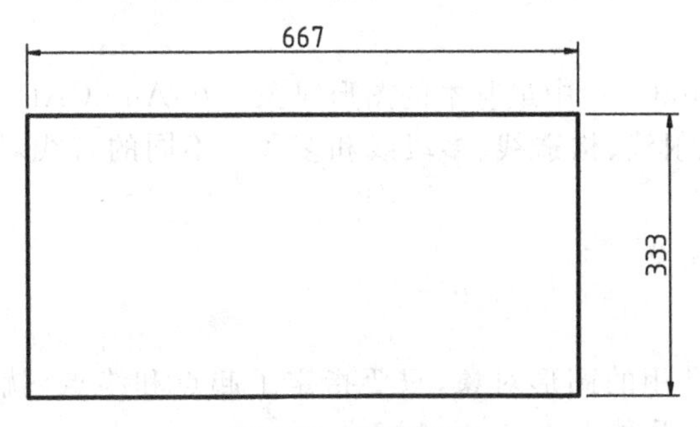

图 2-80 绘制直线

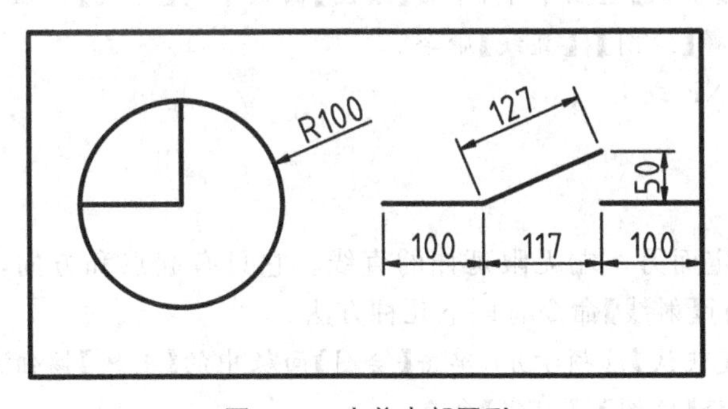

图 2-81 完善内部图形

第3章 chapter 3

图形绘制

AutoCAD提供了大量的二维绘图命令，供用户在二维平面空间绘制图形。任何复杂的电气图都是由点、直线、多线、多段线和样条曲线等简单的二维图形组成的。

本章主要介绍常用的二维绘图命令的使用方法和技巧。

3.1 绘制直线类图形

直线类图形是AutoCAD中最基本的图形对象。在AutoCAD中，根据用途的不同，可以将线分类为直线、射线、构造线、多段线和多线。不同的直线对象具有不同的特性，下面进行详细讲解。

3.1.1 直线

直线是绘图中最常用的图形对象，只要指定了起点和终点，就可绘制出一条直线。执行【直线】命令有以下几种方法。

- 功能区：在【默认】选项卡中，单击【绘图】面板中的【直线】按钮。
- 菜单栏：选择【绘图】|【直线】命令。
- 命令行：LINE或L。

3.1.2 射线

射线是一端固定而另一端无限延伸的直线。它只有起点和方向，没有终点，一般用来作为辅助线。执行【射线】命令有以下几种方法。

- 功能区：在【默认】选项卡中，单击【绘图】面板中的【射线】按钮。
- 菜单栏：选择【绘图】|【射线】命令。
- 命令行：RAY。

调用【射线】命令指定射线的起点后，可以根据【指定通过点】的提示指定多个通过点，绘制经过相同起点的多条射线，直到按Esc键或Enter键退出为止。

3.1.3 构造线

构造线是两端无限延伸的直线，没有起点和终点，主要用于绘制辅助线和修剪边界，在室内设计中常用来作为辅助线。构造线只需指定两个点即可确定位置和方向。执行【构造线】命令有以下几种方法。

- 功能区：在【默认】选项卡中，单击【绘图】面板中的【构造线】按钮。
- 菜单栏：选择【绘图】|【构造线】命令。
- 命令行：XLINE 或 XL。

执行该命令后命令操作如下。

```
命令：_xline                                                    //调用【构造线】命令
指定点或[水平(H)/垂直(V)/角度(A)/二等分(B)/偏移(O)]：            //指定构造线的绘制方式
```

各选项含义说明如下：

- 水平(H)、垂直：选择【水平】或【垂直】选项，可以绘制水平和垂直的构造线，如图 3-1 所示。
- 角度(A)：选择【角度】选项，可以绘制用户所输入角度的构造线，如图 3-2 所示。
- 二等分(B)：选择【二等分】选项，可以绘制两条相交直线的角平分线，如图 3-3 所示。绘制角平分线时，使用捕捉功能依次拾取顶点 O、起点 A 和端点 B 即可(A、B 可为直线上除 O 点外的任意点)。

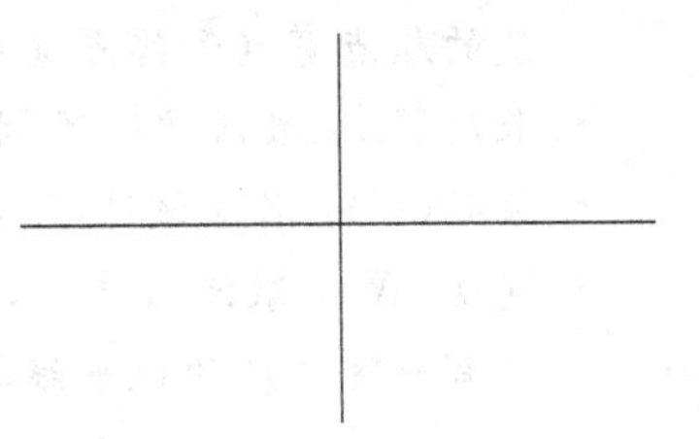

图 3-1 水平和垂直构造线

- 偏移(O)：选择【偏移】选项，可以由已有直线偏移出平行线。该选项的功能类似于【偏移】命令。通过输入偏移距离和选择要偏移的直线来绘制与该直线平行的构造线。

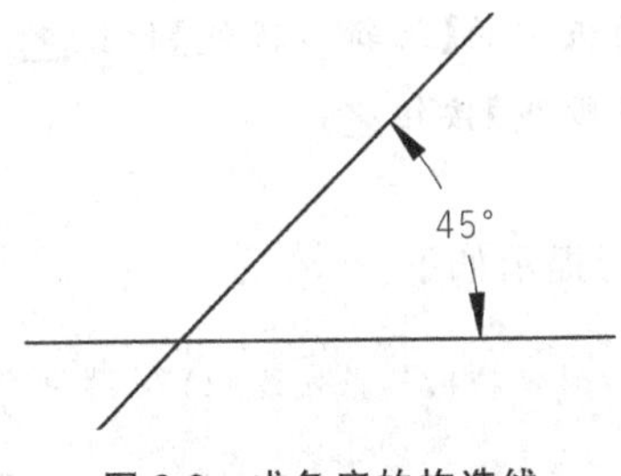

图 3-2 成角度的构造线

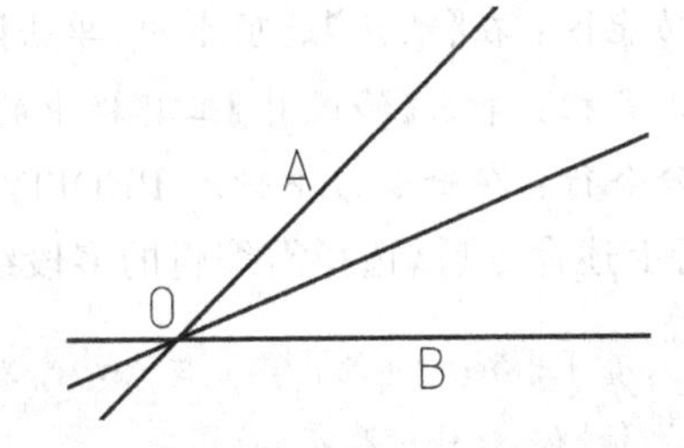

图 3-3 二等分构造线

提示：构造线是真正意义上的"直线"，可以向两端无限延伸。构造线在控制草图的几何关系、尺寸关系方面，有着极其重要的作用，是提高绘图效率的常用命令。构造线可以用来绘制各种绘图过程中的辅助线和基准线，如机械上的中心线、建筑中的墙体线。构造线不会改变图形的总面积，因此，它们的无限长的特性对缩放或视点没有影响，并会被显示图形范围的命令所忽略。和其他对象一样，构造线也可以移动、旋转和复制。

3.1.4 多段线

多段线是 AutoCAD 中常用的一类复合图形对象。使用【多段线】命令可以生成由若干条直线和曲线首尾连接形成的复合线实体。调用【多段线】命令有以下几种方法。

- 功能区：在【默认】选项卡中，单击【绘图】面板中的【多段线】按钮。
- 菜单栏：调用【绘图】|【多段线】命令。
- 命令行：PLINE 或 PL。

1. 绘制多段线

执行【多段线】命令并指定多段线起点后，命令行操作如下。

```
指定下一个点或 [圆弧(A)/半宽(H)/长度(L)/放弃(U)/宽度(W)]:
```

命令行中各选项的含义如下。

- 圆弧(A)：激活该选项，将以绘制圆弧的方式绘制多段线。
- 半宽(H)：激活该选项，将指定多段线的半宽值，AutoCAD 将提示用户输入多段线的起点宽度和终点宽度，常用此选项绘制箭头。
- 长度(L)：激活该选项，将定义下一条多段线的长度。
- 放弃(U)：激活该选项，将取消上一次绘制的一段多段线。
- 宽度(W)：激活该选项，可以设置多段线宽度值。建筑制图中常用此选项来绘制具有一定宽度的地平线等元素。

2. 编辑多段线

多段线绘制完成后，如需修改，AutoCAD 提供专门的多段线编辑工具对其进行编辑。执行【编辑多段线】命令的方法有以下几种。

- 菜单栏：选择【修改】|【对象】|【多段线】菜单命令。
- 功能区：在【默认】选项卡中，单击【修改】面板中的【编辑多段线】按钮。
- 工具栏：单击【修改Ⅱ】工具栏中的【编辑多段线】按钮。
- 命令行：在命令行中输入 PEDIT/PE 命令。

执行上述命令后，选择需编辑的多段线，命令行提示如下。

```
输入选项 [闭合()/合并(J)/宽度(W)/编辑顶点(E)/拟合(F)/样条曲线(S)/非曲线化(D)/线型生成(L)/反转(R)/放弃(U)]:
```

3.1.5 多线

多线是由一系列相互平行的直线组成的组合图形，其组合范围为 1～16 条平行线，这些平行线称为元素。构成多线的元素既可以是直线，也可以是圆弧。在机械绘图中，键槽等图形常用多线绘制。

1. 绘制多线

通过多线的样式，用户可以自定义元素的类型以及元素间的间距，以满足不同情形下的多线使用要求。执行【多线】命令有以下几种方法。

- 菜单栏：选择【绘图】|【多线】菜单命令。
- 命令行：MLINE 或 ML。

多线的绘制方法与直线相似，不同的是多线由多条线性相同的平行线组成。绘制的每一条多线都是一个完整的整体，不能对其进行偏移、延伸、修剪等编辑操作，只能将其分解为多条直线后才能编辑。执行【多线】命令后，命令行操作如下。

```
命令：ML                                          //执行【多线】命令
MLINE
当前设置：对正 =上，比例 =20.00，样式 =STANDARD     //显示当前的多线设置
指定起点或 [对正(J)/比例(S)/样式(ST)]:              //指定多线的第一点
指定下一点或 [放弃(U)]:                            //指定多线的下一点
指定下一点或 [闭合(C)/放弃(U)]:                    //指定多线的下一点或按 Enter 键
                                                  //完成绘制
```

各选项的含义介绍如下。

- 对正(J)：设置绘制多线相对于用户输入端点的偏移位置。该选项有【上】【无】和【下】3 个选项，【上】表示多线顶端的线随着光标进行移动；【无】表示多线的中心线随着光标点移动；【下】表示多线底端的线随着光标点移动。3 种对正方式如图 3-4 所示。
- 比例(S)：设置多线的宽度比例。如图 3-5 所示，比例因子为 10 和 100。比例因子为 0 时，将使多线变为单一的直线。
- 样式(ST)：用于设置多线的样式。激活【样式】选项后，命令行出现“输入多线样式或[?]”提示信息，此时可直接输入已定义的多线样式名称。输入“?”，则会显示已定义的多线样式。

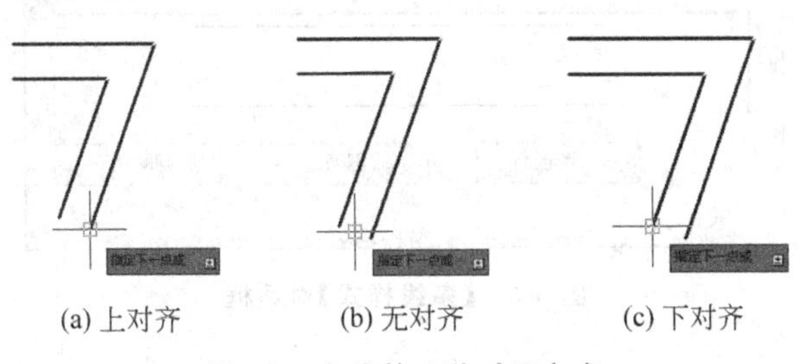

(a) 上对齐　(b) 无对齐　(c) 下对齐

图 3-4　多线的 3 种对正方式

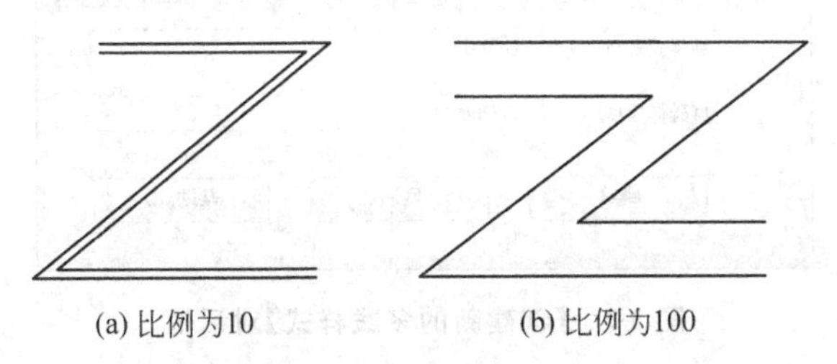

(a) 比例为10　(b) 比例为100

图 3-5　多线的比例

2. 定义多线样式

系统默认的多线样式称为 STANDARD 样式，它由两条平行线组成，并且平行线的间距是定值。如果需绘制不同样式的多线，则可以在打开的【多线样式】对话框中设置多线的线型、颜色、线宽、偏移等特性。

执行【多线样式】命令有以下几种方法。

- 菜单栏：选择【格式】|【多线样式】命令。
- 命令行：MLSTYLE。

执行上述任一命令后，系统弹出如图 3-6 所示的【多线样式】对话框，其中可以新建、修改或者加载多线样式。单击其中的【新建】按钮，可以打开【创建新的多线样式】对话框，然后定义新多线样式的名称，如图 3-7 所示。接着单击【继续】按钮，便可打开【新建多线样式】对话框，可以在其中设置多线的各种特性，如图 3-8 所示。

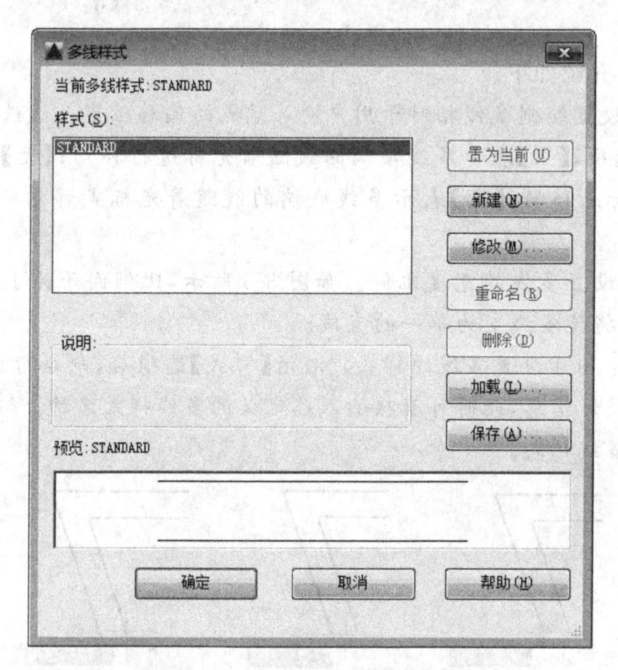

图 3-6 【多线样式】对话框

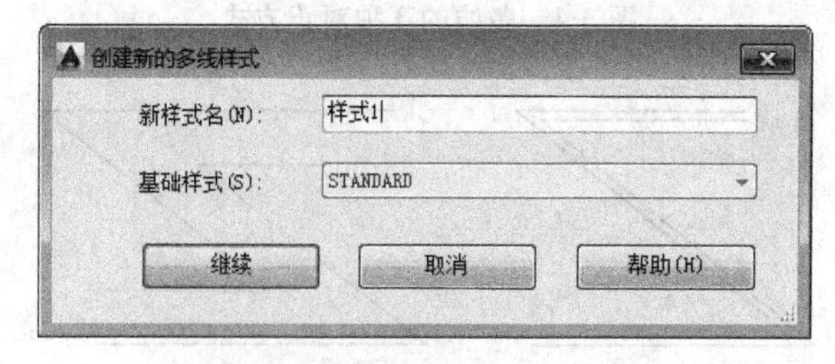

图 3-7 【创建新的多线样式】对话框

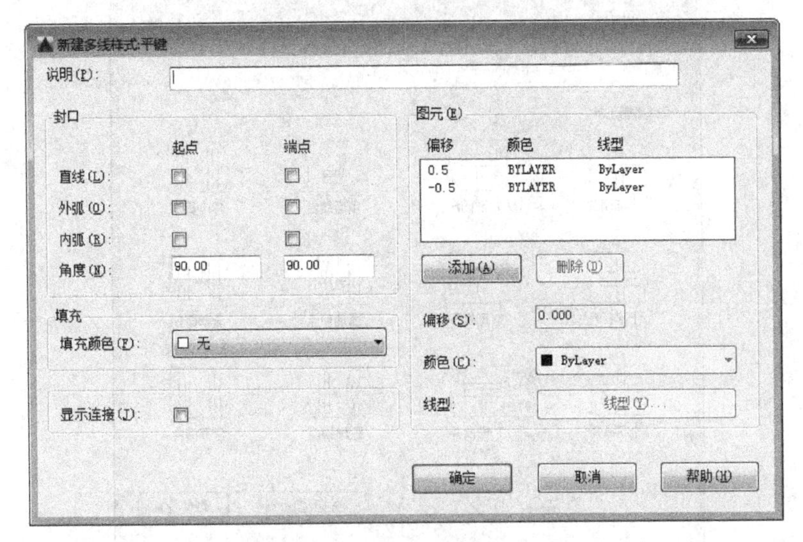

图 3-8 【新建多线样式】对话框

【新建多线样式】对话框中各选项的含义如下。

- 【说明】文本框：用来为多线样式添加说明，最多可输入 255 个字符。
- 封口：设置多线的平行线段之间两端封口的样式。当取消【封口】选项区中的复选框勾选，绘制的多段线两端将呈打开状态。
- 填充：设置封闭的多线内的填充颜色，选择【无】选项，表示使用透明颜色填充。
- 显示连接：显示或隐藏每条多线段顶点处的连接。
- 图元：构成多线的元素，通过单击【添加】按钮可以添加多线的构成元素，也可以通过单击【删除】按钮删除这些元素。
- 偏移：设置多线元素与中线的偏移值，值为正表示向上偏移，值为负表示向下偏移。
- 颜色：设置组成多线元素的直线线条颜色。
- 线型：设置组成多线元素的直线线条线型。

3. 编辑多线

多线绘制完成以后，可以根据不同的需要进行多线编辑。执行【多线编辑】命令有以下几种方法。

- 菜单栏：选择【修改】|【对象】|【多线】命令。
- 命令行：MLEDIT。

执行上述任一命令后，系统弹出【多线编辑工具】对话框，如图 3-9 所示。

该对话框中共有 4 列 12 种多线编辑工具：第一列为十字交叉编辑工具，第二列为 T 字交叉编辑工具，第三列为角点结合编辑工具，第四列为中断或接合编辑工具。选择其中的一种工具图标，即可使用该工具。

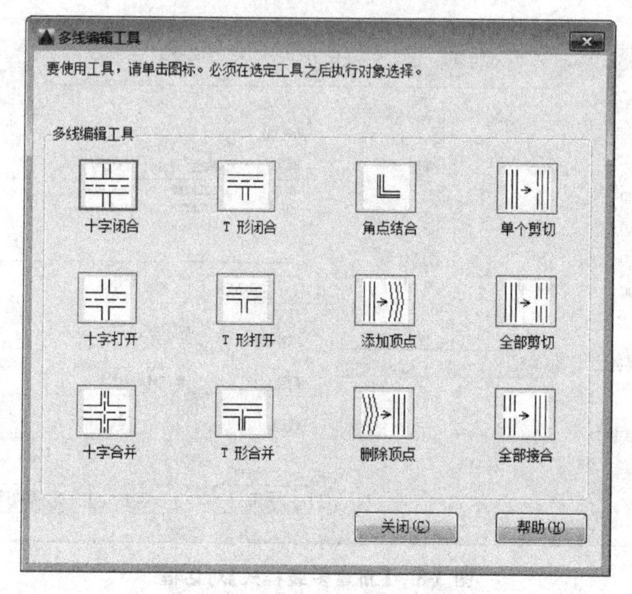

图 3-9 【多线编辑工具】对话框

3.2 课堂练习：绘制接地线

接地线就是直接连接地球的线，也可以称为安全回路线，危险时它就把高压直接转嫁给地球，算是一根生命线。在电气设计图中用三根渐短的水平横线表示大地，竖线表示电路，图形组合即为接地线。

(1) 调用L【直线】命令，单击任意一点，在命令行中输入5，绘制一条长度为5的水平直线，结果如图3-10所示。

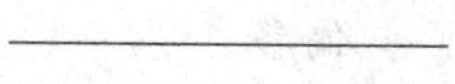

图 3-10 绘制水平直线

(2) 调用L【直线】命令，过直线中点，绘制一条长度为5的竖向直线，结果如图3-11所示。

(3) 调用L【直线】命令，捕捉直线中点，在水平直线下方绘制长度为1的垂直直线，如图3-12所示。

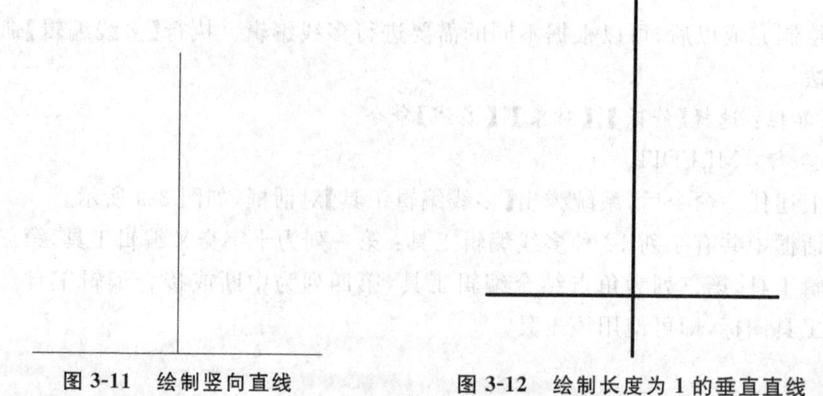

图 3-11 绘制竖向直线 图 3-12 绘制长度为1的垂直直线

(4) 调用L【直线】命令，绘制一条长度为3的直线，并在命令行中键入【M】执行【移动】命令，捕捉长度为3的直线中点，移动到长度为1的垂直直线端点，如图3-13所示。

(5) 调用【修改】|【删除】命令，将长度为1的垂直直线进行删除，使其距离第一条水平直线为1，结果如图3-14所示。

(6) 使用同样的方法，调用L【直线】命令，绘制一条长度为2的直线，并使其距离上一条水平直线距离为1，如图3-15所示，完成接地线图例的绘制。

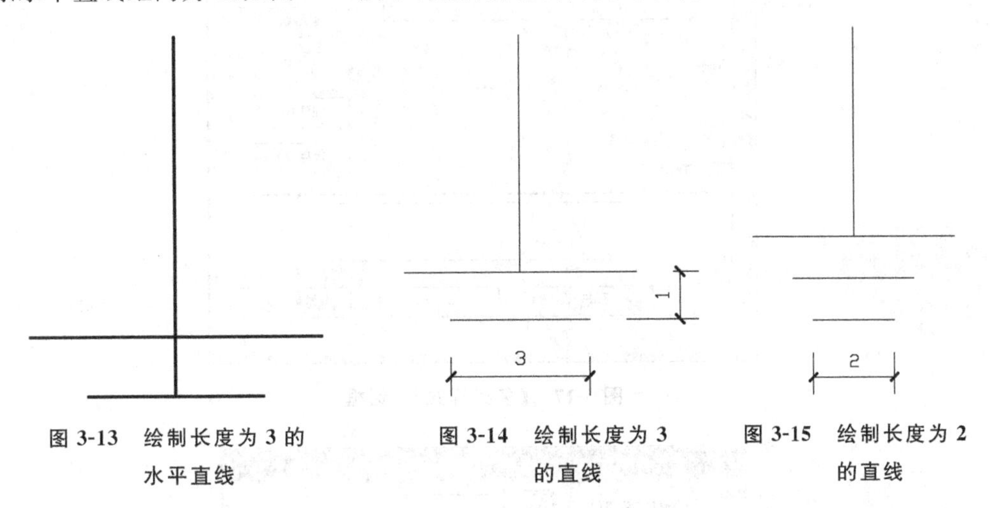

图3-13 绘制长度为3的水平直线

图3-14 绘制长度为3的直线

图3-15 绘制长度为2的直线

3.3 课堂练习：绘制电缆接线盒

在家居装修中，接线盒是电工辅料之一。因为装修用的电线是穿过电线管的，而在电线的接头部位(比如线路比较长，或者电线管要转角)就采用接线盒过渡，电线管与接线盒连接，线管里面的电线在接线盒中连起来，起到保护电线和连接电线的作用，这个就是接线盒。

(1) 打开文件。打开“第2章\2.1.8 绘制电缆接线盒.dwg”文件，如图3-16所示。

(2) 创建多线样式。在命令行输入MLSTYLE并按Enter键，弹出如图3-17所示【多线样式】对话框。

(3) 单击【新建】按钮，弹出【创建新的多线样式】对话框，在【新样式名】文本框中输入【样式1】，如图3-18所示。

(4) 单击【继续】按钮，在弹出的【新建多样式：样式1】对话框中，点击【添加】按钮，添加一条偏移为0的直线，如图3-19所示。

图3-16 打开素材

(5) 单击【确定】按钮返回【多线样式】对话框，完成多线样式的创建。

(6) 调用ML【多线】命令，设置对正(J)为无(Z)，比例(S)为3.6，样式(ST)为【样式

多线样式
当前多线样式:STANDARD
样式(S):
STANDARD
置为当前(U)
新建(N)...
修改(M)...
重命名(R)
删除(D)
说明:
加载(L)...
保存(A)...
预览:STANDARD
确定 取消 帮助(H)

图 3-17 【多线样式】对话框

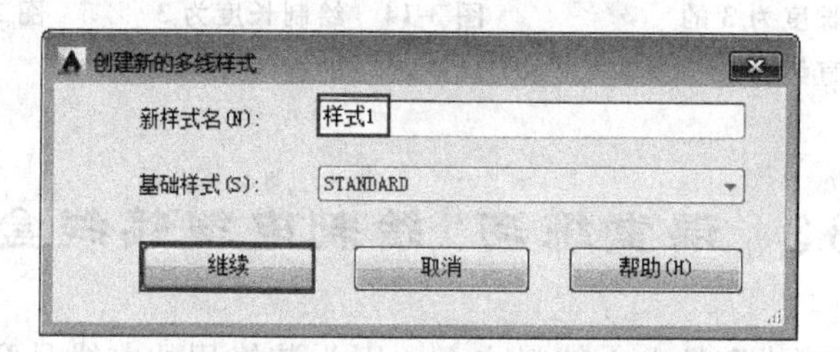

图 3-18 输入样式名

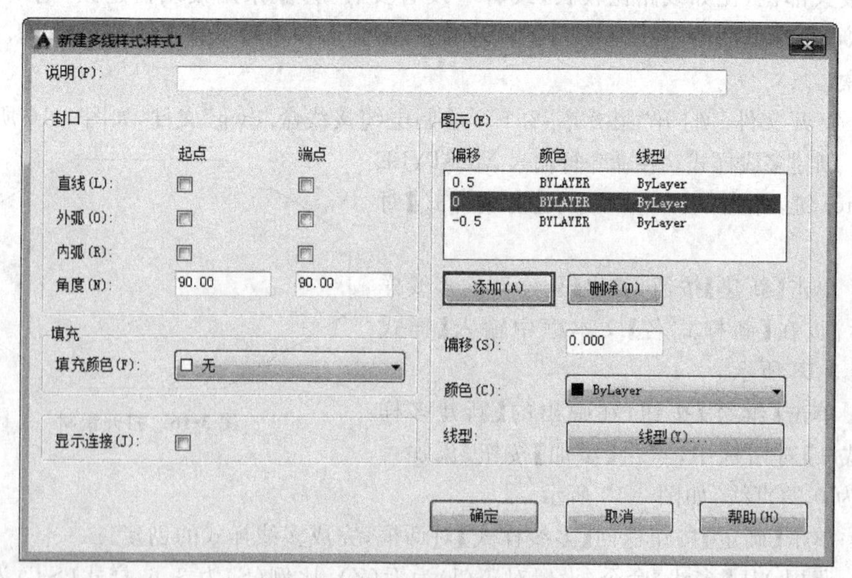

图 3-19 添加偏移为 0 的直线

1】，绘制两条长度分别为 55 和 20 的多线，结果如图 3-20 所示。

(7) 调用 X【分解】命令，分解多线；调用 TR【修剪】命令，修剪多线，完成电缆接线盒图例的绘制，结果如图 3-21 所示。

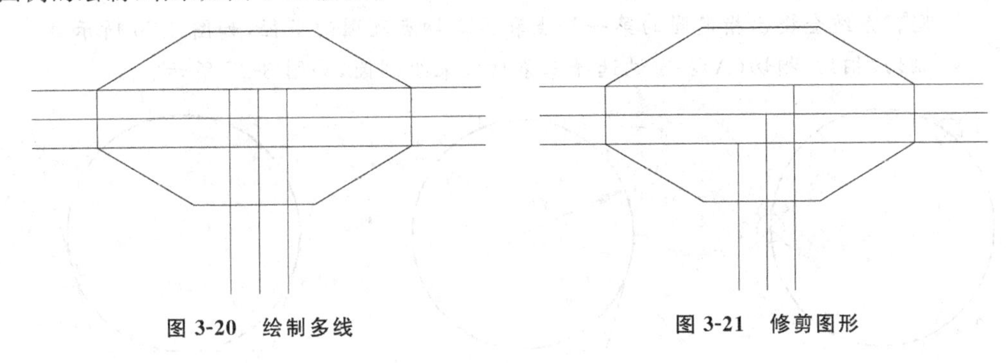

图 3-20 绘制多线　　图 3-21 修剪图形

3.4 绘制曲线类图形

在 AutoCAD 中，样条曲线、圆、圆弧、椭圆、椭圆弧和圆环都属于曲线类图形，其绘制方法相对于直线对象较复杂，下面分别进行讲解。

3.4.1 圆

圆也是绘图中最常用的图形对象，执行【圆】命令的方法有以下几种。

- 功能区：在【默认】选项卡中，单击【绘图】面板中的【圆】按钮。
- 菜单栏：选择【绘图】|【圆】命令，然后在子菜单中选择一种绘制圆的方法。
- 命令行：CIRCLE 或 C。

在【绘图】面板中【圆】的下拉列表中提供了 6 种绘制圆的命令，各命令的含义如下。

- 圆心、半径(R)：用圆心和半径方式绘制圆，如图 3-22 所示。
- 圆心、直径(D)：用圆心和直径方式绘制圆，如图 3-23 所示。
- 两点(2P)：通过直径的两个端点绘制圆，系统会提示指定圆直径的第一端点和第二端点，如图 3-24 所示。

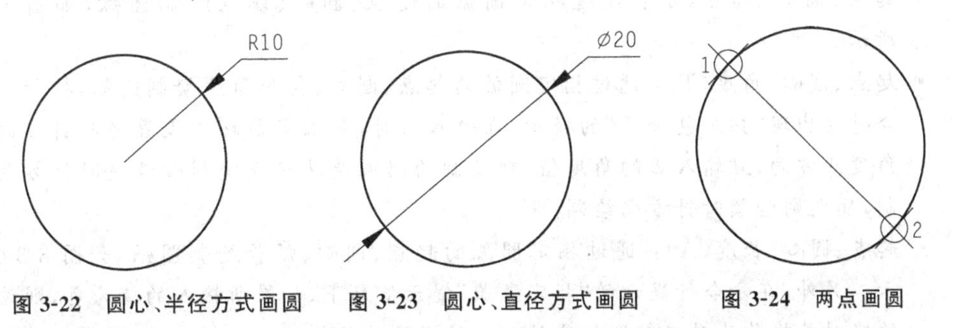

图 3-22 圆心、半径方式画圆　　图 3-23 圆心、直径方式画圆　　图 3-24 两点画圆

- 三点(3P)：通过圆上3点绘制圆，系统会提示指定圆上的第一点、第二点和第三点，如图3-25所示。
- 相切、相切、半径(T)：通过选择圆与其他两个对象的切点和指定半径值来绘制圆。系统会提示指定圆的第一切点和第二切点及圆的半径，如图3-26所示。
- 相切、相切、相切(A)：通过选择三条切线来绘制圆，如图3-27所示。

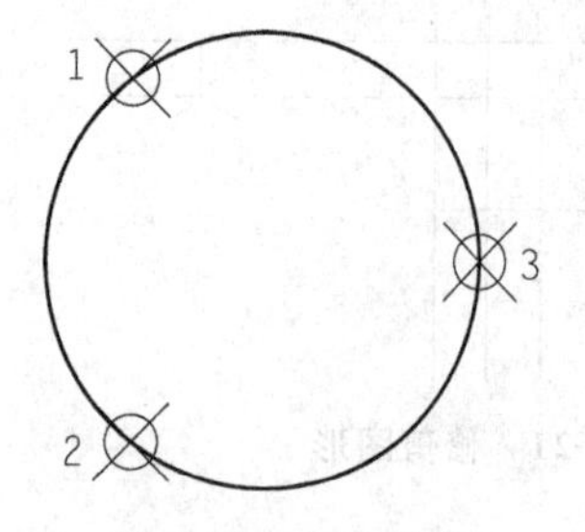

图3-25 三点画圆

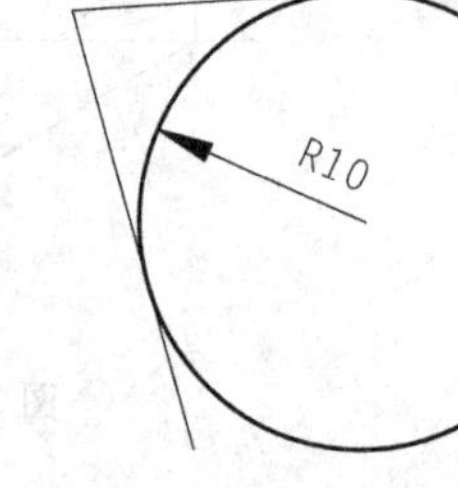

图3-26 相切、相切、半径画圆

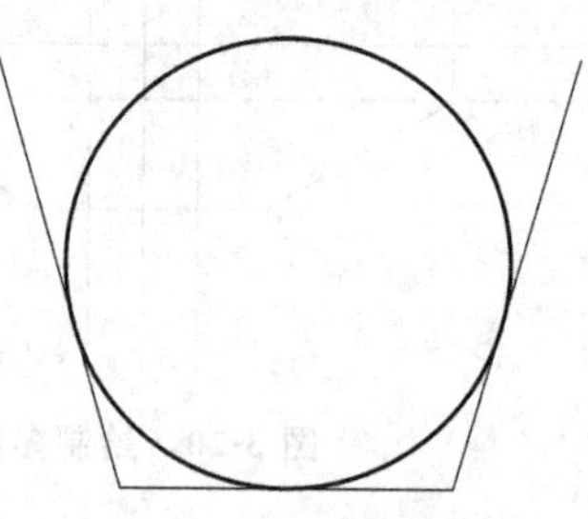

图3-27 相切、相切、相切画圆

如果直接单击【绘图】面板中的【圆】按钮，执行【圆】命令后命令提示如下。

```
命令:_circle        指定圆的圆心或 [三点(3P)/两点(2P)/切点、切点、半径(T)]:
```

3.4.2 圆弧

圆弧是圆的一部分曲线，是与其半径相等的圆周的一部分。执行【圆弧】命令有以下几种方法。

- 功能区：在【默认】选项卡中，单击【绘图】面板中的【圆弧】按钮。
- 菜单栏：选择【绘图】|【圆弧】命令。
- 命令行：ARC或A。

在【绘图】面板中【圆弧】按钮的下拉列表中提供了11种绘制圆弧的命令，各命令的含义如下。

- 三点(P)：通过指定圆弧上的三点绘制圆弧，需要指定圆弧的起点、通过的第二个点和端点，如图3-28所示。
- 起点、圆心、端点(S)：通过指定圆弧的起点、圆心、端点绘制圆弧，如图3-29所示。
- 起点、圆心、角度(T)：通过指定圆弧的起点、圆心、包含角度绘制圆弧，执行此命令时会出现“指定包含角”的提示，在输入角时，如果当前环境设置逆时针方向为角度正方向，且输入正的角度值，则绘制的圆弧是从起点绕圆心沿逆时针方向绘制，反之则沿顺时针方向绘制。
- 起点、圆心、长度(A)：通过指定圆弧的起点、圆心、弧长绘制圆弧，如图3-30所示。另外，在命令行提示的“指定弧长”提示信息下，如果所输入的值为负，则该值的绝对值将作为对应整圆的空缺部分的圆弧的弧长。
- 起点、端点、角度(N)：通过指定圆弧的起点、端点、包含角绘制圆弧。

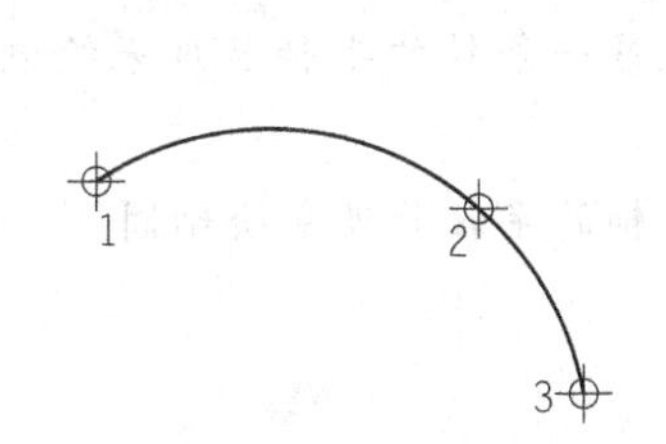

图 3-28 三点画弧

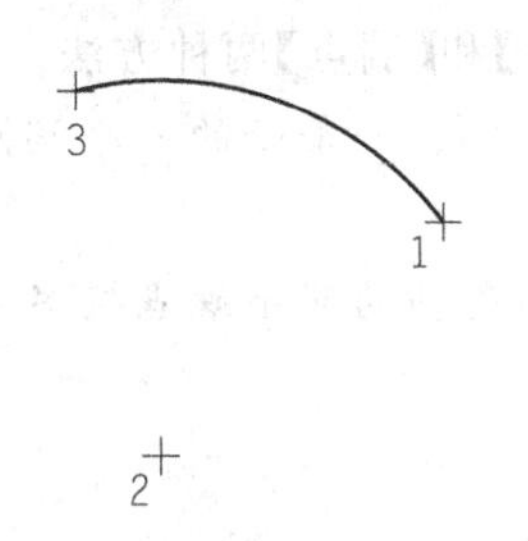

图 3-29 起点、圆心、端点画弧

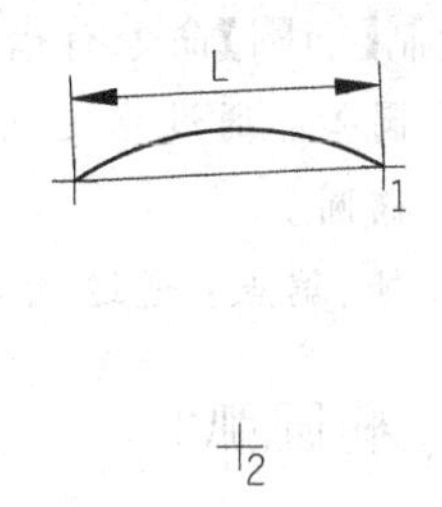

图 3-30 起点、圆心、长度画弧

- 起点、端点、方向(D)：通过指定圆弧的起点、端点和圆弧的起点切向绘制圆弧，如图 3-31 所示。命令执行过程中会出现“指定圆弧的起点切向”提示信息，此时拖动鼠标动态地确定圆弧在起始点处的切线方向和水平方向的夹角。拖动鼠标时，AutoCAD 会在当前光标与圆弧起始点之间形成一条线，即为圆弧在起始点处的切线。确定切线方向后，单击拾取键即可得到相应的圆弧。

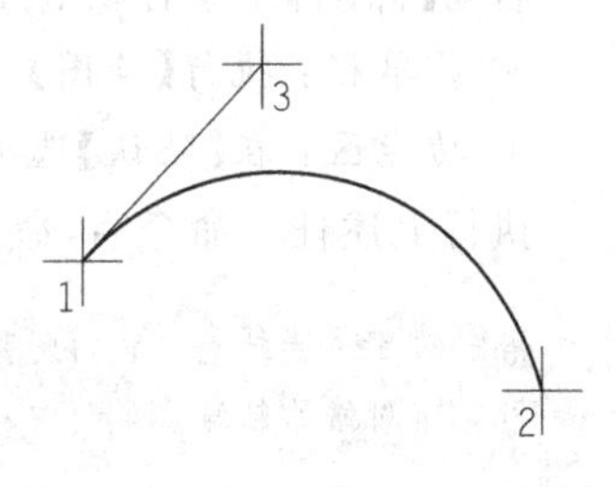

图 3-31 起点、端点、方向画弧

- 起点、端点、半径(R)：通过指定圆弧的起点、端点和圆弧半径绘制圆弧，如图 3-32 所示。
- 圆心、起点、端点(C)：以圆弧的圆心、起点、端点方式绘制圆弧。
- 圆心、起点、角度(E)：以圆弧的圆心、起点、圆心角方式绘制圆弧，如图 3-33 所示。
- 圆心、起点、长度(L)：以圆弧的圆心、起点、弧长方式绘制圆弧。
- 连续(O)：绘制其他直线与非封闭曲线后选择【圆弧】|【圆弧】|【圆弧】命令，系统将自动以刚才绘制的对象的终点作为即将绘制的圆弧的起点。

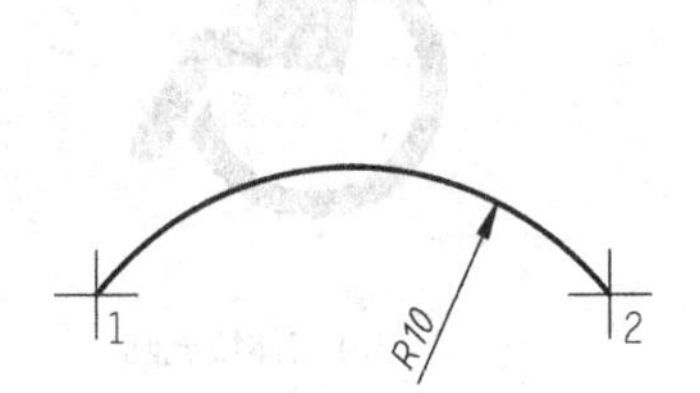

图 3-32 起点、端点、半径画弧

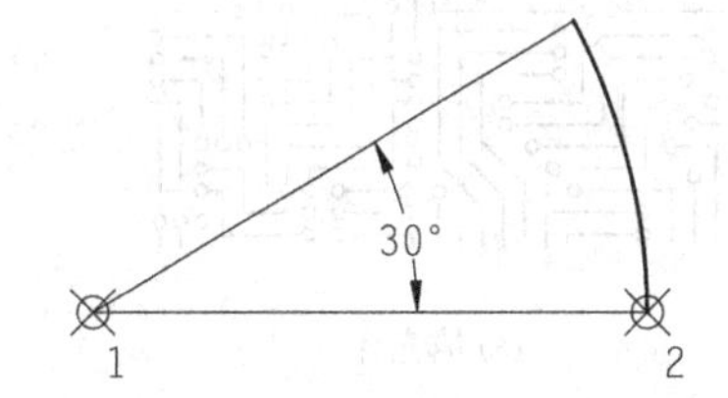

图 3-33 圆心、起点、角度画弧

3.4.3 椭圆

椭圆是平面上到定点距离与到指定直线间距离之比为常数的所有点的集合。启动【椭圆】命令有以下几种方法。

- 功能区：在【默认】选项卡中，单击【绘图】面板中的【椭圆】按钮。
- 菜单栏：执行【绘图】|【椭圆】命令。
- 命令行：ELLIPSE 或 EL。

绘制【椭圆】命令有指定【圆心】和【端点】两种方法。

- 圆心：通过指定椭圆的中心点、一条轴的一个端点及另一条轴的半轴长度来绘制椭圆。
- 轴、端点：通过指定椭圆一条轴的两个端点及另一条轴的半轴长度来绘制圆。

3.4.4 椭圆弧

椭圆弧是椭圆的一部分，它类似于椭圆，不同的是它的起点和终点没有闭合。绘制椭圆弧需要确定的参数包括椭圆弧所在椭圆的两条轴及椭圆弧的起点和终点角度。

启动【椭圆】命令有以下几种方法。

- 菜单栏：执行【绘图】|【椭圆】|【圆弧】命令。
- 功能区：在【默认】选项卡中，单击【绘图】面板中的【椭圆弧】按钮。

执行上述任一命令后，命令行提示如下。

```
指定椭圆弧的轴端点或 [圆弧(A)中心点(C)]:
指定椭圆弧的轴端点或 [中心点(C)]:
```

3.4.5 圆环

圆环是由同一圆心、不同直径的两个同心圆组成的，控制圆环的参数是圆心、内直径和外直径。圆环可分为“填充环”（两个圆形中间的面积填充）和“实体填充圆”（圆环的内直径为0）。圆环的典型示例如图3-34所示。

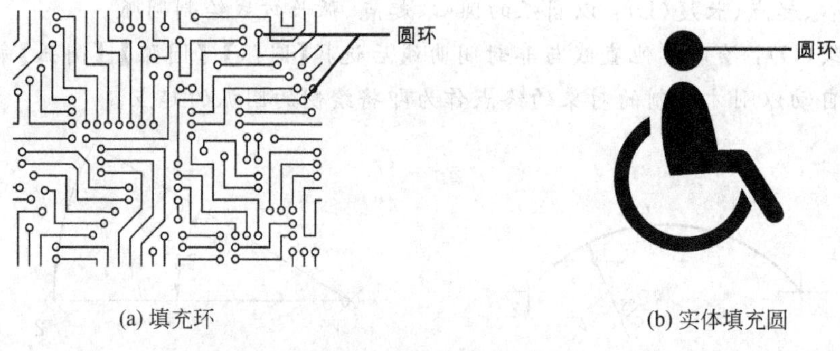

图3-34 圆环的典型示例

执行【圆环】命令有以下几种方法。

- 功能区：在【默认】选项卡中，单击【绘图】面板中的【圆环】按钮。
- 菜单栏：选择【绘图】|【圆环】菜单命令。
- 命令行：DONUT或DO。

AutoCAD默认情况下，所绘制的圆环为填充的实心图形。如果在绘制圆环之前在命令行中输入FILL，则可以控制圆环和圆的填充可见性。执行FILL命令后，命令行提示如下。

```
命令:FILL
输入模式[开(ON)]|[关(OFF)]<开>:                    //选择填充开、关
```

选择【开(ON)】模式，表示绘制的圆环和圆都会填充，如图 3-35 所示。

(a) 内外直径不相等

(b) 内直径为0

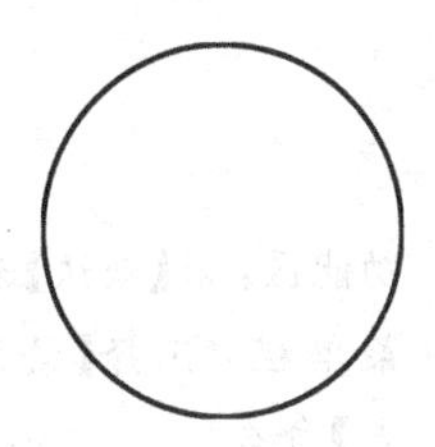
(c) 内外直径相等

图 3-35 选择【开(ON)】模式

选择【关(OFF)】模式，表示绘制的圆环和圆不予填充，如图 3-36 所示。

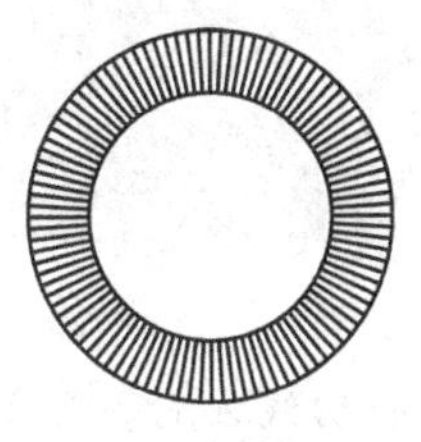
(a) 内外直径不相等

(b) 内直径为0

图 3-36 选择【关(OFF)】模式

3.4.6 样条曲线

样条曲线是经过或接近一系列给定点的平滑曲线，它能够自由编辑，以及控制曲线与点的拟合程度。

1. 绘制样条曲线

样条曲线可分为拟合点样条曲线和控制点样条曲线两种，拟合点样条曲线的拟合点与曲线重合，如图 3-37 所示；控制点样条曲线是通过曲线外的控制点控制曲线的形状，如图 3-38 所示。

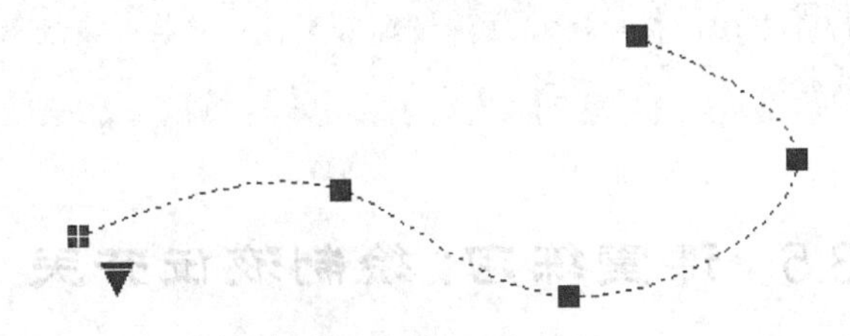

图 3-37 拟合点样条曲线

调用【样条曲线】命令有以下几种方法。

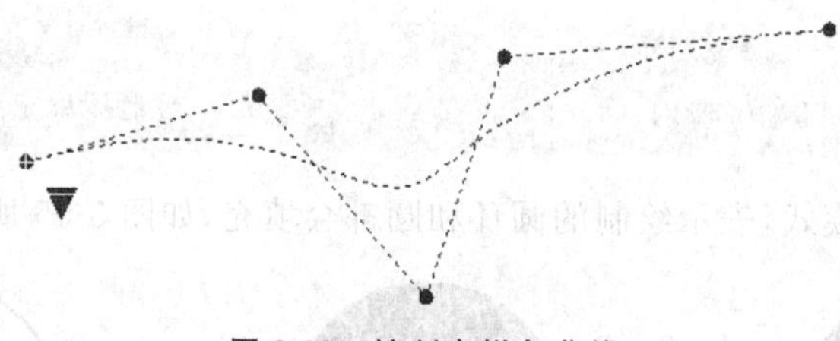

图 3-38 控制点样条曲线

- 功能区：在【默认】选项卡中，单击【绘图】面板上的【拟合点】按钮或【控制点】按钮。
- 菜单栏：选择【绘图】|【样条曲线】命令，然后在子菜单中选择【拟合点】或【控制点】命令。
- 命令行：SPLINE 或 SPL。

调用该命令，命令行提示如下。

```
命令: _spline
当前设置: 方式=拟合节点=弦
指定第一个点或 [方式(M)/节点(K)/对象(O)]:
输入下一个点或 [起点切向(T)/公差(L)]:
```

命令行部分选项的含义如下。

- 起点切向(T)：定义样条曲线的起点和结束点的切线方向。
- 公差(L)：定义曲线的偏差值。值越大，离控制点越远，反之则越近。

当样条曲线的控制点达到要求之后，按 Enter 键即可完成该样条曲线。

2. 编辑样条曲线

与多段线一样，AutoCAD 也提供了专门编辑样条曲线的工具，其执行方式有以下几种方法。

- 菜单栏：选择【修改】|【对象】|【样条曲线】命令。
- 功能区：在【默认】选项卡中，单击【修改】面板中的【编辑样条曲线】按钮。
- 工具栏：单击【修改Ⅱ】工具栏的【编辑样条曲线】按钮。
- 命令行：SPEDIT。

执行上述命令后，选择要编辑的样条曲线，命令行提示如下。

```
输入选项[闭合(C)/合并(J)/拟合数据(F)/编辑顶点(E)/转换为多线段(P)/反转(R)/放弃(U)/退出(X)]:<退出>
```

3.5 课堂练习：绘制液位开关

液位开关，也称水位开关、液位传感器，顾名思义，就是用来控制液位的开关。如洗衣机中的“节水”功能就需要借助液位开关来实现。

(1) 新建空白文件。调用 LA【图层】命令，创建【虚线】图层，并设置其【线型】为【DASHED】，如图 3-39 所示。

(2) 调用 L【直线】命令，绘制直线，其尺寸如图 3-40 所示。

(3) 调用 PL【多段线】命令，绘制【宽度】为 0.2 的多段线，如图 3-41 所示。

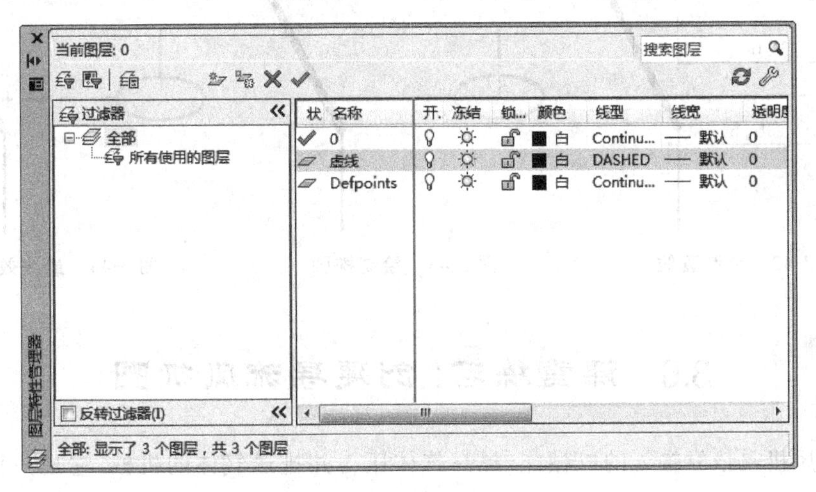

图 3-39 创建图层

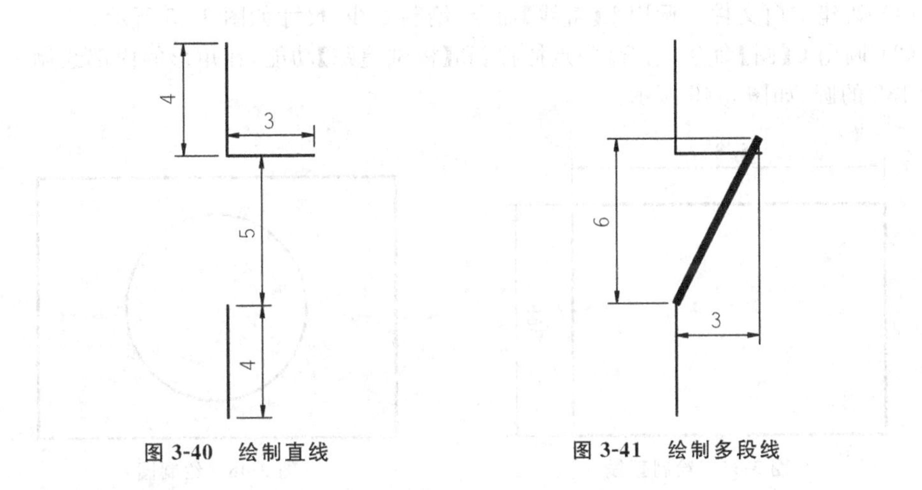

图 3-40 绘制直线　　图 3-41 绘制多段线

(4) 调用 L【直线】命令，绘制直线，其尺寸如图 3-42 所示。

(5) 调用 EL【椭圆】命令，结合【对象捕捉】功能，捕捉新绘制直线交点，绘制椭圆，如图 3-43 所示。命令行提示如下。

```
命令: _ellipse                                    //调用【椭圆】命令
指定椭圆的轴端点或 [圆弧(A)/中心点(C)]: _c            //选择【中心点】选项
指定椭圆的中心点:                                   //捕捉新绘制直线的交点
指定轴的端点: 0.8                                   //指定短轴长度
指定另一条半轴长度或 [旋转(R)]: 1.7                   //指定长轴长度，完成椭圆绘制
```

(6) 调用 TR【修剪】命令，修剪多余的图形，将修剪后的水平直线切换至【虚线】图

层，最终效果如图 3-44 所示。

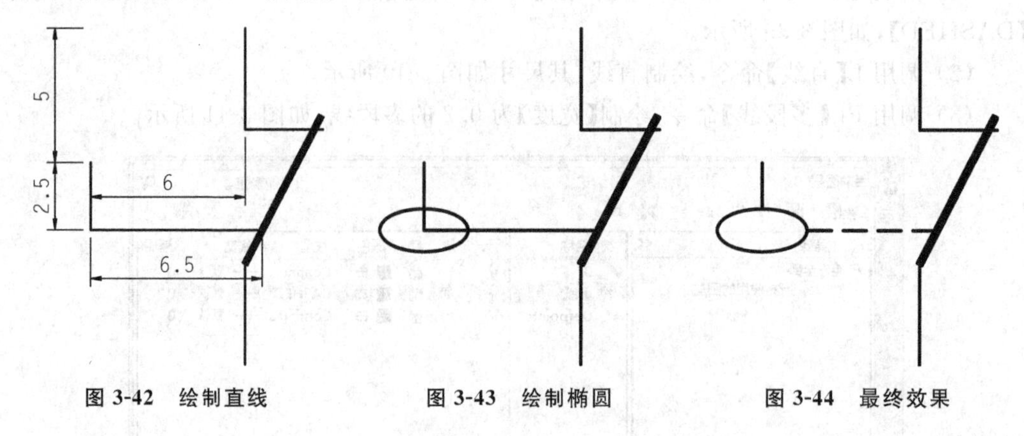

图 3-42　绘制直线　　图 3-43　绘制椭圆　　图 3-44　最终效果

3.6　课堂练习：创建导流风机图

导流风机是依靠输入的机械能，提高气体压力并排送气体的机械，它是一种从动的流体机械。

(1) 新建空白文件。调用 L【直线】命令，绘制直线，尺寸如图 3-45 所示。

(2) 调用 C【圆】命令，结合【中点捕捉】和【极轴追踪】功能，在矩形的内部绘制一个半径为 132 的圆，如图 3-46 所示。

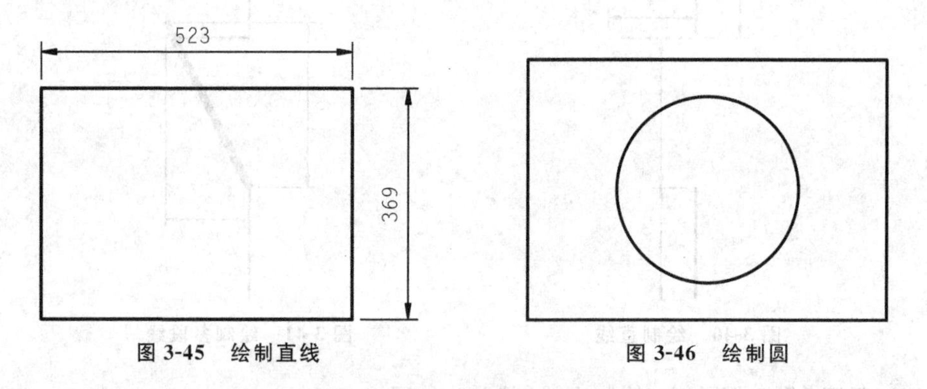

图 3-45　绘制直线　　图 3-46　绘制圆

(3) 调用 L【直线】命令，结合【中点捕捉】功能，绘制直线，如图 3-47 所示。

(4) 调用 DO【圆环】命令，结合【对象捕捉】功能，绘制圆环，如图 3-48 所示。命令行提示如下。

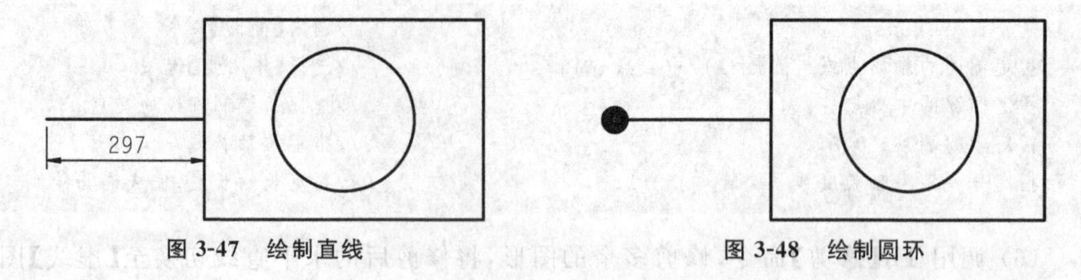

图 3-47　绘制直线　　图 3-48　绘制圆环

```
命令：DO/DONUT                                    //调用【圆环】命令
指定圆环的内径 <0.5000>：10                       //输入内径参数
指定圆环的外径 <1.0000>：50                       //输入外径参数
指定圆环的中心点或 <退出>：                       //捕捉直线左端点，完成圆环绘制
```

(5) 调用 CO【复制】命令，将新绘制的圆环和直线进行复制操作，如图 3-49 所示。

(6) 调用 MT【多行文字】命令，在圆内部绘制多行文字；调用 SPL【样条曲线】命令，绘制样条曲线，最终效果如图 3-50 所示。

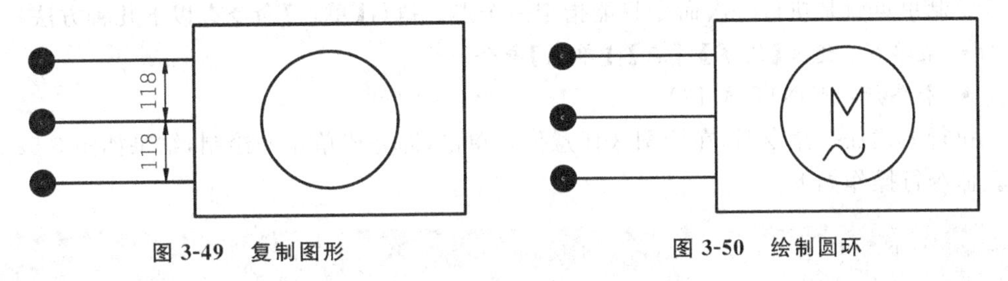

图 3-49　复制图形　　　图 3-50　绘制圆环

3.7 绘 制 点

点是所有图形中最基本的图形对象，可以用来作为捕捉和偏移对象的参考点。本节介绍点样式的设置及绘制点的方法。

3.7.1 设置点样式

从理论上来讲，点是没有长度和大小的图形对象。在 AutoCAD 中，系统默认情况下绘制的点显示为一个小圆点，在屏幕中很难看清，因此可以为点设置显示样式，使其清晰可见。

执行【点样式】命令有以下几种方法。

- 功能区：单击【默认】选项卡、【实用工具】面板中的【点样式】按钮 点样式...。
- 菜单栏：选择【格式】|【点样式】命令。
- 命令行：DDPTYPE。

执行该命令后，将弹出如图 3-51 所示的【点样式】对话框，可以在其中设置点的显示样式和大小。

对话框中各选项的含义如下。

- 点大小：用于设置点的显示大小，与下面的两个选项有关。
- 相对于屏幕设置大小：用于按 AutoCAD 绘图屏幕尺寸的百分比设置点的显示大小，在进行视图缩放操作时，点的显示大小并不改变，在命令行输入 RE 命令即可重生成，始终保持与屏幕的相对比例。

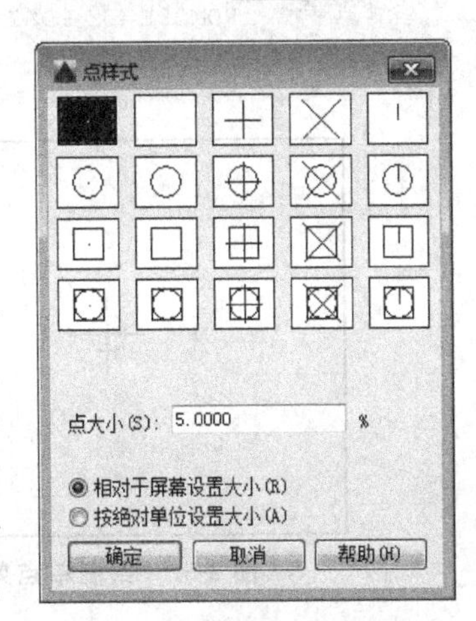

图 3-51　【点样式】对话框

• 按绝对单位设置大小：使用实际单位设置点的大小，同其他的图形元素（如直线、圆），当进行视图缩放操作时，点的显示大小也会随之改变。

3.7.2 绘制单点和多点

在 AutoCAD 中，绘制点对象的操作包括绘制单点和绘制多点的操作。

1. 单点

绘制单点就是执行一次命令只能指定一个点。执行【单点】命令有以下几种方法。

• 菜单栏：选择【绘图】|【点】|【单点】命令。
• 命令行：PONIT 或 PO。

执行上述任一命令后，在绘图区任意位置单击，即完成单点的绘制，结果如图 3-52 所示。命令行操作如下。

```
命令：_point
当前点模式：PDMODE=33 PDSIZE=0.0000
指定点：                                    //选择任意坐标作为点的位置
```

2. 多点

绘制多点就是指执行一次命令后可以连续指定多个点，直到按 Esc 键结束命令。执行【多点】命令有以下几种方法。

• 功能区：单击【绘图】面板中的【多点】按钮。
• 菜单栏：选择【绘图】|【点】|【多点】命令。

执行上述任一命令后，在绘图区任意 6 个位置单击，按 Esc 键退出，即可完成多点的绘制，结果如图 3-53 所示。命令行操作如下。

```
命令：_point
当前点模式：PDMODE=33 PDSIZE=0.0000          //在任意 6 个位置单击
指定点：*取消*                               //按 Esc 键取消多点绘制
```

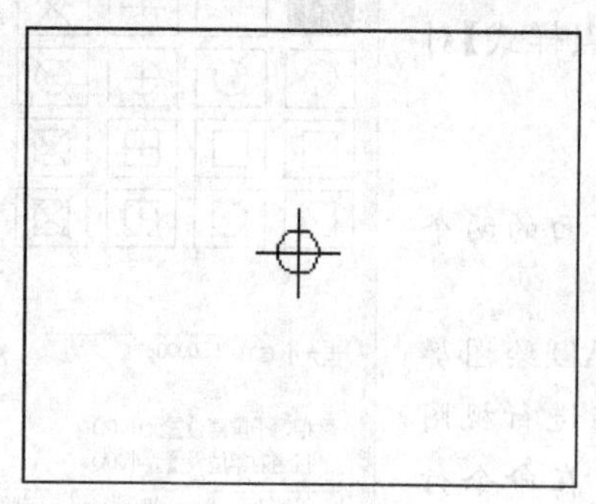

图 3-52　绘制单点效果

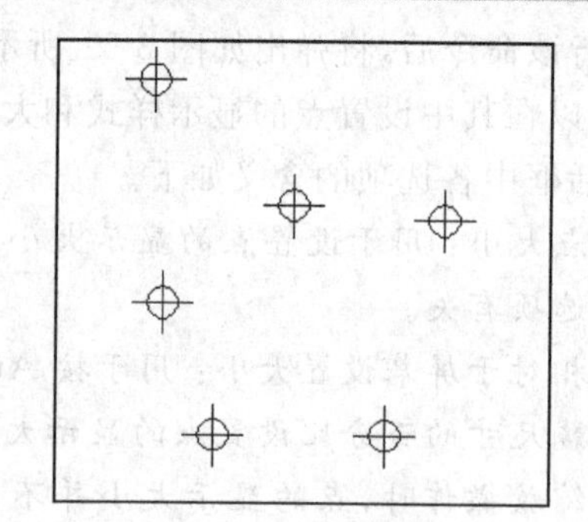

图 3-53　绘制多点效果

3.7.3 定数等分

【定数等分】是将对象按指定的数量分为等长的多段，并在各等分位置生成点。执行【定数等分】命令的方法有以下几种。

- 功能区：单击【绘图】面板中的【定数等分】按钮，如图 3-54 所示。
- 菜单栏：选择【绘图】|【点】|【定数等分】命令。
- 命令行：DIVIDE 或 DIV。

执行该命令后，先选择需要被等分的对象，然后再输入等分的段数即可，相关命令行提示如下。

```
命令：_divide                    //执行【定数等分】命令
选择要定数等分的对象：            //选择要等分的对象，可以是直线、圆、圆弧、样条曲线、多段线
输入线段数目或 [块(B)]：          //输入要等分的段数
```

说明如下。

- 输入线段数目：该选项为默认选项，输入数字即可将被选中的图形进行平分，如图 3-55 所示。
- 块(B)：该命令可以在等分点处生成用户指定的块，如图 3-56 所示。

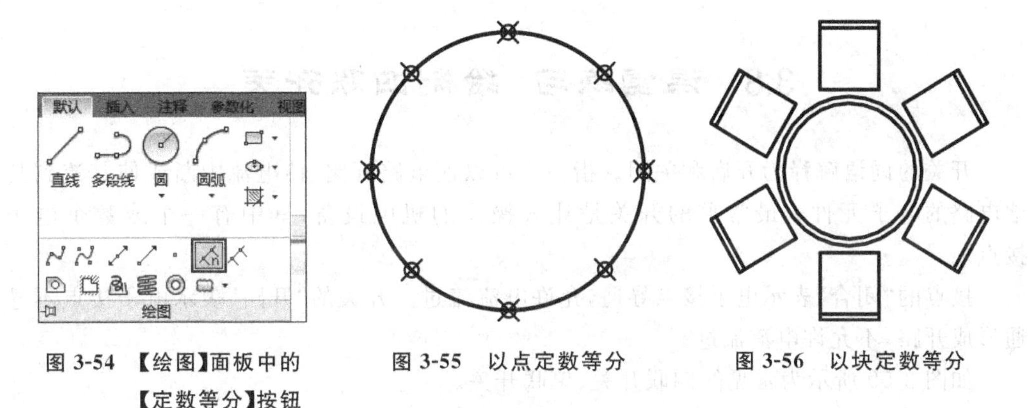

图 3-54 【绘图】面板中的【定数等分】按钮　　图 3-55 以点定数等分　　图 3-56 以块定数等分

操作技巧：在命令操作过程中，命令行有时会出现"输入线段数目或［块(B)］："这样的提示，其中的英文字母是执行各选项命令的输入字符。如果我们要执行【块】选项，那只需在该命令行中输入 B 即可。

3.7.4 定距等分

【定距等分】是将对象分为长度为指定值的多段，并在各等分位置生成点。执行【定距等分】命令的方法有以下几种。

- 功能区：单击【绘图】面板中的【定距等分】按钮，如图 3-57 所示。
- 菜单栏：选择【绘图】|【点】|【定距等分】命令。
- 命令行：MEASURE 或 ME。

执行该命令后，选择要等分的对象，其命令行提示如下。

```
命令: _measure                    //执行【定距等分】命令
选择要定距等分的对象:              //选择要等分的对象，可以是直线、圆、圆弧、样条曲线、多段线
指定线段长度或 [块(B)]:            //输入要等分的单段长度
```

其命令子选项含义说明如下。

- 指定线段长度：该选项为默认选项，输入的数字即为分段的长度，如图 3-58 所示。
- 块(B)：该命令可以在等分点处生成用户指定的块。

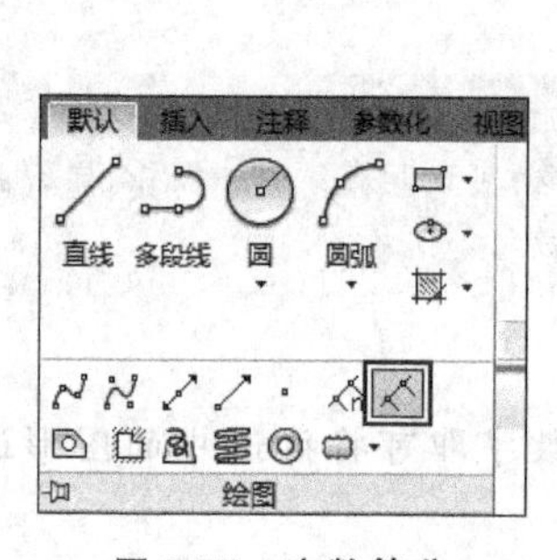

图 3-57　定数等分

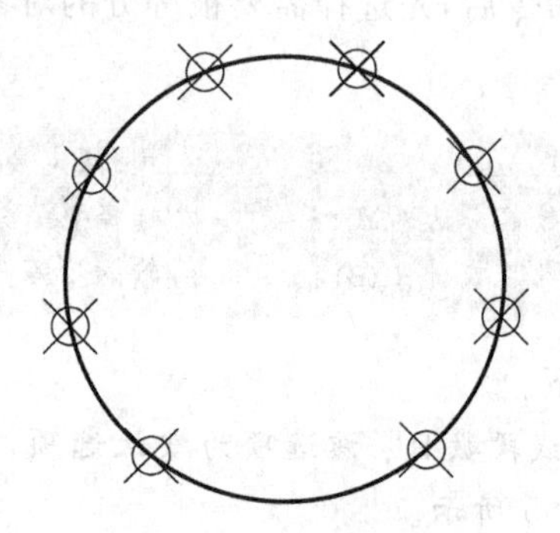

图 3-58　定距等分效果

3.8　课堂练习：绘制四联开关

开关的词语解释为开启和关闭。指一个可以使电路开路、使电流中断或使其流到其他电路的电子元件。最常见的开关是让人操作的机电设备，其中有一个或数个电子接点。

接点的“闭合”表示电子接点导通，允许电流流过。开关的“开路”表示电子接点不导通形成开路，不允许电流流过。

如图 3-59 所示为常见的四联开关、单联开关。

(a) 四联开关

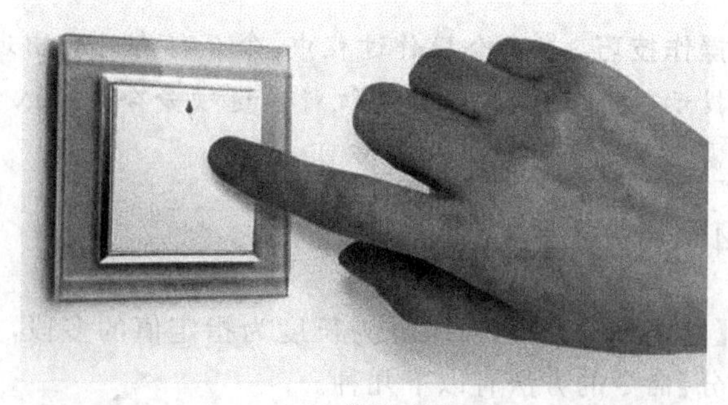

(b) 单联开关

图 3-59　开关

(1) 打开文件。打开素材文件"第 3 章\3.8 绘制四联开关.dwg",如图 3-60 所示。

(2) 单击【绘图】面板中的【定距等分】按钮,对斜直线进行等分,命令行操作如下。

```
命令: _measure                          //启动定距等分命令
选择要定距等分的对象:                    //选择右上角直线
指定线段长度或 [块(B)]:10                //设置等分距为 10,等分结果如图 3-61 所示
```

(3) 调用 O【偏移】命令,将等分直线向下偏移 10 个单位。调用 L【直线】命令,在各点处绘制长度为 10 的垂直线,结果如图 3-62 所示。

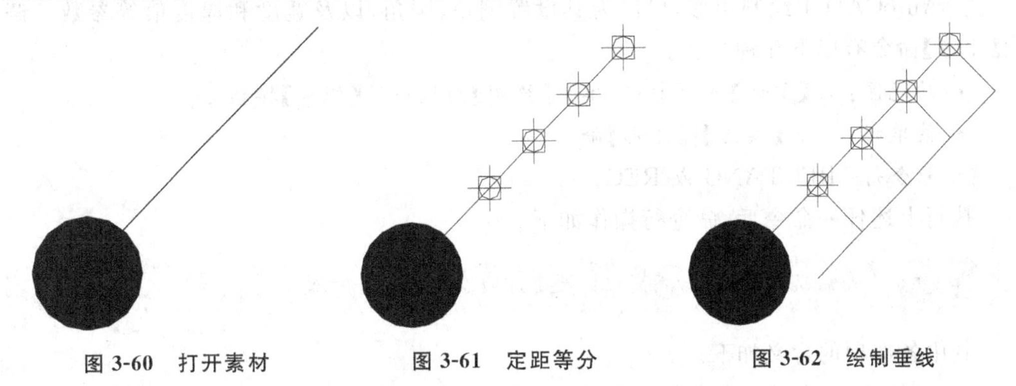

图 3-60　打开素材　　图 3-61　定距等分　　图 3-62　绘制垂线

(4) 调用 E【删除】命令,删除辅助直线,结果如图 3-63 所示

(5) 在命令行中输入 E 并按 Enter 键,删除等分点,得到四联开关图形,如图 3-64 所示。

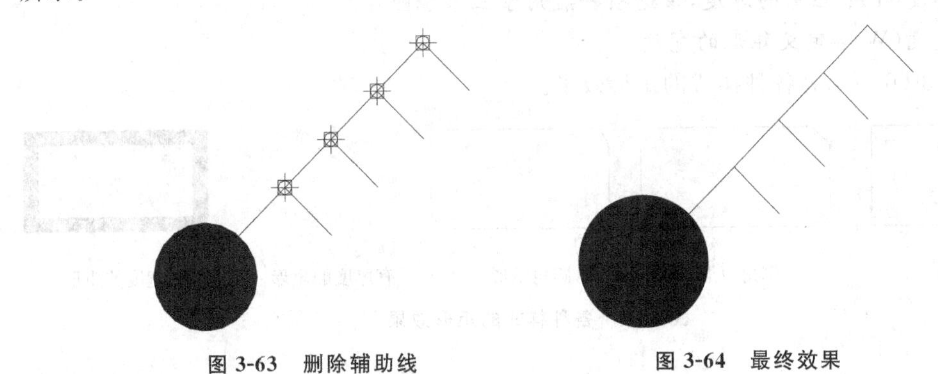

图 3-63　删除辅助线　　图 3-64　最终效果

提示:其他样式的开关图例如图 3-65 所示。

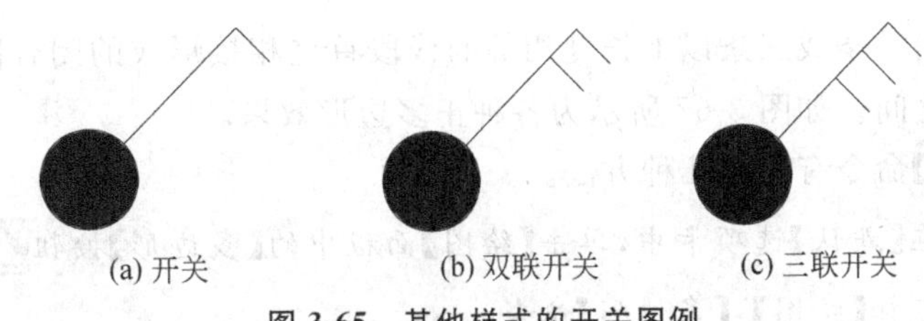

(a) 开关　(b) 双联开关　(c) 三联开关

图 3-65　其他样式的开关图例

3.9 绘制多边形类图形

在 AutoCAD 中，矩形及多边形的各边构成一个单独的对象。它们在绘制复杂图形时比较常用。

3.9.1 矩形

在 AutoCAD 中绘制矩形，可以为其设置倒角、圆角，以及宽度和厚度值等参数。调用【矩形】命令有以下几种方法。

- 功能区：在【默认】选项卡中，单击【绘图】面板中的【矩形】按钮。
- 菜单栏：执行【绘图】|【矩形】命令。
- 命令行：RECTANG 或 REC。

执行上述任一命令后，命令行操作如下。

```
指定第一个角点或 [倒角(C)/标高(E)/圆角(F)/厚度(T)/宽度(W)]:
```

其中各选项的含义如下。

- 倒角(C)：绘制一个带倒角的矩形。
- 标高(E)：矩形的高度。默认情况下，矩形在 X、Y 平面内。一般用于三维绘图。
- 圆角(F)：绘制带圆角的矩形。
- 厚度(T)：矩形的厚度，该选项一般用于三维绘图。
- 宽度(W)：定义矩形的宽度。

如图 3-66 所示为各种样式的矩形效果。

图 3-66 各种样式的矩形效果

3.9.2 正多边形

正多边形是由三条或三条以上长度相等的线段首尾相接形成的闭合图形，其边数范围值在 3～1024 之间。如图 3-67 所示为各种正多边形效果。

启动【多边形】命令有以下几种方法。

- 功能区：在【默认】选项卡中，单击【绘图】面板中的【多边形】按钮。
- 菜单栏：选择【绘图】|【多边形】命令。
- 命令行：POLYGON 或 POL。

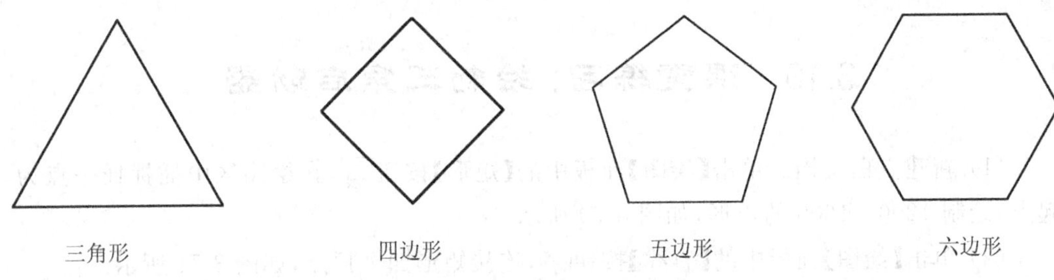

图 3-67 各种正多边形

执行【多边形】命令后,命令行出现如下提示。

```
命令: POLYGON                         //执行【多边形】命令
输入侧面数 <4>:                       //指定多边形的边数,默认状态为四边形
指定正多边形的中心点或 [边(E)]:       //确定多边形的一条边来绘制正多边形,由边数和边长确定
输入选项 [内接于圆(I)/外切于圆(C)] <I>:     //选择正多边形的创建方式
指定圆的半径:                         //指定创建正多边形时的内接于圆或外切于圆的半径
```

其部分选项含义如下。

- 中心点:通过指定正多边形中心点的方式来绘制正多边形。
- 内接于圆(I)/外切于圆(C):内接于圆表示以指定正多边形内接圆半径的方式来绘制正多边形;外切于圆表示以指定正多边形外切圆半径的方式来绘制正多边形,如图 3-68 所示。
- 边(E):通过指定多边形边的方式来绘制正多边形。该方式将通过边的数量和长度确定正多边形,如图 3-69 所示。

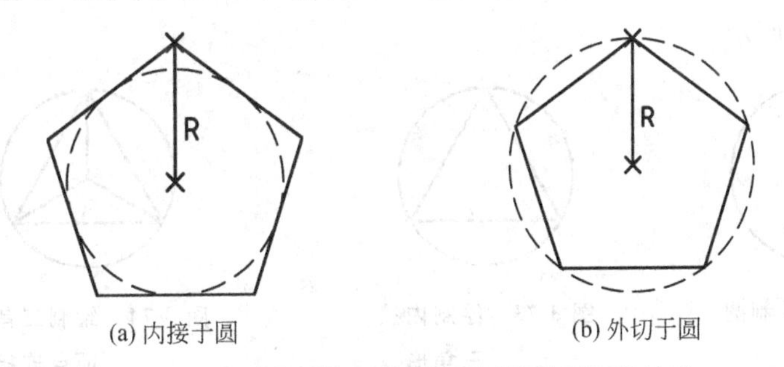

图 3-68 通过【内接于圆/外切于圆】绘制正多边形

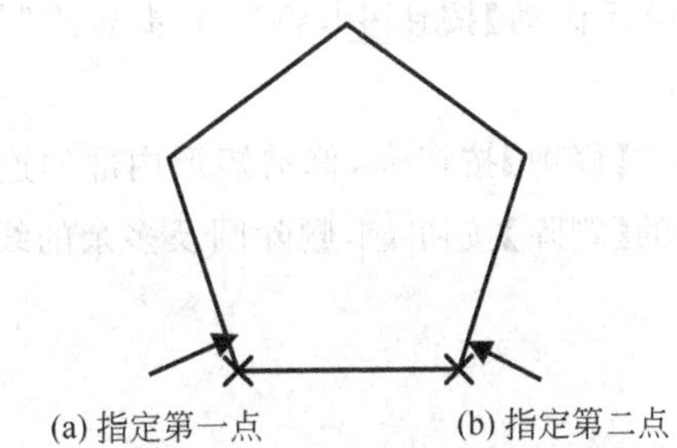

图 3-69 通过指定边长的方式来绘制正多边形

3.10 课堂练习：绘制三角启动器

(1) 新建空白文档。单击【绘图】面板中的【矩形】按钮，在绘图区中捕捉任一点为起点，绘制1200×1600的矩形，如图3-70所示。

(2) 单击【绘图】面板中的【直线】按钮，连接矩形四个顶点，如图3-71所示。

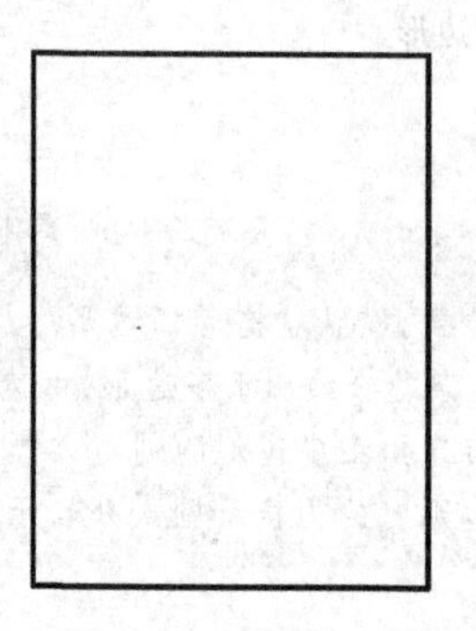

图 3-70　绘制矩形

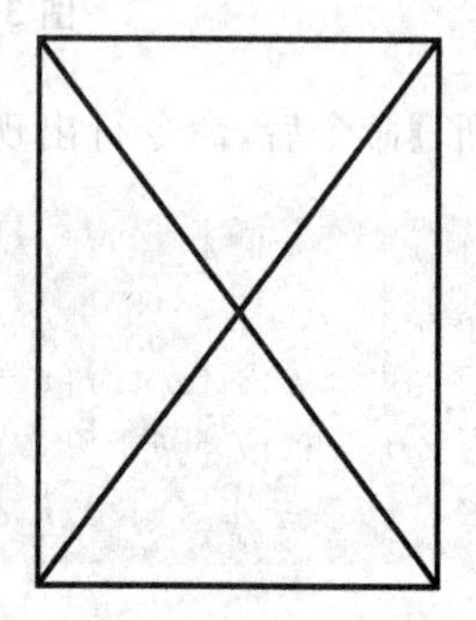

图 3-71　绘制交叉线

(3) 单击【绘图】面板中的【圆】按钮，捕捉任一点为圆心，绘制一个半径为300的圆，如图3-72所示。

(4) 单击【绘图】面板中的【多边形】按钮，捕捉圆心，绘制圆的内接三角形，如图3-73所示。

(5) 单击【绘图】面板中的【直线】按钮，捕捉圆心，以圆心为起点，连接三角形各个顶点，如图3-74所示。

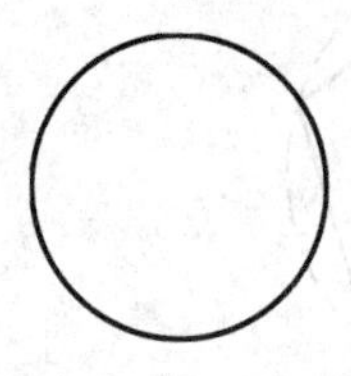

图 3-72　绘制圆

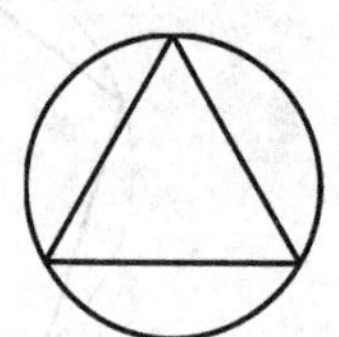

图 3-73　绘制内接三角形

图 3-74　绘制三角形顶点连接线

(6) 单击【修改】面板中的【移动】按钮，将以上步骤绘制好的图形移动到矩形内部，如图3-75所示。

(7) 单击【修改】面板中的【修剪】按钮，修剪矩形内部的连接线，如图3-76所示。

(8) 单击【修改】面板中的【删除】按钮，删除圆及多余的线段，如图3-77所示，三角启动器绘制完成。

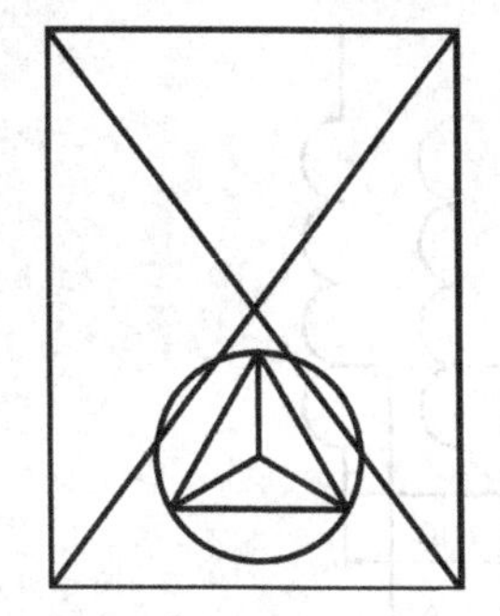
图 3-75 移动图形到三角形内部

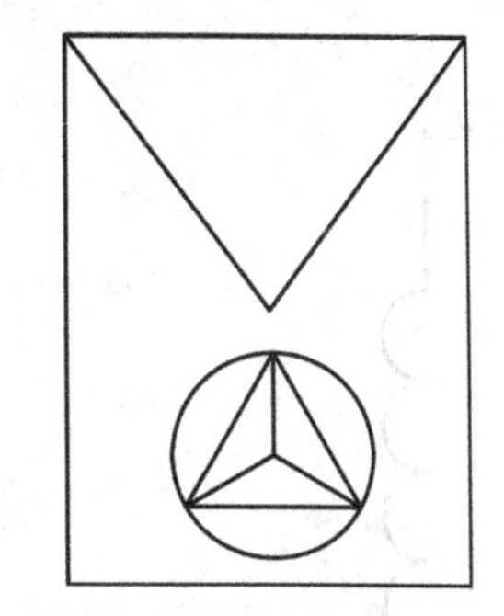
图 3-76 修剪矩形内部的连接线

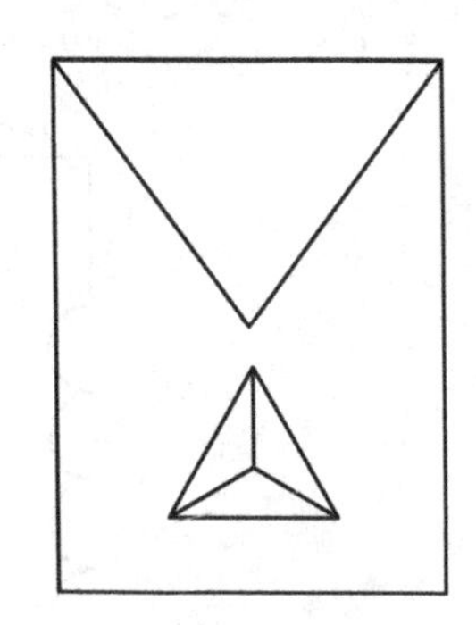
图 3-77 删除圆

3.11 课后总结

本章主要介绍了如何创建直线、圆、椭圆和正多边形等基本几何图形。在 AutoCAD 中创建基本的几何图形是很简单的，但要真正掌握 AutoCAD 的各种绘图技巧，需要熟练地将单个命令与具体练习相结合，从练习的过程中去巩固已学的命令，体会作图的方法，这样才能全面、深入地掌握 AutoCAD 软件。

3.12 课后习题

三相自耦变压器是指原绕组和副绕组间除了有磁的联系外，还有电联系的变压器，三相自耦变压器与普通变压器的工作原理基本相同。本实例通过绘制如图 3-78 所示三相自耦变压器图形，主要考察多段线、复制以及直线命令的应用方法。

提示步骤如下。

(1) 新建空白文件。调用 PL【多段线】命令，绘制多段线，如图 3-79 所示。

图 3-78 三相自耦变压器

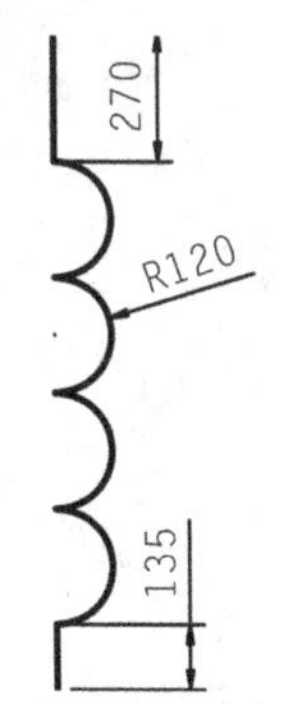

图 3-79 绘制多段线

(2) 调用 CO【复制】命令，复制多段线，如图 3-80 所示。

(3) 调用 L【直线】命令，绘制直线，如图 3-81 所示。

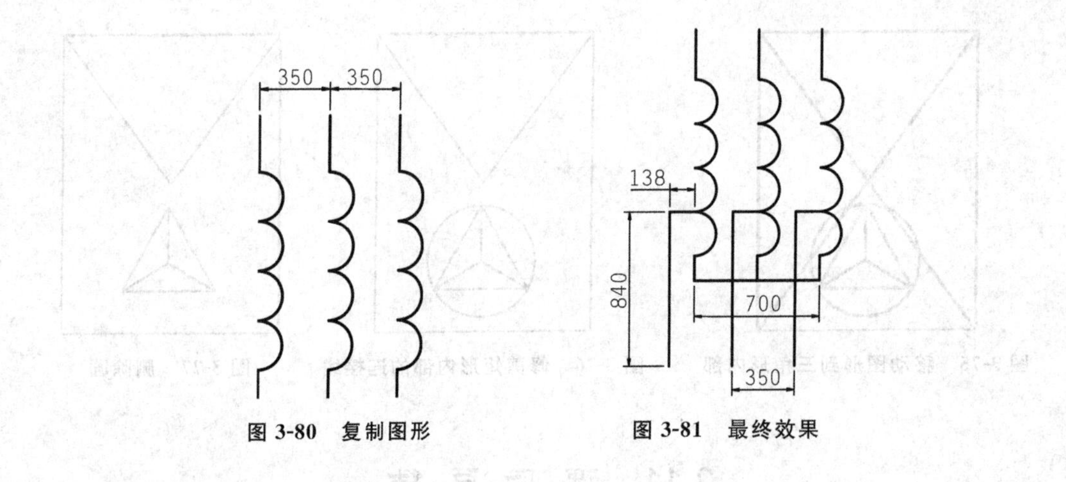

图 3-80　复制图形

图 3-81　最终效果

第4章 chapter 4

二维图形的编辑

前面章节学习了各种图形对象的绘制方法，为了创建图形的更多细节特征以及提高绘图的效率，AutoCAD 提供了许多编辑命令，常用的有移动、复制、修剪、倒角与圆角等。本章讲解这些命令的使用方法，以进一步提高读者绘制复杂图形的能力。使用编辑命令，能够方便地改变图形的大小、位置、方向、数量及形状，从而绘制出更为复杂的图形。

4.1 选择对象的方法

在编辑图形之前，首先选择需要编辑的图形。AutoCAD 提供了多种选择对象的基本方法，如点选、窗口、窗交、圈围、圈交、栏选等。

在命令行中输入 SELECT 并按 Enter 键，然后输入"?"，命令行操作如下。

```
命令：SELECT
选择对象：?
需要点或 窗口(W)/上一个(L)/窗交(C)/框(BOX)/全部(ALL)/栏选(F)/圈围(WP)/圈交(CP)/
编组(G)/添加(A)/删除(R)/多个(M)/前一个(P)/放弃(U)/自动(AU)/单个(SI)/子对象
(SU)/对象(O)
```

命令行中提供了多种选择方式，其中部分选项讲解如下。

4.1.1 点选

在 AutoCAD 中，最简单、最快捷的选择对象方法是使用鼠标单击。在未对任何对象进行编辑时，使用鼠标单击对象，如图 4-1 所示，被选中的目标将显示相应的夹点。如果是在编辑过程中选择对象，十字光标显示为方框形状"□"，被选择的对象则亮显。

提示：使用鼠标单击选择对象可以快速完成对象选择。但是，这种选择方式的缺点是一次只能选择图中的某一实体，如果要选择多个实体，则须依次单击各个对象对其进行逐个选择。如果要取消选择其中的某些对象，可以在按住 Shift 键的同时单击要取消选择的对象，如图 4-2 所示。

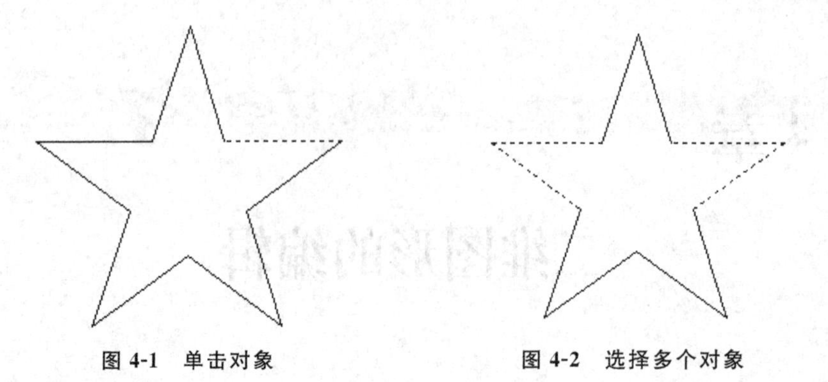

图 4-1 单击对象　　　　图 4-2 选择多个对象

4.1.2 窗口与窗交

窗选对象是通过拖动生成一个矩形区域(长按鼠标左键则生成套索区域),将区域内的对象选择。根据拖动方向的不同,窗选又分为窗口选择和窗交选择。

1. 窗口选择对象

窗口选择对象是按住左键向右上方或右下方拖动,此时绘图区将会出现一个实线的矩形框,如图 4-3 所示。释放鼠标左键后,完全处于矩形范围内的对象将被选中,如图 4-4 所示的虚线部分为被选择的部分。

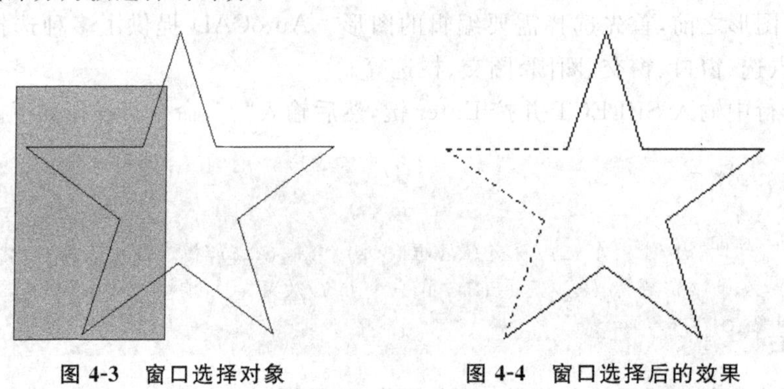

图 4-3 窗口选择对象　　　　图 4-4 窗口选择后的效果

2. 窗交选择对象

窗交选择是按住鼠标左键向左上方或左下方拖动,此时绘图区将出现一个虚线的矩形框,如图 4-5 所示。释放鼠标左键后,部分或完全在矩形内的对象都将被选中,如图 4-6 所示的虚线部分为被选择的部分。

4.1.3 圈围与圈交

围选对象是根据需要自行绘制不规则的选择范围,包括圈围和圈交两种方法。

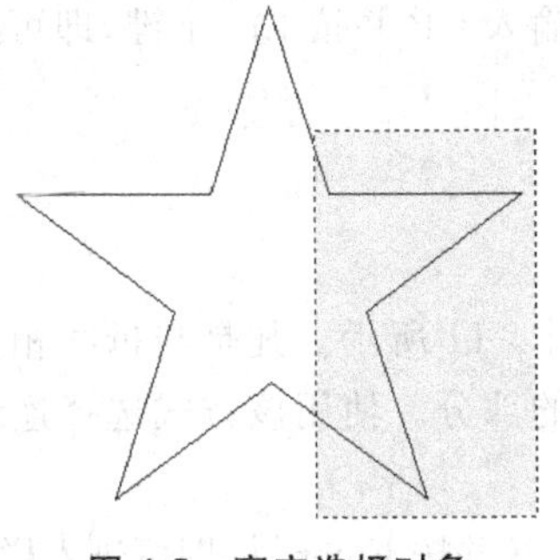

图 4-5 窗交选择对象

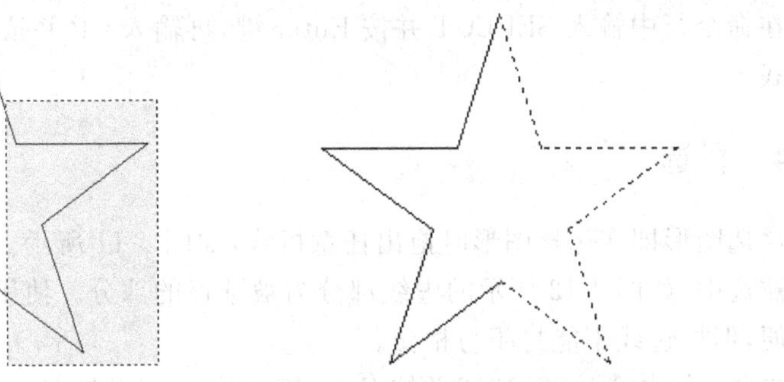

图 4-6 窗交选择后的效果

1. 圈围对象

圈围是一种多边形窗口选择方法，与窗口选择对象的方法类似，不同的是圈围方法可以构造任意形状的多边形，如图 4-7 所示。完全包含在多边形区域内的对象才能被选中，如图 4-8 所示的虚线部分为被选择的部分。

在命令行中输入 SELECT 并按 Enter 键，再输入 WP 并按 Enter 键，即可进入围圈选择模式。

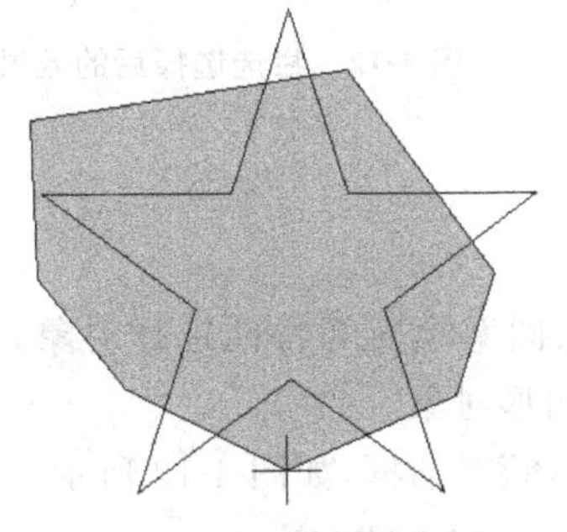

图 4-7 圈围选择对象

图 4-8 圈围选择后的效果

2. 圈交对象

圈交是一种多边形窗交选择方法，与窗交选择对象的方法类似，不同的是圈交使用多边形边界框选图形，如图 4-9 所示。部分或全部处于多边形范围内的图形都被选中，图 4-10 所示的虚线部分为被选择的部分。

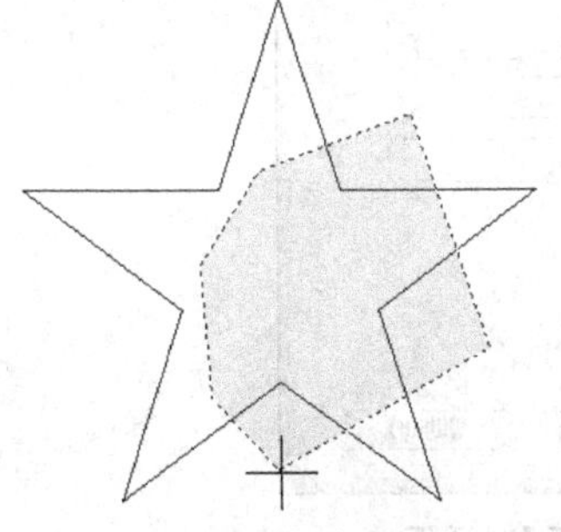

图 4-9 圈交选择对象

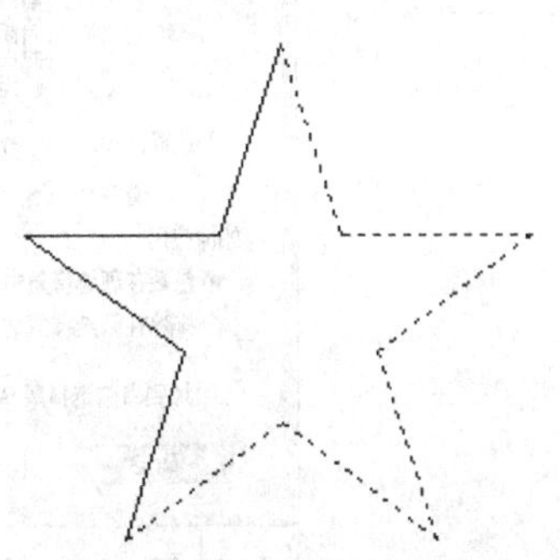

图 4-10 圈交选择后的效果

在命令行中输入 SELECT 并按 Enter 键，再输入 CP 并按 Enter 键，即可进入圈交选择模式。

4.1.4 栏选

栏选图形即在选择图形时拖出任意折线，如图 4-11 所示。凡是与折线相交的图形对象均被选中，如图 4-12 所示的虚线部分为被选择的部分。使用该方式选择连续性对象非常方便，但栏选线不能封闭与相交。

在命令行中输入 SELECT 并按 Enter 键，再输入 F 并按 Enter 键，即可进入栏选模式。

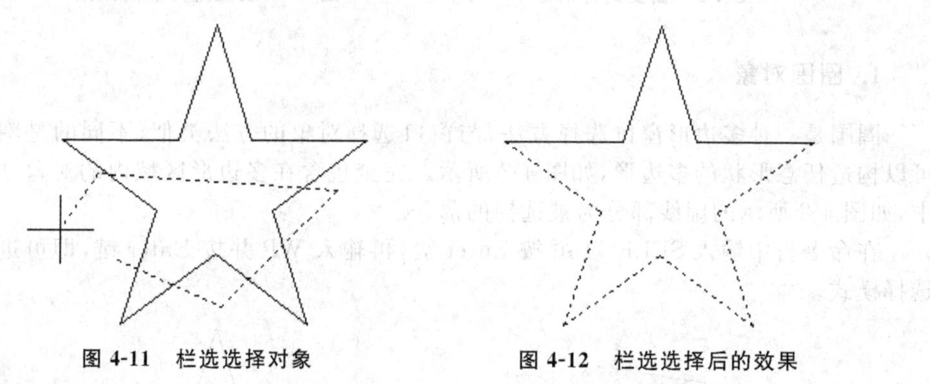

图 4-11 栏选选择对象　　图 4-12 栏选选择后的效果

4.1.5 快速选择

快速选择可以根据对象的图层、线型、颜色、图案填充等特性选择对象，从而可以准确快速地从复杂的图形中选择满足某种特性的图形对象。

选择【工具】|【快速选择】命令，弹出【快速选择】对话框，如图 4-13 所示。用户可以根

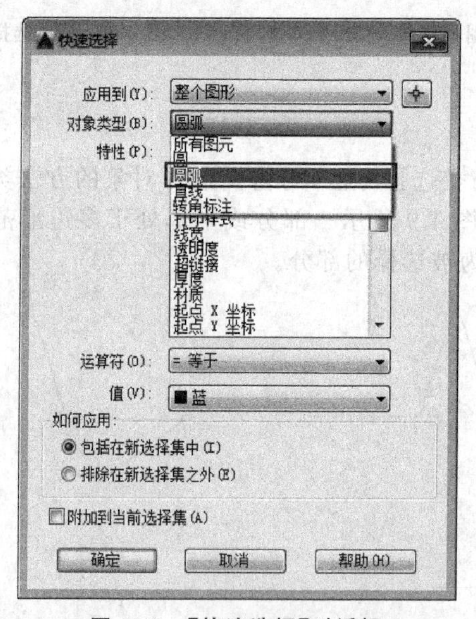

图 4-13 【快速选择】对话框

据要求设置选择范围，单击【确定】按钮，完成选择操作。

如要选择图4-14中的圆弧，除了手动选择的方法外，还可以利用快速选择工具来进行选取。选择【工具】|【快速选择】命令，弹出【快速选择】对话框，在【对象类型】下拉列表框中选择【圆弧】选项，单击【确定】按钮，选择结果如图4-15所示。

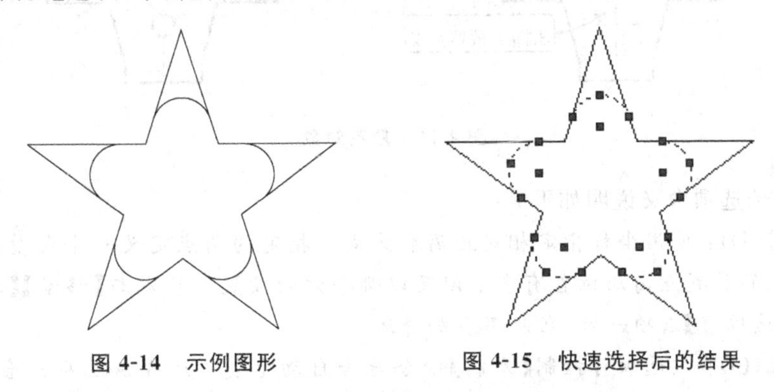

图4-14 示例图形　　图4-15 快速选择后的结果

4.2 图形的复制

一张电气设计图纸中会有很多形状完全相同的图形，如开关、电灯，使用AutoCAD提供的复制、偏移、镜像、阵列等工具，可以快速创建这些相同的对象。

4.2.1 复制对象

【复制】命令是指在不改变图形大小、方向的前提下，重新生成一个或多个与原对象一模一样的图形。在命令执行过程中，需要确定的参数有复制对象、基点和第二点，配合坐标、对象捕捉、栅格捕捉等其他工具，可以精确复制图形。

在AutoCAD中调用【复制】命令有以下几种常用方法。

- 功能区：单击【修改】面板中的【复制】按钮。
- 菜单栏：执行【修改】|【复制】命令。
- 命令行：COPY或CO或CP。

执行【复制】命令后，选取需要复制的对象，指定复制基点，然后拖动鼠标指定新基点即可完成复制操作，继续单击，还可以复制多个图形对象，如图4-16所示。命令行操作如下。

```
命令：_copy                                          //执行【复制】命令
选择对象：找到 1 个                                   //选择要复制的图形
当前设置：复制模式 =多个                              //当前的复制设置
指定基点或 [位移(D)/模式(O)] <位移>:                  //指定复制的基点
指定第二个点或 [阵列(A)] <使用第一个点作为位移>:      //指定放置点 1
指定第二个点或 [阵列(A)/退出(E)/放弃(U)] <退出>:      //指定放置点 2
指定第二个点或 [阵列(A)/退出(E)/放弃(U)] <退出>:      //单击 Enter 键完成操作
```

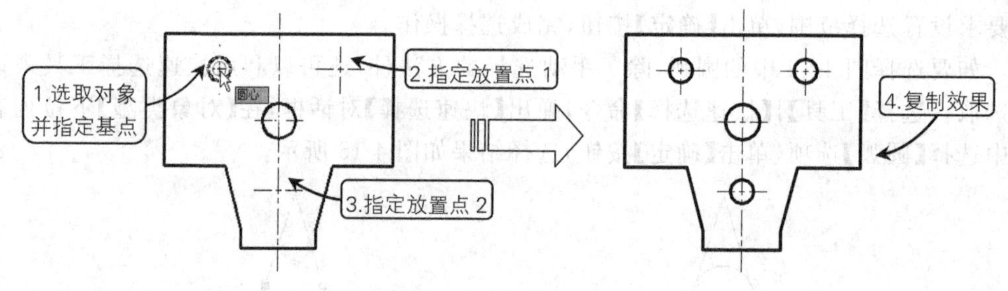

图 4-16　复制对象

其命令子选项含义说明如下。

- 位移(D)：使用坐标指定相对距离和方向。指定的两点定义一个矢量，指示复制对象的放置点离原位置有多远以及以哪个方向放置。基本与【移动】【拉伸】命令中的【位移】选项一致，在此不多加赘述。
- 模式(O)：该选项可控制【复制】命令是否自动重复。选择该选项后会有【单一】【多个】两个子选项，【单一】可创建选择对象的单一副本，执行一次复制后便结束命令；而【多个】则可以自动重复。
- 【阵列(A)】：选择该选项，可以以线性阵列的方式快速大量复制对象，如图 4-17 所示。命令行操作如下。

```
命令：_copy                                              //执行【复制】命令
选择对象：找到 1 个                                        //选择复制对象
当前设置：复制模式 =多个
指定基点或 [位移(D)/模式(O)] <位移>:                        //指定复制基点
指定第二个点或 [阵列(A)] <使用第一个点作为位移>: A            //输入 A，选择【阵列】选项
输入要进行阵列的项目数：4                                   //输入阵列的项目数
指定第二个点或 [布满(F)]: 10                                //移动鼠标确定阵列间距
指定第二个点或 [阵列(A)/退出(E)/放弃(U)] <退出>:             //按 Enter 键完成操作
```

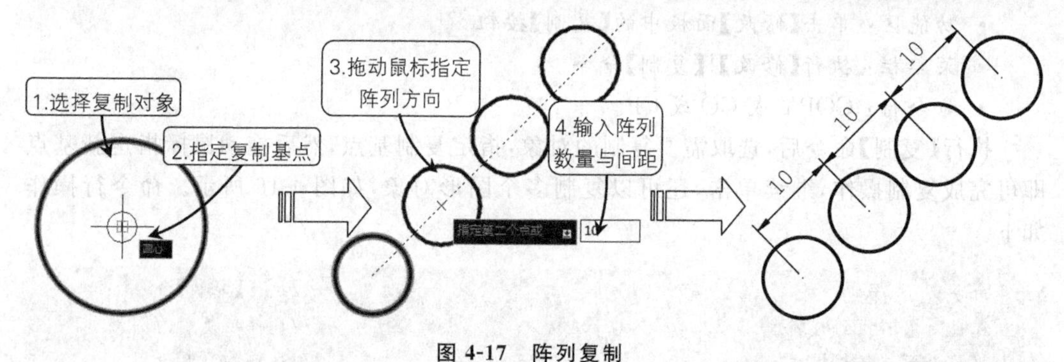

图 4-17　阵列复制

4.2.2　偏移对象

使用【偏移】工具可以创建与源对象成一定距离的形状相同或相似的新图形对象。

可以进行偏移的图形对象包括直线、曲线、多边形、圆、圆弧等。

在 AutoCAD 中调用【偏移】命令有以下几种常用方法。

- 功能区：单击【修改】面板中的【偏移】按钮。
- 菜单栏：执行【修改】|【偏移】命令。
- 命令行：OFFSET 或 O。

偏移命令需要输入的参数有需要偏移的【源对象】【偏移距离】和【偏移方向】。只要在需要偏移的一侧的任意位置单击即可确定偏移方向，也可以指定偏移对象通过已知的点。执行【偏移】命令后命令行操作如下。

```
命令：_OFFSET                                            //调用【偏移】命令
指定偏移距离或 [通过(T)/删除(E)/图层(L)] <通过>:          //输入偏移距离
选择要偏移的对象,或 [退出(E)/放弃(U)] <退出>:            //选择偏移对象
指定通过点或 [退出(E)/多个(M)/放弃(U)] <退出>:           //输入偏移距离或指定目标点
```

命令行中各选项的含义如下。

- 通过(T)：指定一个通过点定义偏移的距离和方向，如图 4-18 所示。
- 删除(E)：偏移源对象后将其删除。
- 图层(L)：确定将偏移对象创建在当前图层上还是源对象所在的图层上。

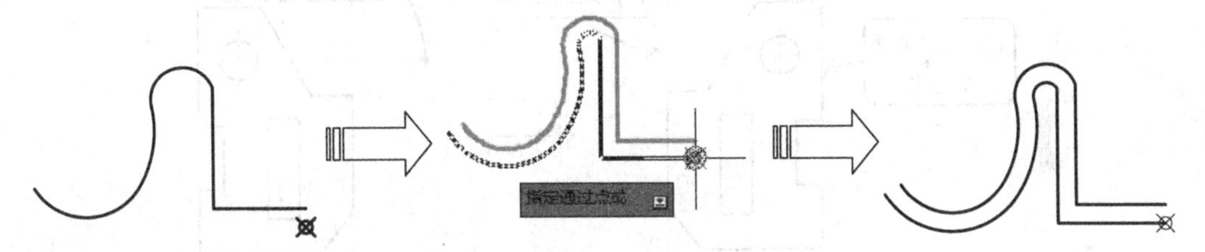

图 4-18　【通过(T)】偏移效果

4.2.3　镜像对象

【镜像】命令是指将图形绕指定轴（镜像线）镜像复制，常用于绘制结构规则且有对称特点的图形。AutoCAD 通过指定临时镜像线镜像对象，镜像时可选择删除或保留原对象。在 AutoCAD 中【镜像】命令的调用方法如下。

- 功能区：单击【修改】面板中的【镜像】按钮。
- 菜单栏：执行【修改】|【镜像】命令。
- 命令行：MIRROR 或 MI。

在命令执行过程中，需要确定镜像复制的对象和对称轴。对称轴可以是任意方向的，所选对象将根据该轴线进行对称复制，并且可以选择删除或保留源对象。在实际工程设计中，许多对象都为对称形式，如果绘制了这些图例的一半，就可以通过【镜像】命令迅速得到另一半，如图 4-19 所示。

调用【镜像】命令，命令行提示如下。

```
命令: _MIRROR                                //调用【镜像】命令
选择对象:指定对角点: 找到 14 个              //选择镜像对象
指定镜像线的第一点:                          //指定镜像线第一点 A
指定镜像线的第二点:                          //指定镜像线第二点 B
要删除源对象吗?[是(Y)/否(N)] <N>:           //选择是否删除源对象,或按 Enter 键结束命令
```

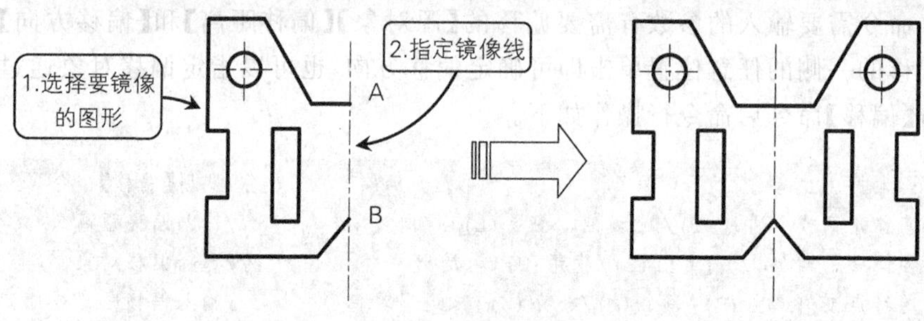

图 4-19　镜像图形

【镜像】操作十分简单,命令行中的子选项不多,只有在结束命令前可选择是否删除源对象。如果选择【是】,则删除选择的镜像图形,效果如图 4-20 所示。

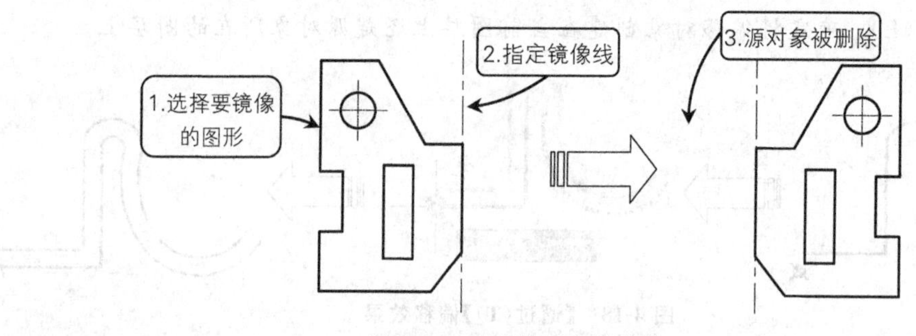

图 4-20　删除源对象的镜像

4.2.4　阵列对象

【复制】【镜像】和【偏移】等命令,一次只能复制得到一个对象副本。如果按照一定规律大量复制图形,可以使用 AutoCAD 提供的【阵列】命令。【阵列】是一个功能强大的多重复制命令,可以一次将选择的对象复制多个并按指定的规律进行排列。

在 AutoCAD 中,提供了 3 种【阵列】方式:矩形阵列、极轴(即环形)阵列、路径阵列,可以按照矩形、环形(极轴)和路径的方式,以定义的距离、角度和路径复制出源对象的多个对象副本,如图 4-21 所示。

1. 矩形阵列

矩形阵列就是将图形呈行列进行排列,如园林平面图中的道路绿化、建筑立面图的窗格、规律摆放的桌椅等。调用【阵列】命令的方法如下。

- 功能区:在【默认】选项卡中,单击【修改】面板中的【矩形阵列】按钮,如图 4-22

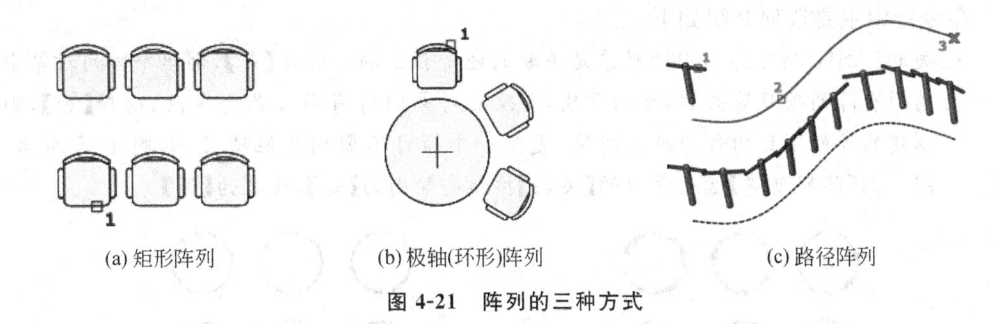

(a) 矩形阵列　　(b) 极轴(环形)阵列　　(c) 路径阵列

图 4-21　阵列的三种方式

所示。

- 菜单栏：执行【修改】|【阵列】|【矩形阵列】命令，如图 4-23 所示。
- 命令行：ARRAYRECT。

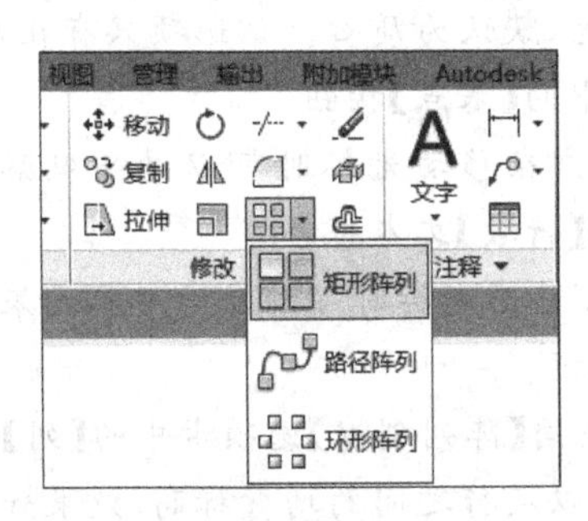

图 4-22　功能区调用【矩形阵列】命令

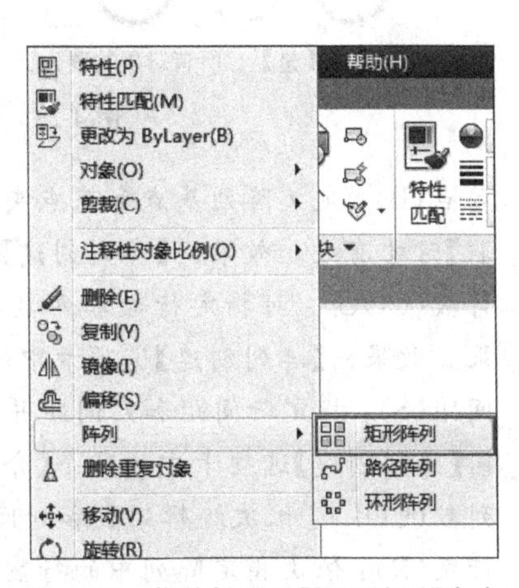

图 4-23　菜单栏调用【矩形阵列】命令

使用【矩形阵列】需要设置的参数有阵列的“源对象”“行”和“列”的数目、“行距”和“列距”。行和列的数目决定了需要复制的图形对象有多少个。

调用【阵列】命令，功能区显示矩形方式下的【阵列创建】选项卡，如图 4-24 所示，命令行提示如下。

```
命令：_arrayrect                                          //调用【矩形阵列】命令
选择对象：找到 1 个                                       //选择要阵列的对象
类型 =矩形 关联 =是                                       //显示当前的阵列设置
选择夹点以编辑阵列或 [关联(AS)/基点(B)/计数(COU)/间距(S)/列数(COL)/行数(R)/层数
(L)/退出(X)]:                                             //设置阵列参数，按 Enter 键退出
```

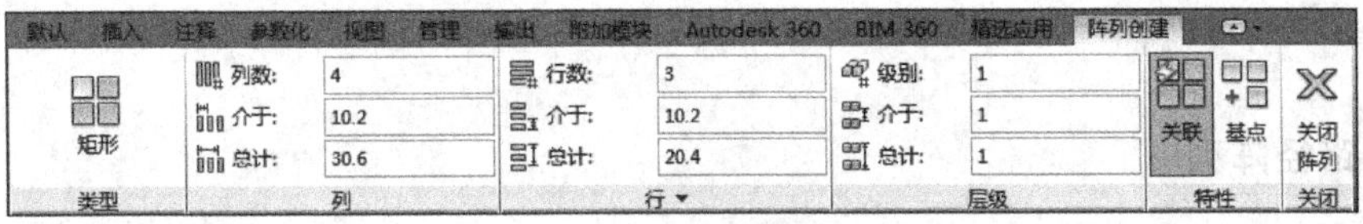

图 4-24　【阵列创建】选项卡

命令行中主要选项介绍如下。

- 关联(AS)：指定阵列中的对象是关联的还是独立的。选择【是】，则单个阵列对象中的所有阵列项目皆关联，类似于块，更改源对象则所有项目都会更改；选择【否】，则创建的阵列项目均作为独立对象，更改一个项目不影响其他项目，如图4-25所示。图4-24【阵列创建】选项卡中的【关联】按钮亮显则为【是】，反之为【否】。

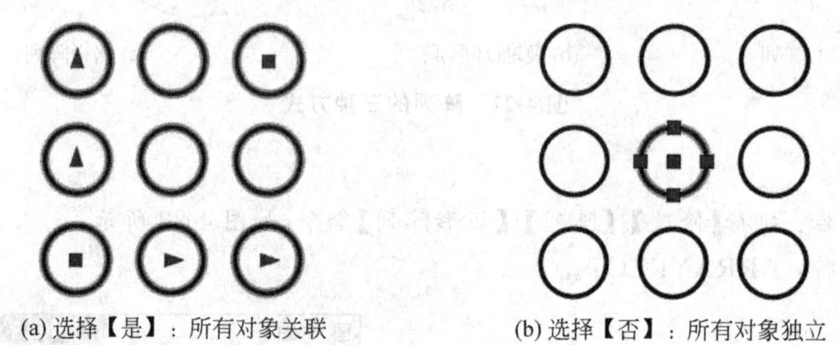

(a) 选择【是】：所有对象关联　　(b) 选择【否】：所有对象独立

图4-25　阵列的关联效果

- 基点(B)：定义阵列基点和基点夹点的位置，默认为质心。该选项只有在启用【关联】时才有效。效果同【阵列创建】选项卡中的【基点】按钮。
- 计数(COU)：可指定行数和列数，并使用户在移动光标时可以动态观察阵列结果。效果同【阵列创建】选项卡中的【列数】【行数】文本框。
- 间距(S)：指定行间距和列间距并使用户在移动光标时可以动态观察结果。效果同【阵列创建】选项卡中的两个【介于】文本框。
- 列数(COL)：依次编辑列数和列间距，效果同【阵列创建】选项卡中的【列】面板。
- 行数(R)：依次指定阵列中的行数、行间距以及行之间的增量标高，效果如图4-26所示。
- 层数(L)：指定三维阵列的层数和层间距，效果同【阵列创建】选项卡中的【层级】面板，二维情况下无须设置。

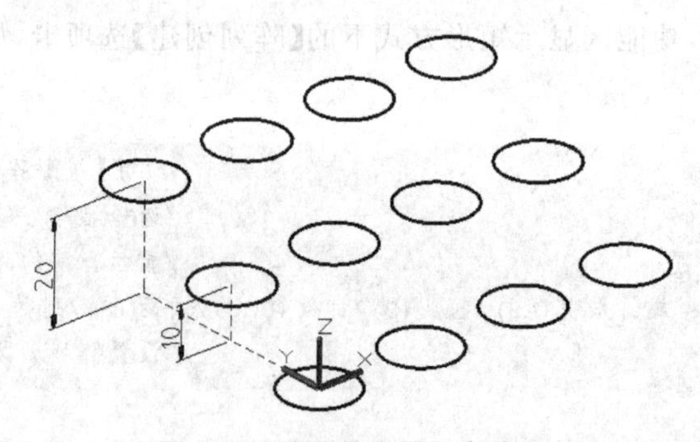

图4-26　阵列的增量标高效果

2. 路径阵列

路径阵列可沿曲线(可以是直线、多段线、三维多段线、样条曲线、螺旋、圆弧、圆或椭圆)阵列复制图形，通过设置不同的基点，能得到不同的阵列结果。在园林设计中，使用路径阵列可快速复制园路与街道旁的树木，或者草地中的汀步图形。

调用【路径阵列】命令的方法如下。

- 功能区：在【默认】选项卡中，单击【修改】面板中的【路径阵列】按钮，如图4-27所示。
- 菜单栏：执行【修改】|【阵列】|【路径阵列】命令，如图4-28所示。
- 命令行：ARRAYPATH。

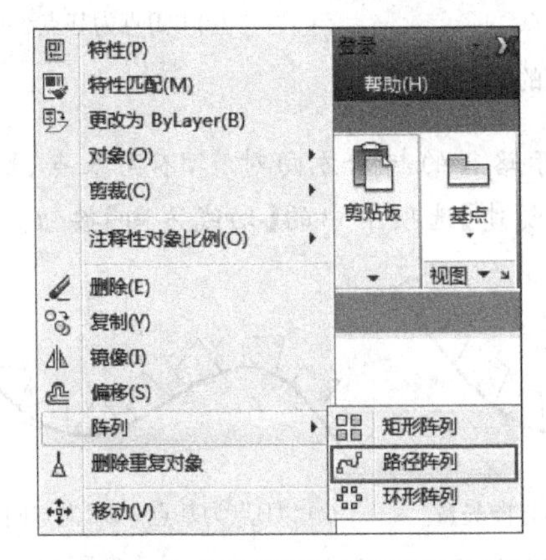

图4-27 菜单栏调用【路径阵列】命令

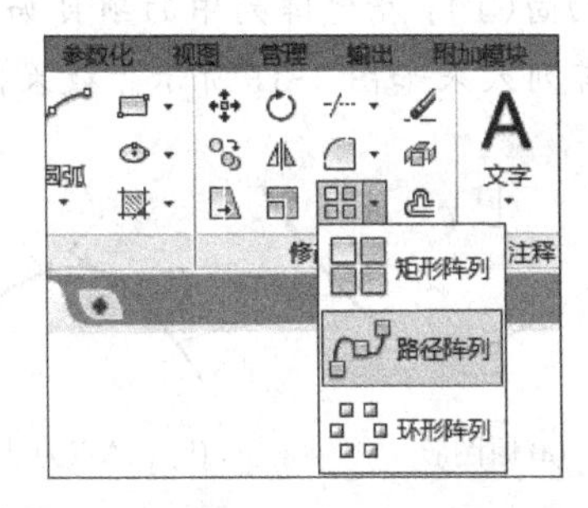

图4-28 功能区调用【路径阵列】命令

路径阵列需要设置的参数有【阵列路径】【阵列对象】和【阵列数量】【方向】等。调用【阵列】命令，功能区显示路径方式下的【阵列创建】选项卡，如图4-29所示，命令行提示如下。

```
命令: _arraypath                                    //调用【路径阵列】命令
选择对象: 找到 1 个                                  //选择要阵列的对象
选择对象:
类型 =路径 关联 =是                                  //显示当前的阵列设置
选择路径曲线:                                        //选取阵列路径
选择夹点以编辑阵列或 [关联(AS)/方法(M)/基点(B)/切向(T)/项目(I)/行(R)/层(L)/对齐
项目(A)/Z 方向(Z)/退出(X)] <退出>:                   //设置阵列参数,按 Enter 键退出
```

图4-29 【阵列创建】选项卡

命令行中主要选项介绍如下：

- 关联(AS)：与【矩形阵列】中的【关联】选项相同，这里不重复讲解。
- 方法(M)：控制如何沿路径分布项目，有【定数等分】和【定距等分】两种方式。
- 基点(B)：定义阵列的基点。路径阵列中的项目相对于基点放置，选择不同的基

点，进行路径阵列的效果也不同，如图 4-30 所示。效果同【阵列创建】选项卡中的【基点】按钮。

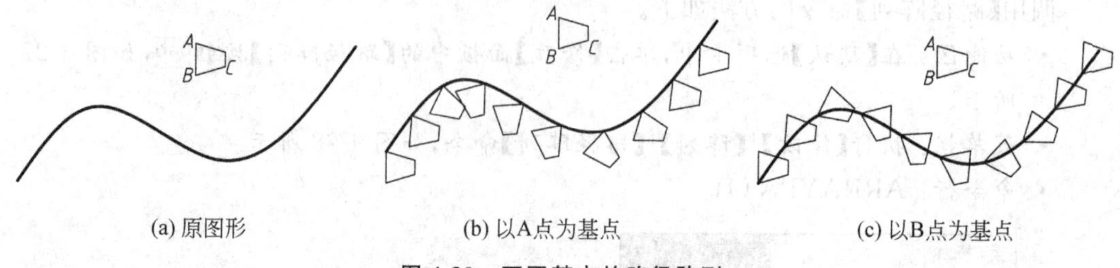

(a) 原图形　　(b) 以A点为基点　　(c) 以B点为基点

图 4-30　不同基点的路径阵列

- 切向(T)：指定阵列中的项目如何相对于路径的起始方向对齐，不同基点、切向的阵列效果如图 4-31 所示。效果同【阵列创建】选项卡中的【切线方向】按钮。

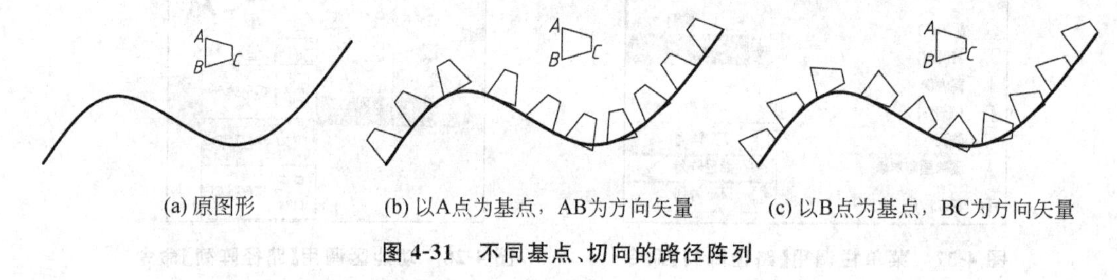

(a) 原图形　　(b) 以A点为基点，AB为方向矢量　　(c) 以B点为基点，BC为方向矢量

图 4-31　不同基点、切向的路径阵列

- 项目(I)：根据【方法】设置，指定项目数(方法为定数等分)或项目之间的距离(方法为定距等分)。效果同【阵列创建】选项卡中的【项目】面板。
- 行(R)：指定阵列中的行数、它们之间的距离以及行之间的增量标高，如图 4-32 所示。效果同【阵列创建】选项卡中的【行】面板。

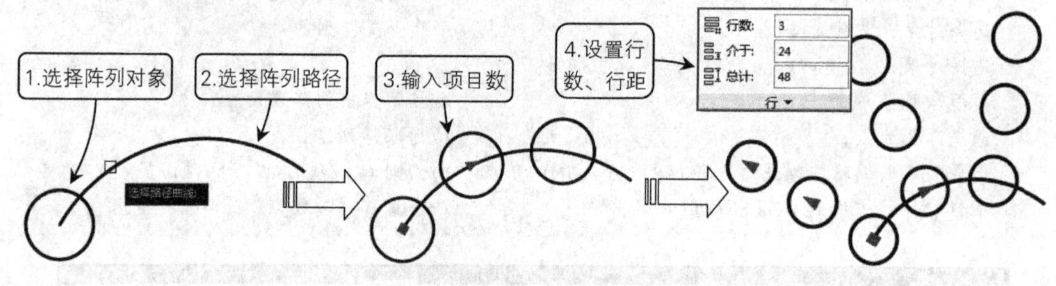

图 4-32　路径阵列的“行”效果

- 层(L)：指定三维阵列的层数和层间距，效果同【阵列创建】选项卡中的【层级】面板，二维情况下无须设置。
- 对齐项目(A)：指定是否对齐每个项目以与路径的方向相切，对齐相对于第一个项目的方向，效果对比如图 4-33 所示。【阵列创建】选项卡中的【对齐项目】按钮亮显则开启，反之关闭。
- Z 方向：控制是否保持项目的原始 z 方向或沿三维路径自然倾斜项目。

(a) 开启"对齐项目"效果

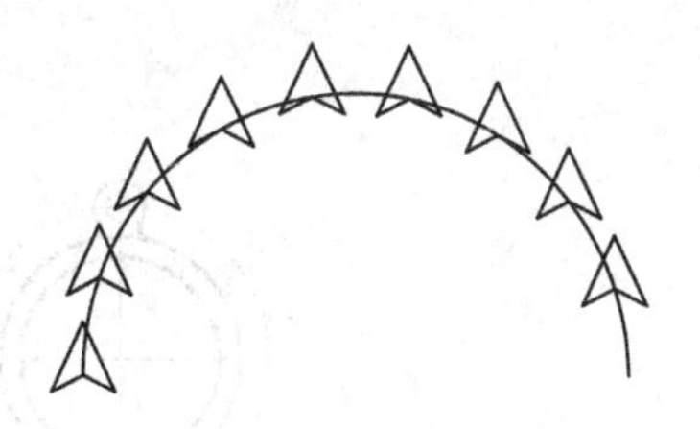

(b) 关闭"对齐项目"效果

图 4-33　对齐项目效果

3. 环形阵列

【环形阵列】即极轴阵列，是以某一点为中心点进行环形复制，阵列结果是使阵列对象沿中心点的四周均匀排列成环形。调用【极轴阵列】命令的方法如下。

- 功能区：在【默认】选项卡中，单击【修改】面板中的【环形阵列】按钮，如图 4-34 所示。
- 菜单栏：执行【修改】|【阵列】|【环形阵列】命令，如图 4-35 所示。
- 命令行：ARRAYPOLAR。

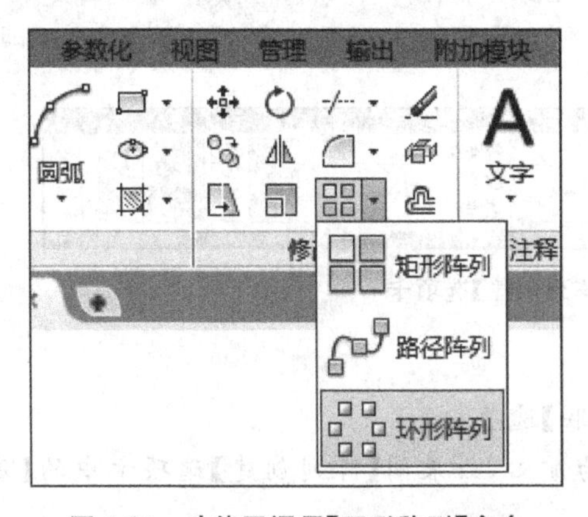

图 4-34　功能区调用【环形阵列】命令

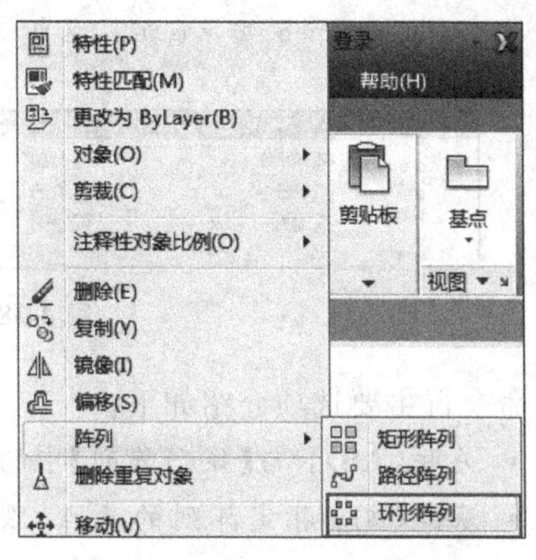

图 4-35　菜单栏调用【环形阵列】命令

【环形阵列】需要设置的参数有阵列的【源对象】【项目总数】【中心点位置】和【填充角度】。填充角度是指全部项目排成的环形所占有的角度。例如，对于 360°填充，所有项目将排满一圈，如图 4-36 所示；对于 240°填充，所有项目只排满 2/3 圈，如图 4-37 所示。

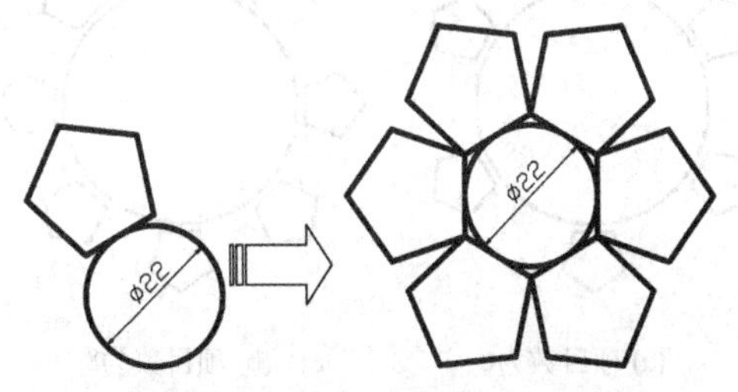

图 4-36　指定项目总数和填充角度阵列

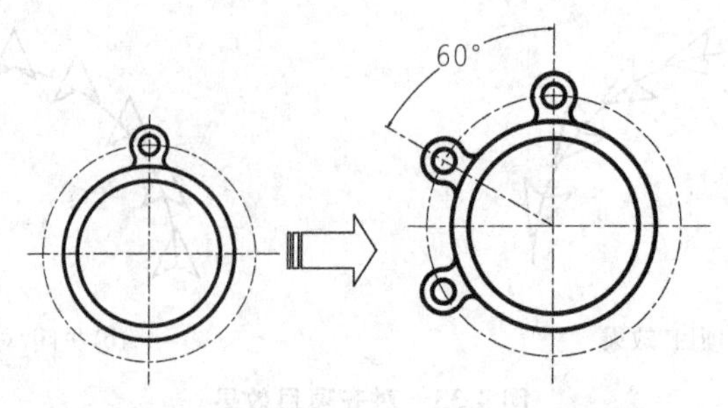

图 4-37　指定项目总数和项目间的角度阵列

调用【阵列】命令，功能区面板显示【阵列创建】选项卡，如图 4-38 所示。命令行提示如下。

```
命令：_arraypolar                                    //调用【环形阵列】命令
选择对象：找到 1 个                                  //选择阵列对象
选择对象：
类型 =极轴 关联 =是                                  //显示当前的阵列设置
指定阵列的中心点或 [基点(B)/旋转轴(A)]：             //指定阵列中心点
选择夹点以编辑阵列或 [关联(AS)/基点(B)/项目(I)/项目间角度(A)/填充角度(F)/行(ROW)/层(L)/旋转项目(ROT)/退出(X)] <退出>：    //设置阵列参数并按 Enter 键退出
```

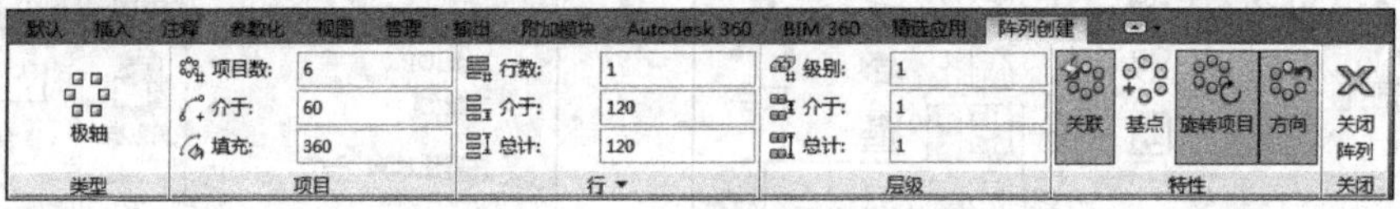

图 4-38　【阵列创建】选项卡

命令行主要选项介绍如下。

- 关联(AS)：与【矩形阵列】中的【关联】选项相同。
- 基点(B)：指定阵列的基点，默认为质心，效果同【阵列创建】选项卡中的【基点】按钮。
- 项目(I)：使用值或表达式指定阵列中的项目数，默认为 360°填充下的项目数，如图 4-39 所示。

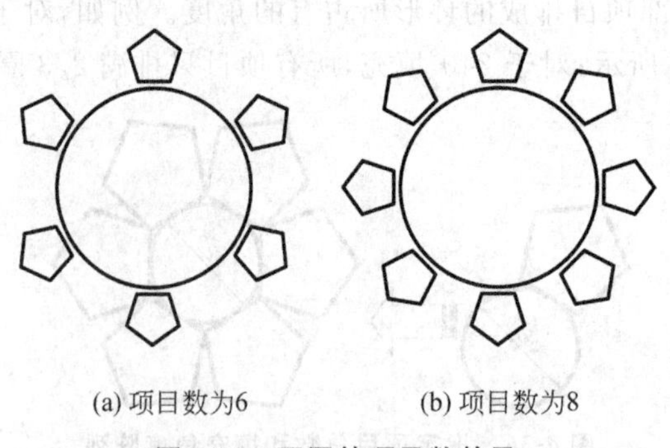

(a) 项目数为6　　(b) 项目数为8

图 4-39　不同的项目数效果

- 项目间角度(A)：使用值表示项目之间的角度，如图 4-40 所示。同【阵列创建】选项卡中的【项目】面板。

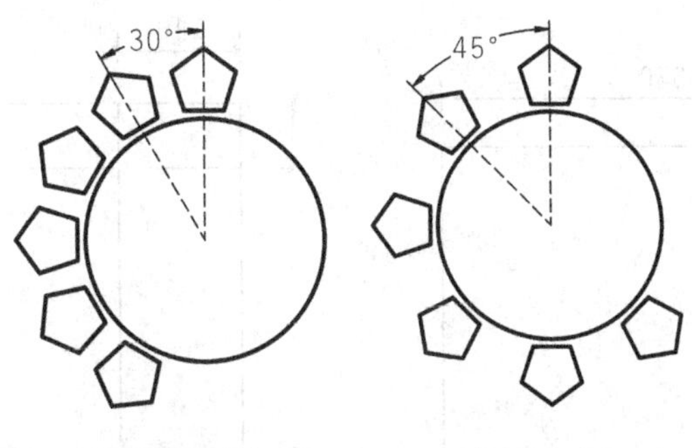

(a) 项目间角度为30°　　(b) 项目间角度为45°

图 4-40　不同的项目间角度效果

- 填充角度(F)：使用值或表达式指定阵列中第一个和最后一个项目之间的角度，即环形阵列的总角度。
- 行(ROW)：指定阵列中的行数、它们之间的距离以及行之间的增量标高，效果与【路径阵列】中的【行】选项一致。
- 层(L)：指定三维阵列的层数和层间距，效果同【阵列创建】选项卡中的【层级】面板，二维情况下无须设置。
- 旋转项目(ROT)：控制在阵列项时是否旋转项，效果对比如图 4-41 所示。【阵列创建】选项卡中的【旋转项目】按钮亮显则开启，反之关闭。

(a) 开启【旋转项目】效果

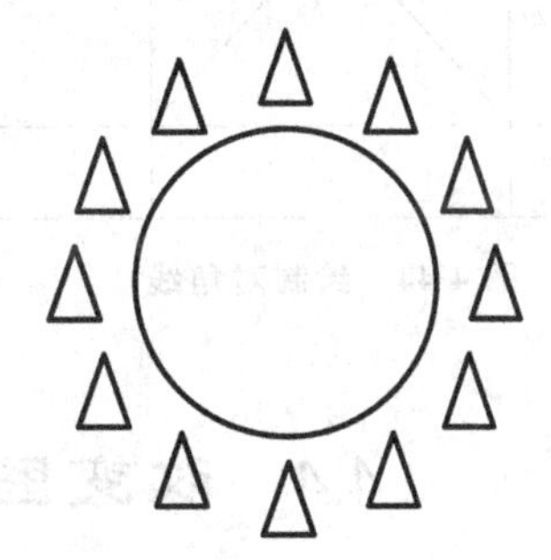

(b) 关闭【旋转项目】效果

图 4-41　旋转项目效果

4.3　课堂练习：绘制综合布线配线架

本实战以综合布线配线架为例，讲解偏移图形的方法。

(1) 单击【绘图】面板中的【矩形】按钮▭，绘制长度为 570，宽为 460 的矩形，如图 4-42 所示。

(2) 调用 X【分解】命令,将刚绘制的矩形分解;调用 O【偏移】命令,将矩形的长边向里偏移 72,将短边向里偏移 140,结果如 4-43 所示。

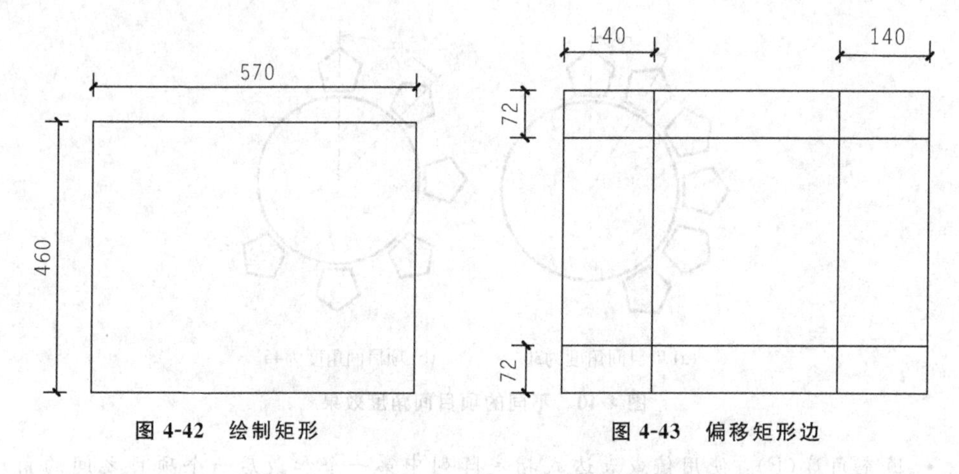

图 4-42 绘制矩形

图 4-43 偏移矩形边

(3) 调用 L【直线】命令,连接内部矩形的四角,如图 4-44 所示。

(4) 调用 TR【修剪】命令,修剪多余线段,如图 4-45 所示。

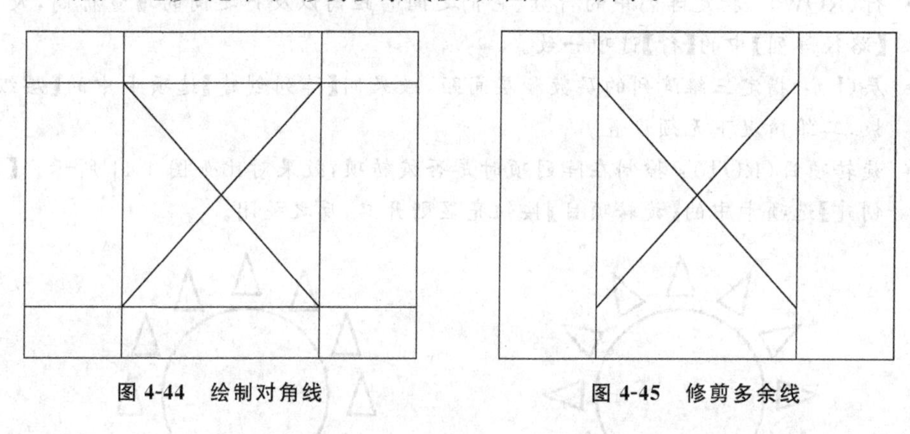

图 4-44 绘制对角线

图 4-45 修剪多余线

4.4 改变图形的大小及位置

对于已经绘制好的图形对象,有时需要改变图形的大小及它们的位置,改变的方式有很多种,例如移动、旋转、拉伸和缩放等,下面做详细介绍。

4.4.1 移动图形

移动图形是指将图形从一个位置平移到另一个位置,移动过程中图形的大小、形状和角度都不会改变。执行【移动】命令的方法有以下几种。

- 功能区:单击【修改】面板中的【移动】按钮,如图 4-46 所示。
- 菜单栏:执行【修改】|【移动】命令,如图 4-47 所示。
- 命令行:MOVE 或 M。

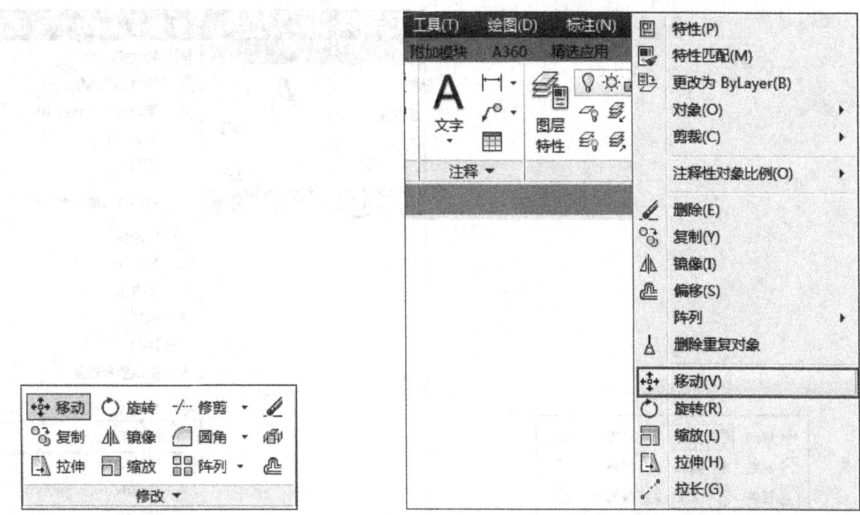

图 4-46 【修改】面板中的【移动】按钮　　图 4-47 【移动】菜单命令

调用【移动】命令后，根据命令行提示，在绘图区中拾取需要移动的对象后按右键确定，然后拾取移动基点，最后指定第二个点（目标点）即可完成移动操作，如图 4-48 所示。命令行操作如下。

```
命令：_move                                          //执行【移动】命令
选择对象：找到 1 个                                   //选择要移动的对象
指定基点或 [位移(D)] <位移>:                          //选取移动的参考点
指定第二个点或 <使用第一个点作为位移>:                 //选取目标点，放置图形
```

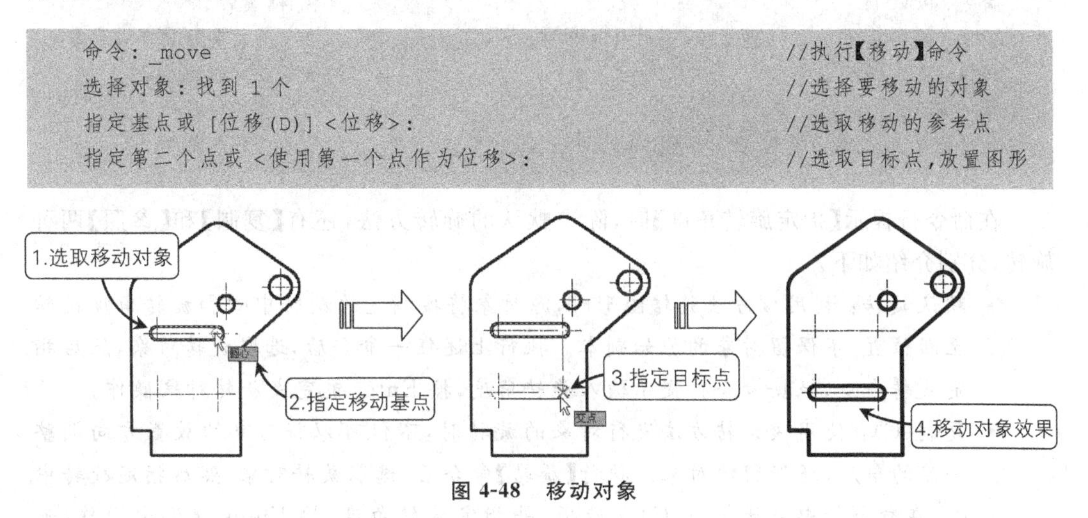

图 4-48 移动对象

4.4.2 旋转图形

旋转图形是将图形绕某个基点旋转一定的角度。执行【旋转】命令的方法有以下几种。

- 功能区：单击【修改】面板中的【旋转】按钮，如图 4-49 所示。
- 菜单栏：执行【修改】|【旋转】命令，如图 4-50 所示。
- 命令行：ROTATE 或 RO。

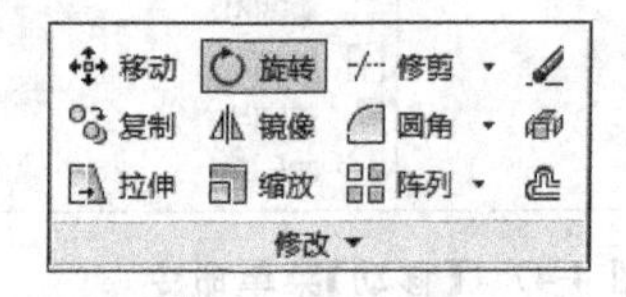

图 4-49 【修改】面板中的【旋转】按钮

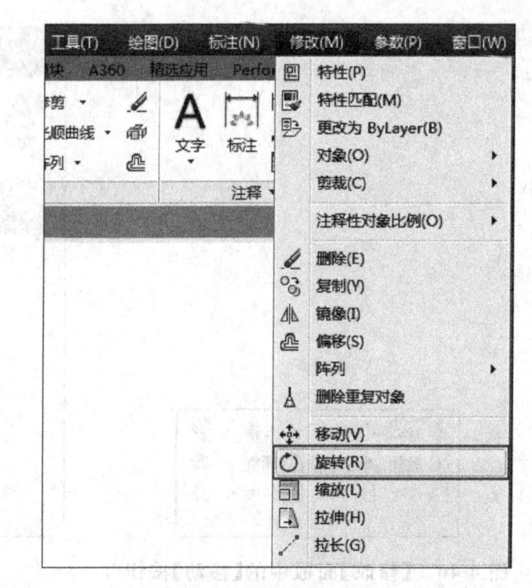

图 4-50 【旋转】菜单命令

按上述方法执行【旋转】命令后，命令行提示如下。

```
命令：ROTATE                                              //执行【旋转】命令
UCS 当前的正角方向：ANGDIR=逆时针 ANGBASE=0               //当前的角度测量方式和基准
选择对象：找到 1 个                                        //选择要旋转的对象
指定基点：                                                 //指定旋转的基点
指定旋转角度,或 [复制(C)/参照(R)] <0>：45                  //输入旋转的角度
```

在命令行提示【指定旋转角度】时，除了默认的旋转方法，还有【复制】和【参照】两种旋转，分别介绍如下。

- 默认旋转：利用该方法旋转图形时，源对象将按指定的旋转中心和旋转角度旋转至新位置，不保留对象的原始副本。执行上述任一命令后，选取旋转对象，然后指定旋转中心，根据命令行提示输入旋转角度，按 Enter 键完成旋转对象操作。
- 复制(C)：使用该旋转方法进行对象的旋转时，不仅可以将对象的放置方向调整一定的角度，还保留源对象。执行【旋转】命令后，选取旋转对象，然后指定旋转中心，在命令行中激活复制(C)子选项，并指定旋转角度，按 Enter 键退出操作，如图 4-51 所示。

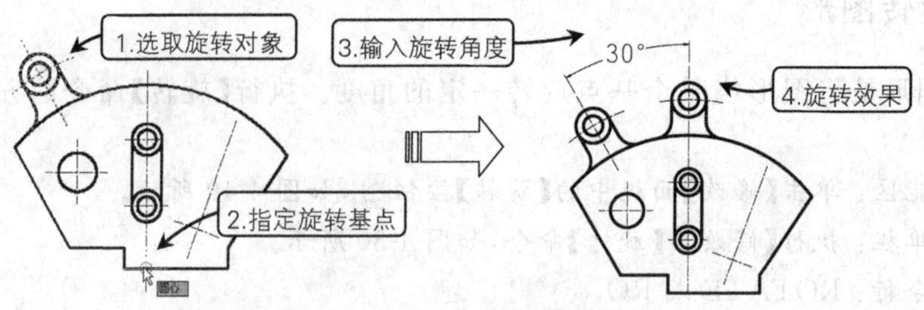

图 4-51 【复制】旋转对象

- 参照(R)：可以将对象从指定的角度旋转到新的绝对角度，特别适合于旋转那些角度值为非整数或未知的对象。执行【旋转】命令后，选取旋转对象然后指定旋转中心，在命令行中激活参照(R)子选项，再指定参照第一点、参照第二点，这两点的连线与X轴的夹角即为参照角，接着移动鼠标即可指定新的旋转角度，如图4-52所示。

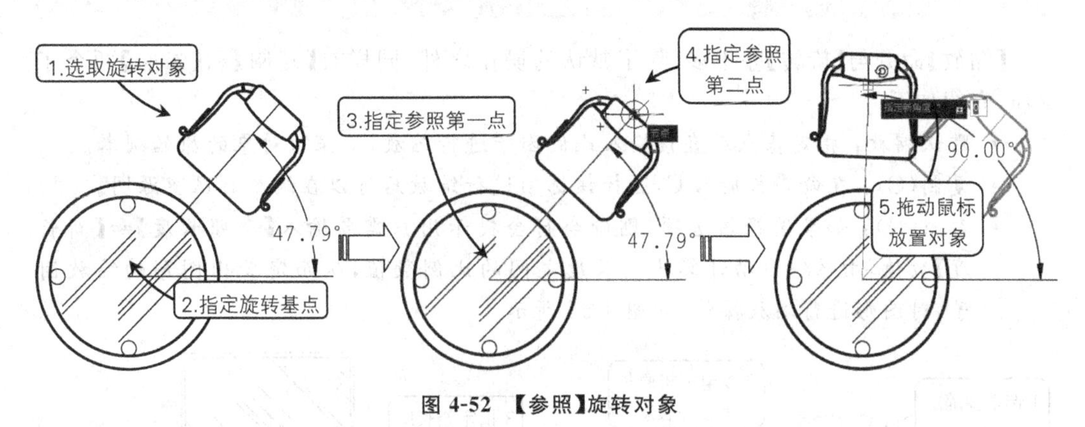

图 4-52 【参照】旋转对象

4.4.3 缩放图形

缩放图形是将图形对象以指定的缩放基点，放大或缩小一定比例，与【旋转】命令类似，可以选择【复制】选项，在生成缩放对象时保留源对象。执行【缩放】命令的方法有以下几种。

- 功能区：单击【修改】面板中的【缩放】按钮，如图4-53所示。
- 菜单栏：执行【修改】|【缩放】命令，如图4-54所示。
- 命令行：SCALE 或 SC。

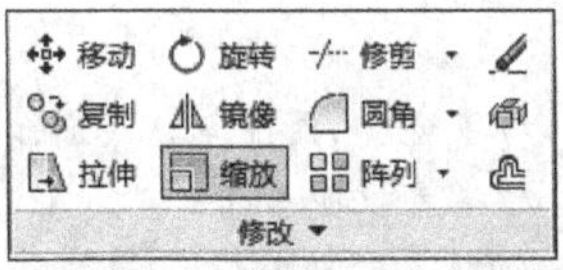

图 4-53 【修改】面板中的【缩放】按钮

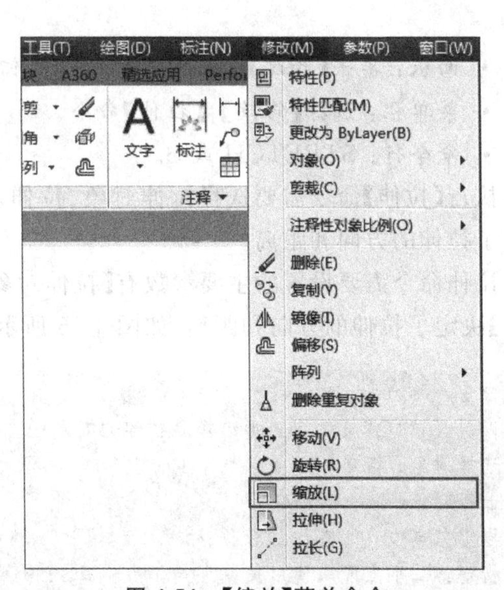

图 4-54 【缩放】菜单命令

执行以上任一方式启用【缩放】命令后，命令行操作提示如下。

```
命令：_scale                                        //执行【缩放】命令
选择对象：找到 1 个                                  //选择要缩放的对象
指定基点：                                          //选取缩放的基点
指定比例因子或 [复制(C)/参照(R)]：2                  //输入比例因子
```

【缩放】命令与【旋转】差不多，除了默认的操作之外，同样有【复制】和【参照】两个子选项，介绍如下。

- 默认缩放：指定基点后直接输入比例因子进行缩放，不保留对象的原始副本。
- 复制(C)：在命令行输入C，选择该选项进行缩放后可以在缩放时保留源图。
- 参照(R)：如果选择该选项，则命令行会提示用户需要输入【参照长度】和【新长度】数值，由系统自动计算出两长度之间的比例数值，从而定义出图形的缩放因子，对图形进行缩放操作，如图4-55所示。

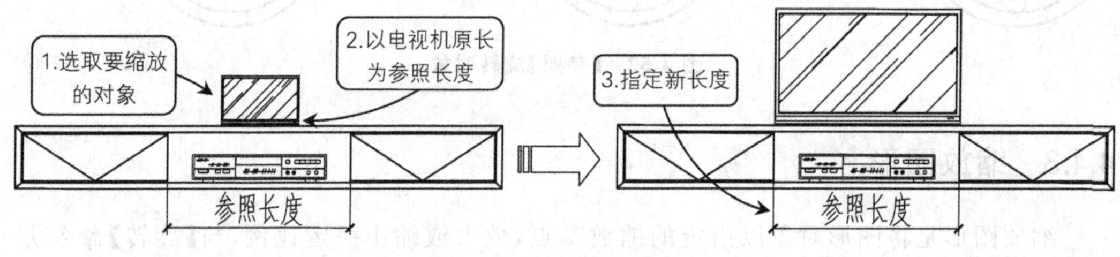

图 4-55 【参照】缩放图形

4.4.4 拉伸图形

拉伸是将图形的一部分线条沿指定矢量方向拉长。执行【拉伸】命令的方法有以下几种。

- 面板：单击【修改】面板中的【拉伸】按钮。
- 菜单栏：选择【修改】|【拉伸】命令。
- 命令行：STRETCH或S。

执行【拉伸】命令需要选择拉伸对象、拉伸基点和第二点，基点和第二点定义的矢量决定了拉伸的方向和距离。

拉伸命令需要设置的主要参数有【拉伸对象】【拉伸基点】和【拉伸位移】三项。【拉伸位移】决定了拉伸的方向和距离，如图4-56所示，命令行操作如下。

```
命令：_stretch                                      //执行【拉伸】命令
以交叉窗口或交叉多边形选择要拉伸的对象…
选择对象：指定对角点：找到 1 个
选择对象：                                          //以窗交、圈围等方式选择拉伸对象
指定基点或 [位移(D)] <位移>：                        //指定拉伸基点
指定第二个点或 <使用第一个点作为位移>：              //指定拉伸终点
```

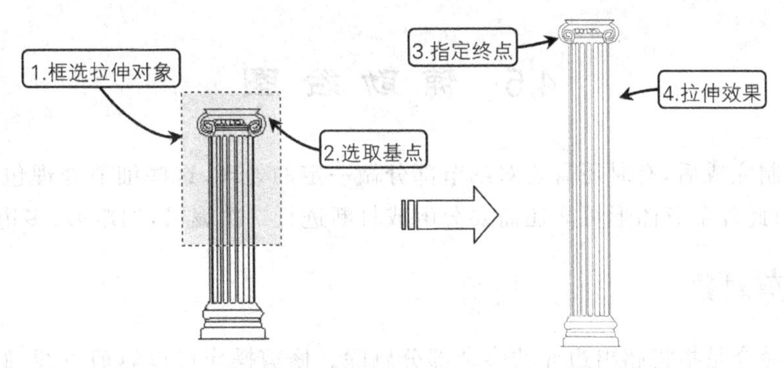

图 4-56 拉伸对象

拉伸遵循以下原则。

- 通过单击选择和窗口选择获得的拉伸对象将只被平移，不被拉伸。
- 通过框选选择获得的拉伸对象，如果所有夹点都落入选择框内，图形将发生平移，如图 4-57 所示；如果只有部分夹点落入选择框，图形将沿拉伸位移拉伸，如图 4-58 所示；如果没有夹点落入选择窗口，图形将保持不变，如图 4-59 所示。

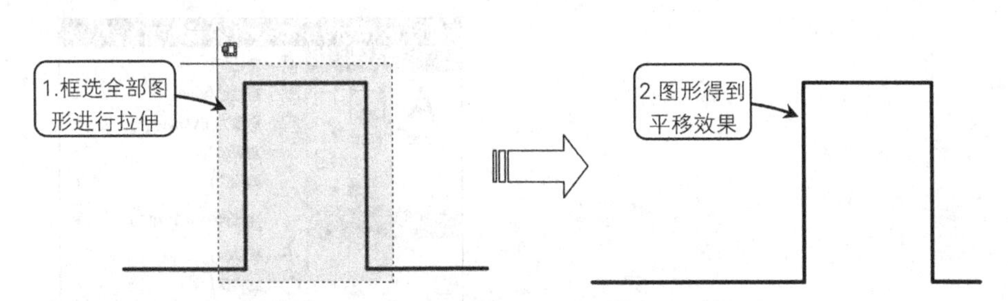

图 4-57 框选全部图形拉伸得到平移效果

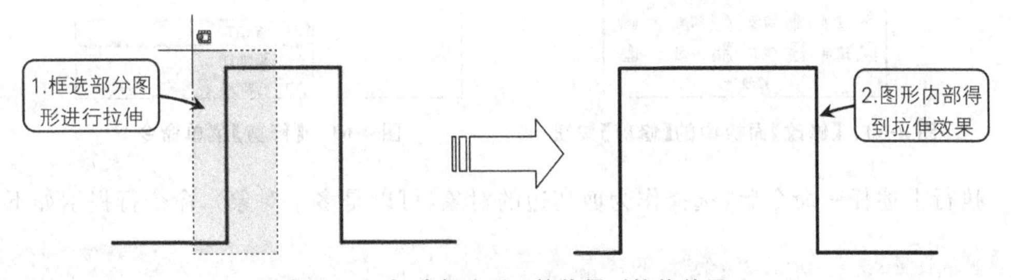

图 4-58 框选部分图形拉伸得到拉伸效果

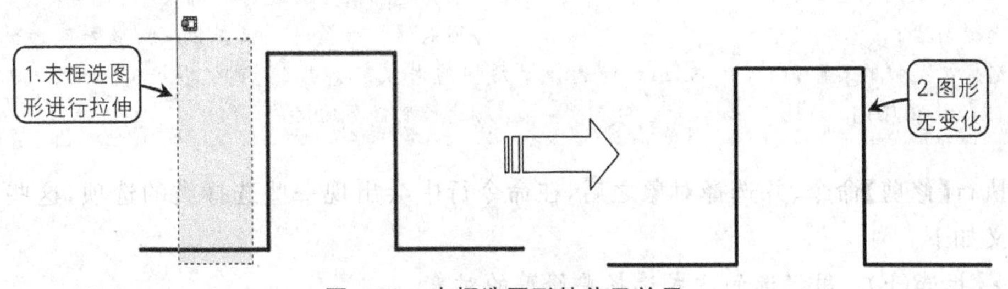

图 4-59 未框选图形拉伸无效果

4.5 辅助绘图

图形绘制完成后，有时还需要对细节部分做一定的处理，这些细节处理包括倒角、倒圆的调整等；此外部分图形可能还需要分解或打断进行二次编辑，如矩形、多边形等。

4.5.1 修剪对象

【修剪】命令是指将超出边界的多余部分删除。修剪操作可以修剪直线、圆、弧、多段线、样条曲线和射线等。在调用命令的过程中，需要设置的参数有修剪边界和修剪对象两类。

调用【修剪】命令有以下几种方法。

- 功能区：单击【修改】面板中的【修剪】按钮，如图 4-60 所示。
- 菜单栏：执行【修改】|【修剪】命令，如图 4-61 所示。
- 命令行：TRIM 或 TR。

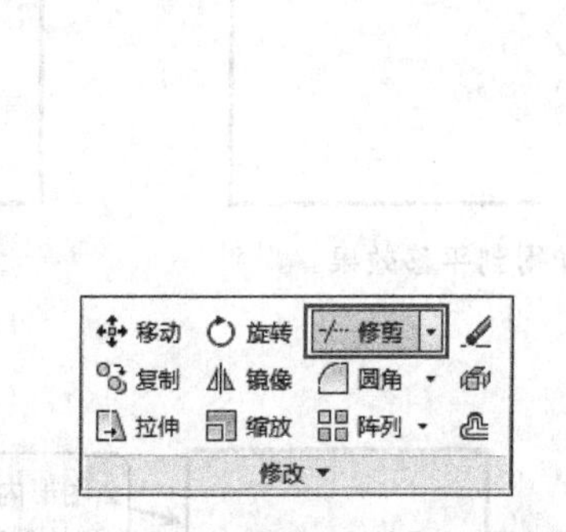

图 4-60 【修改】面板中的【修剪】按钮

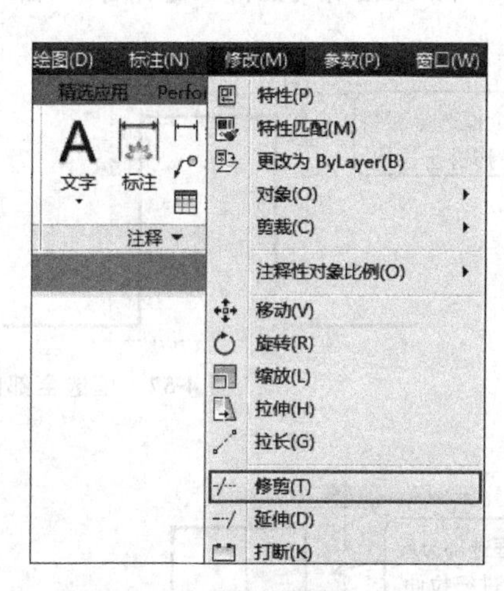

图 4-61 【修剪】菜单命令

执行上述任一命令后，选择作为剪切边的对象（可以是多个对象），命令行提示如下。

```
当前设置:投影=UCS,边=无
选择边界的边…
选择对象或 <全部选择>:                    //鼠标选择要作为边界的对象
选择对象:                                 //可以继续选择对象或按 Enter 键结束选择
选择要延伸的对象,或按住 Shift 键选择要延伸的对象,或[栏选(F)/窗交(C)/投影(P)/边
(E)/放弃(U)]:                             //选择要修剪的对象
```

执行【修剪】命令、并选择对象之后，在命令行中会出现一些选择类的选项，这些选项的含义如下。

- 栏选(F)：用栏选的方式选择要修剪的对象。

- 窗交(C)：用窗交方式选择要修剪的对象。
- 投影(P)：用以指定修剪对象时使用的投影方式，即选择进行修剪的空间。
- 边(E)：指定修剪对象时是否使用【延伸】模式，默认选项为【不延伸】模式，即修剪对象必须与修剪边界相交才能够修剪。如果选择【延伸】模式，则修剪对象与修剪边界的延伸线相交即可被修剪。例如图 4-62 所示的圆弧，使用【延伸】模式才能够被修剪。
- 放弃(U)：放弃上一次的修剪操作。

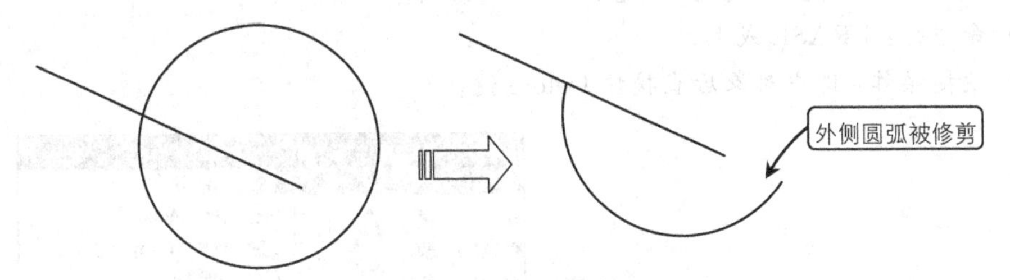

图 4-62　延伸模式修剪效果

剪切边也可以同时作为被剪边。默认情况下，选择要修剪的对象(即选择被剪边)，系统将以剪切边为界，将被剪切对象上位于拾取点一侧的部分剪切掉。

利用【修剪】工具可以快速完成图形中多余线段的删除效果，如图 4-63 所示。

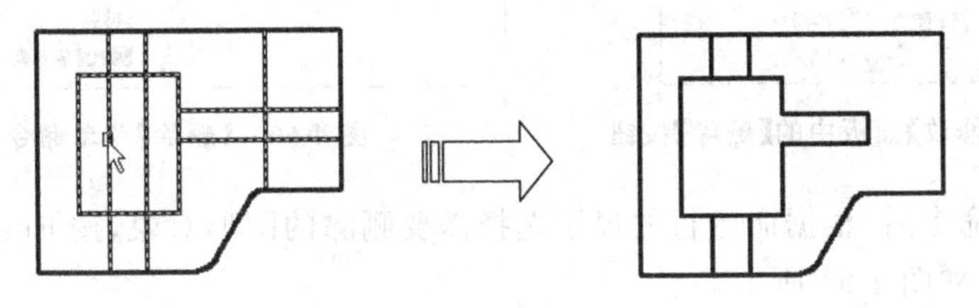

图 4-63　修剪对象

在修剪对象时，可以一次选择多个边界或修剪对象，从而实现快速修剪。例如要将一个"井"字形路口打通，在选择修剪边界时可以使用【窗交】方式同时选择 4 条直线，如图 4-64(b)所示；然后单击 Enter 键确认，再将光标移动至要修剪的对象上，如图 4-64(c)所示；单击即可完成一次修剪，依次在其他段上单击，则能得到最终的修剪结果，如图 4-64(d)所示。

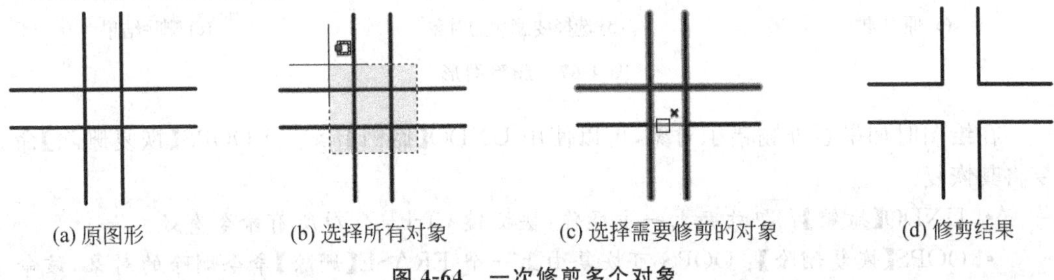

图 4-64　一次修剪多个对象

4.5.2 删除图形

【删除】命令可将多余的对象从图形中完全清除，是AutoCAD最为常用的命令之一，使用也最为简单。在AutoCAD中执行【删除】命令的方法有以下4种。

- 功能区：在【默认】选项卡中，单击【修改】面板中的【删除】按钮，如图4-65所示。
- 菜单栏：选择【修改】|【删除】菜单命令，如图4-66所示。
- 命令行：ERASE或E。
- 快捷操作：选中对象后直接按Delete键。

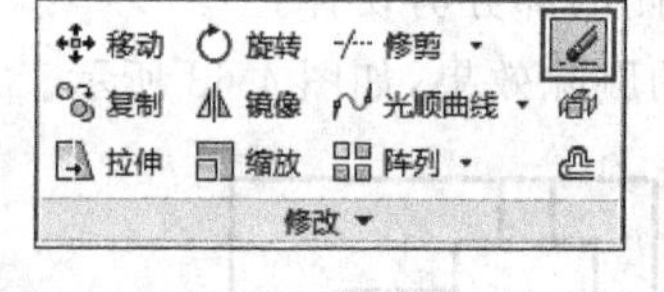

图4-65 【修改】面板中的【删除】按钮

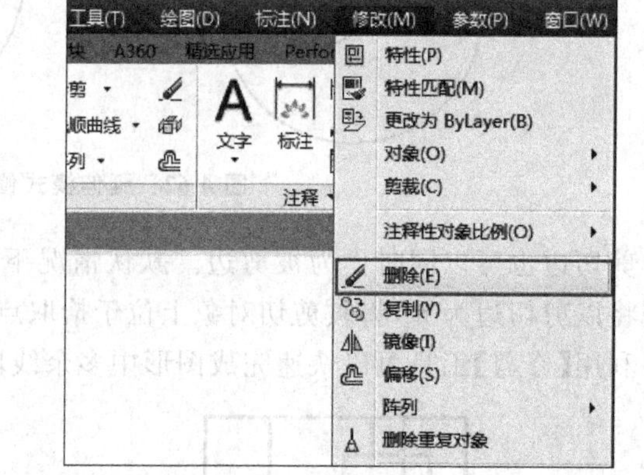

图4-66 【删除】菜单命令

执行上述命令后，根据命令行的提示选择需要删除的图形对象，按Enter键即可删除已选择的对象，如图4-67所示。

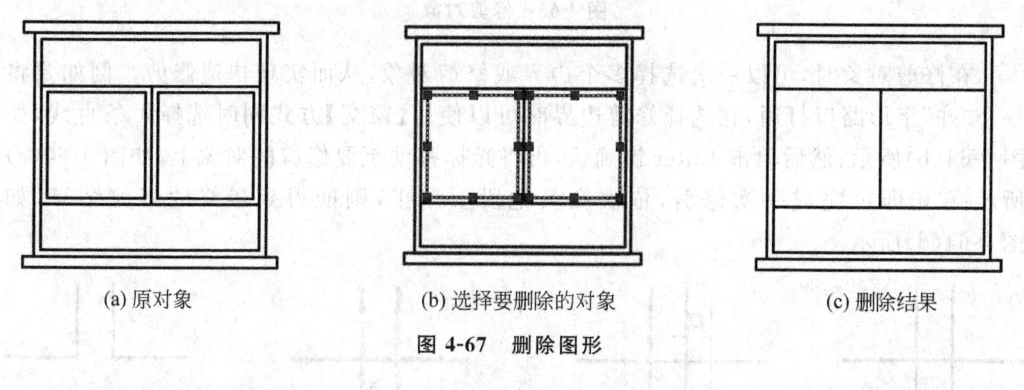

(a) 原对象　(b) 选择要删除的对象　(c) 删除结果

图4-67 删除图形

在绘图时如果意外删错了对象，可以使用UNDO【撤销】命令或OOPS【恢复删除】命令将其恢复。

- UNDO【撤销】：即放弃上一步操作，快捷键Ctrl+Z，对所有命令有效。
- OOPS【恢复删除】：OOPS可恢复由上一个ERASE【删除】命令删除的对象，该命令对ERASE有效。

此外【删除】命令还有一些隐藏选项，在命令行提示【选择对象】时，除了用选择方法选择要删除的对象外，还可以输入特定字符，执行隐藏操作。

- 输入 L：删除绘制的上一个对象。
- 输入 P：删除上一个选择集。
- 输入 All：从图形中删除所有对象。
- 输入“ ?”：查看所有选择方法列表。

4.5.3 延伸图形

【延伸】命令的使用方法与【修剪】命令的使用方法相似，先选择延伸的边界，然后选择要延伸的对象。在使用【延伸】命令时，如果在按住 Shift 键的同时选择对象，则执行修剪命令。执行【延伸】命令的方法有以下几种。

- 面板：单击【修改】面板中的【延伸】按钮。
- 菜单栏：选择【修改】|【延伸】命令。
- 命令行：EXTEND 或 EX。

延伸图形效果如图 4-68 所示。

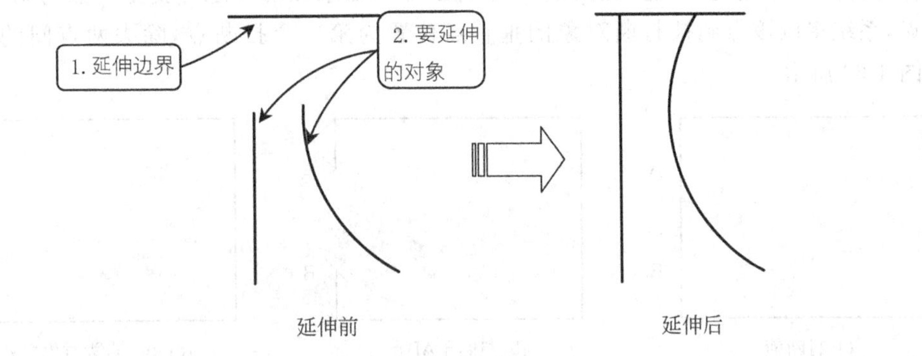

图 4-68 延伸效果

在【延伸】命令行中，各选项的含义如下。

- 栏选(F)：用栏选的方式选择要延伸的对象。
- 窗交(C)：用窗交方式选择要延伸的对象。
- 投影(P)：用以指定延伸对象时使用的投影方式，即选择进行延伸的空间。
- 边(E)：指定是将对象延伸到另一个对象的隐含边或是延伸到三维空间中与其相交的对象。
- 放弃(U)：放弃上一次的延伸操作。

4.5.4 打断图形

打断是指将单一线条在指定点分割为两段，根据打断点数量的不同，可分为【打断】和【打断于点】两种命令。

1. 打断

打断是指在线条上创建两个打断点，从而将线条断开。执行【打断】命令的方法有以下几种。

- 面板：单击【修改】面板中的【打断】按钮。
- 菜单栏：选择【修改】|【打断】命令。
- 命令行：在命令行中输入 BREAK 或 BR 并按 Enter 键。

执行【打断】命令之后，命令行提示如下。

```
命令：_break
选择对象：
指定第二个打断点 或 [第一点(F)]：
```

默认情况下，系统会以选择对象时的拾取点作为第一个打断点，接着选择第二个打断点，即可在两点之间打断线段。如果不希望以拾取点作为第一个打断点，则可在命令行选择【第一点】选项，重新指定第一个打断点。如果在对象之外指定一点为第二个打断点，系统将以该点到被打断对象的垂直点位置为第二个打断点，除去两点间的线段，如图 4-69 所示。

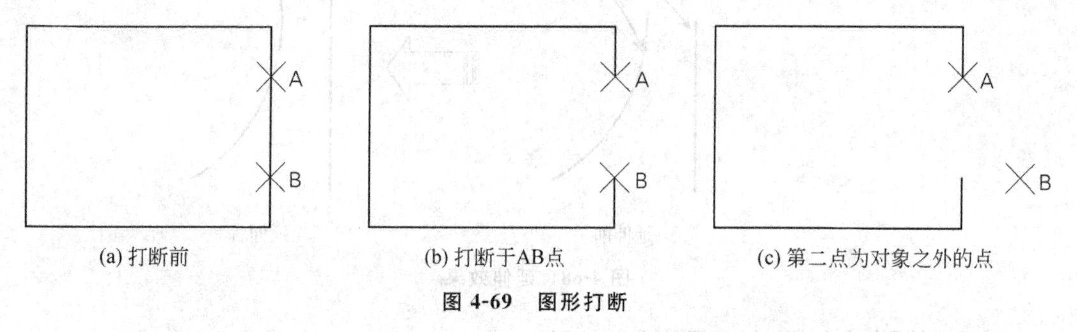

(a) 打断前　　(b) 打断于AB点　　(c) 第二点为对象之外的点

图 4-69　图形打断

2. 打断于点

【打断于点】命令是在一个点上将对象断开，因此不生间隙。

单击【修改】面板中的【打断于点】按钮，然后选择要打断的对象，接着指定一个打断点，即可将对象在该点断开。

4.5.5　合并图形

【合并】命令用于将独立的图形对象合并为一个整体。它可以将多个对象进行合并，包括圆弧、椭圆弧、直线、多线段和样条曲线等。执行【合并】命令的方法有以下几种。

- 面板：单击【修改】面板中的【合并】按钮 ++。
- 菜单栏：选择【修改】|【合并】命令。
- 命令行：JOIN 或 J。

执行该命令，选择要合并的图形对象并按 Enter 键，即可完成合并对象操作，如图 4-70 所示。

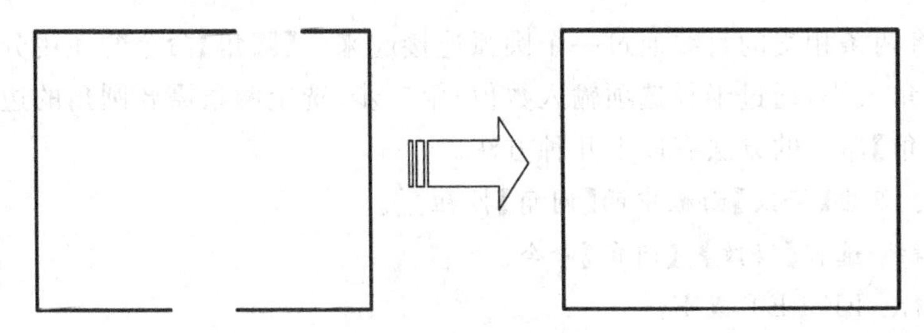

图 4-70 合并效果

4.5.6 倒角图形

【倒角】命令用于在两条非平行直线上生成斜线相连，常用在机械制图中。执行【倒角】命令的方法有以下几种。

- 面板：单击【修改】面板中的【倒角】按钮。
- 菜单栏：选择【修改】|【倒角】命令。
- 命令行：CHAMFER 或 CHA。

执行该命令后，命令行显示如下。

```
选择第一条直线或 [放弃(U)/多段线(P)/距离(D)/角度(A)/修剪(T)/方式(E)/多个(M)]:
```

命令行中各选项的含义如下。

- 放弃(U)：放弃上一次的倒角操作。
- 多段线(P)：对整个多段线每个顶点处的相交直线进行倒角，并且倒角后的线段将成为多段线的新线段。
- 距离(D)：通过设置两个倒角边的倒角距离来进行倒角操作，如图 4-71 所示。
- 角度(A)：通过设置一个角度和一个距离来进行倒角操作，如图 4-72 所示。
- 修剪(T)：设定是否对倒角进行修剪。
- 方式(E)：选择倒角方式，与选择【距离】或【角度】的作用相同。
- 多个(M)：选择该项，可以对多组对象进行倒角。

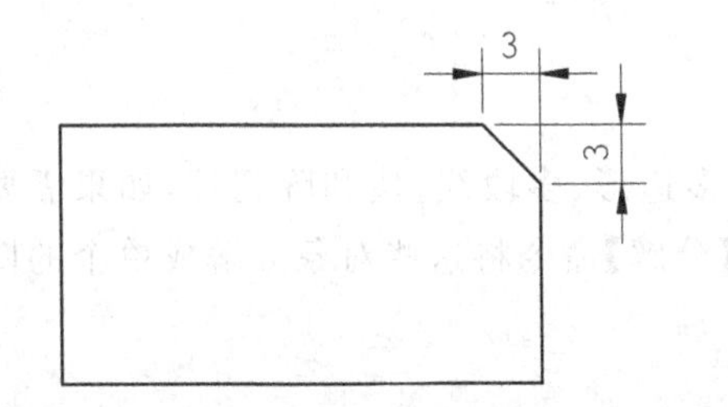

图 4-71 【距离】倒角方式

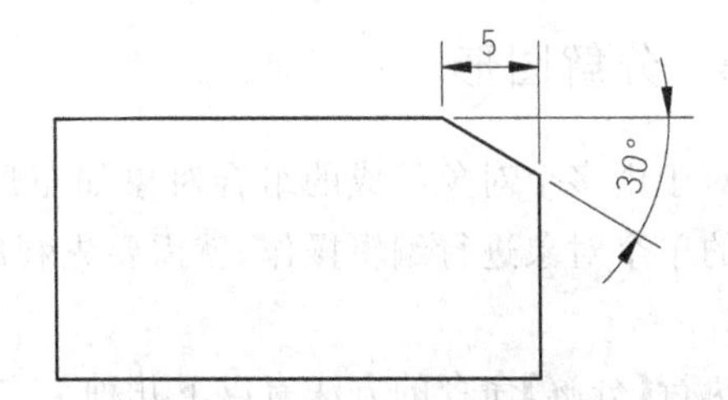

图 4-72 【角度】倒角方式

4.5.7 圆角图形

圆角是将两条相交的直线通过一个圆弧连接起来。【圆角】命令的使用分为两步：第一步，确定圆角大小，通过半径选项输入数值；第二步，选定两条需要圆角的边。

执行【圆角】命令的方法有以下几种方法。

- 面板：单击【修改】面板中的【圆角】按钮。
- 菜单栏：选择【修改】|【圆角】命令。
- 命令行：FILLET 或 F。

执行该命令后，命令行显示如下。

```
选择第一个对象或 [放弃(U)/多段线(P)/半径(R)/修剪(T)/多个(M)]:
```

命令行中各选项的含义如下。

- 放弃(U)：放弃上一次的圆角操作。
- 多段线(P)：选择该项将对多段线中每个顶点处的相交直线进行圆角，并且圆角后的圆弧线段将成为多段线的新线段。
- 半径(R)：选择该项，设置圆角的半径。
- 修剪(T)：选择该项，设置是否修剪对象。
- 多个(M)：选择该项，可以在依次调用命令的情况下对多个对象进行圆角。

在 AutoCAD 中，两条平行直线也可进行圆角，圆角直径为两条平行线的距离，如图 4-73 所示。

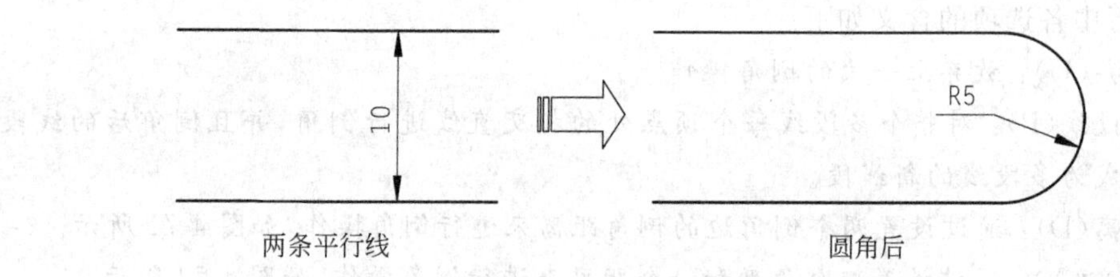

图 4-73 平行线倒圆角

提示：重复【圆角】命令之后，圆角的半径和修剪选项无须重新设置，直接选择圆角对象即可，系统默认为上一次圆角的参数创建之后的圆角。

4.5.8 分解图形

对于由多个对象组成的组合对象如矩形、多边形、多段线、块和阵列等，如果需要对其中的单个对象进行编辑操作，就需要先利用【分解】命令将这些对象分解成单个的图形对象。

执行【分解】命令的方法有以下几种。

- 面板：单击【修改】面板中的【分解】按钮。
- 菜单栏：选择【修改】|【分解】命令。

- 命令行：EXPLODE 或 X。

执行该命令后，选择要分解的图形对象并按 Enter 键，即可完成分解操作。

提示：【分解】命令不能分解用 MINSERT 和外部参照插入的块以及外部参照依赖的块。分解一个包含属性的块将删除属性值并重新显示属性定义。

4.6 课堂练习：绘制方形垫片

垫片是放在两电器零件之间以加强密封的物体，为防止流体泄漏设置在静密封面之间的密封元件。垫片通常由片状材料制成，如垫纸、橡胶、硅橡胶、金属、软木、毛毡、氯丁橡胶、丁腈橡胶、玻璃纤维或塑料聚合物（如聚四氟乙烯）。特定应用的垫片可能含有石棉。垫片的外形没有统一标准，属于非标件，需要根据具体的使用情况进行设计。

本次实例绘制如图 4-74 所示的方形垫片。

(1) 新建空白文档。

(2) 绘制矩形。单击【绘图】面板中的【矩形】按钮，绘制如图 4-75 所示的矩形。

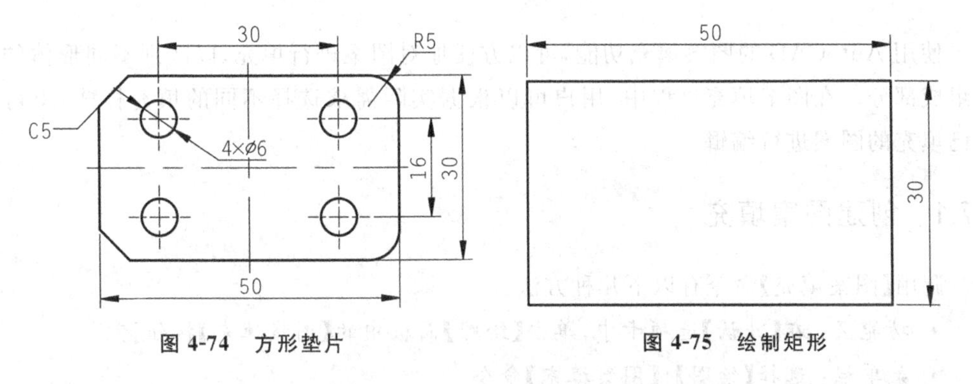

图 4-74 方形垫片　　图 4-75 绘制矩形

(3) 分解图形。单击【修改】面板中的【分解】按钮，分解矩形，结果如图 4-76 所示。

(4) 倒角。单击【修改】面板中的【倒角】按钮，输入两个倒角距离为 5，结果如图 4-77 所示。

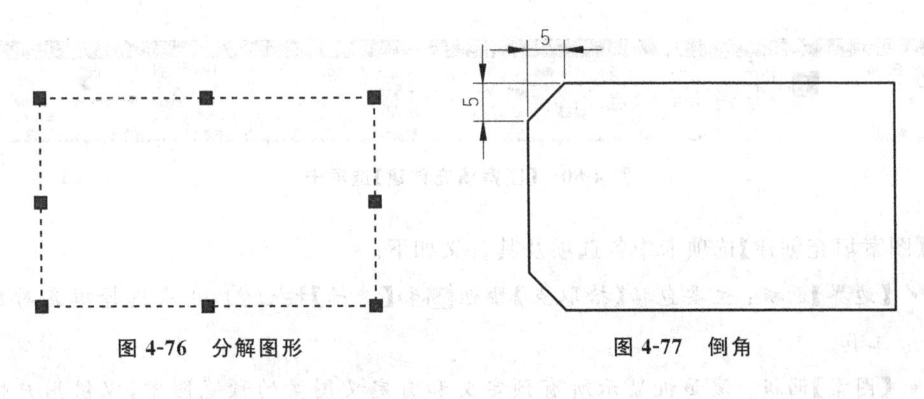

图 4-76 分解图形　　图 4-77 倒角

(5) 倒圆角。单击【修改】面板中的【圆角】按钮，输入圆角半径为5，结果如图4-78所示。

(6) 绘制连接孔。单击【绘图】面板中的【圆】按钮，绘制连接孔，结果如图4-79所示。

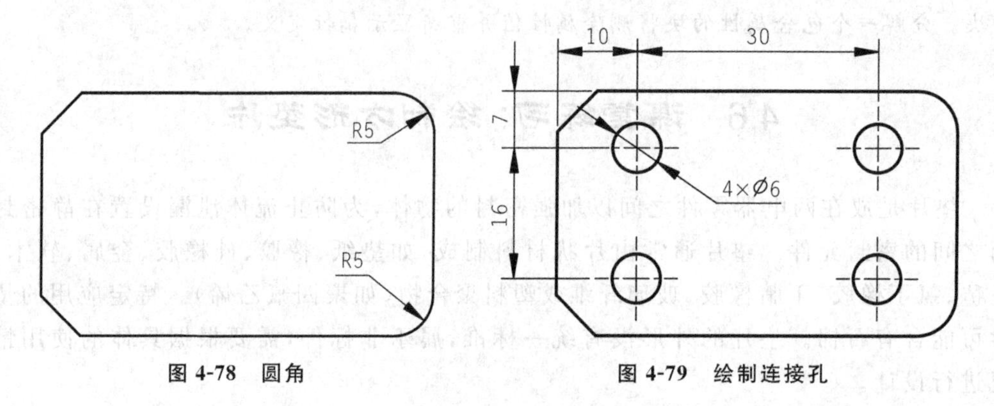

图 4-78 圆角　　　　图 4-79 绘制连接孔

4.7 图案填充

使用AutoCAD的图案填充功能，可以方便地对图案进行填充，以区别不同形体的各个组成部分。在图案填充过程中，用户可以根据实际需求选择不同的填充样式，也可以对已填充的图案进行编辑。

4.7.1 创建图案填充

调用【图案填充】命令有以下几种方法。

- 功能区：在【默认】选项卡中，单击【绘图】面板中的【图案填充】按钮。
- 菜单栏：选择【绘图】|【图案填充】命令。
- 命令行：BHATCH或CH或H。

在AutoCAD中执行【图案填充】命令后，将显示【图案填充创建】选项卡，如图4-80所示。

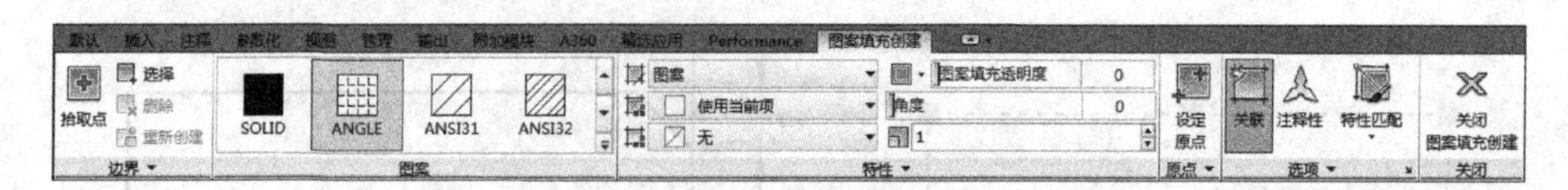

图 4-80 【图案填充创建】选项卡

【图案填充创建】选项卡中各选项及其含义如下。

- 【边界】面板：主要包括【拾取点】按钮和【选择】按钮，用来选择填充对象的工具。
- 【图案】面板：该面板显示所有预定义和自定义图案的预览图案，以供用户快速选择。

- 【特性】面板：主要包括【图案】按钮、【颜色】按钮(图案填充颜色)/(背景色)、【图案填充透明度】按钮图案填充透明度、角度按钮角度以及比例按钮。其中【图案】下拉列表中包括【实体】【图案】【渐变色】【用户定义】4个选项。【颜色】下拉列表中选包括【图案颜色】和【背景颜色】，默认状态下为无背景颜色。【图案填充透明】度通过拖动滑块，可以设置填充图案的透明度。但须单击状态栏中的【显示/隐藏透明度】按钮透明度才能显示出来。
- 【原点】面板：该面板指定原点的位置，有【左下】【右下】【左上】【右上】【中心】【使用当前原点】6种方式。
- 【选项】面板：主要包括【关联】按钮(控制当用户修改当期图案时是否自动更新图案填充)、【注释性】按钮(指定图案填充为可注释特性，单击信息图标以了解有相关注释性对象的更多信息)、【特性匹配】按钮(使用选定图案填充对象的特性设置图案填充的特性，图案填充原点除外。单击下拉按钮，在下拉列表中包括【使用当前原点】和【使用原图案原点】)。
- 【关闭】面板：单击面板上的【关闭图案填充创建】按钮，可退出图案填充。也可按Esc键代替此按钮操作。

4.7.2 编辑图案填充

为图形填充图案后，如果对填充效果不满意，还可以通过【编辑图案填充】命令对其进行编辑。可编辑内容包括填充比例、旋转角度和填充图案等。AutoCAD增强了图案填充的编辑功能，可以同时选择并编辑多个图案填充对象。

执行【编辑图案填充】命令有以下几种方法。

- 功能区：在【默认】选项卡中，单击【修改】面板中的【编辑图案填充】按钮。
- 菜单栏：执行【修改】|【对象】|【图案填充】命令。
- 右键快捷方式：在要编辑的对象上右击，在弹出的右键快捷菜单中选择【图案填充编辑】选项。
- 快捷操作：在绘图区双击要编辑的图案填充对象。
- 命令行：HATCHEDIT或HE。

调用该命令后，先选择图案填充对象，系统弹出【图案填充编辑】对话框，如图4-81所示。该对话框中的参数与【图案填充和渐变色】对话框中的参数一致，修改参数即可修改图案填充效果。

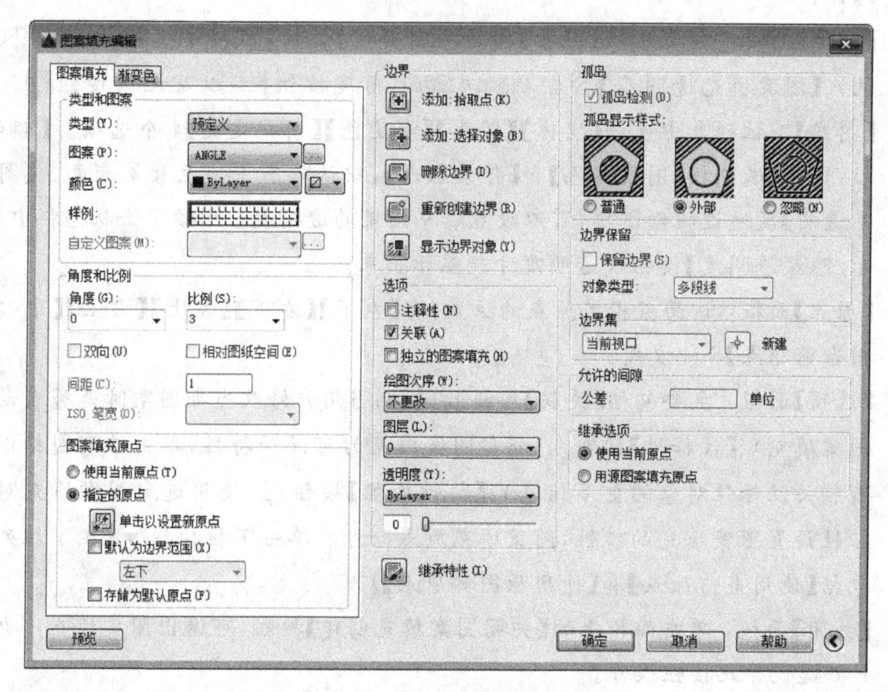

图 4-81 【图案填充编辑】对话框

4.8 课堂练习:创建自带照明的应急照明灯

应急照明灯是一种能在正常照明电源发生故障时有效地照明和显示疏散通道,或能持续照明而不间断工作的一类灯具。

(1) 新建图形文件,调用 REC【矩形】命令,绘制一个 7×7 的矩形,调用 O【偏移】命令,将新绘制的矩形向内偏移 1,如图 4-82 所示。

(2) 调用 L【直线】命令,结合【端点捕捉】功能,绘制内部决心的对角线,如图 4-83 所示。

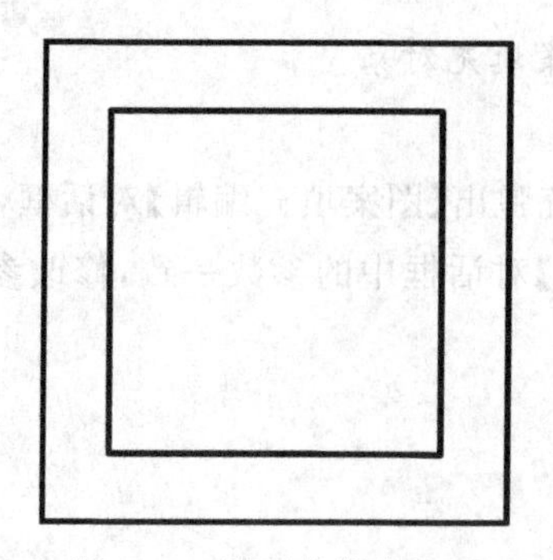

图 4-82 绘制并偏移矩形

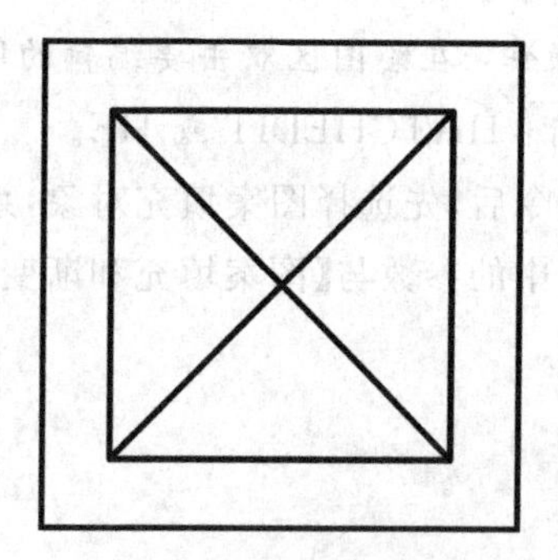

图 4-83 绘制对角线

(3) 调用 E【删除】命令,删除内部矩形,如图 4-84 所示。

(4) 调用 C【圆】命令,捕捉对角线的交点为圆心,绘制半径为 1 的圆,如图 4-85 所示。

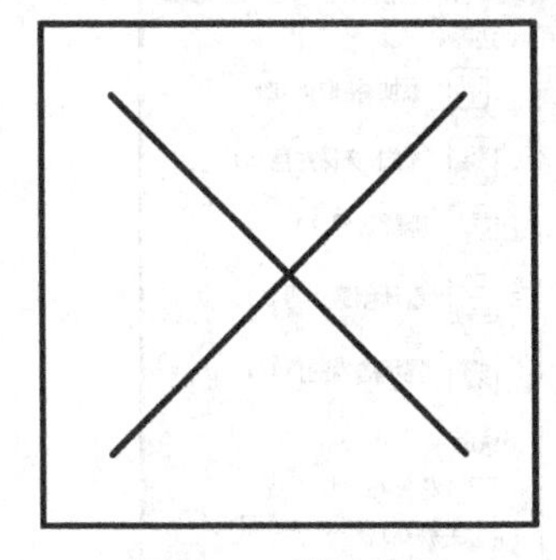

图 4-84　删除图形

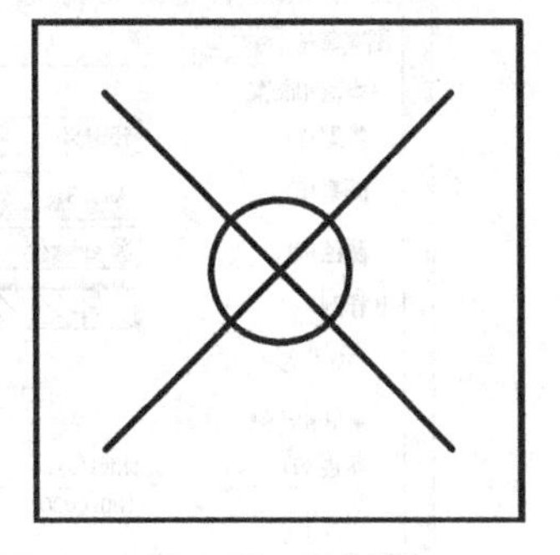

图 4-85　绘制圆

(5) 调用 H【图案填充】命令,打开【图案填充创建】选项卡,选择【SOLID】图案,如图 4-86 所示。

(6) 在绘制的圆内单击,即可创建图案填充,如图 4-87 所示。

图 4-86　选择【SOLID】图案

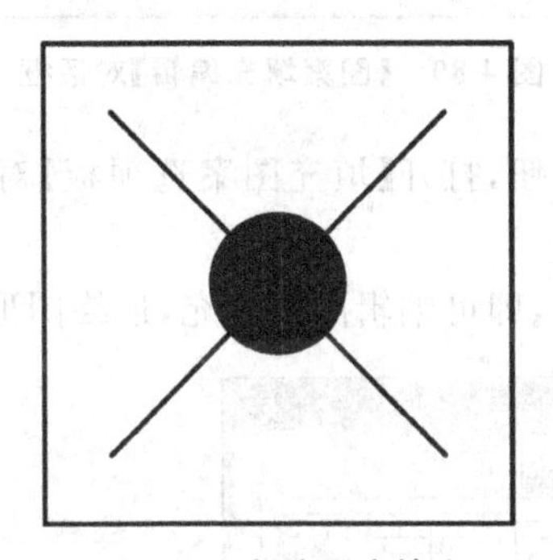

图 4-87　创建图案填充

4.9　课堂练习:编辑预作用报警阀图形

预作用报警阀是由两阀叠加而成的,故同时兼备湿式阀与雨淋阀的功能,其预作用系统通常由供水设施(消防水泵)、预作用装置(侧腔压力控制系统通常采用电动控制系统)、信号蝶阀、水流指示器及装有闭式喷头的闭式管网等组成。

(1) 打开"第 3 章\3.5.4 编辑预作用报警阀图形.dwg"素材文件,如图 4-88 所示。

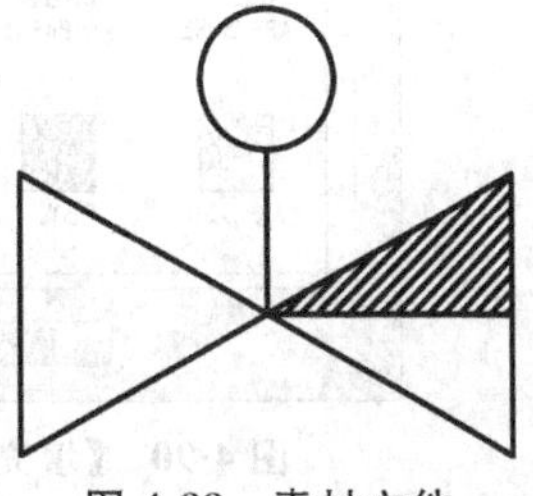

图 4-88　素材文件

(2) 单击【修改】面板中的【编辑填充图案】按钮,打开

【图案填充编辑】对话框，如图 4-89 所示。

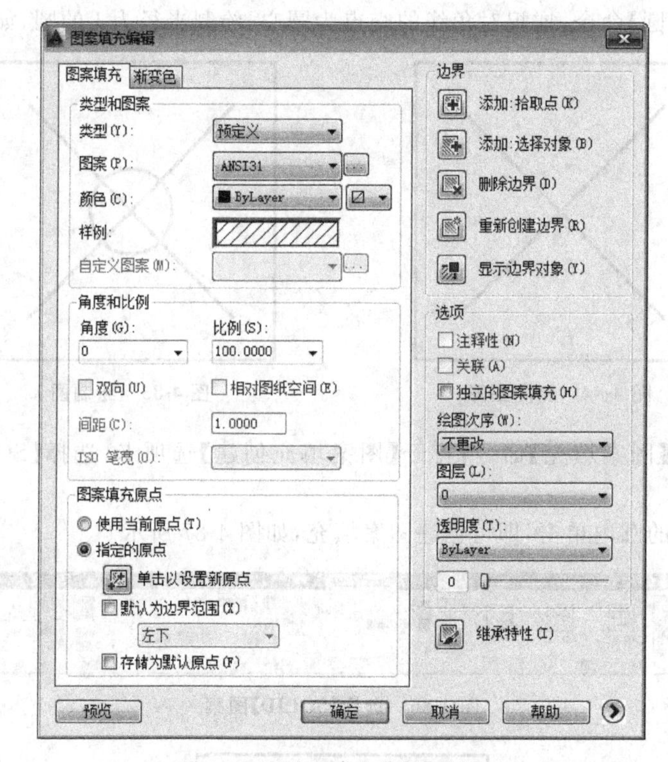

图 4-89 【图案填充编辑】对话框

(3) 单击【样例】右侧的按钮，打开【填充图案选项板】对话框，选择【SOLID】图案，如图 4-90 所示。

(4) 依次单击【确定】按钮，即可编辑图案填充，最终图形效果如图 4-91 所示。

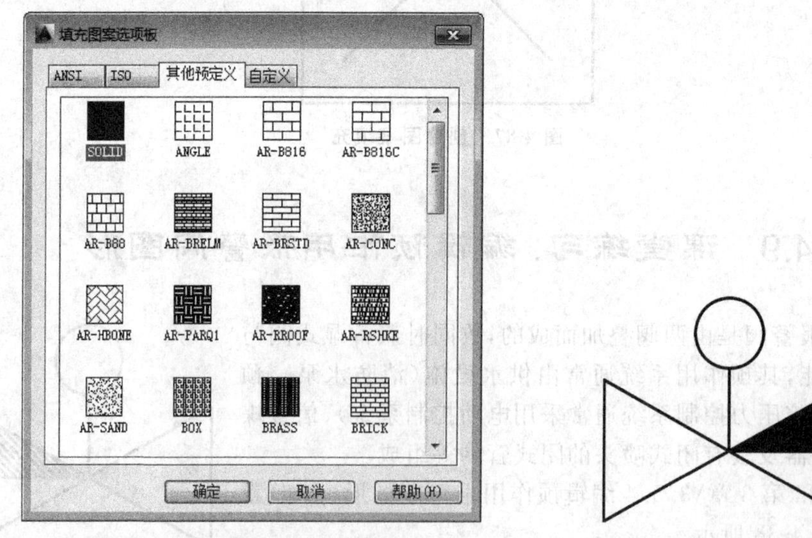

图 4-90 【填充图案选项板】对话框

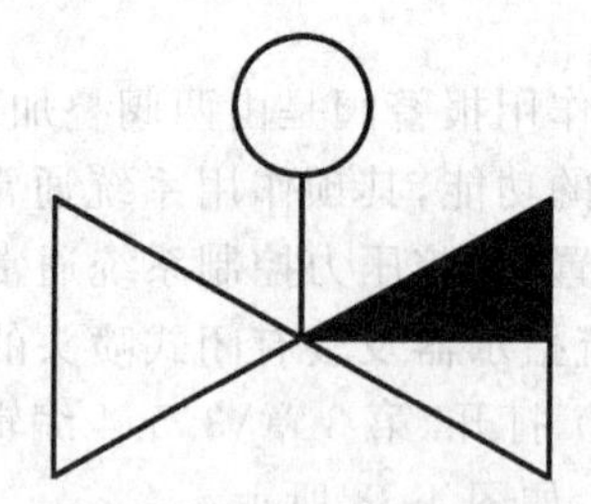

图 4-91 编辑图案后的效果

4.10 课后总结

本章主要介绍了对平面图形对象的编辑方法。AutoCAD 的编辑功能非常强大，主要命令都集中在【修改】子菜单中。图形编辑工具可以修改图形对象，并能显著提高绘图效率。在使用过程中，要注意各个编辑工具的适用对象，例如，【复制】和【镜像】命令通常对所有对象都能适应，而【倒角】或【修剪】命令就只能针对特定对象。这些均需要在绘图的过程中不断实践，熟悉操作。

4.11 课后习题

照明指示回路一般指由电源、开关、照明灯具等构成的电流通路。本实例通过绘制如图 4-92 所示照明指示回路设计图形，主要考察【多段线】【复制】以及【直线】命令的应用方法。

提示步骤如下：

(1) 新建空白文件。调用 C【圆】命令和 L【直线】命令，结合【极轴追踪】和【对象捕捉】功能，绘制电气元件 1，如图 4-93 所示。

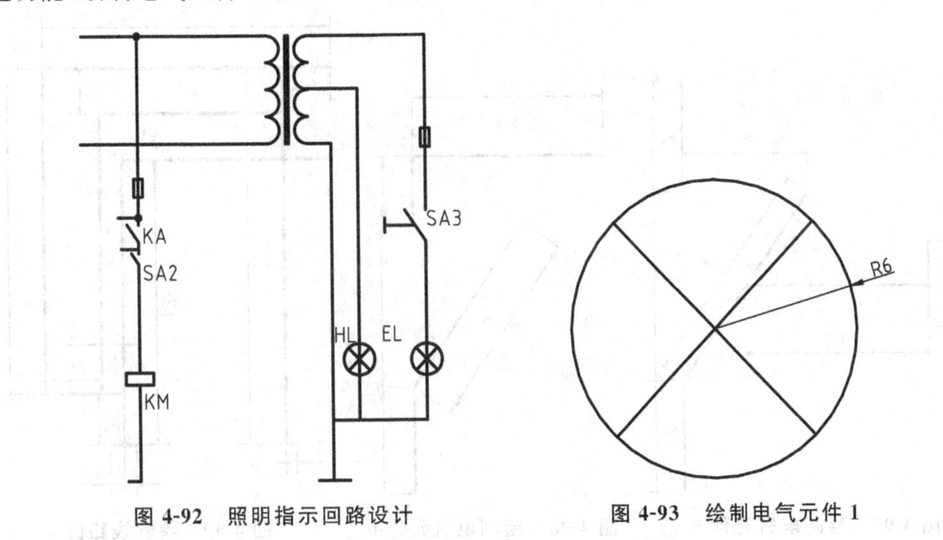

图 4-92　照明指示回路设计　　图 4-93　绘制电气元件 1

(2) 调用 REC【矩形】命令，结合【对象捕捉】功能，绘制电气元件 2，如图 4-94 所示。

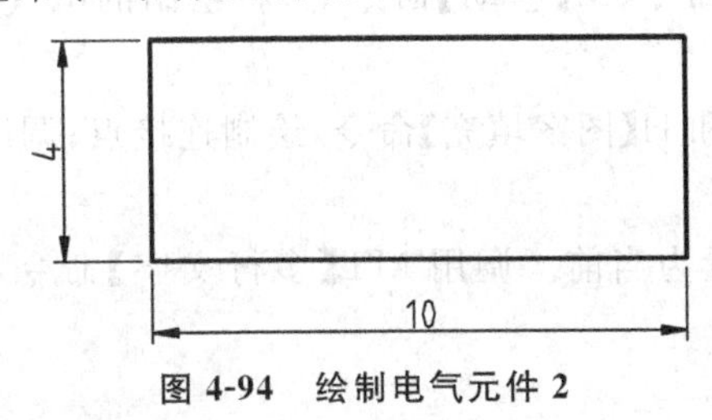

图 4-94　绘制电气元件 2

(3) 调用 PL【多段线】命令和 MI【镜像】命令，结合【对象捕捉】功能，绘制电气元件 3，如图 4-95 所示。

(4) 调用 REC【矩形】命令，结合【对象捕捉】功能，绘制电气元件 4，如图 4-96 所示。

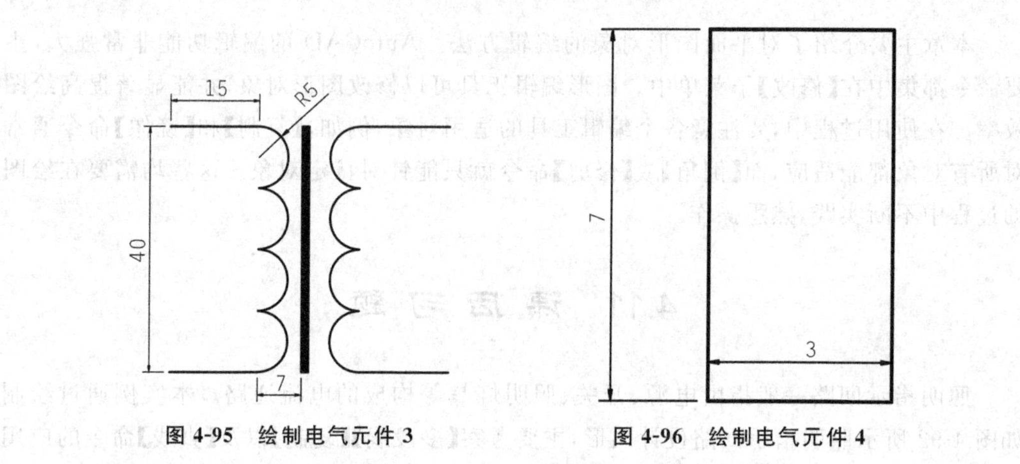

图 4-95　绘制电气元件 3　　图 4-96　绘制电气元件 4

(5) 调用 L【直线】命令，结合【对象捕捉】功能，绘制电气元件 5，如图 4-97 所示。

(6) 调用 L【直线】命令，结合【对象捕捉】功能，绘制电气元件 6，如图 4-98 所示。

(7) 调用 L【直线】命令，绘制线路图，如图 4-99 所示。

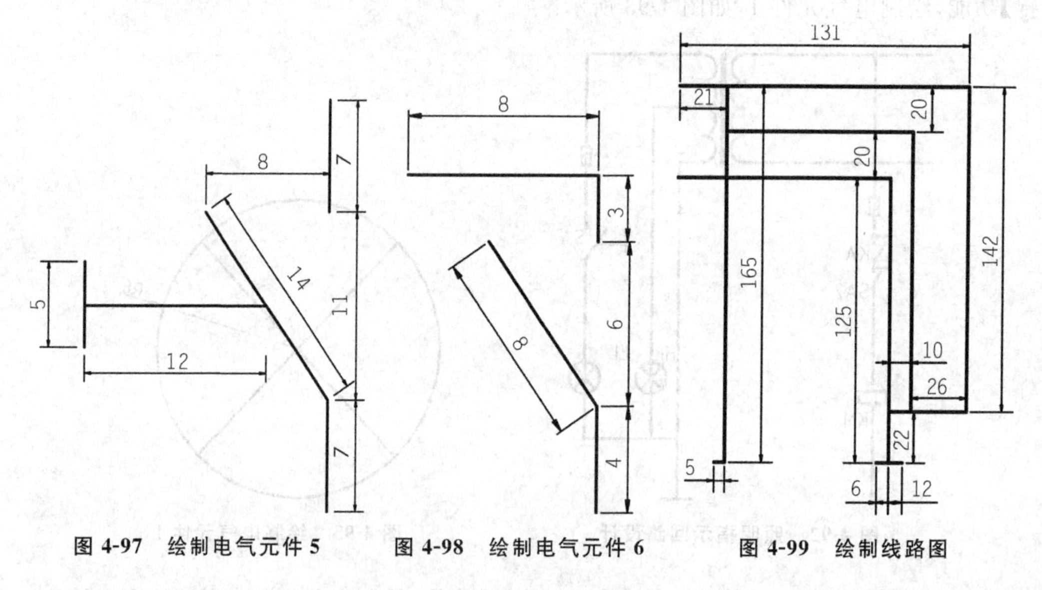

图 4-97　绘制电气元件 5　　图 4-98　绘制电气元件 6　　图 4-99　绘制线路图

(8) 调用 CO【复制】命令、M【移动】命令等，将绘制的电气元件插入到线路图中，如图 4-100 所示。

(9) 调用 C【圆】命令和 H【图案填充】命令，绘制连接点；调用 TR【修剪】命令，修剪图形，如图 4-101 所示。

(10) 将【文字】图层置为当前。调用 MT【多行文字】命令，在绘图区中创建多行文字，如图 4-92 所示。

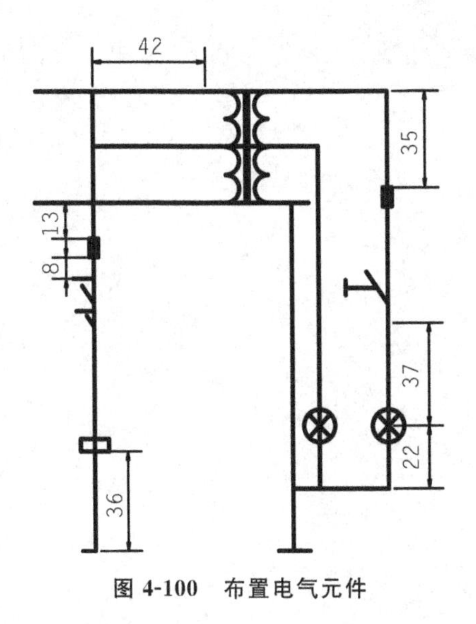

图 4-100 布置电气元件

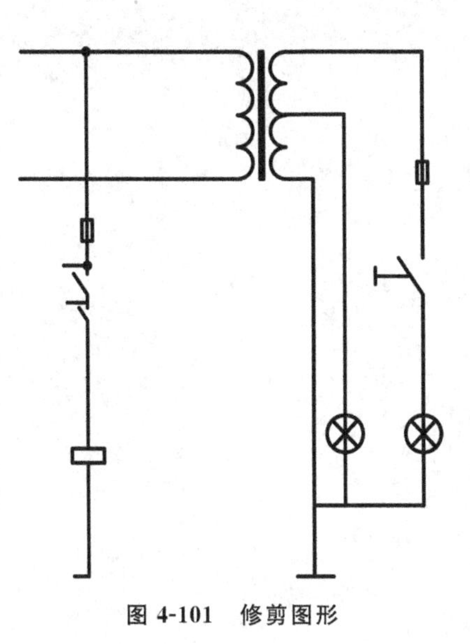

图 4-101 修剪图形

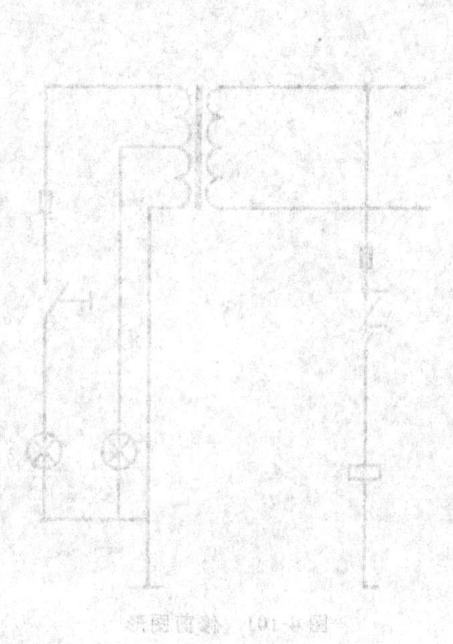

第 2 篇

第5章 chapter 5

文字和表格

文字注释和图表是绘制图形过程中很重要的内容，进行各种设计时，不仅要绘制出图形，还要在图形中标注一些注释性的文字，或添加明细表和参数表等，对图形对象加以解释和说明。本章将详细介绍设置文字样式、创建与编辑单行文字、创建与编辑多行文字以及应用表格与表格样式等内容，以供读者掌握。

5.1 设置文字样式

文字样式包括字体和文字效果。AutoCAD 中预置了样式名为 Annotative 和 Standard 的文字样式，用户可以根据需要设置其他文字样式。

5.1.1 创建文字样式

文字样式是同一类文字的格式设置的集合，包括字体、字高、显示效果等。在 AutoCAD 中输入文字时，默认使用的是 Standard 文字样式。如果此样式不能满足注释的需要，可以根据需要设置新的文字样式或修改已有的文字样式。

启动【文字样式】功能的常用方法有以下几种。

- 菜单栏：执行【格式】|【文字样式】命令。
- 命令行：STYLE 或 ST 命令。
- 功能区 1：在【默认】选项卡中，单击【注释】面板中的【文字样式】按钮。
- 功能区 2：在【注释】选项卡中，单击【文字】面板中的【文字样式】按钮。

执行任一命令后，系统弹出【文字样式】对话框，如图 5-1 所示，可以在其中新建文字样式或修改已有的文字样式。

在【样式】列表框中显示系统已有文字样式的名称，中间部分显示为文字属性，右侧则有【置为当前】【新建】【删除】3 个按钮，该对话框中常用选项的含义如下。

- 【样式】列表框：列出了当前可以使用的文字样式，默认文字样式为 Standard(标准)。
- 【字体】选项组：选择一种字体类型作为当前文字类型，在 AutoCAD 中存在两种类型的字体文件：SHX 字体文件和 TrueType 字体文件，这两类字体文件都支持英文显示，但显示中日韩等非 ASCII 码的亚洲文字时就会出现一些问题。因此

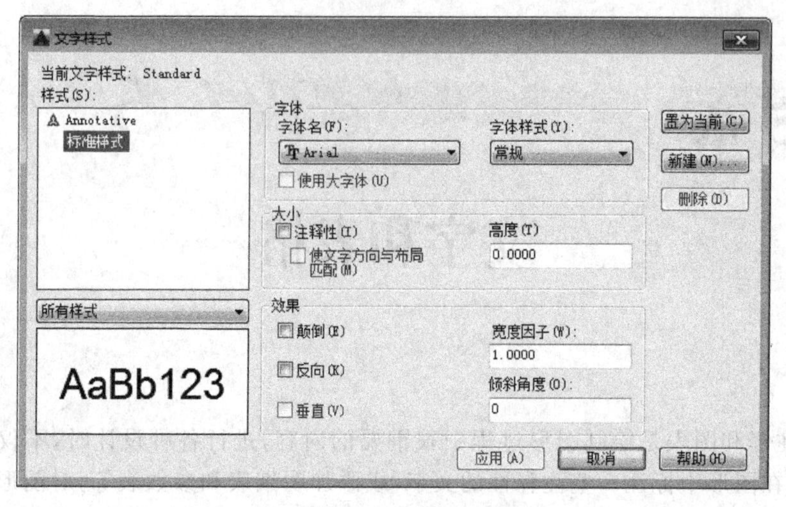

图 5-1 【文字样式】对话框

一般需要选择【使用大字体】复选框，才能够显示中文字体。只有对于后缀名为 .shx 的字体，才可以使用大字体。

- 【大小】选项组：可进行对文字注释性和高度设置，在【高度】文本框中输入数值可指定文字的高度，如果不进行设置，使用其默认值 0，则可在插入文字时再设置文字高度。
- 【置为当前】按钮：单击该按钮，可以将选择的文字样式设置成当前的文字样式。
- 【新建】按钮：单击该按钮，弹出【新建文字样式】对话框，在【样式名】文本框中输入新建样式的名称，单击【确定】按钮，新建文字样式将显示在【样式】列表框中。
- 【删除】按钮：单击该按钮，可以删除所选的文字样式，但无法删除已经被使用了的文字样式和默认的 Standard 样式。

提示：如果重命名文字样式，可在【样式】列表框中右击要重命名的文字样式，在弹出的快捷菜单中选择【重命名】命令即可，但无法重命名默认的 Standard 样式。

1. 新建文字样式

机械制图中所标注的文字都需要一定的文字样式，如果不希望使用系统的默认文字样式，在创建文字之前就应创建所需的文字样式。新建文字样式的步骤如下。

(1) 新建文字样式。选择【格式】|【文字样式】命令，弹出【文字样式】对话框，如图 5-2 所示。

(2) 单击【新建】按钮，弹出【新建文字样式】对话框，在【样式名】文本框中输入【文字说明】，如图 5-3 所示。

(3) 单击【确定】按钮，返回【文字样式】对话框。新建的样式出现在对话框左侧的【样式】列表框中，如图 5-4 所示。

(4) 设置字体样式。在【字体】下拉列表框中选择 gbenor. shx 样式，选择【使用大字体】复选框，在【大字体】下拉列表框中选择 gbcbig. shx 样式，如图 5-5 所示。

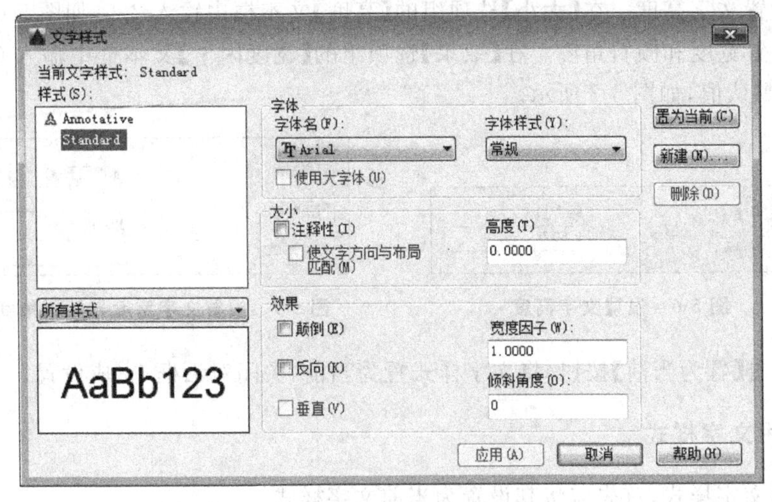

图 5-2 【文字样式】对话框

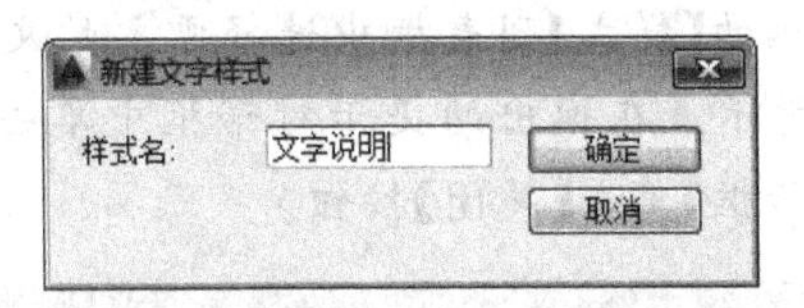

图 5-3 【新建文字样式】对话框

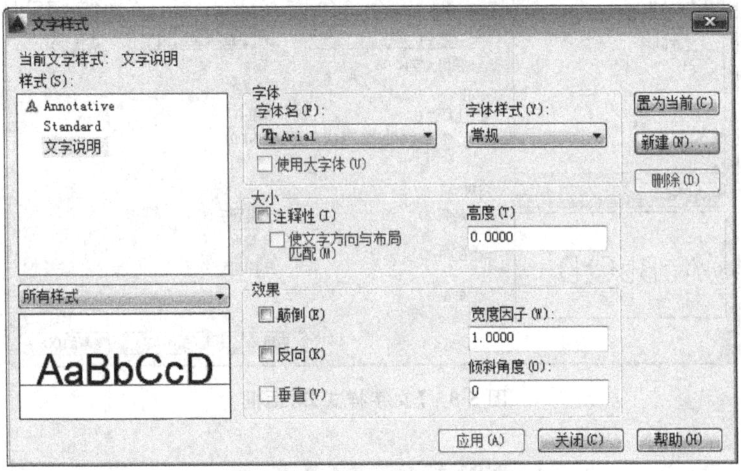

图 5-4 新建的文字样式

图 5-5 设置字体样式

(5) 设置文字高度。在【大小】选项组的【高度】文本框中输入 2.5,如图 5-6 所示。

(6) 设置宽度和倾斜角度。在【效果】选项组的【宽度因子】文本框中输入 0.7,【倾斜角度】保持默认值,如图 5-7 所示。

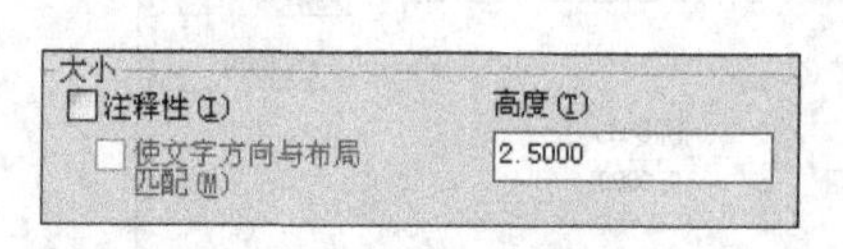

图 5-6　设置文字高度

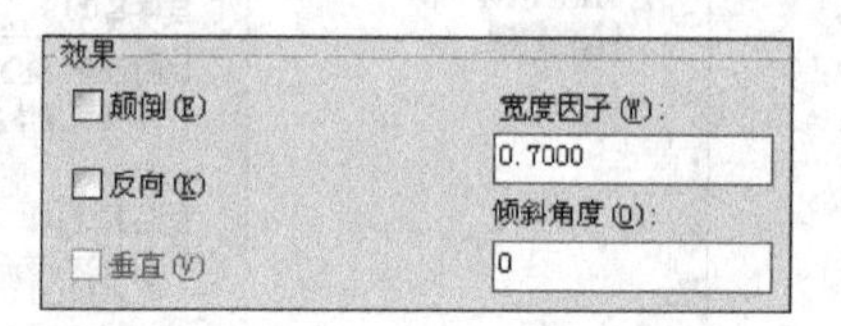

图 5-7　设置文字宽度与倾斜角度

(7) 单击【置为当前】按钮,将文字样式置为当前,关闭对话框,完成设置。

2. 应用文字样式

要应用文字样式,首先应将其设置为当前文字样式。

设置当前文字样式的方法有以下几种。

- 在【文字样式】对话框的【样式】列表框中选择需要的文字样式,然后单击【置为当前】按钮,如图 5-8 所示。在弹出的提示对话框中单击【是】按钮,如图 5-9 所示。返回【文字样式】对话框,单击【关闭】按钮。

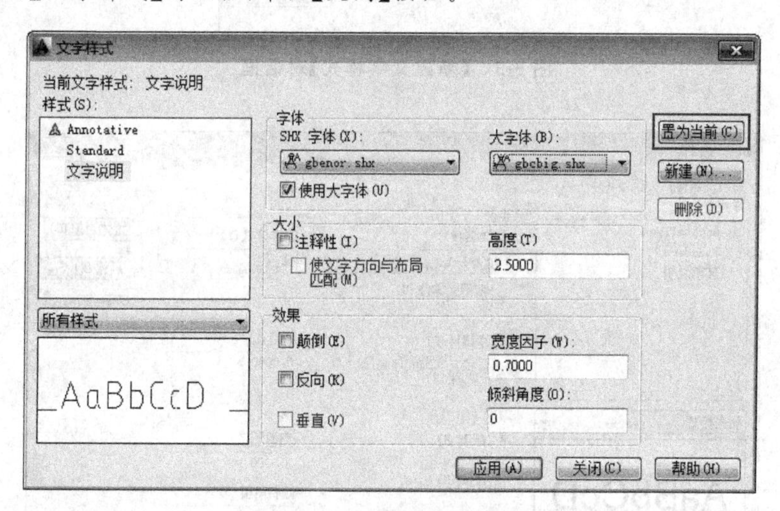

图 5-8　【文字样式】对话框

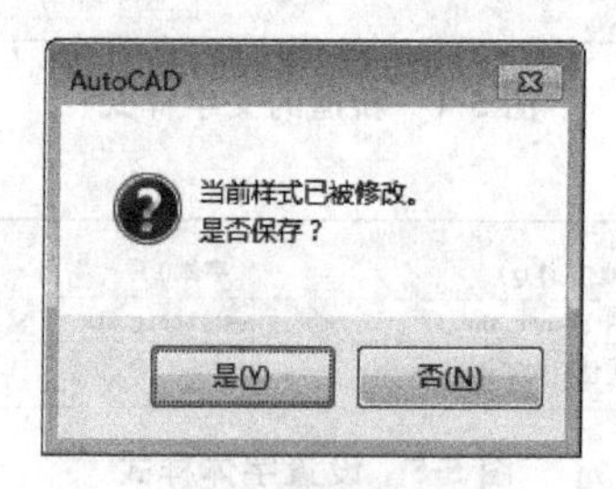

图 5-9　提示对话框

- 在【注释】面板的【文字样式】下拉列表框中，选择要置为当前的文字样式，如图 5-10 所示。
- 在【文字样式】对话框的【样式】列表框中选择要置为当前的样式名，右击，在弹出的快捷菜单中选择【置为当前】命令，如图 5-11 所示。

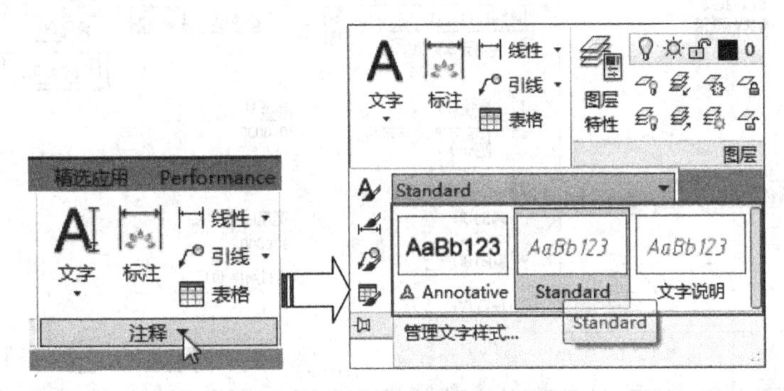

图 5-10 选择文字样式

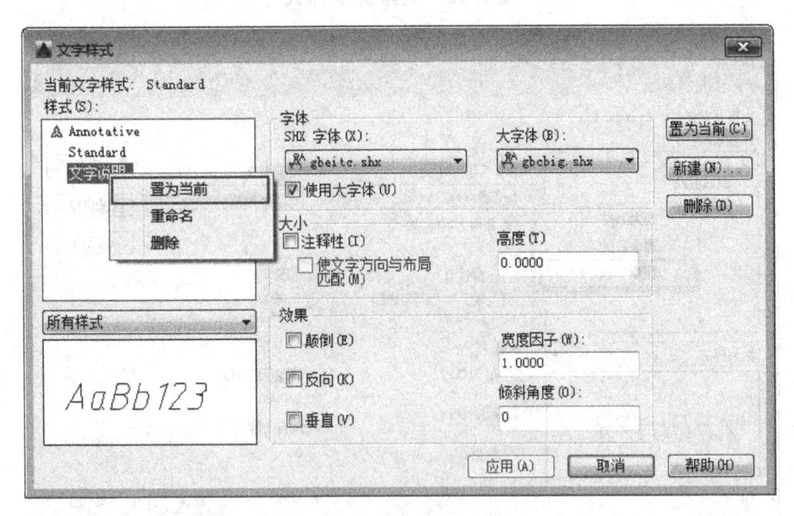

图 5-11 快捷菜单中选择【置为当前】

3. 删除文字样式

文字样式会占用一定的系统存储空间，可以将一些不需要的文字样式删除，以节约系统资源。

删除文字样式的方法有以下几种。

- 在【文字样式】对话框中，选择要删除的文字样式名，单击【删除】按钮，如图 5-12 所示。
- 在【文字样式】对话框的【样式】列表框中，选择要删除的样式名，右击，在弹出的快捷菜单中选择【删除】命令，如图 5-13 所示。

提示： 已经包含文字对象的文字样式不能被删除，当前文字样式也不能被删除，如果要删除当前文字样式，可以先将别的文字样式设置为当前，然后再执行【删除】命令。

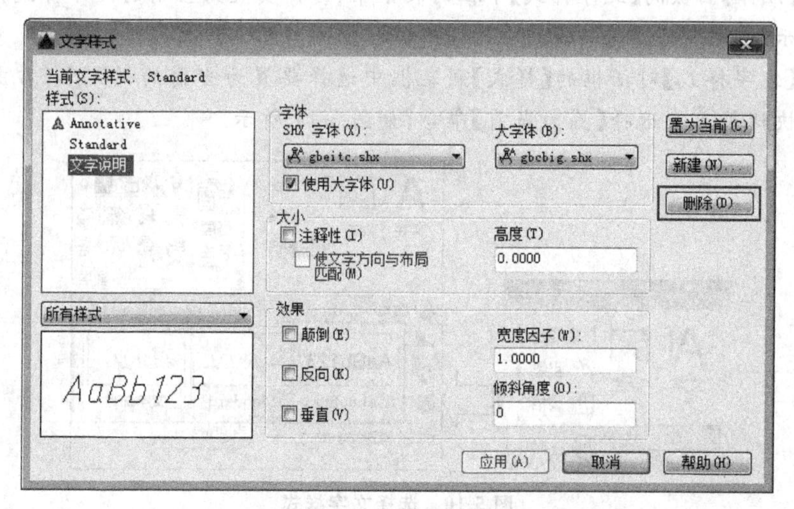

图 5-12　删除文字样式

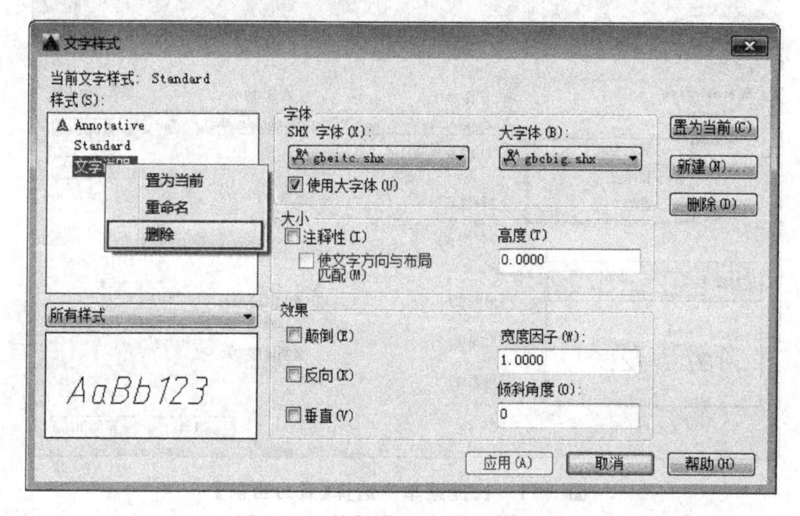

图 5-13　快捷菜单中选择【删除】

5.1.2 设置文字效果

【文字样式】对话框提供了设置文字效果的相关选项，如图 5-14 所示。

各文字选项效果含义如下。

- 效果：该选项组用于设置文字的颠倒、反向、垂直等特殊效果。
- 颠倒：选中该复选框，文字方向将翻转，如图 5-15 所示。
- 反向：选中【反向】复选框，文字的显示将与开始时镜像相反，如图 5-16 所示。
- 宽度因子：该参数控制文字的宽度，正常情况下宽度比例为 1。如果增大比例，那么文字将会变宽，如图 5-17 所示。

图 5-14　文字效果选项

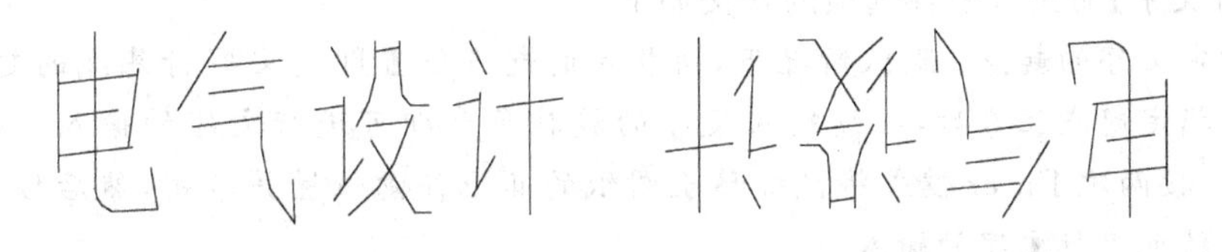

(a) 颠倒前　　(b) 颠倒后

图 5-15　文字颠倒

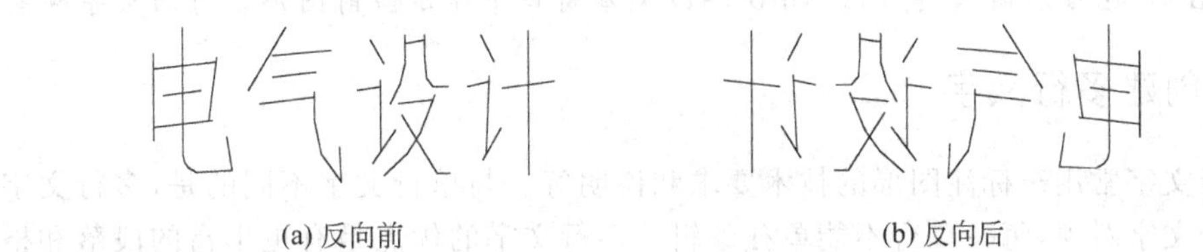

(a) 反向前　　(b) 反向后

图 5-16　文字反向

(a) 宽度=1　　(b) 宽度=3

图 5-17　宽度因子

提示：只有使用【单行文字】命令输入的文字才能颠倒与反向。【宽度因子】只对用 MTEXT 命令输入的文字有效。

- 倾斜角度：调整文字的倾斜角度，如图 5-18 所示。用户只能输入−85°～85°之间的角度值，超过这个区间将无效。

(a) 倾斜度=0　　　　(b) 倾斜度=45

图 5-18　倾斜角度

5.1.3　创建单行文字

AutoCAD提供了两种创建文字的方法,单行文字和多行文字。对简短的注释文字输入一般使用单行文字。执行【单行文字】命令的方法有以下几种。

- 功能区:在【默认】选项卡中,单击【注释】面板上的【单行文字】按钮A。或在【注释】选项卡中,单击【文字】面板上的【单行文字】按钮A。
- 菜单栏:选择【绘图】|【文字】|【单行文字】命令。
- 命令行:DTEXT或DT。

【单行文字】命令行中各选项的含义如下。

- 指定文字的起点:默认情况下,所指定的起点位置即是文字行基线的起点位置。在指定起点位置后,继续输入文字的旋转角度即可进行文字的输入。输入完成后,按两次Enter键或将鼠标移至图纸的其他任意位置并单击,然后按Esc键即可结束单行文字的输入。
- 对正(J):可以设置文字的对正方式。
- 样式(S):可以设置当前使用的文字样式。可以在命令行中直接输入文字样式的名称,也可以输入"?",在AutoCAD文本窗口中显示当前图形已有的文字样式。

5.1.4　创建多行文字

多行文字常用于标注图形的技术要求和说明等。与单行文字不同的是,多行文字整体是一个文字对象,每一单行不能单独编辑。多行文字的优点是有更丰富的段落和格式编辑工具,特别适合创建大篇幅的文字注释。

执行【多行文字】命令的方法有以下几种。

- 面板:在【默认】选项卡中,单击【注释】面板上的【多行文字】按钮A。或在【注释】选项卡中,单击【文字】面板上的【多行文字】按钮A。
- 菜单栏:选择【绘图】|【文字】|【多行文字】命令。
- 命令行:MTEXT或T。

执行【多行文字】命令后,命令行提示如下。

```
命令:_mtext                                        //执行【多行文字】命令
当前文字样式:"Standard" 文字高度:2.5  注释性:否
指定第一角点:                                      //指定文本范围的第一点
指定对角点或 [高度(H)/对正(J)/行距(L)/旋转(R)/样式(S)/宽度(W)/栏(C)]:
                                                   //指定文本范围的对角点,如图 5-19 所示
```

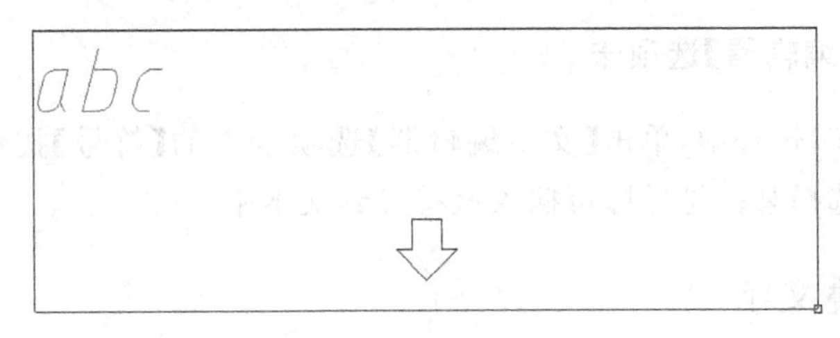

图 5-19 指定文本范围

执行以上操作可以确定段落的宽度，系统进入【文字编辑器】选项卡，如图 5-20 所示。【文字编辑器】选项卡包含【样式】面板、【格式】面板、【段落】面板、【插入】面板、【拼写检查】面板、【工具】面板、【选项】面板和【关闭】面板。在文本框中输入文字内容，然后在选项卡的各面板中设置字体、颜色、字高、对齐等文字格式，最后单击【文字编辑器】选项卡中的【关闭】按钮，或单击编辑器之外任何区域，便可以退出编辑器窗口，多行文字即创建完成。

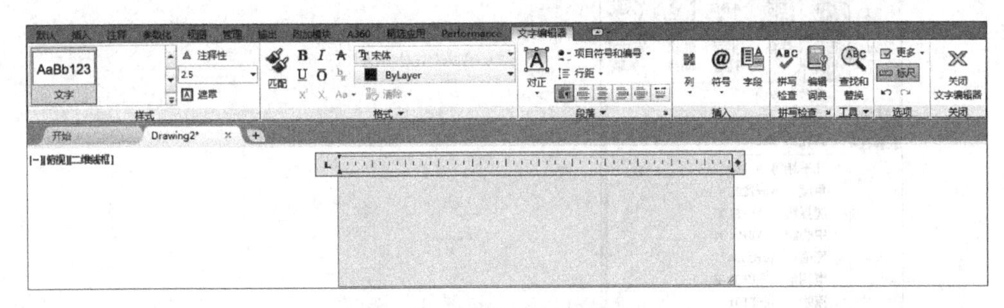

图 5-20 【文字编辑器】选项卡

5.1.5 插入特殊符号

机械制图中，往往需要标注一些特殊的字符，这些特殊字符不能从键盘上直接输入，因此 AutoCAD 提供了插入特殊符号的功能，插入特殊符号有以下几种方法。

1. 使用文字控制符

AutoCAD 的控制符由“两个百分号(%%)加一个字符”构成。当输入控制符时，这些控制符会临时显示在屏幕上，当结束文本创建命令时，这些控制符将从屏幕上消失，转换成相应的特殊符号。

如表 5-1 所示为机械制图中常用的控制符及其对应的含义。

表 5-1 特殊符号的代码及含义

控制符	含义	控制符	含义
%%C	Ø 直径符号	%%O	上画线
%%P	± 正负公差符号	%%U	下画线
%%D	° 度		

2. 使用【文字编辑器】选项卡

在多行文字编辑过程中，单击【文字编辑器】选项卡中的【符号】按钮，弹出如图 5-21 所示的下拉菜单，选择某一符号即可插入该符号到文本中。

5.1.6 创建堆叠文字

如果创建堆叠文字（一种垂直对齐的文字或分数），可先输入要堆叠的文字，然后在其间使用“/”、“#”或“^”分隔。选中要堆叠的字符，然后单击【文字编辑器】选项卡中【格式】面板中的【堆叠】按钮，则文字按照要求自动堆叠。堆叠文字在机械制图中应用很多，可以用来创建尺寸公差、分数等，如图 5-22 所示。需要注意的是，这些分割符号必须是英文格式的符号。

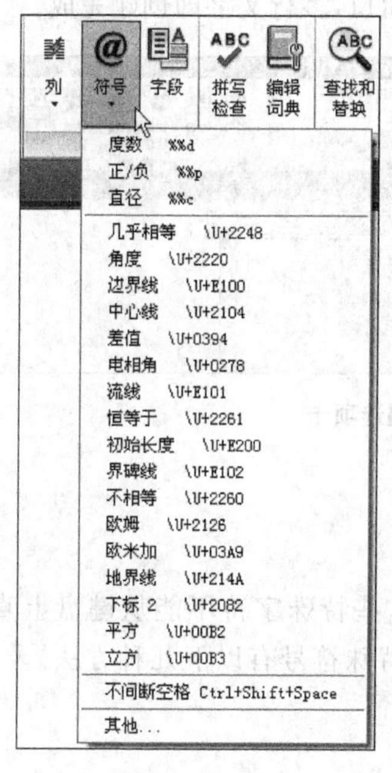

图 5-21 特殊符号下拉菜单

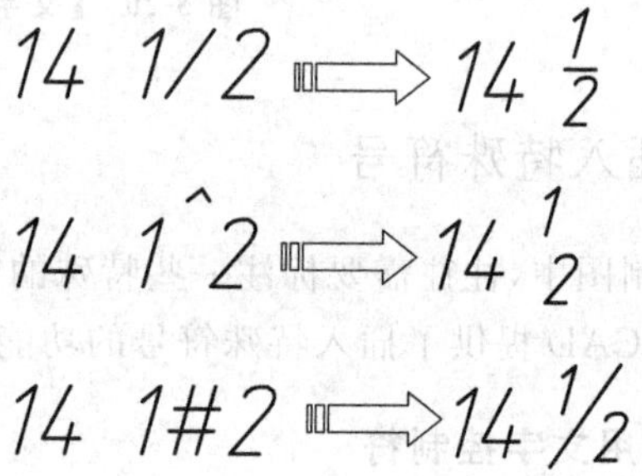

14 1/2 ⇒ $14\frac{1}{2}$

14 1^2 ⇒ $14\,^{1}_{2}$

14 1#2 ⇒ 14 ½

图 5-22 文字堆叠效果

5.1.7 编辑文字

在 AutoCAD 中，可以对已有的文字特性和内容进行编辑。

1. 编辑文字内容

执行【编辑文字】命令的方法有以下几种。

- 面板：单击【文字】面板中的【编辑文字】按钮，然后选择要编辑的文字。
- 菜单栏：选择【修改】|【对象】|【文字】|【编辑】命令，然后选择要编辑的文字。
- 命令行：DDEDIT 或 ED。

• 鼠标动作：双击要修改的文字。

执行以上任一操作，将进入该文字的编辑模式。文字的可编辑特性与文字的类型有关，单行文字没有格式特性，只能编辑文字内容，而多行文字除了可以修改文字内容，还可使用【文字编辑器】选项卡修改段落的对齐、字体等。修改文字之后，按Ctrl+Enter组合键即完成文字编辑。

2. 文字的查找与替换

在一个图形文件中往往有大量的文字注释，有时需要查找某个词语，并将其替换，例如替换某个拼写上的错误，这时就可以使用【查找】命令查找到特定的词语。

执行【查找】命令的方法有以下几种。

• 面板：单击【文字】面板中的【查找】按钮。
• 菜单栏：选择【编辑】|【查找】命令。
• 命令行：FIND。

执行以上任一操作之后，弹出【查找和替换】对话框，如图5-23所示。该对话框中各选项的含义如下。

• 【查找内容】下拉列表框：用于指定要查找的内容。
• 【替换为】下拉列表框：指定用于替换查找内容的文字。
• 【查找位置】下拉列表框：用于指定查找范围是在整个图形中查找还是仅在当前选择中查找。
• 【搜索选项】选项组：用于指定搜索文字的范围和大小写区分等。
• 【文字类型】选项组：用于指定查找文字的类型。
• 【查找】按钮：输入查找内容之后，此按钮变为可用，单击即可查找指定内容。
• 【替换】按钮：用于将光标当前选中的文字替换为指定文字。
• 【全部替换】按钮：将图形中所有的查找结果替换为指定文字。

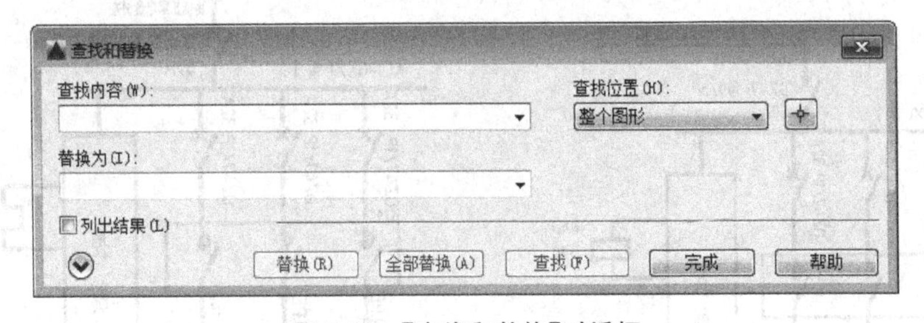

图5-23 【查找和替换】对话框

5.2 课堂练习：添加路灯照明系统图中的文字

(1) 单击【快速访问】工具栏中的【打开】按钮，打开“第5章\5.2 添加路灯照明系统图中的文字.dwg”素材文件，如图5-24所示。

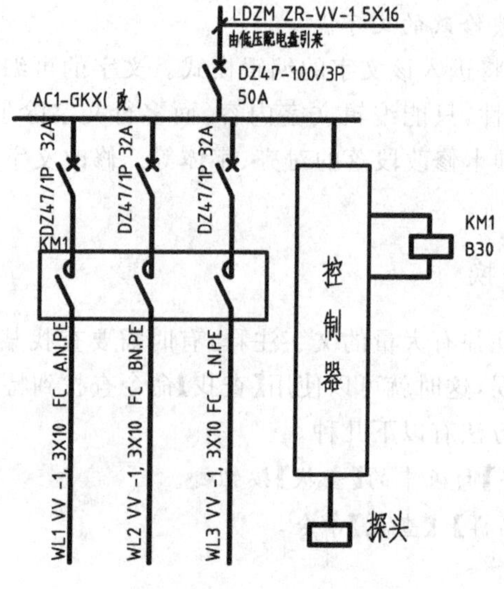

图 5-24　素材文件

（2）在【默认】选项卡中，单击【注释】面板中的【单行文字】按钮 A，创建单行文字如图 5-25 所示。命令行提示如下。

```
命令：_text                                              //调用【单行文字】命令
当前文字样式："Standard"  文字高度：2.5000  注释性：否  对正：左
指定文字的起点 或 [对正(J)/样式(S)]:                      //任意指定一点为起点
指定高度 <2.5000>: 800                                    //输入文字高度
指定文字的旋转角度 <0>:                                    //输入文字旋转角度
```

（3）调用 CO【复制】命令，将新创建的单行文字向右复制两份，如图 5-26 所示。

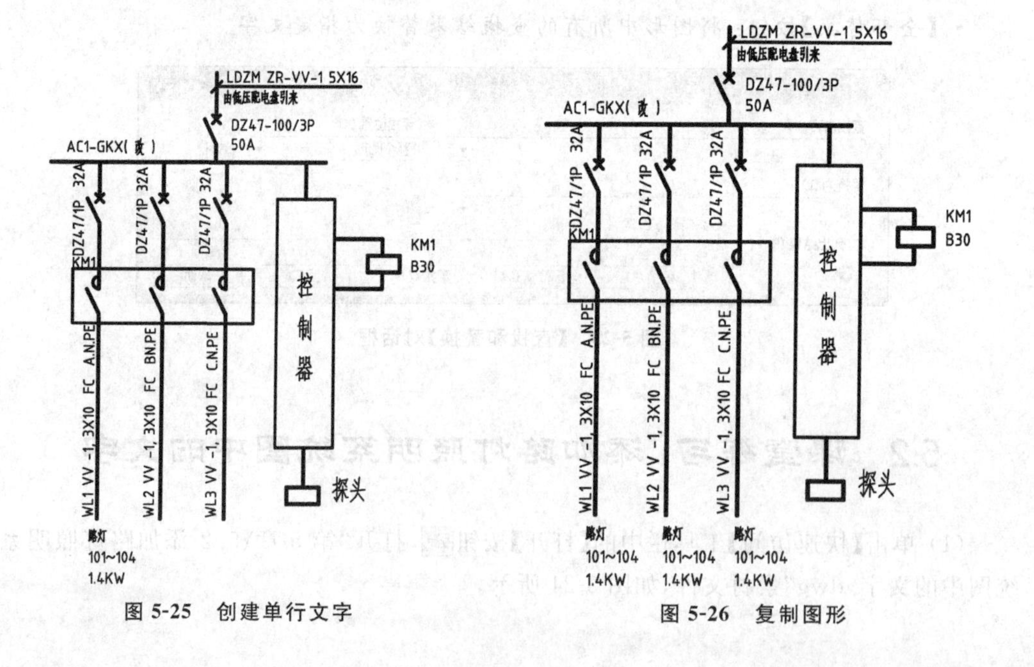

图 5-25　创建单行文字　　　　图 5-26　复制图形

(4) 在命令行中输入 DDEDIT【编辑文字】命令并按 Enter 键结束，根据命令行提示选择需要修改的文字，文字将变成可输入状态，如图 5-27 所示。

(5) 重新输入需要的文字内容，然后按 Enter 键退出即可，如图 5-28 所示。

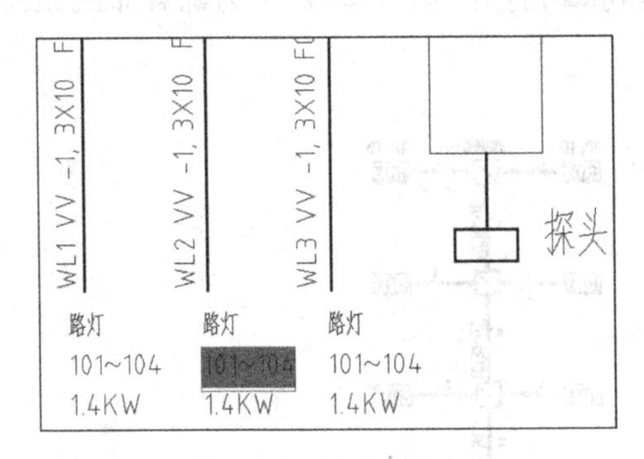

图 5-27　可输入状态

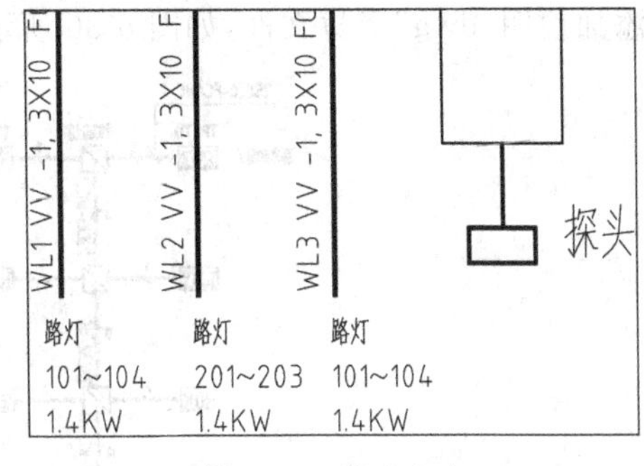

图 5-28　修改文字

(6) 重新输入 DDEDIT【编辑文字】命令并按 Enter 键结束，修改其他的文字，最终图形效果如图 5-29 所示。

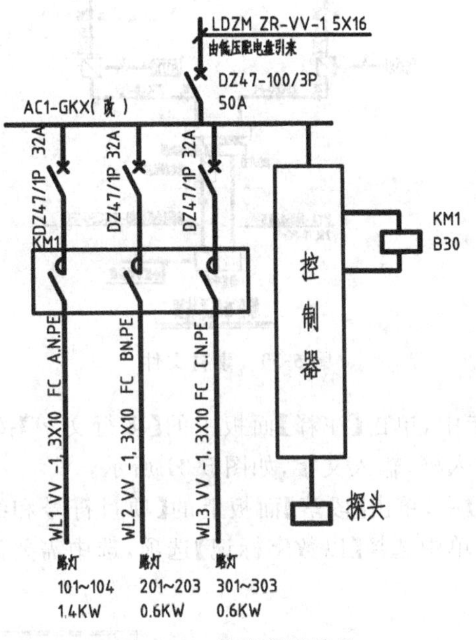

图 5-29　最终图形效果

提示：输入单行文字之后，按 Ctrl+Enter 组合键才可结束文字输入。按 Enter 键将执行换行，可输入另一行文字，但每一行文字为独立的对象。输入单行文字之后，不退出的情况下，可在其他位置继续单击，创建其他文字。

5.3 课堂练习：为综合布线系统图添加说明

(1) 单击【快速访问】工具栏中的【打开】按钮，打开“第 5 章\5.3 为综合布线系统图添加说明.dwg”素材文件，如图 5-30 所示。

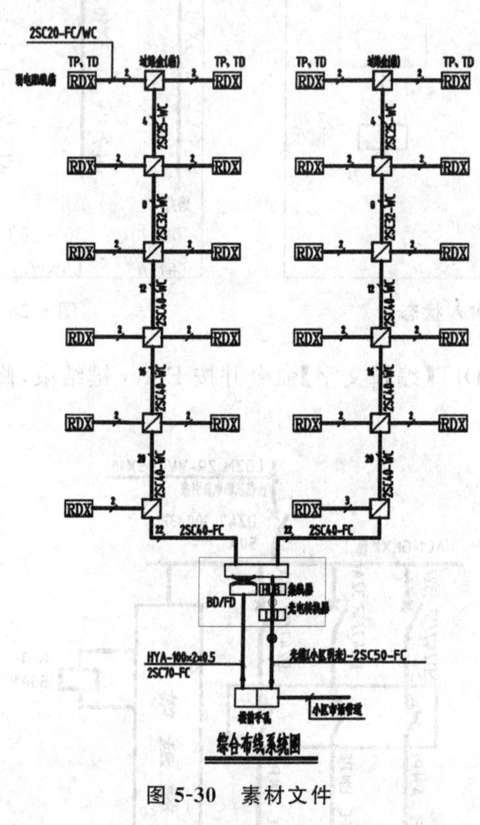

图 5-30　素材文件

(2) 在【默认】选项卡中，单击【注释】面板中的【多行文字】按钮，根据命令行提示指定对角点，打开文本输入框，输入文字，如图 5-31 所示。

(3) 在【文字编辑器】中，单击【段落】面板上的【项目符号和编号】按钮右侧的三角下拉按钮，在弹出的下拉菜单中选择【以数字标记】选项，选中需要添加编号的文字即可，如图 5-32 所示。

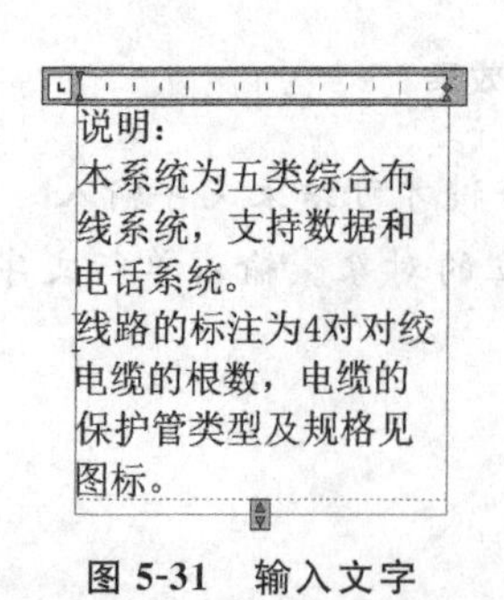

图 5-31　输入文字

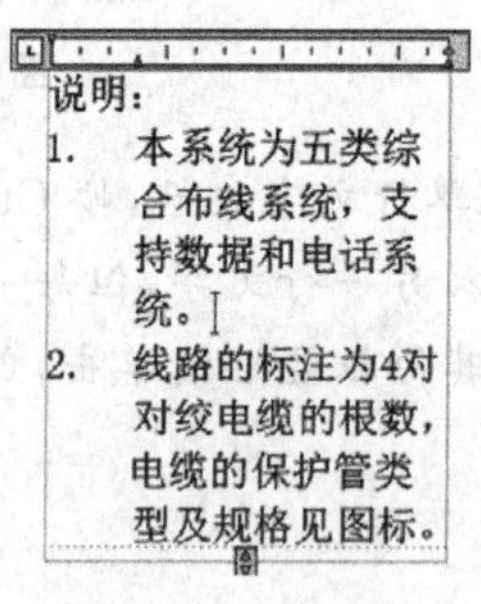

图 5-32　添加序号

(4) 拖动最右侧的四边形图块，将输入框的范围加长，使带有序号的多行文字，按两行显示，如图 5-33 所示。

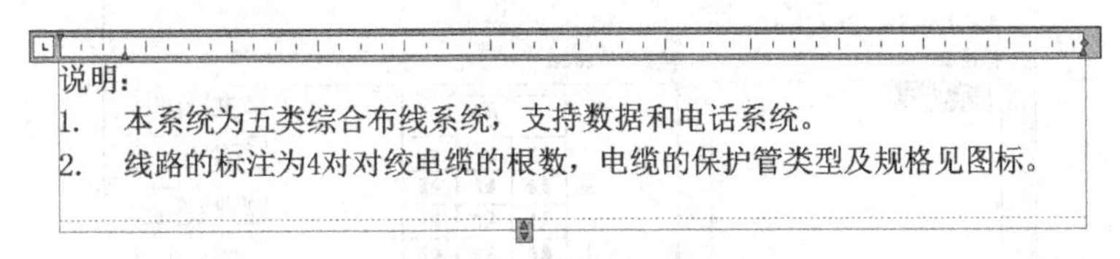

图 5-33 调整多行文字

(5) 选择所有文字，在【样式】面板的下拉列表框中，选择【样式 1】，修改文字样式，如图 5-34 所示。最后，在绘图区空白位置单击鼠标左键，退出编辑，完成说明文字的创建。

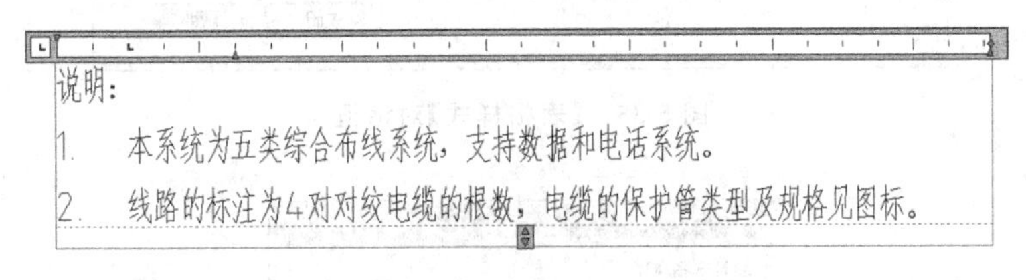

图 5-34 文字效果

5.4 创建表格

在机械设计过程中，表格主要用于标题栏、零件参数表、材料明细表等内容。

5.4.1 创建表格样式

与文字类似，AutoCAD 中的表格也有一定样式，包括表格内文字的字体、颜色、高度以及表格的行高、行距等。在插入表格之前，应先创建所需的表格样式。

创建表格样式的方法有以下几种。

- 面板：在【默认】选项卡中，单击【注释】面板上的【表格样式】按钮。或在【注释】选项卡中，单击【表格】面板右下角的按钮。
- 菜单栏：选择【格式】|【表格样式】命令。
- 命令行：TABLESTYLE 或 TS。

执行上述任一命令后，系统弹出【表格样式】对话框，如图 5-35 所示。

通过该对话框可执行将表格样式置为当前、修改、删除或新建操作。单击【新建】按钮，系统弹出【创建新的表格样式】对话框，如图 5-36 所示。

在【新样式名】文本框中输入表格样式名称，在【基础样式】下拉列表框中选择一个表格样式为新的表格样式提供默认设置，单击【继续】按钮，系统弹出【新建表格样式】对话框，如图 5-37 所示，可以对样式进行具体设置。

【新建表格样式】对话框由【起始表格】【常规】【单元样式】和【单元样式预览】4 个选项组组成。

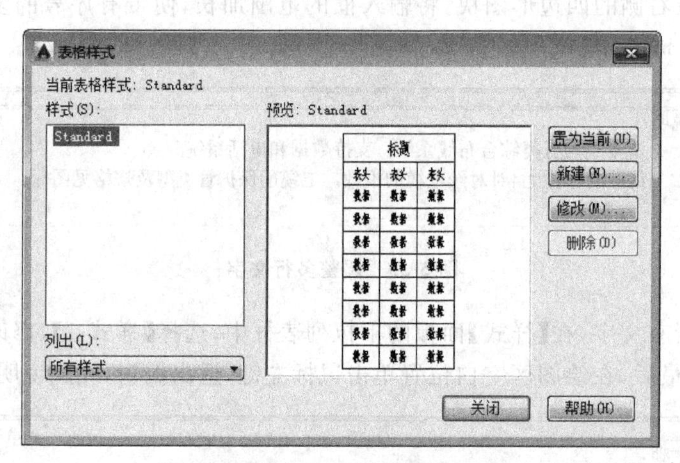

图 5-35 【表格样式】对话框

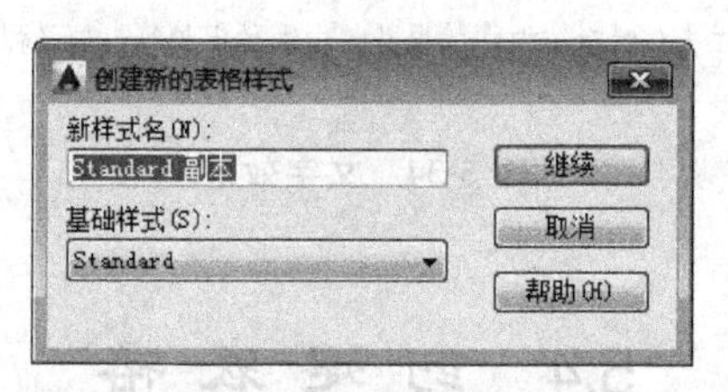

图 5-36 【创建新的表格样式】对话框

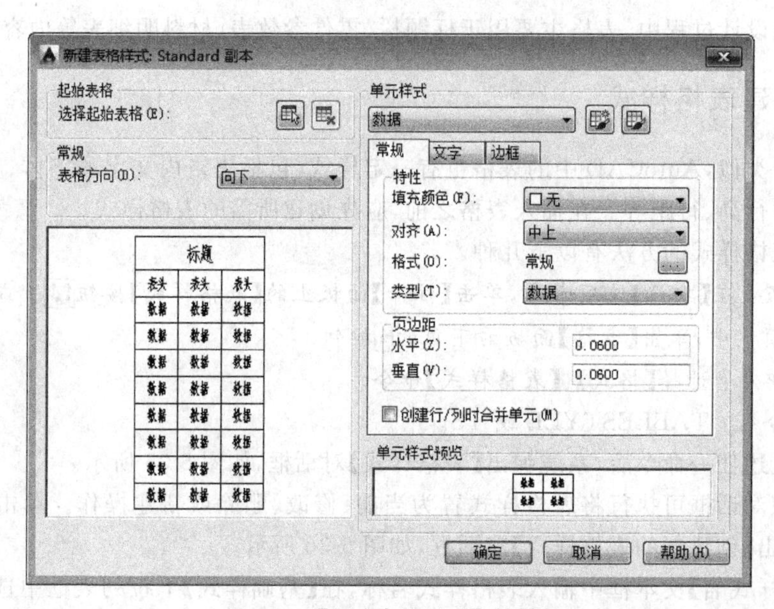

图 5-37 【新建表格样式】对话框

当单击【新建表格样式】对话框中的【管理单元样式】按钮时，弹出如图 5-38 所示【管理单元样式】对话框，在该对话框里可以对单元样式进行添加、删除和重命名。

图 5-38 【管理单元样式】对话框

5.4.2 插入表格

表格是在行和列中包含数据的对象，在设置表格样式后便可以从空格或表格样式创建表格对象，还可以将表格链接至 Microsoft Excel 电子表格中的数据。本节将主要介绍利用【表格】工具插入表格的方法。在 AutoCAD 面板中插入表格有以下几种常用方法。

- 面板：单击【注释】面板中的【表格】按钮。
- 菜单栏：选择【绘图】|【表格】命令。
- 命令行：TABLE 或 TB。

执行上述任一命令后，系统弹出【插入表格】对话框，如图 5-39 所示。

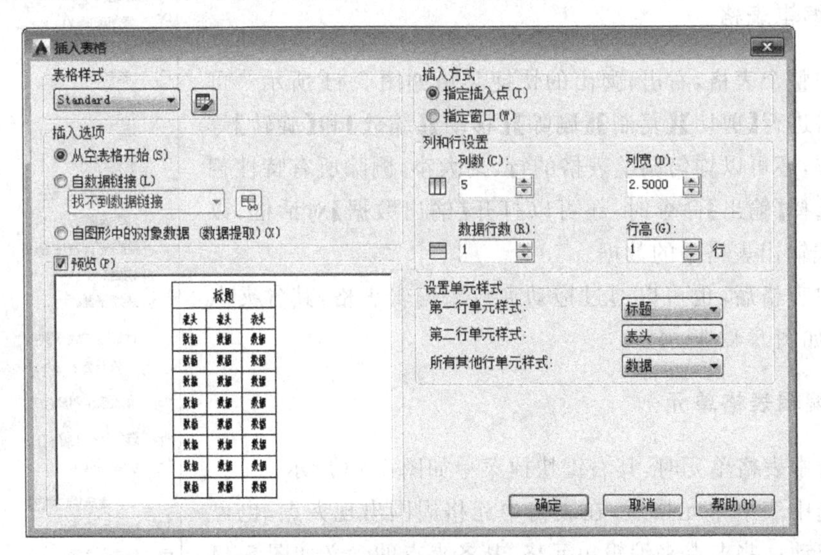

图 5-39 【插入表格】面板

设置好表格样式、列数和列宽、行数和行宽后，单击【确定】按钮，并在绘图区指定插入点，将会在当前位置按照表格设置插入一个表格，然后在此表格中添加上相应的文本信息即可完成表格的创建，如图 5-40 所示。

序号	图例	名称型号及规格		安装方式	安装高度
1		照明配电箱	按系统定做	墙壁暗装	1.4m
2		照明配电箱（住宅内）	按系统定做	墙壁暗装	1.8m
3		电表箱	按系统定做	墙壁明装	1.4m
4		单极开关		墙壁暗装	1.4m
5		双极开关		墙壁暗装	1.4m
6		三极开关		墙壁暗装	1.4m
7		声光感应控制延时开关		墙壁暗装	1.4m
8		应急灯		墙壁明装	2.2m
9		安全出口指示		门顶安装	2.2m
10		吸顶灯	由甲方自选	吸顶安装	
11		防尘防水灯	由甲方自选	吸顶安装	
12		吸顶灯头	由甲方自选	吸顶安装	
13		荧光灯	1x36W	吸顶安装	

图 5-40　在图形中插入表格

5.4.3　编辑表格

在添加完成表格后，不仅可根据需要对表格整体或表格单元执行拉伸、合并或添加等编辑操作，而且可以对表格的表指示器进行所需的编辑，其中包括编辑表格形状和添加表格颜色等设置。

1. 编辑表格

选中整个表格，右击，弹出的快捷菜单如图 5-41 所示。可以对表格进行【剪切】【复制】【删除】【移动】【缩放】和【旋转】等简单操作，还可以均匀调整表格的行、列大小，删除所有特性替代。当选择【输出】命令时，还可以打开【输出数据】对话框，以.csv 格式输出表格中的数据。

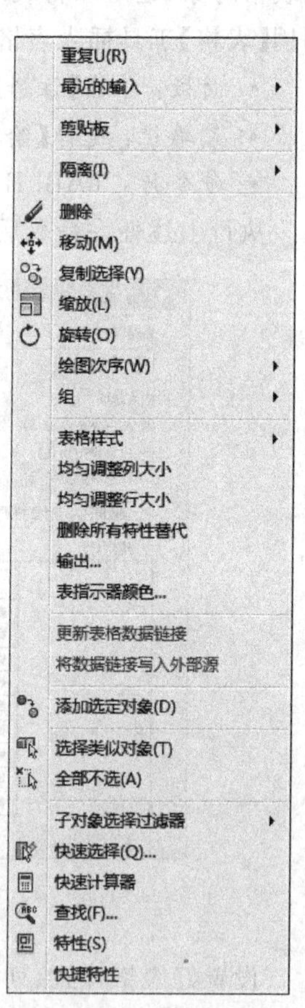

图 5-41　快捷菜单

选中表格后，也可以通过拖动夹点来编辑表格，其各夹点的含义，如图 5-42 所示。

2. 编辑表格单元

当选中表格单元时，其右键快捷菜单如图 5-43 所示。

当选中表格单元格后，在表格单元格周围出现夹点，也可以通过拖动这些夹点来编辑单元格，其各夹点的含义如图 5-44 所示。

提示：要选择多个单元，可以按鼠标左键并在欲选择的单元上拖动；也可以按住 Shift 键并在欲选择的单元内单击，同时选中这两个单元以及它们之间的所有单元。

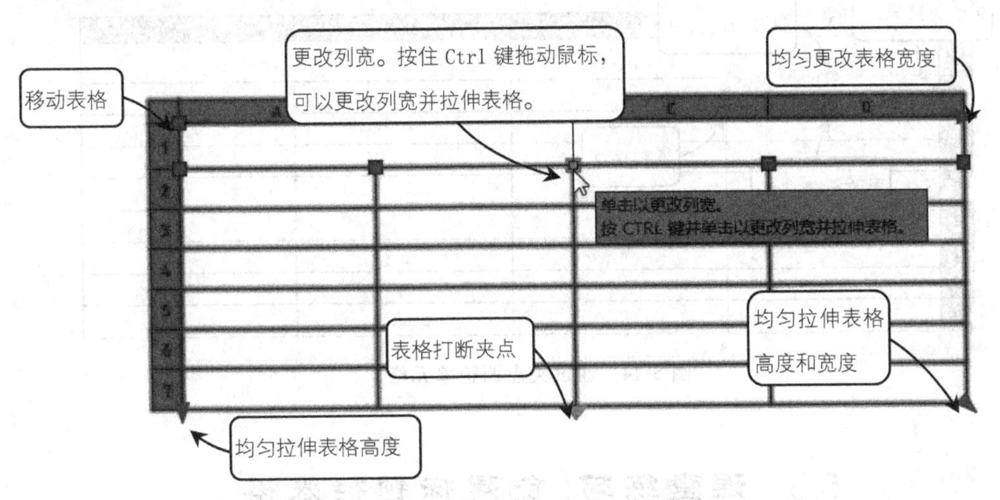

图 5-42 选中表格时各夹点的含义

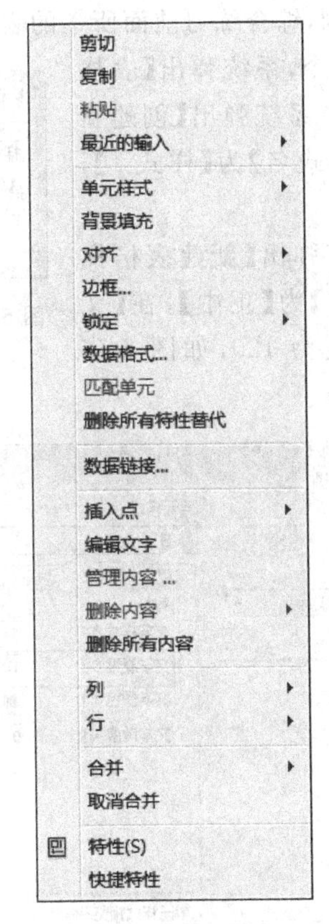

图 5-43 快捷菜单

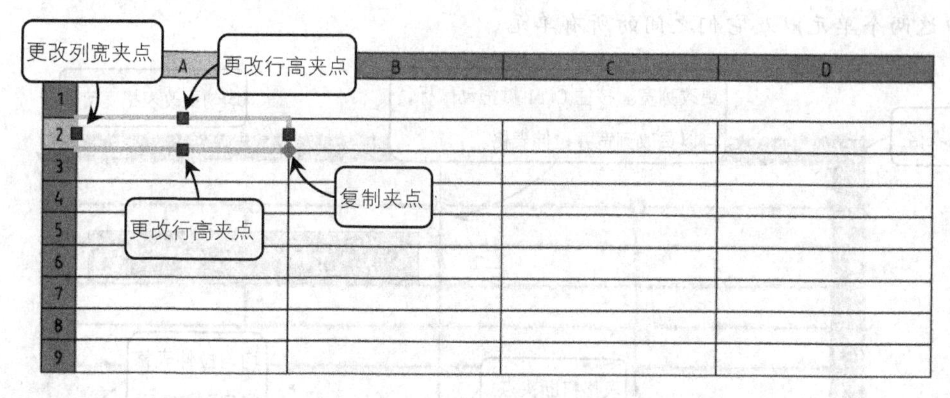

图 5-44 通过夹点调整单元格

5.5 课堂练习：创建标题栏表格

本节以创建图纸标题栏为例，综合练习前面所学的表格创建和编辑的方法。

(1) 调用 TS【表格样式】命令，系统弹出【表格样式】对话框，单击【新建】按钮。系统弹出【创建新的表格样式】对话框，更改【新样式名】为【样式 1】，如图 5-45 所示。

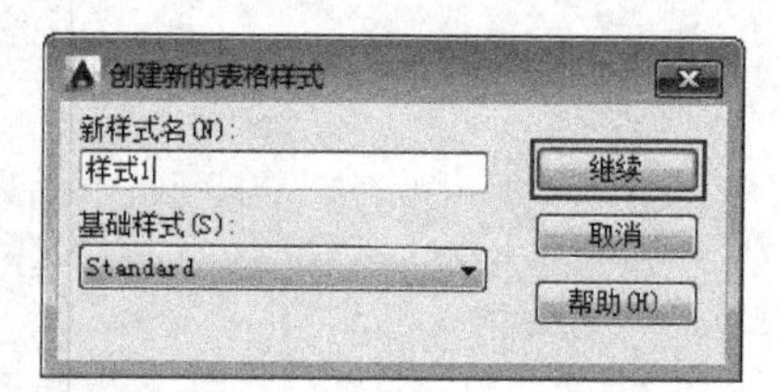

图 5-45 【创建新的表格样式】对话框

(2) 单击【继续】按钮，系统弹出【新建表格样式：样式 1】对话框，设置【对齐】为【正中】，在【文字】选项区域中，更改文字高度为 120，如图 5-46 所示。

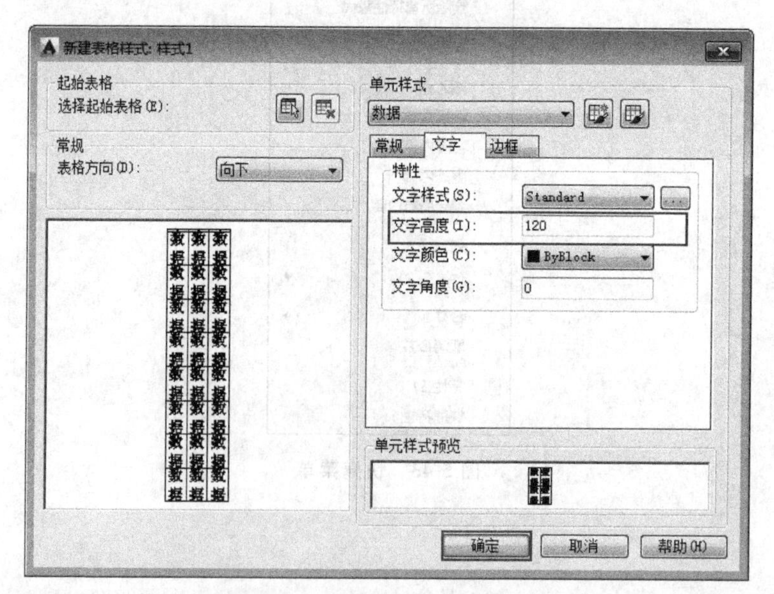

图 5-46 【新建表格样式】对话框

(3) 单击【确定】按钮,返回至【表格样式】对话框,选择【样式 1】表格样式之后单击【置为当前】按钮,如图 5-47 所示。

(4) 调用 REC【矩形】命令,绘制长为 4200,宽为 1200 的矩形,如图 5-48 所示。

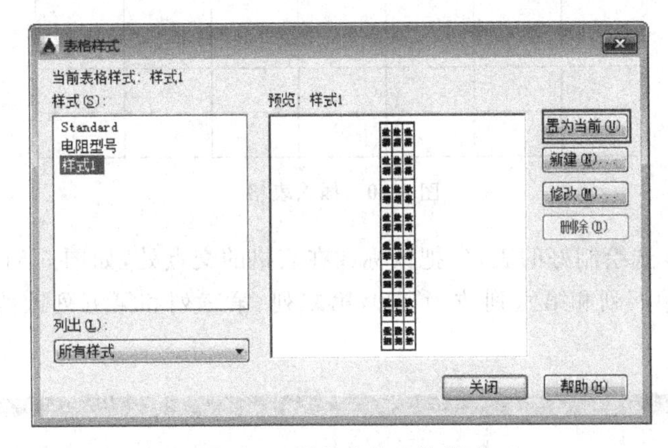

图 5-47 置为当前表格样式

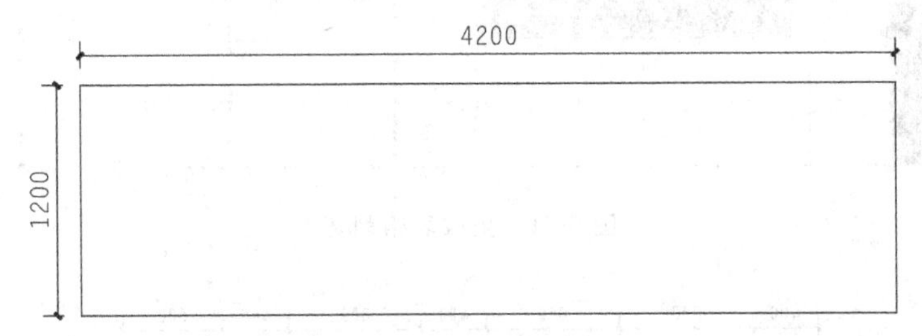

图 5-48 绘制矩形

(5) 在【注释】选项卡中,单击【表格】面板中的【表格】按钮。系统弹出【插入表格】对话框,更改【插入方式】为【指定窗口】。设置【列数】为 7,【数据行数】为 4,【单元样式】全部为数据,如图 5-49 所示。

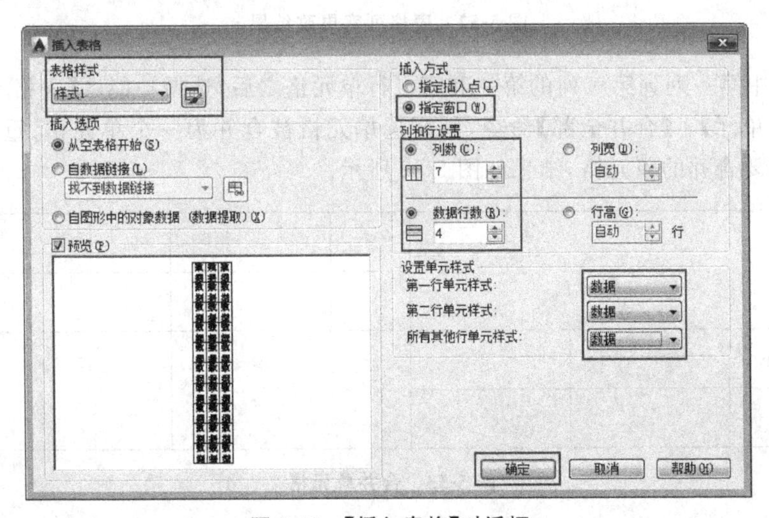

图 5-49 【插入表格】对话框

(6) 单击【确定】按钮，按照命令行提示指定插入点为矩形左上角的一点，第二点角点为矩形的右下角的一点，表格绘制完成，如图 5-50 所示。

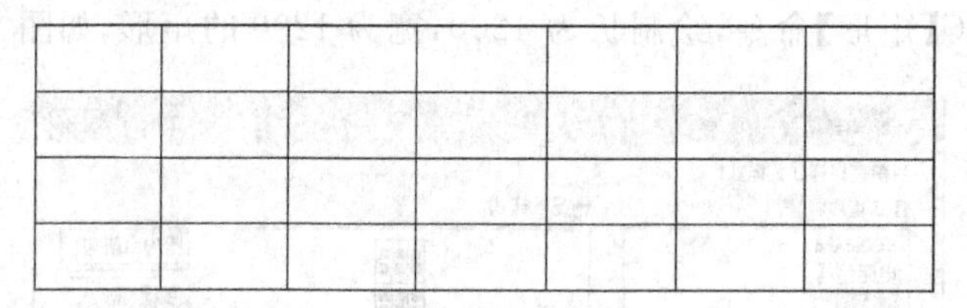

图 5-50　插入表格

(7) 用鼠标全选绘制好的表格，把鼠标放在表格的交点处，如图 5-51 所示；更改表格的列宽，第一列、第四列和第六列改为 400，第二列、第三列和第五列改为 800，更改结果如图 5-52 所示。

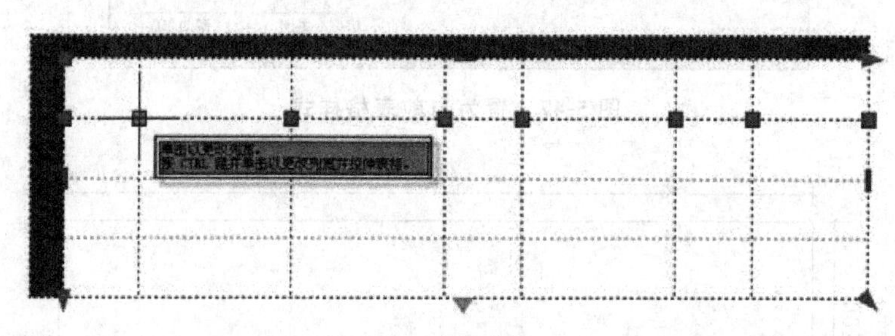

图 5-51　更改表格列宽

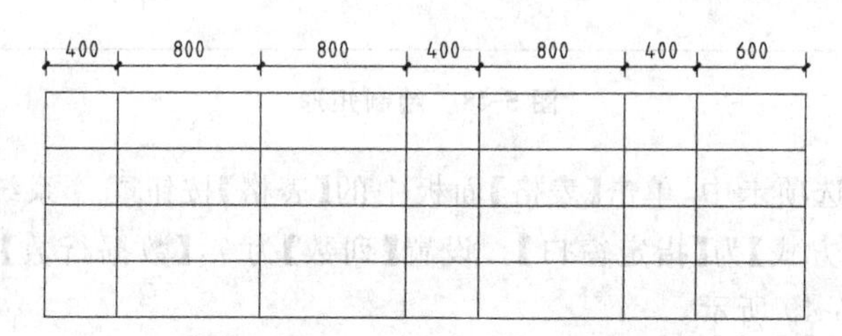

图 5-52　表格列宽更改结果

(8) 选中第一列到第三列的第一和第二行单元格之后，选择功能区【表格单元】|【合并】|【合并单元】|【合并全部】命令，则所选单元格被合并为一个单元格；重复此命令，合并其他需要合并的单元格，结果如图 5-53 所示。

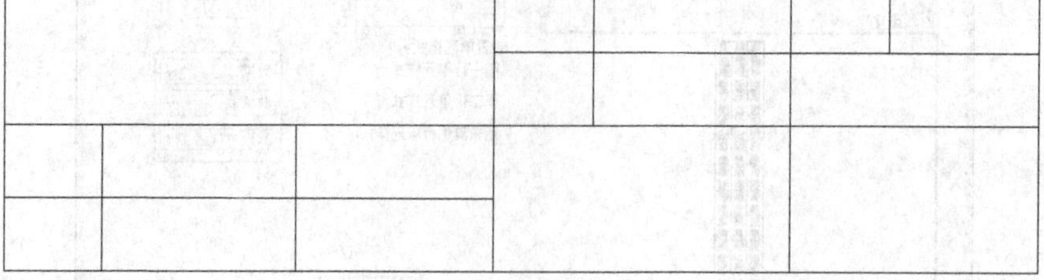

图 5-53　合并单元格

(9) 单击单元格输入文字,表格绘制完成,如图 5-54 所示。

<table>
<tr><td colspan="3" rowspan="2">(单位名称)</td><td>材料</td><td></td><td>比例</td><td></td></tr>
<tr><td>数量</td><td></td><td colspan="2">共 张,第 张</td></tr>
<tr><td>制图</td><td></td><td></td><td colspan="2" rowspan="2"></td><td colspan="2" rowspan="2"></td></tr>
<tr><td>审核</td><td></td><td></td></tr>
</table>

图 5-54 输入文字

5.6 课后总结

本章讲解了机械制图中文字和表格的添加方法,包括文字样式、单行文字、多行文字和表格等内容,为掌握机械制图中的技术要求与学习下一章节的标注打下基础。

5.7 课后习题

三相异步电动机主要由定子和转子构成,定子是静止不动的部分,转子是旋转部分,在定子与转子之间有一定的气隙。三相异步电动机的供电系统主要由三相电动机、继电器以及开关等部分组成。本小节通过绘制图 5-55 所示的三相异步电动机供电系统图,主要考察【圆】【矩形】【直线】以及【多行文字】等命令的应用方法。

提示步骤如下:

(1) 调用 C【圆】命令,绘制一个半径为 20 的圆,如图 5-56 所示。

(2) 调用 MT【多行文字】和 SPL【样条曲线】命令,完善图形如图 5-57 所示。

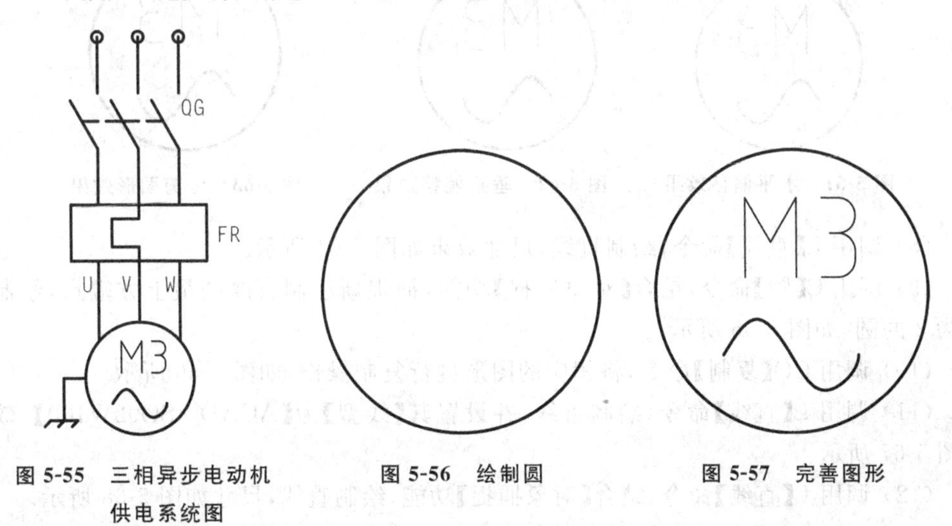

图 5-55 三相异步电动机供电系统图　　图 5-56 绘制圆　　图 5-57 完善图形

（3）调用 L【直线】命令，结合【象限点捕捉】功能，绘制直线，如图 5-58 所示。

（4）调用 O【偏移】和 EX【延伸】命令，修改图形如图 5-59 所示。

（5）调用 REC【矩形】命令，结合【对象捕捉】功能，绘制矩形，如图 5-60 所示。

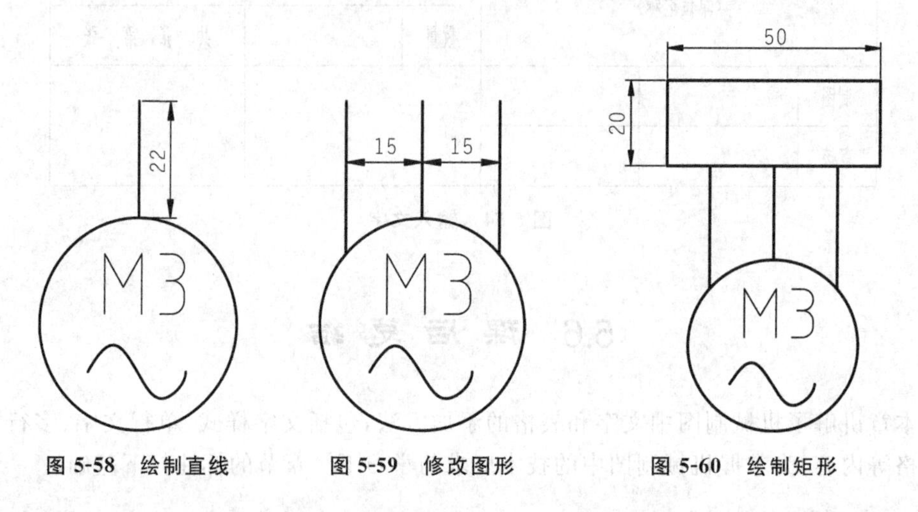

图 5-58　绘制直线　　图 5-59　修改图形　　图 5-60　绘制矩形

（6）调用 X【分解】命令，分解新绘制矩形；调用 O【偏移】命令，将矩形进行水平偏移（如图 5-61 所示）和垂直偏移（如图 5-62 所示）。

（7）调用 TR【修剪】命令，修剪多余的图形，如图 5-63 所示。

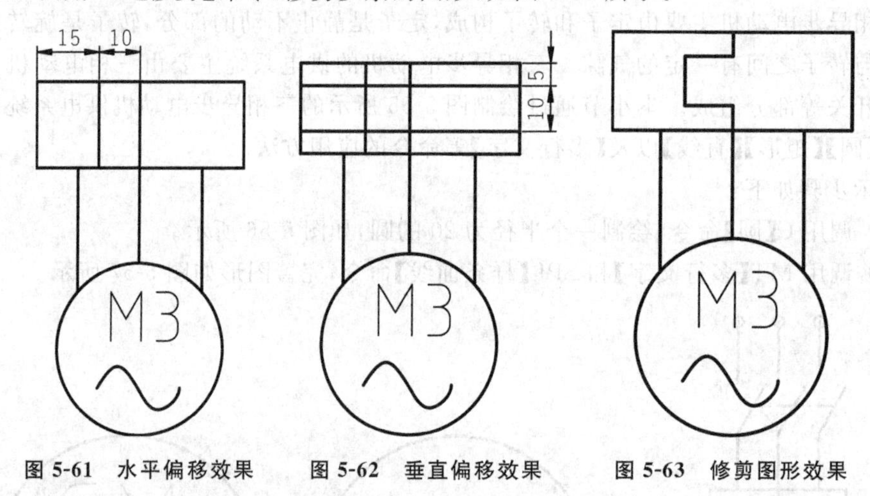

图 5-61　水平偏移效果　　图 5-62　垂直偏移效果　　图 5-63　修剪图形效果

（8）调用 L【直线】命令，绘制直线，尺寸效果如图 5-64 所示。

（9）调用 C【圆】命令，结合【对象捕捉】功能，捕捉新绘制直线的最上方端点，绘制半径为 2 的圆，如图 5-65 所示。

（10）调用 CO【复制】命令，将相应的图形进行复制操作，如图 5-66 所示。

（11）调用 L【直线】命令，绘制直线，并设置其【线型】为【ACAD_ISO02W100】，效果如图 5-67 所示。

（12）调用 L【直线】命令，结合【对象捕捉】功能，绘制直线，尺寸如图 5-68 所示。

（13）调用 MT【多行文字】命令，在绘图区中的相应位置创建多行文字，如图 5-69

所示。

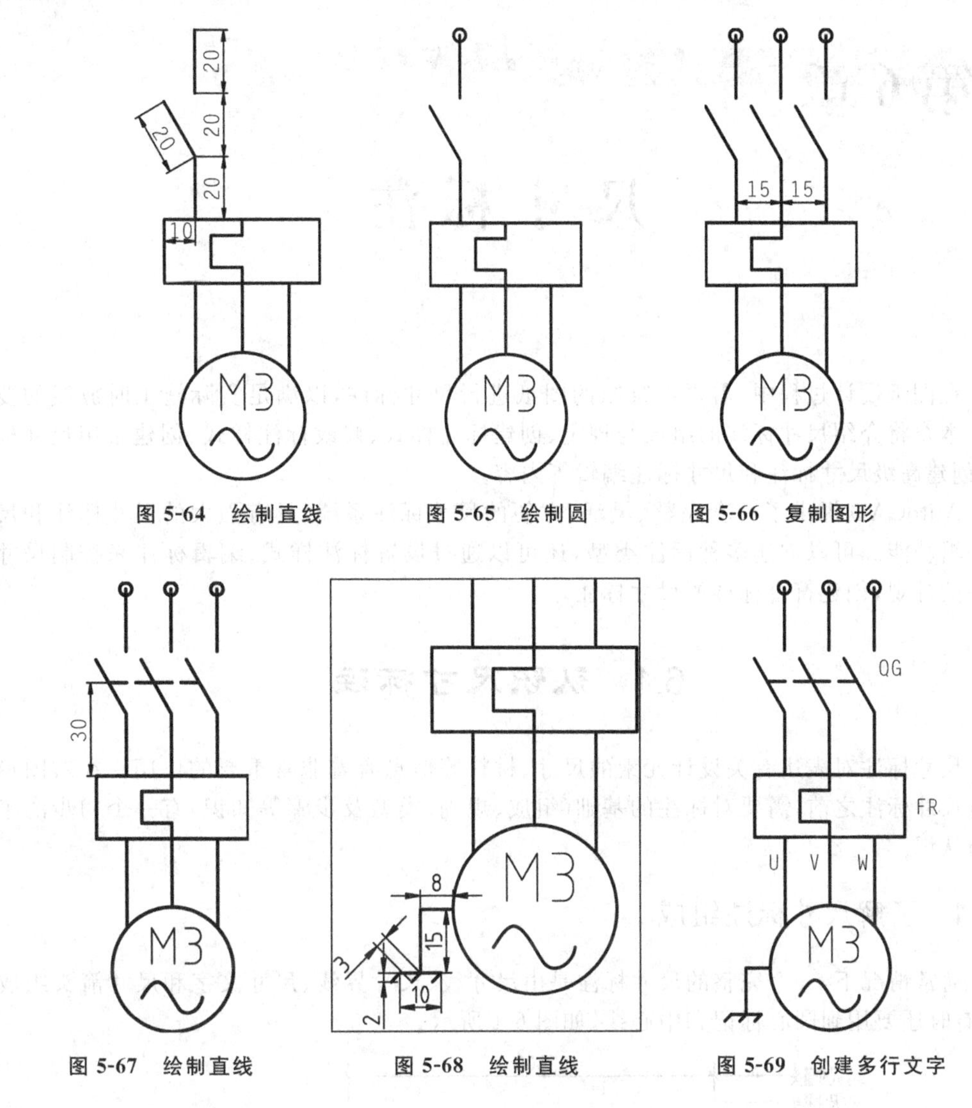

图 5-64　绘制直线　　图 5-65　绘制圆　　图 5-66　复制图形

图 5-67　绘制直线　　图 5-68　绘制直线　　图 5-69　创建多行文字

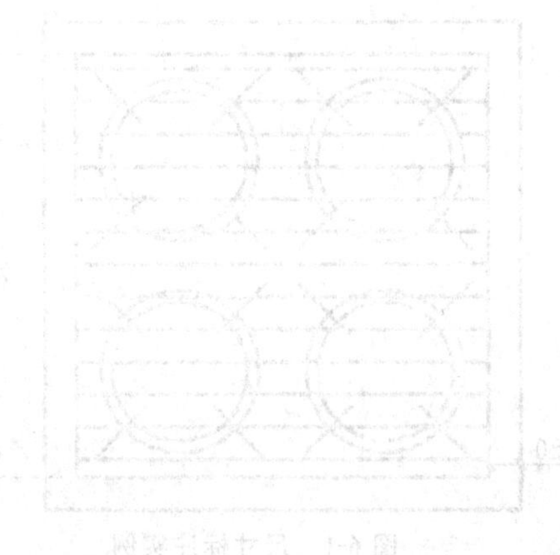

第6章 chapter 6

尺寸标注

在图纸设计过程中，需要将绘制的图纸进行尺寸标注，以满足实际施工时放线的要求。本章将介绍尺寸标注的组成与规定、创建标注样式、修改标注样式、创建常用尺寸标注、创建高级尺寸标注和尺寸标注编辑等内容。

AutoCAD提供了一套完整、灵活、方便的尺寸标注系统，具有强大的尺寸标注和尺寸编辑功能。可以创建多种标注类型，还可以通过设置标注样式、编辑标注来控制尺寸标注的外观，创建符合标准的尺寸标注。

6.1 认识尺寸标注

尺寸标注对表达有关设计元素的尺寸、材料等信息有着非常重要的作用。在对图形进行尺寸标注之前，需要对标注的基础(组成、规则、类型及步骤等知识)有一个初步的了解与认识。

6.1.1 了解尺寸标注组成

通常情况下，一个完整的尺寸标注是由尺寸线、尺寸界线、尺寸文字和尺寸箭头组成的，有时还要用到圆心标记和中心线，如图6-1所示。

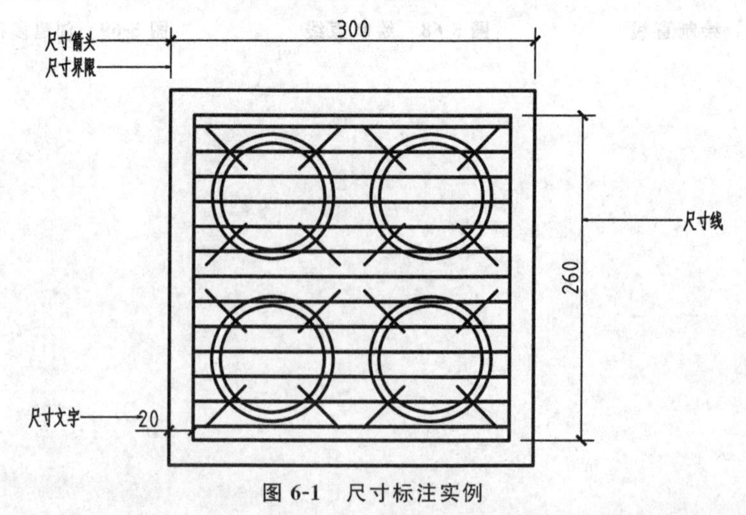

图6-1 尺寸标注实例

各组成部分的作用与含义如下。

- 尺寸界线：也称投影线，用于标注尺寸的界限，由图样中的轮廓线、轴线或对称中心线引出。标注时尺寸界线从所标注的对象上自动延伸出来，它的端点与所标注的对象接近但并未连接到对象上。
- 尺寸线：通常与所标注的对象平行，放在两尺寸界线之间用于指示标注的方向和范围。通常尺寸线为直线，但在角度标注时，尺寸线则为一段圆弧。
- 标注文本：通常为尺寸线上方或中断处，用以表示所标注对象的具体尺寸大小。在进行尺寸标注时，AutoCAD 会自动生成所标注的对象的尺寸数值，用户也可对标注文本进行修改、添加等编辑操作。
- 箭头：在尺寸线两端，用以表明尺寸线的起始位置，用户可为标注箭头指定不同的尺寸大小和样式。
- 圆心标记：标记圆或圆弧的中心点。

6.1.2 了解尺寸标注规则

在 AutoCAD 中，对绘制的图形进行尺寸标注时，应遵守以下规则。

- 图样上所标注的尺寸数为工程图形的真实大小，与绘图比例和绘图的准确度无关。
- 图形中的尺寸以系统默认值 mm(毫米)为单位时，不需要标注计量单位代号或名称。如果采用其他单位，则必须注明相应计量单位的代号或名称，如符号度(°)、英寸(″)等。
- 图样上所标注的尺寸数值应为工程图形完工后的实际尺寸，否则须另加说明。
- 工程图对象中的每个尺寸一般只标注一次，并标注在最能清晰表现该图形结构特征的视图上。
- 尺寸的配置要合理，功能尺寸应该直接标注；同一要素的尺寸应尽可能集中标注，如孔的直径和深度、槽的深度和宽度等；尽量避免在不可见的轮廓线上标注尺寸，数字之间不允许任何图线穿过，必要时可以将图线断开。

6.1.3 了解尺寸标注类型

尺寸标注分为线性标注、对齐尺寸标注、坐标尺寸标注、弧长尺寸标注、半径尺寸标注、折弯尺寸标注、直径尺寸标注、角度尺寸标注、引线标注、基线标注、连续标注等。其中，线性尺寸标注又分为水平标注、垂直标注和旋转标注 3 种。在 AutoCAD 中，提供了各类尺寸标注的工具按钮与命令。如图 6-2 所示为常见的尺寸标注类型。

6.1.4 认识标注样式管理器

通过【标注样式管理器】对话框，可以进行新建和修改标注样式等操作。打开【标注样式管理器】对话框的方式有以下几种。

- 功能区：单击【默认】选项板中【标注】面板下的【标注样式】按钮。或在【注释】

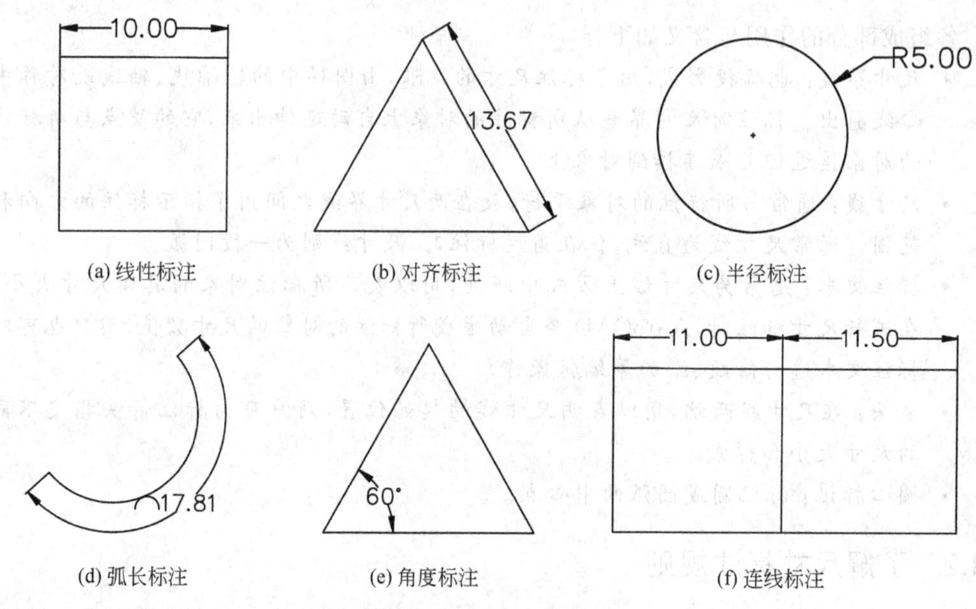

图 6-2 常见的尺寸标注类型

选项卡中，单击【标注】面板右下角的按钮。

- 菜单栏：选择【格式】|【标注样式】命令。
- 命令行：DIMSTYLE 或 D。

执行上述任一操作，弹出【标注样式管理器】对话框，如图 6-3 所示，在该对话框中可以创建新的尺寸标注样式。

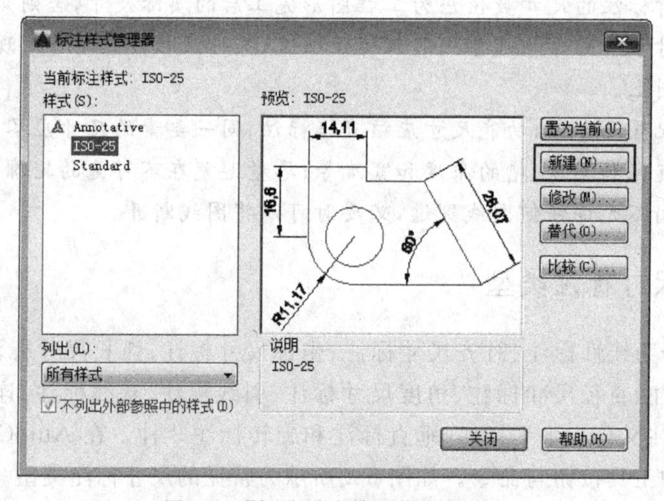

图 6-3 【标注样式管理器】对话框

对话框内各选项的含义如下。

- 【样式】列表框：该列表框用于显示所设置的标注样式。
- 【置为当前】按钮：单击该按钮，可以将【样式】列表框中所选择的标注样式显示于当前标注样式处。

• 【新建】按钮：单击该按钮，打开【创建新标注样式】对话框，使用该对话框可以创建新标注样式，如图 6-4 所示。
• 【修改】按钮：单击该按钮，将打开【修改标注样式】对话框，可以在其中修改已有的标注样式。
• 【替代】按钮，单击该按钮后，对同一个对象可以标注两个以上的尺寸标注和公差。
• 【比较】按钮：单击该按钮，可以用于标注样式之间的比较。

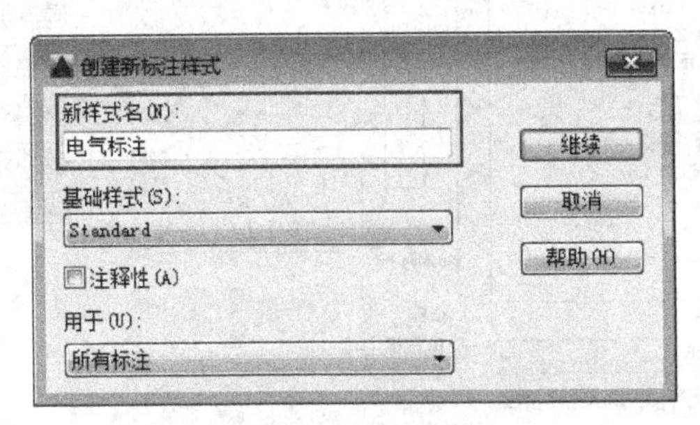

图 6-4 【创建新标注样式】对话框

新建标注样式的步骤简单介绍如下。

(1) 在图形中按上述方法操作，打开【标注样式管理器】对话框。

(2) 命名新建的标注样式。在对话框中单击【新建】按钮，打开【创建新标注样式】对话框，在【新样式名】文本框中输入新标注样式的名称，如【电气标注】，如图 6-4 所示。

(3) 设置标注样式的参数。在【创建新标注样式】对话框中单击【继续】按钮，弹出【新建标注样式：电气标注】对话框，如图 6-5 所示。在该对话框中可以设置标注样式的各种参数。

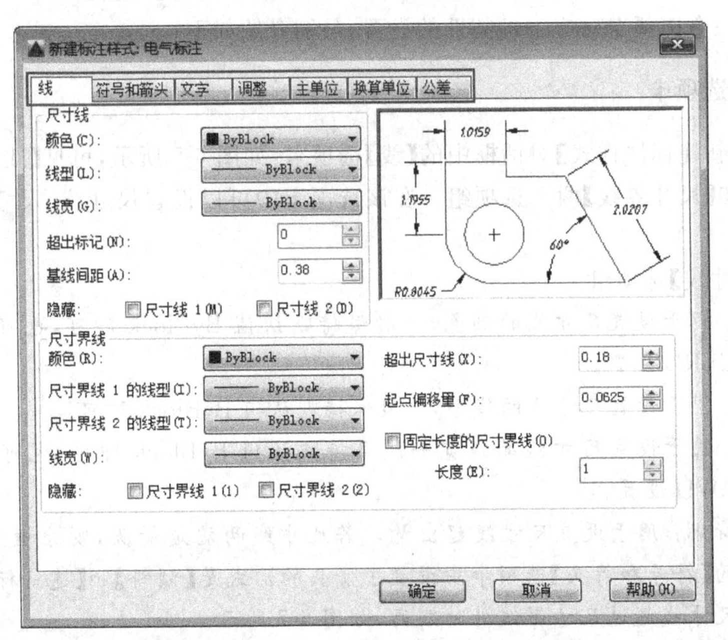

图 6-5 【新建标注样式：电气标注】对话框

(4) 完成标注样式的新建。单击【确定】按钮,结束设置,新建的样式便会在【标注样式管理器】对话框的【样式】列表框中出现,单击【置为当前】按钮即可将新建样式选择为当前的标注样式,如图 6-6 所示。

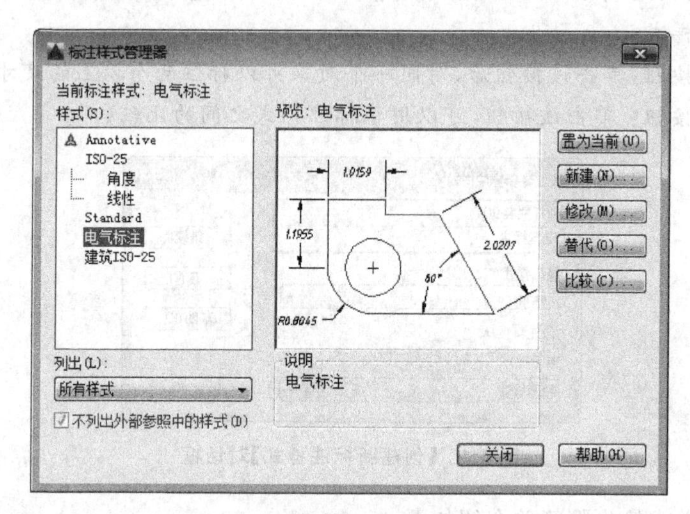

图 6-6 【标注样式管理器】对话框

6.1.5 设置标注样式

在上文新建标注样式的介绍中,第(3)步设置标注样式的参数是最重要的,这也是本小节要着重讲解的。在【新建标注样式】对话框中可以设置尺寸标注的各种特性,对话框中有【线】【符号和箭头】【文字】【调整】【主单位】【换算单位】和【公差】共 7 个选项卡,如图 6-5 所示,每一个选项卡对应一种特性的设置,分别介绍如下。

1. 【线】选项卡

切换到【新建标注样式】对话框中的【线】选项卡,如图 6-5 所示,可见【线】选项卡中包括【尺寸线】和【尺寸界线】两个选项组。在该选项卡中可以设置尺寸线、尺寸界线的格式和特性。

(1) 【尺寸线】选项组

- 颜色:用于设置尺寸线的颜色,一般保持默认值 ByBlock 即可,也可以使用变量 DIMCLRD 设置。
- 线型:用于设置尺寸线的线型,一般保持默认值 ByBlock 即可。
- 线宽:用于设置尺寸线的线宽一般保持默认值 ByBlock 即可,也可以使用变量 DIMLWD 设置。
- 超出标记:用于设置尺寸线超出量。若尺寸线两端是箭头,则此框无效;若在对话框的【符号和箭头】选项卡中设置了箭头的形式是【倾斜】和【建筑标记】时,可以设置尺寸线超过尺寸界线外的距离,如图 6-7 所示。
- 基线间距:用于设置基线标注中尺寸线之间的间距。

- 隐藏：【尺寸线1】和【尺寸线2】分别控制了第一条和第二条尺寸线的可见性，如图6-8所示。

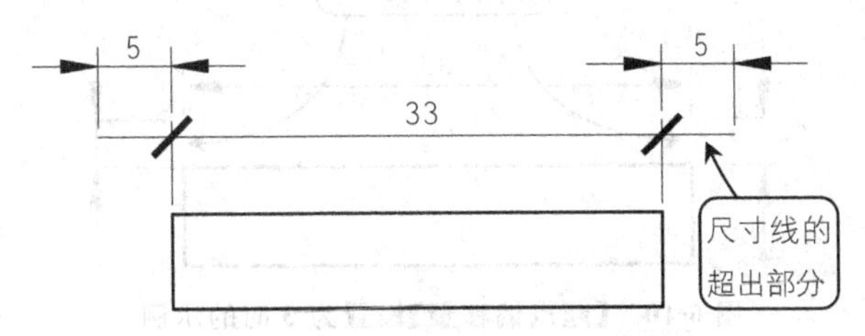

图 6-7 【超出标记】设置为5时的示例

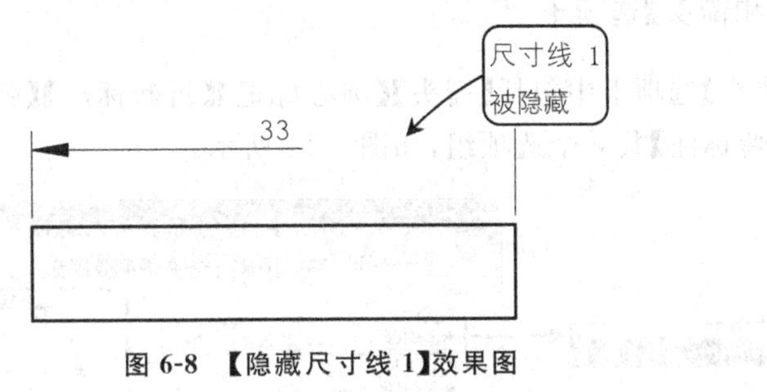

图 6-8 【隐藏尺寸线1】效果图

(2)【尺寸界线】选项组

- 颜色：用于设置延伸线的颜色，一般保持默认值ByBlock即可，也可以使用变量DIMCLRD设置。
- 线型：分别用于设置【尺寸界线1】和【尺寸界线2】的线型，一般保持默认值ByBlock即可。
- 线宽：用于设置延伸线的宽度，一般保持默认值ByBlock即可。也可以使用变量DIMLWD设置。
- 隐藏：【尺寸界线1】和【尺寸界线2】分别控制了第一条和第二条尺寸界线的可见性。
- 超出尺寸线：控制尺寸界线超出尺寸线的距离，如图6-9所示。
- 起点偏移量：控制尺寸界线起点与标注对象端点的距离，如图6-10所示。

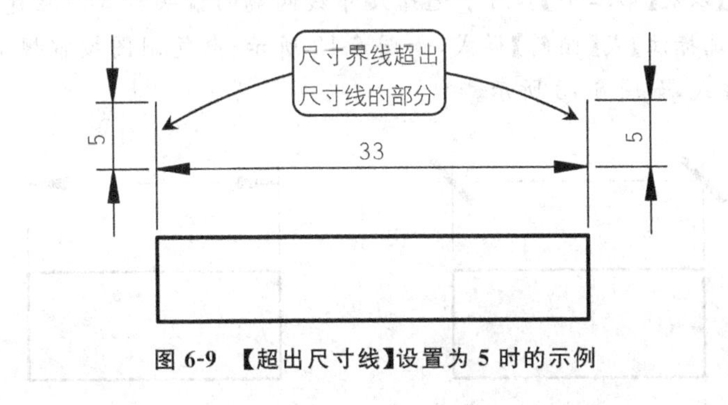

图 6-9 【超出尺寸线】设置为5时的示例

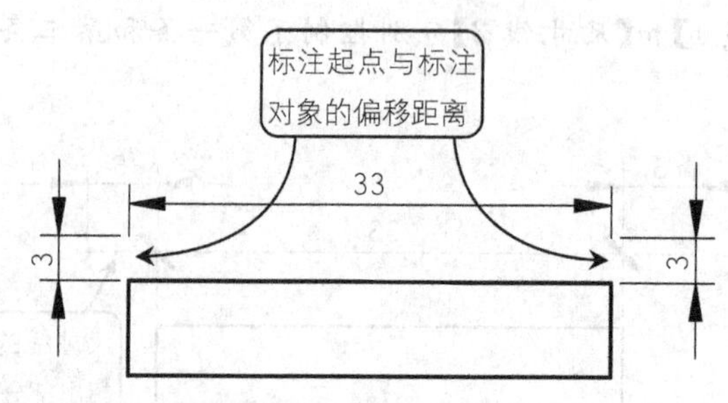

图 6-10 【起点偏移量】设置为 3 时的示例

2.【符号和箭头】选项卡

【符号和箭头】选项卡中包括【箭头】【圆心标记】【折断标注】【弧长符号】【半径折弯标注】和【线性折弯标注】共 6 个选项组，如图 6-11 所示。

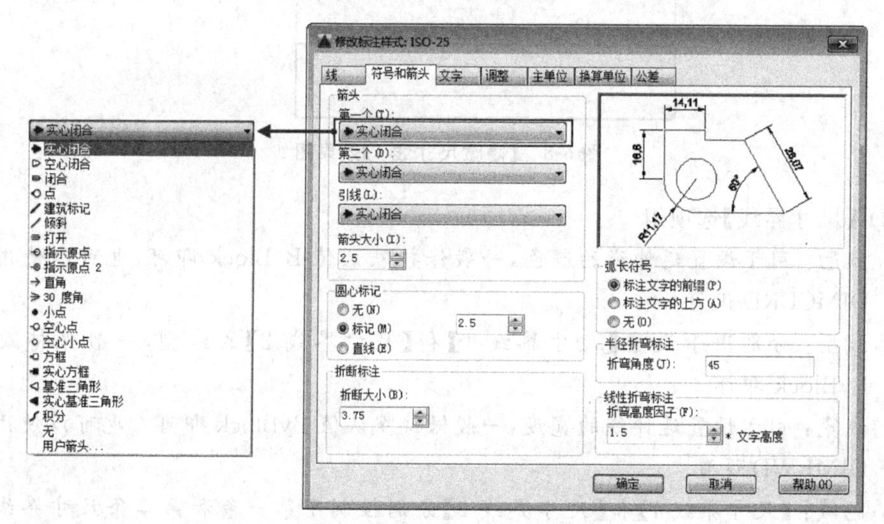

图 6-11 【符号和箭头】选项卡

(1)【箭头】选项组

- 【第一个】以及【第二个】：用于选择尺寸线两端的箭头样式。在建筑绘图中通常设为【建筑标注】或【倾斜】样式，如图 6-12 所示；电气制图按常规标准，通常设为【箭头】样式，如图 6-13 所示。

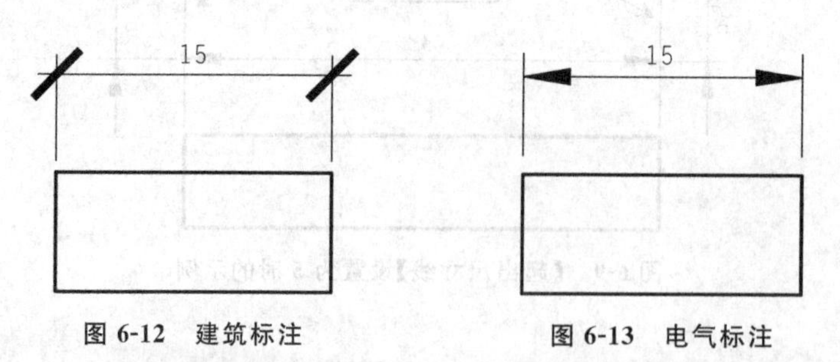

图 6-12 建筑标注　　图 6-13 电气标注

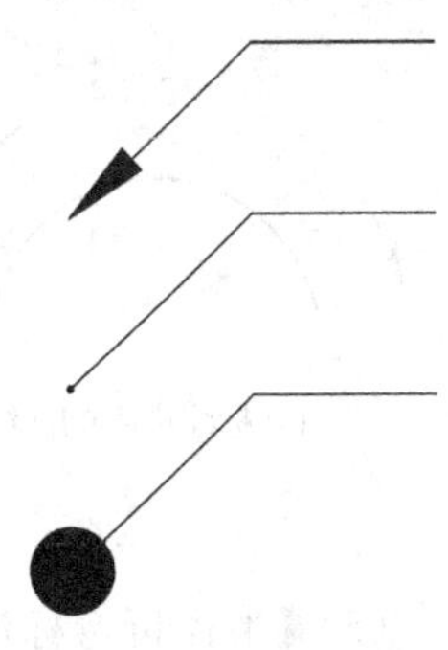

图 6-14　引线样式

- 引线：用于设置快速引线标注(命令 LE)中的箭头样式，如图 6-14 所示。
- 箭头大小：用于设置箭头的大小。

提示：Auto CAD 中提供了 19 种箭头，如果选择了第一个箭头的样式，第二个箭头会自动选择和第一个箭头一样的样式。也可以在第二个箭头下拉列表中选择不同的样式。

(2)【圆心标记】选项组

圆心标记是一种特殊的标注类型，在使用【圆心标记】(命令 DIMCENTER)时，可以在圆弧中心生成一个标注符号，【圆心标记】选项组用于设置圆心标记的样式。各选项的含义如下。

- 无：使用【圆心标记】命令时，无圆心标记，如图 6-15 所示。
- 标记：创建圆心标记。在圆心位置将会出现小十字架，如图 6-16 所示。
- 直线：创建中心线。在使用【圆心标记】命令时，十字架线将会延伸到圆或圆弧外边，如图 6-17 所示。

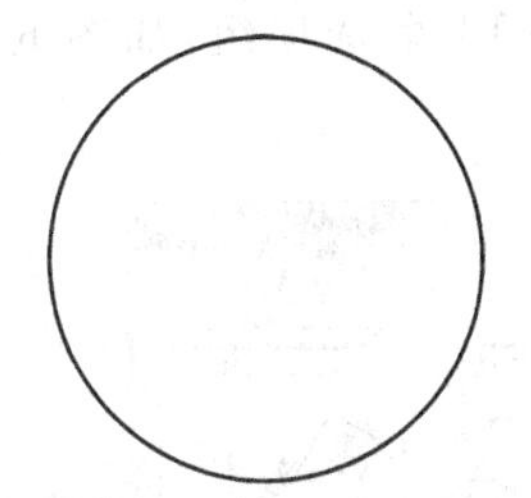

图 6-15　圆心标记为【无】

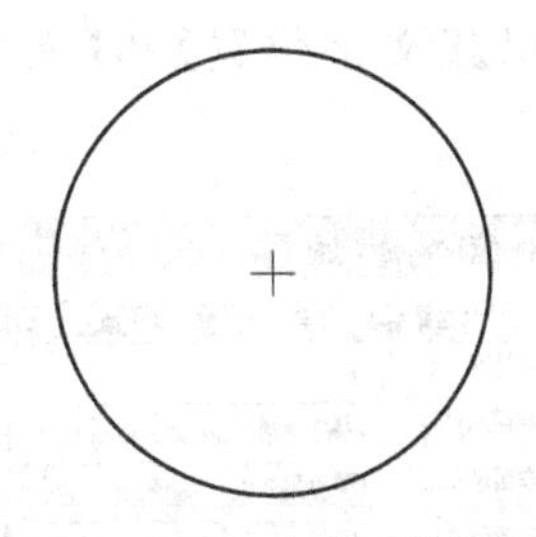

图 6-16　圆心标记为【标记】

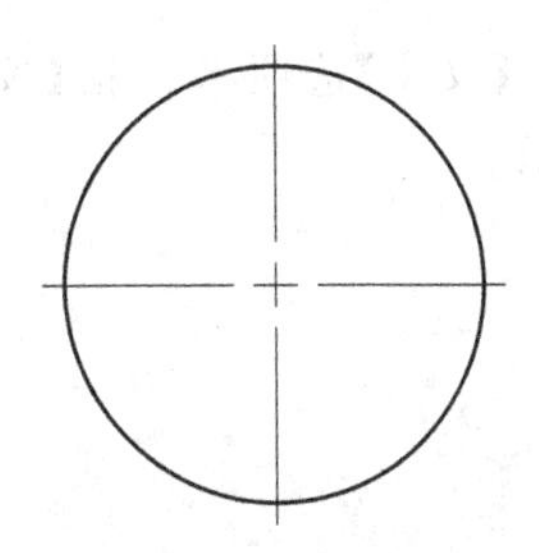

图 6-17　圆心标记为【直线】

提示：可以取消选中【调整】选项卡中的【在尺寸界线之间绘制尺寸线】复选框，这样就能在标注直径或半径尺寸时，同时创建圆心标记，如图 6-18 所示。

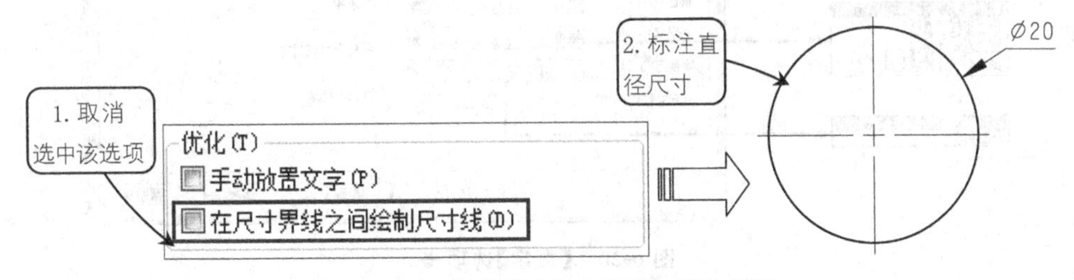

图 6-18　标注时同时创建尺寸与圆心标记

(3)【折断标注】选项组

其中的【折断大小】文本框可以设置标注折断时标注线的长度。

(4)【弧长符号】选项组

在该选项组中可以设置弧长符号的显示位置，包括【标注文字的前缀】【标注文字的上方】和【无】3 种方式，如图 6-19 所示。

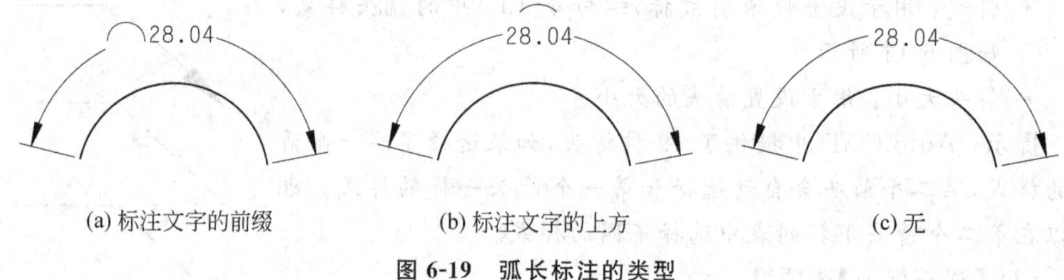

(a) 标注文字的前缀　(b) 标注文字的上方　(c) 无

图 6-19　弧长标注的类型

(5)【半径折弯标注】选项组

其中的【折弯角度】文本框可以确定折弯半径标注中尺寸线的横向角度，其值不能大于 90°。

(6)【线性折弯标注】选项组

其中的【折弯高度因子】文本框可以设置折弯标注打断时折弯线的高度。

3.【文字】选项卡

【文字】选项卡包括【文字外观】【文字位置】和【文字对齐】3 个选项组，如图 6-20 所示。

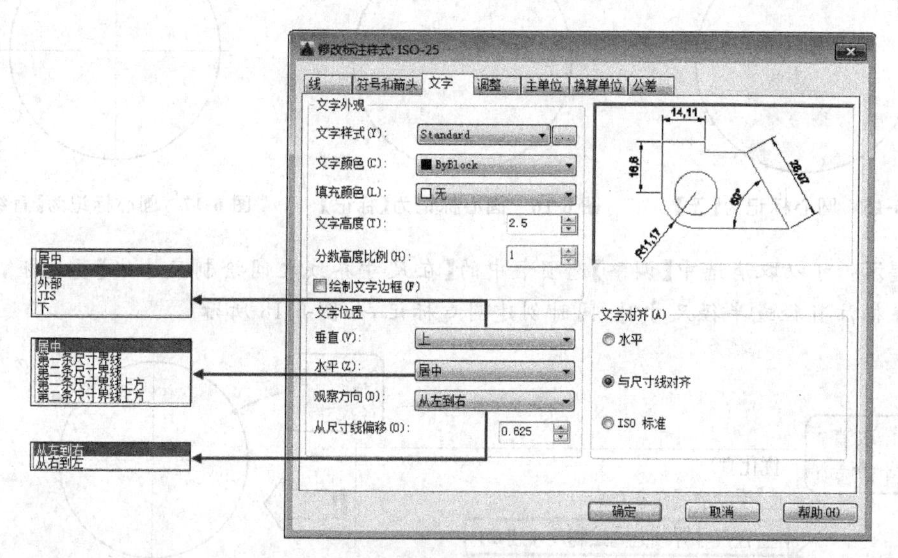

图 6-20　【文字】选项卡

(1)【文字外观】选项组

- 文字样式：用于选择标注的文字样式。也可以单击其后的 ... 按钮，系统弹出【文字样式】对话框，选择文字样式或新建文字样式。
- 文字颜色：用于设置文字的颜色，一般保持默认值 ByBlock 即可，也可以使用变量 DIMCLRT 设置。
- 填充颜色：用于设置标注文字的背景色。默认为【无】，如果图纸中尺寸标注很多，就会出现图形轮廓线、中心线、尺寸线与标注文字相重叠的情况，这时若将【填充颜色】设置为【背景】,即可有效改善图形。

- 文字高度:设置文字的高度,也可以使用变量DIMCTXT设置。
- 分数高度比例:设置标注文字的分数相对于其他标注文字的比例,AutoCAD将该比例值与标注文字高度的乘积作为分数的高度。
- 绘制文字边框:设置是否给标注文字加边框。

(2)【文字位置】选项组

- 垂直:用于设置标注文字相对于尺寸线在垂直方向的位置。【垂直】下拉列表中有【居中】【上方】【外部】和【JIS】等选项。选择【居中】选项可以把标注文字放在尺寸线中间;选择【上】选项将把标注文字放在尺寸线的上方;选择【外部】选项可以把标注文字放在远离第一定义点的尺寸线一侧;选择【JIS】选项则按JIS规则(日本工业标准)放置标注文字。各种效果如图6-21所示。

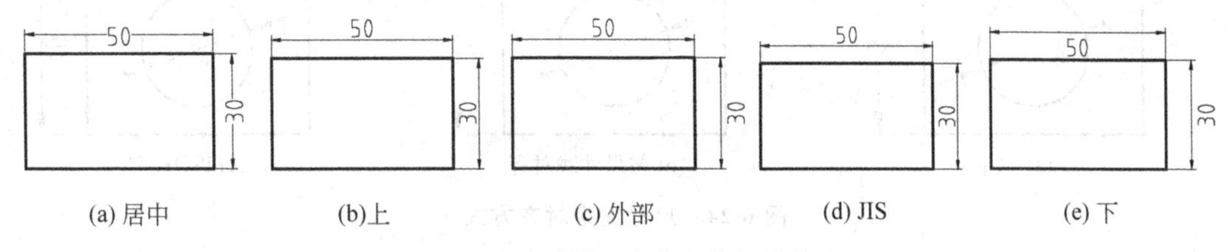

图6-21 文字设置垂直方向的位置效果图

- 水平:用于设置标注文字相对于尺寸线和延伸线在水平方向的位置。其中水平放置位置有【居中】【第一条尺寸界限】【第二条尺寸界线】【第一条尺寸界线上方】【第二条尺寸界线上方】,各种效果如图6-22所示。

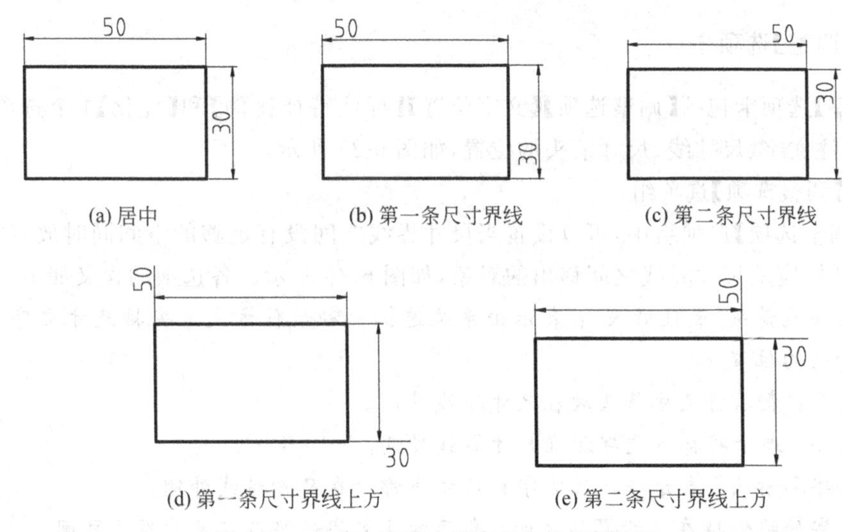

图6-22 尺寸文字在水平方向上的相对位置

- 从尺寸线偏移:设置标注文字与尺寸线之间的距离,如图6-23所示。

(3)【文字对齐】选项组

在【文字对齐】选项组中,可以设置标注文字的对齐方式,如图6-24所示。各选项的

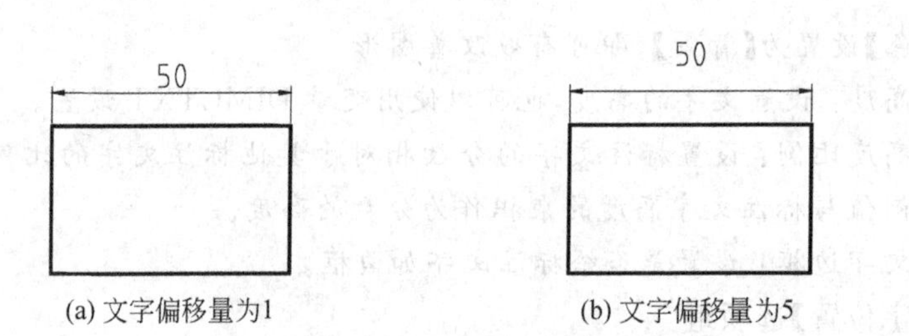

(a) 文字偏移量为1　　(b) 文字偏移量为5

图 6-23　文字偏移量设置

含义如下。

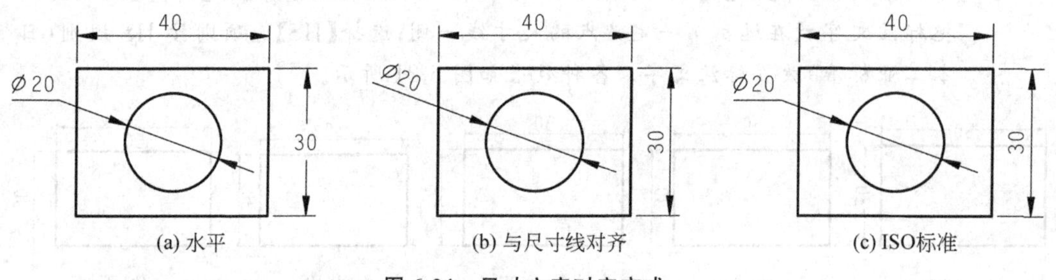

(a) 水平　　(b) 与尺寸线对齐　　(c) ISO标准

图 6-24　尺寸文字对齐方式

- 水平：无论尺寸线的方向如何，文字始终水平放置。
- 与尺寸线对齐：文字的方向与尺寸线平行。
- ISO 标准：按照 ISO 标准对齐文字。当文字在尺寸界线内时，文字与尺寸线对齐。当文字在尺寸界线外时，文字水平排列。

4.【调整】选项卡

【调整】选项卡包括【调整选项】【文字位置】【标注特征比例】和【优化】4 个选项组，可以设置标注文字、尺寸线、尺寸箭头的位置，如图 6-25 所示。

(1)【调整选项】选项组

在【调整选项】选项组中，可以设置当尺寸界线之间没有足够的空间同时放置标注文字和箭头时，应从尺寸界线之间移出的对象，如图 6-26 所示。各选项的含义如下。

- 文字或箭头(最佳效果)：表示由系统选择一种最佳方式来安排尺寸文字和尺寸箭头的位置。
- 箭头：表示将尺寸箭头放在尺寸界线外侧。
- 文字：表示将标注文字放在尺寸界线外侧。
- 文字和箭头：表示将标注文字和尺寸线都放在尺寸界线外侧。
- 文字始终保持在尺寸界线之间：表示标注文字始终放在尺寸界线之间。
- 若箭头不能放在尺寸界线内，则将其消除：表示当尺寸界线之间不能放置箭头时，不显示标注箭头。

(2)【文字位置】选项组

在【文字位置】选项组中，可以设置当标注文字不在默认位置时应放置的位置，如

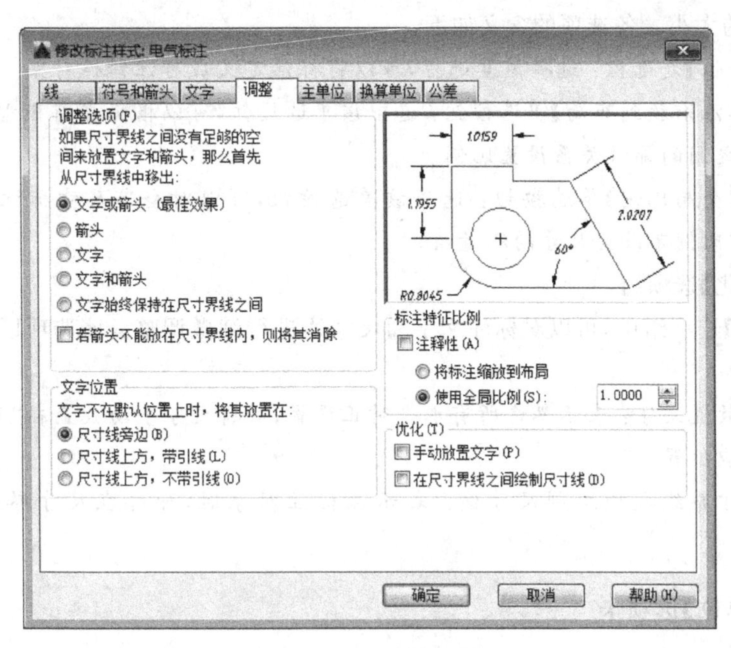

图 6-25 【调整】选项卡

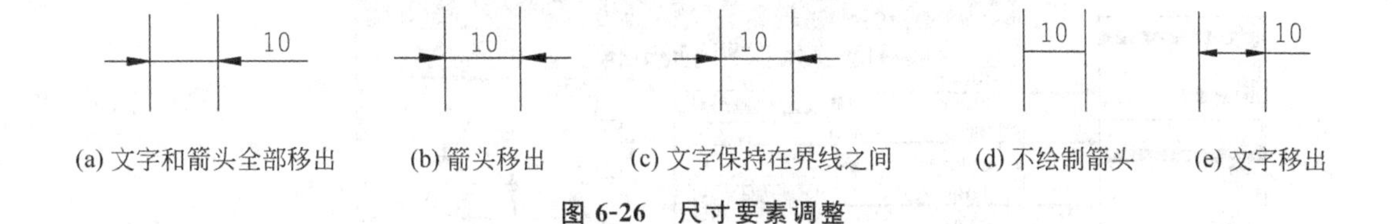

(a) 文字和箭头全部移出　(b) 箭头移出　(c) 文字保持在界线之间　(d) 不绘制箭头　(e) 文字移出

图 6-26 尺寸要素调整

图 6-27 所示。各选项的含义如下。

- 尺寸线旁边：表示当标注文字在尺寸界线外部时，将文字放置在尺寸线旁边。
- 尺寸线上方，带引线：表示当标注文字在尺寸界线外部时，将文字放置在尺寸线上方并加一条引线相连。
- 尺寸线上方，不带引线：表示当标注文字在尺寸界线外部时，将文字放置在尺寸线上方，不加引线。

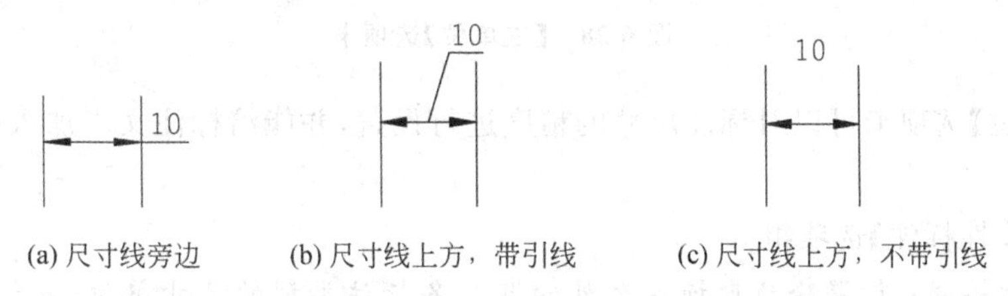

(a) 尺寸线旁边　(b) 尺寸线上方，带引线　(c) 尺寸线上方，不带引线

图 6-27 文字位置调整

(3)【标注特征比例】选项组

在【标注特征比例】选项组中，可以设置标注尺寸的特征比例以便通过设置全局比例

来调整标注的大小。各选项的含义如下。

- 【注释性】复选框：选择该复选框，可以将标注定义成可注释性对象。
- 【将标注缩放到布局】单选按钮：选中该单选按钮，可以根据当前模型空间视口与图纸之间的缩放关系设置比例。
- 【使用全局比例】单选按钮：选择该单选按钮，可以对全部尺寸标注设置缩放比例，该比例不改变尺寸的测量值。

(4)【优化】选项组

在【优化】选项组中，可以对标注文字和尺寸线进行细微调整。该选项区域包括以下两个复选框。

- 手动放置文字：表示忽略所有水平对正设置，并将文字手动放置在"尺寸线位置"的相应位置。
- 在尺寸界线之间绘制尺寸线：表示在标注对象时，始终在尺寸界线间绘制尺寸线。

5.【主单位】选项卡

【主单位】选项卡包括【线性标注】和【角度标注】两个选项组，如图 6-28 所示。

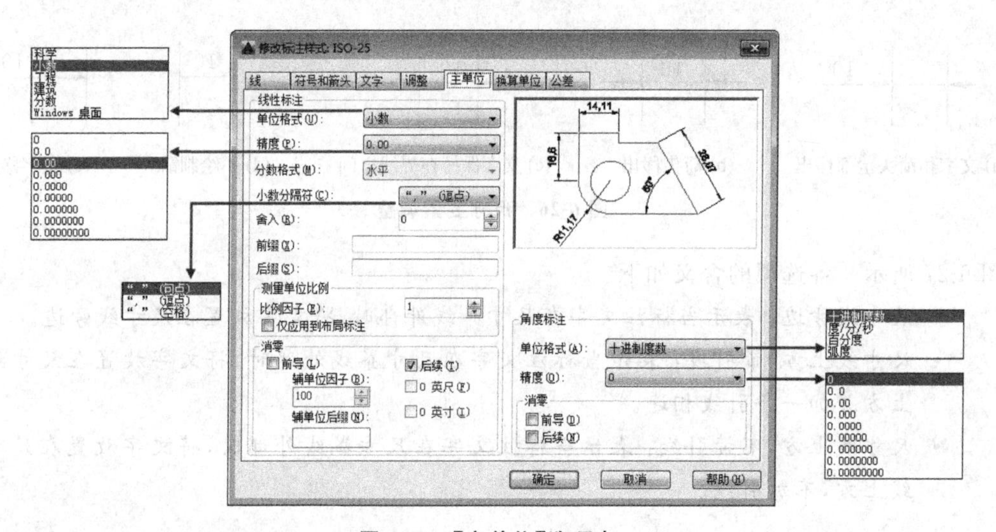

图 6-28 【主单位】选项卡

【主单位】选项卡可以对标注尺寸的精度进行设置，并能给标注文本加入前缀或者后缀等。

(1)【线性标注】选项组

- 单位格式：设置除角度标注之外的其余各标注类型的尺寸单位，包括【科学】【小数】【工程】【建筑】【分数】等选项。
- 精度：设置除角度标注之外的其他标注的尺寸精度。
- 分数格式：当单位格式是分数时，可以设置分数的格式，包括【水平】【对角】和【非堆叠】3种方式。

- 小数分隔符：设置小数的分隔符，包括【逗点】【句点】和【空格】3种方式。
- 舍入：用于设置除角度标注外的尺寸测量值的舍入值。
- 前缀和后缀：设置标注文字的前缀和后缀，在相应的文本框中输入字符即可。
- 【测量单位比例】子选项组

  使用【比例因子】文本框可以设置测量尺寸的缩放比例，AutoCAD的实际标注值为测量值与该比例的积。选中【仅应用到布局标注】复选框，可以设置该比例关系仅适用于布局。
- 【消零】子选项组

  可以设置是否显示尺寸标注中的【前导】和【后续】零，如图6-29所示。

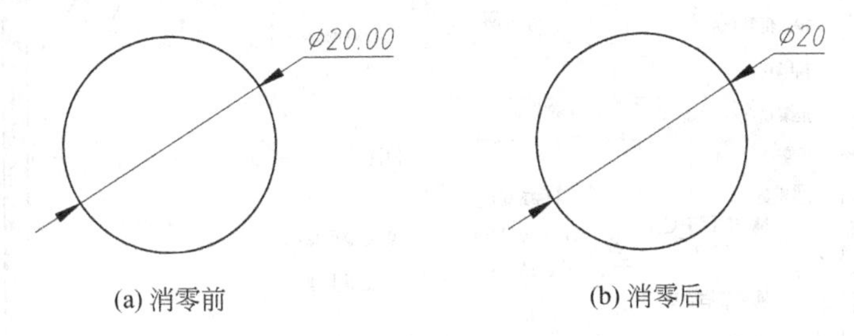

(a) 消零前　　(b) 消零后

图6-29 【后续】消零示例

(2)【角度标注】选项组

- 单位格式：在此下拉列表框中设置标注角度时的单位。
- 精度：在此下拉列表框的设置标注角度的尺寸精度。
- 【消零】子选项组

  该选项组中包括【前导】和【后续】两个复选框。设置是否消除角度尺寸的【前导】和【后续】零。

6.【换算单位】选项卡

【换算单位】选项卡包括【换算单位】【消零】和【位置】3个选项组，如图6-30所示。【换算单位】可以方便地改变标注的单位，通常用的就是公制单位与英制单位的互换。

选中【显示换算单位】复选框后，对话框的其他选项才可用，可以在【换算单位】选项组中设置换算单位的【单位格式】【精度】【换算单位倍数】【舍入精度】【前缀】及【后缀】等，方法与设置主单位的方法相同，在此不一一讲解。

7.【公差】选项卡

【公差】选项卡可以设置公差的标注格式，包括【公差格式】和【换算单位公差】两个选项组，如图6-31所示。在该选项卡中，各主要选项的含义如下。

- 方式：在此下拉菜单中有表示标注公差的几种方式。
- 上偏差和下偏差：设置尺寸上偏差、下偏差值。

- 高度比例：确定公差文字的高度比例因子。确定后，AutoCAD 将该比例因子与尺寸文字高度之积作为公差文字的高度。
- 垂直位置：控制公差文字相对于尺寸文字的位置，包括【上】【中】和【下】3 种方式。
- 换算单位公差：当标注换算单位时，可以设置换算单位精度和是否消零。

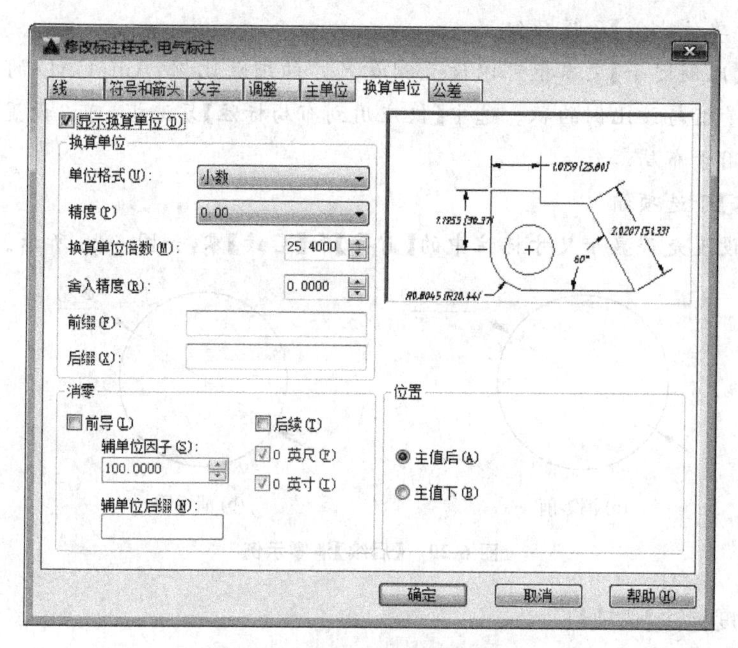

图 6-30 【换算单位】选项卡

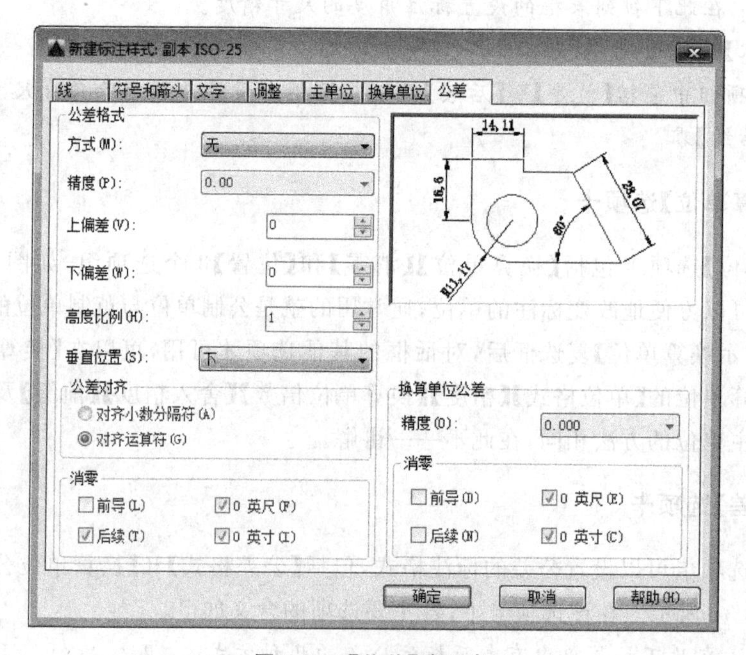

图 6-31 【公差】选项卡

6.2 尺寸的标注

针对不同类型的图形对象，AutoCAD 提供了智能标注、线性标注、径向标注、角度标注和多重引线标注等多种标注类型。

6.2.1 智能标注

【智能标注】命令为 AutoCAD 的新增功能，可以根据选定的对象类型自动创建相应的标注。可自动创建的标注类型包括垂直标注、水平标注、对齐标注、旋转的线性标注、角度标注、半径标注、直径标注、折弯半径标注、弧长标注、基线标注和连续标注等。如果需要，可以使用命令行选项更改标注类型。

执行【智能标注】命令有以下几种方式。

- 功能区：在【默认】选项卡中，单击【注释】面板中的【标注】按钮。
- 命令行：DIM。

使用上面任一种方式启动【智能标注】命令，具体操作命令行提示如下。

```
选择对象或指定第一个尺寸界线原点或 [角度(A)/基线(B)/连续(C)/坐标(O)/对齐(G)/分发(D)/图层(L)/放弃(U)]:        //选择图形或标注对象
```

命令行中各选项的含义说明如下。

- 角度(A)：创建一个角度标注来显示三个点或两条直线之间的角度，操作方法基本同【角度标注】。
- 基线(B)：从上一个或选定标准的第一条界线创建线性、角度或坐标标注，操作方法基本同【基线标注】。
- 连续(C)：从选定标注的第二条尺寸界线创建线性、角度或坐标标注，操作方法基本同【连续标注】。
- 坐标(O)：创建坐标标注，提示选取部件上的点，如端点、交点或对象中心点。
- 对齐(G)：将多个平行、同心或同基准的标注对齐到选定的基准标注。
- 分发(D)：指定可用于分发一组选定的孤立线性标注或坐标标注的方法。
- 图层(L)：为指定的图层指定新标注，以替代当前图层。输入 Use Current 或"."以使用当前图层。

将鼠标置于对应的图形对象上，就会自动创建出相应的标注，如图 6-32 所示。

6.2.2 线性标注

线性标注用于标注任意两点之间的水平或竖直方向的距离。执行【线性标注】命令的方法有以下几种。

- 功能区：单击【标注】面板中的【线性】按钮。
- 菜单栏：选择【标注】|【线性】命令。

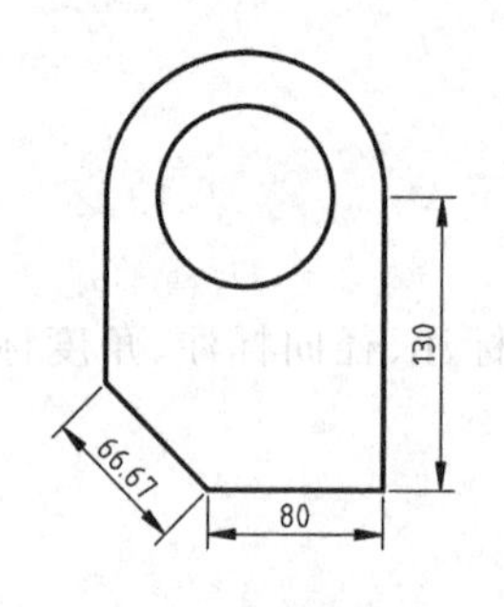

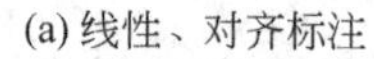
(a) 线性、对齐标注

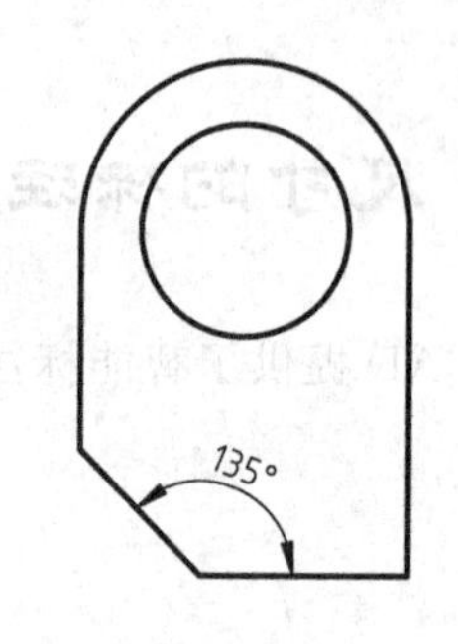

(b) 角度标注

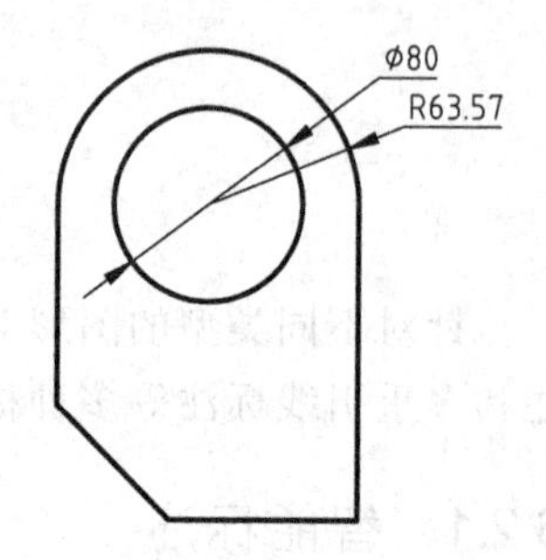

(c) 半径、直径标注

图 6-32　智能标注

- 命令行：DIMLINEAR 或 DLI。

执行任一命令后，命令行提示如下。

```
指定第一个尺寸界线原点或 <选择对象>:
```

此时可以选择通过【指定原点】或是【选择对象】进行标注，两者的具体操作与区别如下。

(1) 指定原点

默认情况下，在命令行提示下指定第一条尺寸界线的原点，并在【指定第二条尺寸界线原点】提示下指定第二条尺寸界线原点后，命令提示行如下。

```
指定尺寸线位置或[多行文字(M)/文字(T)/角度(A)/水平(H)/垂直(V)/旋转(R)]:
```

因为线性标注有水平和竖直方向两种可能，因此指定尺寸线的位置后，尺寸值才能够完全确定。以上命令行中其他选项的功能说明如下。

- 多行文字：选择该选项将进入多行文字编辑模式，可以使用【多行文字编辑器】对话框输入并设置标注文字。其中，文字输入窗口中的尖括号(＜＞)表示系统测量值。
- 文字：以单行文字形式输入尺寸文字。
- 角度：设置标注文字的旋转角度。
- 水平和垂直：标注水平尺寸和垂直尺寸。可以直接确定尺寸线的位置，也可以选择其他选项来指定标注的文字内容或标注文字的旋转角度。
- 旋转：旋转标注对象的尺寸线。

该标注的操作方法示例如图 6-33 所示，命令行的操作过程如下。

```
命令: _dimlinear                                    //执行【线性标注】命令
指定第一个尺寸界线原点或 <选择对象>:                 //选择矩形一个顶点
指定第二条尺寸界线原点:                              //选择矩形另一侧边的顶点
指定尺寸线位置或
[多行文字(M)/文字(T)/角度(A)/水平(H)/垂直(V)/旋转(R)]:
                                   //向上拖动指针,在合适位置单击放置尺寸线
标注文字 =50                                         //生成尺寸标注
```

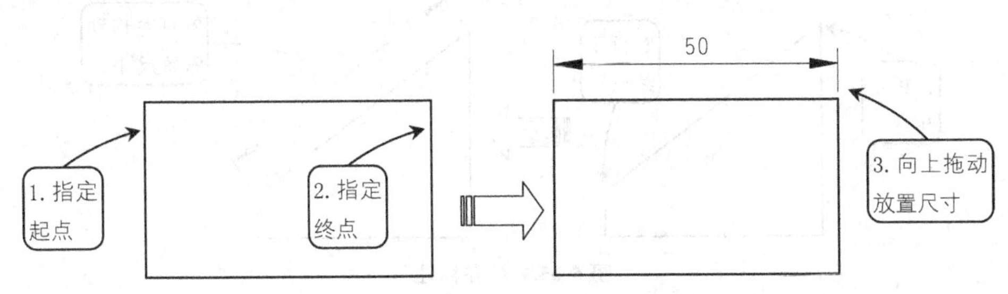

图 6-33　线性标注之【指定原点】

(2) 选择对象

执行【线性标注】命令之后，直接按 Enter 键，则要求选择标注尺寸的对象。选择了对象之后，系统便以对象的两个端点作为两条尺寸界线的起点。

该标注的操作方法示例如图 6-34 所示，命令行的操作过程如下。

```
命令: _dimlinear                                        //执行【线性标注】命令
指定第一个尺寸界线原点或 <选择对象>:                      //按 Enter 键
选择标注对象:                                            //单击直线 AB
指定尺寸线位置或
[多行文字(M)/文字(T)/角度(A)/水平(H)/垂直(V)/旋转(R)]:
                    //水平向右拖动指针,在合适位置放置尺寸线(若上下拖动,则生成水平尺寸)
标注文字 =30
```

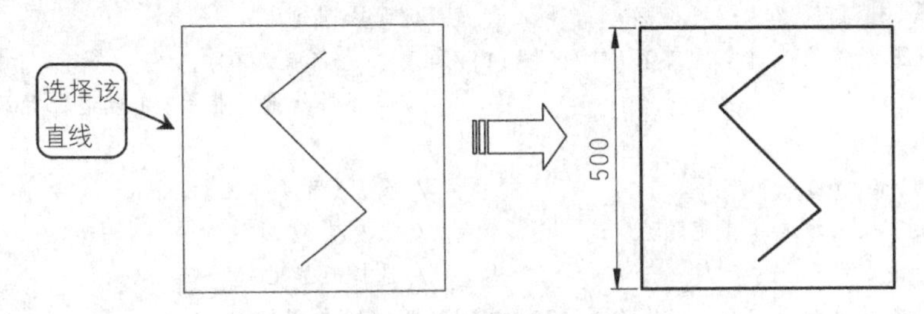

图 6-34　【线性标注】之【选择对象】

6.2.3　对齐标注

使用线性标注无法创建对象在倾斜方向上的尺寸，这时可以使用【对齐标注】。

执行【对齐标注】命令的方法有以下几种。

- 功能区：单击【标注】面板中的【对齐】按钮。
- 菜单栏：选择【标注】|【对齐】命令。
- 命令行：DIMALIGNED 或 DAL。

执行【对齐标注】命令之后，选择要标注的两个端点，系统将以两点间的最短距离(直线距离)生成尺寸标注，如图 6-35 所示。

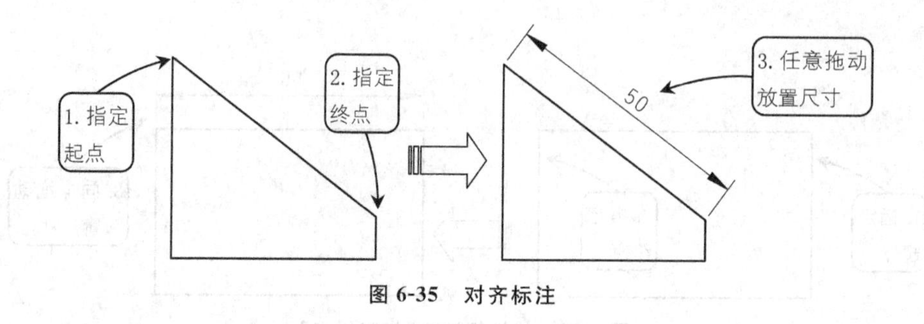

图 6-35　对齐标注

6.2.4　角度标注

利用【角度标注】命令不仅可以标注两条相交直线间的角度，还可以标注 3 个点之间的夹角和圆弧的圆心角。

执行【角度标注】命令的方法有以下几种。

- 功能区：单击【标注】面板中的【角度】按钮。
- 菜单栏：选择【标注】|【角度】命令。
- 命令行：DIMANGULAR 或 DAN。

启用该命令之后，选择零件图上要标注角度尺寸的对象，即可进行标注。操作示例如图 6-36 所示，命令行操作过程如下。

```
命令：_dimangular                                    //执行【角度标注】命令
选择圆弧、圆、直线或 <指定顶点>:                       //选择圆弧 AB
指定标注弧线位置或 [多行文字(M)/文字(T)/角度(A)/象限点(Q)]:
                                                     //向圆弧外拖动指针，在合适位置放置圆弧线
标注文字 =50
命令：_dimangular                                    //重复【角度标注】命令
选择圆弧、圆、直线或 <指定顶点>:                       //选择直线 AO
选择第二条直线:                                       //选择直线 CO
指定标注弧线位置或 [多行文字(M)/文字(T)/角度(A)/象限点(Q)]:
                                                     //向右拖动指针，在锐角内放置圆弧线
标注文字 =45
```

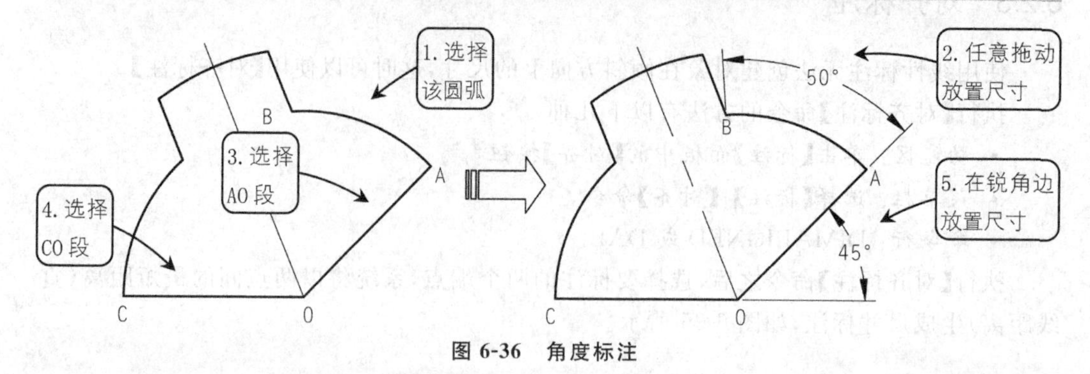

图 6-36　角度标注

6.2.5　弧长标注

弧长标注用于标注圆弧、椭圆弧或者其他弧线的长度。

执行【弧长标注】命令的方法有以下几种。

- 功能区：单击【标注】面板中的【弧长标注】按钮。
- 菜单栏：选择【标注】|【弧长】命令。
- 命令行：DIMARC。

该标注的操作方法示例如图 6-37 所示，命令行的操作过程如下。

```
命令：_dimarc                                              //执行【弧长标注】命令
选择弧线段或多段线圆弧段：                                    //单击选择要标注的圆弧
指定弧长标注位置或 [多行文字(M)/文字(T)/角度(A)/部分(P)/引线(L)]：
                                                            //在合适的位置放置标注
标注文字 =67
```

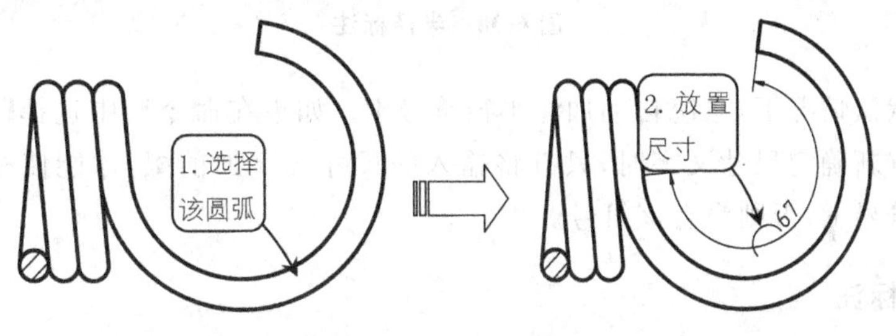

图 6-37　弧长标注

6.2.6　半径标注与直径标注

径向标注一般用于标注圆或圆弧的直径或半径。标注径向尺寸需要选择圆或圆弧，然后确定尺寸线的位置。默认情况下，系统自动在标注值前添加尺寸符号，包括半径 R 或直径 ø。

1. 半径标注

利用【半径标注】可以快速标注圆或圆弧的半径大小。

执行【半径标注】命令的方法有以下几种。

- 功能区：单击【标注】面板中的【半径】按钮。
- 菜单栏：选择【标注】|【半径】命令。
- 命令行：DIMRADIUS 或 DRA。

执行任一命令后，命令行提示选择需要标注的对象，单击圆或圆弧即可生成半径标注，拖动指针在合适的位置放置尺寸线。该标注方法的操作示例如图 6-38 所示，命令行操作过程如下。

```
命令：_dimradius                                          //执行【半径标注】命令
选择圆弧或圆：                                            //单击选择圆弧 A
标注文字 =150
指定尺寸线位置或 [多行文字(M)/文字(T)/角度(A)]：          //在圆弧内侧合适位置放置尺寸线
```

再重复【半径标注】命令，按此方法标注圆弧B的半径即可。

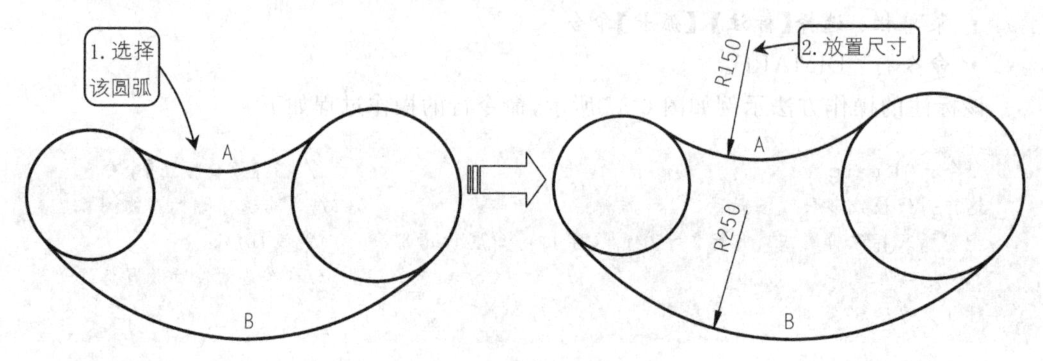

图 6-38　半径标注

在系统默认情况下，系统自动加注半径符号R。如果在命令行中选择【多行文字】和【文字】选项重新确定尺寸文字时，只有将输入的尺寸文字加前缀，才能使标注出的半径尺寸有半径符号R，否则没有该符号。

2. 直径标注

利用直径标注可以标注圆或圆弧的直径大小。

执行【直径标注】命令的方法有以下几种。

- 功能区：单击【标注】面板中的【直径】按钮。
- 菜单栏：选择【标注】|【直径】命令。
- 命令行：DIMDIAMETER或DDI。

【直径标注】的方法与【半径标注】的方法相同，执行【直径标注】命令之后，选择要标注的圆弧或圆，然后指定尺寸线的位置即可。该标注方法的操作示例如图6-39所示，命令行操作如下。

```
命令：_dimdiameter                                        //执行【直径标注】命令
选择圆弧或圆：                                            //单击选择圆
标注文字 =160
指定尺寸线位置或 [多行文字(M)/文字(T)/角度(A)]：//在合适位置放置尺寸线，结束命令
```

6.2.7　多重引线标注

使用【多重引线】命令可以引出文字注释、倒角标注、标注零件号和引出公差等。引线的标注样式由多重引线样式控制。

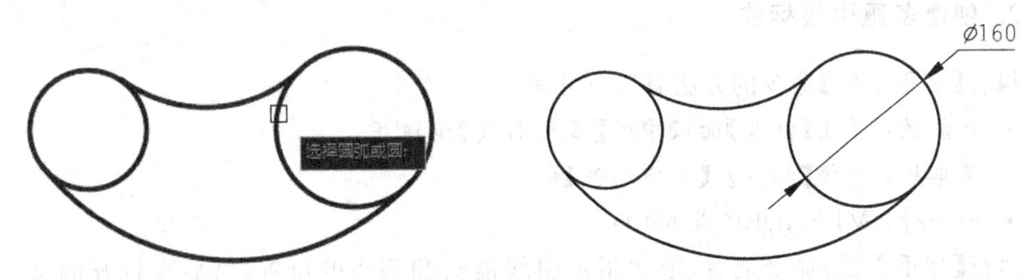

图 6-39 直径标注

1. 管理多重引线样式

通过【多重引线样式管理器】对话框可以设置多重引线的箭头、引线、文字等特征。打开【多重引线样式管理器】对话框有以下几种常用方法。

- 功能区：单击【注释】面板中的【多重引线样式】按钮。
- 菜单栏：选择【格式】|【多重引线样式】命令。
- 命令行：MLEADERSTYLE 或 MLS。

执行以上任一操作，弹出【多重引线样式管理器】对话框，如图 6-40 所示。该对话框和【标注样式管理器】对话框功能类似，可以设置多重引线的格式和内容。单击【新建】按钮，弹出【创建新多重引线样式】对话框，如图 6-41 所示。

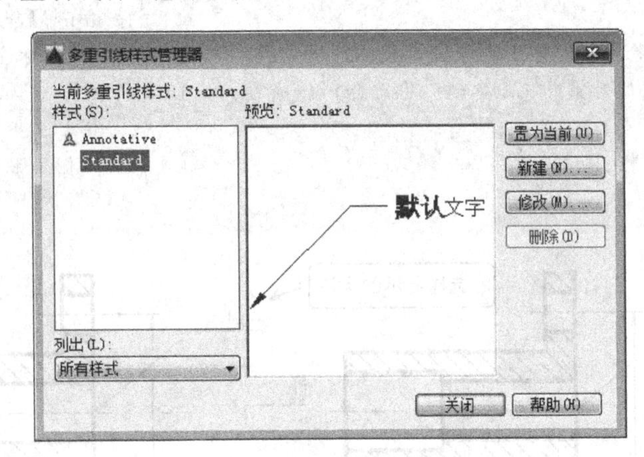

图 6-40 【多重引线样式管理器】对话框

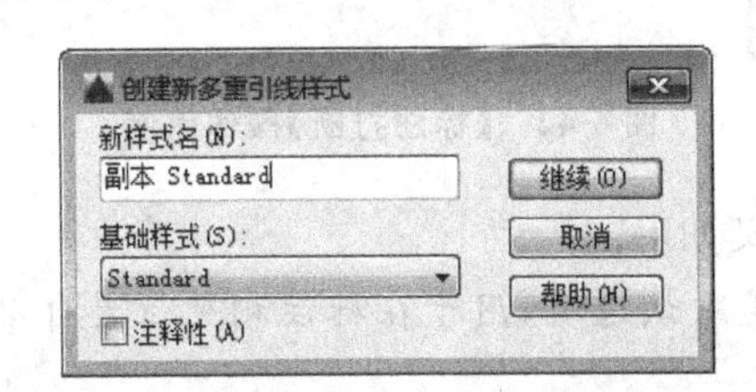

图 6-41 【创建新多重引线样式】对话框

2. 创建多重引线标注

执行【多重引线】命令的方法有以下几种。

- 功能区：单击【注释】面板中的【多重引线】按钮。
- 菜单栏：选择【标注】|【多重引线】命令。
- 命令行：MLEADER 或 MLD。

执行【多重引线】命令之后，依次指定引线箭头和基线的位置，然后在打开的文本窗口中输入注释内容即可。单击【注释】面板中的【添加引线】按钮，可以为图形继续添加多个引线和注释。

6.2.8 标注打断

为了使图纸尺寸结构清晰，在标注线交叉的位置可以执行【标注打断】命令。

执行【标注打断】命令的方法有以下几种。

- 功能区：单击【注释】选项卡下【标注】面板中的【打断】按钮。
- 菜单栏：选择【标注】|【标注打断】命令。
- 命令行：DIMBREAK。

【标注打断】的操作示例如图 6-42 所示，命令行操作过程如下。

```
命令：_DIMBREAK                                                //执行【标注打断】命令
选择要添加/删除折断的标注或 [多个(M)]:                          //选择【线性尺寸标注】
选择要折断标注的对象或 [自动(A)/手动(M)/删除(R)] <自动>: M      //选择【手动】选项
指定第一个打断点:                                              //在交点一侧单击指定第一个打断点
指定第二个打断点:                                              //在交点另一侧单击指定第二个打断点
1 个对象已修改
```

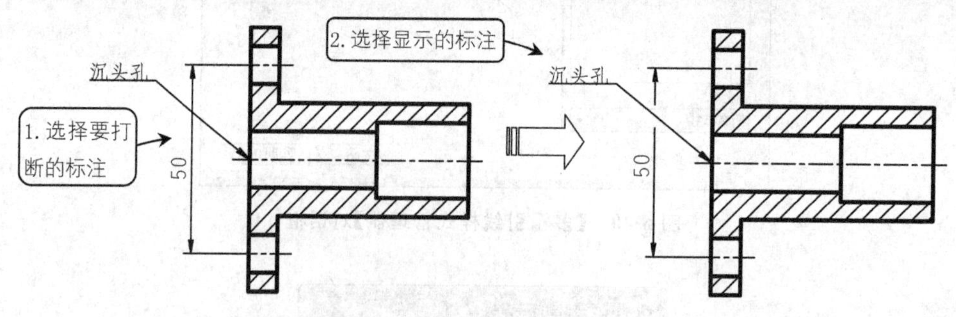

图 6-42 【标注打断】操作示例

命令行中各选项的含义如下。

- 自动(A)：此选项是默认选项，用于在标注相交位置自动生成打断，打断的距离不可控制。
- 手动(M)：选择此项，需要用户指定两个打断点，将两点之间的标注线打断。
- 删除(R)：选择此项可以删除已创建的打断。

6.3 课堂练习：在书房和阳台照明平面图添加多重引线

电气照明平面图是反映电气照明回路电源在平面上布置情况的图纸。本例在一简单电气平面图上为各电器元件添加引线，并辅以文字说明。

(1) 打开“第 6 章\6.3 标注多重引线尺寸.dwg”素材文件，如图 6-43 所示。

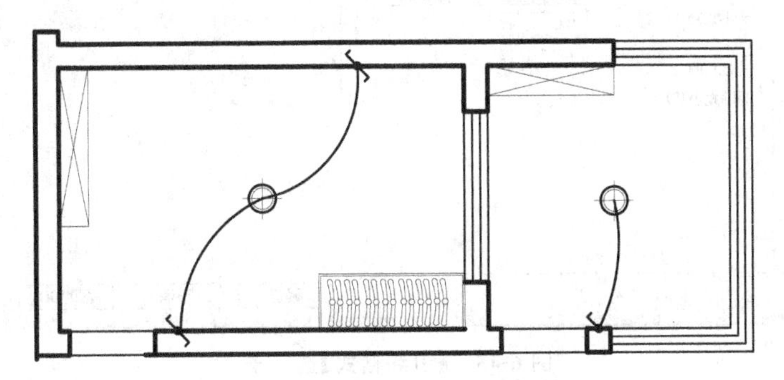

图 6-43 标注多重引线尺寸素材图形

(2) 在【默认】选项卡中，单击【注释】面板中的【多重引线样式】按钮，打开【多重引线样式管理器】对话框，单击【修改】按钮，如图 6-44 所示。

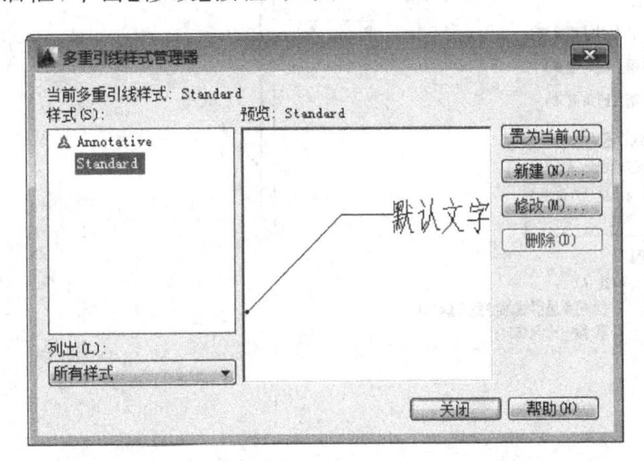

图 6-44 【多重引线样式管理器】对话框

(3) 打开【修改多重引线样式：Standard】对话框，在【引线格式】选项卡中，修改符号样式为【小点】，符号大小为【100】，如图 6-45 所示。

(4) 在【引线结构】选项卡中，修改基线距离为【300】，如图 6-46 所示。

(5) 在【内容】选项卡中，修改文字高度为【200】，如图 6-47 所示。单击【确定】按钮，完成多重引线样式设置。

(6) 在【默认】选项卡中，单击【注释】面板中的【多重引线】按钮，创建多重引线，如图 6-48 所示。

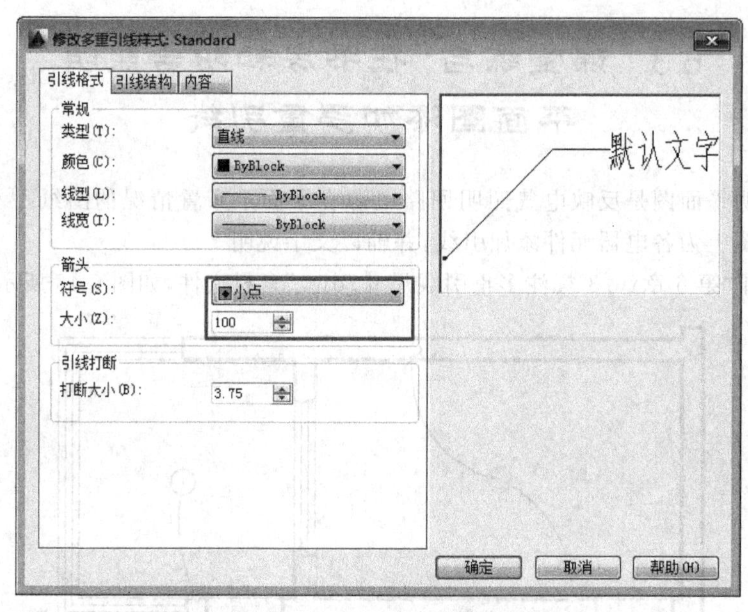

图 6-45 【引线格式】选项卡

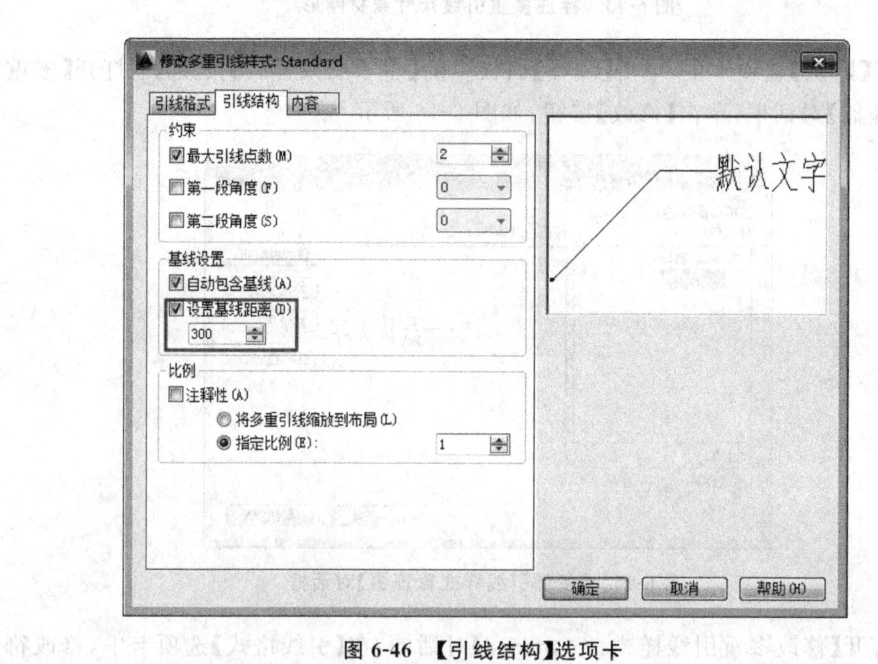

图 6-46 【引线结构】选项卡

命令行提示如下。

```
命令：_mleader                                          //调用【多重引线】命令
指定引线箭头的位置或 [引线基线优先(L)/内容优先(C)/选项(O)] <选项>:
                                                        //指定引线箭头位置
指定引线基线的位置:                                      //指定引线基线位置即可
```

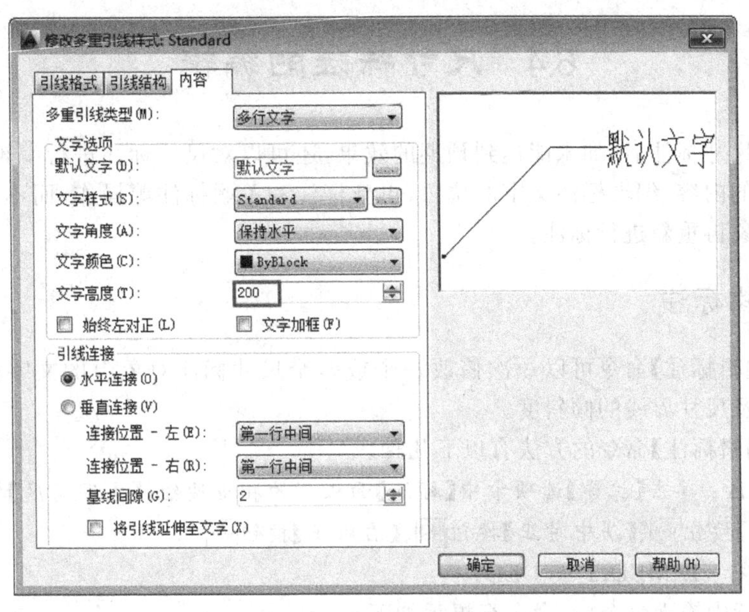

图 6-47 【内容】选项卡

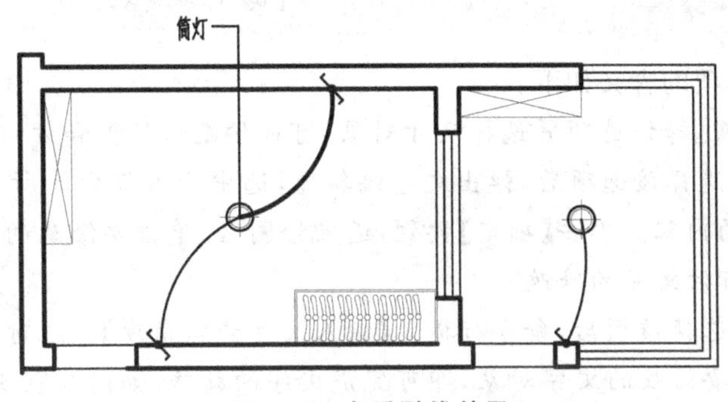

图 6-48 多重引线效果

(7) 重新调用【多重引线】命令,标注其他的多重引线,最终效果如图 6-49 所示。

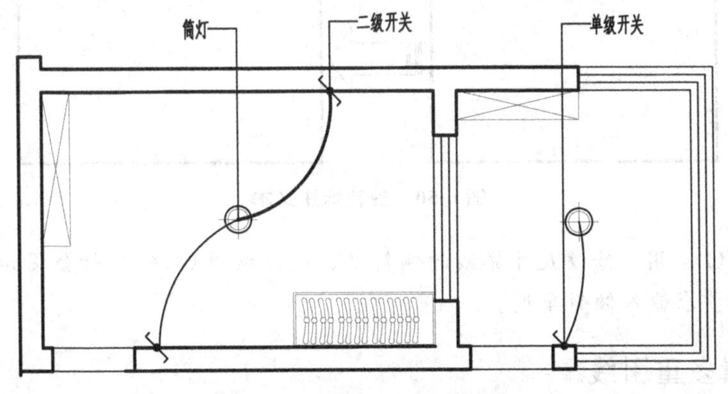

图 6-49 多重引线最终效果

6.4 尺寸标注的编辑

在创建尺寸标注后，如未能达到预期的效果，还可以对尺寸标注进行编辑，如修改尺寸标注文字的内容、编辑标注文字的位置、更新标注和关联标注等操作，而不必删除所标注的尺寸对象再重新进行标注。

6.4.1 编辑标注

利用【编辑标注】命令可以一次修改一个或多个尺寸标注对象上的文字内容、方向、放置位置以及尺寸界线的倾斜度。

执行【编辑标注】命令的方法有以下几种。

- 功能区：单击【注释】选项卡中【标注】面板下的相应按钮，【文字角度】按钮、【左对正】按钮、【居中对正】按钮、【右对正】按钮。
- 命令行：DIMEDIT 或 DED。

在命令行中输入命令后，命令行提示如下。

```
输入标注编辑类型[默认(H)/新建(N)/旋转(R)/倾斜(O)]<默认>:
```

命令行中各选项的含义如下。

- 默认(H)：选择该选项并选择尺寸对象，可以按默认位置和方向放置尺寸文字。
- 新建(N)：选择该选项后，弹出文字编辑器，选中输入框中的所有内容，然后重新输入需要的内容。单击【确定】按钮，返回绘图区，单击要修改的标注，按 Enter 键即可完成标注文字的修改。
- 旋转(R)：选择该项后，命令行提示【输入文字旋转角度】。此时，输入文字旋转角度后，单击要修改的文字对象，即可完成文字的旋转，如图 6-50 所示。

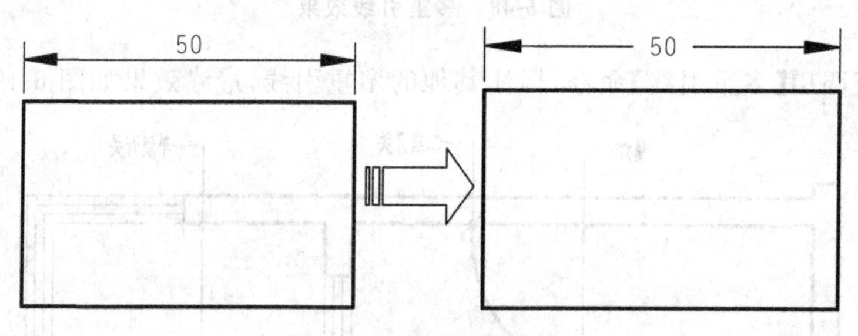

图 6-50 旋转标注文本

- 倾斜(O)：用于修改尺寸界线的倾斜度。选择该项后，命令行会提示选择修改对象，并要求输入倾斜角度。

6.4.2 编辑多重引线

使用【多重引线】命令注释对象后，可以对引线的位置和注释内容进行编辑。选中创建的多重引线，引线对象以夹点模式显示，将光标移至夹点，系统弹出快捷菜单，如图 6-51 所示，可以执行拉伸、拉长基线操作，还可以添加引线。也可以单击夹点之后，拖动夹点调整转折的位置。

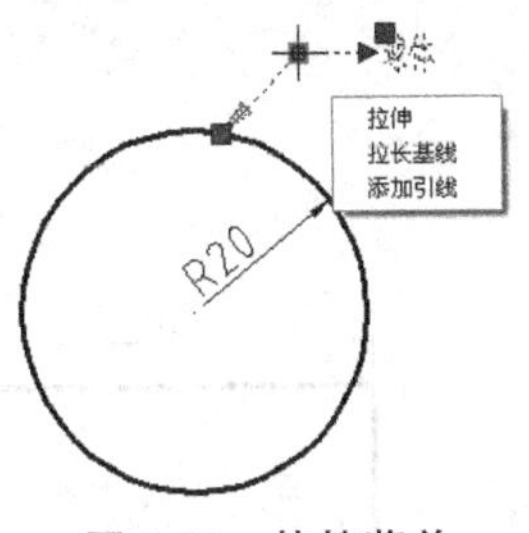

图 6-51　快捷菜单

如果要编辑多重引线上的文字注释，则双击该文字，将弹出【文字编辑器】选项卡，如图 6-52 所示，可对注释文字进行修改和编辑。

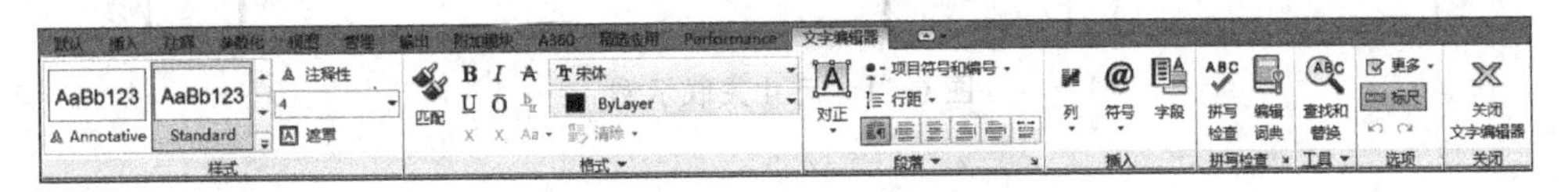

图 6-52　【文字编辑器】选项卡

6.4.3　翻转箭头

当尺寸界线内的空间狭窄时，可使用翻转箭头将尺寸箭头翻转到尺寸界线之外，使尺寸标注更清晰。选中需要翻转箭头的标注，则标注会以夹点形式显示，指针移到尺寸线夹点上，弹出快捷菜单，选择其中的【翻转箭头】命令即可翻转该侧的一个箭头。使用同样的操作翻转另一端的箭头，操作示例如图 6-53 所示。

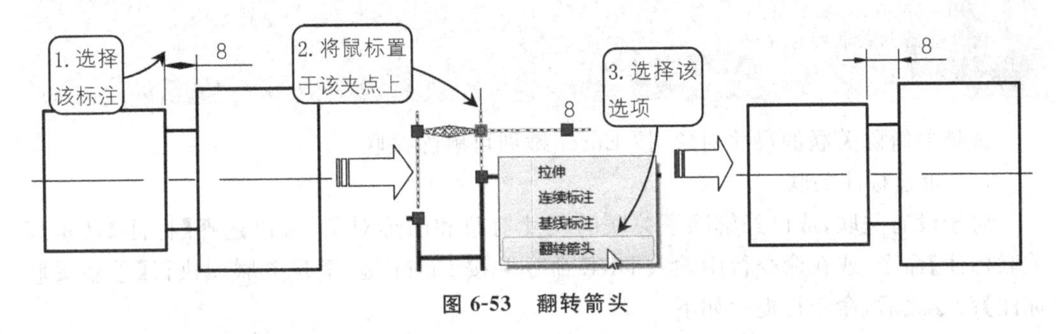

图 6-53　翻转箭头

6.4.4　尺寸关联性

尺寸关联是指尺寸对象与其标注的对象之间建立了联系，当图形对象的位置、形状、大小等发生改变时，其尺寸对象也会随之动态更新。

1. 尺寸关联

在模型窗口中标注尺寸时，尺寸是自动关联的，无须用户进行关联设置。如果在输入尺寸文字时不使用系统的测量值，而是由用户手工输入尺寸值，那么尺寸文字将不会与图形对象关联。

如一个长 50、宽 30 的矩形，使用【缩放】命令将矩形放大两倍，不仅图形对象放大了两倍，而且尺寸标注也同时放大了两倍，尺寸值变为缩放前的两倍，如图 6-54 所示。

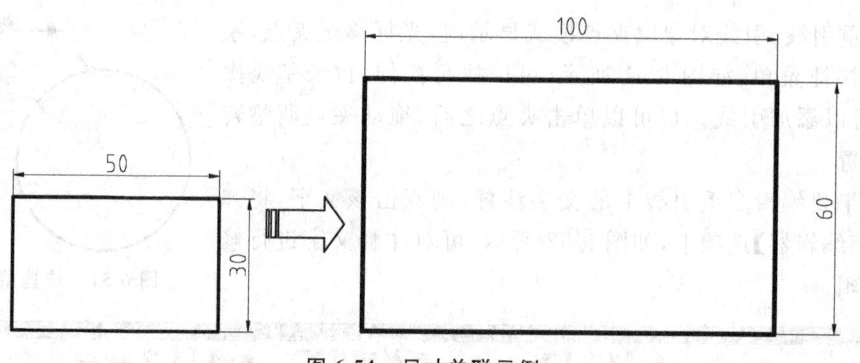

图 6-54 尺寸关联示例

2. 解除、重建关联

(1) 解除标注关联

对于已经建立了关联的尺寸对象及其图形对象，可以用【解除关联】命令解除尺寸与图形的关联性。解除标注关联后，对图形对象进行修改，尺寸对象不会发生任何变化。因为尺寸对象已经和图形对象彼此独立，没有任何关联关系了。

在命令行中输入 DDA 命令并按 Enter 键，命令行提示如下。

```
命令：DDA
DIMDISASSOCIATE
选择要解除关联的标注…
选择对象：
```

选择要解除关联的尺寸对象，按 Enter 键即可解除关联。

(2) 重建标注关联

对于没有关联，或已经解除了关联的尺寸对象和图形对象，可以选择【标注】|【重新关联标注】命令，或在命令行中输入 DRE 命令并按 Enter 键，重建关联。执行【重新关联标注】命令之后，命令行提示如下。

```
命令：_dimreassociate                              //执行【重新关联标注】命令
选择要重新关联的标注…
选择对象或 [解除关联(D)]：找到 1 个                  //选择要建立关联的尺寸
选择对象或 [解除关联(D)]：
指定第一个尺寸界线原点或 [选择对象(S)] <下一个>：     //选择要关联的第一点
指定第二个尺寸界线原点 <下一个>：                    //选择要关联的第二点
```

6.4.5 调整标注间距

在 AutoCAD 中进行基线标注时，如果没有设置合适的基线间距，可能使尺寸线之间的间距过大或过小。利用【调整间距】命令，可调整互相平行的线性尺寸或角度尺寸之间的距离。

执行【调整间距】命令的方法有以下几种。

- 功能区：单击【注释】选项卡中【标注】面板下的【调整间距】按钮。

- 菜单栏：选择【标注】|【调整间距】命令。
- 命令行：DIMSPACE。

【调整间距】命令的操作示例如图 6-55 所示，命令行操作如下。

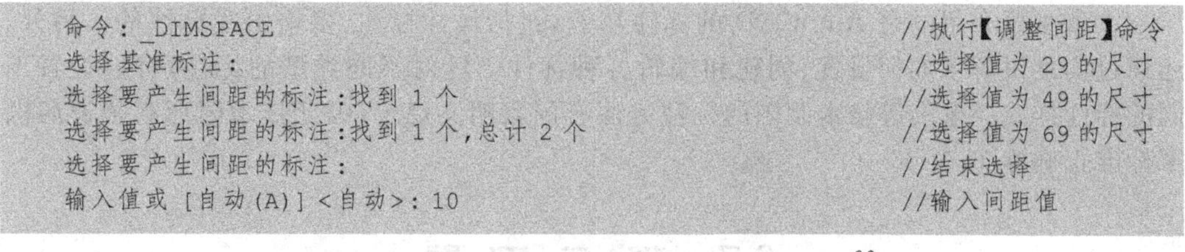

```
命令：_DIMSPACE                                   //执行【调整间距】命令
选择基准标注：                                     //选择值为 29 的尺寸
选择要产生间距的标注:找到 1 个                      //选择值为 49 的尺寸
选择要产生间距的标注:找到 1 个,总计 2 个            //选择值为 69 的尺寸
选择要产生间距的标注：                             //结束选择
输入值或 [自动(A)] <自动>: 10                      //输入间距值
```

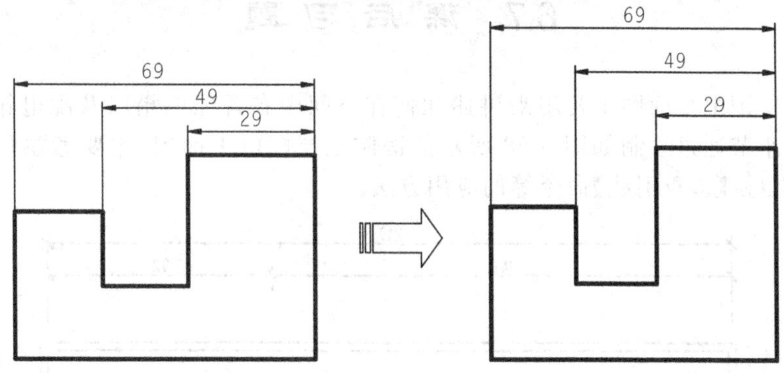

图 6-55 调整标注间距的效果

6.5 课堂练习：调整标注间距

(1) 打开文件。打开素材文件“第 6 章\6.5 调整标注间距.dwg”，如图 6-56 所示。

(2) 单击【注释】选项卡中【标注】面板下的【调整间距】按钮，修改标注之间的间距，如图 6-57 所示，命令行操作如下。

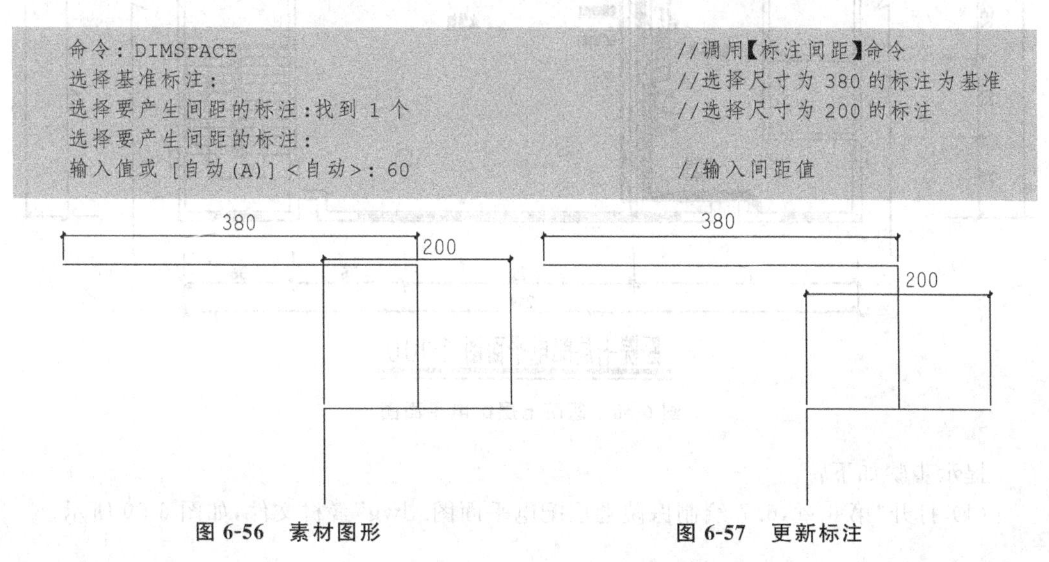

```
命令：DIMSPACE                                    //调用【标注间距】命令
选择基准标注：                                     //选择尺寸为 380 的标注为基准
选择要产生间距的标注:找到 1 个                      //选择尺寸为 200 的标注
选择要产生间距的标注：
输入值或 [自动(A)] <自动>: 60                      //输入间距值
```


图 6-56 素材图形　　　　图 6-57 更新标注

6.6 课后总结

本章主要介绍的是 AutoCAD 的标注功能，包括尺寸标注、多重引线标注等。另外，还通过实例讲解了如何设置、创建和编辑各种标注。针对不同类型的标注，可以设置不同的标注样式。电气等技术制图的标注方法有国家明文规定，因此技术图形必须遵照国家标准正确标注。

6.7 课后习题

医院七层配电平面图主要用来讲述如何在空间中布置配电箱以及配电箱线路走向的方法。本小节通过绘制如图 6-58 所示的医院七层配电平面图，主要考察【多重引线】【线性标注】以及【多重引线】命令等的应用方法。

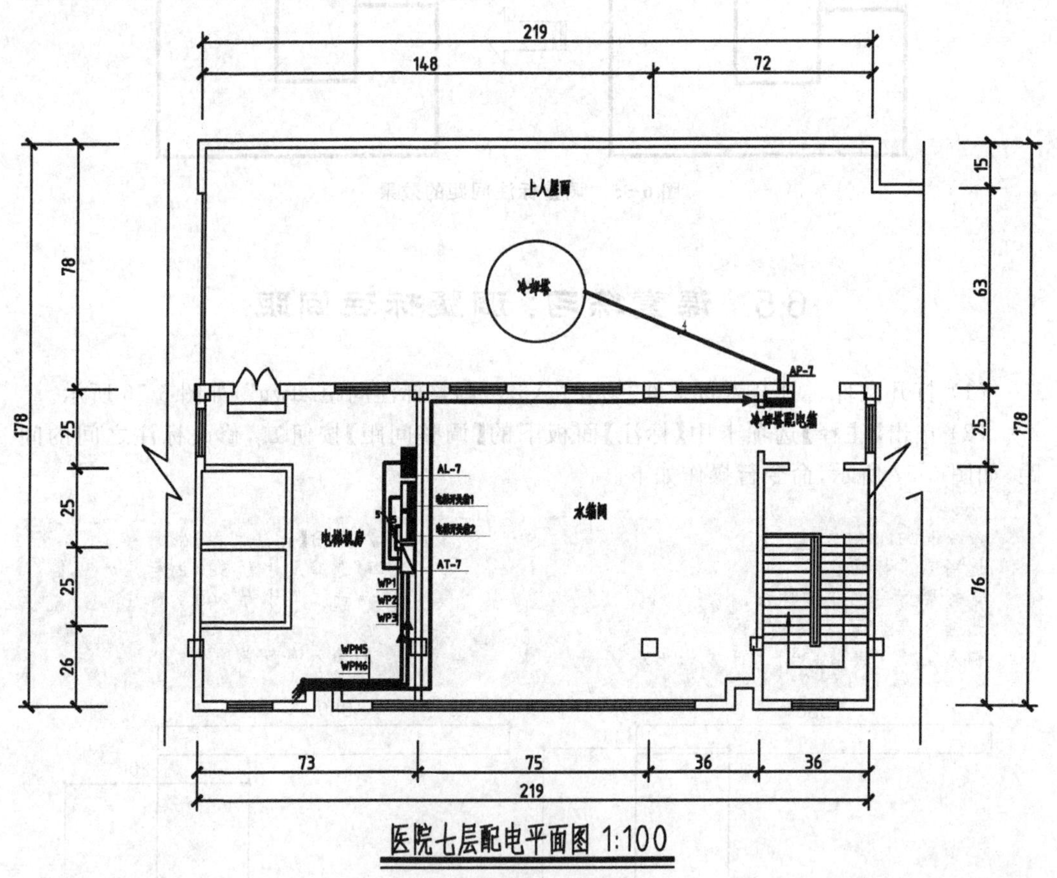

图 6-58 医院七层配电平面图

提示步骤如下：

(1) 打开“第 6 章\6.7 绘制医院七层配电平面图.dwg”素材文件，如图 6-59 所示。

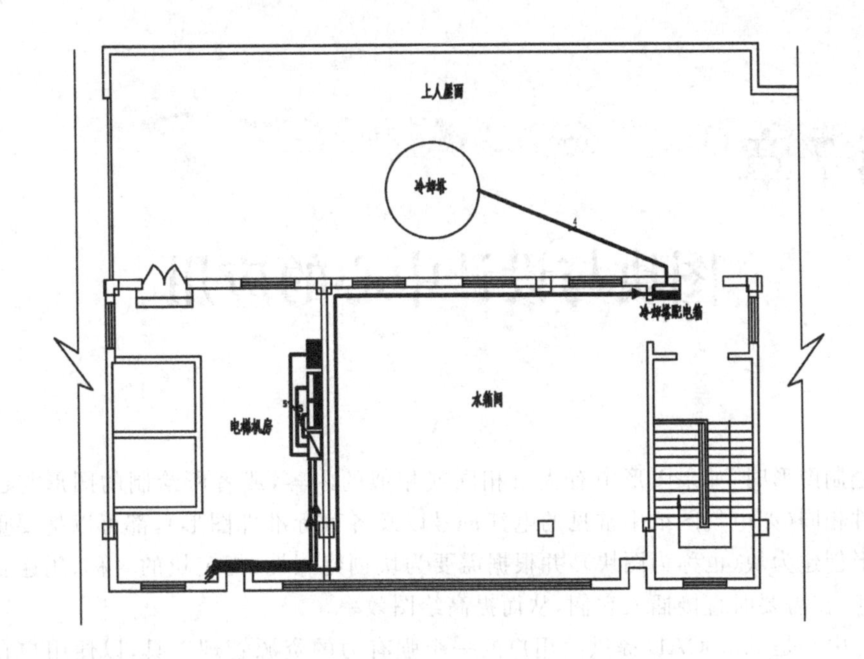

医院七层配电平面图 1:100

图 6-59 素材文件

(2) 将【标注】图层置为当前。调用 MLD【多重引线】命令，标注多重引线，如图 6-60 所示。

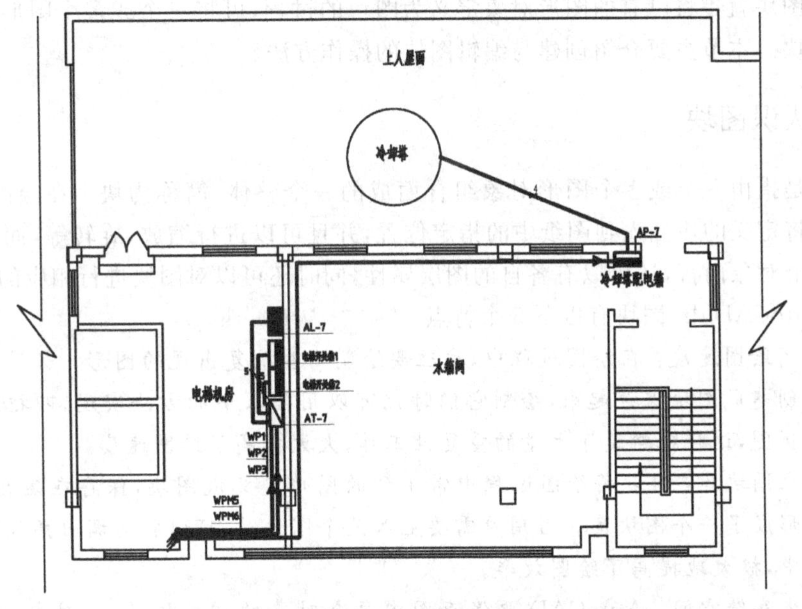

图 6-60 标注多重引线

(3) 调用 DLI【线性标注】命令、DCO【连续标注】命令，完善配电平面图，得到最终效果如图 6-58 所示。

第7章 chapter 7

图块与设计中心的应用

在绘制图形时，如果图形中有大量相同或相似的内容，或者所绘制的图形与已有的图形文件相同(如电气图纸中常见的电气符号以及各种标准件图形)，都可以把要重复绘制的图形创建为块(也称为图块)，并根据需要为块创建属性，指定块的名称、用途及设计者等信息，在需要时直接插入它们，从而提高绘图效率。

设计中心是 AutoCAD 提供给用户的一个强有力的资源管理工具，以便用户在设计过程中方便调用图形文件、样式、图块、标注、线型等内容，以提高 AutoCAD 系统的效率。

7.1 创建与编辑图块

创建图块就是将已有的图形对象定义为图块的过程，可将一个或多个图形对象定义为一个图块。本节主要介绍创建与编辑图块的操作方法。

7.1.1 认识图块

图块是指由一个或多个图形对象组合而成的一个整体，简称为块。在绘图过程中，用户可以将定义的块插入到图纸中的指定位置，并且可以进行缩放、旋转等，而且对于组成块的各个对象而言，还可以有各自的图层属性，同时还可以对图块进行相应的修改。

在 AutoCAD 中，图块有以下 5 个特点：

- 提高绘图速度：在绘图过程中，往往要绘制一些重复出现的图形。如果把这些图形创建成图块保存起来，绘制它们时就可以用插入块的方法实现，即把绘图变成了拼图，这样就避免了大量的重复性工作，大大提高了绘图速度。
- 建立图块库：可以将绘图过程中常用到的图形定义成图块，保存在磁盘上，这样就形成了一个图块库。当用户需要插入某个图块时，可以将其调出插入到图形文件中，极大地提高了绘图效率。
- 节省存储空间：AutoCAD 要保存图中每个对象的相关信息，如对象的类型、名称、位置、大小、线型及颜色等，这些信息要占用存储空间。如果使用图块，则可以大大节省磁盘的空间，AutoCAD 仅须记住这个块对象的信息，对于复杂但需多次绘制的图形，这一特点更为明显。

- 方便修改图形：在工程设计中，特别是讨论方案、技术改造初期，常需要修改绘制的图形，如果图形是通过插入图块的方法绘制的，那么只要简单地对图块重新定义一次，就可以对 AutoCAD 上所有插入的图块进行修改。
- 赋予图块属性：很多块图要求有文字信息，以进一步解释其用途。AutoCAD 允许用户用图块创建这些文件属性，并可在插入的图块中指定是否显示这些属性。属性值可以随插入图块的环境不同而改变。

7.1.2　创建图块

使用【创建块】命令可将已有图形对象定义为图块，图块分为内部图块和外部图块。

启动【创建块】命令有如下几种方法。

- 功能区 1：在【插入】选项卡中，单击【块】面板中的【创建块】按钮。
- 功能区 2：在【默认】选项卡中，单击【块】面板中的【创建块】按钮。
- 菜单栏：执行【绘图】|【块】|【创建】命令。
- 命令行：输入 BLOCK/B 命令。

执行上述任一命令后，系统弹出【块定义】对话框，如图 7-1 所示。在对话框中设置好块名称、块对象、块基点这 3 个主要要素即可创建图块。

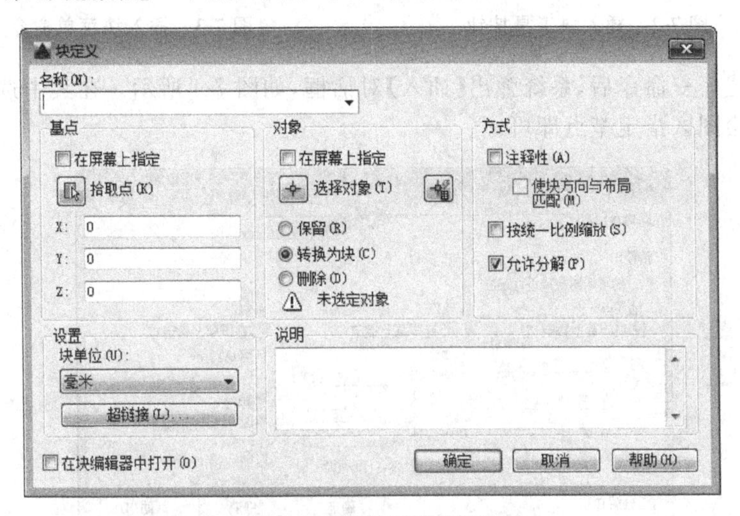

图 7-1　【块定义】对话框

该对话框中常用选项的功能介绍如下。

- 【名称】文本框：用于输入或选择块的名称。
- 【拾取点】按钮：单击该按钮，系统切换到绘图窗口中拾取基点。
- 【选择对象】按钮：单击该按钮，系统切换到绘图窗口中拾取创建块的对象。
- 【保留】单选按钮：创建块后保留源对象不变。
- 【转换为块】单选按钮：创建块后将源对象转换为块。
- 【删除】单选按钮：创建块后删除源对象。
- 【允许分解】复选框：勾选该选项，允许块被分解。

创建图块之前需要有源图形对象，才能使用 AutoCAD 创建为块。可以定义一个或多个图形对象为图块。

7.1.3 插入图块

被创建成功的图块,可以在实际绘图时根据需要插入到图形中使用,在 AutoCAD 中不仅可插入单个图块,还可连续插入多个相同的图块。

启动【插入块】命令有如下几种方法。

- 功能区:单击【插入】选项卡【注释】面板【插入】按钮,如图 7-2 所示。
- 菜单栏:执行【插入】|【块】命令,如图 7-3 所示。
- 命令行:INSERT 或 I。

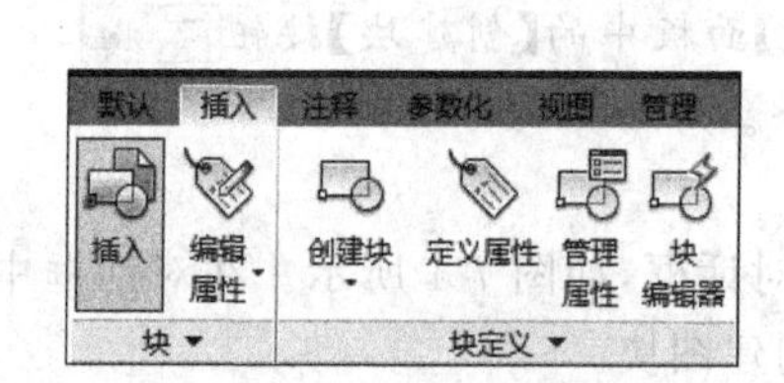

图 7-2 插入块工具按钮

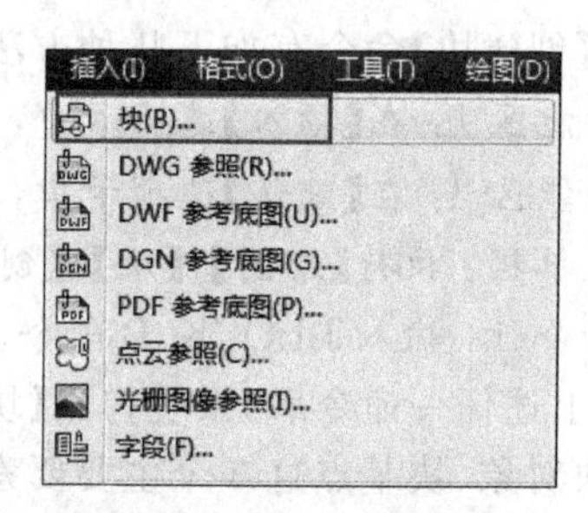

图 7-3 插入块菜单命令

执行上述任一命令后,系统弹出【插入】对话框,如图 7-4 所示。在其中选择要插入的图块再返回绘图区指定基点即可。

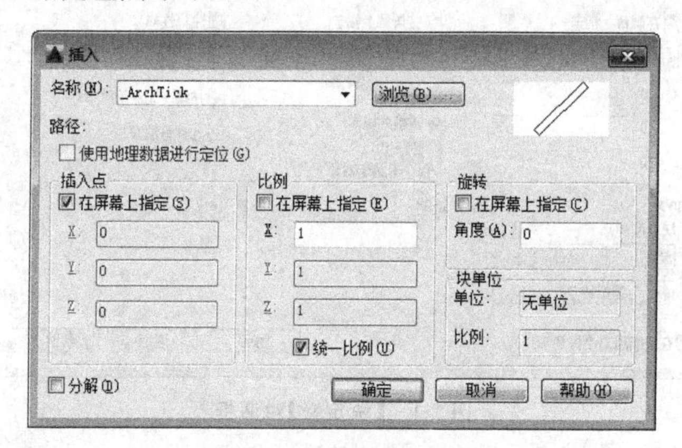

图 7-4 【插入】对话框

该对话框中常用选项的含义如下:

- 【名称】下拉列表框:用于选择块或图形名称。可以单击其后的【浏览】按钮,系统弹出【打开图形文件】对话框,选择保存的块和外部图形。
- 【插入点】选项区域:设置块的插入点位置。
- 【比例】选项区域:用于设置块的插入比例。
- 【旋转】选项区域:用于设置块的旋转角度。可直接在【角度】文本框中输入角度值,也可以通过选中【在屏幕上指定】复选框,在屏幕上指定旋转角度。

• 【分解】复选框：可以将插入的块分解成块的各基本对象。

7.2 课堂练习：插入电气图形中的图块

(1) 单击【快速访问】工具栏中的【打开】按钮，打开“第 7 章\7.2 插入图块.dwg”素材文件，如图 7-5 所示。

(2) 在【默认】选项卡中，单击【块】面板中的【创建块】按钮，打开【插入】对话框，在【名称】列表框中选择【文字】选项，如图 7-6 所示。

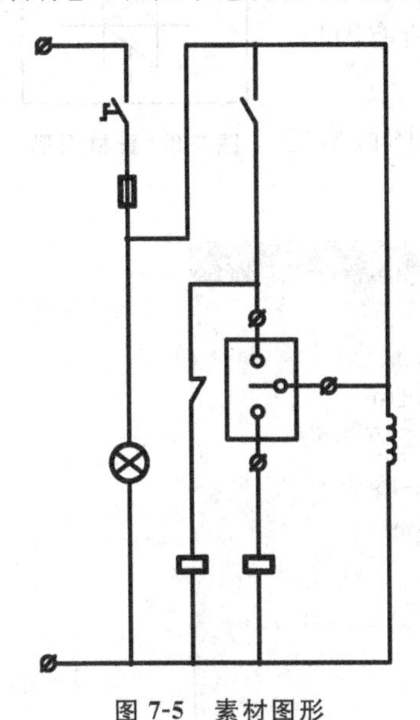

图 7-5　素材图形

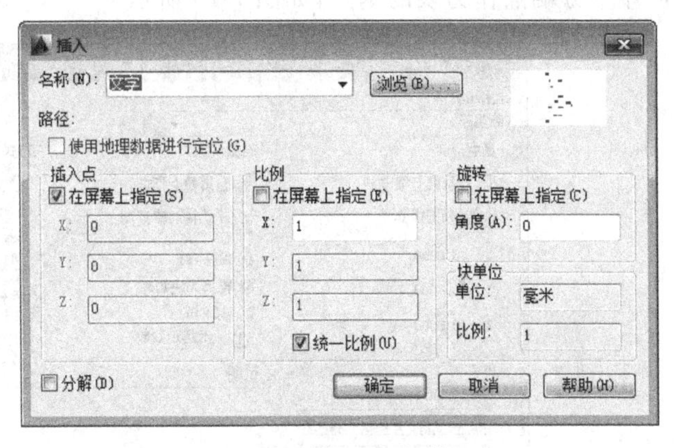

图 7-6　【插入】对话框

(3) 单击【确定】按钮，返回到绘图区域，插入文字，最终结果如图 7-7 所示。

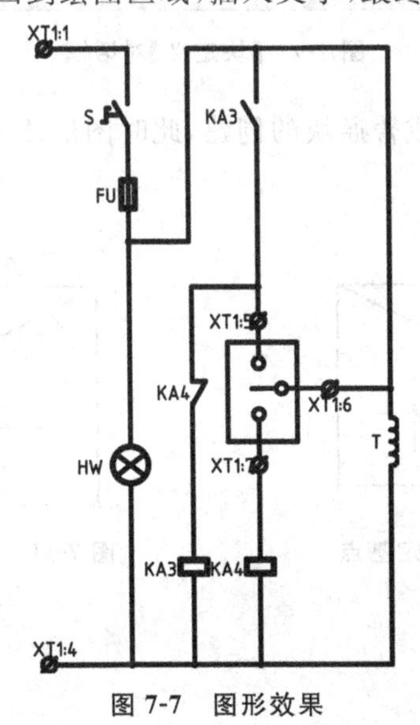

图 7-7　图形效果

7.3 课堂练习：创建可控调节启动器图块

(1) 单击【快速访问】工具栏中的【打开】按钮，打开"第 7 章\7.3 创建可控调节启动器图块.dwg"素材文件，如图 7-8 所示。

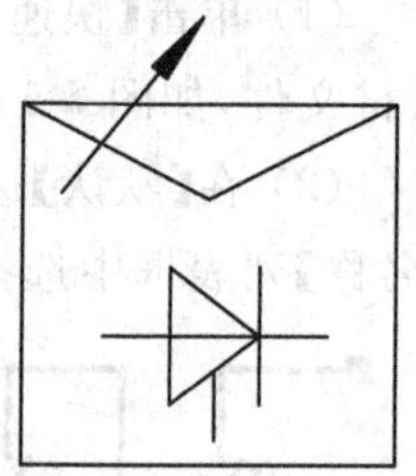

图 7-8 素材图形

(2) 在【插入】选项卡中，单击【块】面板中的【创建块】按钮，打开【块定义】对话框，在【名称】列表框中选择【电气符号】，如图 7-9 所示。

(3) 单击【对象】选项组中的【选择对象】按钮，选择所有图形，按空格键返回对话框。

(4) 单击【基点】选项组中的【拾取点】按钮，返回绘图区指定图形左下方端点作为块的基点，如图 7-10 所示。

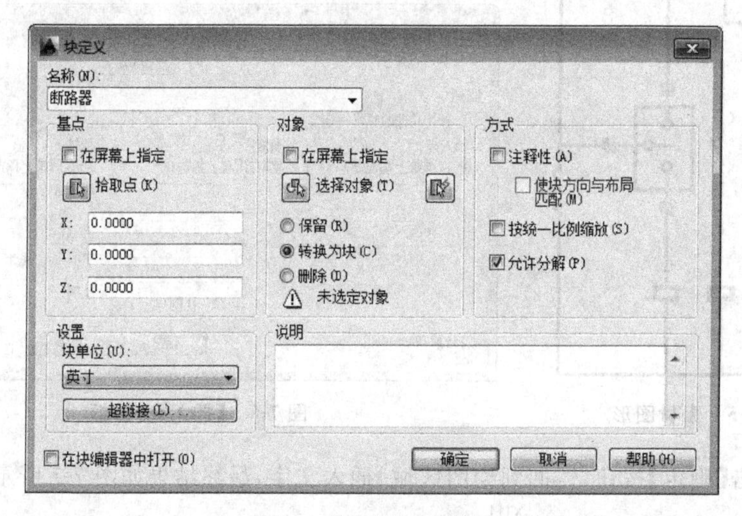

图 7-9 【块定义】对话框

(5) 单击【确定】按钮，完成普通块的创建，此时图形成为一个整体，其夹点如图 7-11 所示。

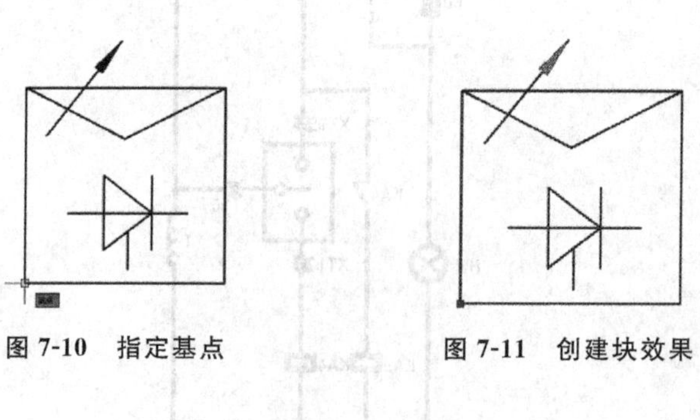

图 7-10 指定基点　　图 7-11 创建块效果

7.4 课堂练习：重定义断路器图块

(1) 单击【快速访问】工具栏中的【打开】按钮，打开“第 7 章\7.4 重新定义图块.dwg”素材文件，如图 7-12 所示。

(2) 调用 X【分解】命令，将图块对象进行分解操作，任选一条直线，查看分解效果，如图 7-13 所示。

(3) 调用 E【删除】命令，删除多余的图形，如图 7-14 所示。

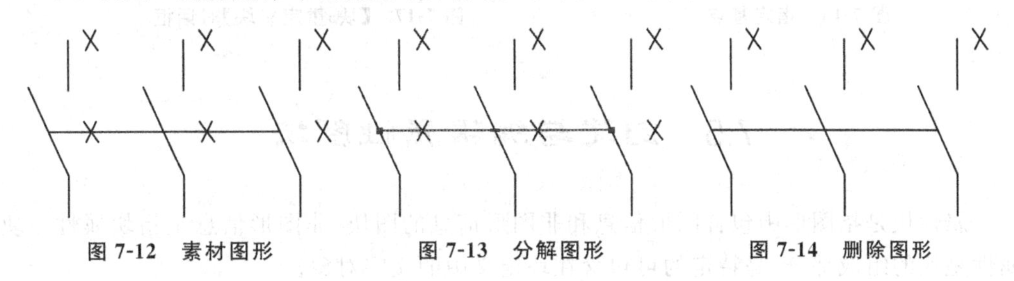

图 7-12　素材图形　　图 7-13　分解图形　　图 7-14　删除图形

(4) 在【插入】选项卡中，单击【块】面板中的【创建块】按钮，打开【块定义】对话框，在【名称】列表框中选择【断路器】，如图 7-15 所示。

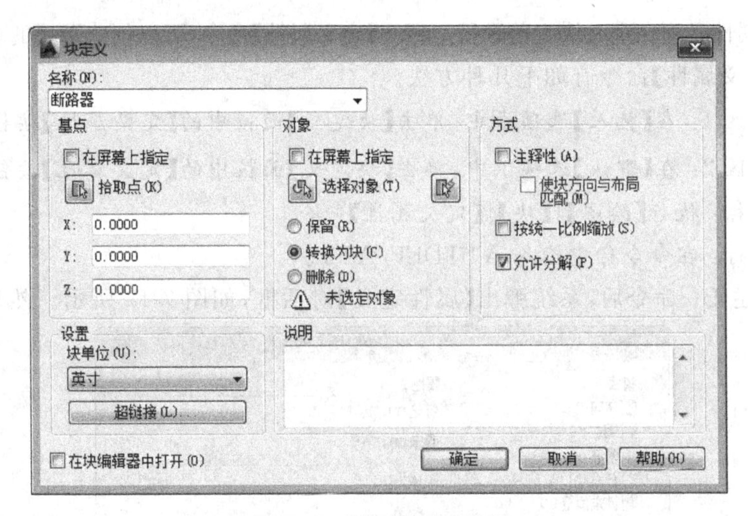

图 7-15　【块定义】对话框

(5) 单击【对象】选项组中的【选择对象】按钮，选择所有图形，按空格键返回对话框。

(6) 单击【基点】选项组中的【拾取点】按钮，返回绘图区指定图形左下方端点作为块的基点，如图 7-16 所示。

(7) 单击【确定】按钮，打开【块-重定义块】对话框，如图 7-17 所示，单击【重新定义块】按钮，即可重新定义图块。

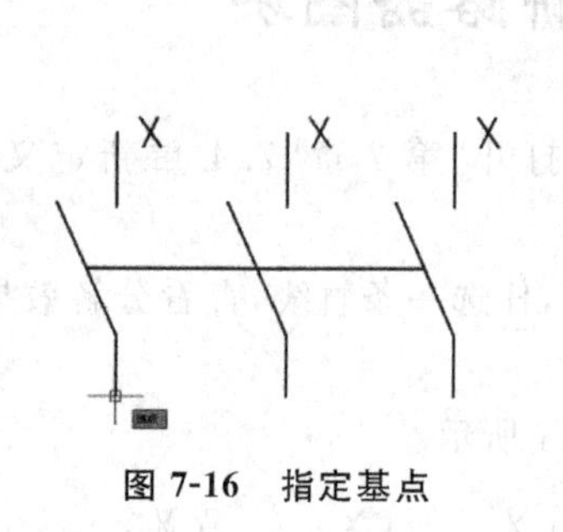

图 7-16 指定基点

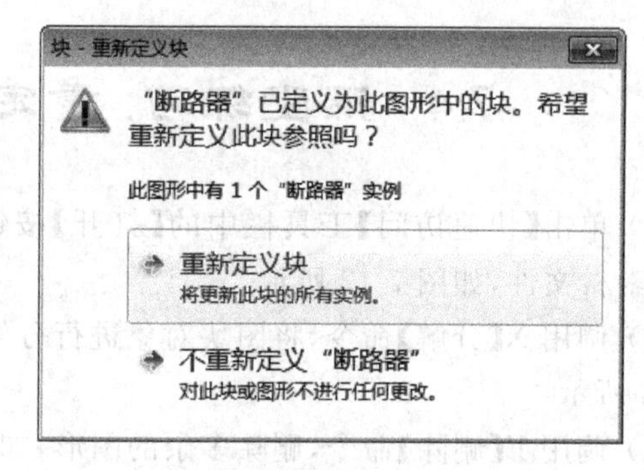

图 7-17 【块-重定义块】对话框

7.5 创建与编辑属性图块

属性块是指图形中包含图形信息和非图形信息的图块，非图形信息是指块属性。块属性是块的组成部分，是特定的可包含在块定义中的文字对象。

7.5.1 创建属性图块

定义块属性必须在定义块之前进行。调用【定义属性】命令，可以创建图块的非图形信息。启动【定义属性】命令有如下几种方法。

- 功能区 1：在【插入】选项卡中，单击【块定义】面板中的【定义属性】按钮。
- 功能区 2：在【默认】选项卡中，单击【块定义】面板中的【定义属性】按钮。
- 菜单栏：执行【绘图】|【块】|【定义属性】命令。
- 命令行：在命令行中输入 ATTDEF/ATT。

执行上述任一命令后，系统弹出【属性定义】对话框，如图 7-18 所示。然后分别填写

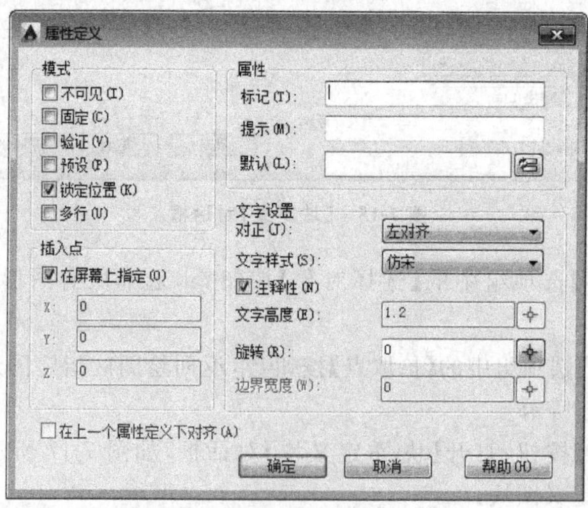

图 7-18 【属性定义】对话框

【标记】【提示】与【默认值】,再设置好文字位置与对齐等属性,单击【确定】按钮,即可创建一块属性。

【属性定义】对话框中常用选项的含义如下:

- 【属性】:用于设置属性数据,包括【标记】【提示】【默认】3个文本框。
- 【插入点】:该选项组用于指定图块属性的位置。
- 【文字设置】:该选项组用于设置属性文字的对正、样式、高度和旋转。

7.5.2 编辑块的属性

使用【编辑块属性】命令,可以对属性图块的值、文字选项以及特性等参数进行编辑。

启动【编辑块属性】命令有如下几种方法。

- 功能区1:在【插入】选项卡中,单击【块】面板中的【单个】按钮。
- 功能区2:在【默认】选项卡中,单击【块】面板中的【单个】按钮。
- 菜单栏:执行【修改】|【对象】|【属性】|【单个】命令。
- 命令行:输入EATTEDIT命令。
- 鼠标法:鼠标左键双击图块属性。

直接双击块属性,系统弹出【增强属性编辑器】对话框。在【属性】选项卡的列表中选择要修改的文字属性,然后在下面的【值】文本框中输入块中定义的标记和值属性,如图7-19所示。

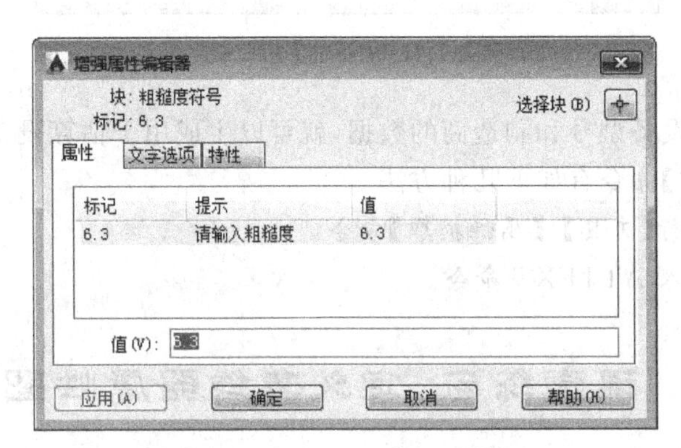

图7-19 【增强属性编辑器】对话框

在【增强属性编辑器】对话框中,各选项卡的含义如下:

- 属性:显示了块中每个属性的标记、提示和值。在列表框中选择某一属性后,在【值】文本框中将显示出该属性对应的属性值,可以通过它来修改属性值。
- 文字选项:用于修改属性文字的格式,该选项卡如图7-20所示。
- 特性:用于修改属性文字的图层及其线宽、线型、颜色及打印样式等,该选项卡如图7-21所示。

7.5.3 提取属性数据

通过提取数据信息,用户可以轻松地直接使用图形数据来生成清单或明细表。如果

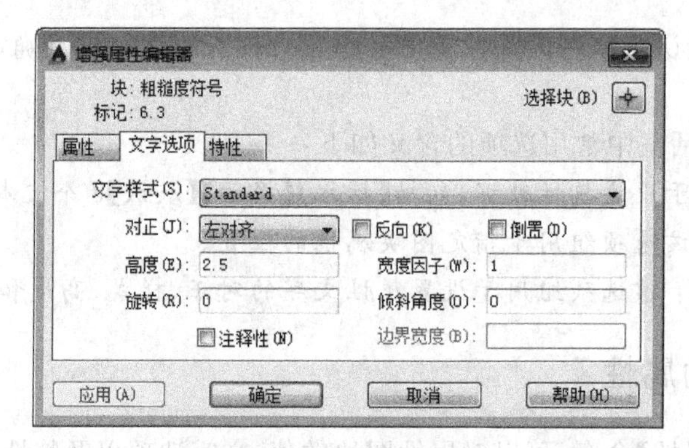

图 7-20 【文字选项】选项卡

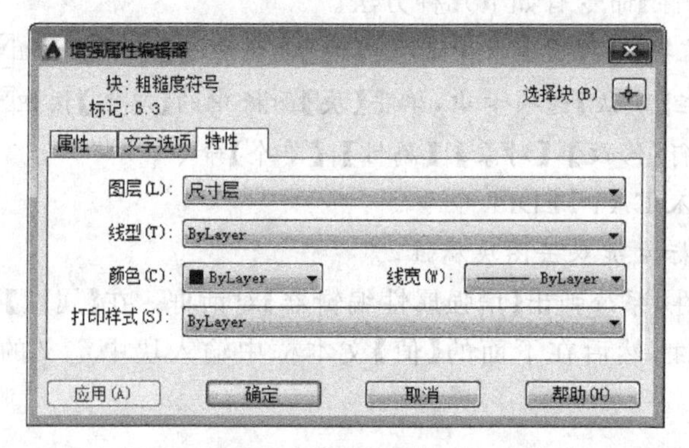

图 7-21 【特性】选项卡

每个块都具有标识设备型号和制造商的数据，就可以生成用于估算设备价格的报告。

启动【属性提取】命令有如下几种方法。

- 菜单栏：执行【工具】|【属性提取】命令。
- 命令行：输入 ATTEXT 命令。

7.6 课堂练习：定义集线器属性图块

(1) 新建文件。调用 REC【矩形】命令，绘制一个 750×300 的矩形，如图 7-22 所示。

(2) 在【插入】选项卡中，单击【块定义】面板中的【属性定义】按钮，打开【属性定义】对话框，在【属性】选项组和【文字设置】选项组进行设置，如图 7-23 所示。

图 7-22 绘制矩形

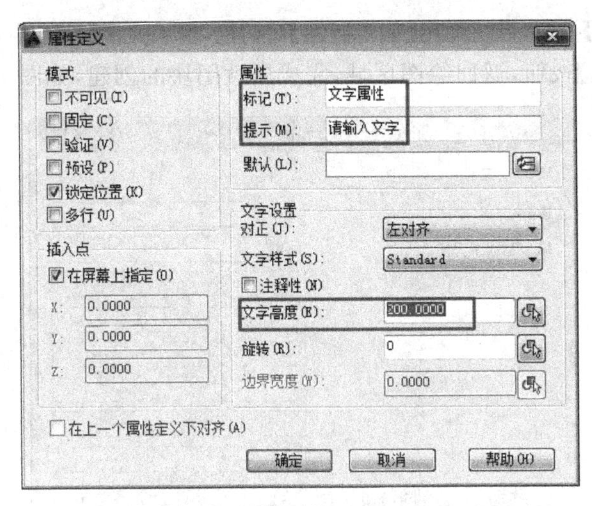

图 7-23 【属性定义】对话框

(3) 单击【确定】按钮,根据命令行的提示在合适的位置输入属性,如图 7-24 所示。

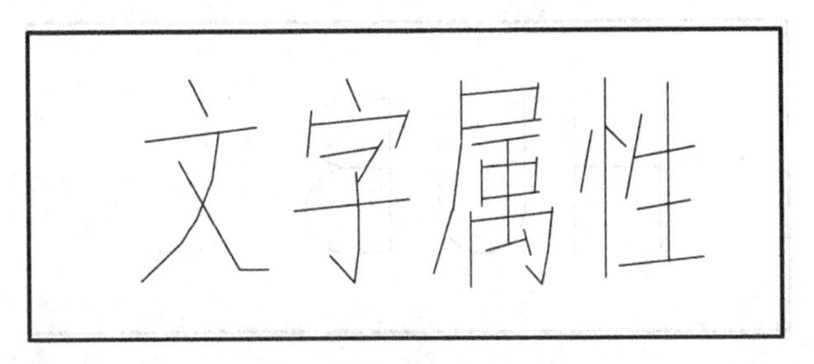

图 7-24 输入属性

(4) 在命令行中输入 B【创建块】命令,系统弹出【块定义】对话框。在【名称】列表框中选择【文字】,单击【选择对象】按钮,选择整个图形;单击【拾取点】按钮,拾取图形的左下角点作为基点,如图 7-25 所示。

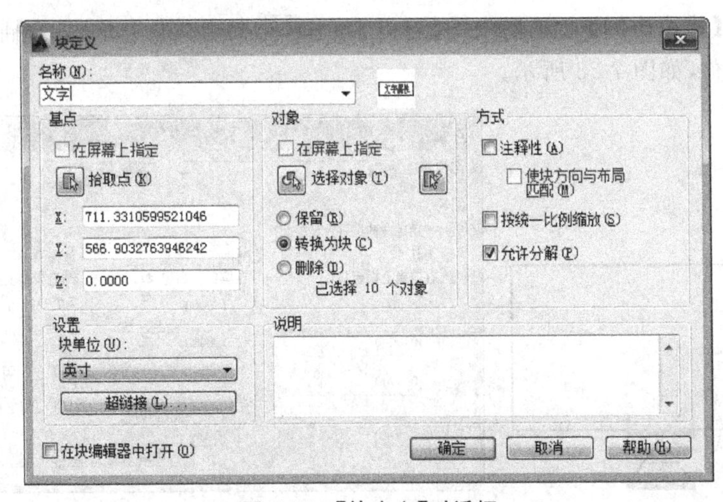

图 7-25 【块定义】对话框

(5) 单击【确定】按钮，系统弹出【编辑属性】对话框，输入文字【HUB】，如图 7-26 所示。

(6) 单击【确定】按钮，返回绘图区域，完成属性图块的创建，如图 7-27 所示。

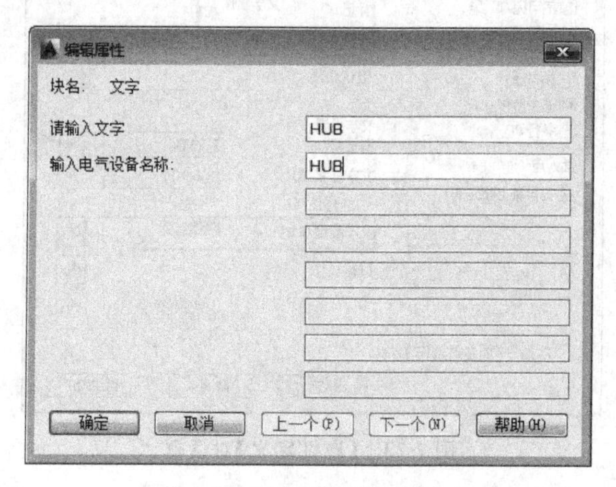

图 7-26 【编辑属性】对话框

图 7-27 创建属性图块

7.7 课堂练习：插入云台摄像机中的属性图块

(1) 单击【快速访问】工具栏中的【打开】按钮，打开“第 7 章\7.7 插入属性图块.dwg”素材文件，如图 7-28 所示。

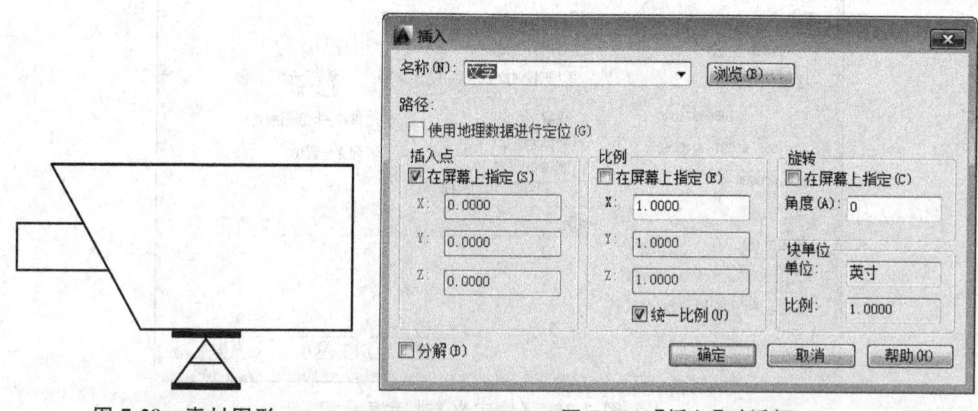

图 7-28 素材图形

图 7-29 【插入】对话框

(2) 单击【块】面板中的【创建块】按钮，打开【插入】对话框，在【名称】列表框中，选择【文字】选项，如图 7-29 所示。

(3) 单击【确定】按钮，在绘图区中单击鼠标，打开【编辑属性】对话框，在【文字】文本框中输入“OH”，如图 7-30 所示。

(4) 单击【确定】按钮，即可插入属性图块，如图 7-31 所示。

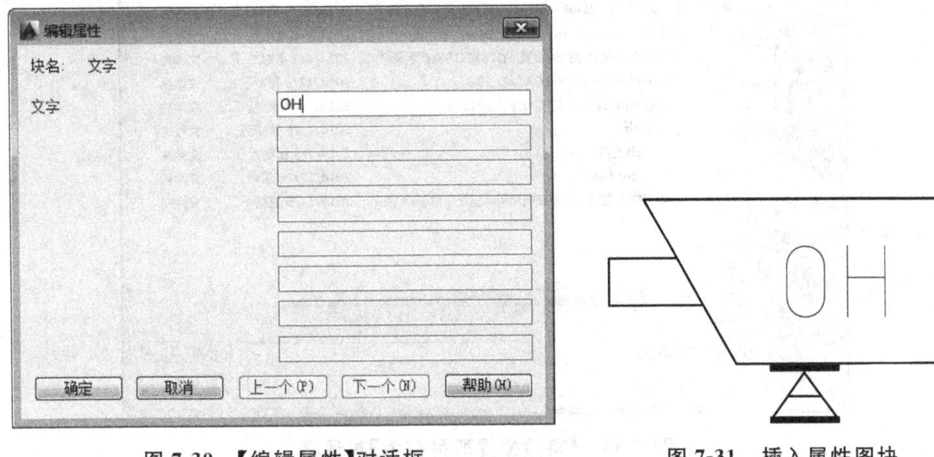

图 7-30 【编辑属性】对话框　　图 7-31 插入属性图块

7.8 课堂练习：提取属性数据

(1) 在命令行中输入 ATTEXT【属性提取】命令并按回车键结束，打开【属性提取-开始】对话框，如图 7-32 所示。

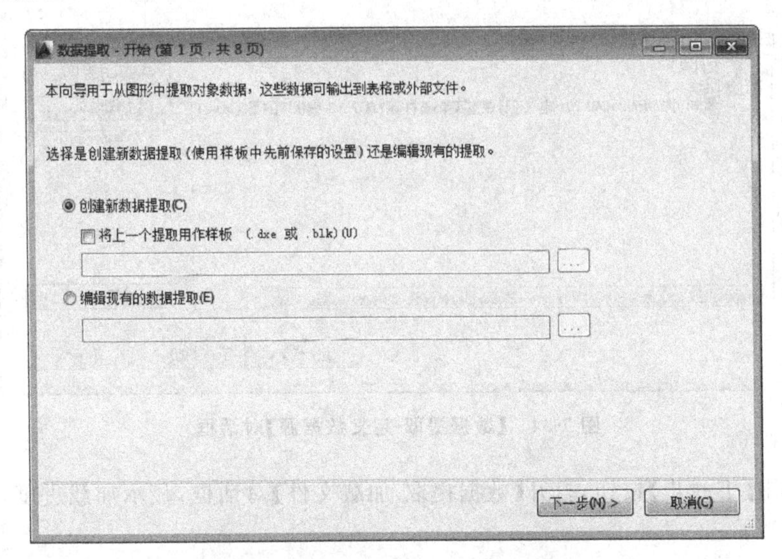

图 7-32 【数据提取-开始】对话框

(2) 点选【创建新数据提取】单选钮，单击【下一步】按钮，打开【将数据提取另存为】对话框，如图 7-33 所示，设置另存为名称和存储路径。

图 7-33 【将数据提取另存为】对话框

(3) 单击【保存】按钮，打开【数据提取-定义数据源】对话框，如图 7-34 所示。

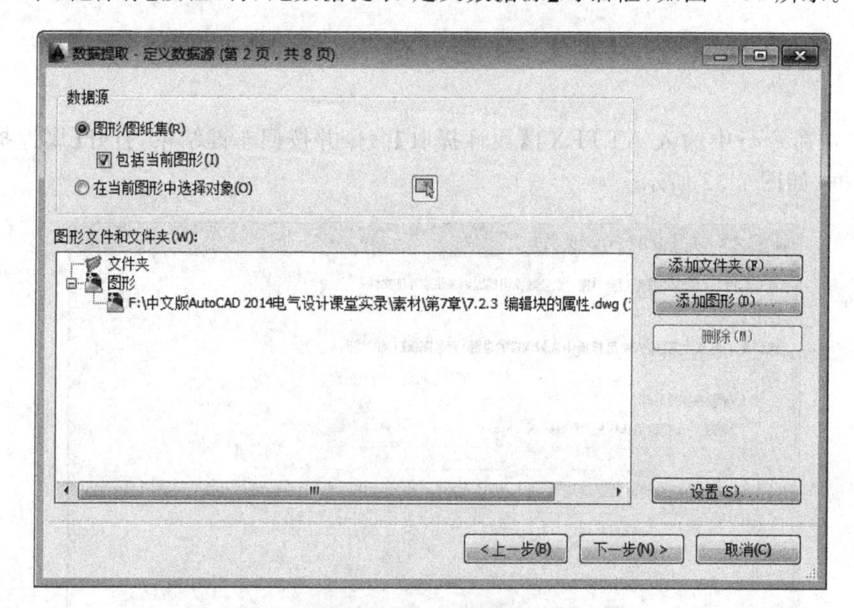

图 7-34 【数据提取-定义数据源】对话框

(4) 单击【下一步】按钮，打开【数据提取-加载文件】对话框，显示加载进度，如图 7-35 所示。

(5) 加载完成后，打开【数据提取-选择对象】对话框，如图 7-36 所示。

(6) 单击【下一步】按钮，打开【数据提取-选择特性】对话框，如图 7-37 所示。

图 7-35 【数据提取-加载文件】对话框

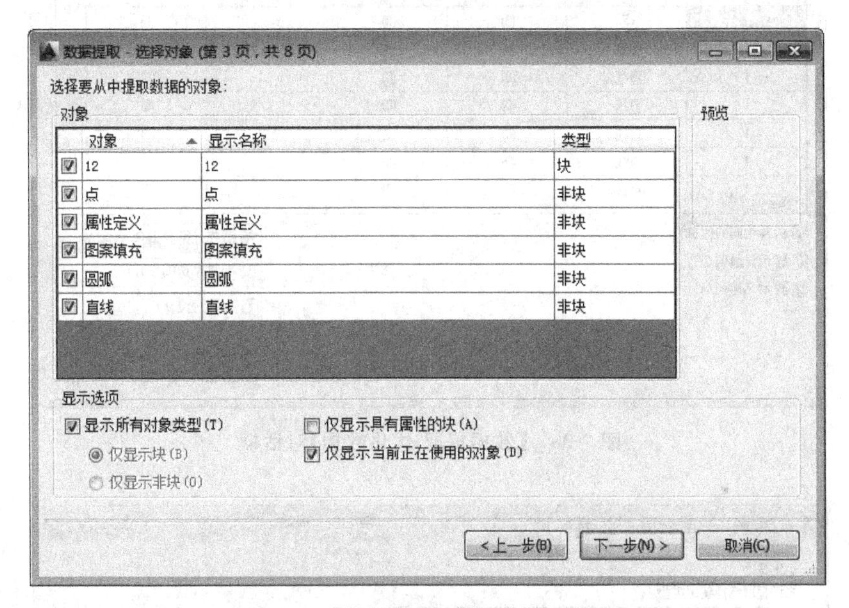

图 7-36 【数据提取-选择对象】对话框

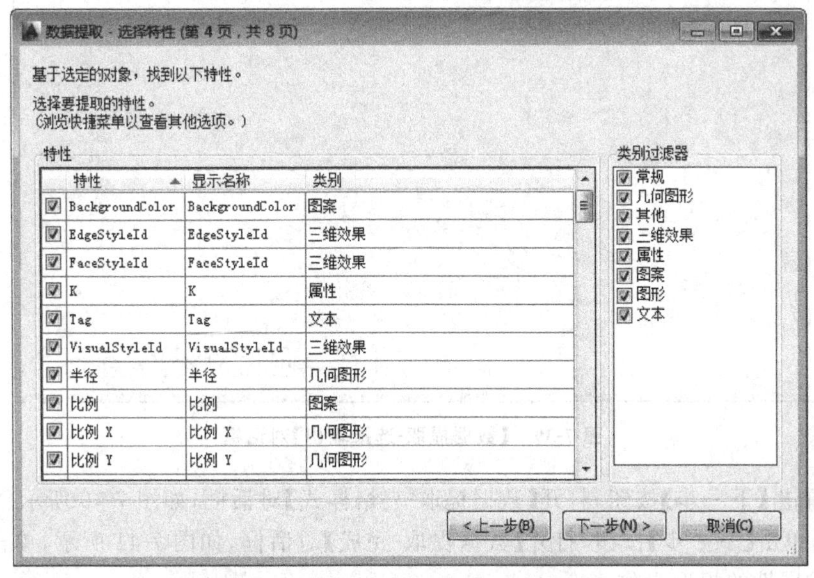

图 7-37 【数据提取-选择特性】对话框

(7) 单击【下一步】按钮，打开【数据提取-优化数据】对话框，如图 7-38 所示。

(8) 单击【下一步】按钮，打开【数据提取-选择输出】对话框，勾选【将数据提取处理表插入图形】和【将数据输出至外部文件】复选框，如图 7-39 所示。

数据提取 - 优化数据 (第 5 页，共 8 页)

在该视图中可以将列重排和排序、过滤结果、添加公式列以及创建外部数据链接。

计数	名称	EdgeStyleId	FaceStyleId	K	VisualStyleId
1	点	(0)	(0)		(0)
1	圆弧	(0)	(0)		(0)
1	直线	(0)	(0)		(0)
1	直线	(0)	(0)		(0)
1	直线	(0)	(0)		(0)
1	直线	(0)	(0)		(0)

☑ 合并相同的行(I)
☑ 显示计数列(O)
☑ 显示名称列(A)
链接外部数据(L)...
列排序选项(S)...
完整预览(F)...
<上一步(B) 下一步(N)> 取消(C)

图 7-38 【数据提取-优化数据】对话框

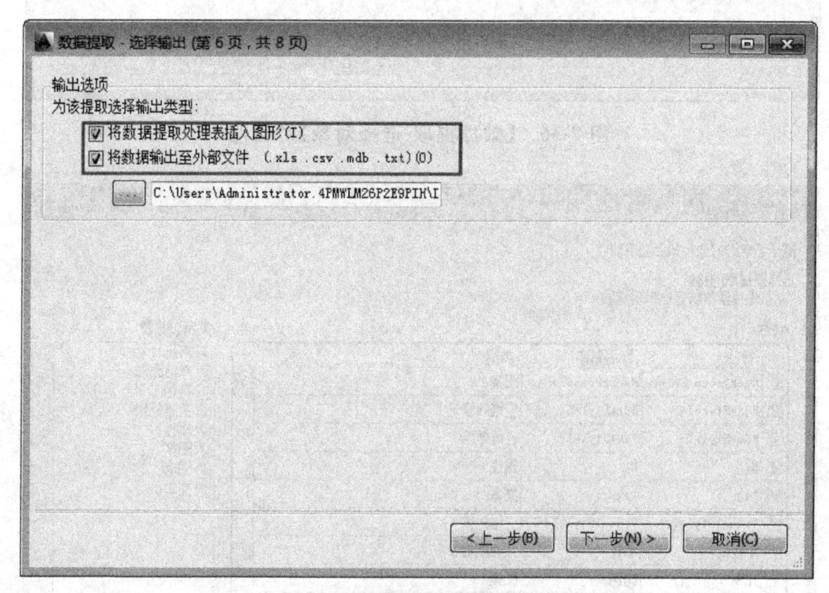

图 7-39 【数据提取-选择输出】对话框

(9) 单击【下一步】按钮，打开【数据提取-表格样式】对话框，如图 7-40 所示。

(10) 单击【下一步】按钮，打开【数据提取-完成】对话框，如图 7-41 所示，单击【完成】按钮，完成属性的提取操作。

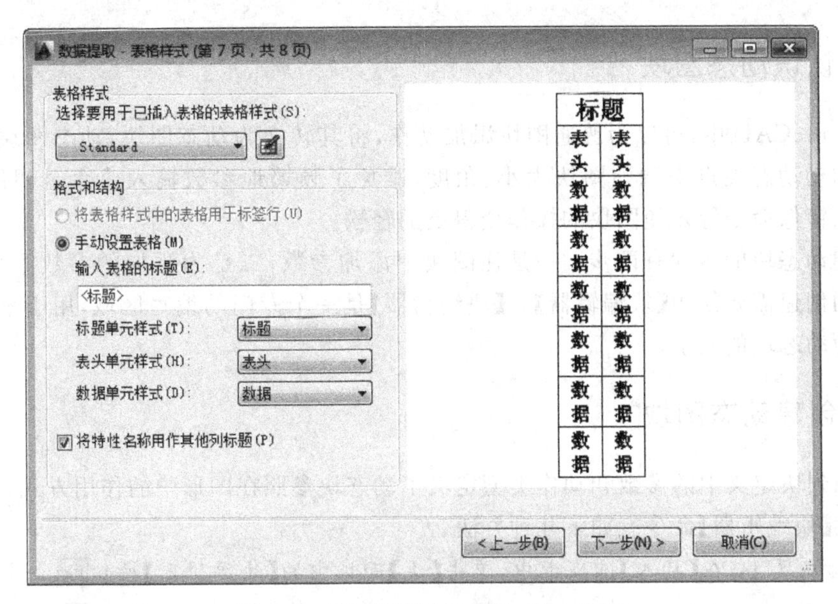

图 7-40 【数据提取-表格样式】对话框

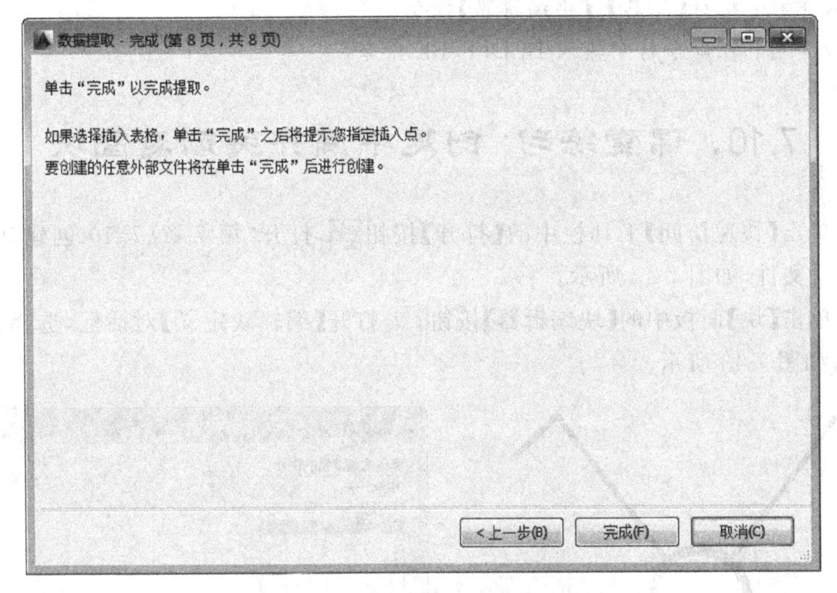

图 7-41 【数据提取-完成】对话框

7.9 创建与编辑动态图块

在 AutoCAD 中创建了图块之后，还可以向图块添加参数和动作使其成为动态块。动态块具有灵活性和智能性，用户可以在操作过程中轻松地更改图形中的动态块参照，可以通过自定义夹点或自定义特性来操作动态块参照中的图形。用户还可以根据需要调整块，而不用搜索另一个块来插入或重定义现有的块，这样就大大提高了工作效率。

7.9.1 认识动态图块

在 AutoCAD 中,可以为普通图块添加动作,将其转换为动态图块,动态图块可以直接通过移动动态夹点来调整图块大小、角度,避免了频繁地参数输入或命令调用(如缩放、旋转、镜像命令等),使图块的操作变得更加轻松。

创建动态块的步骤有两步:一是往图块中添加参数,二是为添加的参数添加动作。动态块的创建需要使用【块编辑器】。【块编辑器】是一个专门的编写区域,用于添加能够使块成为动态块的元素。

7.9.2 创建动态图块

添加到块定义中的参数和动作类型定义了动态块参照在图形中的作用方式。

启动【块编辑器】命令有如下几种方法。

- 功能区 1:在【插入】选项卡中,单击【块】面板中的【块编辑器】按钮。
- 功能区 2:在【默认】选项卡中,单击【块】面板中的【块编辑器】按钮。
- 菜单栏:执行【工具】|【块编辑器】命令。
- 命令行:在命令行中输入 BEDIT/BE 命令。

7.10 课堂练习:创建中间开关动态图块

(1) 单击【快速访问】工具栏中的【打开】按钮,打开“第 7 章\7.10 创建动态图块.dwg”素材文件,如图 7-42 所示。

(2) 单击【块】面板中的【块编辑器】按钮,打开【编辑块定义】对话框,选择【中间开关】图块,如图 7-43 所示。

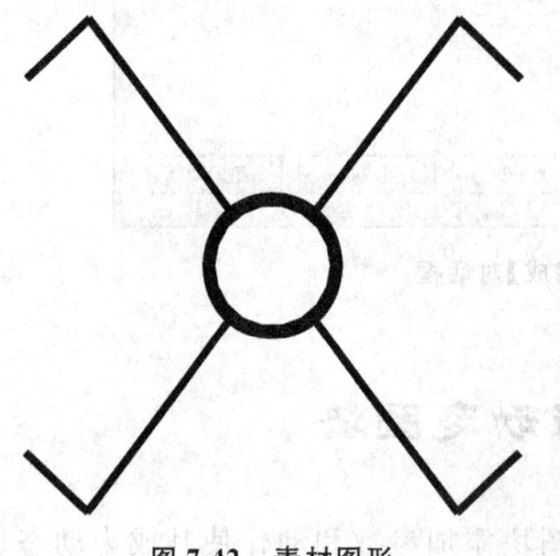

图 7-42 素材图形

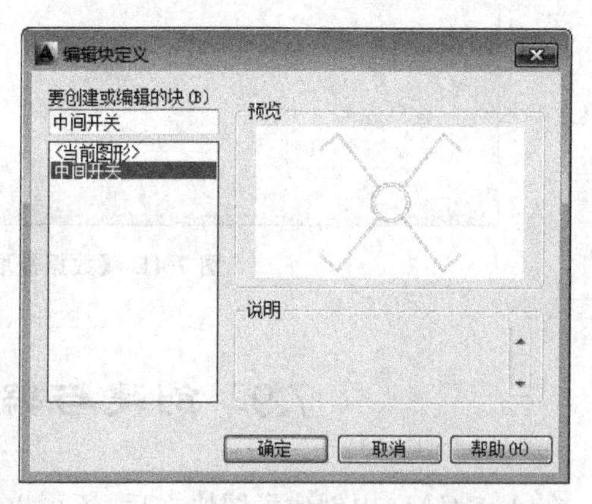

图 7-43 【编辑块定义】对话框

(3) 单击【确定】按钮,打开【块编辑器】面板,此时绘图窗口变为浅灰色。

(4) 在【块编写选项板】右侧单击【参数】选项卡,再单击【旋转】按钮,如图 7-44 所示,为块添加旋转参数,如图 7-45 所示,命令行提示如下。

```
命令: _Bparameter                                                  //调用【旋转】命令
指定基点或 [名称(N)/标签(L)/链(C)/说明(D)/选项板(P)/值集(V)]: //指定圆心点
指定参数半径: 1.25                                                 //输入参数值
指定默认旋转角度或 [基准角度(B)] <0>: 60                            //指定角度参数
指定标签位置:                                                      //指定标签位置即可
```

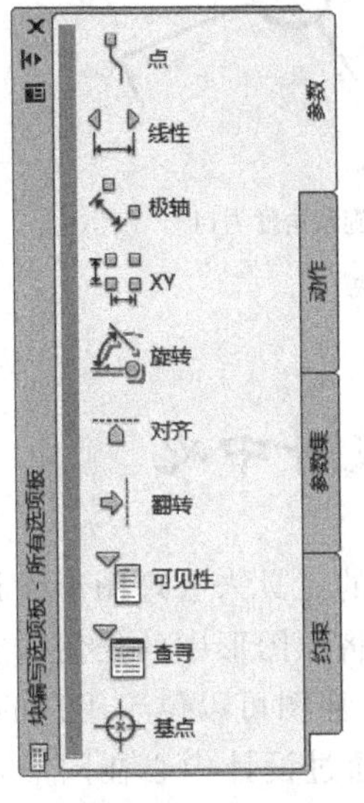

图 7-44 【块编写选项板】面板

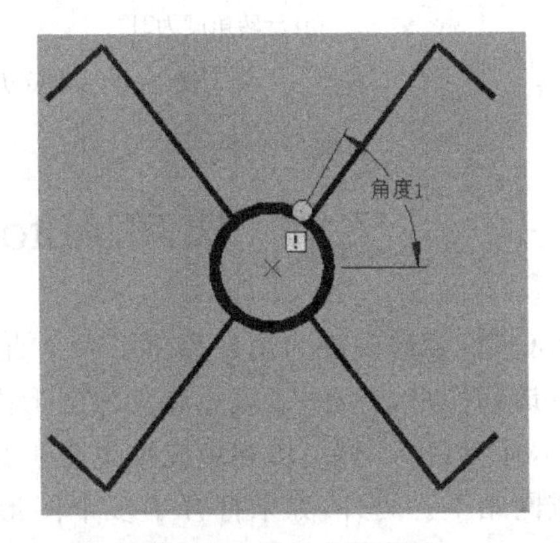

图 7-45 添加旋转参数

(5) 在【块编写选项板】右侧单击【动作】选项卡,再单击【旋转】按钮,根据提示为旋转参数添加旋转动作,如图 7-46 所示,命令行提示如下。

```
命令: _BactionTool                          //调用【旋转】命令
选择参数:                                   //选择旋转参数
指定动作的选择集
选择对象: 指定对角点: 找到 12 个            //选择所有对象,按 Enter 键结束
```

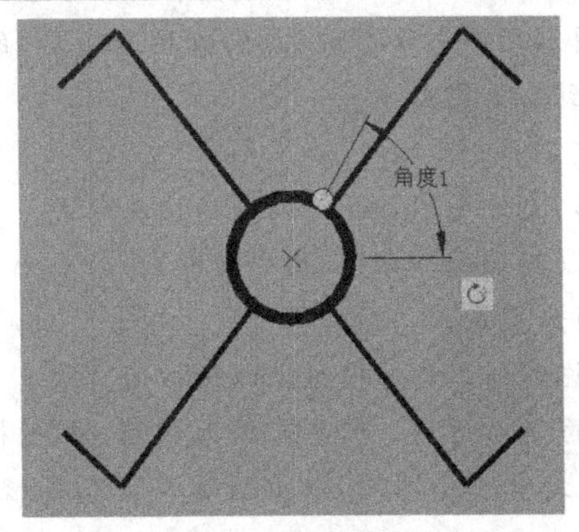

图 7-46 添加旋转动作

(6) 在【块编辑器】选项卡中,单击【保存块】按钮,保存创建的动作块,单击【关闭块编辑器】按钮,关闭块编辑器,完成动态块的创建,并返回到绘图窗口。

(7) 为图块添加旋转动作效果,如图 7-47 所示。

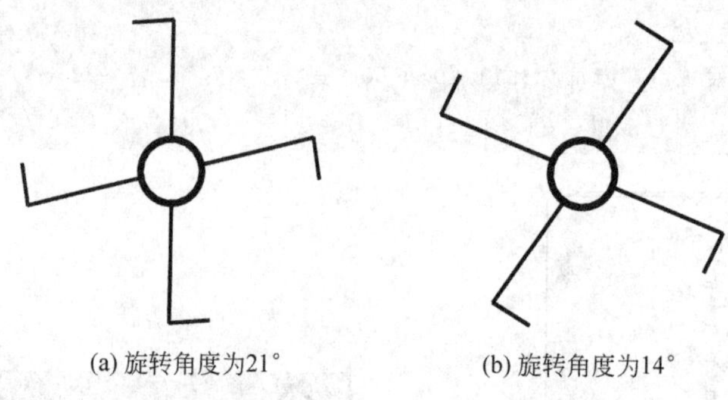

(a) 旋转角度为21°　　(b) 旋转角度为14°

图 7-47　中间开关动态图块

7.11　使用 AutoCAD 设计中心

AutoCAD 设计中心为用户提供了一个直观且高效的工具来管理图形设计资源。利用它可以访问图形、块、图案填充和其他图形内容,可以将原图形中的任何内容拖曳到当前图形中,还可以将图形、块和填充拖曳至工具面板上。原图可以位于用户的计算机、网络位置或网站上。另外,如果打开了多个图形,则可以通过设计中心在图形之间复制和粘贴其他内容,如图层定义、布局和文字样式来简化绘图过程。

7.11.1　认识设计中心面板

AutoCAD 设计中心(AutoCAD Design Center,ADC)为用户提供了一个直观且高效的工具。它与 Windows 操作系统中的资源管理器类似,通过设计中心可管理众多的图形资源。

使用设计中心可以实现以下操作:

- 浏览、查找本地磁盘、网络或互联网的图形资源并通过设计中心打开文件。
- 在定义表中查看图形文件中命名对象(例如块和图层)的定义,然后将定义插入、附着、复制和粘贴到当前图形中。
- 更新(重定义)块定义。
- 创建指向常用图形、文件夹 Internet 网址的快捷方式。
- 向图形中添加内容(例如外部参照、块和填充)。
- 在新窗口中打开图形文件。
- 将图形、块和填充拖动到工具选项板上以便访问。
- 可以控制调色板的显示方式,可以选择大图标、小图标、列表和详细资料 4 种 Windowns 标准方式中的一种,可以控制是否预览图形,是否显示调色板中与图形内容相关的说明内容。

- 设计中心能够将图形文件及图形文件中包含的块、外部参照、图层、文字样式、命名样式及尺寸样式等信息展示出来，提供预览功能并快速插入到当前文件中。

启动【设计中心】命令有如下几种方法。

- 功能区：在【视图】选项卡中，单击【选项板】面板中的【设计中心】按钮。
- 菜单栏：执行【工具】|【选项板】|【设计中心】命令。
- 命令行：在命令行中输入 ADCENTER 命令。
- 快捷键：按 Ctrl+2 键。

执行以上任一命令，均可以打开【设计中心】面板，如图 7-48 所示。【设计中心】面板分为两部分，左边为树状图，右边为内容区。可以在树状图中浏览内容的源，而在内容区显示内容。可以在内容区中将项目添加到图形或工具选项板中。

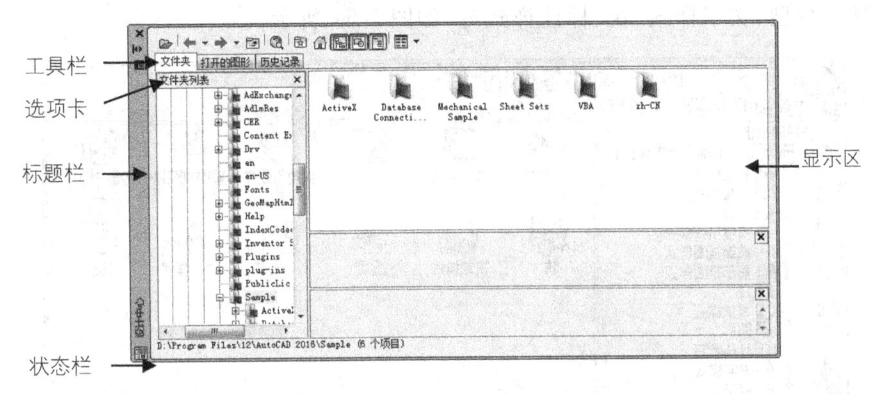

图 7-48 【设计中心】面板

【设计中心】面板主要由 5 部分组成：标题栏、工具栏、选项卡、显示区和状态栏，下面分别进行介绍。

1. 标题栏

标题栏可以控制 AutoCAD 设计中心窗口的尺寸、位置、外观形状和开关状态等。单击【特性】按钮或在标题栏上右击，可以打开快捷菜单，如图 7-49 所示。

【锚点居左】或【锚点居右】表示是否允许窗口固定和设置窗口是否自动隐藏。

单击【自动隐藏】按钮，【设计中心】窗口将自动隐藏，只留下标题栏。当鼠标放在【标题栏】上时，【设计中心】窗口将恢复，移开鼠标，【设计中心】窗口再次隐藏。

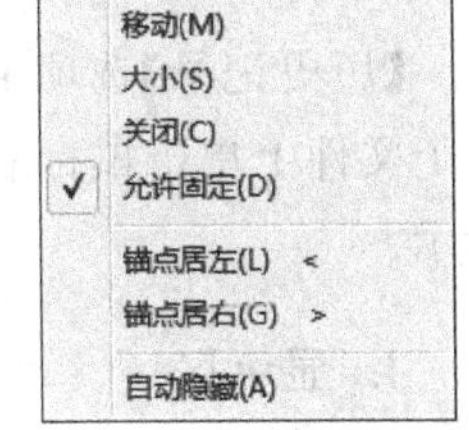

图 7-49 快捷菜单

2. 工具栏

工具栏用来控制树状图和内容区中信息的浏览和显示，如图 7-50 所示。

图 7-50 工具栏

3. 选项卡

【设计中心】面板的选项卡主要包括【文件夹】选项卡、【打开的图形】选项卡、【历史记录】选项卡和【联机设计中心】选项卡。

【文件夹】选项卡是设计中心最重要也是使用频率最高的选项卡。它显示计算机或网络驱动器中文件和文件夹的层次结构。它与 Windows 的资源管理器十分类似，分为左右两个子窗口。左窗口为导航窗口，用来查找和选择源；右窗口为内容窗口，用来显示指定源的内容。

【打开的图形】选项卡用于在设计中心中显示在当前 AutoCAD 环境中打开的所有图形。其中包括最小化了的图形。此时单击某个文件图标，就可以看到该图形的有关设置，如图层、线型、文字样式、块、标注样式等，如图 7-51 所示。

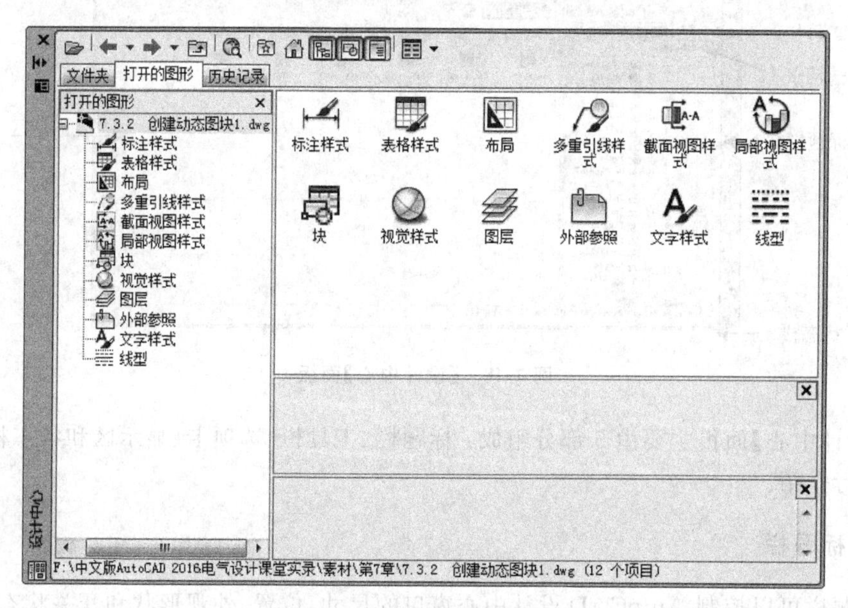

图 7-51 【打开的图形】选项卡

【历史记录】选项卡用于显示用户最近浏览的 AutoCAD 图形。显示历史记录后，在一个文件上单击鼠标右键显示此文件信息或从【历史记录】列表中删除此文件，如图 7-52 所示。

4. 显示区

显示区分为内容显示区、预览显示区和说明显示区。内容显示区显示图形文件的内容，预览显示区显示图形文件的缩略图，说明显示区显示图形文件的描述信息，如图 7-53 所示。

5. 状态栏

状态栏用于显示所选文件的路径，如图 7-54 所示。

图 7-52 【历史记录】选项卡

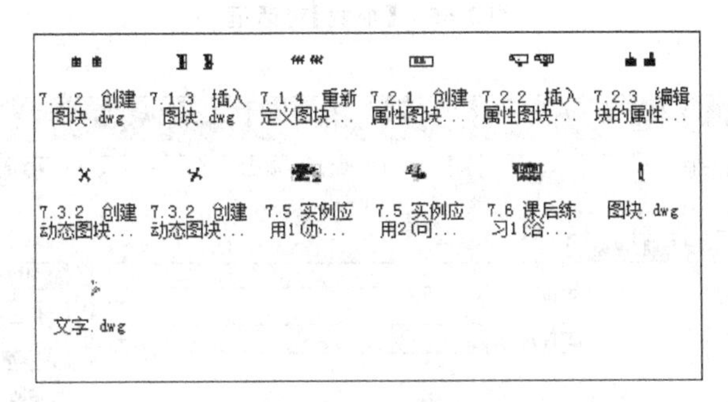

图 7-53 显示区

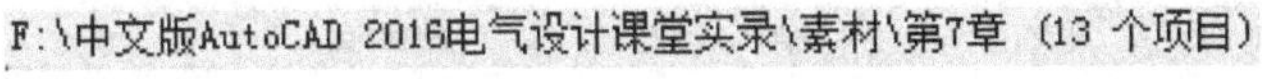

F:\中文版AutoCAD 2016电气设计课堂实录\素材\第7章 (13 个项目)

图 7-54 状态栏

7.11.2 加载图形

在【设计中心】面板中，单击【加载】按钮，打开【加载】对话框，如图 7-55 所示。该对话框主要用于浏览磁盘中的图形文件。

7.11.3 查找对象

在【设计中心】面板中，单击【搜索】按钮，打开【搜索】对话框，如图 7-56 所示。在该对话框的【搜索文字】文本框中输入文字【图块】，单击【立即搜索】按钮，即可查找出对象，如图 7-57 所示。

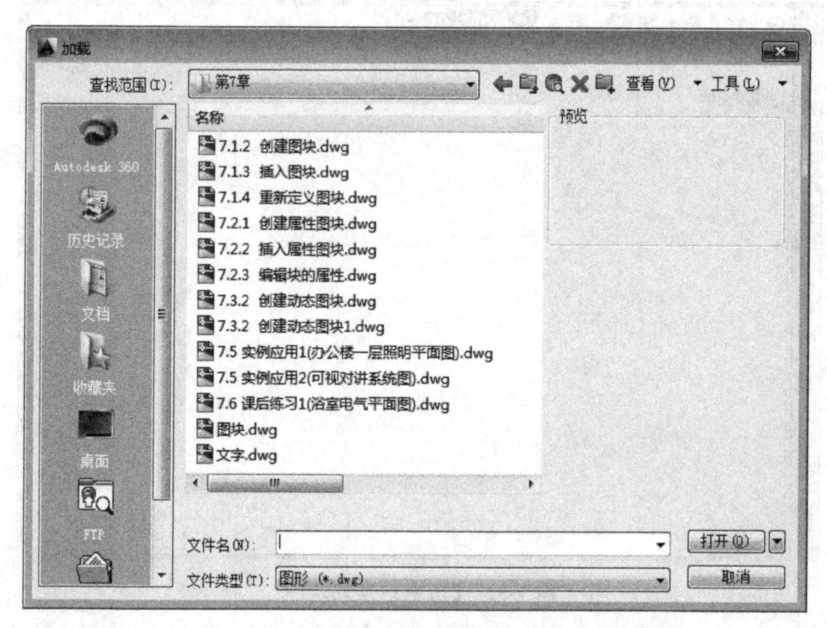

图 7-55 【加载】对话框

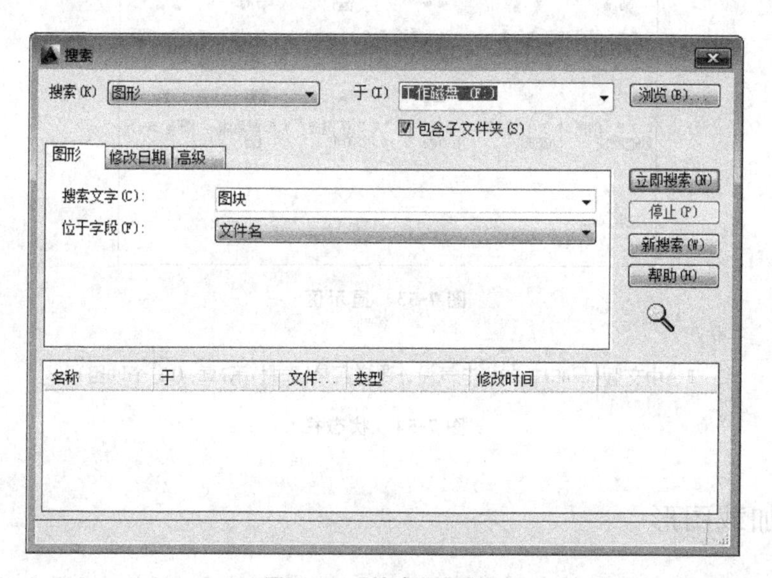

图 7-56 【搜索】对话框

7.11.4 收藏对象

在【设计中心】面板中，单击【收藏夹】按钮，显示如图 7-58 所示【收藏夹】界面。可以在【文件夹列表】中显示 Favorites\Autodesk 文件夹的内容，用户可以通过收藏夹标记存放在本地硬盘、网络驱动器或 Internet 网页上常用的文件。

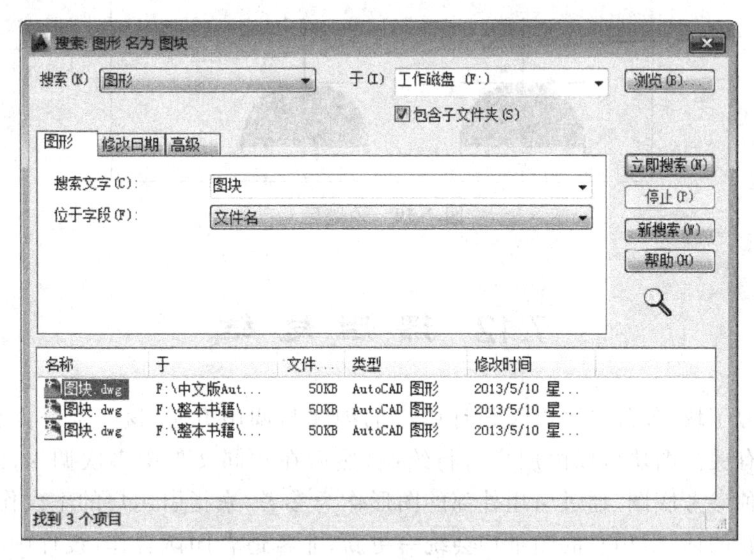

图 7-57 搜索结果

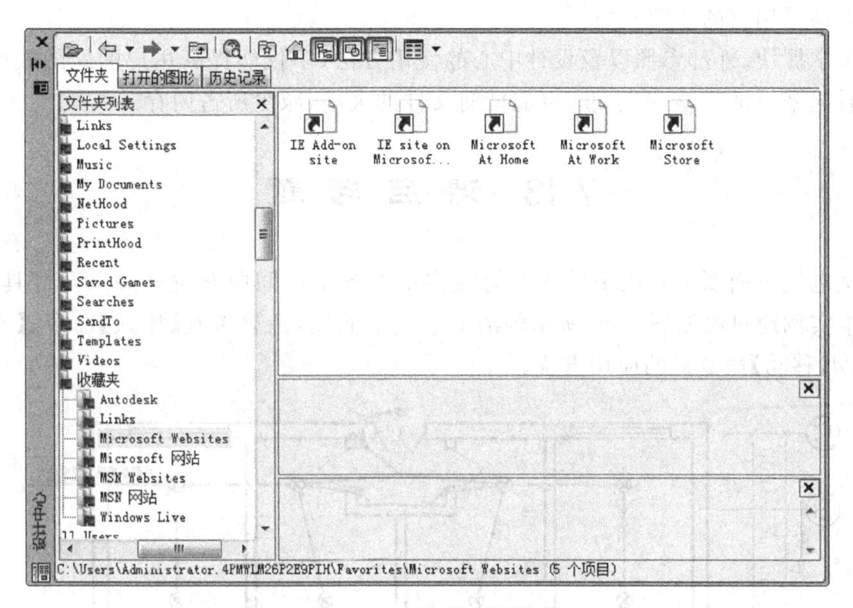

图 7-58 【收藏夹】界面

7.11.5 预览对象

在【设计中心】面板中，单击【预览】按钮，可以打开或关闭预览窗口，确定是否显示预览图像。可以通过拖动鼠标来改变预览窗口的大小。其预览区域如图 7-59 所示。

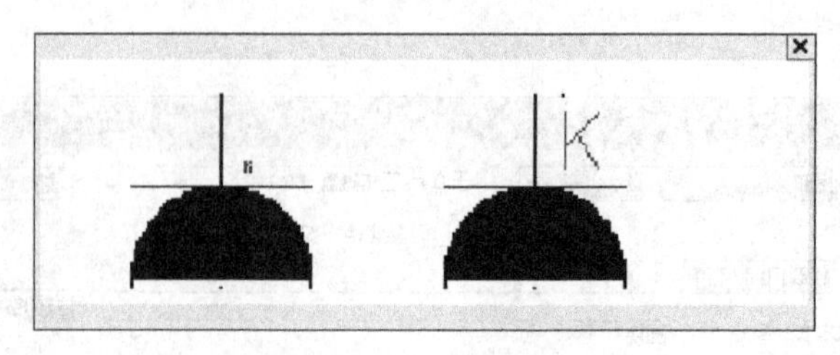

图 7-59 预览区

7.12 课后总结

本章学习了块、外部参照以及设计中心的创建与调用方法，这三部分内容均与图形的快捷绘制有关。图块可以由用户自行绘制，然后在相同文件中多次调用；而外部参照更多的是一种参考底图，通过引用外部的图形作为参考，来指引用户的本次作业，且外部参照图形更新的话，引用它的图纸均会统一更新，非常适合团队合作；设计中心类似于标准库，电气设计中的各种元器件均可以在其中找到现成的标准图形，无须用户另行绘制，极大地提高了用户的绘图效率。

熟练掌握块、外部参照以及设计中心的使用方法，不仅能提高用户的绘图效率，还能让图形看起来更加工整、有水准，也能精简文件的大小，减少所占内存。

7.13 课后习题

浴室电气平面图主要用来讲述如何在浴室的各个空间中布置开关以及灯具图形的方法。本实例通过绘制图 7-60 所示的浴室电气平面图，主要考查【插入】命令、【复制】命令以及 M【移动】命令等的应用方法。

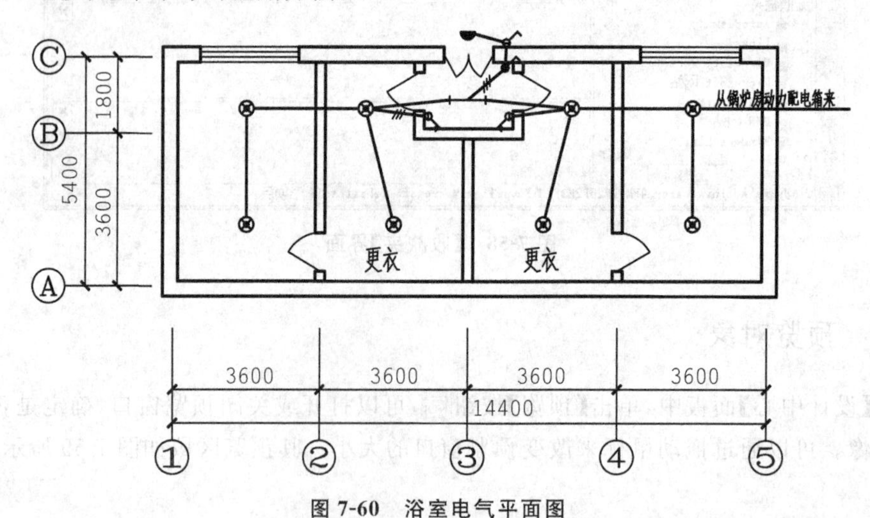

图 7-60 浴室电气平面图

提示步骤如下：

(1) 单击【快速访问】工具栏中的【打开】按钮，打开"第 7 章\7.13 绘制浴室电气平面图.dwg"素材文件，如图 7-61 所示。

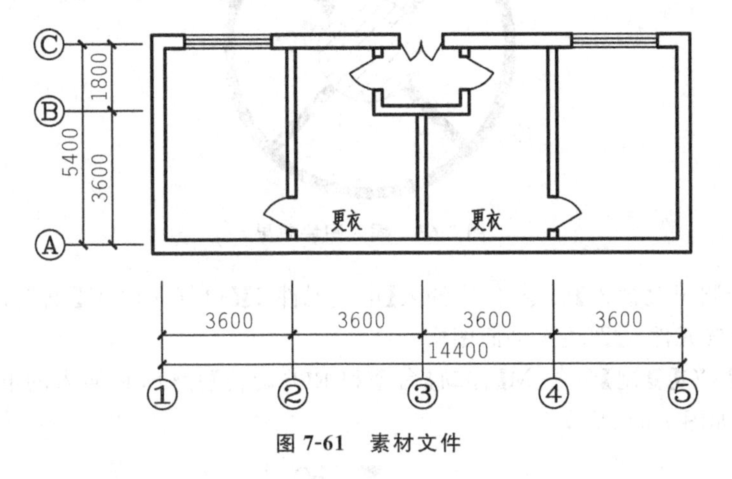

图 7-61 素材文件

(2) 调用 I【插入】命令，打开【插入】对话框，单击【浏览】按钮，打开【选择图形文件】对话框，选择【电气元件 1】图形文件，如图 7-62 所示。

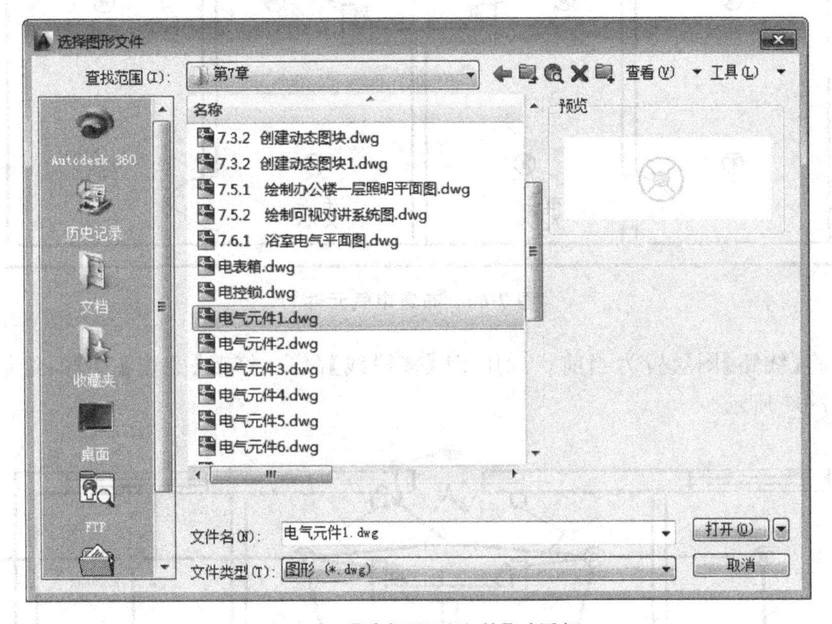

图 7-62 【选择图形文件】对话框

(3) 单击【打开】按钮和【确定】按钮，根据命令行提示指定插入点，插入图块，如图 7-63 所示。

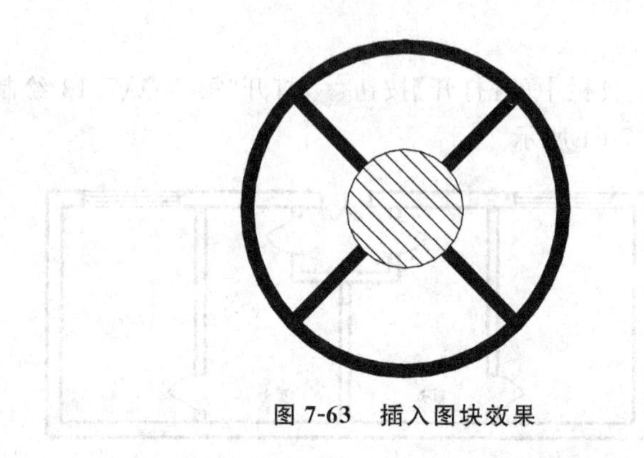

图 7-63　插入图块效果

(4) 重新调用 I【插入】命令，依次插入【电气元件 2】【电气元件 3】【电气元件 4】【电气元件 5】和【电气元件 6】图块至平面图中。

(5) 调用 CO【复制】命令、M【移动】命令和 RO【旋转】命令，将插入的电气元件布置到平面图中，如图 7-64 所示。

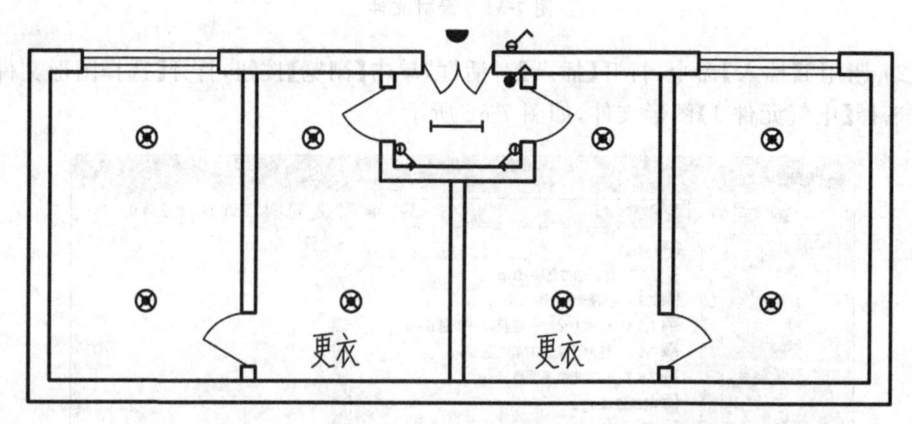

图 7-64　布置电气元件

(6) 将【线路】图层置为当前。调用 PL【多段线】命令，修改【宽度】为 30，绘制连接线路，如图 7-65 所示。

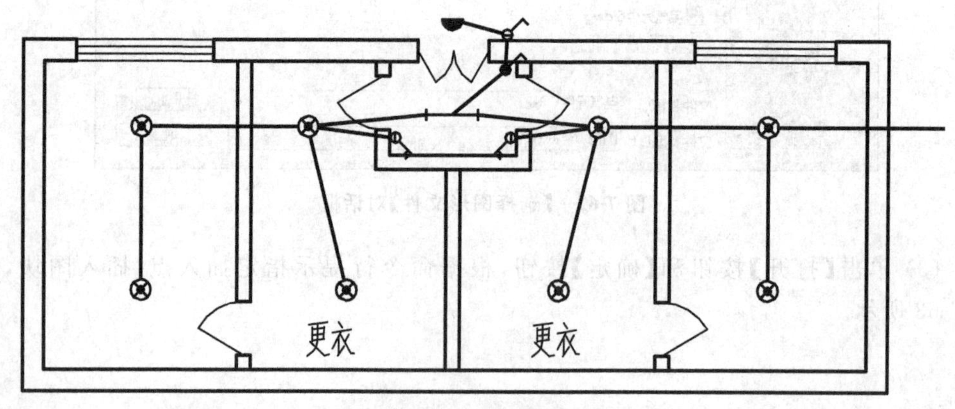

图 7-65　绘制连接线路

(7) 调用 L【直线】命令，在相应的线路上绘制导线对象，如图 7-66 所示。

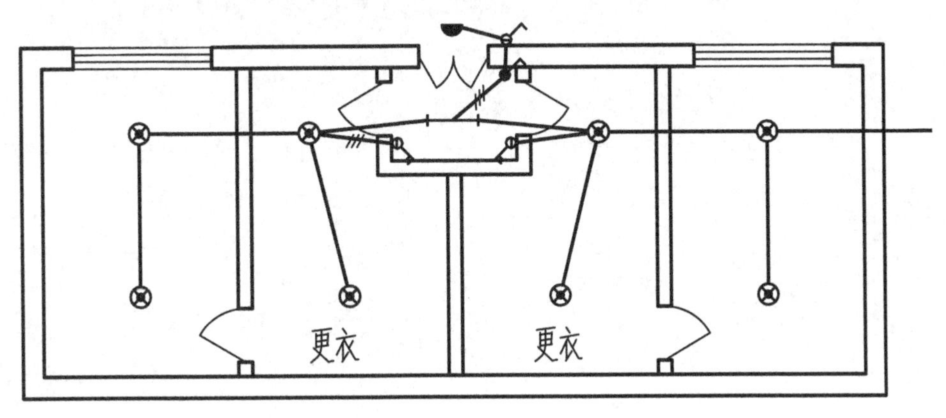

图 7-66　绘制导线

(8) 调用 MT【多行文字】命令，在相应的位置创建多行文字，效果如图 7-67 所示。

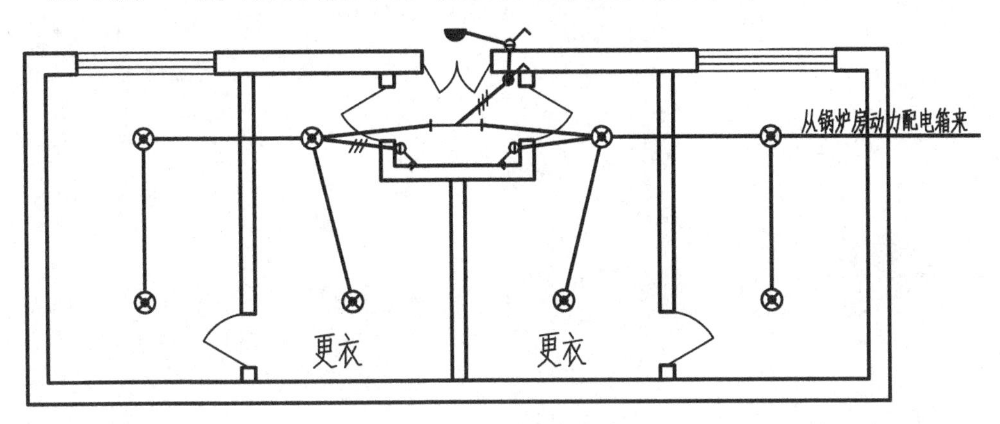

图 7-67　创建多行文字

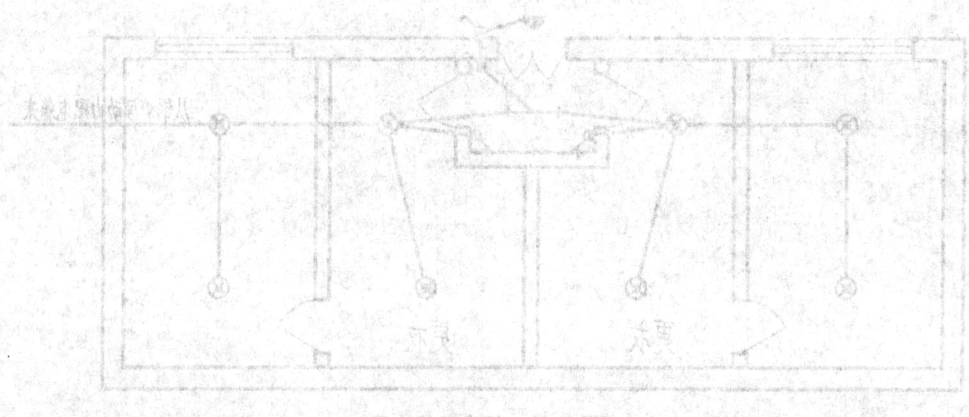

第 3 篇

第8章 chapter 8

常用电子元器件的绘制

电气图是由图形符号和文字符号组成的,因此了解各类图形符号的意义就特别重要。对于各类电气图形符号的表现样式,国家制图标准作了相关的规定。本章以一些常用的电气元器件符号为例,介绍电气元器件的绘制方式。

8.1 绘制二次元件

二次元件类型较多,本节以手动开关、位置开关动断触点等元件类型为例,介绍二次元件图形符号的绘制方法。

8.1.1 绘制手动开关

手动开关在电气图中出现最多,几乎每个电气图都需要用到这个开关图例。通过启用或闭合开关,可以控制电路电源的接通与关闭。

本节介绍手动开关图形的绘制。

(1) 调用 REC【矩形】命令,绘制尺寸为 1500×485 的矩形,如图 8-1 所示。

(2) 调用 X【分解】命令,分解矩形。

(3) 调用 O【偏移】命令,选择矩形的短边向内偏移,如图 8-2 所示。

(4) 调用 TR【修剪】命令,修剪线段;调用 E【删除】命令,删除线段,结果如图 8-3 所示。

(5) 调用 O【偏移】命令,向内偏移矩形边,结果如图 8-4 所示。

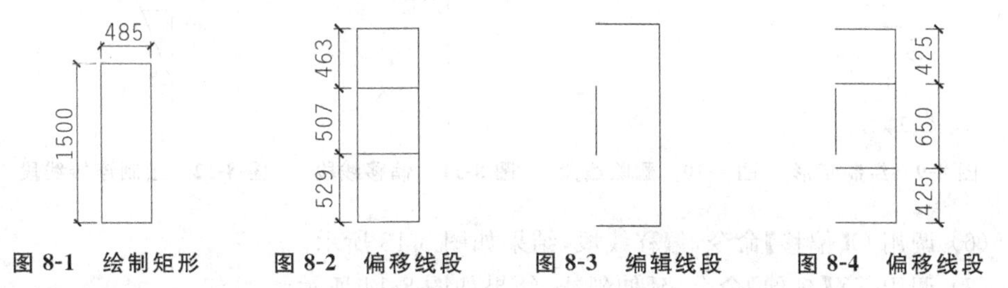

图 8-1 绘制矩形　图 8-2 偏移线段　图 8-3 编辑线段　图 8-4 偏移线段

(6) 调用 TR【修剪】命令、E【删除】命令,对矩形边执行修剪或删除操作,结果如

图 8-5 所示。

(7) 单击状态栏上的【极轴追踪】按钮，在调出的列表中设置增量角，如图 8-6 所示。

(8) 按 F8 键，关闭正交模式。

(9) 调用 L【直线】命令，分别指定起点和端点，绘制短斜线，结果如图 8-7 所示。

(10) 调用 L【直线】命令，分别捕捉左侧垂直线段的中点、短斜线的中点，绘制连接直线，如图 8-8 所示。

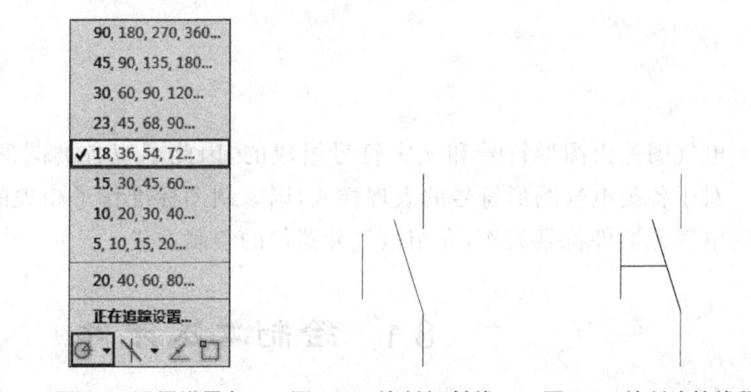

图 8-5 修剪及删除线段　图 8-6 设置增量角　图 8-7 绘制短斜线　图 8-8 绘制连接线段

8.1.2 绘制位置开关动断触点

线圈不通电时两个触点是闭合的，通电后这两个触点就断开，称为动断触点。本节介绍动断触点图例符号的绘制方法。

(1) 调用 REC【矩形】命令，分别绘制尺寸为 450×375、921×234 的矩形，如图 8-9 所示。

(2) 调用 X【分解】命令，分解矩形。

(3) 调用 E【删除】命令，删除矩形边，如图 8-10 所示。

(4) 调用 O【偏移】命令，偏移矩形边，结果如图 8-11 所示。

(5) 调用 L【直线】命令，绘制如图 8-12 所示的线段。

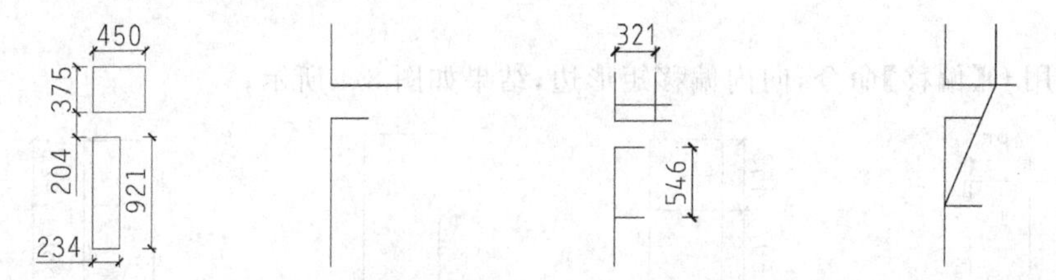

图 8-9 绘制矩形　图 8-10 删除线段　图 8-11 偏移线段　图 8-12 绘制连接线段

(6) 调用 O【偏移】命令，偏移线段，结果如图 8-13 所示。

(7) 调用 EX【延伸】命令，延伸斜线，结果如图 8-14 所示。

(8) 调用 E【删除】命令，删除线段，结果如图 8-15 所示。

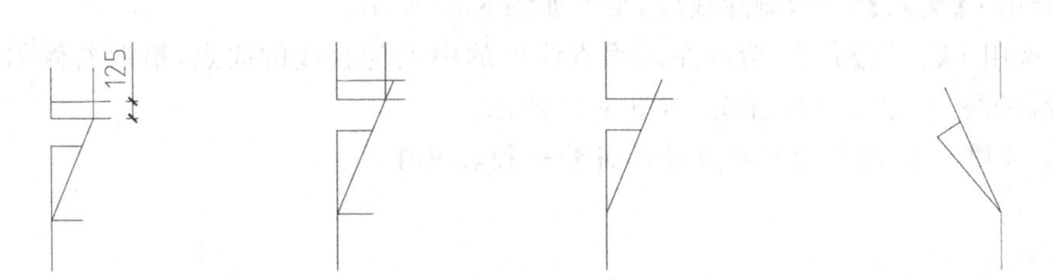

图 8-13 偏移线段　图 8-14 延伸斜线　图 8-15 删除线段　图 8-16 位置开关动合触点

提示：线圈不通电时两个触点是断开的，通电后这两个触点就闭合，通常把这类触点称为动合触点。如图 8-16 所示为位置开关动合触点的绘制结果。

8.1.3 绘制拉拔开关

拉拔开关也是开关的一种类型，在控制电路图、保护电路图等类型的电气图中都有使用。其作用是通过控制电源的接通与关闭，达到控制位于电路上各元器件的启动与关闭的目的。

(1) 调用 REC【矩形】命令，分别绘制尺寸为 450×375、150×495 的矩形，如图 8-17 所示。

(2) 调用 X【分解】命令，分解矩形。

(3) 调用 E【删除】命令，删除矩形边，结果如图 8-18 所示。

(4) 调用 O【偏移】命令，向下偏移矩形边，如图 8-19 所示。

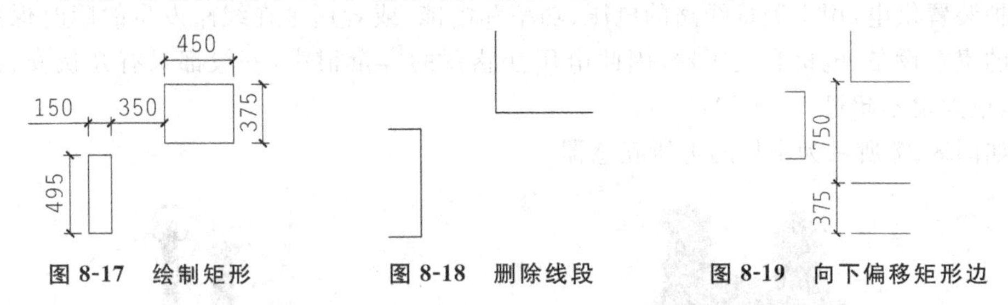

图 8-17 绘制矩形　图 8-18 删除线段　图 8-19 向下偏移矩形边

(5) 调用 L【直线】命令，绘制连接线段，结果如图 8-20 所示。

(6) 调用 E【删除】命令，删除线段，结果如图 8-21 所示。

(7) 调用 O【偏移】命令，偏移线段，如图 8-22 所示。

(8) 调用 L【直线】命令，绘制如图 8-23 所示的连接斜线。

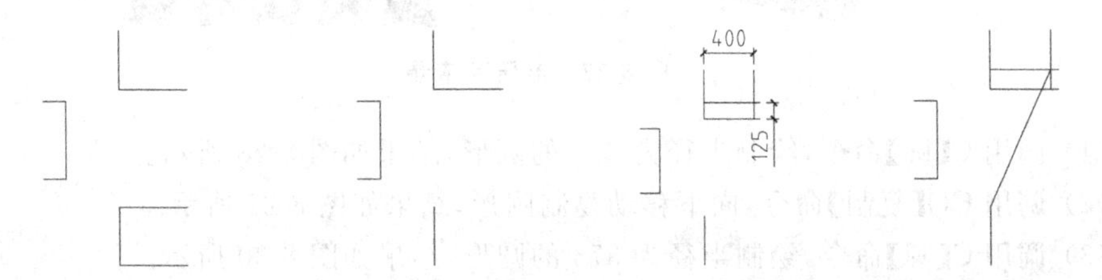

图 8-20 绘制连接线段　图 8-21 删除线段　图 8-22 偏移线段　图 8-23 绘制斜线

(9) 调用 E【删除】命令，删除线段，结果如图 8-24 所示。

(10) 调用 L【直线】命令，拾取左侧垂直线段的中点为直线的起点，拾取右侧斜线的中点为直线的终点，绘制连接直线，如图 8-25 所示。

提示：如图 8-26 所示为拉拔开关的另外一种表现样式。

图 8-24 删除线段　　图 8-25 绘制连接直线　　图 8-26 拉拔开关

8.2 绘制互感器

互感器分为电压互感器与电流互感器两类。电压互感器用来变换线路上的电压，电流互感器根据电压的大小来控制电流的流量。本节介绍这两类图形符号的绘制。

8.2.1 绘制电压互感器

电压互感器用来变换线路上的电压。变换电压的目的主要是用来给测量仪表和继电保护装置供电，用来测量线路的电压、功率和电能，或者用来在线路发生故障时保护线路中的贵重设备、电机和变压器，因此电压互感器的容量很小，一般都只有几伏安、几十伏安，最大也不超过 1000VA。

如图 8-27 所示为常见的电压互感器。

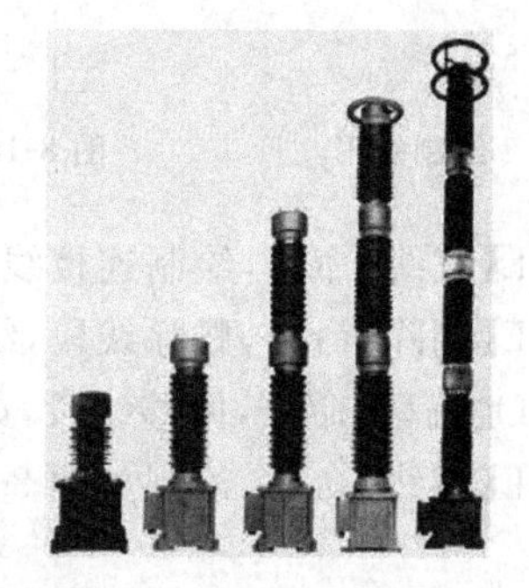

图 8-27 电压互感器

(1) 调用 C【圆】命令，绘制半径为 350 的圆形，结果如图 8-28 所示。

(2) 调用 CO【复制】命令，向下移动复制圆形，结果如图 8-29 所示。

(3) 调用 C【圆】命令，绘制半径为 375 的圆形，结果如图 8-30 所示。

(4) 调用 L【直线】命令，绘制如图 8-31 所示的线段。

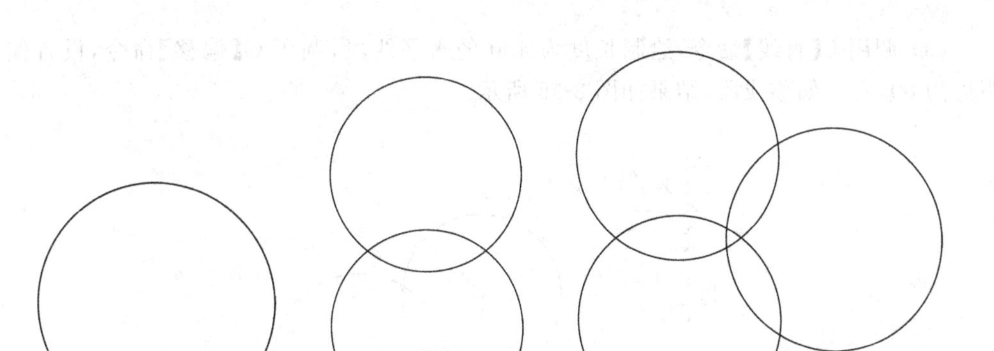

图 8-28 绘制圆形　　图 8-29 复制圆形　　图 8-30 绘制圆形

(5) 调用 CO【复制】命令,选择线段向下移动复制,结果如图 8-32 所示。

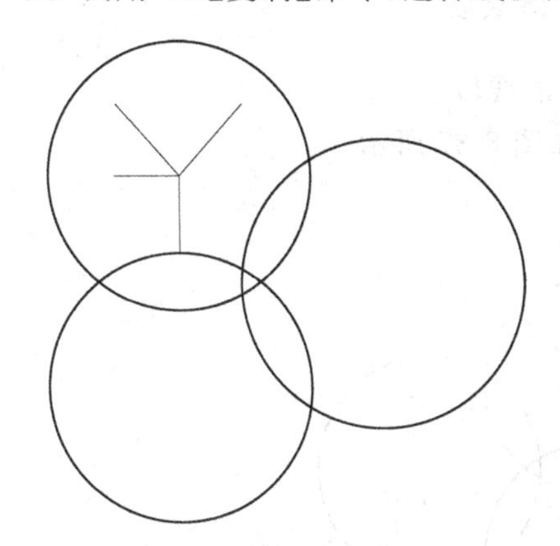

图 8-31 绘制线段

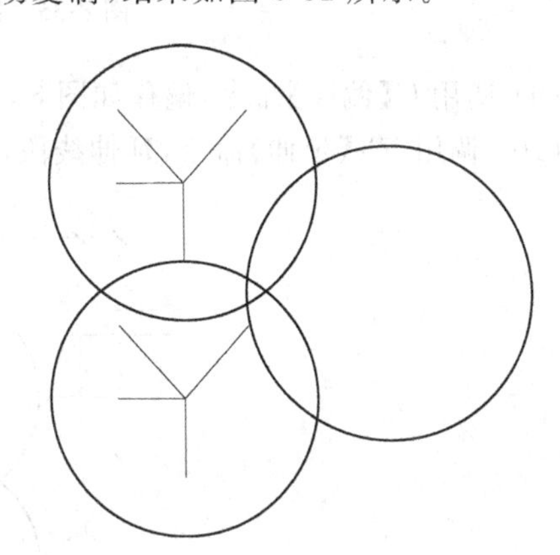

图 8-32 复制图形

(6) 调用 L【直线】命令,绘制等边三角形,结果如图 8-33 所示。

(7) 调用 L【直线】命令,绘制如图 8-34 所示的线段。

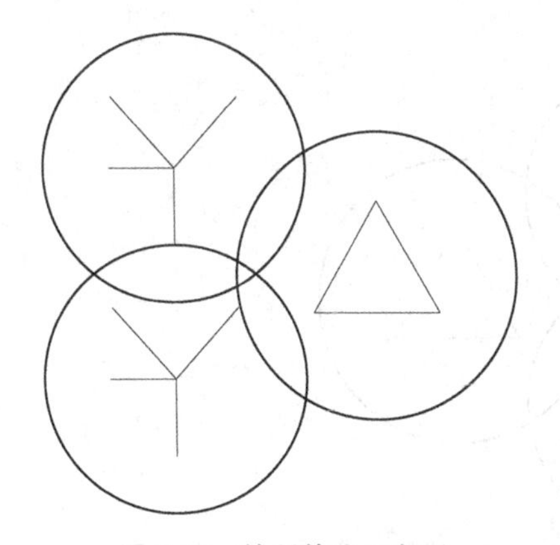

图 8-33 绘制等边三角形

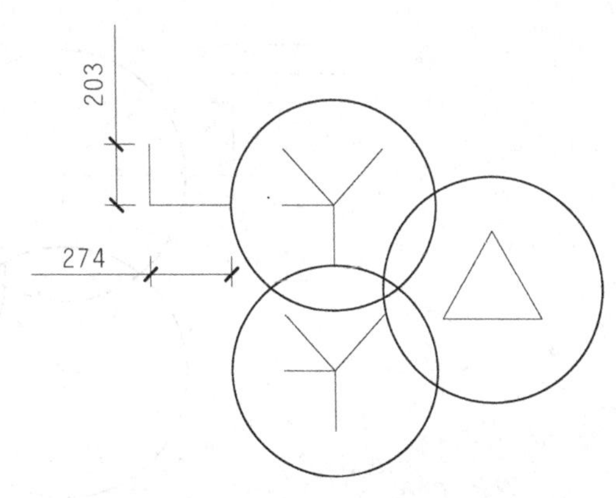

图 8-34 绘制线段

(8) 调用 L【直线】命令，绘制长度为 400 的水平线段；调用 O【偏移】命令，设置偏移距离为 80，向上偏移线段，结果如图 8-35 所示。

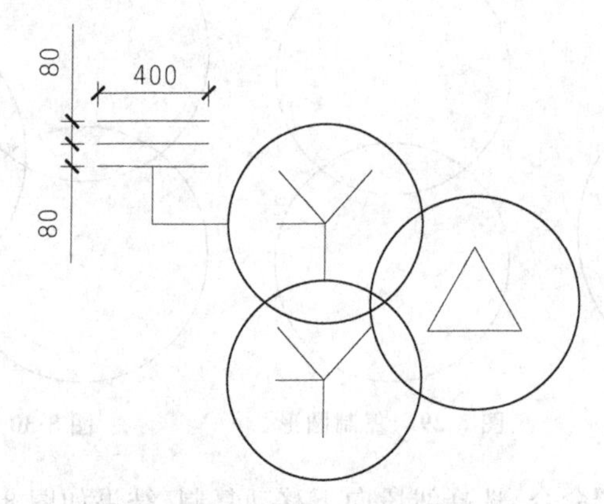

图 8-35 绘制并偏移线段

(9) 调用 O【偏移】命令，偏移如图 8-36 所示的线段。

(10) 调用 EX【延伸】命令，延伸线段，结果如图 8-37 所示。

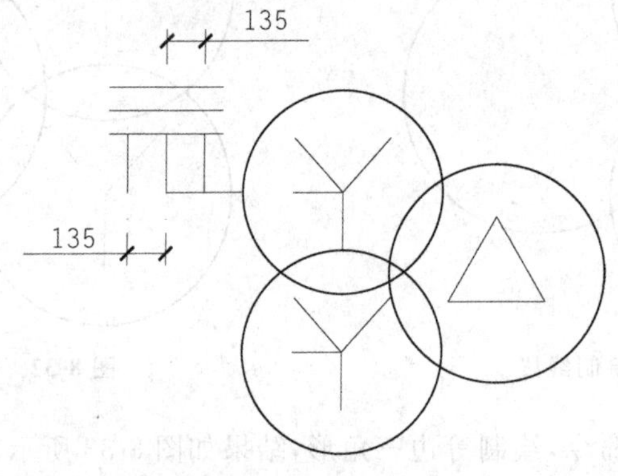

图 8-36 偏移线段

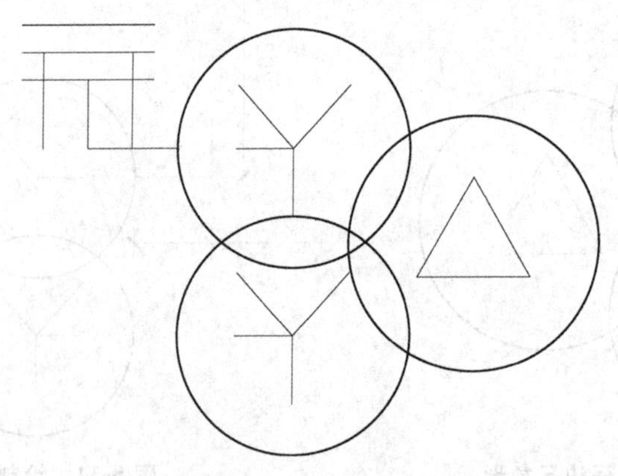

图 8-37 延伸线段

（11）调用 TR【修剪】命令，修剪线段，结果如图 8-38 所示。

（12）调用 O【偏移】命令，设置偏移距离为 70，向内偏移线段，结果如图 8-39 所示。

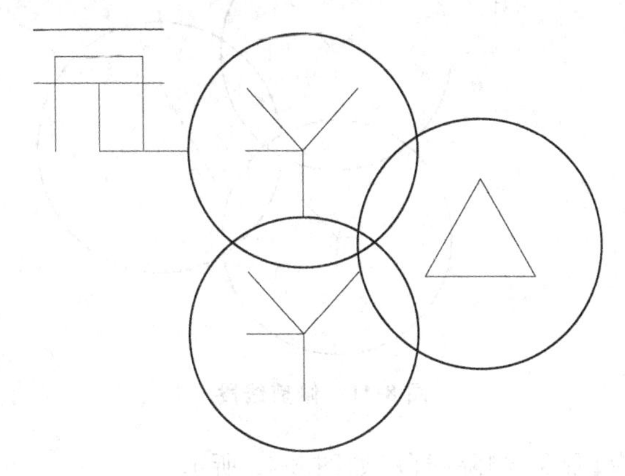

图 8-38　修剪线段

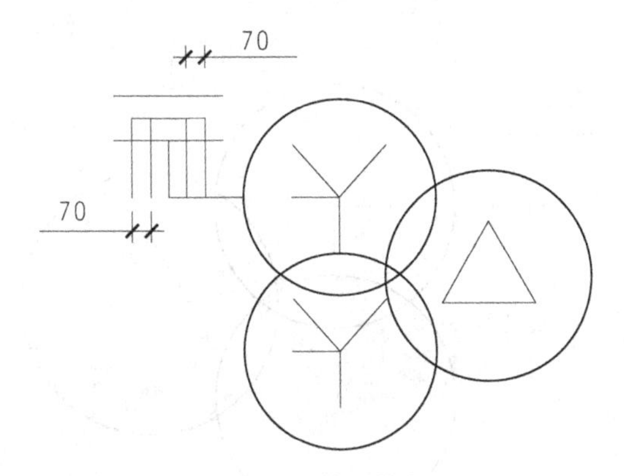

图 8-39　偏移线段

（13）调用 EX【延伸】命令，延伸线段如图 8-40 所示。

（14）调用 TR【修剪】命令，修剪线段，结果如图 8-41 所示。

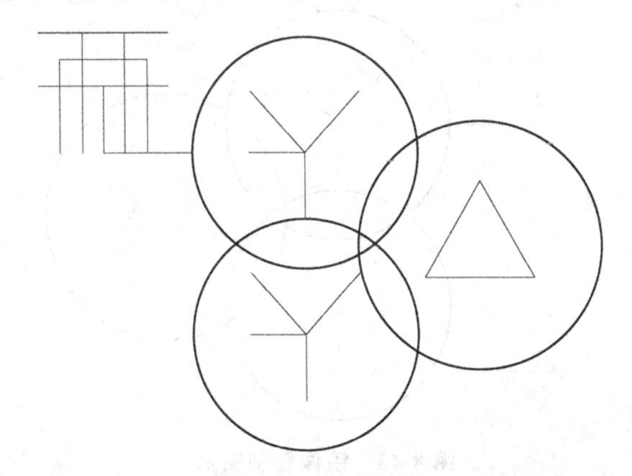

图 8-40　延伸线段

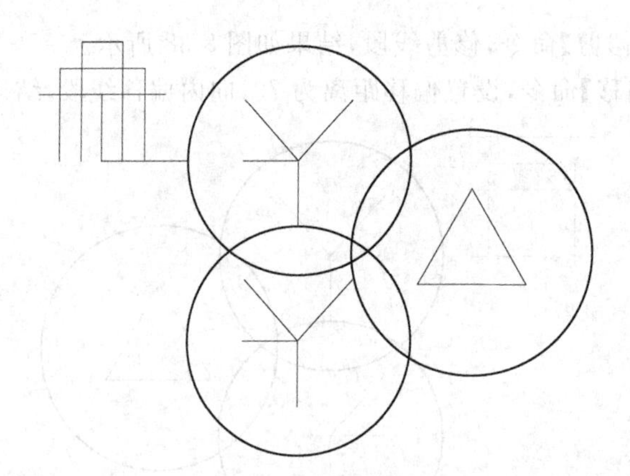

图 8-41 修剪线段

(15) 调用 E【删除】命令,删除线段,如图 8-42 所示。

(16) 调用 MI【镜像】命令,选择绘制完成线段图形,向下镜像复制图形,结果如图 8-43 所示。

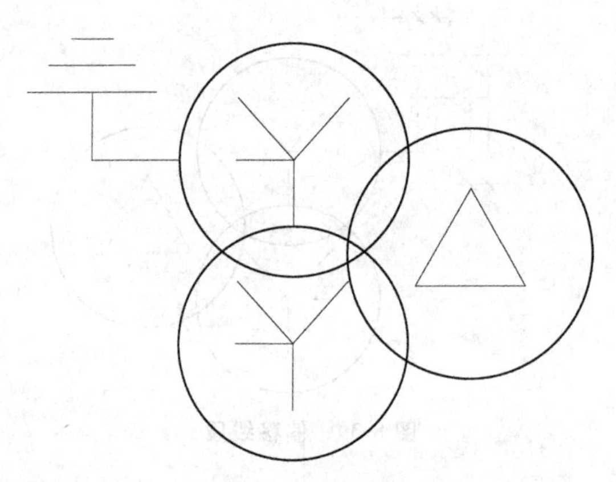

图 8-42 删除线段

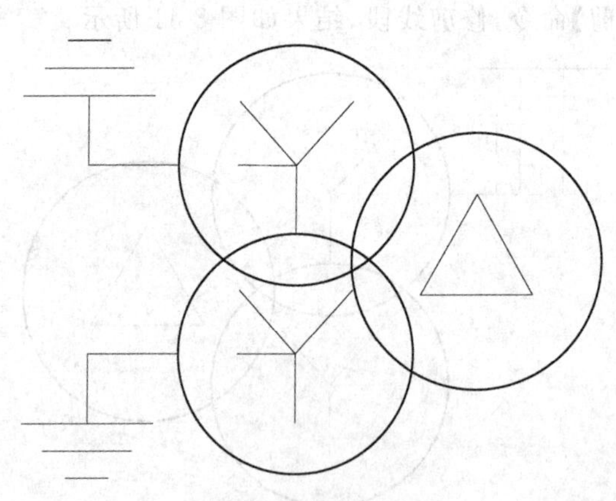

图 8-43 镜像复制图形

(17) 调用 L【直线】命令,以圆形的端点为起点,绘制如图 8-44 所示的垂直线段。

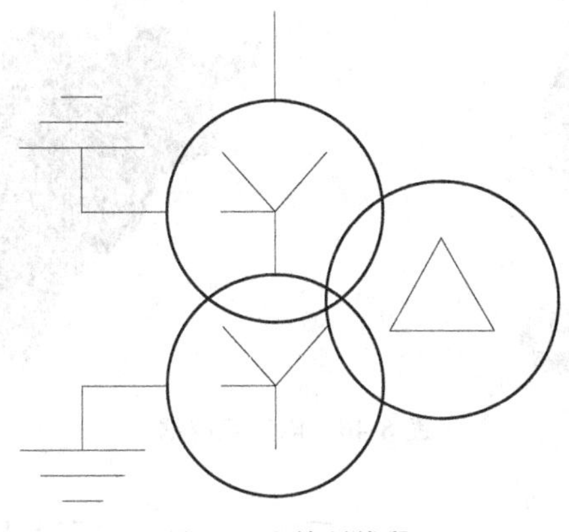

图 8-44 绘制线段

提示：电压互感器的其他表现方式如图 8-45 所示。

图 8-45 电压互感器的其他表现方式

8.2.2 绘制电流互感器

电流互感器原理是依据变压器原理制成的，由闭合的铁心和绕组组成。一次侧绕组匝数很少，串在需要测量的电流的线路中，因此它经常有线路的全部电流流过。二次侧绕组匝数比较多，串接在测量仪表和保护回路中。

电流互感器在工作时，它的二次侧回路始终是闭合的，因此测量仪表和保护回路串联线圈的阻抗很小，电流互感器的工作状态接近短路。

如图 8-46 所示为常见的电流互感器。

(1) 调用 C【圆】命令，绘制半径为 250 的圆形，结果如图 8-47 所示。

(2) 调用 CO【复制】命令，移动复制圆形，结果如图 8-48 所示。

(3) 调用 L【直线】命令，过圆心绘制长度为 1500 的垂直线段，结果如图 8-49 所示。

(4) 调用 L【直线】命令，绘制如图 8-50 所示的相交线段。

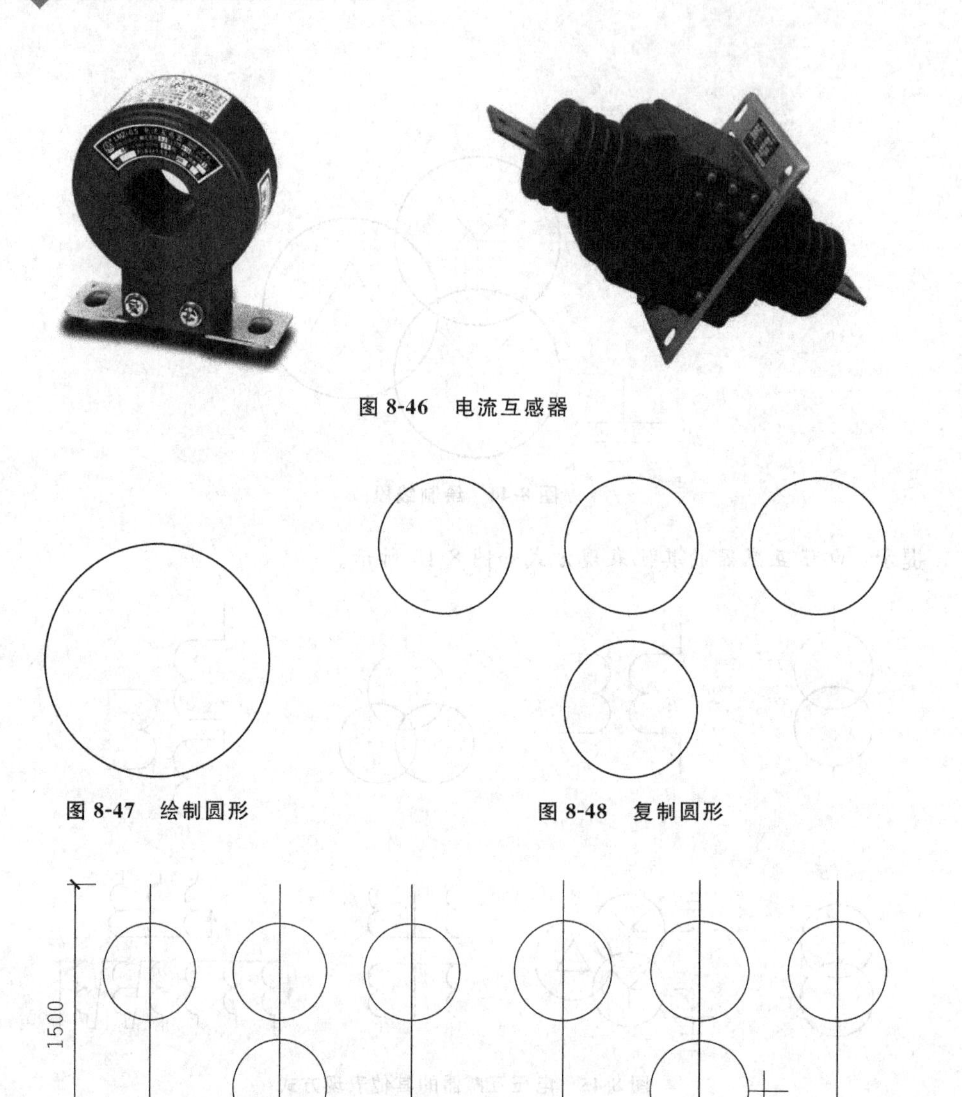

图 8-46 电流互感器

图 8-47 绘制圆形

图 8-48 复制圆形

图 8-49 绘制线段

图 8-50 绘制线段

(5) 调用 RO【旋转】命令，设置旋转角度为－30°，旋转线段的结果如图 8-51 所示。

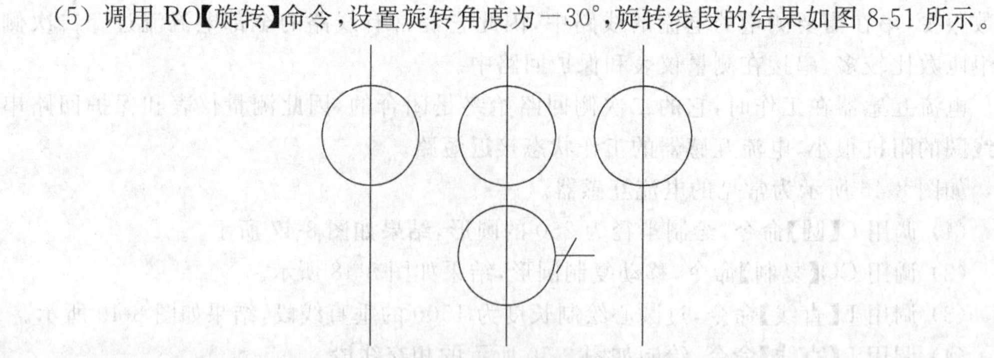
图 8-51 旋转线段

(6) 调用CO【复制】命令,选择斜线向右移动复制,结果如图8-52所示。

(7) 调用CO【复制】命令,移动复制线段图形,结果如图8-53所示。

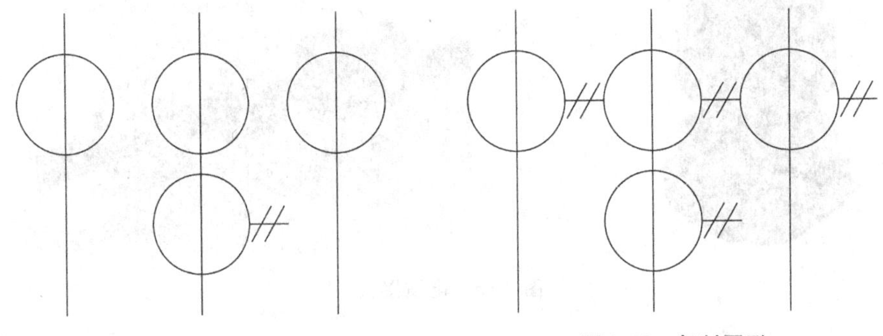

图8-52 复制线段　　图8-53 复制图形

提示:电流互感器的其他表现形式如图8-54所示。

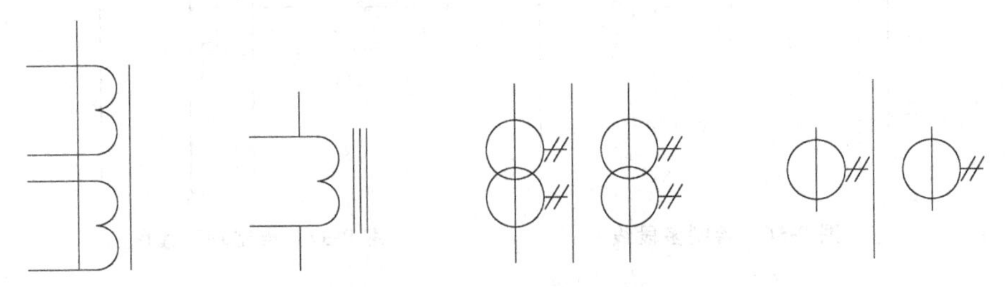

图8-54 电流互感器的其他表现形式

8.3 绘制其他常用元器件

本节以常用的接地符号、电缆头等元器件为例,介绍一些常用的元器件图形符号的绘制方式。

8.3.1 绘制电缆头

电缆接头又称电缆头。电缆铺设好后,为了使其成为一个连续的线路,各段线必须连接为一个整体,这些连接点就称为电缆接头。电缆线路中间部位的电缆接头称为中间接头,而线路两末端的电缆接头称为终端头。电缆接头用来锁紧和固定进出线,起到防水、防尘、防震动的作用。

如图8-55所示为常见的电缆接头。

(1) 调用PL【多段线】命令,绘制如图8-56所示的线段。

(2) 调用L【直线】命令,绘制垂直线段,结果如图8-57所示。

(3) 调用L【直线】命令,绘制长度为600的水平线段,如图8-58所示。

(4) 调用L【直线】命令,绘制连接线段,如图8-59所示。

图 8-55　电缆接头

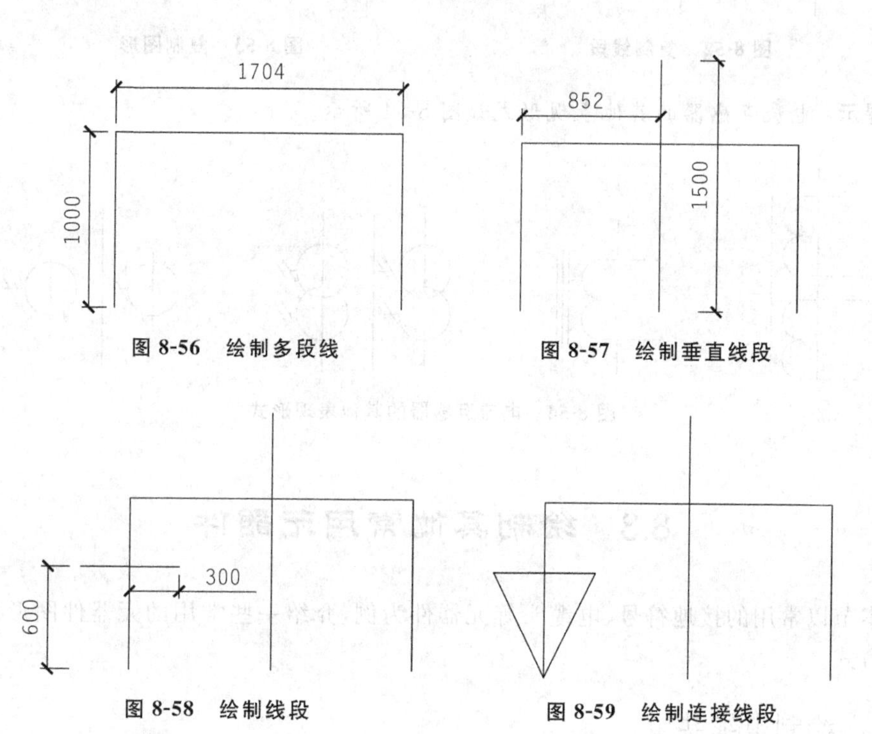

图 8-56　绘制多段线

图 8-57　绘制垂直线段

图 8-58　绘制线段

图 8-59　绘制连接线段

(5) 调用 CO【复制】命令，选择绘制完成的线段向右移动复制，结果如图 8-60 所示。

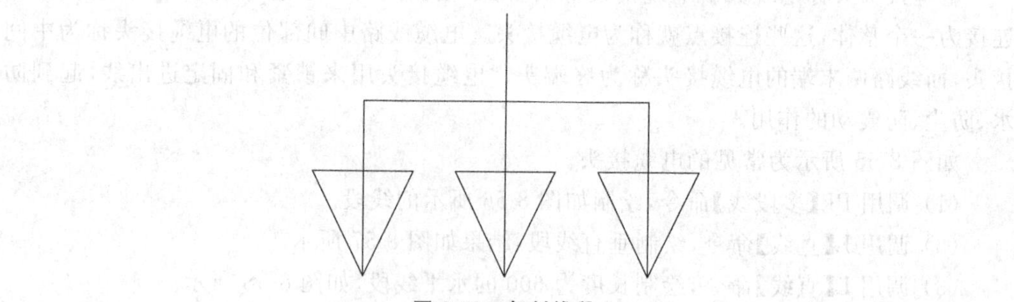

图 8-60　复制线段

8.3.2 绘制信号灯

信号灯在电路图中的表示方式为圆形内绘制交叉线段。信号灯起到提示作用，如提示电流通过、设备的运转等。信号灯亮起，表示有电流通过或者设备在运转；信号灯熄灭，表示该电路此时没有电流通过。

(1) 调用C【圆】命令，绘制半径为550的圆形，如图8-61所示。

(2) 调用L【直线】命令，过圆心绘制垂直线段，结果如图8-62所示。

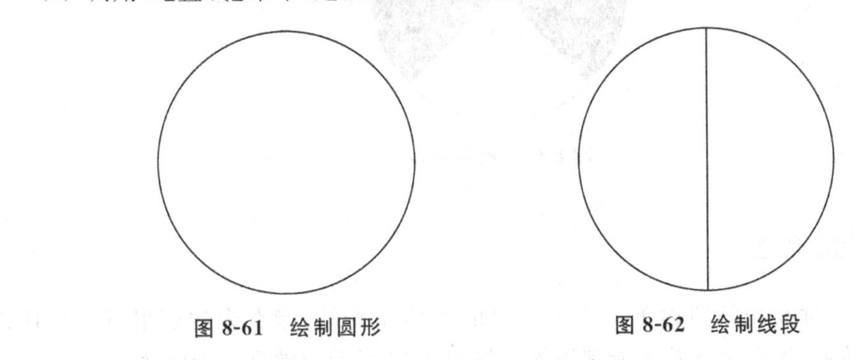

图8-61 绘制圆形　　图8-62 绘制线段

(3) 调用RO【旋转】命令，设置旋转角度为45°，旋转线段的结果如图8-63所示。

(4) 调用MI【镜像】命令，镜像复制斜线，如图8-64所示。

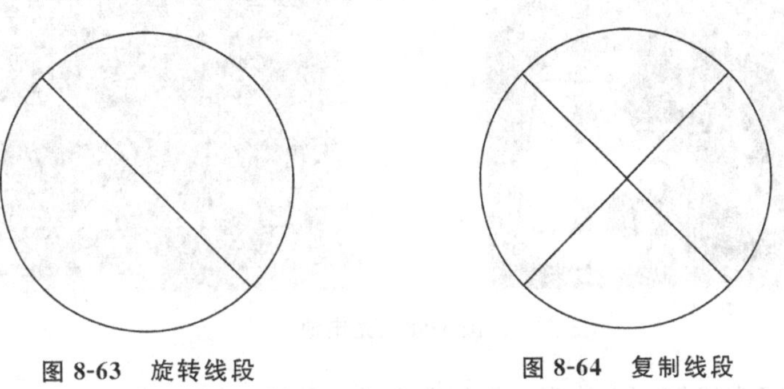

图8-63 旋转线段　　图8-64 复制线段

(5) 调用H【图案填充】命令，选择SOLID图案，如图8-65所示。

(6) 在圆形中拾取填充区域，绘制填充图案，结果如图8-66所示。

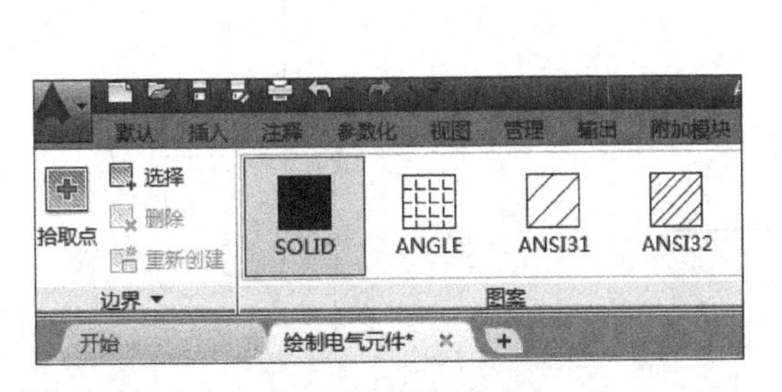

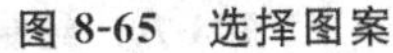

图8-65 选择图案

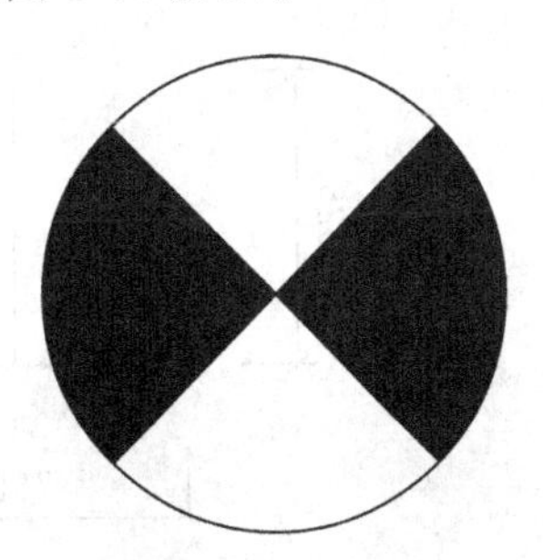

图8-66 填充图案

（7）调用L【直线】命令，绘制长度为400的垂直线段，结果如图8-67所示。

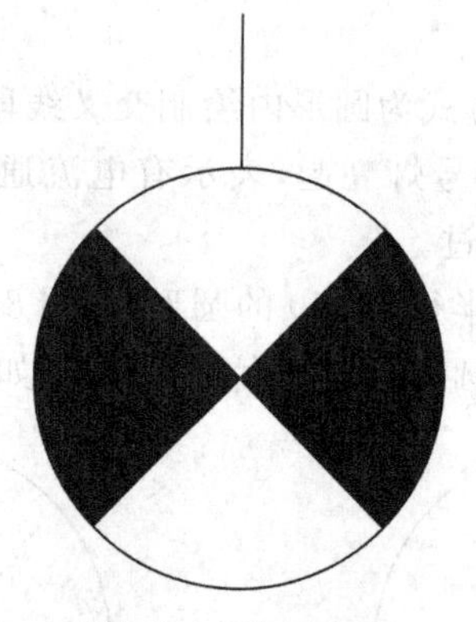

图8-67　绘制线段

8.3.3　绘制光电池

光电池是一种在光的照射下产生电动势的半导体元件，能在光的照射下产生电动势，用于光电转换、光电探测及光能利用等。如图8-68所示为常见的光电池。

图8-68　光电池

（1）调用L【直线】命令，绘制水平线段和垂直线段，结果如图8-69所示。

（2）调用L【直线】命令，绘制辅助线，如图8-70所示。

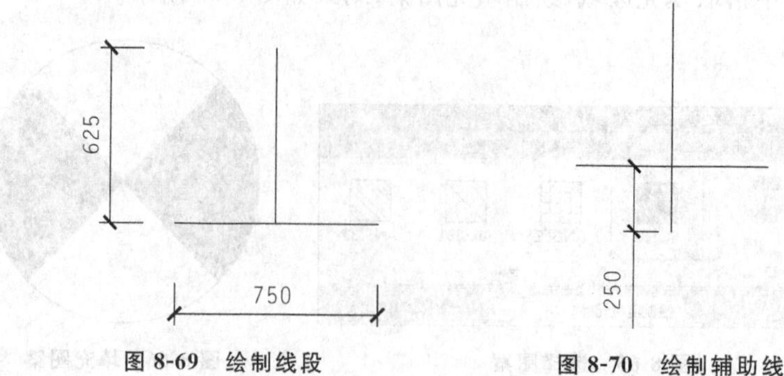

图8-69　绘制线段　　　图8-70　绘制辅助线

(3) 调用 MI【镜像】命令,向下镜像复制线段,结果如图 8-71 所示。

(4) 调用 E【删除】命令,删除辅助线,结果如图 8-72 所示。

(5) 调用 O【偏移】命令,设置偏移距离为 164,偏移线段的结果如图 8-73 所示。

图 8-71 复制线段　　图 8-72 删除辅助线　　图 8-73 偏移线段

(6) 调用 TR【修剪】命令,修剪线段,结果如图 8-74 所示。

(7) 调用 E【删除】命令,删除线段,如图 8-75 所示。

(8) 调用 PL【多段线】命令,设置起点宽度为 70,端点宽度为 0,绘制指示箭头,结果如图 8-76 所示。

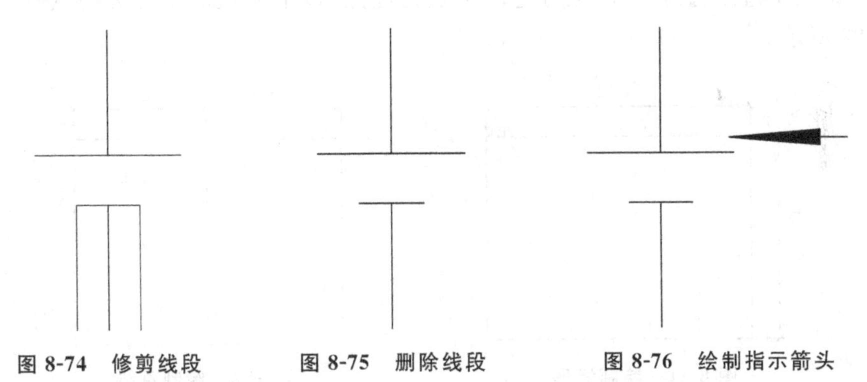

图 8-74 修剪线段　　图 8-75 删除线段　　图 8-76 绘制指示箭头

(9) 调用 RO【旋转】命令,设置旋转角度为 60°,调整指示箭头的角度,如图 8-77 所示。

(10) 调用 CO【复制】命令,移动复制箭头,结果如图 8-78 所示。

提示:光电池的其他表示方式如图 8-79 所示。

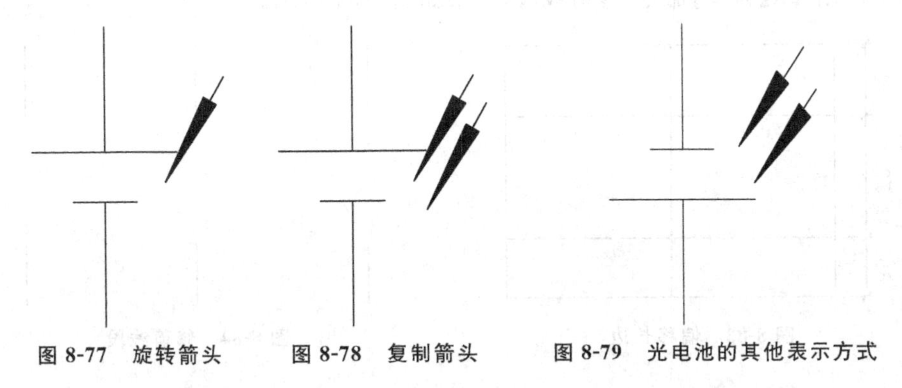

图 8-77 旋转箭头　　图 8-78 复制箭头　　图 8-79 光电池的其他表示方式

8.3.4 绘制接触器

接触器分为交流接触器(电压 AC)和直流接触器(电压 DC),它应用于电力、配电与用电。接触器广义上是指工业电气中利用线圈流过电流产生磁场,使触头闭合,以达到控制负载的电器。如图 8-80 所示为常见的接触器。

图 8-80 常见的接触器

(1) 调用 REC【矩形】命令,绘制尺寸为 2016×1500 的矩形,如图 8-81 所示。

(2) 调用 L【直线】命令,以上方边的中点为起点,以下方边的中点为终点,绘制直线如图 8-82 所示。

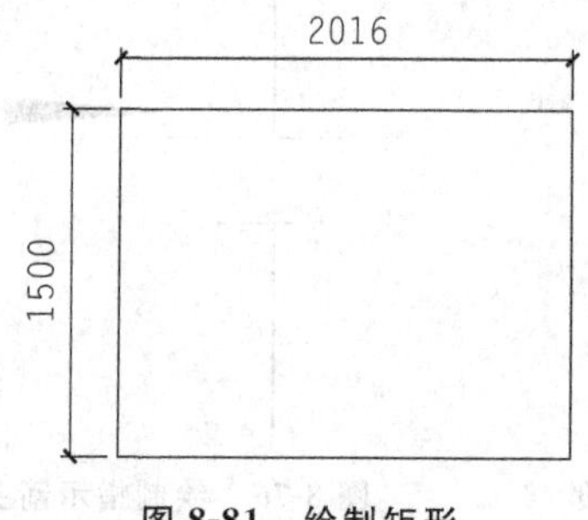

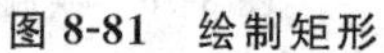

图 8-81 绘制矩形

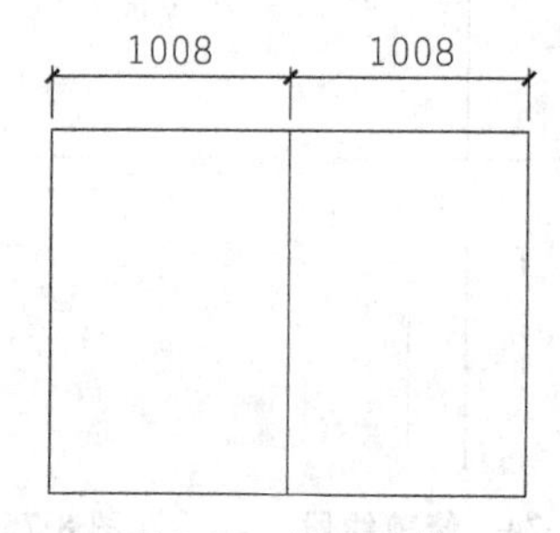

图 8-82 绘制直线

(3) 调用 X【分解】命令,分解矩形。

(4) 调用 O【偏移】命令,选择矩形的长边向内偏移,结果如图 8-83 所示。

(5) 调用 TR【修剪】命令,修剪线段,结果如图 8-84 所示。

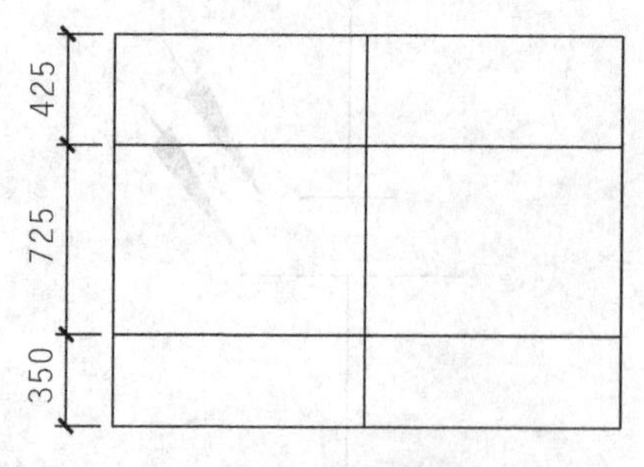

图 8-83 偏移长边

图 8-84 修剪线段

(6) 单击状态栏上的"极轴追踪"按钮，在弹出的列表中设置增量角，如图 8-85 所示。

(7) 调用 L【直线】命令，绘制如图 8-86 所示的斜线。

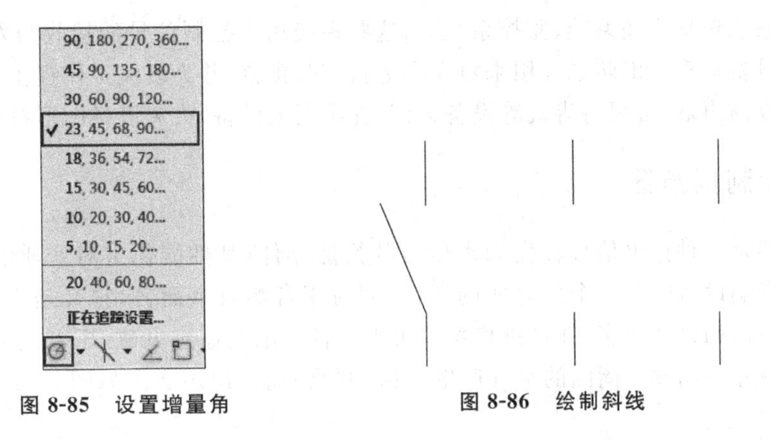

图 8-85　设置增量角　　　图 8-86　绘制斜线

(8) 调用 CO【复制】命令，选择斜线向右移动复制，结果如图 8-87 所示。

(9) 调用 L【直线】命令，单击左侧斜线的中点为直线的起点，单击右侧斜线的中点为直线的终点，绘制连接直线的结果如图 8-88 所示。

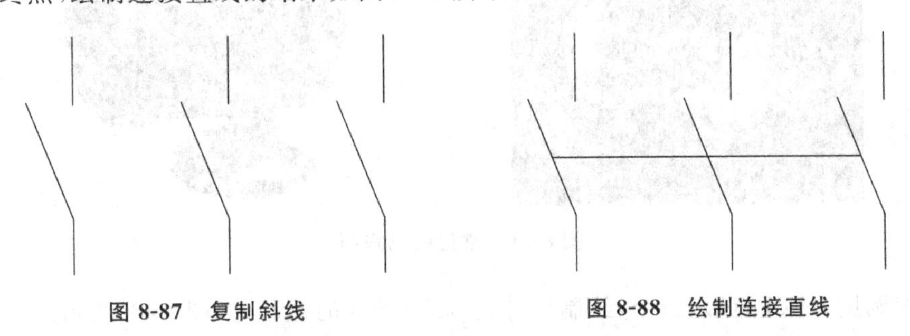

图 8-87　复制斜线　　　图 8-88　绘制连接直线

(10) 调用 MT【多行文字】命令，绘制标注文字 c，结果如图 8-89 所示。

提示：断路器图例的绘制与接触器图例的绘制方式大致相同，如图 8-90 所示为断路器图例的绘制结果。

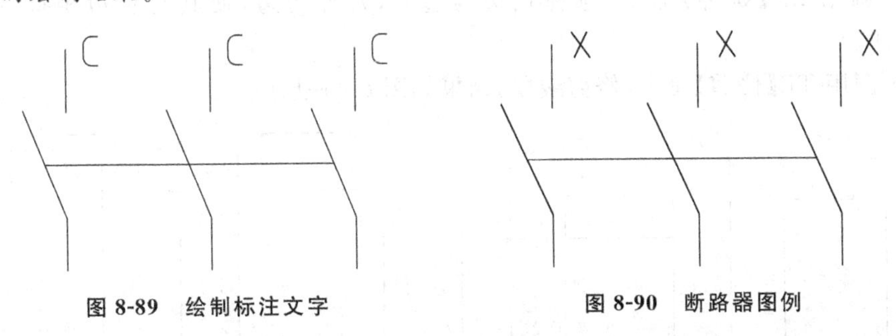

图 8-89　绘制标注文字　　　图 8-90　断路器图例

8.4 绘制弱电与消防设备

弱电系统包括广播系统、监控系统等,这些系统用来控制信号的接收与发射,其电路上使用的设备众多。消防系统用来对火灾进行实时预警,并为救灾工作提供便利。

本节以扬声器、可视对讲机等设备为例,介绍弱电设备、火灾设备图形符号的绘制。

8.4.1 绘制扬声器

扬声器是一种把电信号转变为声信号的换能器件,其性能优劣对音质的影响很大。扬声器在音响设备中是一个最薄弱的器件,而对于音响效果而言,它又是一个最重要的部件。扬声器的种类繁多,并且价格相差很大。音频电能通过电磁、压电或静电效应,使其纸盆或膜片振动并与周围的空气产生共振(共鸣)而发出声音。如图 8-91 所示为常见的扬声器。

图 8-91 常见的扬声器

(1) 调用 REC【矩形】命令,绘制尺寸为 325×600 的矩形,如图 8-92 所示。

(2) 调用 X【分解】命令,分解矩形。

(3) 调用 O【偏移】命令,选择矩形的短边向内偏移,选择矩形的长边向左偏移,结果如图 8-93 所示。

(4) 调用 EX【延伸】命令,选择长边为边界,延伸短边,使其与长边相接,结果如图 8-94 所示。

(5) 调用 TR【修剪】命令,修剪线段,结果如图 8-95 所示。

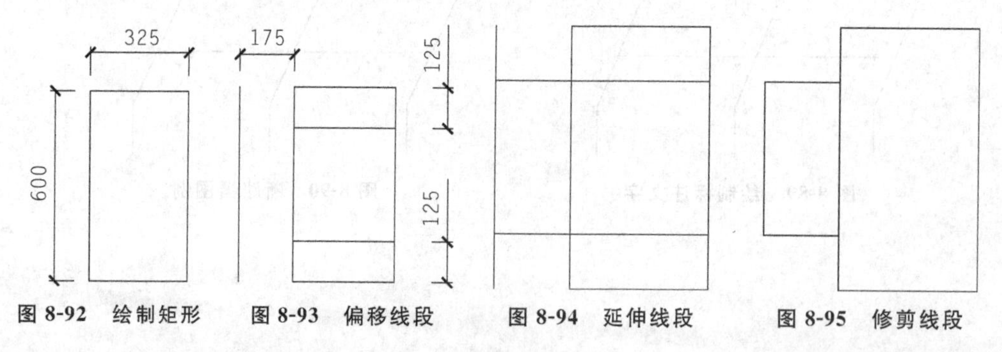

图 8-92 绘制矩形　图 8-93 偏移线段　图 8-94 延伸线段　图 8-95 修剪线段

(6) 调用 L【直线】命令,绘制连接斜线,如图 8-96 所示。

(7) 调用 TR【修剪】命令、E【删除】命令,修剪并删除线段,结果如图 8-97 所示。

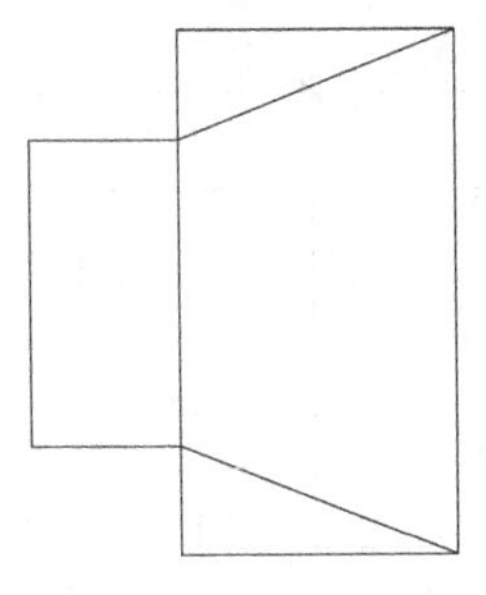

图 8-96 绘制连接斜线

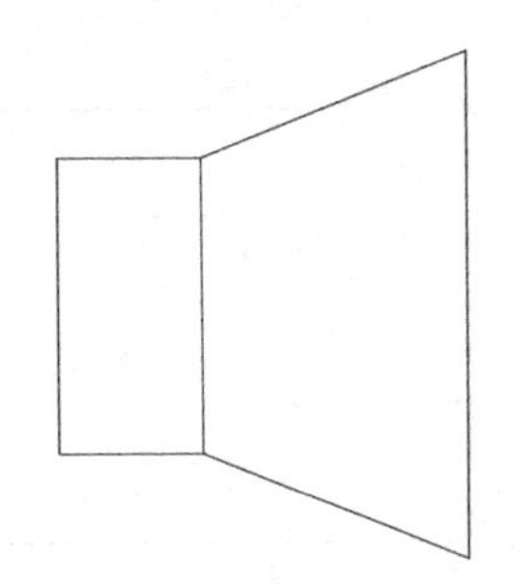

图 8-97 修剪并删除线段

(8) 调用 PL【多段线】命令,设置线宽为 20,为图形绘制粗轮廓线,结果如图 8-98 所示。

提示:如图 8-99 所示为“高音扬声器”图例、“报警扬声器”图例的绘制结果,其绘制方式可以参考本节内容。

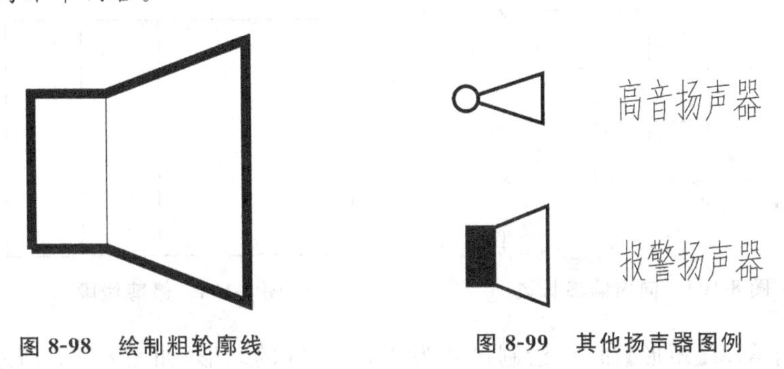

图 8-98 绘制粗轮廓线　　图 8-99 其他扬声器图例

8.4.2 绘制可视对讲机

可视对讲机指可以进行直接视频的对讲机。对讲机不同于移动电话,它不用根据通话时间计费。与移动电话和双向对讲机相比,可视对讲机的成本较为经济。如图 8-100 所示为常见的可视对讲机。

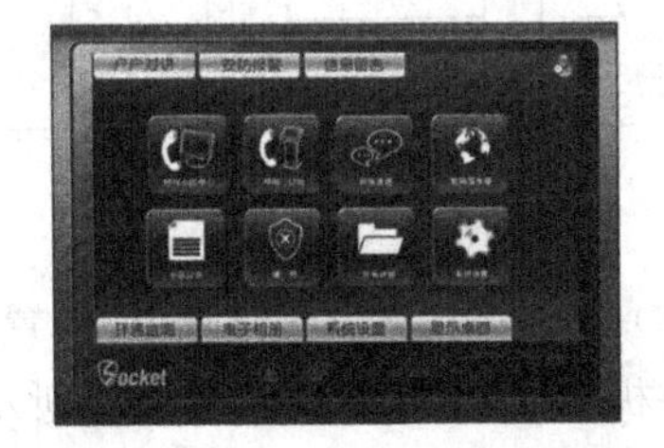

图 8-100 常见的可视对讲机

(1) 调用 REC【矩形】命令,绘制如图 8-101 所示的矩形。

(2) 调用 X【分解】命令,分解矩形。

(3) 调用 O【偏移】命令,向内偏移矩形短边,结果如图 8-102 所示。

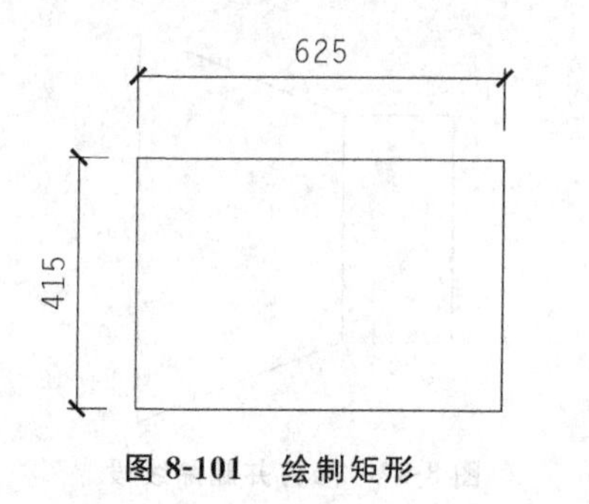

图 8-101 绘制矩形

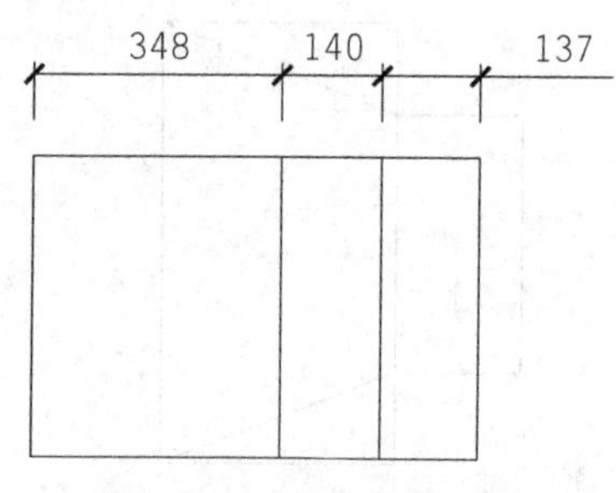

图 8-102 向内偏移短边

(4) 调用 O【偏移】命令,选择矩形长边向内偏移,结果如图 8-103 所示。

(5) 调用 TR【修剪】命令,修剪线段,如图 8-104 所示。

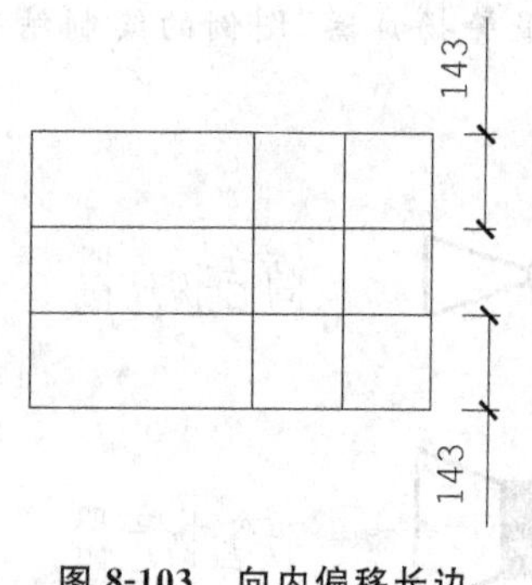

图 8-103 向内偏移长边

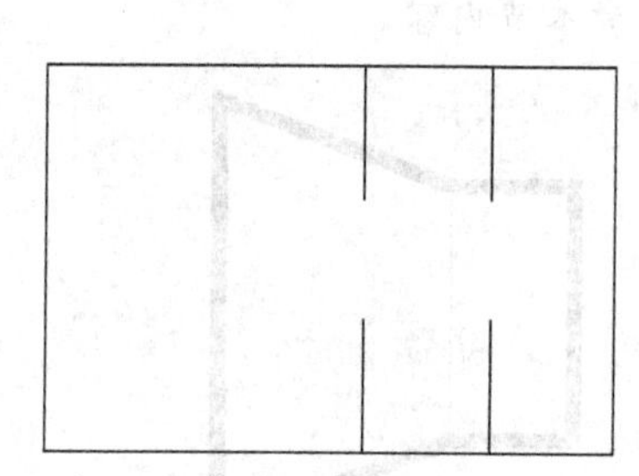
图 8-104 修剪线段

(6) 调用 REC【矩形】命令,绘制尺寸为 265×176 的矩形,如图 8-105 所示。

(7) 调用 O【偏移】命令,设置偏移距离为 40,选择矩形向内偏移,如图 8-106 所示。

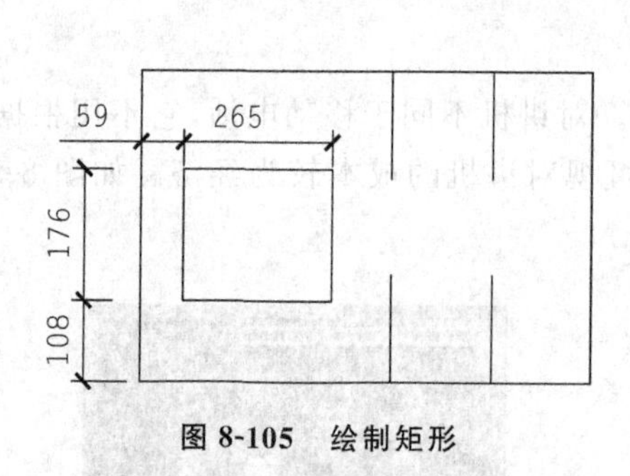

图 8-105 绘制矩形

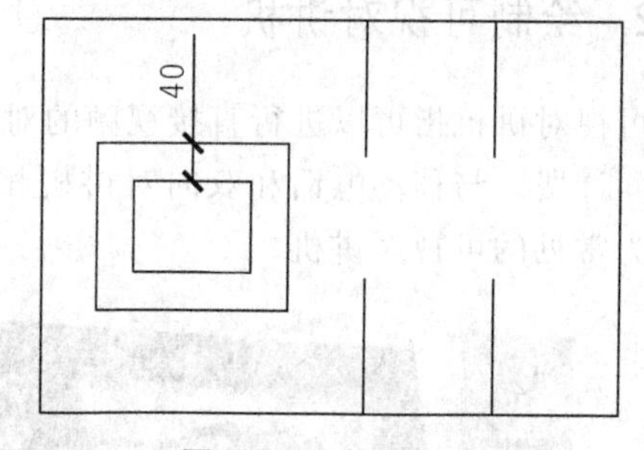

图 8-106 偏移矩形

(8) 调用 PL【多段线】命令,设置起点宽度、端点宽度均为 20,绘制粗轮廓线,完成可视对讲机的绘制,结果如图 8-107 所示。

8.4.3 绘制电动蝶阀

电动蝶阀属于电动阀门和电动调节阀中的一个品种,连接方式主要有法兰式和对夹式。电动蝶阀密封形式主要有橡胶密封和金属密封。

电动蝶阀通过电源信号来控制蝶阀的开关,可用作管道系统的切断阀、控制阀和止回阀。附带手动控制装置,一旦出现电源故障,可以临时用手动操作,不至于影响使用。如图 8-108 所示为常见的电动蝶阀。

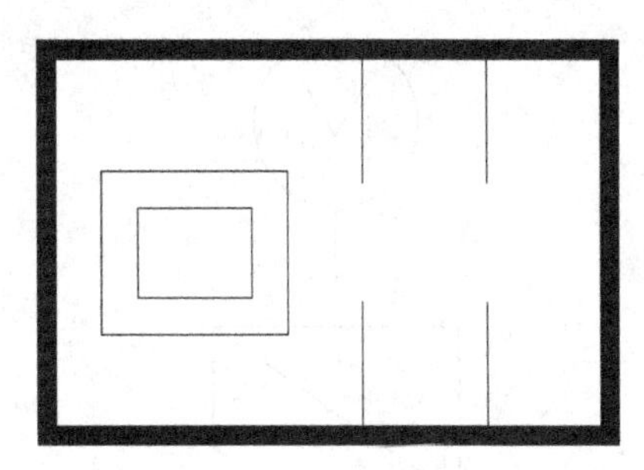

图 8-107 可视对讲机

(1) 调用 C【圆】命令,绘制半径为 125 的圆形,如图 8-109 所示。

图 8-108 常见的电动蝶阀

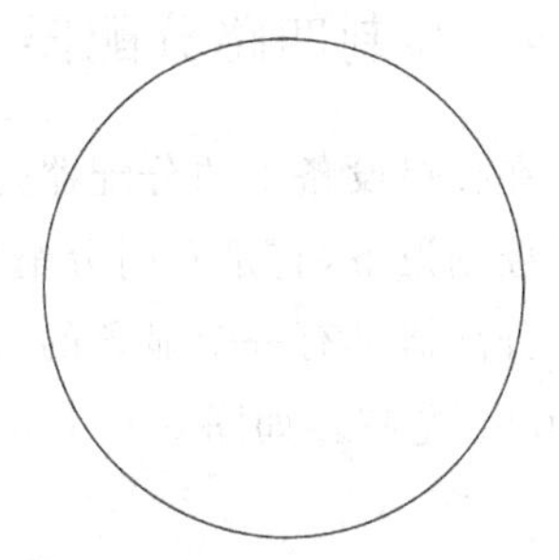

图 8-109 绘制圆形

(2) 调用 MT【多行文字】命令,在圆形内绘制标注文字 M,如图 8-110 所示。

(3) 调用 L【直线】命令,绘制长度为 175 的垂直线段,结果如图 8-111 所示。

(4) 调用 REC【矩形】命令,绘制如图 8-112 所示的矩形。

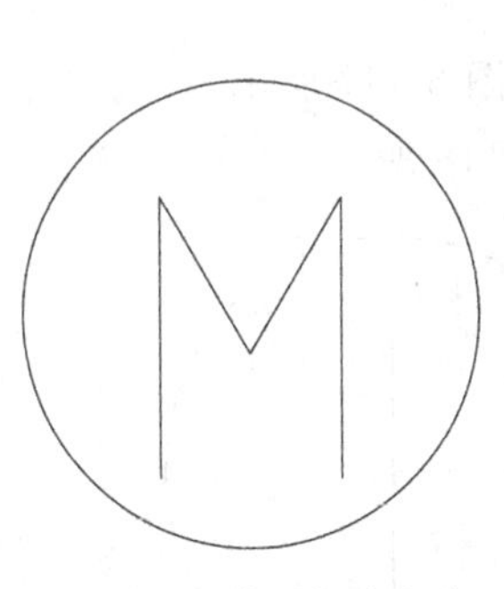

图 8-110 绘制标注文字

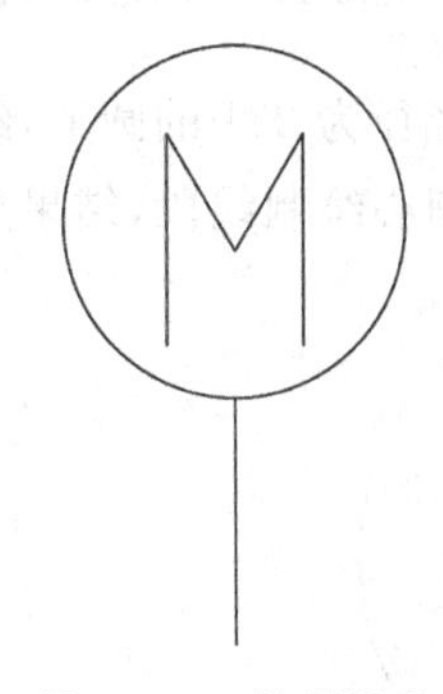

图 8-111 绘制线段

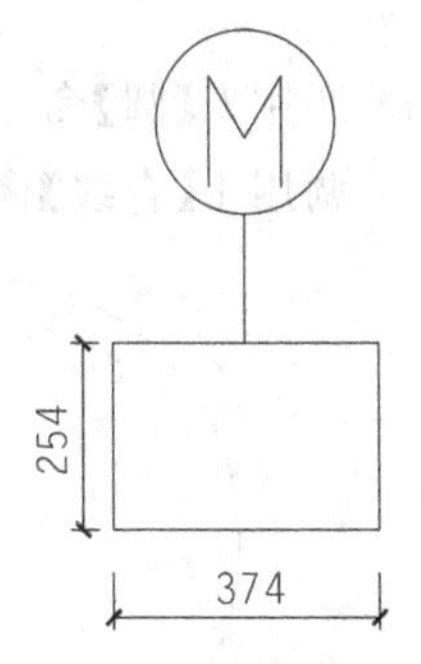

图 8-112 绘制矩形

(5) 调用 L【直线】命令,在矩形内绘制对角线,结果如图 8-113 所示。

(6) 调用 C【圆】命令,以对角线的中点为圆心,绘制半径为 40 的圆形,如图 8-114 所示。

(7) 调用 H【填充】命令,选择 SOLID 图案,对圆形执行填充操作,结果如图 8-115 所示。

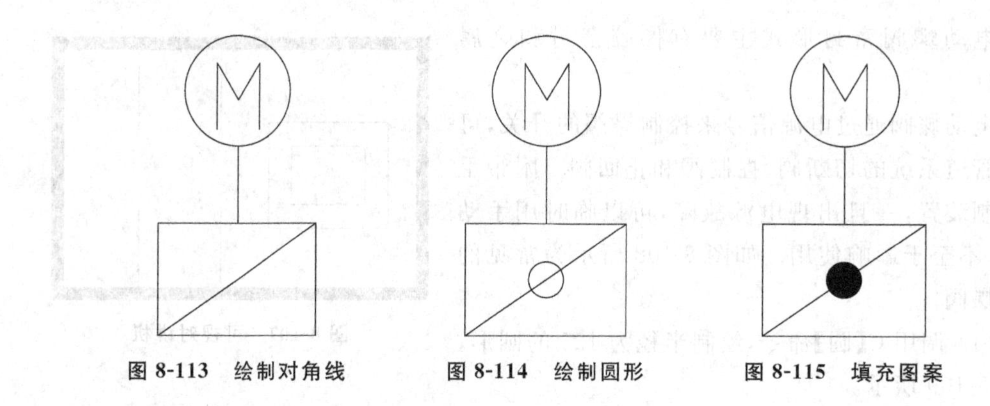

图 8-113 绘制对角线　　图 8-114 绘制圆形　　图 8-115 填充图案

8.4.4 绘制四路分配器

在接口设备上的分配器是将音视频信号分配至多个显示设备或投影显示系统上的一种控制设备,它是专门分配信号的接口形式的设备。

分配器具有一个显著的特点,就是可以将高清 AV 信号通过普通的同轴电缆线延长到 200m 左右。如图 8-116 所示为常见的分配器。

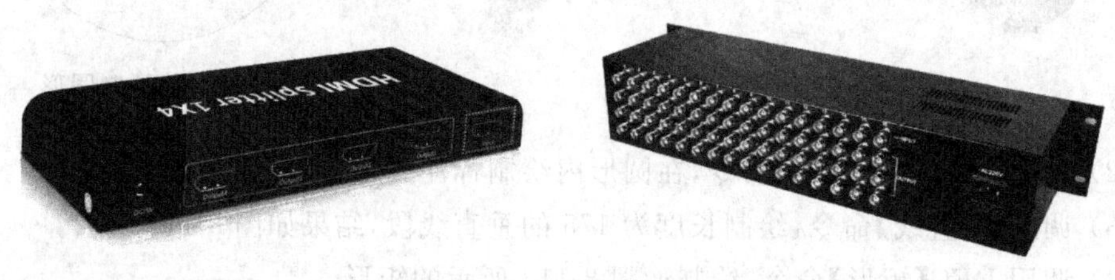

图 8-116 常见的分配器

(1) 调用 C【圆】命令,绘制半径为 281 的圆形,结果如图 8-117 所示。

(2) 调用 L【直线】命令,过圆心绘制线段,结果如图 8-118 所示。

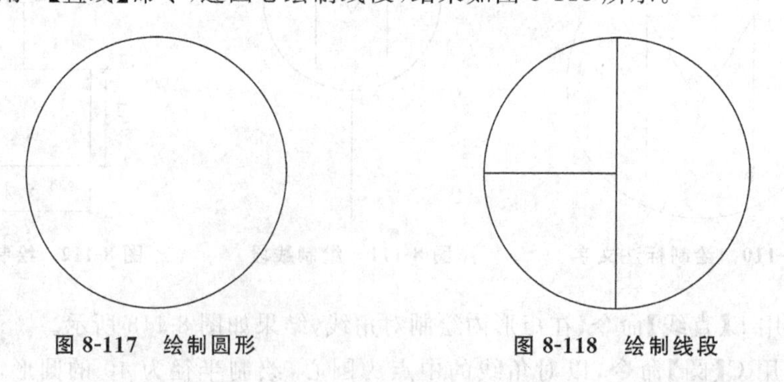

图 8-117 绘制圆形　　图 8-118 绘制线段

(3) 调用 TR【修剪】命令,修剪圆形,结果如图 8-119 所示。

(4) 调用 L【直线】命令,以圆形的象限点为起点,绘制长度为 193 的水平线段,结果如图 8-120 所示。

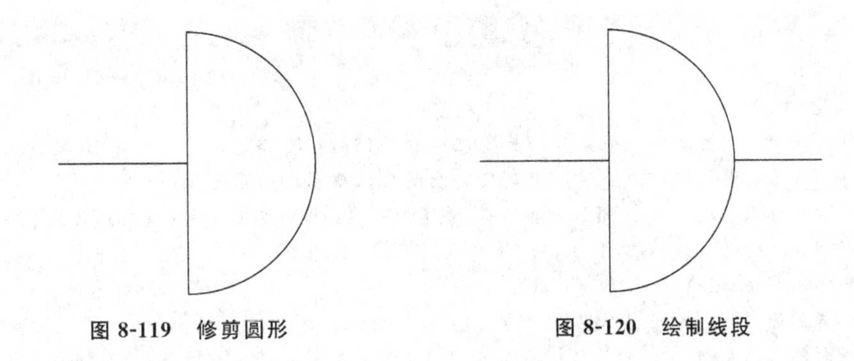

图 8-119　修剪圆形　　　　图 8-120　绘制线段

(5) 调用 O【偏移】命令，设置偏移距离为 113，选择线段向上、向下偏移，结果如图 8-121 所示。

(6) 调用 EX【延伸】命令，延伸偏移得到的线段，使之与圆弧相接，结果如图 8-122 所示。

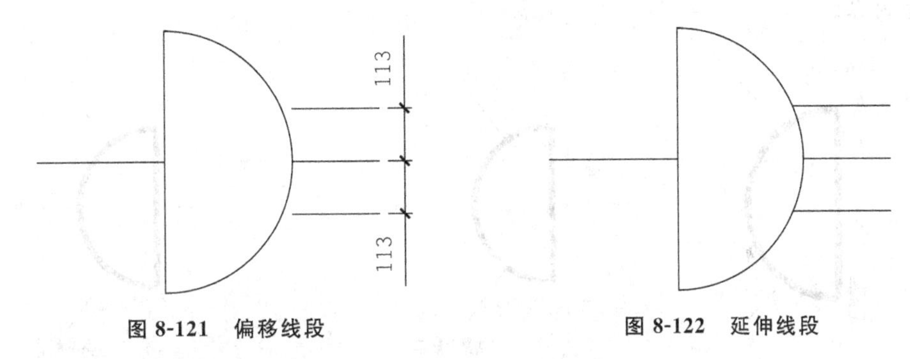

图 8-121　偏移线段　　　　图 8-122　延伸线段

(7) 调用 E【删除】命令，删除线段，结果如图 8-123 所示。

(8) 调用 L【直线】命令，绘制如图 8-124 所示的斜线。

(9) 调用 MI【镜像】命令，向下镜像复制斜线，结果如图 8-125 所示。

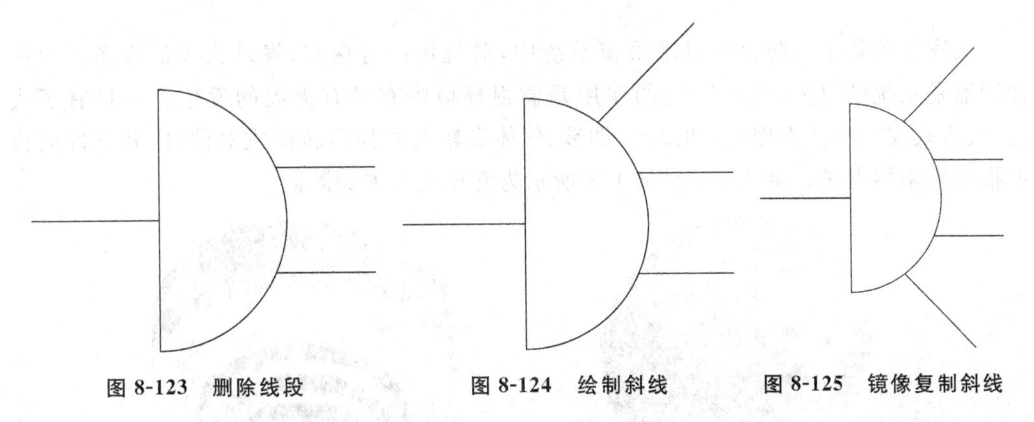

图 8-123　删除线段　　　　图 8-124　绘制斜线　　　　图 8-125　镜像复制斜线

(10) 调用 PL【多段线】命令，设置线宽为 20，命令行提示如下：

```
命令：PLINE
指定起点：                                                    //指定A点；
当前线宽为 20
指定下一个点或 [圆弧(A)/半宽(H)/长度(L)/放弃(U)/宽度(W)]：       //指定B点
指定下一点或 [圆弧(A)/闭合(C)/半宽(H)/长度(L)/放弃(U)/宽度(W)]：A
指定圆弧的端点(按住 Ctrl 键以切换方向)或[角度(A)/圆心(CE)/闭合(CL)/方向(D)/半宽
(H)/直线(L)/半径(R)/第二个点(S)/放弃(U)/宽度(W)]：R
指定圆弧的半径：281
指定圆弧的端点(按住 Ctrl 键以切换方向)或 [角度(A)]：             //指定C点
指定圆弧的端点(按住 Ctrl 键以切换方向)或[角度(A)/圆心(CE)/闭合(CL)/方向(D)/半宽
(H)/直线(L)/半径(R)/第二个点(S)/放弃(U)/宽度(W)]：              //指定A点。
```

(11) 绘制粗轮廓线，结果如图 8-126 所示。

提示：两路分配器与三路分配器的绘制结果如图 8-127 所示，绘制方法请参考本节的介绍内容。

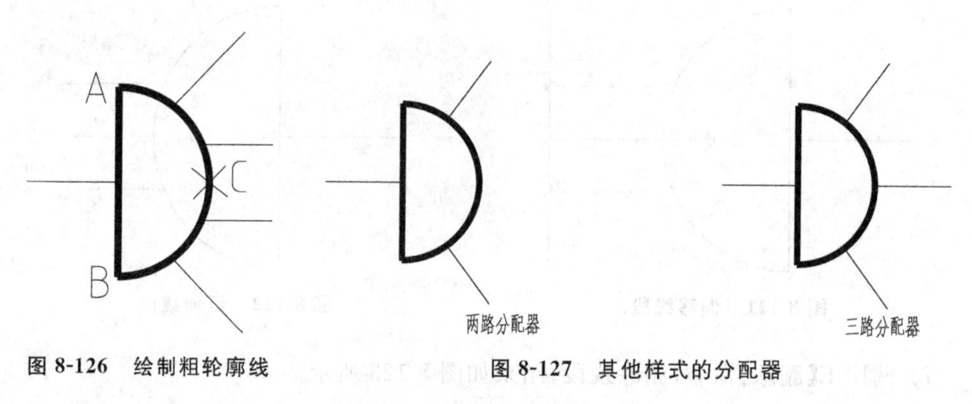

图 8-126 绘制粗轮廓线　　　**图 8-127 其他样式的分配器**

8.4.5 绘制复合式感烟感温火灾探测器

火灾探测器是消防火灾自动报警系统中，对现场进行探查、发现火灾的设备。火灾探测器是系统的“感觉器官”，它的作用是监视环境中有没有火灾的发生。一旦有了火情，就将火灾的特征物理量，如温度、烟雾、气体和辐射光强等转换成电信号，并立即向火灾报警控制器发送报警信号。图 8-128 所示为常见的火灾探测器。

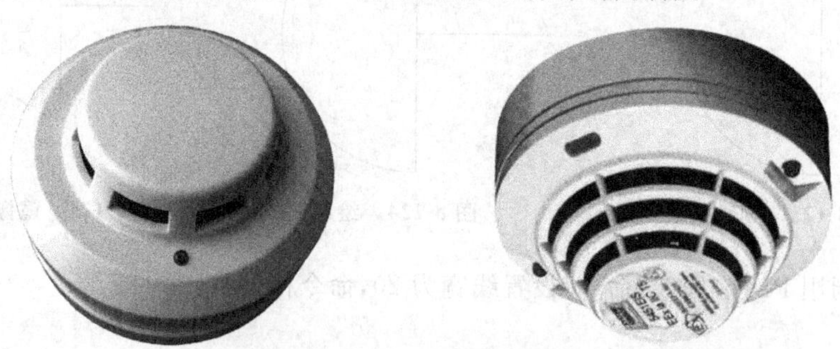

图 8-128 常见的火灾探测器

(1) 调用 REC【矩形】命令,绘制尺寸为 500×500 的正方形,结果如图 8-129 所示。

(2) 调用 L【直线】命令,绘制如图 8-130 所示的直线。

(3) 调用 C【圆】命令,绘制半径为 36 的圆形,结果如图 8-131 所示。

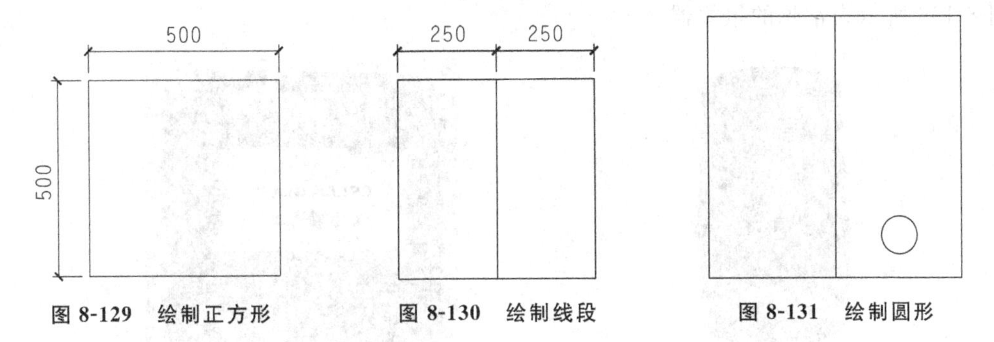

图 8-129 绘制正方形　　图 8-130 绘制线段　　图 8-131 绘制圆形

(4) 调用 L【直线】命令,绘制长度为 320 的垂直线段,结果如图 8-132 所示。

(5) 调用 H【图案填充】命令,对圆形填充 SOLID 图案,结果如图 8-133 所示。

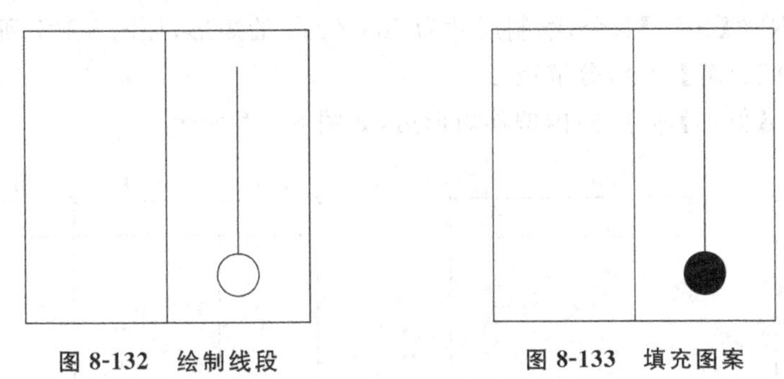

图 8-132 绘制线段　　图 8-133 填充图案

(6) 调用 PL【多段线】命令,设置线宽为 0,绘制如图 8-134 所示的曲线。

(7) 调用 PL【多段线】命令,设置起点宽度、端点宽度均为 20,绘制粗轮廓线,结果如图 8-135 所示。

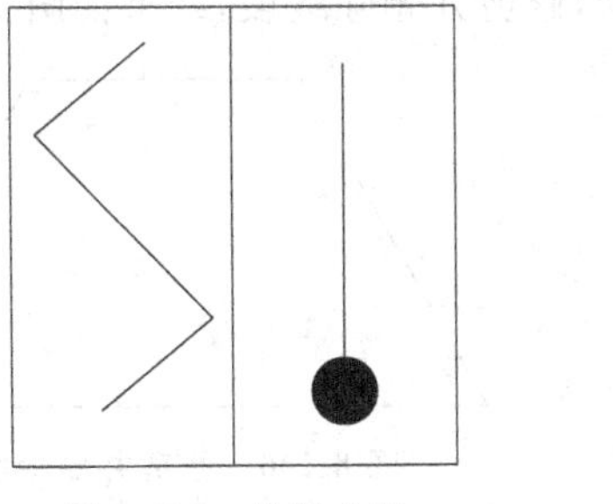

图 8-134 绘制曲线

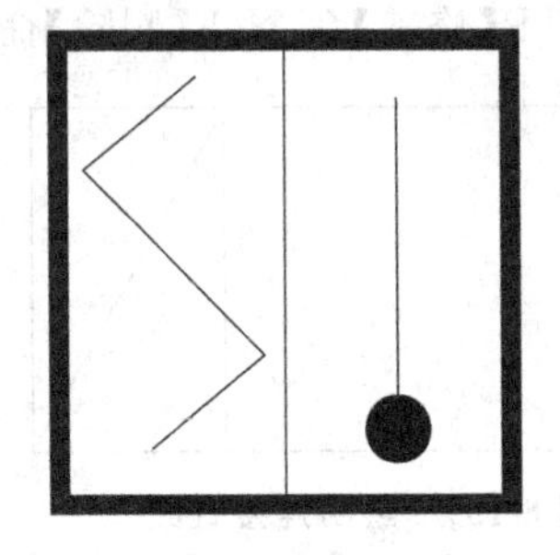

图 8-135 绘制粗轮廓线

8.4.6 绘制火灾声光报警器

报警器是一种为防止或预防某事件发生所造成的后果,以声音、光、气压等形式来提醒或警示人们应当采取某种行动的电子产品。

报警器分为机械式报警器和电子报警器。随着科技的进步，机械式报警器越来越多地被先进的电子报警器代替，经常应用于系统故障、安全防范、交通运输、医疗救护、应急救灾、感应检测等领域，与社会生产密不可分。如常见的门磁感应器和煤气感应报警器。图 8-136 所示为常见的报警器。

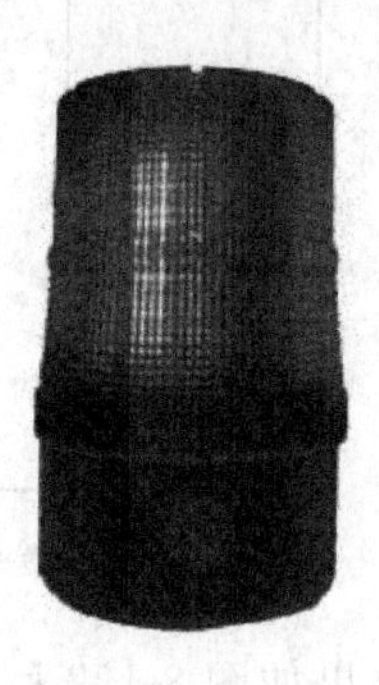

图 8-136　常见的报警器

(1) 调用 REC【矩形】命令，绘制尺寸为 703×349 的矩形，如图 8-137 所示。

(2) 调用 X【分解】命令，分解矩形。

(3) 调用 O【偏移】命令，向内偏移矩形边，如图 8-138 所示。

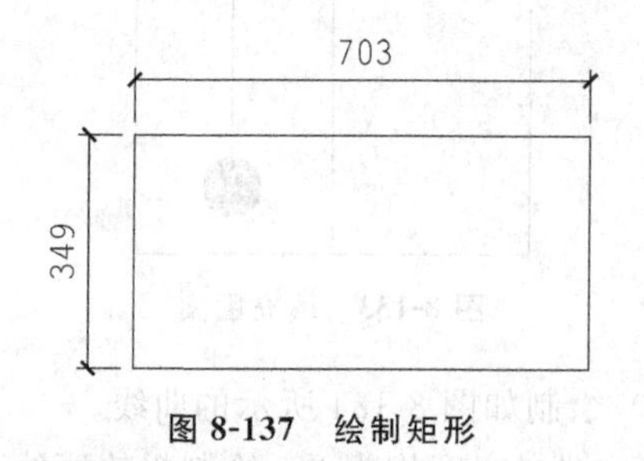

图 8-137　绘制矩形

图 8-138　偏移矩形边

(4) 调用 L【直线】命令，绘制连接直线，结果如图 8-139 所示。

(5) 调用 TR【修剪】命令、E【删除】命令，修剪并删除线段，结果如图 8-140 所示。

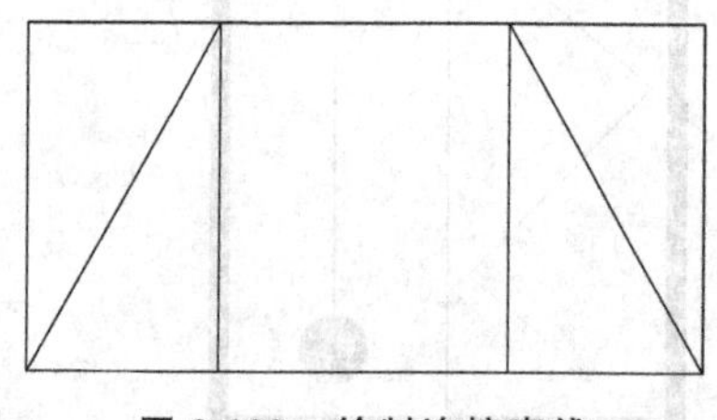

图 8-139　绘制连接直线

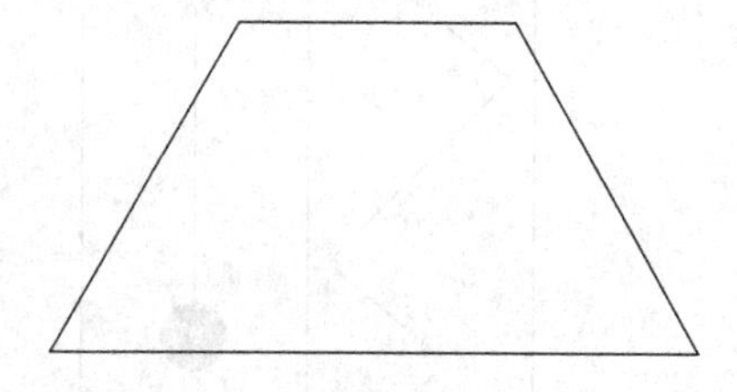

图 8-140　修剪并删除线段

(6) 调用 L【直线】命令，拾取上方短边的中点为直线的起点，拾取下方长边的中点为直线的终点，绘制连接直线，结果如图 8-141 所示。

(7) 调用 C【圆】命令，绘制半径为 55 的圆形，结果如图 8-142 所示。

(8) 调用 L【直线】命令，绘制如图 8-143 所示的线段。

(9) 调用 REC【矩形】命令，绘制尺寸为 68×88 的矩形，结果如图 8-144 所示。

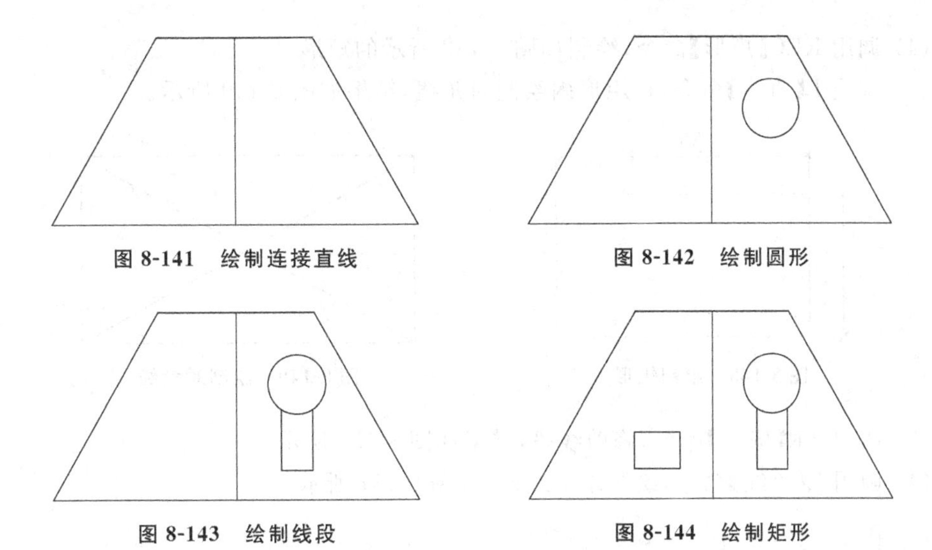

图 8-141 绘制连接直线　　图 8-142 绘制圆形

图 8-143 绘制线段　　图 8-144 绘制矩形

(10) 调用 PL【多段线】命令,设置线宽为 0,绘制如图 8-145 所示的图形。

(11) 调用 PL【多段线】命令,设置线宽为 20,绘制粗轮廓线,结果如图 8-146 所示。

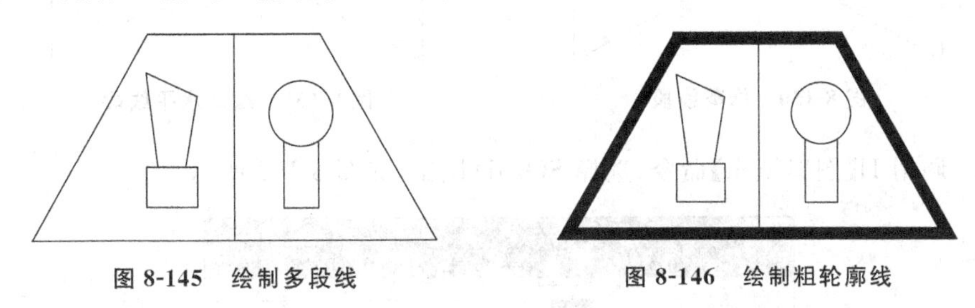

图 8-145 绘制多段线　　图 8-146 绘制粗轮廓线

8.4.7 绘制雨淋报警阀

雨淋报警阀是通过电动、机械或其他方法进行开启,使水能够自动单向流入喷水灭火系统同时进行报警的一种单向阀。

雨淋报警阀的额定工作压力应不低于 1.2MPa,在与工作压力等级较低的设备配装使用时,允许将报警阀的进出口接头按承受较低压力等级加工,但在报警阀上必须对额定工作压力做相应的标记。图 8-147 所示为常见的雨淋报警阀。

图 8-147 常见的雨淋报警阀

(1) 调用 REC【矩形】命令，绘制如图 8-148 所示的矩形。

(2) 调用 L【直线】命令，在矩形内绘制对角线，结果如图 8-149 所示。

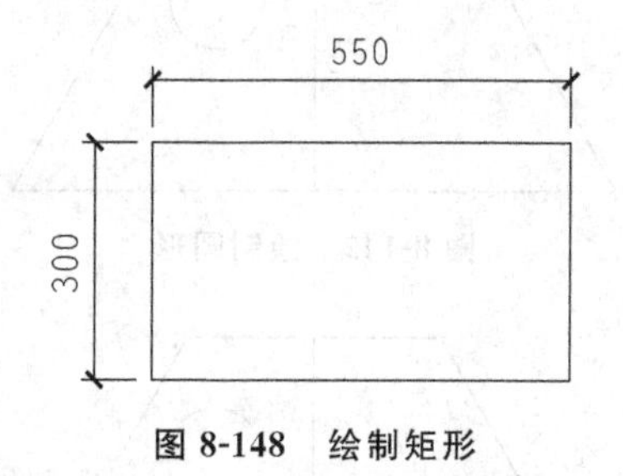

图 8-148 绘制矩形

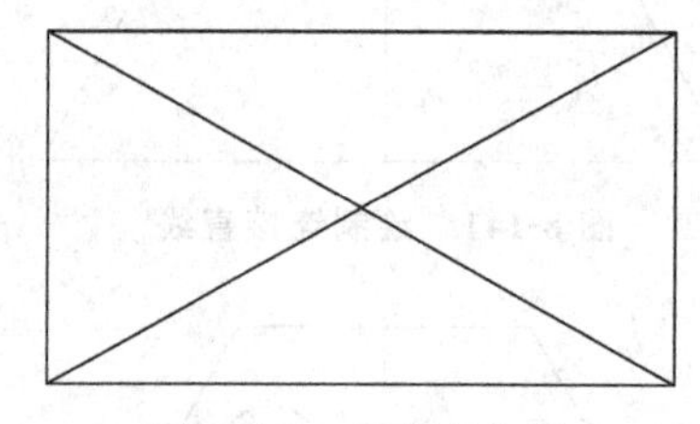

图 8-149 绘制对角线

(3) 调用 TR【修剪】命令，修剪线段，结果如图 8-150 所示。

(4) 调用 L【直线】命令，绘制水平线段，如图 8-151 所示。

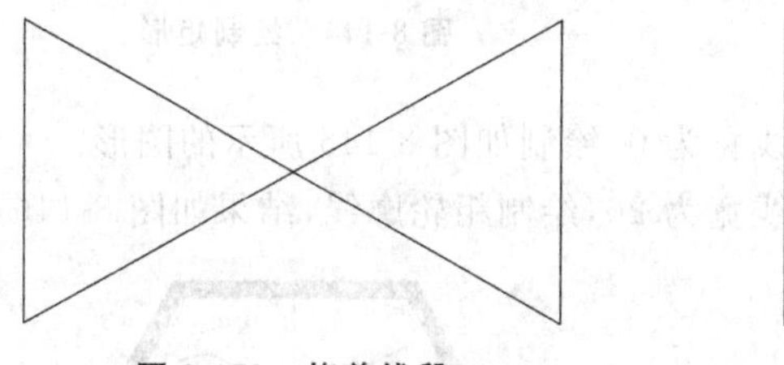

图 8-150 修剪线段

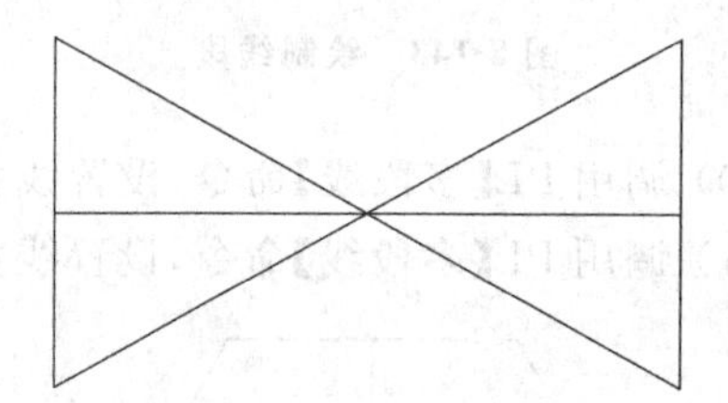

图 8-151 绘制水平线段

(5) 调用 H【图案填充】命令，选择 SOLID 图案，如图 8-152 所示。

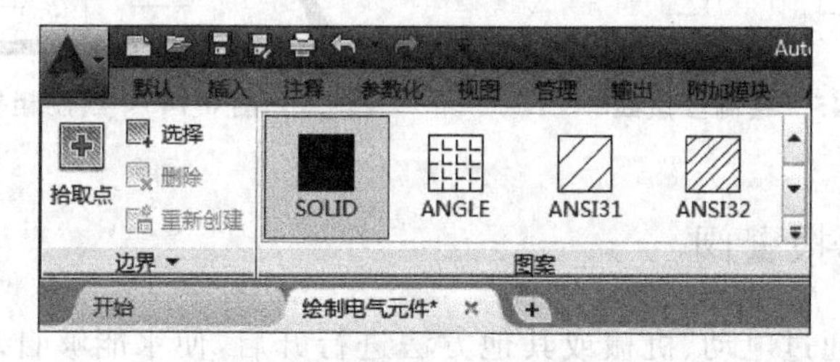

图 8-152 选择 SOLID 图案

(6) 对图形执行填充操作，结果如图 8-153 所示。

(7) 调用 L【直线】命令，绘制长度为 175 的垂直线段，如图 8-154 所示。

(8) 调用 C【圆】命令，绘制半径为 75 的圆形，如图 8-155 所示。

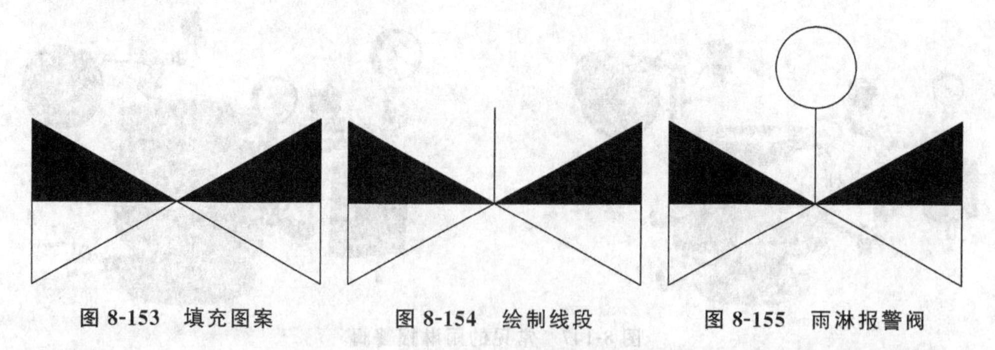

图 8-153 填充图案　　图 8-154 绘制线段　　图 8-155 雨淋报警阀

8.4.8 绘制室外消火栓

消防栓，正式叫法为消火栓，是一种固定式消防设施，主要作用是控制可燃物、隔绝助燃物、消除着火源，分室内消火栓和室外消火栓两种类型。

室外消火栓是设置在建筑物外面消防给水管网上的供水设施，主要供消防车从市政给水管网或室外消防给水管网取水实施灭火，也可以直接连接水带、水枪出水灭火，是扑救火灾的重要消防设施之一。图 8-156 所示为常见的室外消火栓。

图 8-156 常见的室外消火栓

(1) 调用 C【圆】命令，绘制半径为 149 的圆形，如图 8-157 所示。

(2) 调用 L【直线】命令，过圆心绘制直线，如图 8-158 所示。

图 8-157 绘制圆形

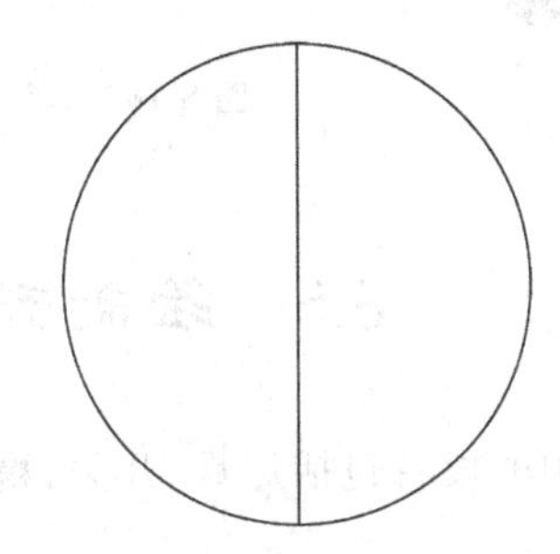

图 8-158 绘制线段

(3) 调用 RO【旋转】命令，设置旋转角度为－45°，旋转线段，结果如图 8-159 所示。

(4) 调用 H【图案填充】命令，选择 SOLID 图案，对圆形执行填充操作，结果如图 8-160 所示。

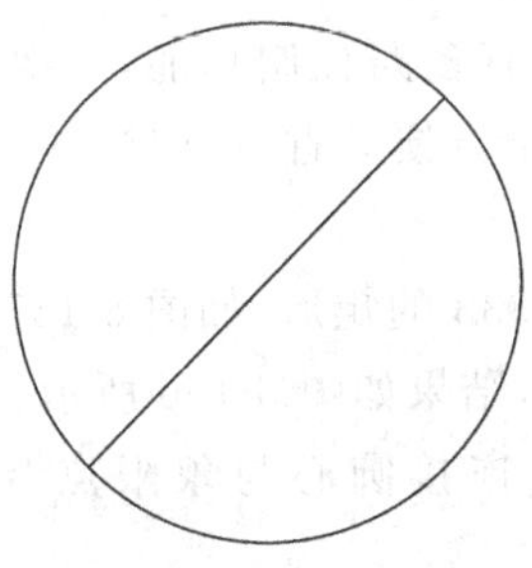

图 8-159 旋转线段

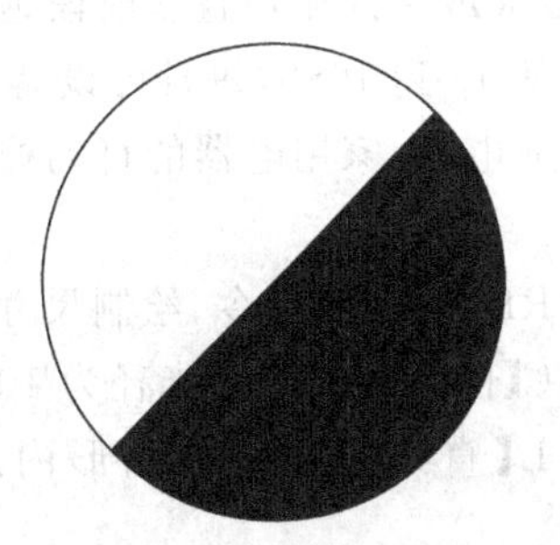

图 8-160 填充图案

(5) 调用 L【直线】命令，绘制垂直线段，如图 8-161 所示。

(6) 调用 L【直线】命令，绘制水平线段，结果如图 8-162 所示。

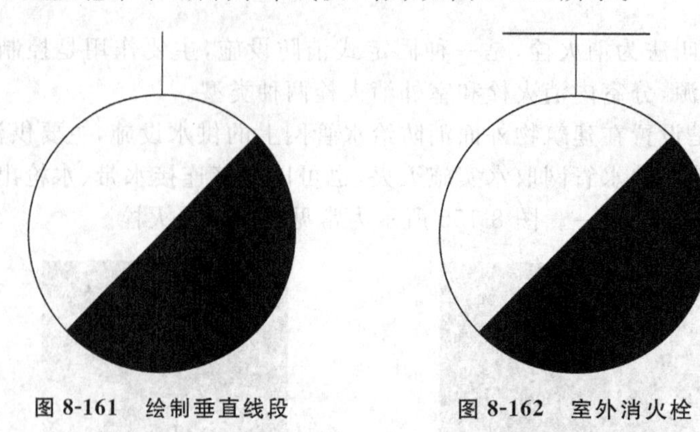

图 8-161　绘制垂直线段　　　　图 8-162　室外消火栓

提示：其他样式的消火栓图例如图 8-163 所示。

室内消火栓（单口，平面）

室内消火栓（双口，平面）

室内消火栓（单口，系统）

室内消火栓（双口，系统）

图 8-163　其他样式的消火栓图例

8.5　绘制开关及照明设备

照明系统中的设备包括灯具、开关、箱柜等，本节以开关、灯具为例，介绍照明设备图形符号的绘制。

8.5.1　绘制定时开关

电子式定时开关是一个以单片微处理器为核心配合电子电路等组成一个电源开关控制装置，能以天或星期循环且多时段地控制家电的开闭。

时间设定从 1s 到 168h，每日可设置 20 组，且有多路控制功能，一次设定长期有效。适用于各种工业电器、家用电器的自动控制，既安全方便又省电省时。图 8-164 所示为常见的定时开关。

(1) 调用 REC【矩形】命令，绘制尺寸为 667×333 的矩形，如图 8-165 所示。

(2) 调用 C【圆】命令，绘制半径为 100 的圆形，结果如图 8-166 所示。

(3) 调用 L【直线】命令，在圆形内绘制直线连接圆心与象限点，结果如图 8-167 所示。

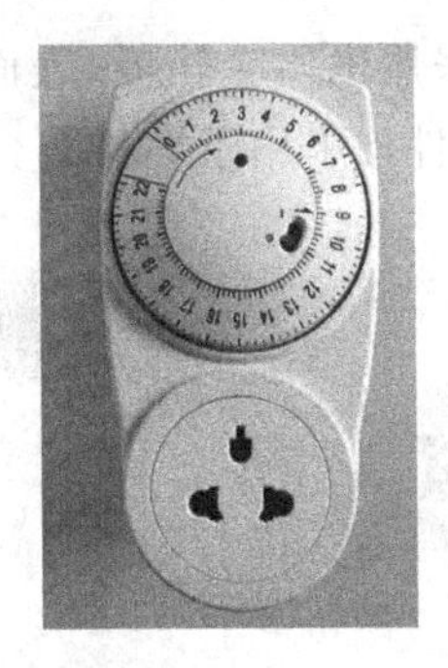

图 8-164 常见的定时开关

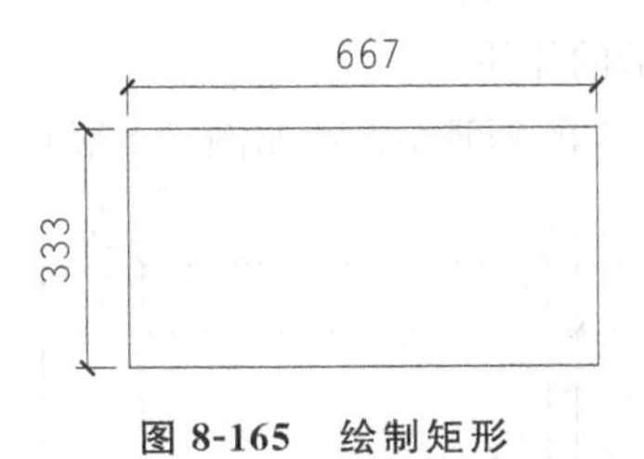

图 8-165 绘制矩形

图 8-166 绘制圆形

(4) 调用 L【直线】命令,绘制如图 8-168 所示的水平线段。

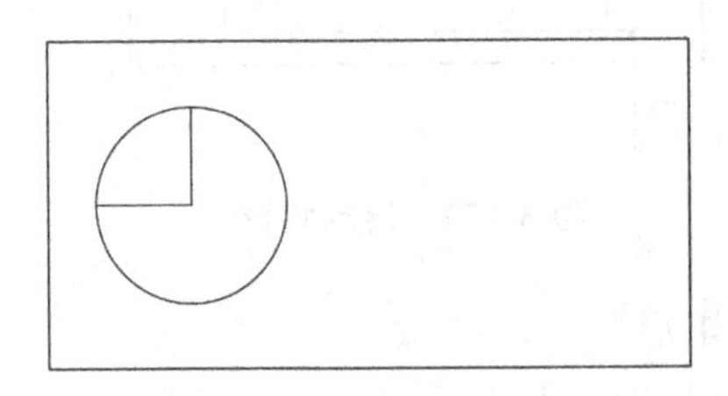

图 8-167 绘制直线

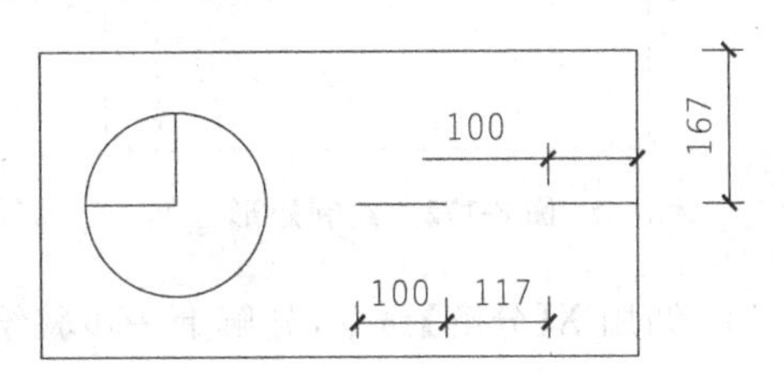

图 8-168 绘制水平线段

(5) 调用 L【直线】命令,绘制如图 8-169 所示的斜线。

(6) 调用 PL【多段线】命令,设置起点宽度、端点宽度均为 20,绘制矩形粗轮廓线,结果如图 8-170 所示。

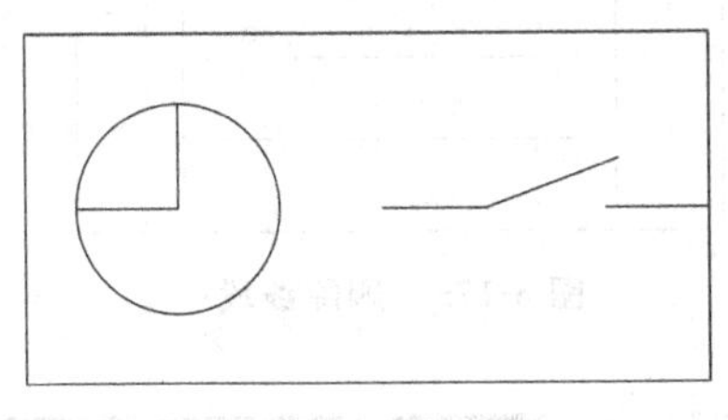

图 8-169 绘制斜线

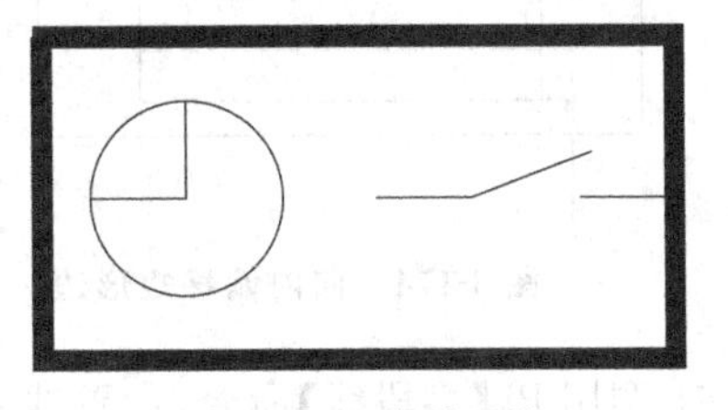

图 8-170 定时开关

8.5.2 绘制三管格栅灯

格栅灯是一种照明灯具,适合安装在有吊顶的写字间。光源一般是日光灯管,分为嵌入式和吸顶式两种类型。

格栅灯底盘采用优质冷轧板，表面采用磷化喷塑工艺处理，防腐性能好，不易磨损、褪色，所有塑料配件均采用阻燃材料。图 8-171 所示为常见的格栅灯。

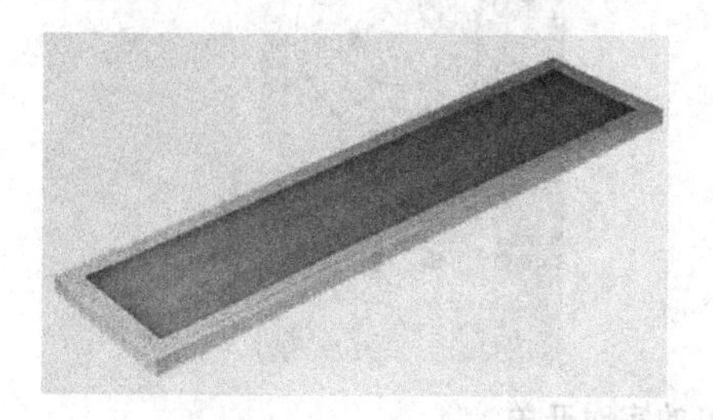
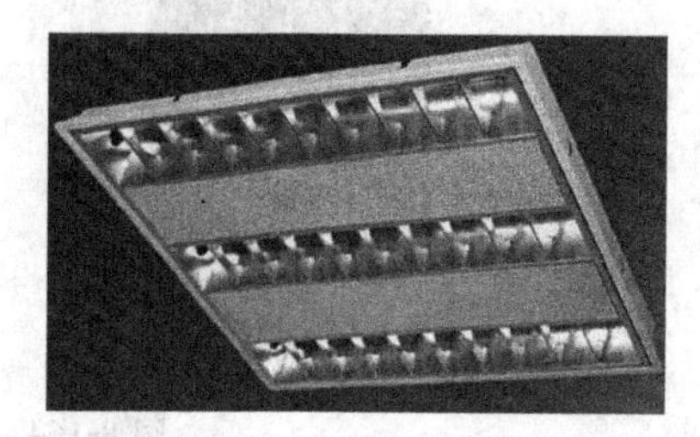

图 8-171　常见的格栅灯

(1) 调用 REC【矩形】命令，绘制如图 8-172 所示的矩形。

(2) 调用 REC【矩形】命令，绘制尺寸为 600×375 的矩形，结果如图 8-173 所示。

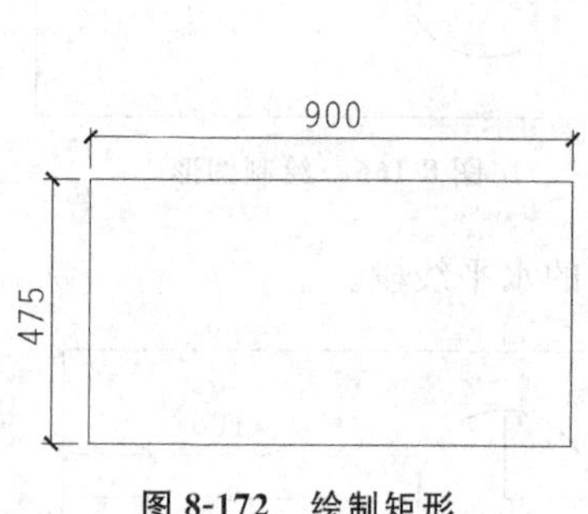

图 8-172　绘制矩形

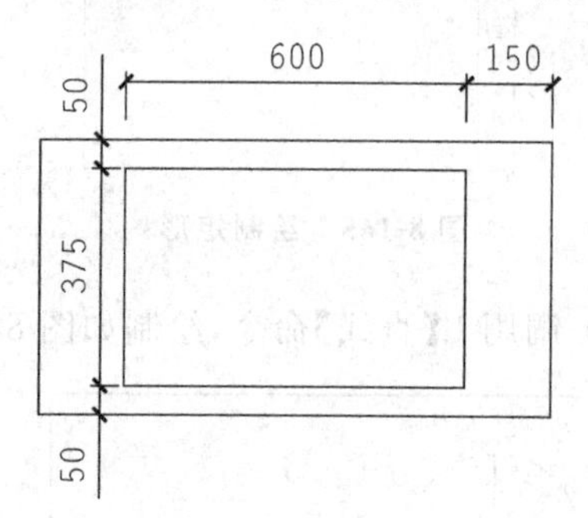

图 8-173　绘制矩形

(3) 调用 X【分解】命令，分解上一步骤绘制的矩形。

(4) 调用 O【偏移】命令，向内偏移矩形边，结果如图 8-174 所示。

(5) 调用 E【删除】命令，删除线段，如图 8-175 所示。

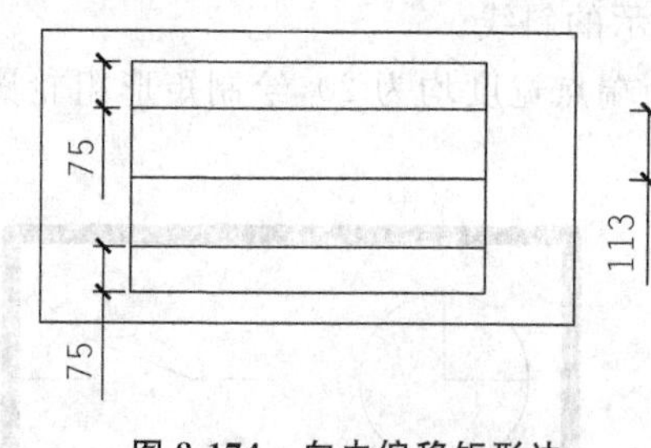

图 8-174　向内偏移矩形边

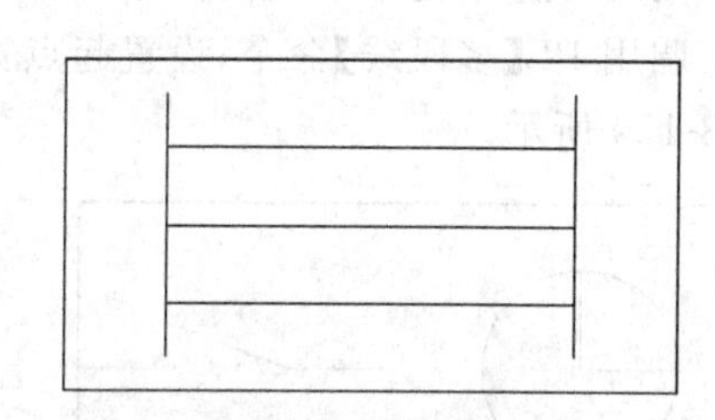

图 8-175　删除线段

(6) 调用 PL【多段线】命令，设置线宽为 30，为灯具绘制粗轮廓线，结果如图 8-176 所示。

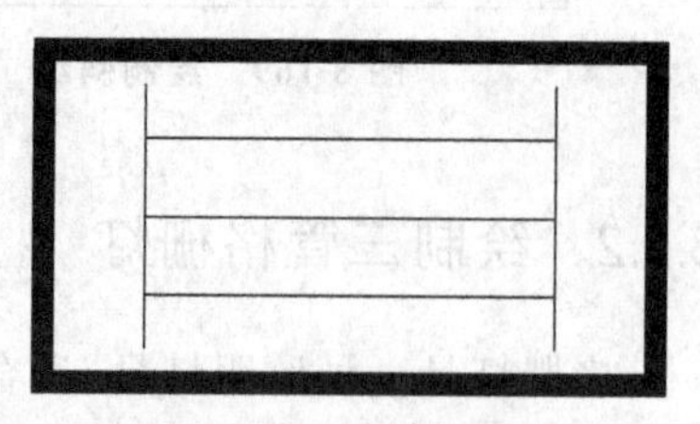

图 8-176　三管格栅灯

8.5.3　绘制吸顶灯

吸顶灯是灯具的一种，顾名思义是由于灯具上方较平，安装时底部完全贴在屋顶上，所以称之为吸顶灯。光源有普通白炽灯、荧光灯、高强度气体放电灯、卤钨灯、LED 等。目前市场上最流行的吸顶灯就是 LED 吸顶灯，是家庭、办公室、文娱场所等各种场所经常选用的灯具。图 8-177 所示为常见的吸顶灯。

图 8-177 常见的吸顶灯

(1) 调用 C【圆】命令，绘制半径为 250 的圆形，结果如图 8-178 所示。

(2) 调用 L【直线】命令，过圆心绘制水平线段，结果如图 8-179 所示。

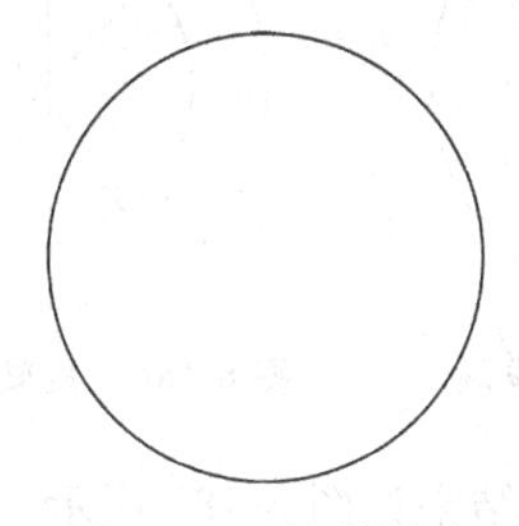

图 8-178 绘制圆形

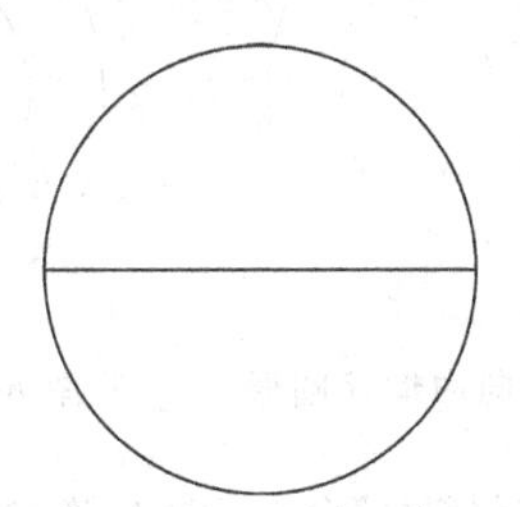

图 8-179 绘制线段

(3) 调用 TR【修剪】命令，修剪圆形，结果如图 8-180 所示。

(4) 调用 H【图案填充】命令，选择【SOLID】图案，对半圆执行填充操作，结果如图 8-181 所示。

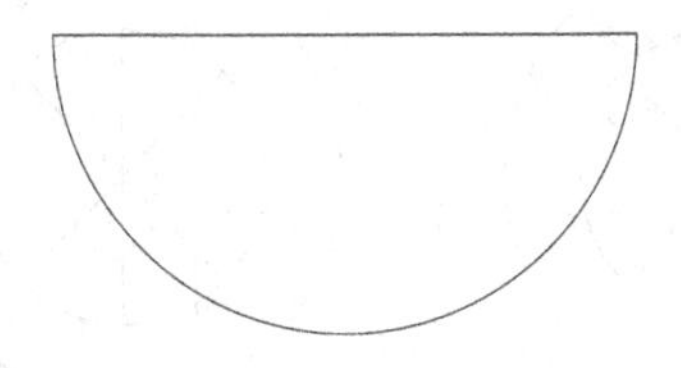

图 8-180 修剪圆形

图 8-181 天棚灯

8.5.4 绘制泛光灯

泛光灯不是聚光灯、投射灯、射灯。泛光灯制造出的是高度漫射的、无方向的光而非轮廓清晰的光束，因而产生的阴影柔和而透明。

在用于物体照明时，泛光灯照明减弱的速度比用聚光灯照明时慢得多，甚至有些照明减弱非常慢的泛光灯，看上去像是一个不产生阴影的光源。而聚光灯投射出的是定向的、边界清楚的光束，可以照亮一个特定的区域。图 8-182 所示为常见的泛光灯。

(1) 调用 C【圆】命令，绘制半径为 266 的圆形，如图 8-183 所示。

图 8-182 常见的泛光灯

图 8-183 绘制圆形

(2) 调用 O【偏移】命令,设置偏移距离为 91,向内偏移圆形,结果如图 8-184 所示。

(3) 调用 L【直线】命令,过圆心绘制线段,如图 8-185 所示。

(4) 调用 RO【旋转】命令,设置旋转角度为 45°,旋转复制线段,结果如图 8-186 所示。

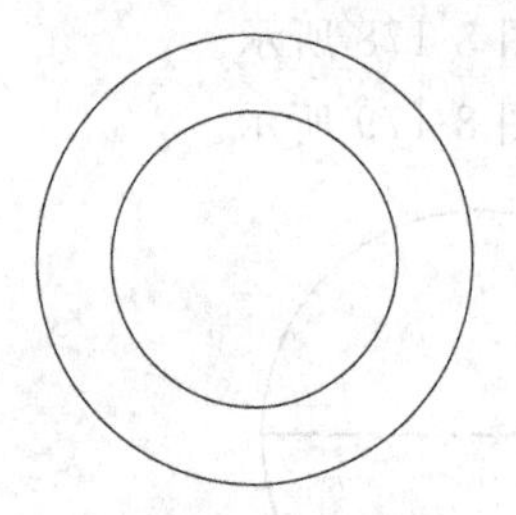

图 8-184 向内偏移圆形

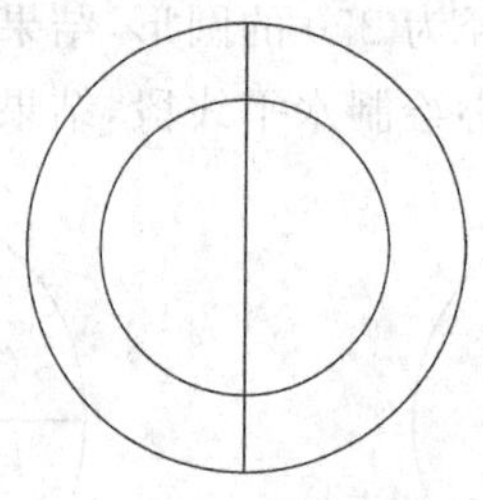

图 8-185 绘制线段

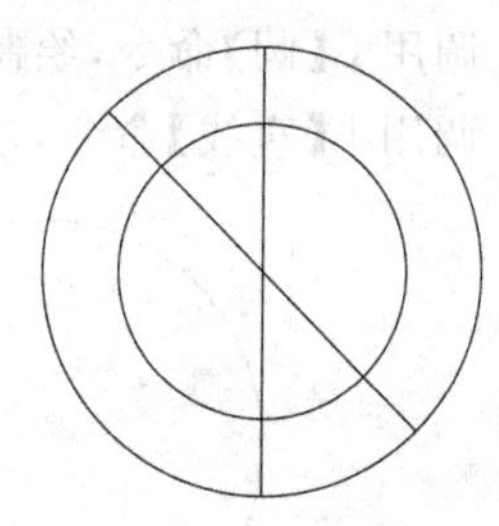

图 8-186 旋转复制线段

(5) 调用 MI【镜像】命令,向右镜像复制线段,结果如图 8-187 所示。

(6) 调用 TR【修剪】命令,修剪线段,结果如图 8-188 所示。

(7) 调用 O【偏移】命令,设置偏移距离为 90,向左偏移线段,结果如图 8-189 所示。

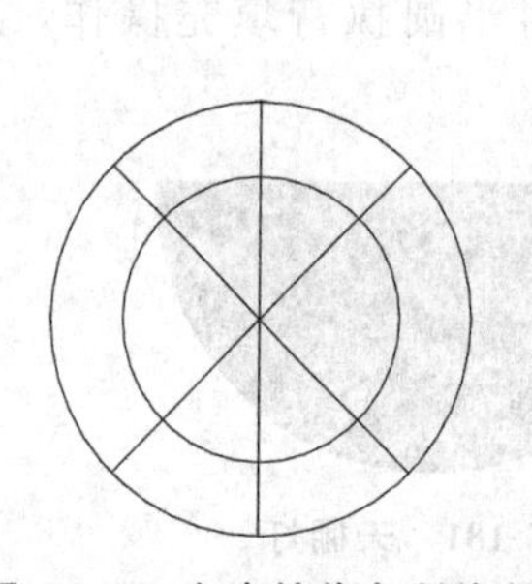

图 8-187 向右镜像复制线段

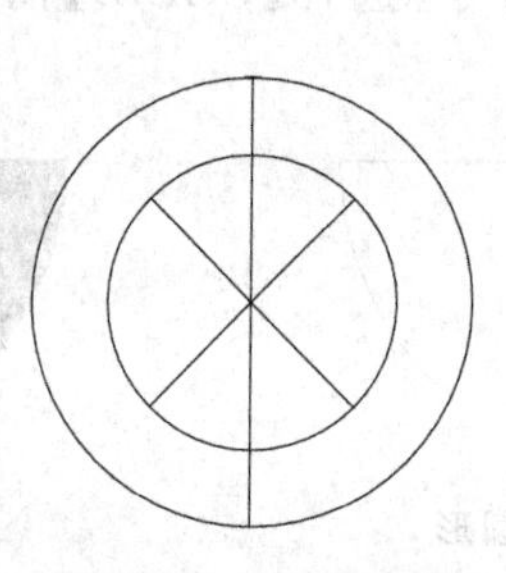

图 8-188 修剪线段

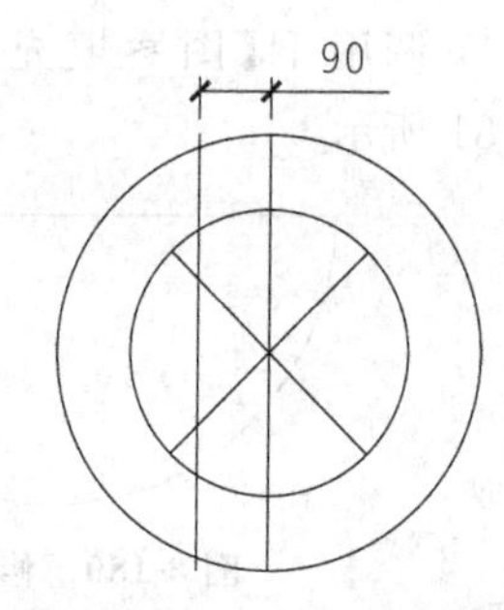

图 8-189 向左偏移线段

(8) 调用 TR【修剪】命令,修剪圆形;调用 E【删除】命令,删除线段,结果如图 8-190 所示。

(9) 调用 PL【多段线】命令,设置起点宽度为 34,端点宽度为 0,绘制如图 8-191 所示的指示箭头。

(10) 调用 MI【镜像】命令,向下镜像复制指示箭头,结果如图 8-192 所示。

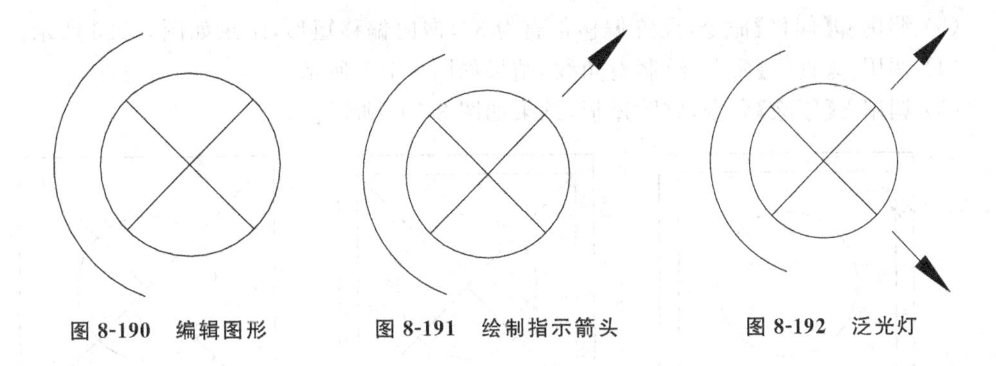

图 8-190 编辑图形　　图 8-191 绘制指示箭头　　图 8-192 泛光灯

8.5.5 绘制自带照明的应急照明灯

疏散应急照明灯、标志灯统称消防应急照明灯具，是防火安全措施中要求的一种重要产品。

平时它要像普通灯具一样提供照明，当出现紧急情况，如地震、失火或电路故障引起电源突然中断时，所有光源都已停止工作，此时它必须立即提供可靠的照明，并指示人流疏散的方向和紧急出口的位置，以确保滞留在黑暗中的人们顺利地撤离。

由此可见，应急照明灯是一种在紧急情况下保持照明和引导疏散的光源。图 8-193 所示为常见的应急照明灯。

图 8-193 常见的应急照明灯

(1) 调用 REC【矩形】命令，绘制尺寸为 500×500 的正方形，如图 8-194 所示。

(2) 调用 C【圆】命令，拾取矩形的几何中心为圆的圆心，绘制半径为 137 的圆形，结果如图 8-195 所示。

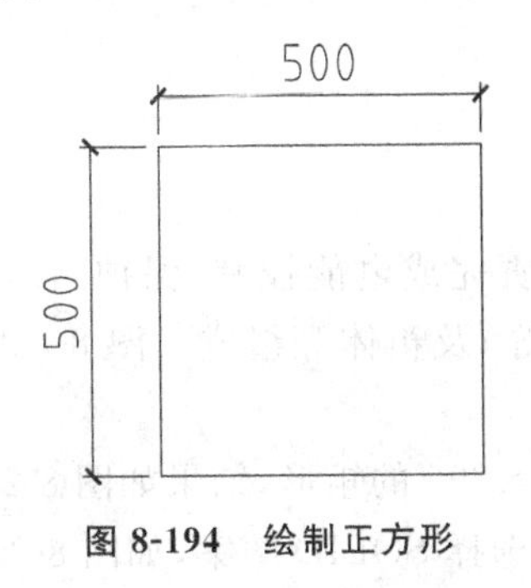

图 8-194 绘制正方形

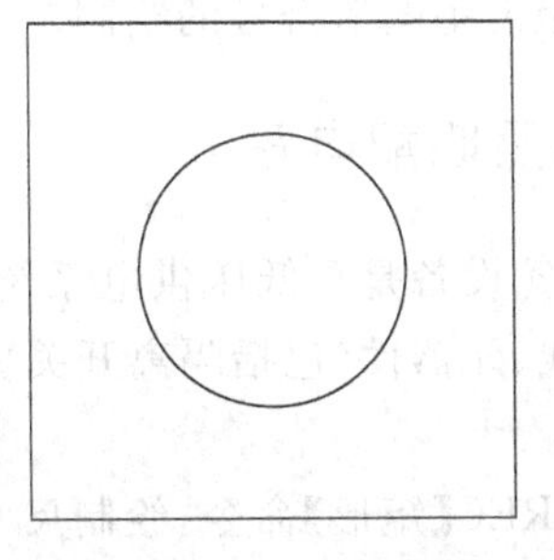

图 8-195 绘制圆形

(3) 调用 O【偏移】命令，设置偏移距离为 36，向内偏移矩形，结果如图 8-196 所示。

(4) 调用 L【直线】命令，绘制对角线，结果如图 8-197 所示。

(5) 调用 E【删除】命令，删除矩形，结果如图 8-198 所示。

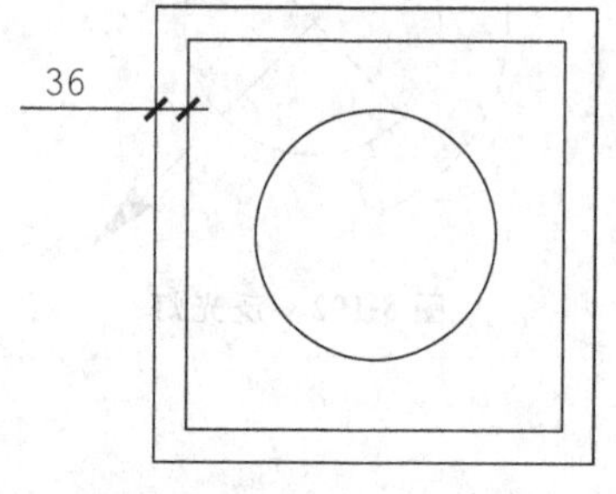

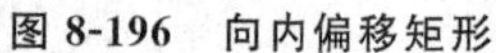
图 8-196　向内偏移矩形

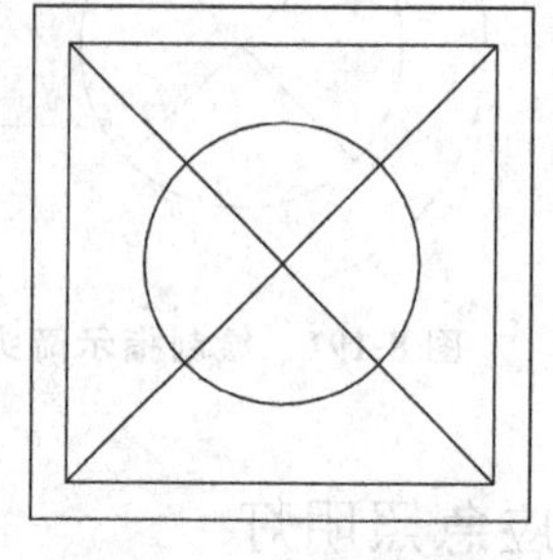
图 8-197　绘制对角线

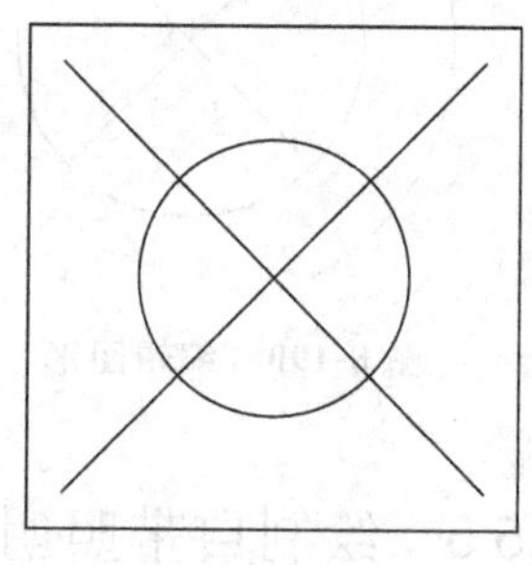
图 8-198　删除矩形

(6) 调用 H【图案填充】命令，对圆形填充 SOLID 图案，结果如图 8-199 所示。

(7) 调用 PL【多段线】命令，设置线宽为 20，绘制矩形粗轮廓线，结果如图 8-200 所示。

提示：图 8-201 所示为专用电路上的应急照明灯图例的绘制结果。

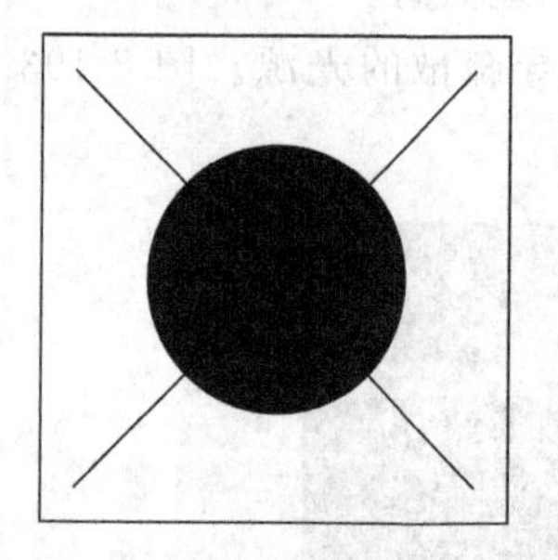
图 8-199　填充图案

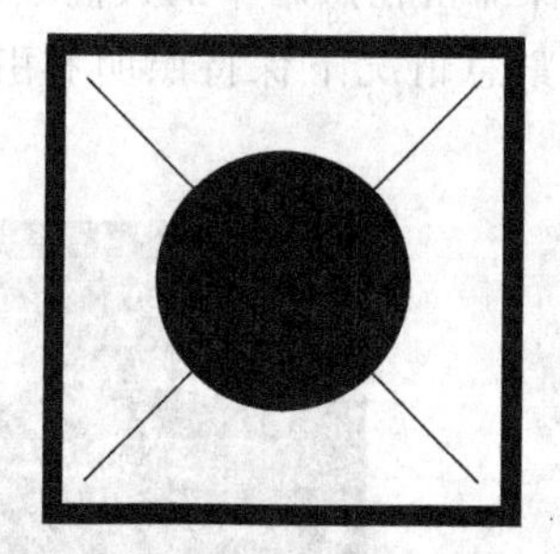
图 8-200　自带电源应急照明灯

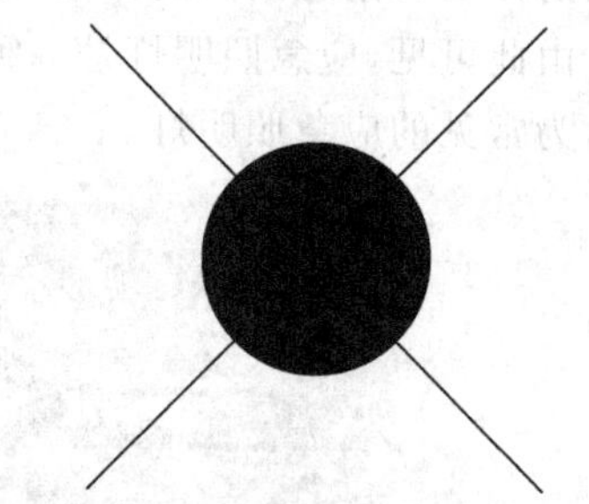
图 8-201　专用电路上的应急照明灯

8.6　绘制箱柜设备

室外电源不是直接输送到用电设备上，而是要先通过箱柜设备，再由箱柜为各设备输送电流。因此箱柜设备是电力系统中的核心设备。本节以照明配电箱、动力配电箱等为例，介绍箱柜设备图形符号的绘制。

8.6.1　绘制照明配电箱

照明配电箱设备是在低压供电系统末端负责完成电能控制、保护、转换和分配的设备，主要由电线、元器件(包括隔离开关、断路器等)及箱体等组成。图 8-202 所示为常见的照明配电箱。

(1) 调用 REC【矩形】命令，绘制尺寸为 750×296 的矩形，结果如图 8-203 所示。

(2) 调用 H【图案填充】命令，在图案列表中选择 SOLID 图案，如图 8-204 所示。

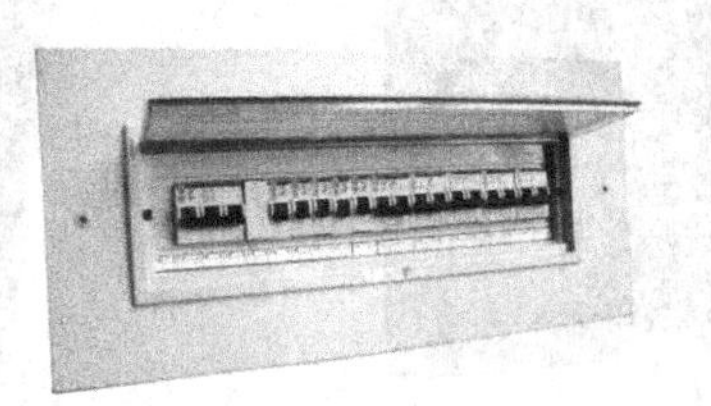

图 8-202 常见的照明配电箱

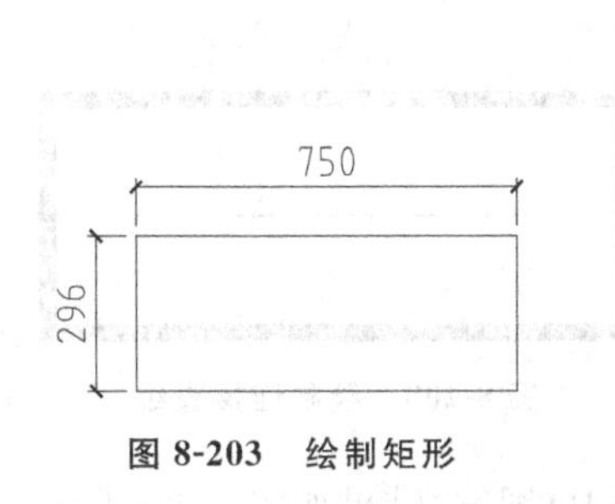

图 8-203 绘制矩形

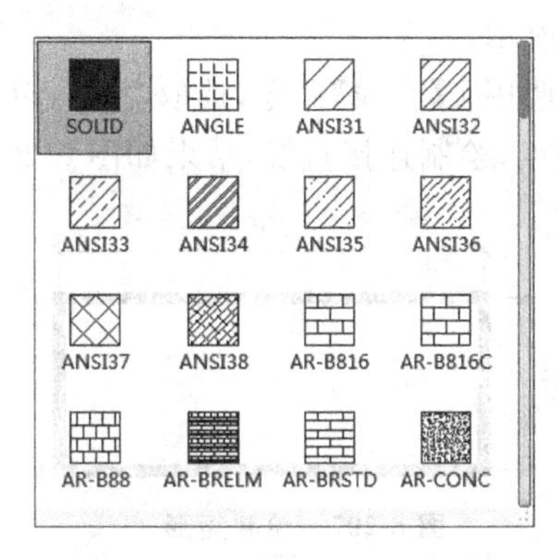

图 8-204 选择 SOLID 图案

(3) 在矩形内单击拾取填充区域,填充 SOLID 图案,结果如图 8-205 所示。

图 8-205 照明配电箱

8.6.2 绘制动力配电箱

配电箱分动力配电箱和照明配电箱,是配电系统的末级设备。

配电箱是按电气接线要求将开关设备、测量仪表、保护电器和辅助设备组装在封闭或半封闭金属柜中或屏幅上,构成低压配电装置。

在正常运行时可借助手动或自动开关接通或分断电路。故障或不正常运行时借助保护装置切断电路或报警。借测量仪表可显示运行中的各种参数,还可对某些电气参数进行调整,对偏离正常工作状态进行提示或发出信号。常用于各发、配、变电所中。图 8-206 所示为常见的动力配电箱。

(1) 调用 REC【矩形】命令,设置【宽度】为 20,绘制尺寸为 750×296 的矩形,结果如

图 8-206 常见的动力配电箱

图 8-207 所示。

(2) 调用 L【直线】命令，选取左侧短边的中点为直线的起点，选取右侧短边的中点为直线的终点，绘制连接直线，结果如图 8-208 所示。

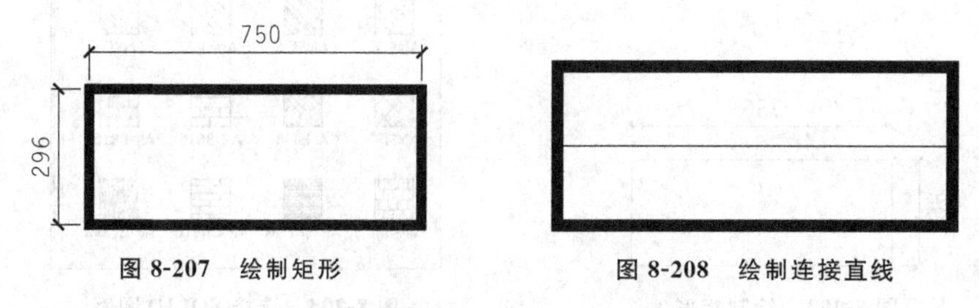

图 8-207 绘制矩形　　图 8-208 绘制连接直线

(3) 调用 H【图案填充】命令，对矩形填充 SOLID 图案，结果如图 8-209 所示。

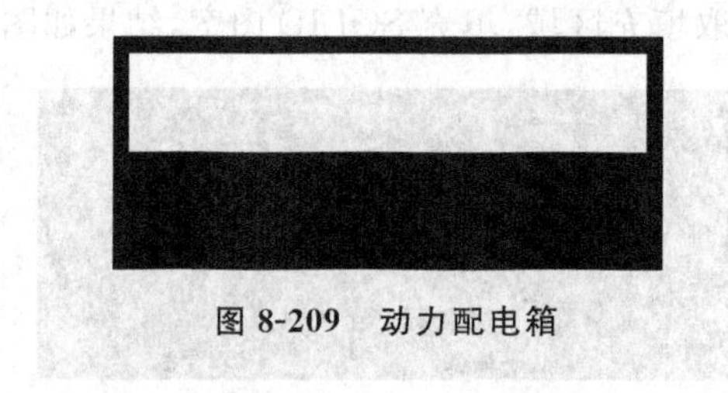

图 8-209 动力配电箱

8.6.3 绘制开关箱

开关箱又名配电柜、配电盘、配电箱，是集中、切换、分配电能的设备。

开关箱一般由柜体、开关(断路器)、保护装置、监视装置、电能计量表，以及其他二次元器件组成，安装在发电站、变电站以及用电量较大的电力客户处。

按照电流可以分为交、直流开关箱。按照电压可分为照明开关箱和动力开关箱，或者高压配电盘和低压配电盘。图 8-210 所示为常见的开关箱。

(1) 调用 REC【矩形】命令，分别指定矩形的对角点，创建如图 8-211 所示的矩形。

(2) 调用 X【分解】命令，分解矩形。

(3) 调用 O【偏移】命令，向内偏移矩形边，如图 8-212 所示。

(4) 调用 PL【多段线】命令，设置宽度为 20，绘制粗轮廓线，结果如图 8-213 所示。

图 8-210　常见的开关箱

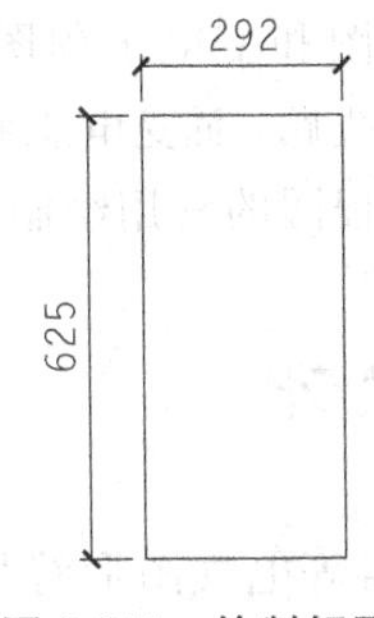

图 8-211　绘制矩形

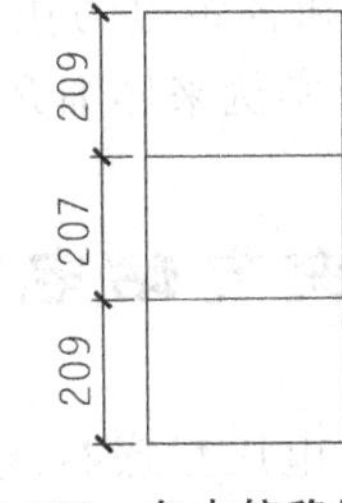

图 8-212　向内偏移矩形边

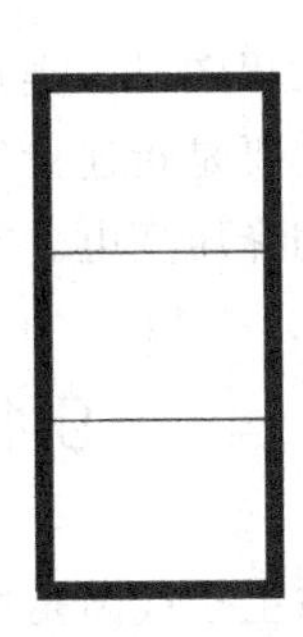

图 8-213　刀开关箱

8.6.4　绘制事故照明配电箱

在发生事故时，通常会造成供电失常，此时应急照明系统就要启动。事故照明配电箱即是用来控制应急照明系统的控制设备。本节介绍事故照明配电箱的绘制方式。

(1) 调用 REC【矩形】命令，输入 W，选择【宽度】选项，设置宽度为 20，绘制尺寸为 750×300 的矩形，如图 8-214 所示。

(2) 调用 L【直线】命令，绘制对角线，结果如图 8-215 所示。

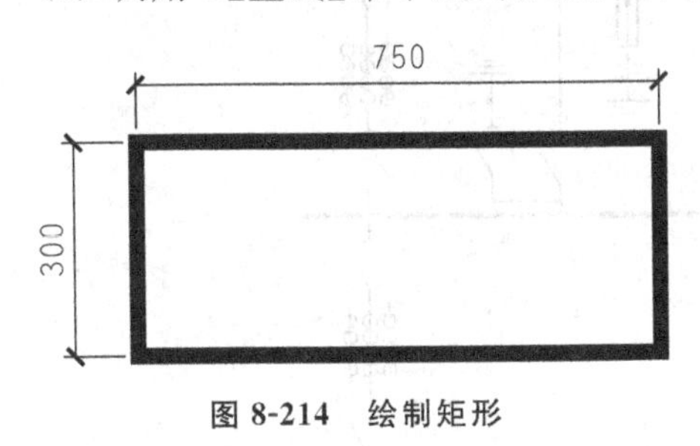

图 8-214　绘制矩形

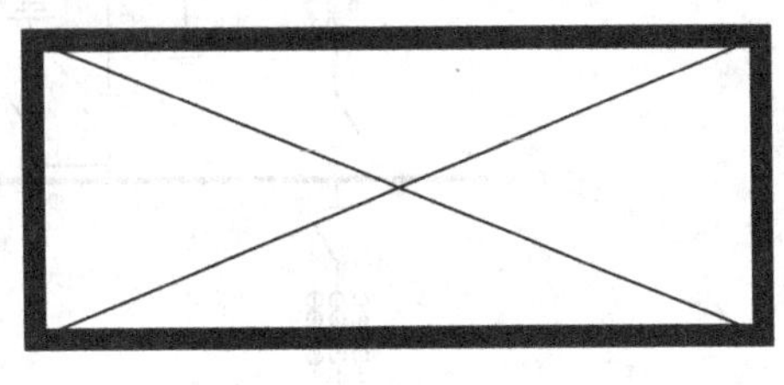

图 8-215　绘制对角线

第9章 chapter 9

电力工程图设计

电力工程图是一类重要的电气工程图，主要包括输电工程图和变电工程图。其中，输电工程主要是指连接发电厂、变电站和各级电力用户的输电线路，而变电工程则是指升压变电和降压变电。本章将通过几个实例来详细介绍电力工程图的常用绘制方法。

9.1 110kV变电站电气图设计

变电站主接线图是由母线、断路器、电压互感器、电流互感器等电气图形符号和连接线所组成的表示电能流转的电路图。主接线图一般都采用单线图绘制，只有在个别场合必须指明三相时才采用三线图来绘制。图9-1所示为110kV变电站主接线图。本节将详细介绍其绘制的方法及详细的步骤。

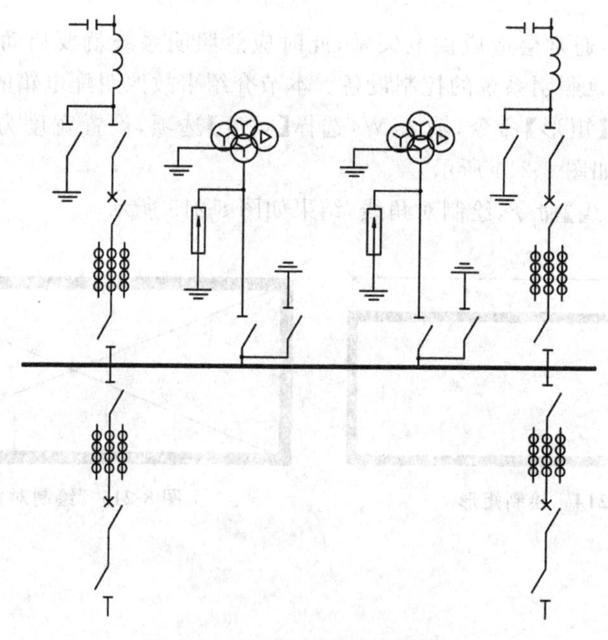

图9-1 110kV变电站主接线图

9.1.1 设置绘图环境

(1) 调用【文件】|【新建】命令，新建图形文件。

(2) 调用【格式】|【文字样式】命令，打开【文字样式】对话框，选择 simplex. shx 字体，如图 9-2 所示。

(3) 调用【文件】|【另存为】命令，打开【图形另存为】对话框，在【文件名】文本框中键入"110kV 变电站主接线图"。

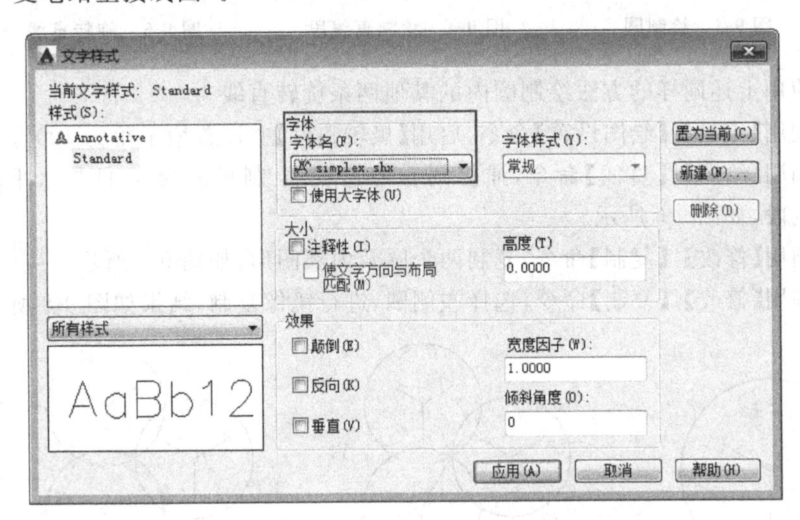

图 9-2 【文字样式】对话框

9.1.2 绘制电气图例

从 110kV 变电站主接线图的图形分析可知，该线路图主要由母线、断路器、电压互感器、电流互感器、避雷器、隔离开关、高压电容器等组成，本节将详细介绍各个元器件的绘制方法。

1. 绘制电压互感器

电压互感器是一个带铁心的变压器。它主要由一、二次线圈、铁心和绝缘组成。当在一次绕组上施加一个电压 U_1 时，在铁心中就产生一个磁通 ϕ，根据电磁感应定律，则在二次绕组中就产生一个二次电压 U_2。改变一次或二次绕组的匝数，可以产生不同的一次电压与二次电压比，根据该原理就可组成不同比的电压互感器。电压互感器一次侧接在一次系统，二次侧接测量仪表、继电保护等。

电压互感器工作原理与变压器相同，基本结构也是铁心和原、副绕组。特点是容量很小且比较恒定，正常运行时接近于空载状态。下面介绍电压互感器的绘制方法。

(1) 调用【绘图】|【圆】命令，在绘图区绘制一个半径为 3 的圆，如图 9-3 所示。

(2) 调用【绘图】|【直线】命令，捕捉圆心为起点，向下绘制长度为 2 的直线段，如图 9-4 所示。

(3) 调用【修改】|【旋转】命令，选择刚刚绘制的垂直直线段，以圆心为基点旋转120°，如图9-5所示。

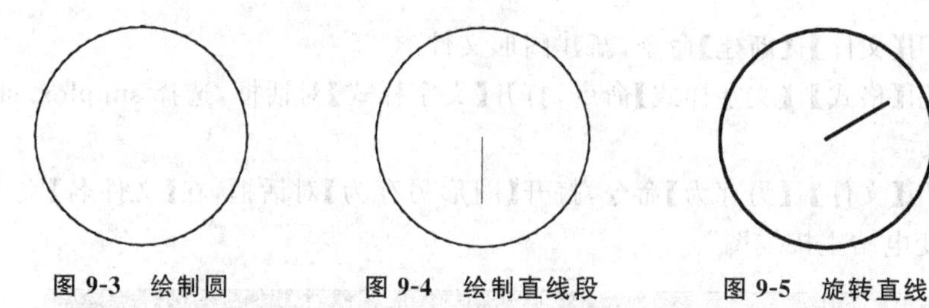

图 9-3　绘制圆　　图 9-4　绘制直线段　　图 9-5　旋转直线

(4) 使用上述同样的方法绘制圆内的其他两条旋转直线。

(5) 调用【工具】|【绘图设置】命令，启用【极轴追踪】并设置增量角为120°。

(6) 调用【绘图】|【直线】命令，捕捉圆心为起点，绘制长度为4，且与水平增量角为120°的斜线段，如图9-6所示。

(7) 调用【修改】|【复制】命令，复制两个圆及内部图形，如图9-7所示。

(8) 调用【修改】|【复制】命令，选择左侧圆，进行镜像复制，结果如图9-8所示。

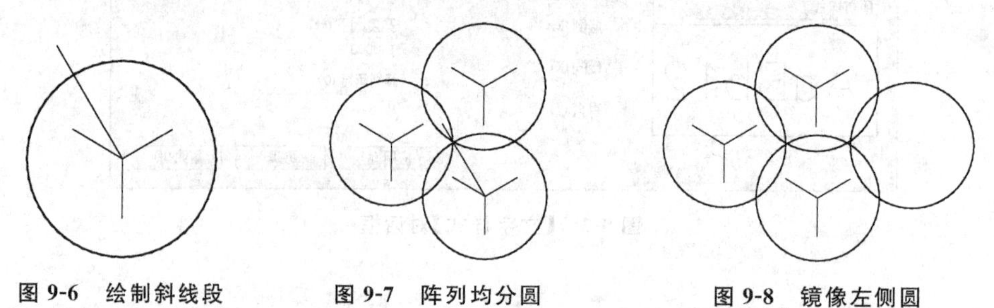

图 9-6　绘制斜线段　　图 9-7　阵列均分圆　　图 9-8　镜像左侧圆

(9) 调用【绘图】|【正多边形】命令，捕捉镜像圆的圆心，绘制一个内切圆半径为1.5的正三角形，如图9-9所示。

(10) 调用【修改】|【旋转】命令，捕捉圆心为旋转中心，输入旋转角度为30°，如图9-10所示。

(11) 调用【绘图】|【块】|【创建】命令，选择绘制好的元器件符号创建块，将其命名为“电压互感器”。

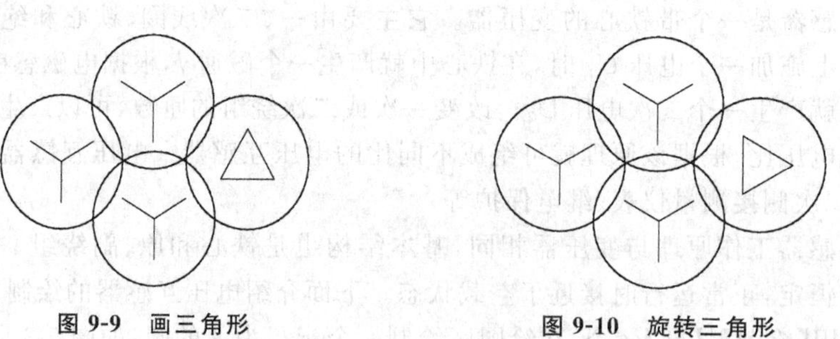

图 9-9　画三角形　　图 9-10　旋转三角形

2. 绘制电流互感器

电流互感器由闭合的铁心和绕组组成。它的一次绕组匝数很少，串在需要测量的电流线路中，因此有线路的全部电流流过，二次绕组匝数比较多，串接在测量仪表和保护回路中，电流互感器在工作时，它的二次回路始终是闭合的，因此测量仪表和保护回路串联线圈的阻抗很小，电流互感器的工作状态接近短路。下面介绍电流互感器的绘制方法。

(1) 调用【绘图】|【直线】命令，捕捉任意点为起点，绘制长度为 12 的垂直直线段，如图 9-11 所示。

(2) 调用【绘图】|【点】|【等距等分】命令，将线段进行 5 等分，如图 9-11 所示。

(3) 调用【绘图】|【圆】命令，捕捉等分点为为圆心，绘制半径为 1 的圆，如图 9-12 所示。

(4) 调用【修改】|【复制】命令，选择刚才绘制直线段和圆，以圆心为复制基点向右复制两个图形，两圆心之间的间隔为 3，最后将点样式符号删除，结果如图 9-13 所示。

(5) 调用【绘图】|【块】|【创建】命令，选择绘制好的接地符号，以左引线的左端点为基点创建块，将其命名为【电流互感器】。

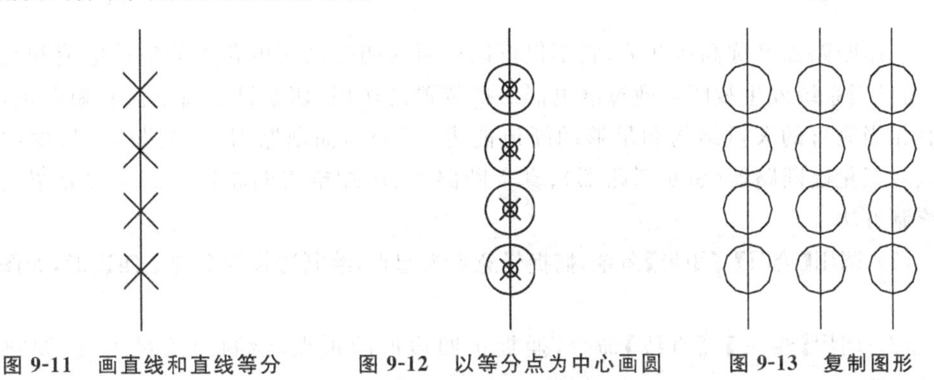

图 9-11 画直线和直线等分　　图 9-12 以等分点为中心画圆　　图 9-13 复制图形

3. 绘制高压电感器

电感器是能够把电能转化为磁能而存储起来的元件，电感器的结构类似于变压器，但只有一个绕组。电感器具有一定的电感，通过电感器可以阻止电流的变化。若电感器中没有电流通过，则电感器阻止电流流过；如果有电流流过电感器，则电路断开时它将试图维持电流不变。电感器又称扼流器、电抗器、动态电抗器。下面介绍电感器的绘制方法。

(1) 调用【绘图】|【直线】命令，绘制一条长度为 8 的水平直线，如图 9-14 所示。

(2) 调用【绘图】|【点】|【定数等分】命令，将直线 4 等分，结果如图 9-15 所示。

图 9-14 绘制直线　　图 9-15 等分直线

(3) 调用【修改】|【修剪】命令-/-，修剪多余的线段，使用【删除】命令删除点样式符号，结果如图 9-16 所示。

（4）调用【绘图】|【圆弧】|【圆心、起点、端点】命令，绘制一段圆弧，如图 9-17 所示。

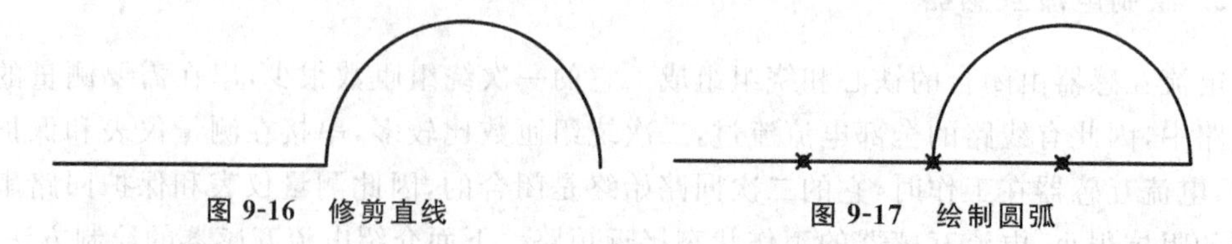

图 9-16　修剪直线　　图 9-17　绘制圆弧

（5）调用【修改】|【复制】命令，将左侧圆弧向右复制两个，如图 9-18 所示。

（6）调用【绘图】|【直线】命令，向右绘制一条长度为 4 的水平直线，如图 9-19 所示。

（7）调用【绘图】|【块】|【创建】命令，选择绘制好的图形，以左引线的左端点为基点创建块，将其命名为"高压电感器"。

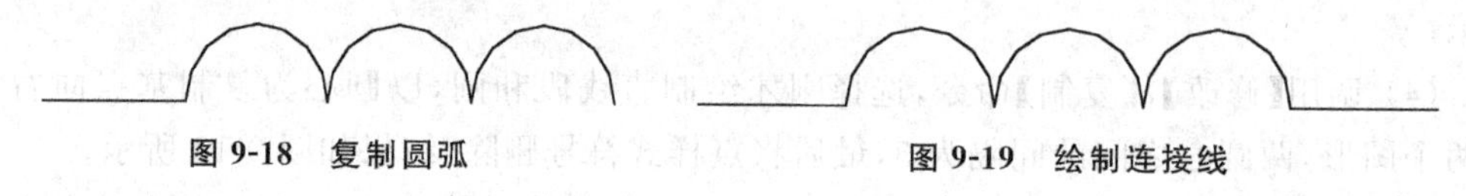

图 9-18　复制圆弧　　图 9-19　绘制连接线

4. 绘制高压断路器

高压断路器又称高压开关，它不仅可以切断或闭合高压电路中的空载电流和负荷电流，而且当系统发生故障时通过继电器保护装置的作用，切断过负荷电流和短路电流，它具有相当完善的灭弧结构和足够的断流能力，可分为油断路器（多油断路器、少油断路器）、六氟化硫断路器（SF6 断路器）、真空断路器、压缩空气断路器等。下面介绍电感器的绘制方法。

（1）调用【绘图】|【矩形】命令，捕捉任意点为起点，绘制边长为 2 的正四边形，如图 9-20 所示。

（2）调用【绘图】|【直线】命令，捕捉正四边形的顶点，绘制两条对角线，如图 9-21 所示。

（3）调用【绘图】|【直线】命令，捕捉两对角线的交点，向右绘制长度为 6 的水平直线段，如图 9-22 所示。

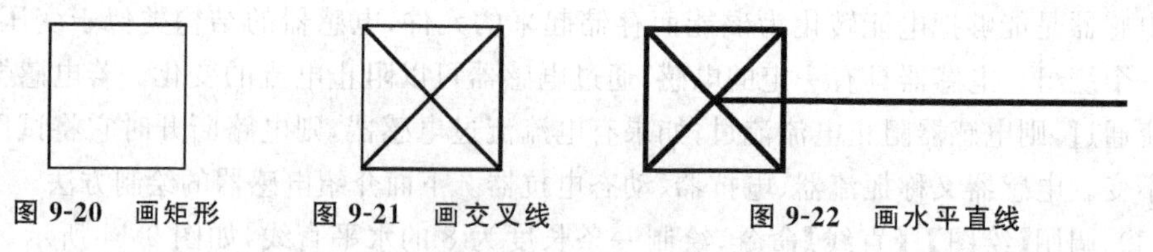

图 9-20　画矩形　　图 9-21　画交叉线　　图 9-22　画水平直线

（4）调用【绘图】|【直线】命令，捕捉直线段右端点为起点，绘制长度为 6 与水平夹角为 150°的直线段，如图 9-23 所示。

（5）调用【绘图】|【直线】命令，捕捉对角线交点和直线段右端点，绘制两条长度为 4 的向左、向右的引线，如图 9-24 所示。

（6）调用【修改】|【删除】命令，删除水平直线段和矩形，如图 9-25 所示。

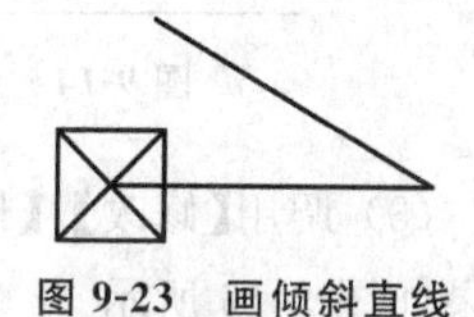

图 9-23　画倾斜直线

(7) 调用【绘图】|【块】|【创建】命令，选择绘制好的高压断路器，以左引线的左端点为基点创建块，将其命名为“断路器”。

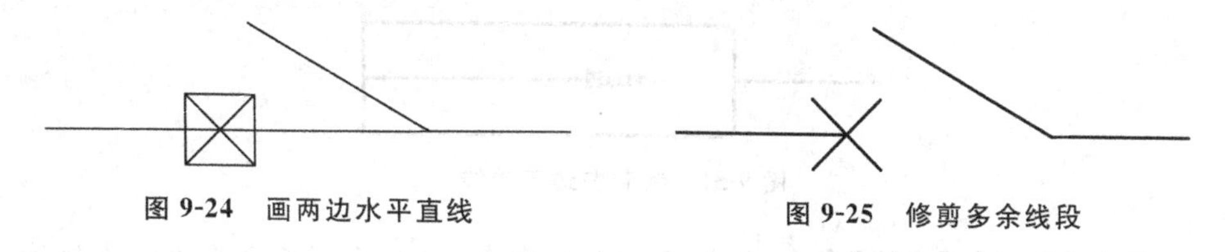

图 9-24 画两边水平直线　　图 9-25 修剪多余线段

5. 绘制接地符号

(1) 调用【绘图】|【直线】命令，垂直画一条长度为 6 的水平直线和长度为 4 的垂直直线，并使用【移动】命令捕捉长度为 4 的直线移动到长度为 6 直线的中点上，如图 9-26 所示。

(2) 使用同样的方法在右边绘制长度为 3 的直线，两垂直直线的间距为 1，如图 9-27 所示。

(3) 使用同样的方法在右边绘制长度为 2 的直线，两垂直直线的间距为 1，如图 9-28 所示。

(4) 调用【绘图】|【块】|【创建】命令，选择绘制好的接地符号，以左引线的左端点为基点创建块，将其命名为“接地”。

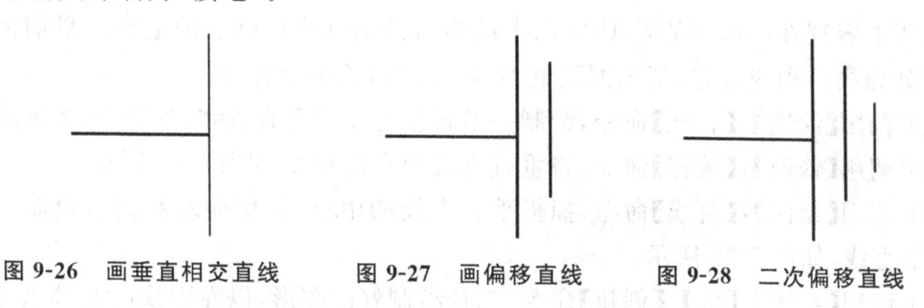

图 9-26 画垂直相交直线　　图 9-27 画偏移直线　　图 9-28 二次偏移直线

6. 绘制高压避雷器

避雷器是能释放雷电或兼能释放电力系统操作过电压能量，既能保护电工设备免受瞬时过电压危害，又能截断续流，不致引起系统接地短路的电器装置。避雷器通常接于带电导线与地之间，与被保护设备并联，当过电压值达到规定的动作电压时，避雷器立即动作，流过电荷，限制过电压幅值，保护设备绝缘，电压值正常后，避雷器又迅速恢复原状，以保证系统正常供电。

(1) 调用【绘图】|【矩形】命令，捕捉任意点为起点，绘制 10×3 的矩形，如图 9-29 所示。

(2) 调用【绘图】|【多段线】命令，捕捉矩形右边中点为起点，向左绘制直线长度为 6、箭头长度为 2 的多段线，如图 9-30 所示。

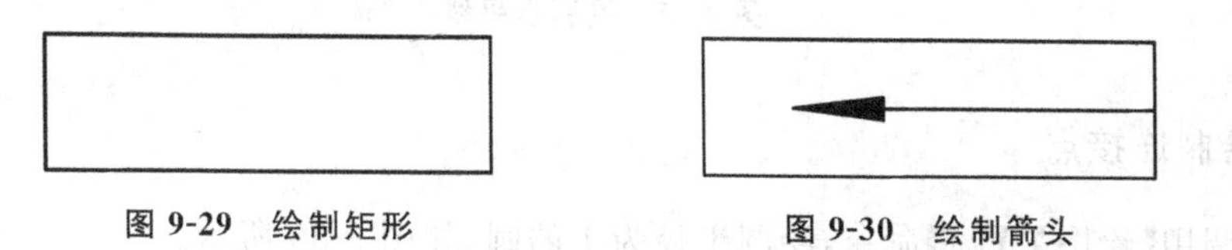

图 9-29 绘制矩形　　图 9-30 绘制箭头

(3) 调用【绘图】|【直线】命令,捕捉矩形左边中点,向左绘制长度为 4 的连接线,如图 9-31 所示。

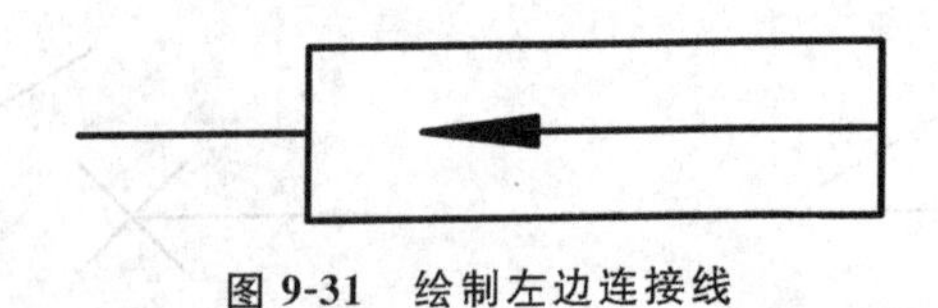

图 9-31　绘制左边连接线

(4) 调用【绘图】|【直线】命令,捕捉矩形右边中点,向右绘制长度为 4 的连接线,如图 9-32 所示。

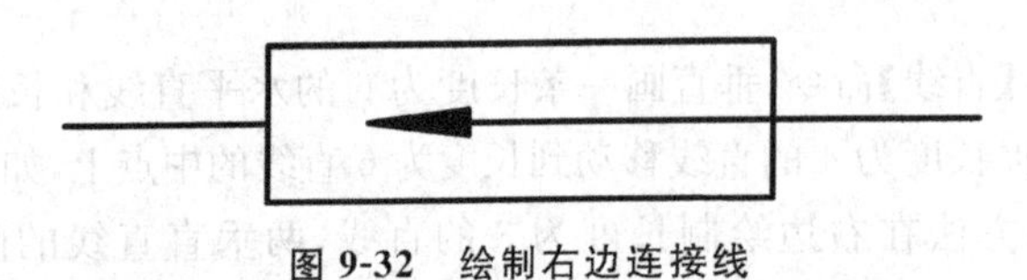

图 9-32　绘制右边连接线

(5) 调用【绘图】|【块】|【创建】命令,选择绘制好的符号,以左端点为基点创建块,将其命名为【高压避雷器】。

7. 绘制高压电容

高压电容现在一般指的是 1kV 以上的电容或者 10kV 以上的电容。目前的高压电容主要分为高压陶瓷电容、高压薄膜电容、高压聚丙乙烯电容等。

(1) 调用【绘图】|【直线】命令,绘制一条长度为 2 的垂直直线,如图 9-33 所示。

(2) 调用【修改】|【偏移】命令,将垂直直线向右偏移 2,如图 9-34 所示。

(3) 调用【绘图】|【直线】命令,捕捉垂直直线的中点,分别向左和向右绘制一条长为 4 的水平直线,如图 9-35 所示。

(4) 调用【绘图】|【块】|【创建】命令,选择绘制好的图形,以左引线的左端点为基点创建块,将其命名为【高压电容】。

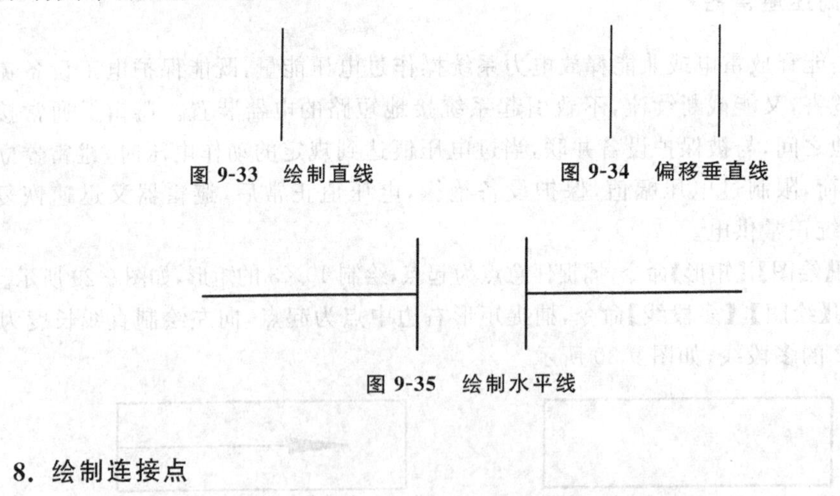

图 9-33　绘制直线　　图 9-34　偏移垂直线

图 9-35　绘制水平线

8. 绘制连接点

(1) 调用【绘图】|【圆】命令,绘制半径为 1 的圆,如图 9-36 所示。

（2）调用【绘图】|【图案填充】命令，填充 SOLID 图案，如图 9-37 所示。

（3）调用【绘图】|【块】|【创建】命令，创建连接点图块。

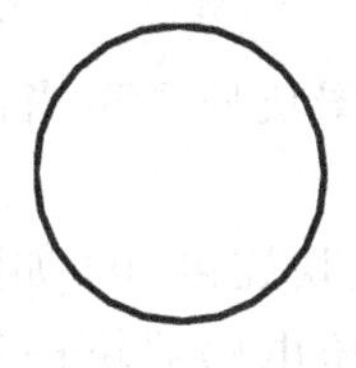

图 9-36　绘制圆

图 9-37　填充图案

9.1.3　组合图形

前面分别绘制完成了 110kV 变电站电气图各元器件的电气符号，本节介绍如何将这些元件组合成完整的电路图。

1. 绘制辅助线

（1）调用【格式】|【图层】命令，打开【图层特性管理器】，新建【辅助线层】图层，并设置为当前图层。

（2）调用【绘图】|【多段线】命令，绘制一条长 130 的水平直线作为母线。

（3）调用【绘图】|【多段线】命令，在水平直线左端点 20 处绘制一条长度为 140 的垂直线。

（4）调用【修改】|【偏移】命令，将垂直线连续向右偏移 30、40、30，如图 9-38 所示。

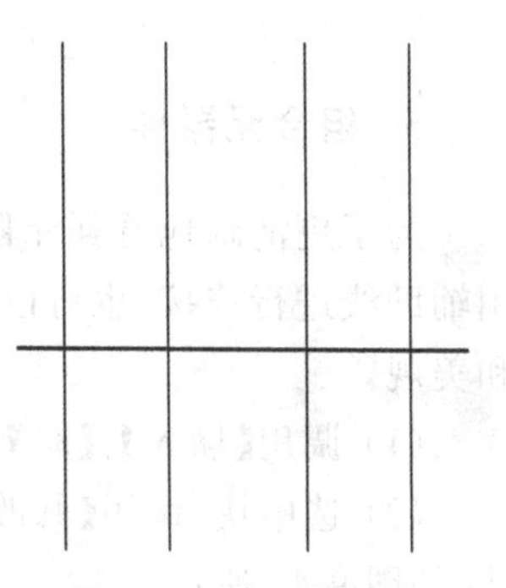

图 9-38　绘制辅助线

（5）调用【格式】|【图层】命令，打开【图层特性管理器】。选择默认图层为当前图层，并锁定【辅助线层】，如图 9-39 所示。

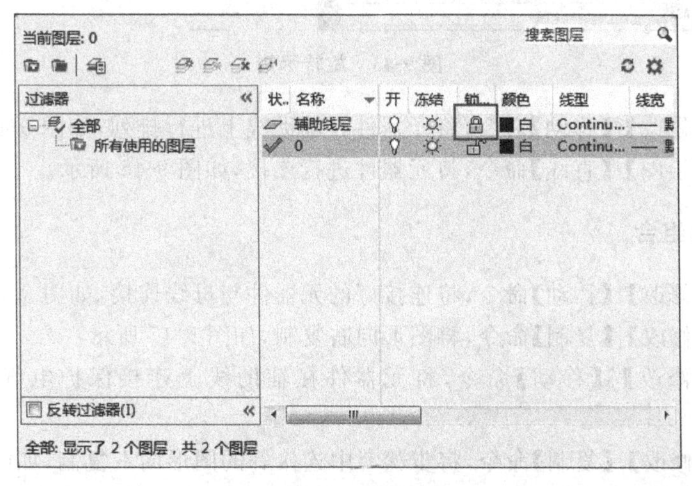

图 9-39　锁定图层

提示：图层锁定后不能进行删除、移动等操作，以方便辅助线作为参考使用。

2. 插入电气图块

(1) 调用【插入】|【块】命令，将前面创建的电气图块插入至当前图形，如图 9-40 所示。

(2) 调用【修改】|【旋转】命令，将插入的高压电感器块旋转 90°，如图 9-41 所示。

(3) 调用【修改】|【移动】命令，将高压电容与高压电感器块进行连接，如图 9-42 所示。

图 9-40 插入块　　图 9-41 旋转块　　图 9-42 连接元器件

3. 组合元器件

为了更清晰地看到元器件及连接线，下文将辅助线进行隐藏，元器件的连接除了使用辅助线进行连接，也可以参考软件系统提供的栅格，两者都可以使绘制的图更加整齐和美观。

(1) 调用【插入】|【块】命令，将前面制作好的块插入到图中。

(2) 选中块，调用【修改】|【旋转】命令，在打开的对话框中将需要旋转的元件进行旋转，如图 9-43 所示。

图 9-43 旋转示例

(3) 调用【修改】|【移动】命令，将元器件在辅助线上进行排列，如图 9-44 所示。

(4) 调用【绘图】|【直线】命令，将元器件进行连接，如图 9-45 所示。

4. 图形的组合

(1) 调用【修改】|【移动】命令，将连接好的元器件与母线连接，如图 9-46 所示。

(2) 调用【修改】|【复制】命令，将图形向右复制，如图 9-47 所示。

(3) 调用【修改】|【移动】命令，将元器件在辅助线上连接保护电气图，如图 9-48 所示。

(4) 调用【修改】|【复制】命令，将步骤 3 中连接好的图形向右复制，如图 9-49 所示。

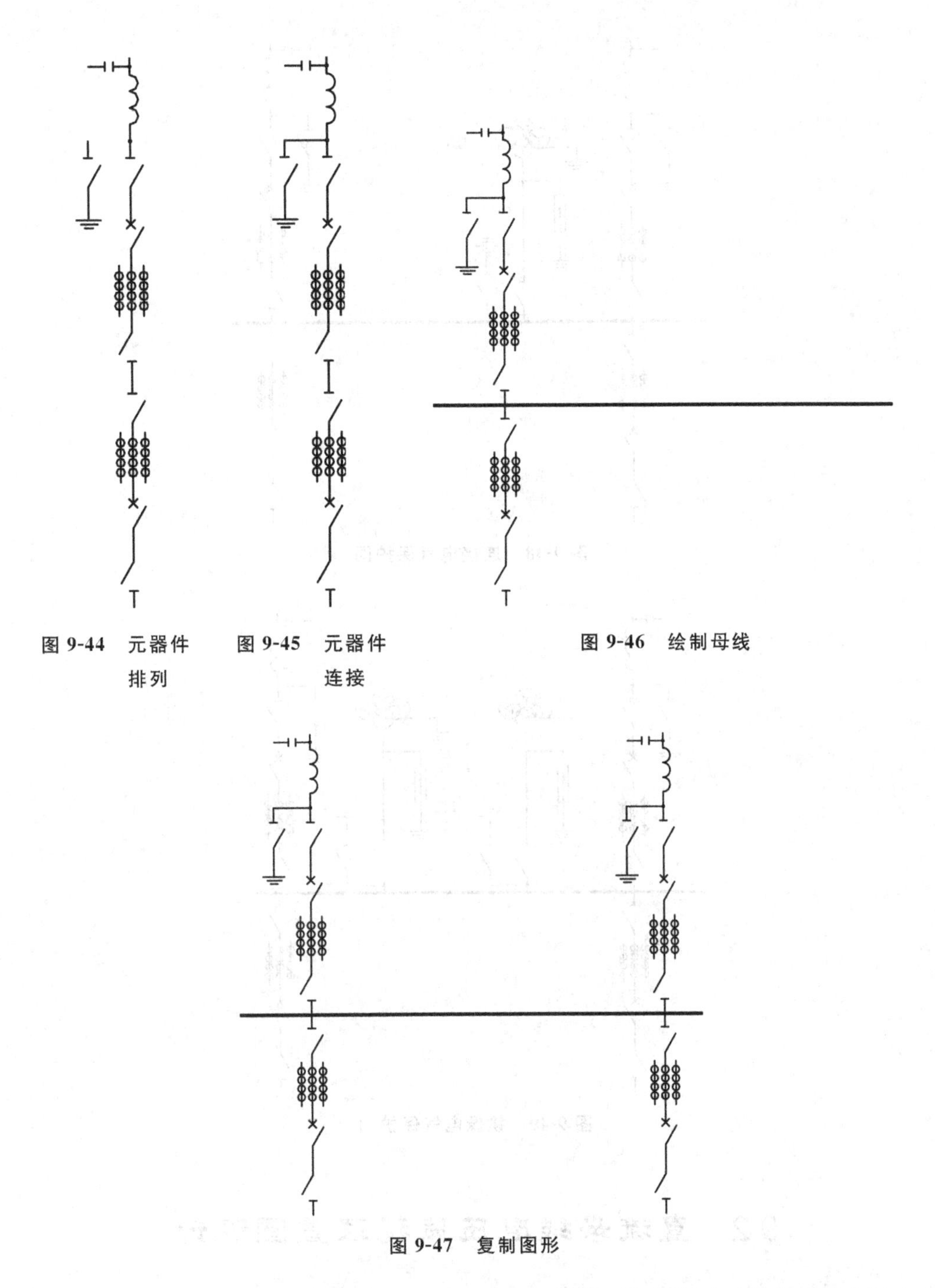

图 9-44 元器件排列

图 9-45 元器件连接

图 9-46 绘制母线

图 9-47 复制图形

至此，110kV 变电站主接线图已经绘制完成，调用【文件】|【保存】命令或者在键盘上按 Ctrl+S 组合键对文件进行保存。

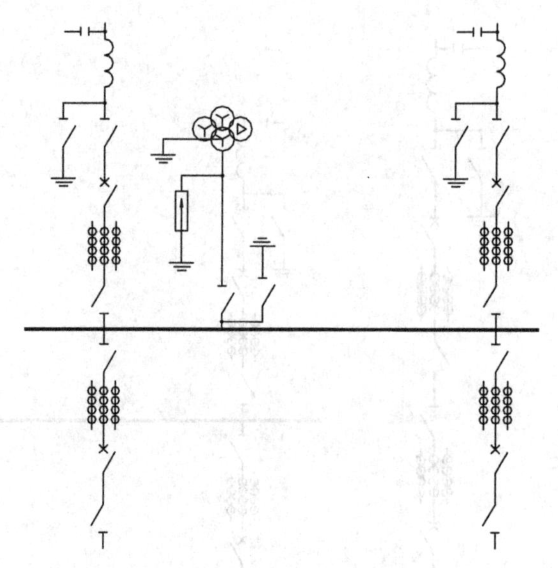

图 9-48　连接电气保护图

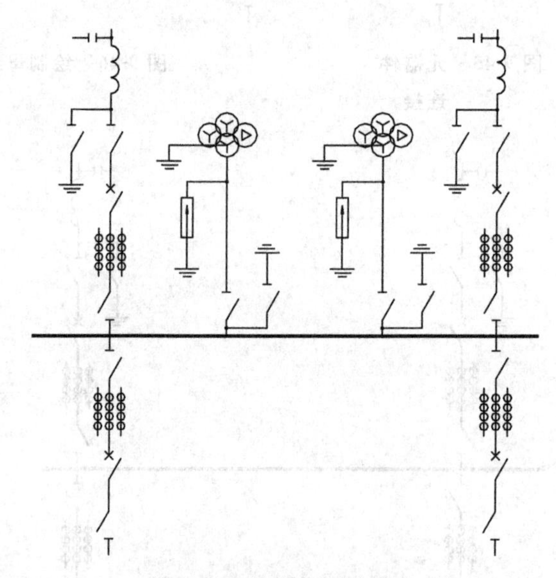

图 9-49　镜像电气保护图

9.2　直流母线电压监视装置图设计

直流母线电压监视装置主要反映直流电源电压的高低。例如,如图 9-50 所示为直流母线电压监视装置图,KV1 是低电压监视继电器,正常电压 KV1 励磁,其常闭触点断开,当电压降低到整定值时,KV1 失磁,其常闭触点闭合,HP1 光字牌亮,发出音响信号。KV2 是过电压继电器,正常电压时 KV2 失磁,其常开触点在断开位置,当电压过高超过整定值时 KV2 励磁，其常开触点闭合，HP2 光字牌亮，发出音响信号。本节使用 AutoCAD 软件详细介绍其绘制的方法及操作步骤。

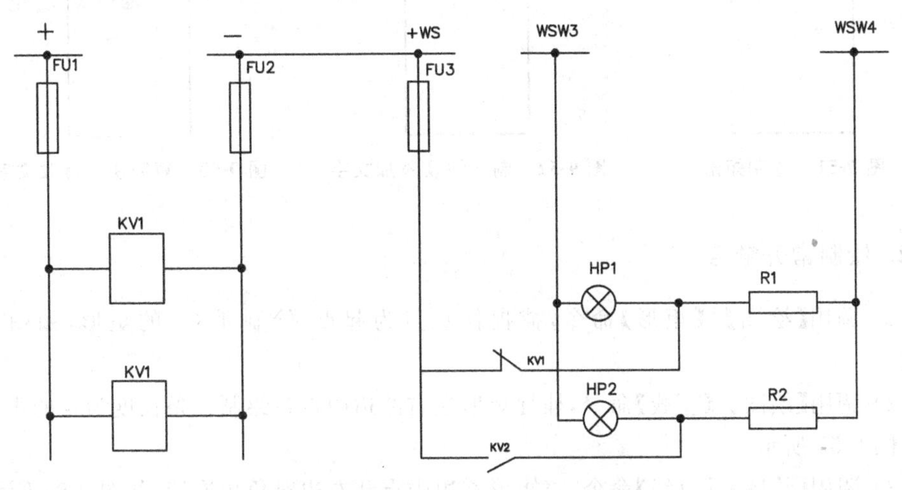

图 9-50 直流母线电压监视装置图

9.2.1 设置绘图环境

(1) 调用【文件】|【新建】命令，新建图形文件。

(2) 调用【格式】|【文字样式】命令，选择 simplex. shx 字体。

(3) 调用【文件】|【另存为】命令，打开【图形另存为】对话框，在【文件名】文本框中键入“直流母线电压监视装置图”。

9.2.2 线路图的绘制

从直流母线电压监视装置图形分析可知，该线路图主要由电压监视继电器、熔断器、电阻、指示灯等组成，本节详细介绍各个元器件的绘制方法。

1. 绘制电压监视继电器

(1) 调用【绘图】|【矩形】命令，捕捉任意点为起点，绘制 8×10 的矩形，如图 9-51 所示。

(2) 调用【绘图】|【文字】|【单行文字】命令，输入元器件名称 KV1，如图 9-52 所示。

(3) 调用【绘图】|【块】|【创建】命令，选择绘制好的元器件符号，制作成块，将其命名为【电压监视继电器 1】。

(4) 调用【修改】|【复制】命令，复制步骤(2)中的图形，双击文字将 KV1 改为 KV2，如图 9-53 所示。

(5) 调用【绘图】|【块】|【创建】命令，选择绘制好的元器件符号，制作成块，将其命名为【电压监视继电器 2】。

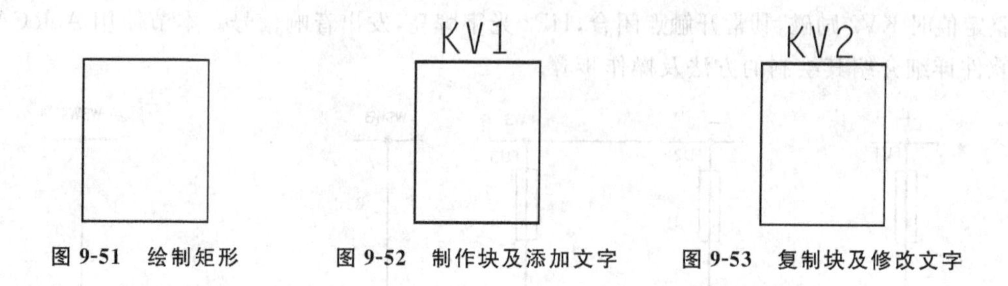

图 9-51 绘制矩形　　图 9-52 制作块及添加文字　　图 9-53 复制块及修改文字

2. 绘制常开触点

(1) 调用【绘图】|【矩形】命令，捕捉任意点为起点，绘制 4×4 的矩形，如图 9-54 所示。

(2) 调用【绘图】|【直线】命令，捕捉矩形左右两边中点各绘制一条长度为 4 的水平直线，如图 9-55 所示。

(3) 调用【绘图】|【直线】命令，将矩形右边中点和左边对角相连接，如图 9-56 所示。

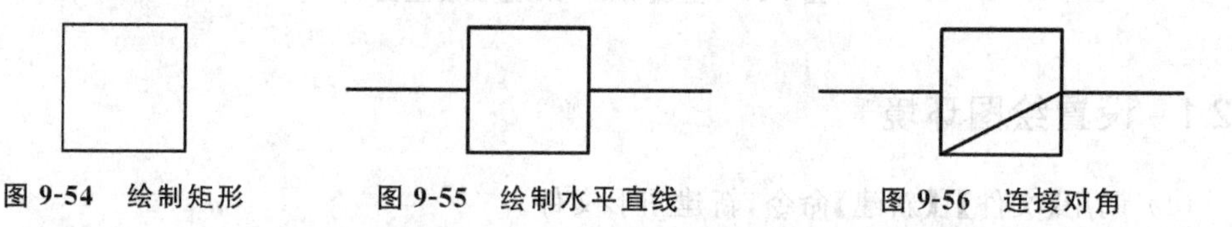
图 9-54 绘制矩形　　图 9-55 绘制水平直线　　图 9-56 连接对角

(4) 调用【修改】|【修剪】命令，修剪多余的线段，如图 9-57 所示。

(5) 调用【绘图】|【文字】|【单行文字】命令，输入元器件名称 KV2，如图 9-58 所示。

(6) 调用【绘图】|【块】|【创建】命令，选择绘制好的元器件符号，制作成块，将其命名为“常开触点”。

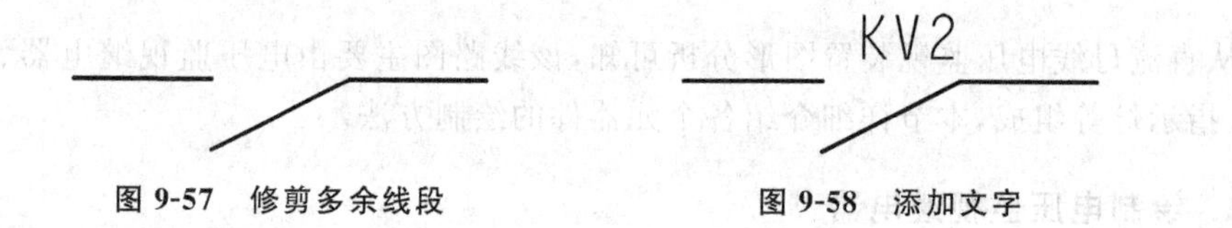

图 9-57 修剪多余线段　　图 9-58 添加文字

3. 绘制常闭触点

(1) 调用【绘图】|【矩形】命令，捕捉任意点为起点，绘制 3×6 的矩形，如图 9-59 所示。

(2) 调用【绘图】|【直线】命令，捕捉矩形左右两边中点，各绘制一条长度为 4 的水平直线，如图 9-60 所示。

(3) 调用【工具】|【绘图设置】命令，启用【极轴追踪】并设置增量角为 150°。绘制一条长度为 5 的斜线，如图 9-61 所示。

(4) 调用【修改】|【修剪】命令，修剪多余的线段，如图 9-62 所示。

(5) 调用【绘图】|【文字】|【单行文字】命令，输入元器件名称 KV1，如图 9-63 所示。

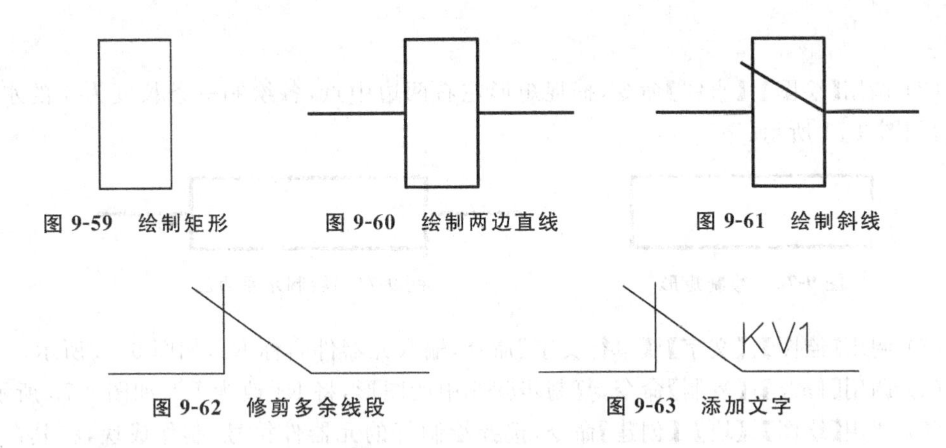

图 9-59 绘制矩形　　图 9-60 绘制两边直线　　图 9-61 绘制斜线

图 9-62 修剪多余线段　　图 9-63 添加文字

(6) 调用【绘图】|【块】|【创建】命令,选择绘制好的元器件符号,制作成块,将其命名为"常闭触点"。

4. 绘制指示灯

(1) 调用【绘图】|【矩形】命令,捕捉任意点为起点,绘制 5×5 的矩形,如图 9-64 所示。

(2) 调用【绘图】|【直线】命令,绘制矩形对角线,如图 9-65 所示。

(3) 调用【绘图】|【圆】命令,以对角线为圆心绘制矩形内接圆,如图 9-66 所示。

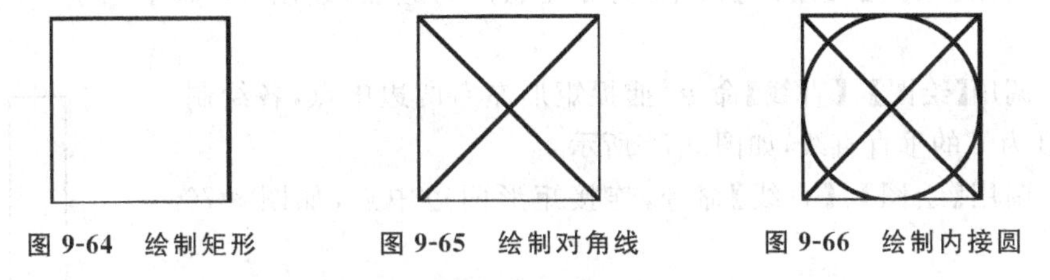

图 9-64 绘制矩形　　图 9-65 绘制对角线　　图 9-66 绘制内接圆

(4) 调用【修改】|【修剪】命令,修剪多余的线段,如图 9-67 所示。

(5) 调用【绘图】|【文字】|【单行文字】命令,输入元器件名称 HP1,如图 9-68 所示。

(6) 调用【修改】|【复制】命令,复制步骤(5)中的图形,将 HP1 改为 HP2,如图 9-69 所示。

(7) 调用【绘图】|【块】|【创建】命令,选择绘制好的元器件符号,制作成块,将其命名为"指示灯"。

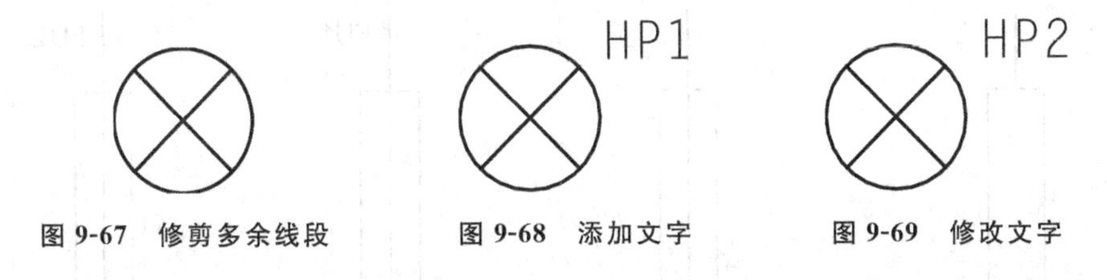

图 9-67 修剪多余线段　　图 9-68 添加文字　　图 9-69 修改文字

5. 绘制电阻

(1) 调用【绘图】|【矩形】命令,捕捉任意点为起点,绘制 10×3 的矩形,如图 9-70

所示。

(2) 调用【绘图】|【直线】命令，捕捉矩形左右两边中点，各绘制一条长度为 4 的水平直线，如图 9-71 所示。

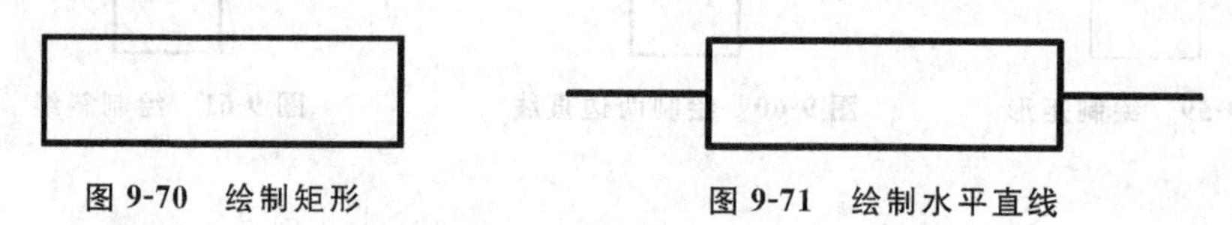

图 9-70 绘制矩形　　图 9-71 绘制水平直线

(3) 调用【绘图】|【文字】|【单行文字】命令，输入元器件名称 R1，如图 9-72 所示。

(4) 调用【修改】|【复制】命令，复制步骤 3 中的图形，将 R1 改为 R2，如图 9-73 所示。

(5) 调用【绘图】|【块】|【创建】命令，选择绘制好的元器件符号，制作成块，将其命名为“电阻”。

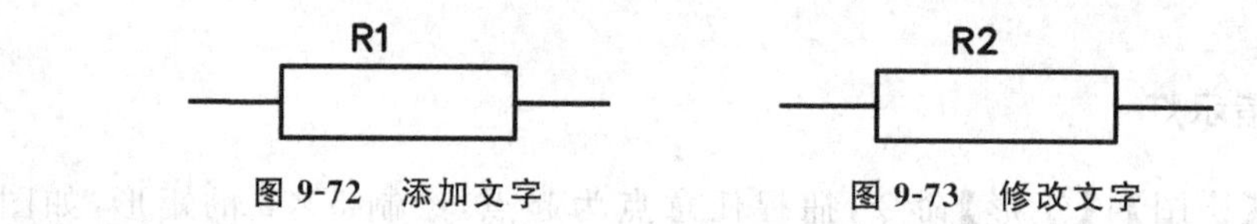

图 9-72 添加文字　　图 9-73 修改文字

6. 绘制熔断器

(1) 调用【绘图】|【矩形】命令，捕捉任意点为起点，绘制 3×10 的矩形，如图 9-74 所示。

(2) 调用【绘图】|【直线】命令，捕捉矩形左右两边中点，各绘制一条长度为 4 的垂直直线，如图 9-75 所示。

(3) 调用【绘图】|【直线】命令，连接矩形两边中点，如图 9-76 所示。

(4) 调用【绘图】|【文字】|【单行文字】命令，输入元器件名称 FU1，如图 9-77 所示。

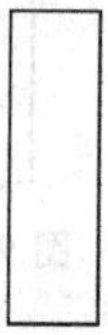

图 9-74 绘制矩形

(5) 调用【修改】|【复制】命令，复制步骤(4)中的图形，将 FU1 改为 FU2，如图 9-78 所示。

(6) 调用【绘图】|【块】|【创建块】命令，选择绘制好的元器件符号，制作成块，将其命名为“熔断器”。

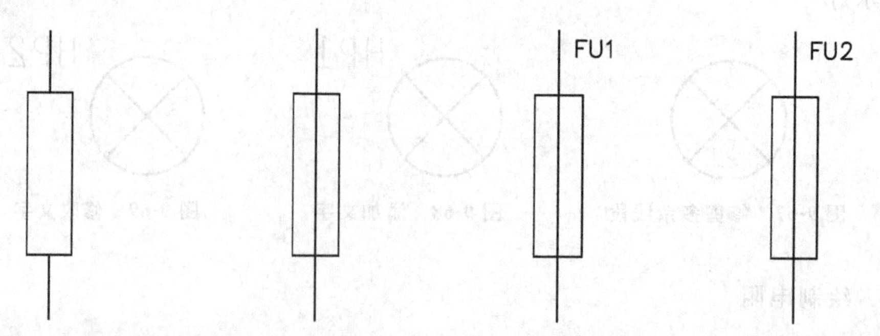

图 9-75 绘制垂直直线　图 9-76 连接矩形中点　图 9-77 添加文字　图 9-78 修改文字

9.2.3 组合图形

前面已经分别完成了直流母线电压监视装置图中元器件的绘制，本节介绍如何将这些元件组合成完整的电路图。参考线的制作和块的旋转与插入，参考前面所介绍的方法，图形组合的具体详细步骤如下。

1. 布置元器件

(1) 调用【插入】|【块】命令，将前面中制作好的块插入图中。

(2) 调用【修改】|【移动】命令，将元器件移动到合适的位置，如图 9-79 所示。

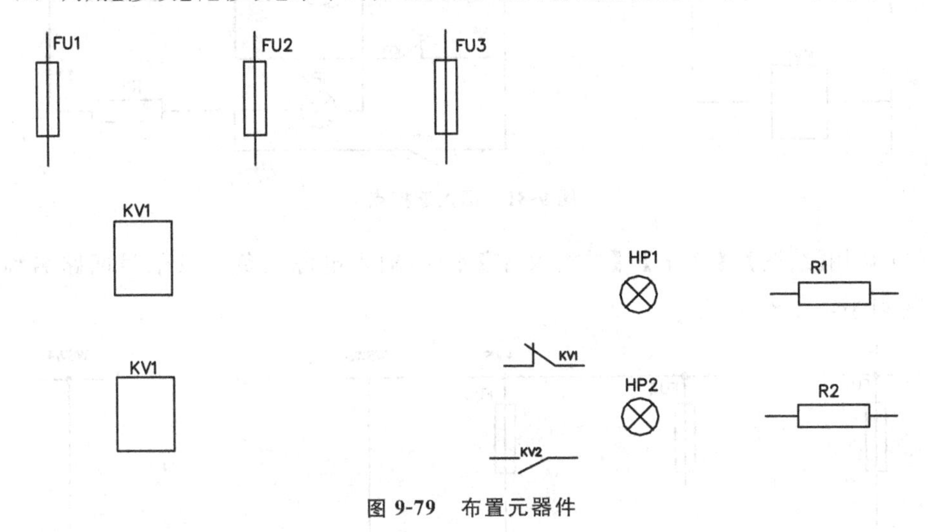

图 9-79　布置元器件

2. 连接元器件

(1) 调用【绘图】|【直线】命令，将元器件连接，如图 9-80 所示。

(2) 调用【绘图】|【多线】命令，绘制 4 条水平线，如图 9-80 所示。

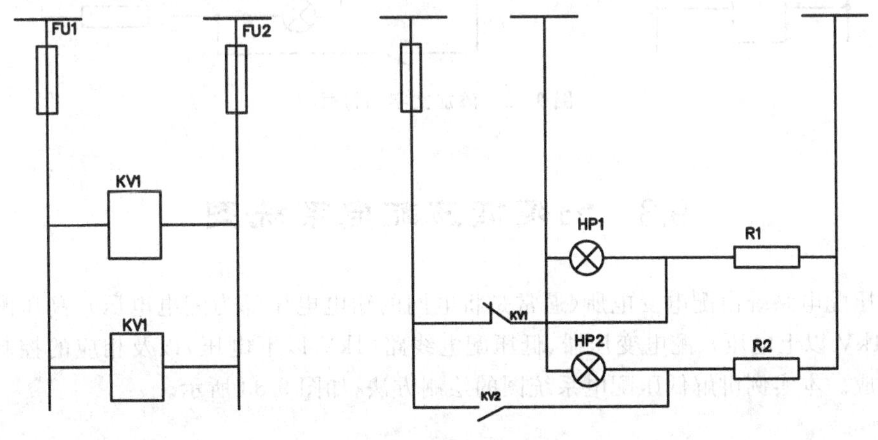

图 9-80　连接元器件

(3) 调用【插入】|【块】命令，插入连接点，如图 9-81 所示。

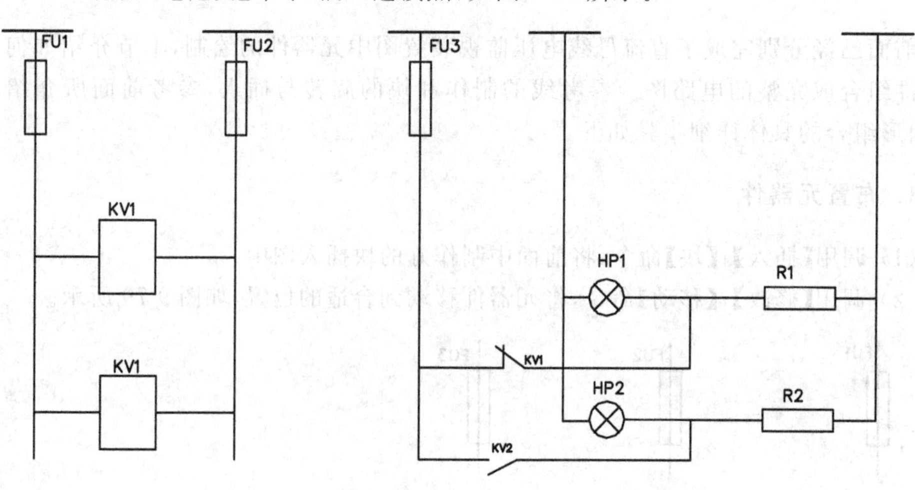

图 9-81　插入连接点

(4) 调用【绘图】|【文字】|【单行文字】命令，输入电源正负号及信号回路名称，如图 9-82 所示。

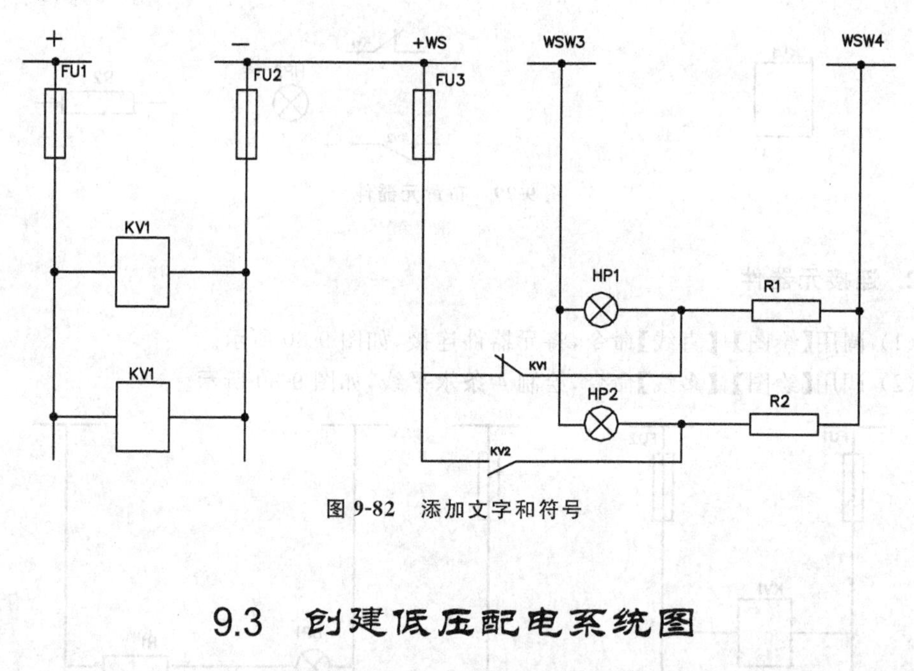

图 9-82　添加文字和符号

9.3　创建低压配电系统图

低压配电系统由配电变电所(通常是将电网的输电电压降为配电电压)、高压配电线路(即 1kV 以上电压)、配电变压器、低压配电线路(1kV 以下电压)以及相应的控制保护设备组成。本实例讲解低压配电系统图的绘制方法，如图 9-83 所示。

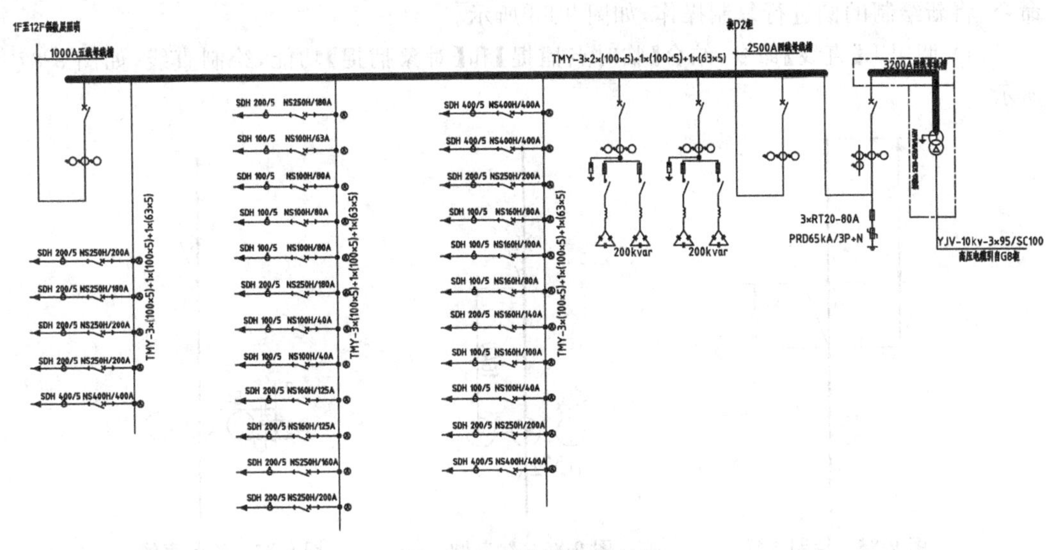

图 9-83 低压配电系统图

9.3.1 绘制母线

母线是指在变电所中各级电压配电装置的连接以及变压器等电气设备和相应配电装置的连接，大都采用矩形或圆形截面的裸导线或绞线，这统称为母线。母线的作用是汇集、分配和传送电能。

(1) 单击【快速访问】工具栏中的【新建】按钮，打开【选择样板】对话框，选择【电气绘制模板.dwt】样板文件，单击【打开】按钮，新建文件。

(2) 将【线路】图层置为【当前】。调用 L【直线】命令，修改【线宽】为 0.60mm，绘制直线，尺寸如图 9-84 所示。

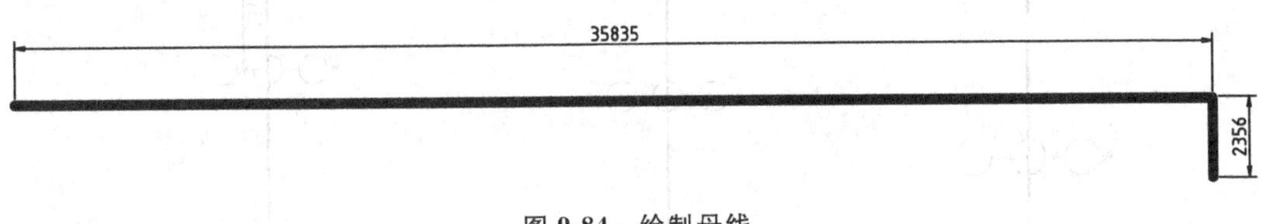

图 9-84 绘制母线

9.3.2 绘制主变支路

主变支路包含了开关、变压器以及电容器组等图形，本实例包含 5 条主变支路，下面介绍绘制步骤。

(1) 调用 L【直线】命令，结合【对象捕捉】功能，绘制一条长度为 4920 的垂直直线。

(2) 将【电气元件】图层置为【当前】。调用 L【直线】命令，结合【临时点捕捉】和【极轴追踪】功能，绘制直线，如图 9-85 所示。

(3) 调用 C【圆】命令，结合【临时点捕捉】和【对象捕捉】功能，绘制圆；调用 CO【复制】

命令，将新绘制的圆进行复制操作，如图 9-86 所示。

(4) 调用 L【直线】命令，结合【临时点捕捉】和【对象捕捉】功能，绘制直线，如图 9-87 所示。

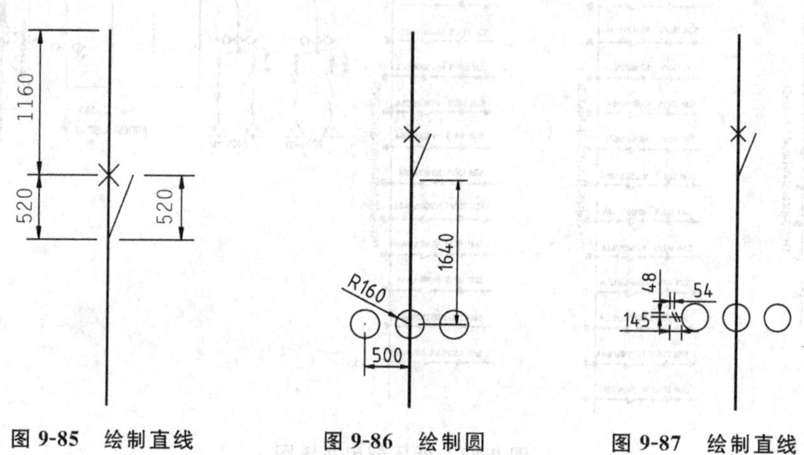

图 9-85 绘制直线　　图 9-86 绘制圆　　图 9-87 绘制直线

(5) 调用 CO【复制】命令，将新绘制的直线进行复制操作，如图 9-88 所示。

(6) 调用 TR【修剪】命令，修剪图形，完成主支变路 1 的绘制，如图 9-89 所示。

(7) 调用 CO【复制】命令，将主支变路 1 图形复制两份。

(8) 选择复制后的第 1 个图形，调用 M【移动】命令，移动变压器的位置，如图 9-90 所示。

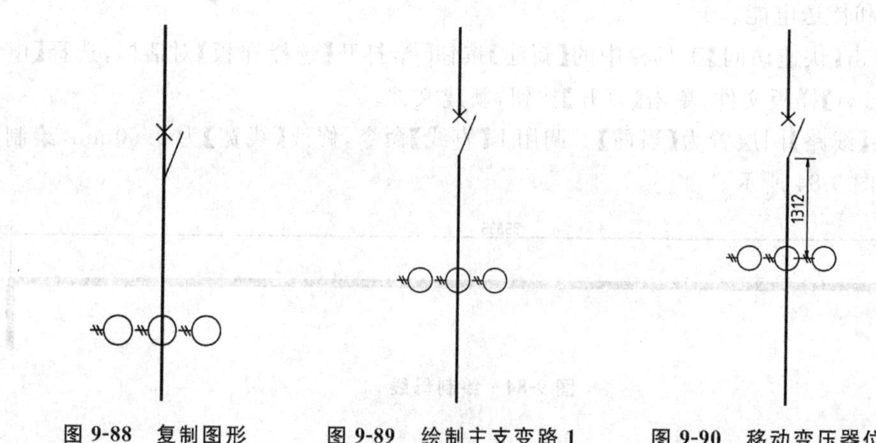

图 9-88 复制图形　　图 9-89 绘制主支变路 1　　图 9-90 移动变压器位置

(9) 调用 L【直线】命令和 PL【多段线】命令，结合【临时点捕捉】和【对象捕捉】功能，绘制图形，尺寸如图 9-91 所示。

(10) 调用 REC【矩形】命令，结合【临时点捕捉】和【对象捕捉】功能，绘制矩形，如图 9-92 所示。

(11) 调用 L【直线】命令，结合【临时点捕捉】和【对象捕捉】功能，绘制图形，尺寸如图 9-93 所示。

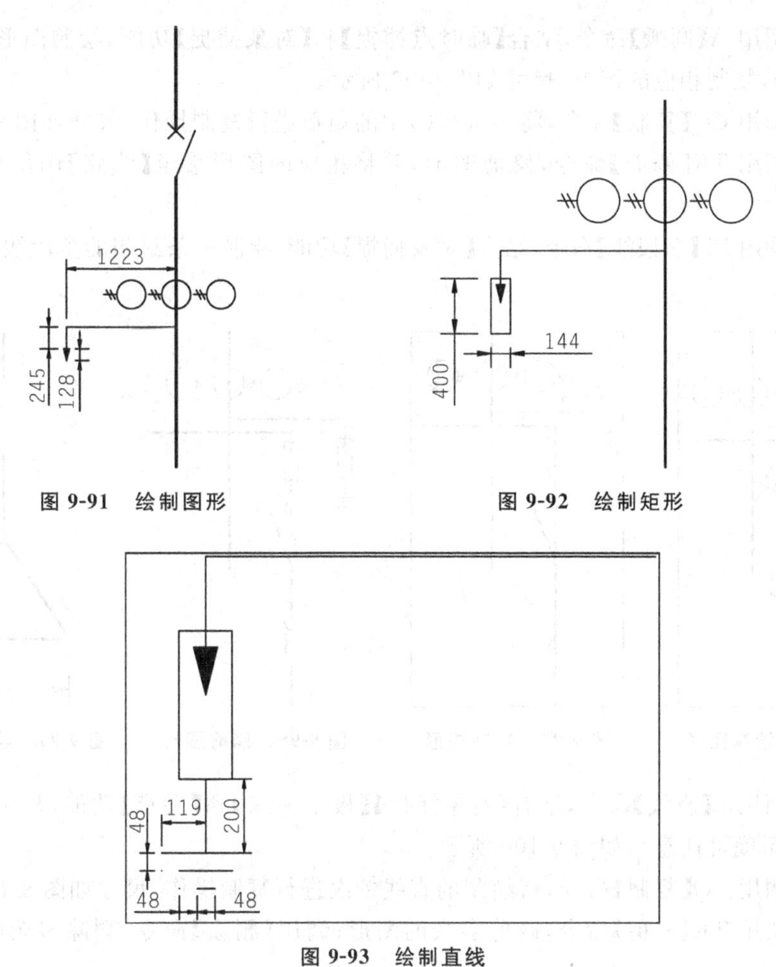

图 9-91　绘制图形

图 9-92　绘制矩形

图 9-93　绘制直线

(12) 调用 L【直线】命令，结合【临时点捕捉】和【对象捕捉】功能，绘制图形，尺寸如图 9-94 所示。

(13) 调用 L【直线】命令，结合【临时点捕捉】和【对象捕捉】功能，绘制图形，尺寸如图 9-95 所示。

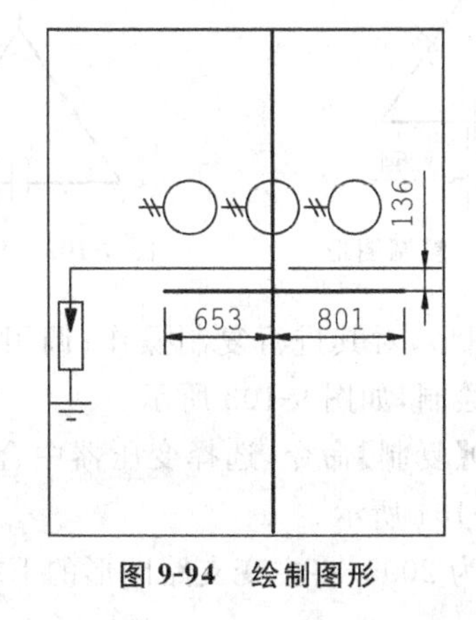

图 9-94　绘制图形

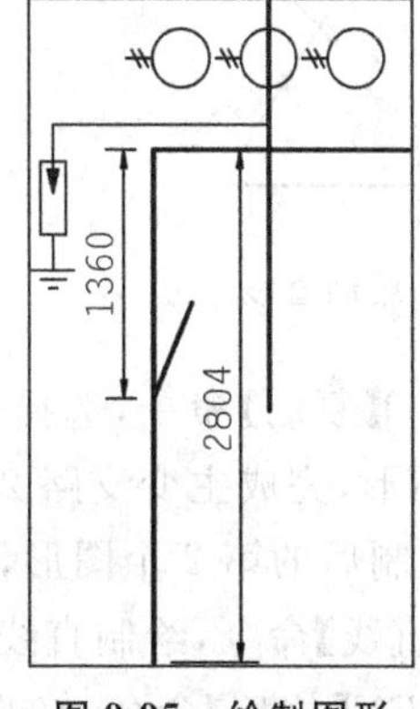

图 9-95　绘制图形

(14) 调用 A【圆弧】命令，结合【临时点捕捉】和【对象捕捉】功能，绘制图形；调用 CO【复制】命令，复制相应的圆弧，尺寸如图 9-96 所示。

(15) 调用 CO【复制】命令，将步骤(10)中的矩形进行复制操作，尺寸如图 9-97 所示。

(16) 调用 TR【修剪】命令，修剪图形，并将相应的图形移至【线路】图层中，尺寸如图 9-98 所示。

(17) 调用 PL【多段线】命令，结合【对象捕捉】功能，绘制一条封闭的多段线，如图 9-99 所示。

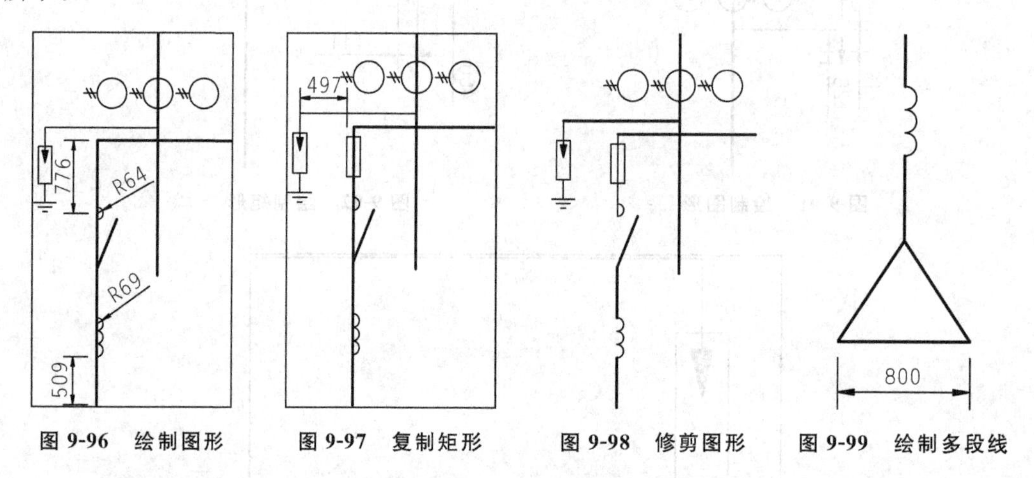

图 9-96 绘制图形　　图 9-97 复制矩形　　图 9-98 修剪图形　　图 9-99 绘制多段线

(18) 调用 L【直线】命令，结合【对象捕捉】【极轴追踪】和【夹点】功能，从中点处绘制直线(尺寸角度可任意)，如图 9-100 所示。

(19) 调用 CO【复制】命令，将绘制的直线依次进行复制操作，尺寸如图 9-101 所示。

(20) 调用 TR【修剪】命令，修剪多余的图形；调用【删除】命令，删除多余的图形，如图 9-102 所示。

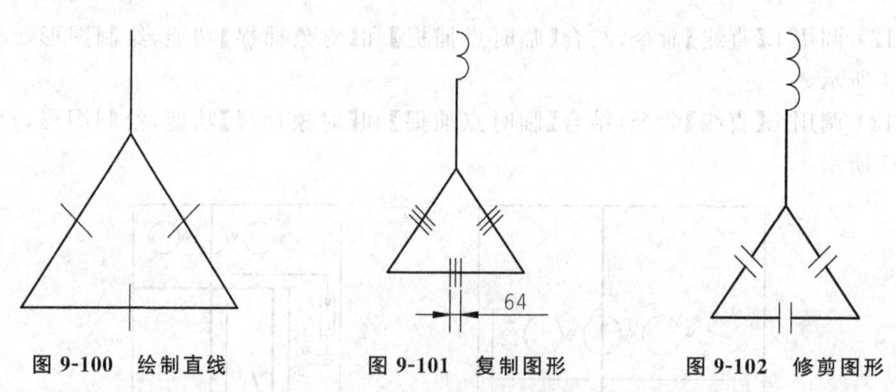

图 9-100 绘制直线　　图 9-101 复制图形　　图 9-102 修剪图形

(21) 调用 CO【复制】命令，选择合适的图形，对其进行复制操作；调用 TR【修剪】命令，修剪多余的图形，完成主变支路 2 图形的绘制，如图 9-103 所示。

(22) 选择复制后的第 2 个图形，调用 CO【复制】命令，选择变压器中合适的图形，进行复制；调用 L【直线】命令，绘制直线，如图 9-104 所示。

(23) 调用 LEN【拉长】命令，修改【增量】为 2095，将主变支路图形的下端点进行拉长操作。

(24) 调用 REC【矩形】命令，结合【临时点捕捉】和【对象捕捉】功能，绘制矩形，如图 9-105 所示。

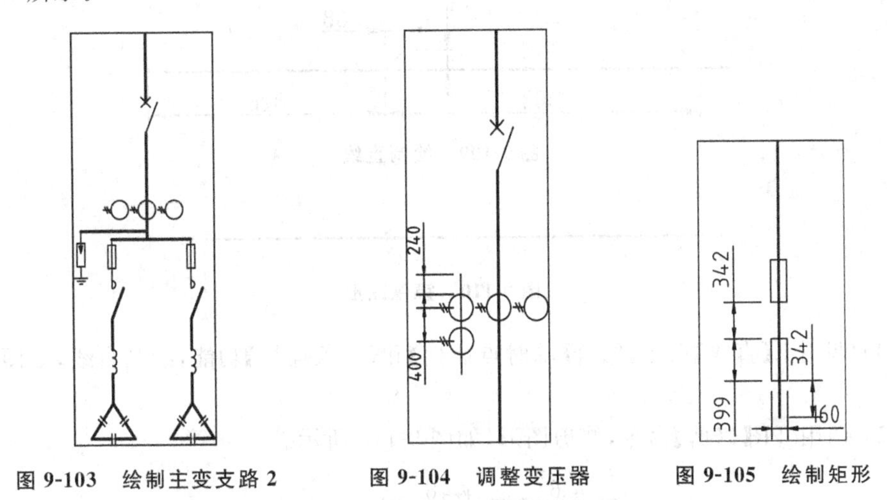

图 9-103 绘制主变支路 2　　图 9-104 调整变压器　　图 9-105 绘制矩形

(25) 调用 L【直线】命令，结合【临时点捕捉】和【对象捕捉】功能，绘制直线，尺寸如图 9-106 所示。

(26) 调用 L【直线】命令，结合【临时点捕捉】和【对象捕捉】功能，绘制直线，如图 9-107 所示。完成主变支路 3 图形的绘制，尺寸如图 9-108 所示。

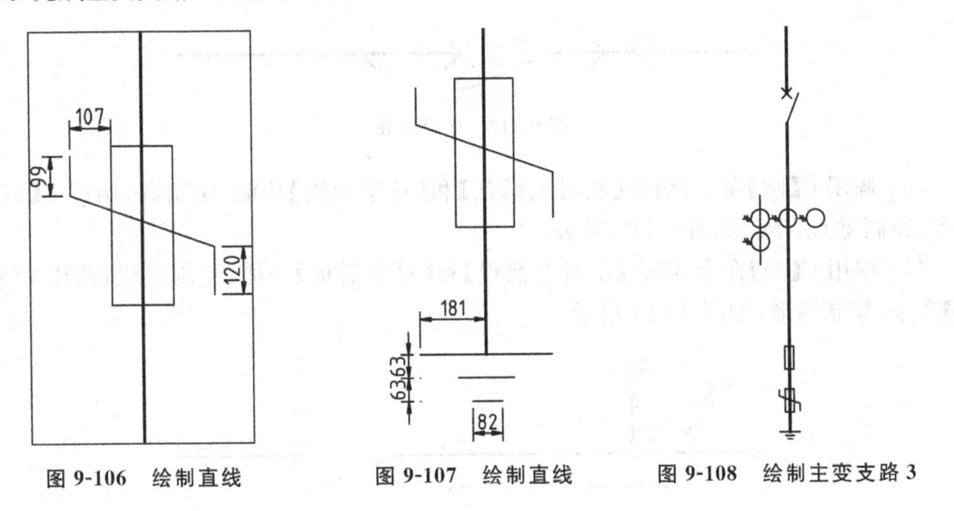

图 9-106 绘制直线　　图 9-107 绘制直线　　图 9-108 绘制主变支路 3

9.3.3 绘制供电线路

供电线路包含了开关、变压器等图形。下面介绍绘制供电线路的操作方法。

(1) 将【线路】图层置为【当前】。调用 L【直线】命令，结合【对象捕捉】功能，绘制一条长度为 4254 的水平直线。

(2) 将【电气元件】图层置为【当前】。调用 L【直线】命令，结合【临时点捕捉】和【对象捕捉】功能，绘制直线，如图 9-109 所示。

(3) 调用 MI【镜像】命令，镜像图形，如图 9-110 所示。

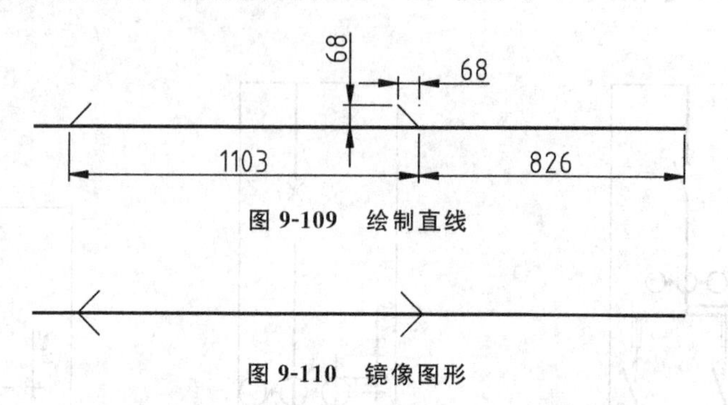

图 9-109 绘制直线

图 9-110 镜像图形

(4) 调用 L【直线】命令，结合【临时点捕捉】和【对象捕捉】功能，绘制直线，如图 9-111 所示。

(5) 调用 TR【修剪】命令，修剪图形，如图 9-112 所示。

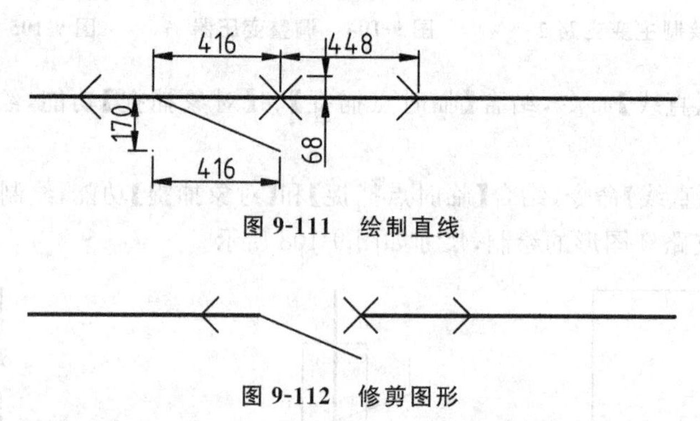

图 9-111 绘制直线

图 9-112 修剪图形

(6) 调用 C【圆】命令，结合【临时点捕捉】和【对象捕捉】功能，绘制圆；调用 L【直线】命令，绘制垂直直线，如图 9-113 所示。

(7) 调用 C【圆】命令，结合【临时点捕捉】和【对象捕捉】功能，绘制直线；调用 CO【复制】命令，复制图形，如图 9-114 所示。

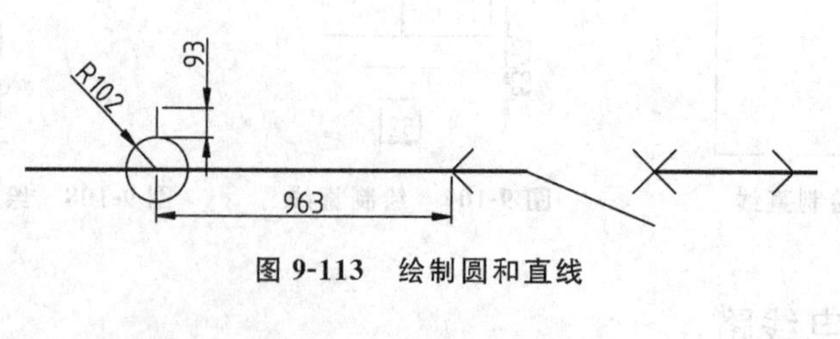

图 9-113 绘制圆和直线

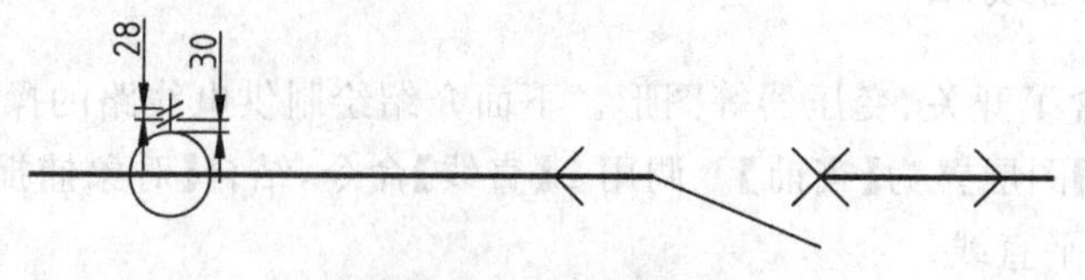

图 9-114 绘制图形

（8）调用 PL【多段线】命令，修改【起始宽度】为 0，【终止宽度】为 200，绘制多段线，完成供电线路的绘制，如图 9-115 所示。

图 9-115 绘制供电线路

9.3.4 完善低压配电系统图

绘制好母线、主变支路以及供电线路图形后，就需要将这些图形组合在一起，得到完整的系统图。下面介绍绘制步骤。

（1）将【线路】图层置为【当前】。调用 L【直线】命令，绘制线路图形，如图 9-116 所示。

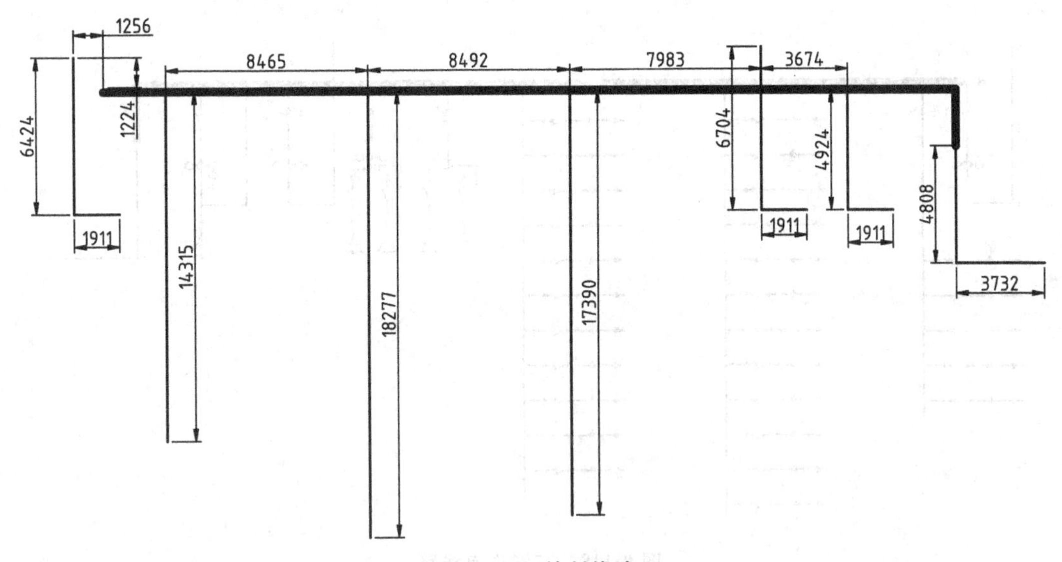

图 9-116 绘制线路

（2）调用 CO【复制】命令，将新绘制的主变支路布置到线路图中，如图 9-117 所示。

（3）调用 CO【复制】命令，将新绘制的供电线路布置到线路图中，如图 9-118 所示。

（4）调用 I【插入】命令，打开【插入】对话框，单击【浏览】按钮，如图 9-119 所示。

（5）打开【选择图形文件】对话框，选择【变压器】图形文件，如图 9-120 所示。

（6）单击【打开】和【确定】按钮，根据命令行提示，捕捉插入端点，插入变压器。

（7）重新调用 I【插入】命令，将【电流表】图块插入到系统图中；调用 CO【复制】命令，对插入的图块进行复制操作；调用 TR【修剪】命令，修剪多余的图形，如图 9-121 所示。

（8）将【框图】图层置为【当前】。调用 REC【矩形】命令，绘制框图；调用 TR【修剪】命令，修剪图形，如图 9-122 所示。

（9）调用 C【圆】命令和 H【图案填充】命令，绘制节点，如图 9-123 所示。

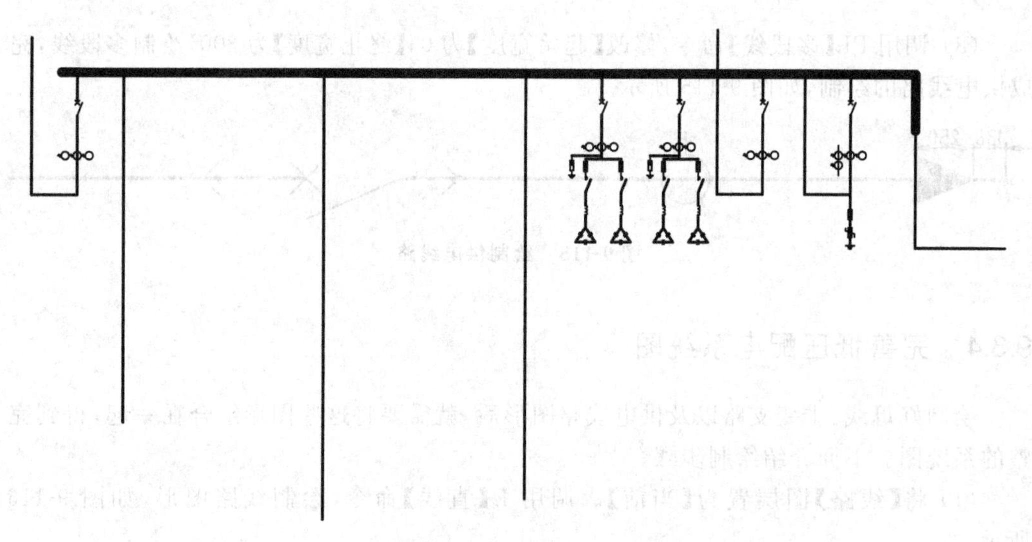

图 9-117　布置主变支路

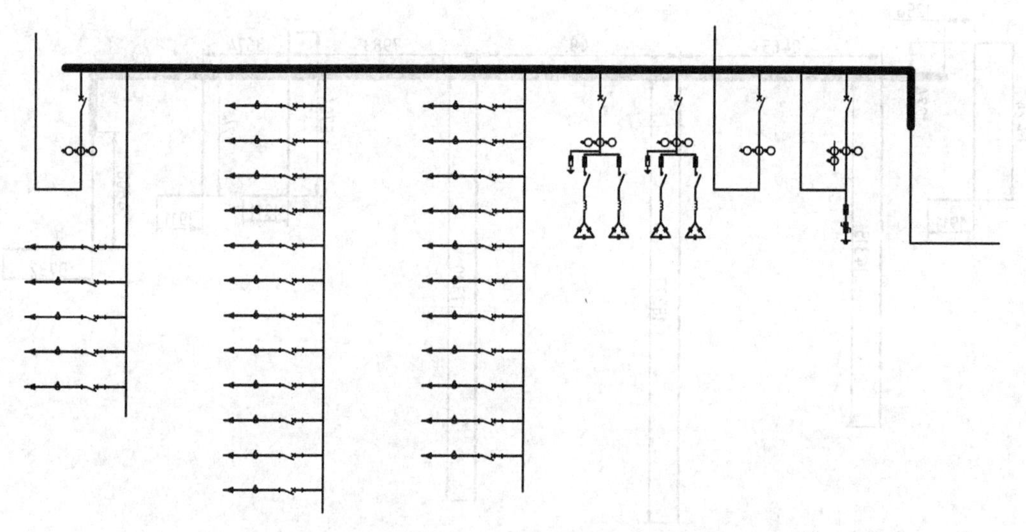

图 9-118　布置供电线路

图 9-119　【插入】对话框

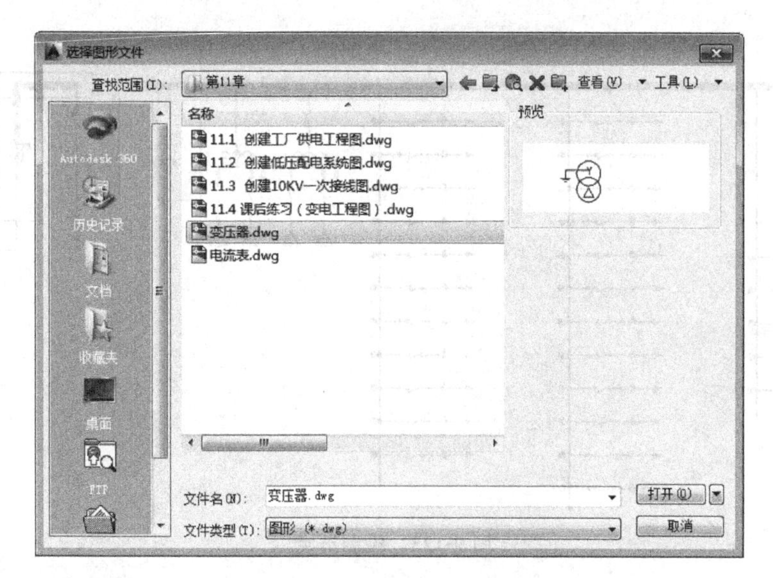

图 9-120 【选择图形文件】对话框

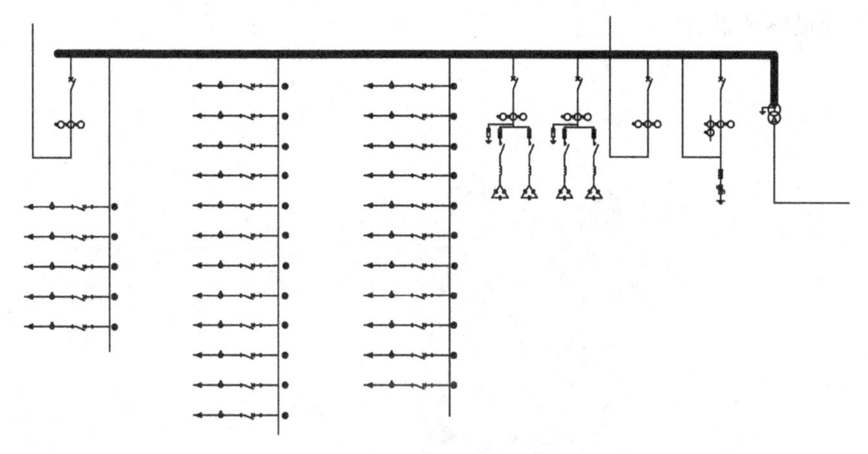

图 9-121 插入图块效果

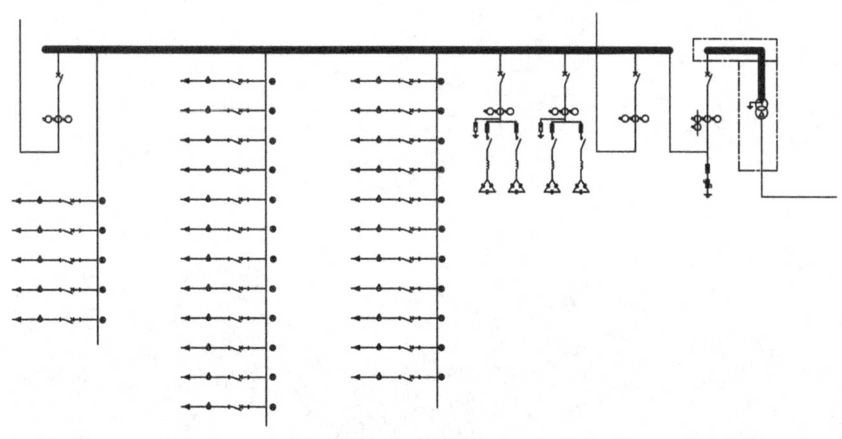

图 9-122 绘制框图

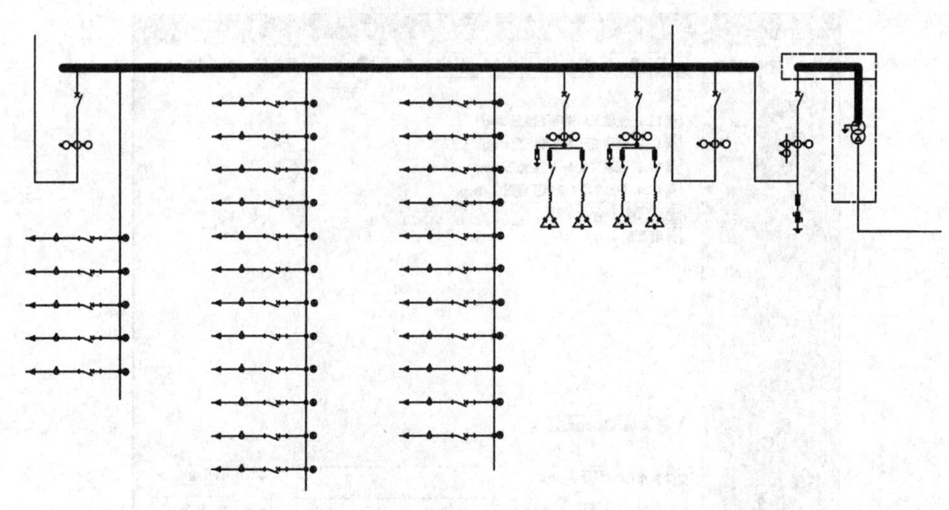

图 9-123　绘制节点

(10) 将【文字】图层置为【当前】。调用 MLD【多重引线】和 MT【多行文字】命令,标注文字得到最终效果。

第 10 章 chapter 10

绘制电气控制图

电气控制图是电气工程中常见的图样，电气控制装置也是生产生活中常见的设备。本章介绍电气控制图及其他设备图形(如端子接线图等)的绘制方法，希望读者在学习完本章后对电气控制图有一个基本的了解，并学会使用本章所介绍的方法来绘制电气控制图。

10.1 电气控制图概述

以电动机或生产机械的电气控制装置为主要描述对象表示其工作过程原理、电气接线方式、安装方法示意等的图样，称之为电气控制图。

10.1.1 电气控制图的分析

本节介绍电气控制图的基本知识，如图样的分类、阅读要点、识读方法等。

1. 电气控制图的分类

(1) 电气控制电路图

电气控制电路图主要表示电气设备的工作原理，并不需要考虑电气元件的实际安装位置和实际连线情况，是将电气控制装置的各种电气元件用图形符号表示并按其工作原理顺序排列，描述其控制装置、电路的基本构成和连接关系的图样。

(2) 电器布置图

电器布置图是用来表明各种电气设备在机械设备和电气控制柜中实际安装位置的图纸，它为电气控制设备的制造、安装、维修提供必要的资料，在图纸中往往留有10%以上的备用面积及导线管(槽)的位置，以为改进设计时使用。

一般包括生产设备上的操纵台、操纵箱、电气柜、电动机的位置图，电气柜内电气元件的布置图，操纵台、操纵箱上各元件的布置图等。

(3) 电气安装接线图

电气安装接线图是按照电气元件的实际位置和实际接线绘制的，用来表示电气元器件、部件、组件或成套装置之间连接关系的图纸。根据电气元件布置最合理、连接导线最经济的原则来安排。电气安装接线图一般不包括单元内部的连接，着重表明电气设备外部元件的相对位置及它们之间的电气连接。

2. 电气控制图的阅读要点

(1) 设备说明书

设备说明书由机械(包括液压部分)与电气两部分组成。在分析电气控制图时，首先阅读这两部分的说明书，以了解相关的内容，如设备的构造、电气传动方式等。

(2) 电气控制原理图

电气控制原理图是控制线路分析的中心内容。

(3) 电气设备的总装接线图

总接线图用来了解系统的组成分布状况、各部分的连接方式、主要电气部件的布置、安装要求、导线和穿线管的规格型号等。

(4) 电器元件布置图与接线图

3. 电气控制图的识读方法

阅读控制电路图一般是先看主电路，再看辅助电路，并使用辅助电路的各支路去研究主电路的控制程序。其中查线读图法最为常用，下面进行介绍。

(1) 查线读图法的要点

① 分析主电路。

② 分析控制电路。

③ 分析信号、显示与照明电路等。

④ 分析连锁与保护环节。

⑤ 分析特殊控制环节。

⑥ 总体检查。

(2) 查线读图法的步骤

① 查看用电器。

② 查看用电器是通过什么电器控制。

③ 查看主电路中其他元器件的作用。

④ 查看电源。

阅读辅助电路的步骤如下：

① 查看电源。

② 查看辅助电路是如何控制主电路的。

③ 研究电器之间的相互关系。

④ 研究其他电气设备和电气元件。

10.1.2 电气控制图的绘制

电气控制图的绘制规则和特点如下。

(1) 在电气控制电路图中，主电路和辅助电路应分开绘制，可水平或垂直布置。一般主电路绘制在图的左侧或上方，辅助电路绘制在图的右侧或下方。

(2) 电气控制电路图中所有电气元件均不绘制其实际外形，而采用统一的图形符号和文字符号来表示，在完整的电路图中还应该包括表明主要电气元件的有关技术数据和用途。

(3) 对于几个同类电气元件，在表示名称的文字符号后或下标处加上一个数字序号以示区别，如 SB1、SB2 等。

(4) 所有电器的可动部分均以自然状态画出。

(5) 可将图分成若干图区，以便于确定图上的内容和组成部分的位置。

(6) 电路图中应尽可能减少线条和避免线条交叉，有直接电连系的交叉导线连接点要用黑圆点或小圆圈表示。

(7) 电气控制电路的回路标号中，三相交流电源引入线用 L1、L2、L3 来标记，中性线用 N 表示，电源开关之后的三相交流电源主电路分别按 U、V、W 顺序标志，假如主回路是直流回路，则按数字标号个位数的奇偶性来区分回路极性，正电源侧用奇数，负电源侧用偶数。

辅助电路采用阿拉伯数字编号，一般由 3 位或 3 位以下的数字组成。标注方法按“等电位”原则进行，在垂直绘制的电路中，标号顺序一般由上而下编号。凡是被线圈、绕组、触点、电阻或电容等元件所隔离的线段，都应标以不同的电路标号。

10.2 电气控制图的识读

本节介绍各类电动机电气控制电路图的工作原理以及识读步骤。

10.2.1 电动机点动控制电路的识读

生产机械在试车时需要电动机起动后瞬间动作一下，接着停止运转。这种控制电路称为点动控制电路，如图 10-1 所示，点动控制电路采用的是直接起动的方式。

电路图的识读步骤如下。

起动：合上开关 QS→按下按钮开关 SB1→线圈 KM 通电→KM 动合触头自动闭合→电动机 M 起动。

停止：松开按钮开关 SB1→停止对线圈 KM 供电→电动机 M 失去电源而停止运转。

10.2.2 电磁起动器直接起动控制电路图的识读

电磁起动器就是交流接触器和热继电器两者组合形成的起动设备，其中交流接触器用来接通或者断开电源，热继电器起过载保护的作用。

该电路具有操作安全轻便、过载保护能力强等特点，电路图的绘制结果如图 10-2 所示。

线路中的隔离开关 QS 只是起到隔离的作用，不能直接控制电动机。同时线路中采用熔断器作为短路保护装置。

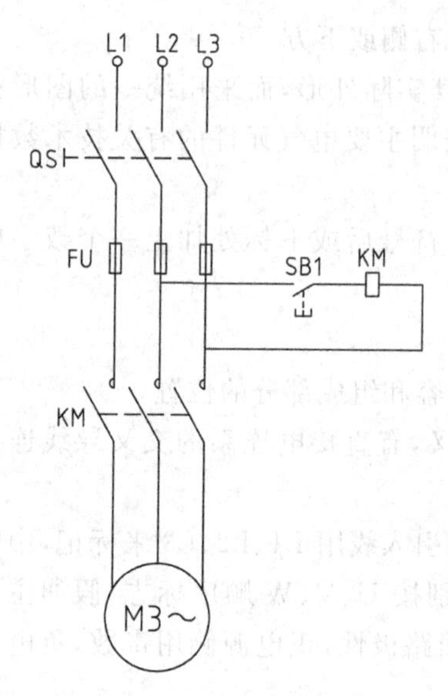

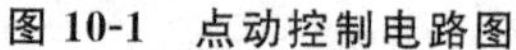
图 10-1 点动控制电路图

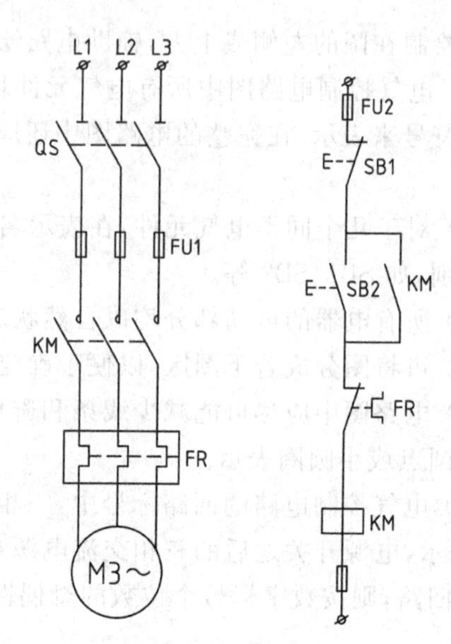

图 10-2 电磁起动器直接起动控制电路图

起动时，首先合上隔离开关 QS 以引入三相电源。接着按下按钮开关 SB2，此时交流接触器 KM 的吸引线圈通电，使得接触器的主触头闭合，电动机得以接通电源直接起动运转。同时与按钮开关 SB2 并联的常开辅接触头 KM 闭合，使得接触器吸引线圈经过两条路径来通电。这样的结果是：当松开手时 SB2 自动复位，接触器 KM 的线圈仍然可以通过辅助触头 KM 使接触器线圈继续通电，得以保持电动机的连续运行。按下按钮开关 SB2，使得接触器失电，电动机停止运转。

电路图的识读步骤如下。

起动：按下按钮开关 SB2→KM 的吸引线圈得以通电→起动电动机 M。

停止：按下按钮开关 SB2→停止对接触器供电→电动机 M 停止。

10.2.3 电动机可逆起动电路的识读

基于生产实践的需求，有时会要求电动机同时具备正反转的功能。其中三相异步电动机可以满足该要求，如图 10-3 所示为电动机可逆起动控制电路图的绘制结果。

在电路中，利用两个接触器的常闭触头 KM1、KM2 起相互的控制作用，即是利用一个接触器通电时，断开其常闭辅助触头来锁住对方线圈的电路。这种控制方法称之为互锁，即利用两个接触器的常闭辅助触头互相控制。与此同时，还采用复合按钮 SB1、SB2 进行互锁，这种互锁方式称之为机械互锁。双重互锁保证了电路能正常的实现“正→停→反”的操作。

电路图的识读步骤如下。

合上闸刀开关 QS 以引入三相电源。

正向的起动过程：按下按钮 SB1→KM1 通电（此时常闭辅助触头同时断开，KM2 电路实现自锁）→电动机 M 得电正向起动运转。

反向的起动过程：按下按钮 SB2→KM1 失电（此时 SB2 常闭触头断开）→电动机 M

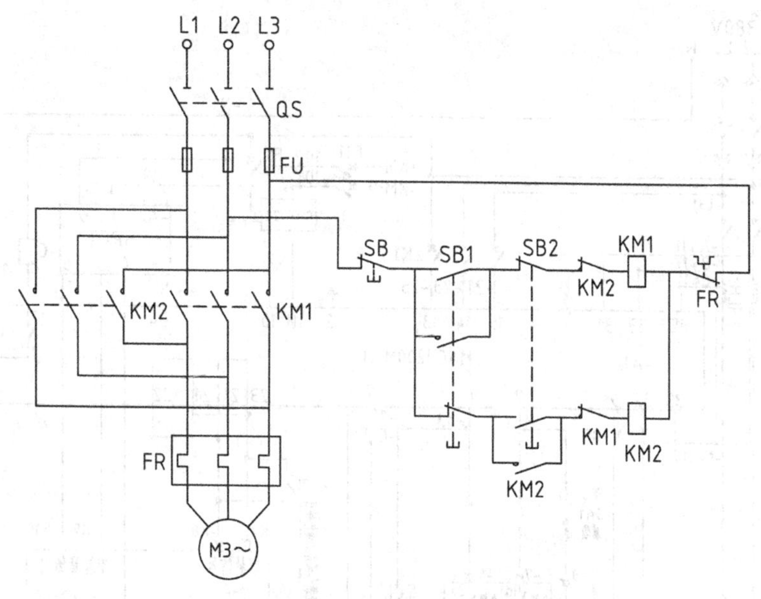

图 10-3　电动机可逆起动电路图

失电停止正转→KM2 得电(此时常闭辅助触头同时断开,KM1 失电)→电动机 M 得电反向起动运转。

10.3　绘制电动机电气控制图

要求电动机能够按照人们的意愿工作,就必须设计正确、可靠、合理的控制线路。电动机在连续不断的运转中,可能会产生短路、过载等各种电气故障,因此对控制线路来说,除了承担电动机的供电和断点的重复任务外,还担负着保护电动机的作用。在电动机发生故障时,控制线路应该发出信号或自动切断电源,使电动机停止运转,以免事故扩大。

自动化水平较高的生产机械是通过电气元件的自动控制来完成其各道工序的,使操作人员则得以摆脱沉重、烦琐的体力劳动。在这种情况下,控制线路不但能在电动机发生故障的时候起到保护的作用,而且在生产机械的某道工序处于异常状态时,还能够发出指示信号,可根据异常状态的严重程度,做出是继续开机还是即刻停机的选择。

如图 10-4 所示为绘制完成的电动机电气控制图,本节介绍其绘制方法。

10.3.1　设置绘图环境

(1) 新建文件。打开 AutoCAD 应用程序,按下 Ctrl＋N 组合键,在调出的【选择样板】对话框中选择 acadiso 图形样板,如图 10-5 所示,单击【打开】按钮新建一个空白图形文件。

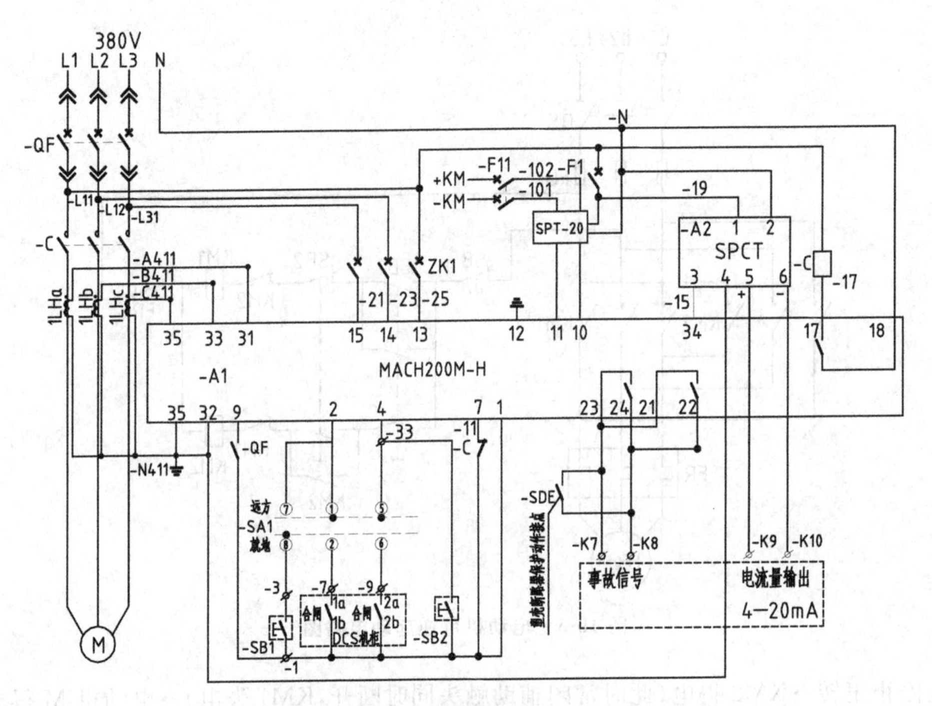

图 10-4 电动机电气控制图

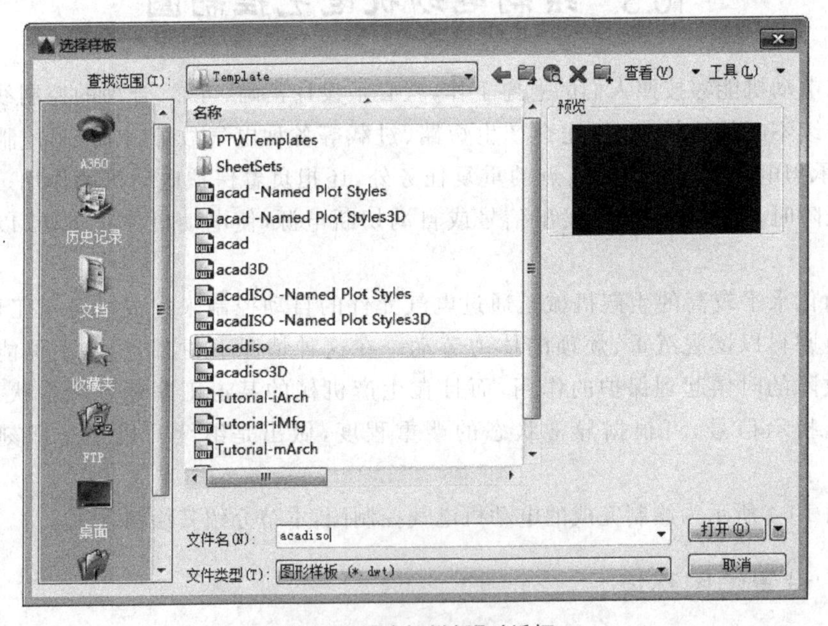

图 10-5 【选择样板】对话框

(2) 保存文件。按下 Ctrl＋S 组合键，在【图形另存为】对话框中设置文件名称为【电机继电器电气控制图】，如图 10-6 所示。

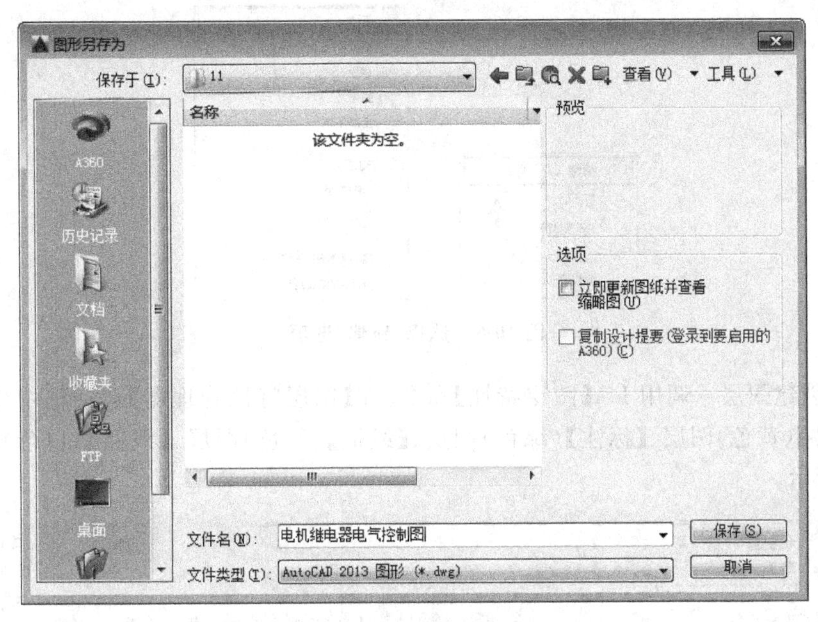

图 10-6 【图形另存为】对话框

(3) 单击【保存】按钮,新文件即以所设定的名称来命名,如图 10-7 所示。

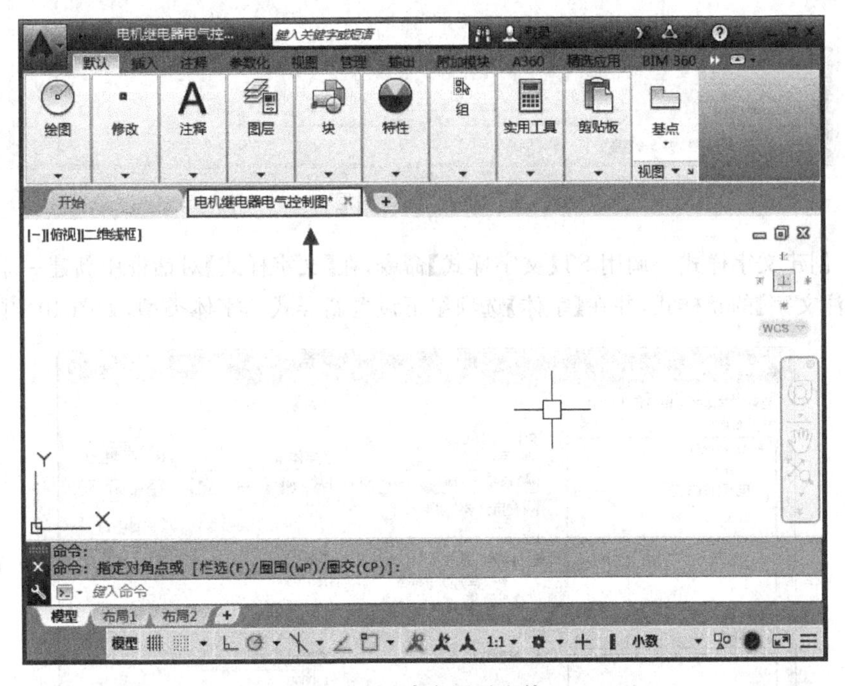

图 10-7 命名图形文件

提示:在【开始】文件标签上右击,在右键菜单中选择【新建】选项,或者右击当前文件的标签,在右键菜单中选择"新建"选项,如图 10-8 所示,均可以执行"新建"文件的操作。

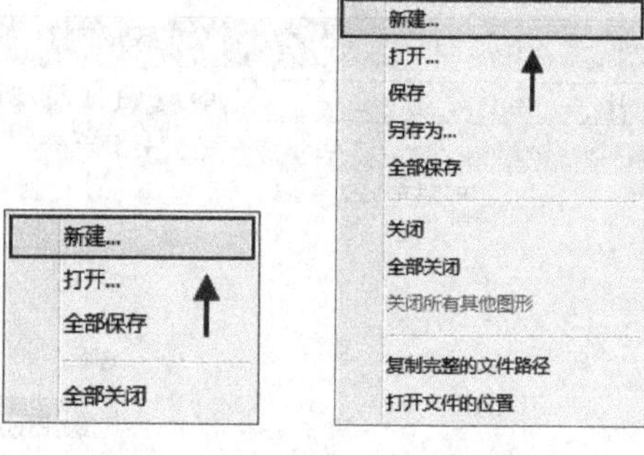

图 10-8 选择"新建"选项

(4) 创建图层。调用 LA【图层特性】命令,在【图层特性管理器】对话框中分别创建【电气元件】(黄色)图层、【标注】(绿色)图层、【线框】(红色)图层、【线路】(白色)图层,如图 10-9 所示。

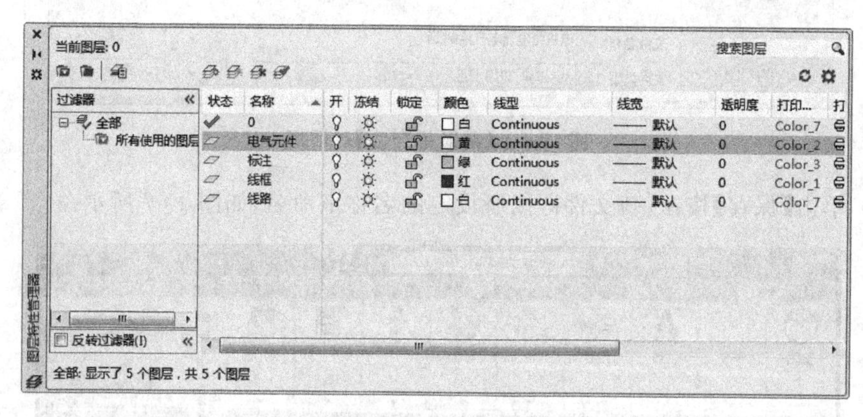

图 10-9 创建图层

(5) 创建文字样式。调用 ST【文字样式】命令,在【文字样式】对话框中新建一个名称为【电气标注文字】的新样式,并在【字体】选项组下设置新样式的字体类型,如图 10-10 所示。

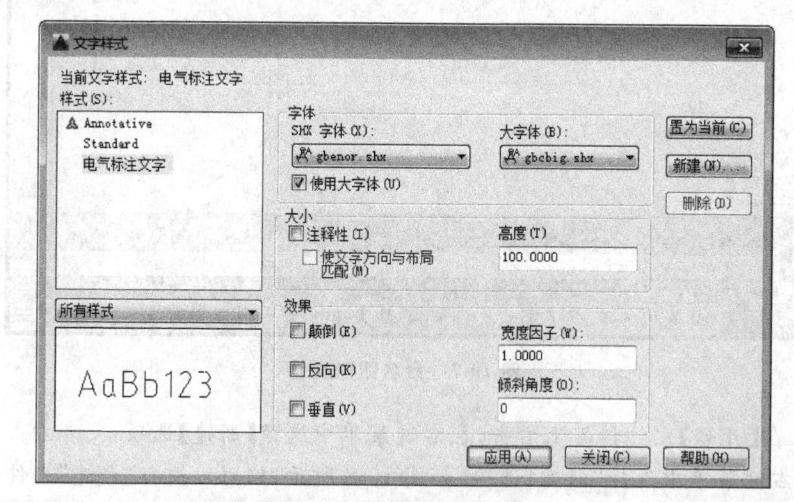

图 10-10 【文字样式】对话框

(6) 单击【置为当前】按钮，将新样式置为当前正在使用的文字样式。

(7) 在状态栏上的【捕捉模式】按钮 上右击，在右键菜单中选择【捕捉设置】选项，在【草图设置】对话框中选择【对象捕捉】选项卡，单击右上角的【全部选择】按钮，将对话框中所有的捕捉模式全部选中，如图 10-11 所示。

(8) 单击【确定】按钮关闭对话框，完成捕捉模式的设置。

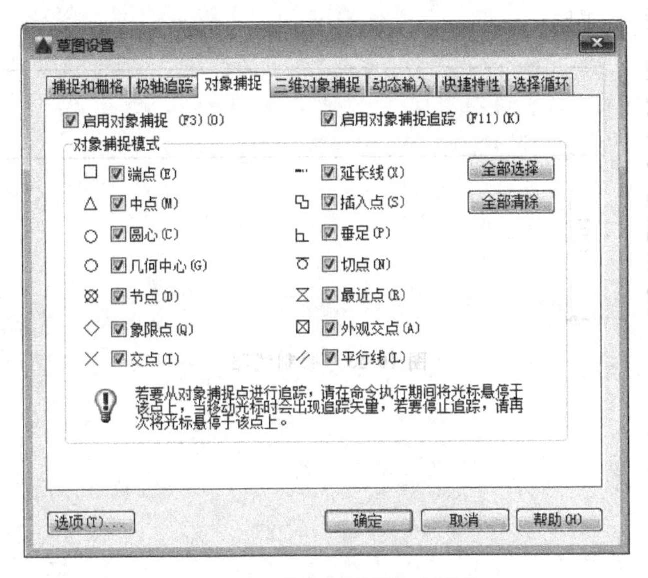

图 10-11 【草图设置】对话框

10.3.2 绘制电路图导线

(1) 将【线路】图层置为当前图层。

(2) 调用 REC【矩形】命令，绘制尺寸为 749×5866 的矩形以表示线路图形，如图 10-12 所示。

图 10-12 绘制矩形

(3) 调用 L【直线】命令、O【偏移】命令，在矩形左侧绘制如图 10-13 所示的垂直线路。

(4) 调用 REC【矩形】命令，绘制尺寸为 1797×2056 的矩形；调用 X【分解】命令，分解矩形。

(5) 调用 O【偏移】命令，向内偏移矩形边；调用 TR【修剪】命令，修剪线段，完成线路的绘制结果，如图 10-14 所示。

(6) 调用 L【直线】命令，分别指定直线的起点和端点，绘制线路，如图 10-15 所示。

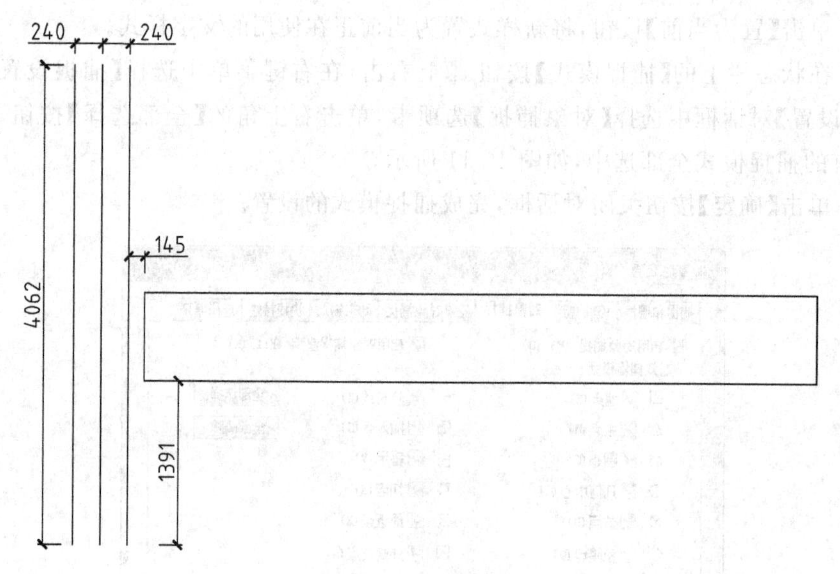

图 10-13　绘制线路

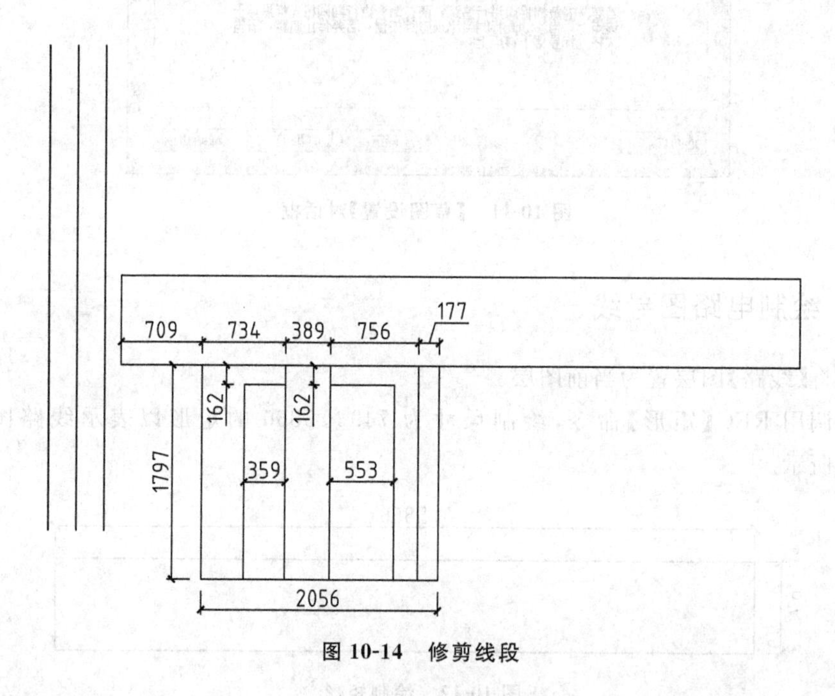

图 10-14　修剪线段

(7) 调用 O【偏移】命令、TR【修剪】命令，向内偏移并修剪线段，操作结果如图 10-16 所示。

(8) 调用 L【直线】命令，根据图中所提示的尺寸大小，绘制如图 10-17 所示线路。

(9) 按回车键重复调用 L【直线】命令，绘制如图 10-18 所示的连接线路。

(10) 沿用前面步骤所介绍的方法，调用 O【偏移】命令，偏移线段；调用 TR【修剪】命令，修剪线段，绘制线路的结果如图 10-19 所示。

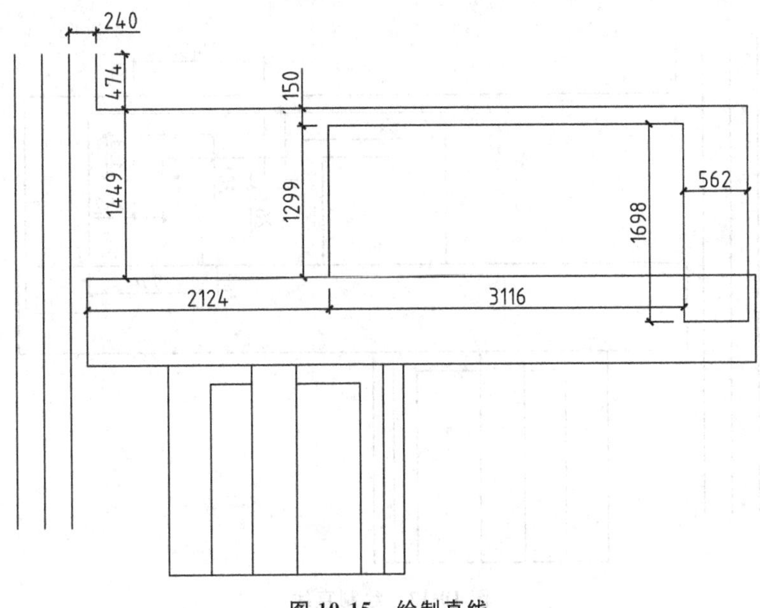

图 10-15 绘制直线

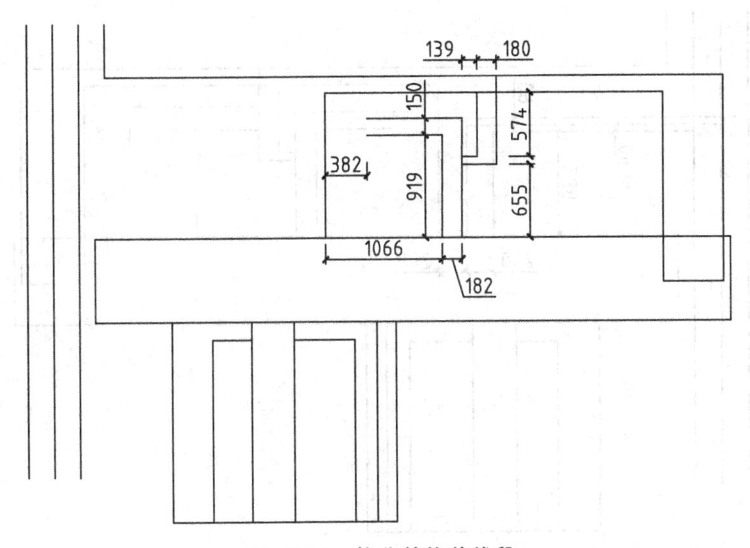

图 10-16 偏移并修剪线段

(11) 调用 O【偏移】命令、TR【修剪】命令，偏移并修剪线段，完成线路结构图的绘制，如图 10-20 所示。

10.3.3 调入电气元件

(1) 将“电气元件”图层置为当前图层。

(2) 调入元件图块。打开“第 10 章/电气图例.dwg”文件，选择开关、电动机等图块，将其复制粘贴至当前图形中，如图 10-21 所示。

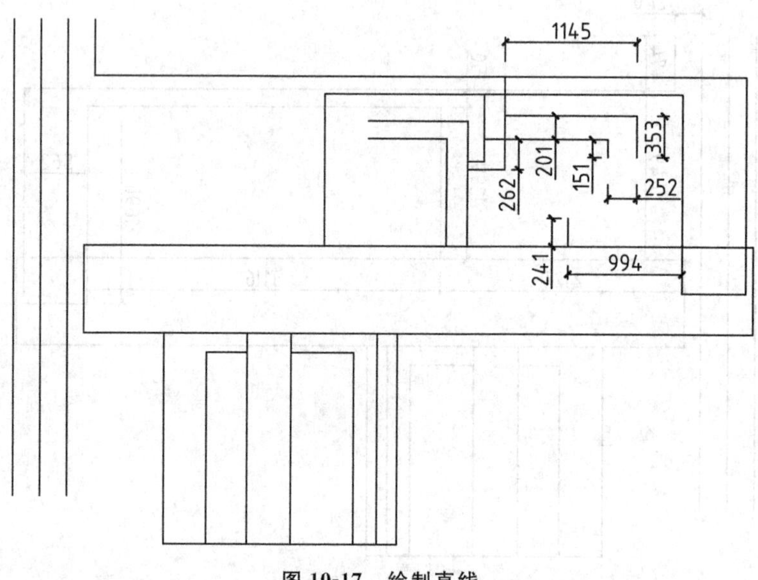

图 10-17 绘制直线

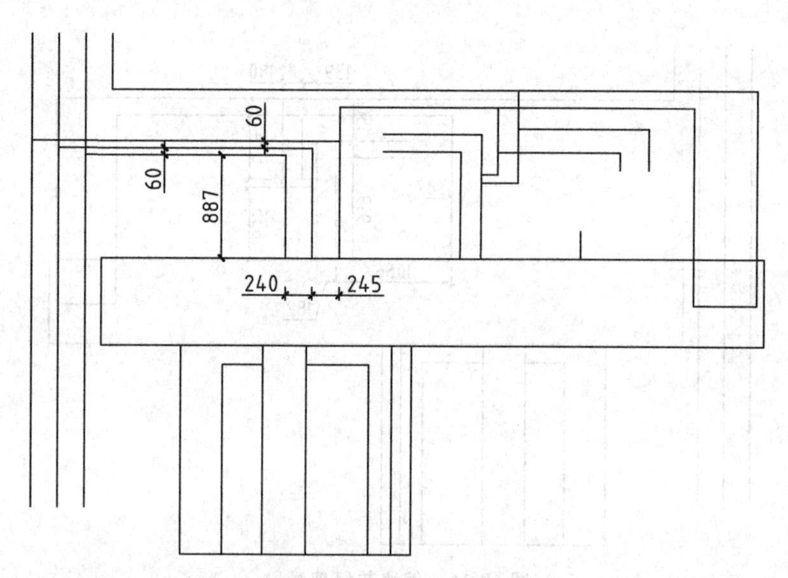

图 10-18 绘制连接线路

(3) 调用 M【移动】命令，将电气元件移动至线路结构图上，如图 10-22 所示。

(4) 调用 TR【修剪】命令，修剪遮挡开关元件的线路，如图 10-23 所示。

(5) 调用 EX【延伸】命令，将线路延伸至电动机图例上，结果如图 10-24 所示。

(6) 调用 L【直线】命令，绘制短斜线以连接电动机，如图 10-25 所示。

(7) 调用 L【直线】命令，绘制虚线连接开关元件，如图 10-26 所示。

(8) 调入双绕组变压器。从“第 10 章/电气图例.dwg”文件中调入双绕组变压器图例，如图 10-27 所示。

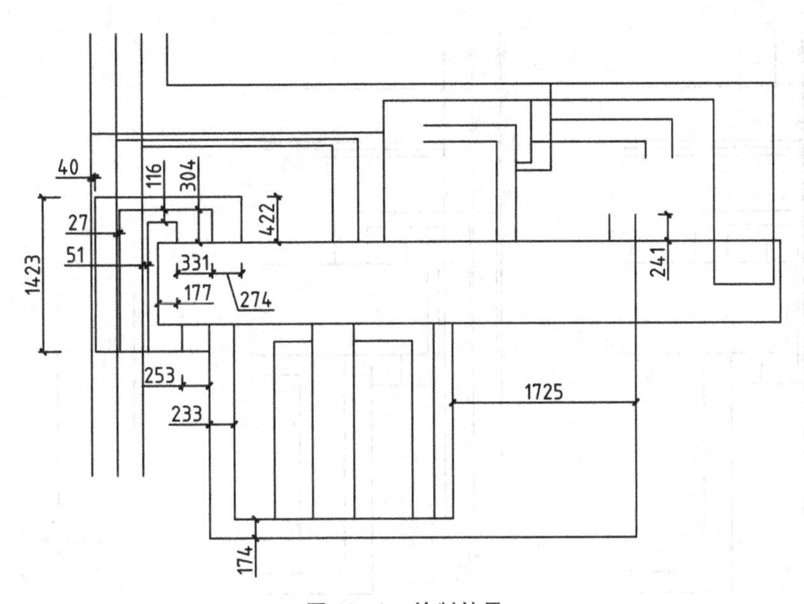

图 10-19 绘制结果

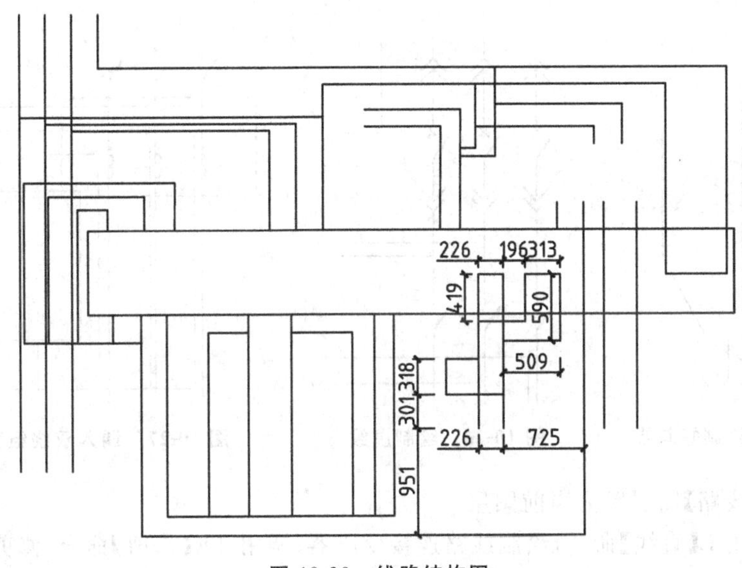

图 10-20 线路结构图

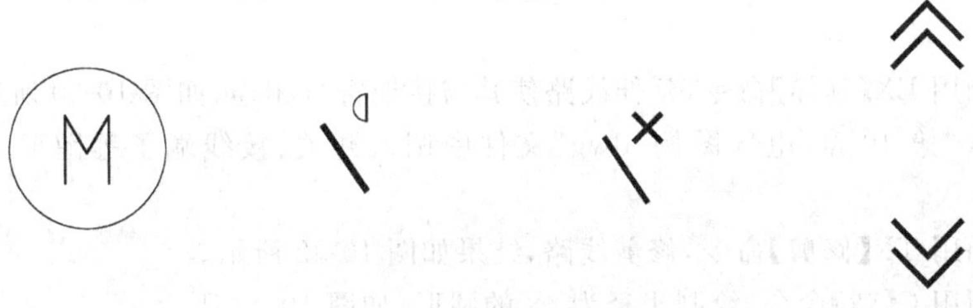

图 10-21 调入电气元件

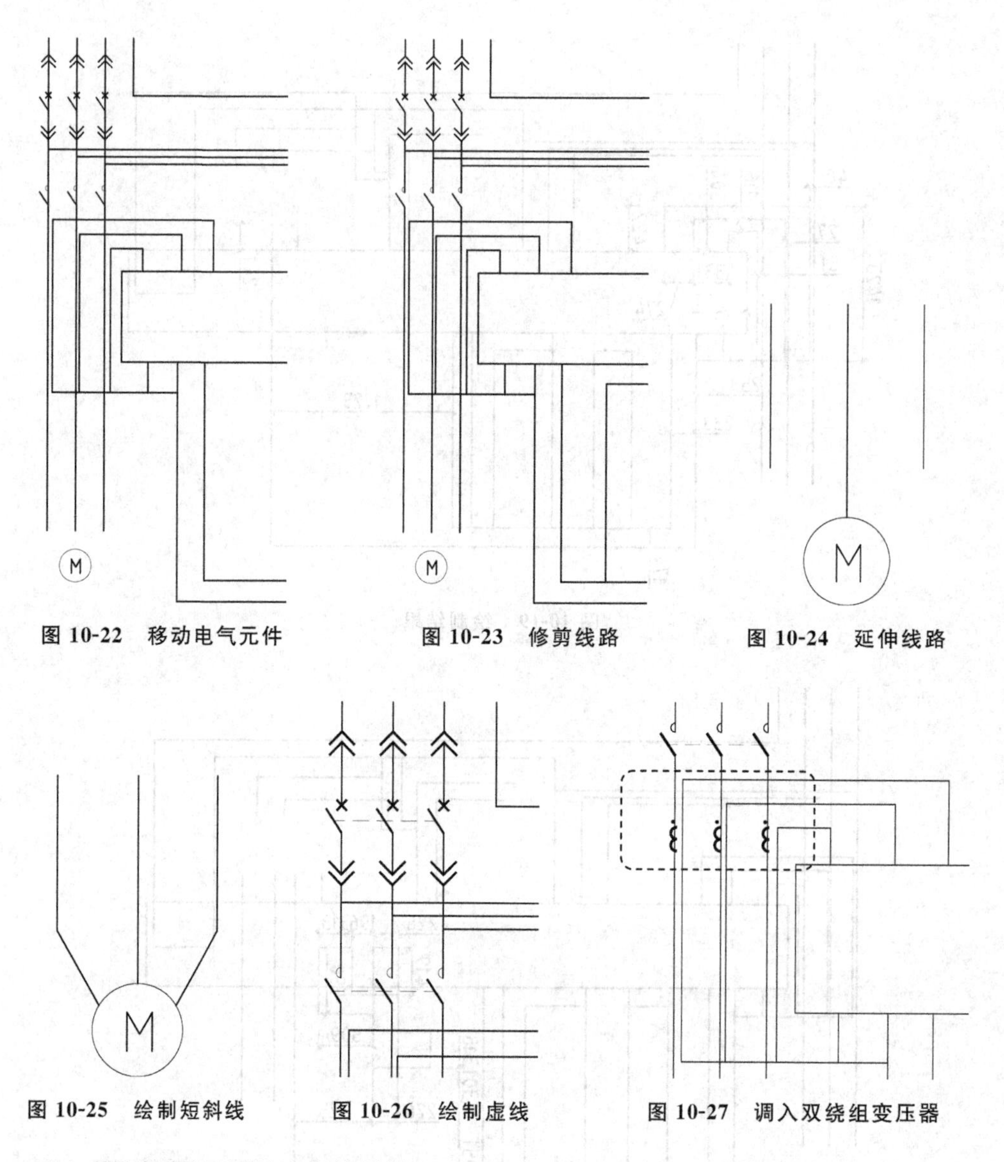

图 10-22　移动电气元件　图 10-23　修剪线路　图 10-24　延伸线路

图 10-25　绘制短斜线　图 10-26　绘制虚线　图 10-27　调入双绕组变压器

(9) 将【线路】图层置为当前图层。

(10) 调用 L【直线】命令，绘制线路连接变压器；调用 TR【修剪】命令，修剪线路，操作结果如图 10-28 所示。

(11) 调入接地符号。从"第 10 章/电气图例. dwg"文件中调入接地符号，如图 10-29 所示。

(12) 调用 EX【延伸】命令，延伸线路使其与接地符号相连，如图 10-30 所示。

(13) 从"第 10 章/电气图例. dwg"文件中调入开关、接线端子等图形，如图 10-31 所示。

(14) 调用 TR【修剪】命令，修剪线路，结果如图 10-32 所示。

(15) 调用 C【圆】命令，绘制半径为 48 的圆形，如图 10-33 所示。

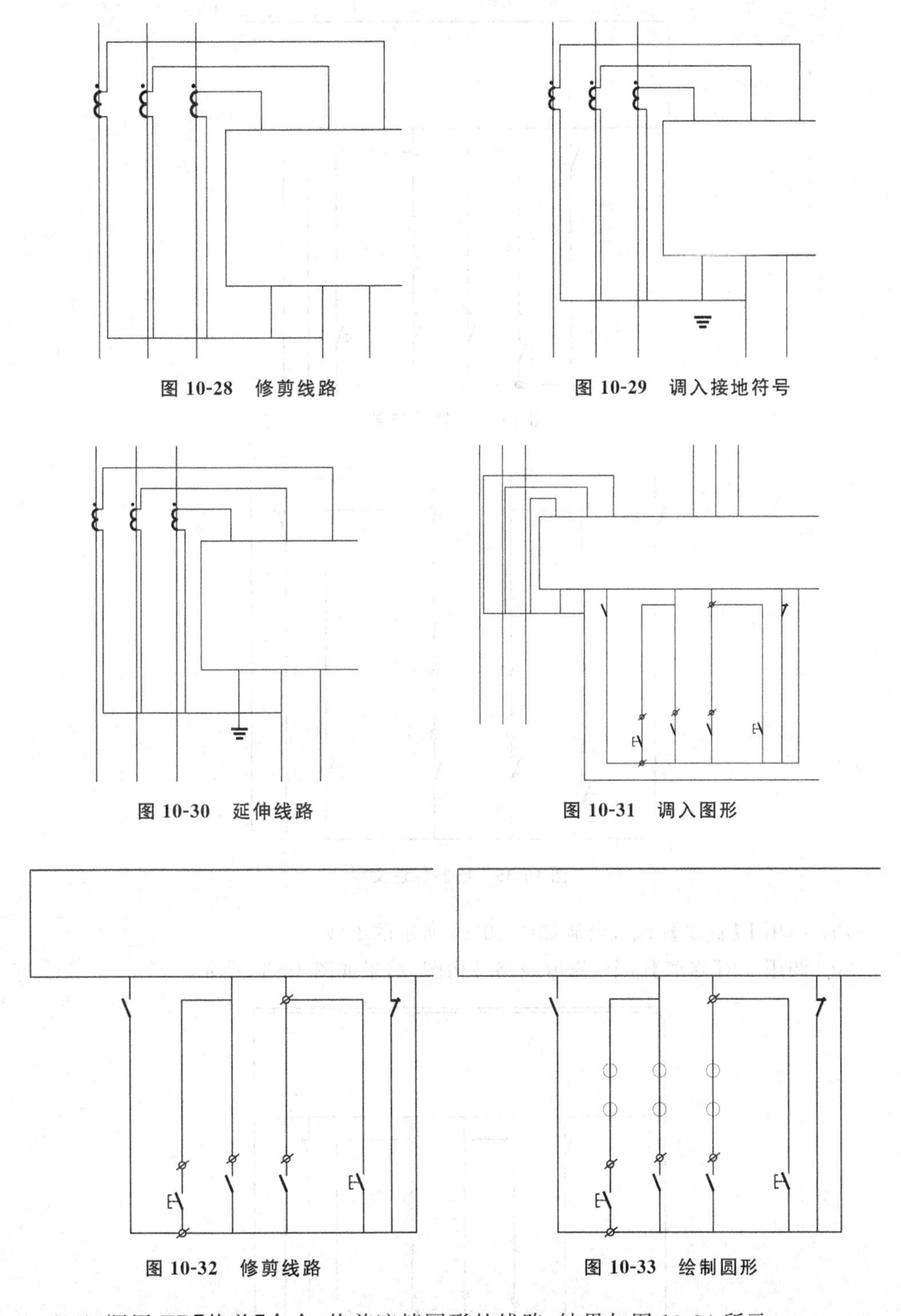

图 10-28　修剪线路

图 10-29　调入接地符号

图 10-30　延伸线路

图 10-31　调入图形

图 10-32　修剪线路

图 10-33　绘制圆形

(16) 调用 TR【修剪】命令，修剪遮挡圆形的线路，结果如图 10-34 所示。

(17) 调用 MT【多行文字】命令，在圆形内绘制标注文字，结果如图 10-35 所示。

(18) 将【线框】图层置为当前图层。

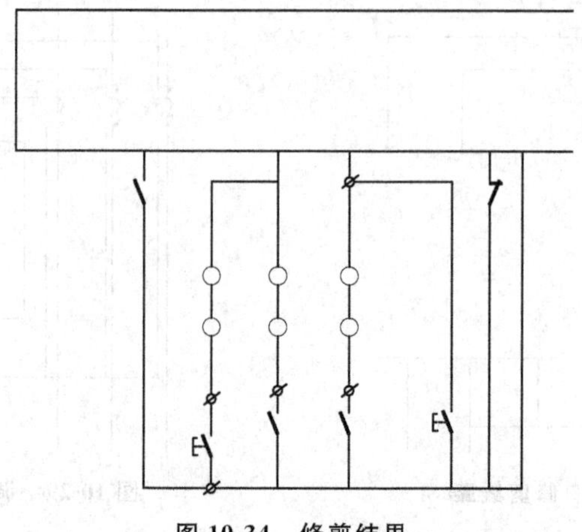

图 10-34 修剪结果

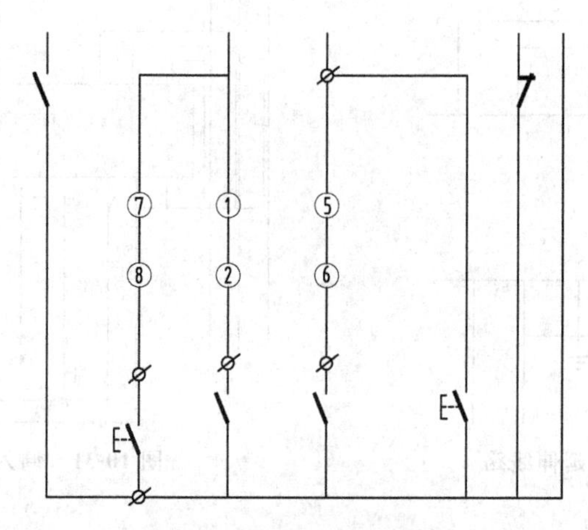

图 10-35 绘制标注文字

(19) 调用 L【直线】命令，绘制如图 10-36 所示的虚线。

(20) 调用 TR【修剪】命令，修剪线路结构图，结果如图 10-37 所示。

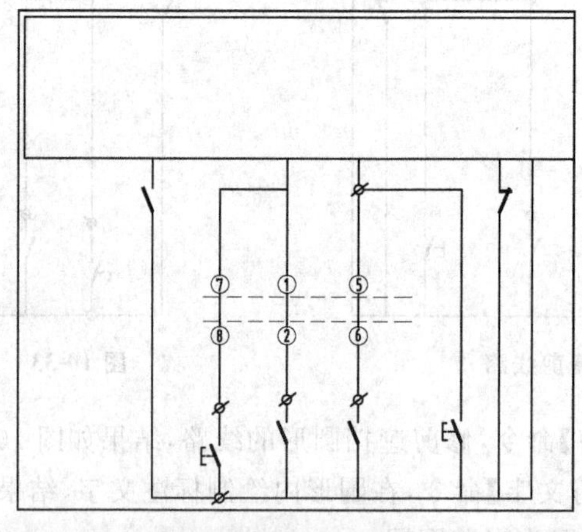

图 10-36 绘制虚线

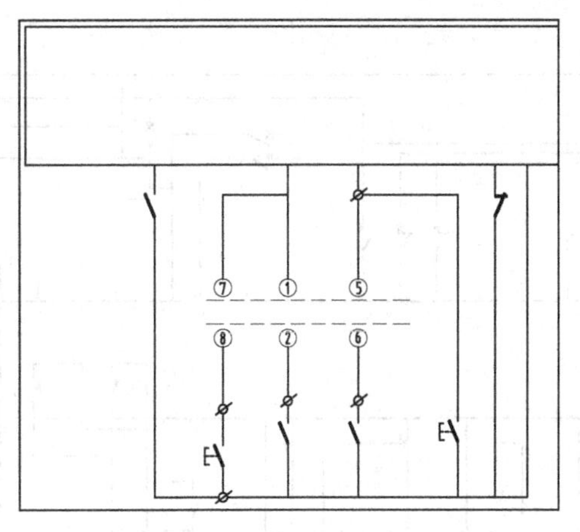

图 10-37 修剪线路

(21) 在“第 10 章/电气图例. dwg”文件中选择开关、接地符号等图形,复制粘贴至当前图形中。

(22) 调用 M【移动】命令,将电气元件图形移动至线路结构图上,结果如图 10-38 所示。

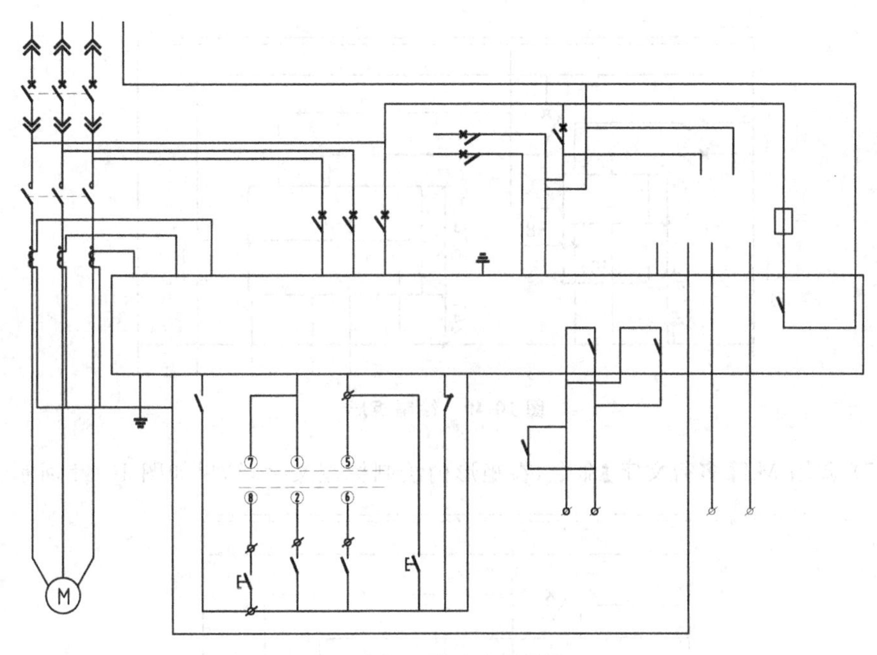

图 10-38 移动电气元件

(23) 调用 TR【修剪】命令,修剪线路;调用 L【直线】命令,绘制虚线连接开关图形,操作结果如图 10-39 所示。

(24) 绘制电气元件。调用 REC【矩形】命令,绘制矩形表示电流变送器等图形;调用 TR【修剪】命令,修剪矩形内的线路,结果如图 10-40 所示。

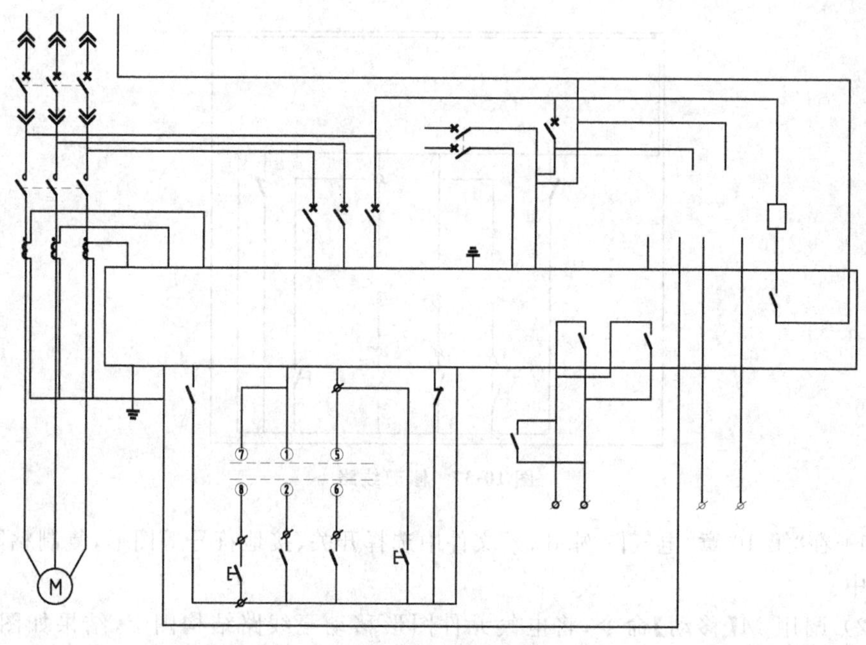

图 10-39　操作结果

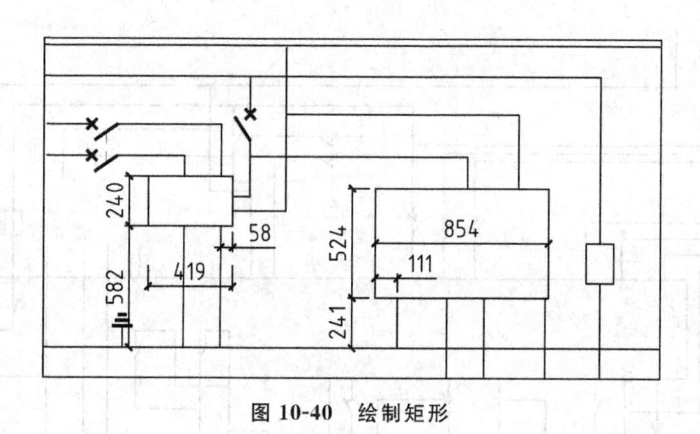

图 10-40　绘制矩形

(25) 调用 MT【多行文字】命令，在矩形内绘制标注文字，结果如图 10-41 所示。

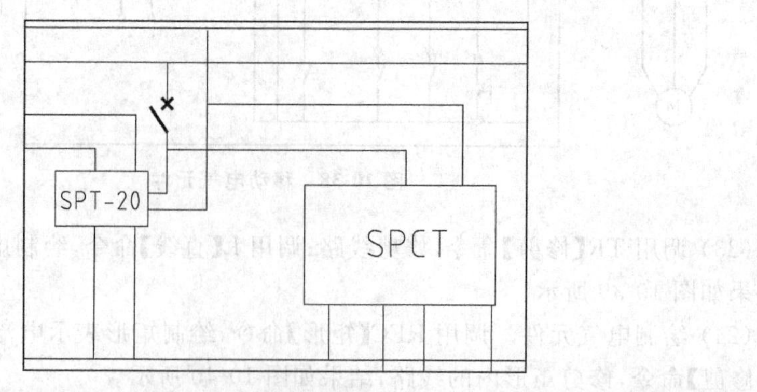

图 10-41　绘制文字标注

(26) 布置电气元件图形的最终操作结果如图 10-42 所示。

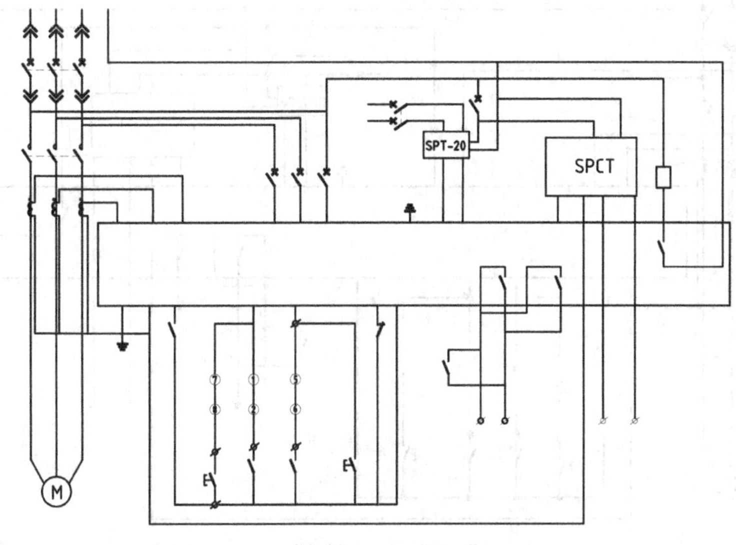

图 10-42 布置结果

(27) 将【电气元件】图层置为当前图层。

(28) 绘制导体的连接体。调用 C【圆】命令,在导线的连接点绘制半径为 23 的圆形;调用 H【图案填充】命令,选择【SOLID】图案,对圆形执行填充操作,结果如图 10-43 所示。

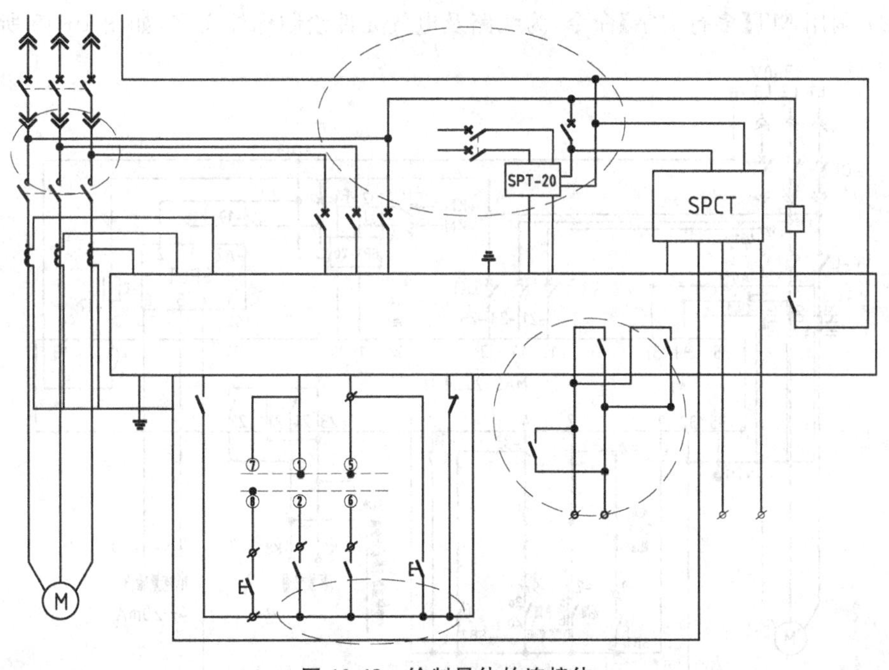

图 10-43 绘制导体的连接体

(29) 重复上述操作,继续绘制导体的连接体。调用 C【圆】命令、H【图案填充】命令,绘制半径为 15 的圆形并对其执行图案填充操作,结果如图 10-44 所示。

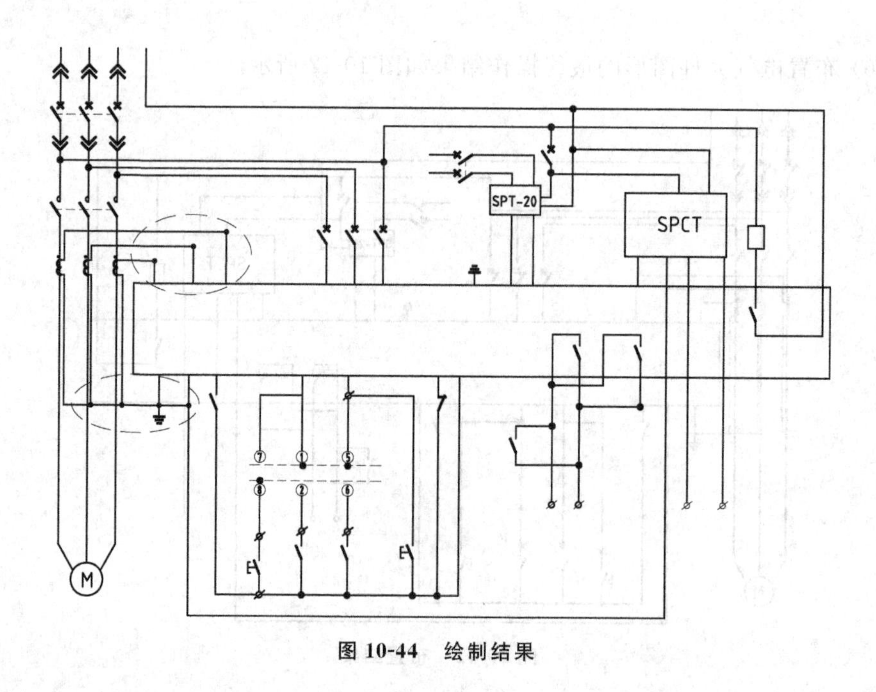

图 10-44 绘制结果

10.3.4 绘制标注文字

（1）将【标注】图层置为当前图层。

（2）调用 MT【多行文字】命令，为线路及电气元件绘制标注文字，如图 10-45 所示。

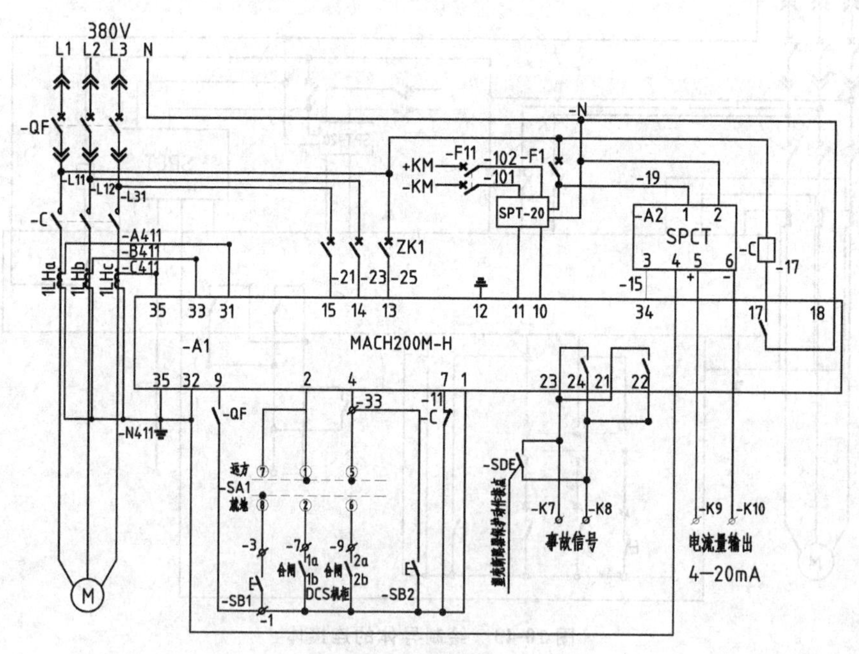

图 10-45 绘制标注文字

（3）将【线框】图层置为当前图层。

(4) 调用 REC【矩形】命令，绘制矩形框选电气元件或标注文字，并将矩形的线型设置为虚线，如图 10-46 所示。

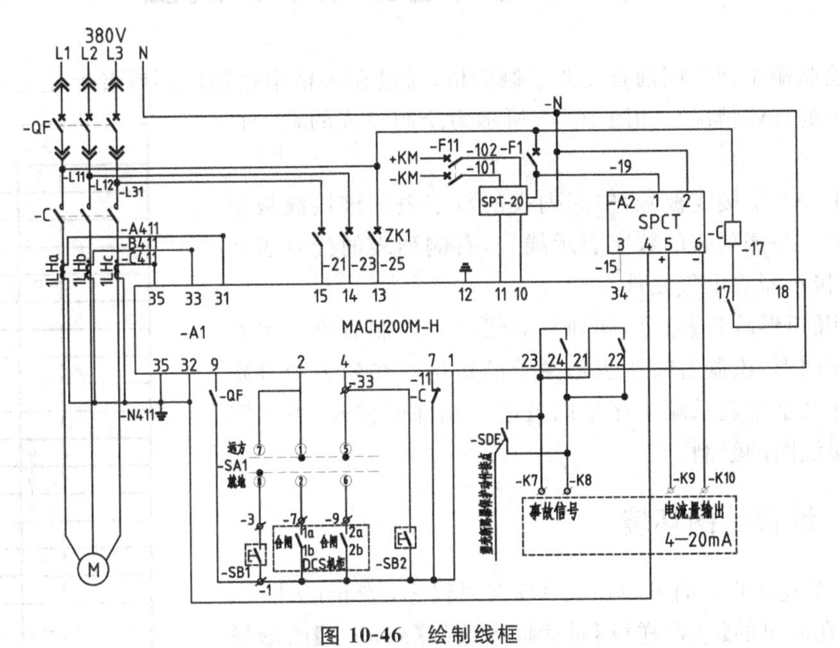

图 10-46 绘制线框

(5) 绘制图名标注。调用 PL【多段线】命令，设置宽度为 8，绘制粗实线，调用 L【直线】命令，绘制细实线。

(6) 调用 MT【多行文字】命令，绘制图名标注的结果如图 10-47 所示。

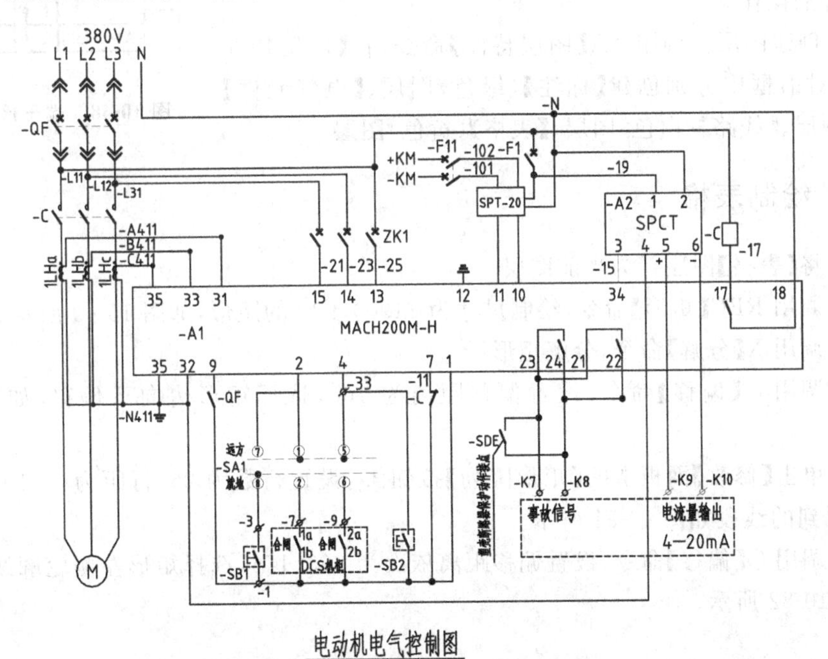

图 10-47 绘制图名标注

10.4 绘制继电器端子接线图

在绘制端子接线图前首先要绘制表格，通过在表格中绘制图形或者标注文字来表示接线端子的具体情况。如图 10-48 所示为绘制完成的端子接线图。

其中，X1 是接线板号，中间列表的数字表示该接线板组端子序号。左侧列表的数字表示线号，右侧列表的代号表示继电器、接触器等电气元件。

调用【矩形阵列】命令，阵列复制线段来绘制表格。接着绘制端子图形，绘制直线来表示端子的短接。在列表中分别绘制标注文字来表示端子序号以及电气元件的代号，可以完成端子接线图的绘制。

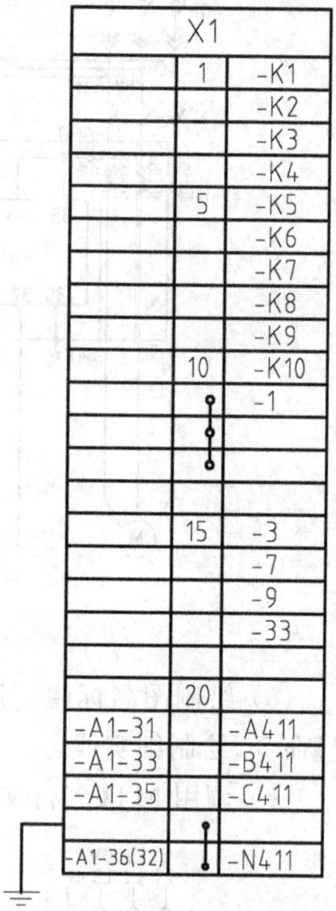

图 10-48 端子接线图

10.4.1 设置绘图环境

(1) 新建文件。打开 AutoCAD 应用程序，按下 Ctrl＋N 组合键，在调出的【选择样板】对话框中选择【acadiso】图形样板，单击【打开】按钮新建一个空白图形文件。

(2) 保存文件。按下 Ctrl＋S 组合键，在【图形另存为】对话框中设置文件名称为【端子接线图】，单击【保存】按钮完成保存文件的操作。

(3) 创建图层。调用 LA【图层特性】命令，在【图层特性管理器】对话框中分别创建【标注】(绿色)图层、【电气元件】(青色)图层、【线路】(白色)图层、【表格】(黄色)图层。

10.4.2 绘制表格

(1) 将【表格】图层置为当前图层。

(2) 调用 REC【矩形】命令，绘制尺寸为 2190×900 的矩形，如图 10-49 所示。

(3) 调用 X【分解】命令，分解矩形。

(4) 调用 O【偏移】命令，设置偏移距离为 160，选择矩形边向下偏移，如图 10-50 所示。

(5) 单击【修改】面板上的【矩形阵列】按钮，设置行数为 26，行距为－110，阵列复制偏移得到的线段如图 10-51 所示。

(6) 调用 O【偏移】命令，设置偏移距离依次为 363、176，选择矩形左侧轮廓线向右偏移，如图 10-52 所示。

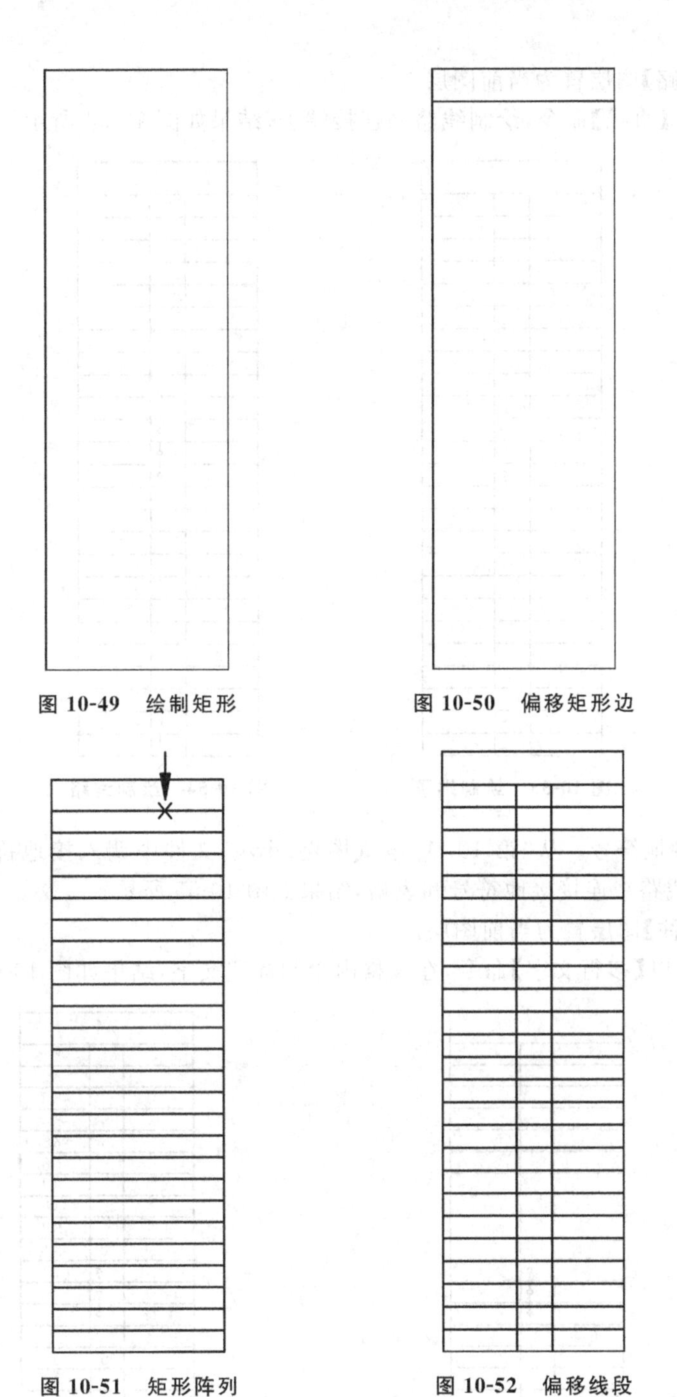

图 10-49 绘制矩形　　图 10-50 偏移矩形边

图 10-51 矩形阵列　　图 10-52 偏移线段

10.4.3 绘制端子接线图

(1) 将【电气元件】图层置为当前图层。

(2) 绘制端子。调用 C【圆】命令，在表格中分别绘制半径为 12、8 的圆形来表示端子，结果如图 10-53 所示。

(3) 将【线路】图层置为当前图层。

(4) 调用 L【直线】命令，绘制线路来连接端子，结果如图 10-54 所示。

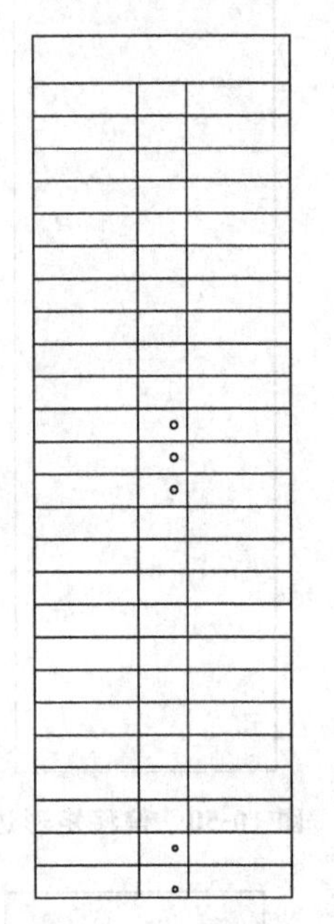

图 10-53 绘制端子

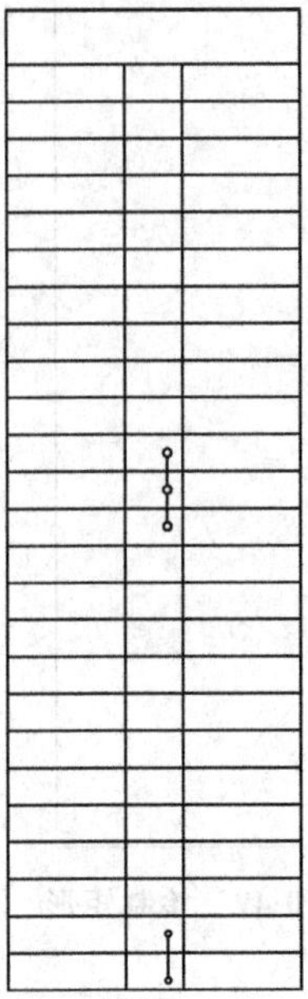

图 10-54 绘制线路

(5) 调入接地符号。从“第 10 章/电气图例.dwg”文件中调入接地符号；调用 L【直线】命令，绘制线路来连接接地符号和表格，结果如图 10-55 所示。

(6) 将【标注】图层置为当前图层。

(7) 调用 MT【多行文字】命令，在表格内绘制标注文字，结果如图 10-56 所示。

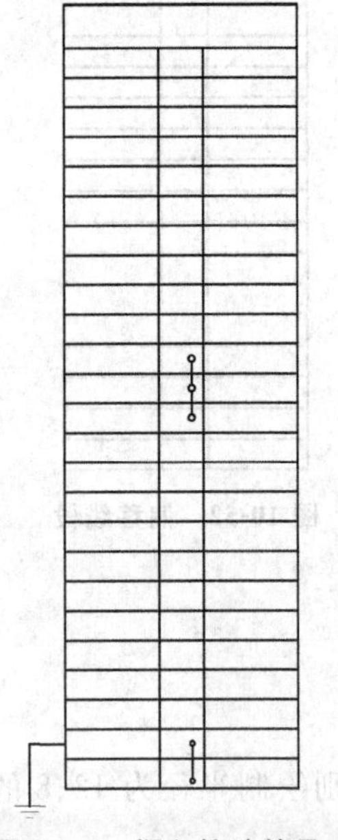

图 10-55 调入接地符号

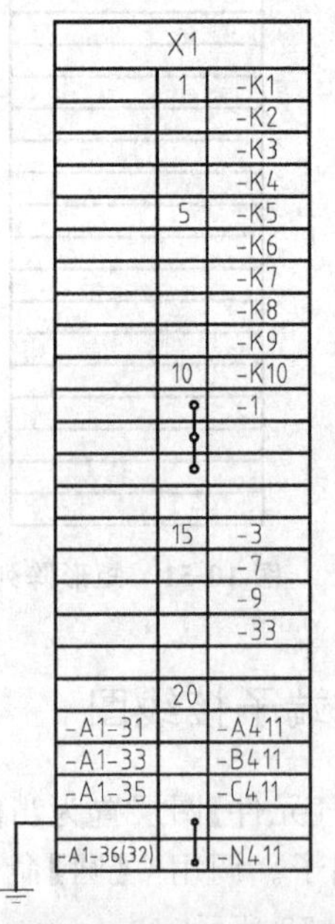

图 10-56 绘制标注文字

（8）根据本节介绍的绘制方法，继续绘制如图 10-57 所示的端子图。

X2		
	1	±KM
	2	
	3	-KM
	4	
	5	

图 10-57　绘制端子图

10.5　绘制设备材料表

材料表可以为读图提供便利，通过显示符号与其相对应的代码，可以方便读者了解符号所代表的意义。通过【表格】命令所创建的表格并不一定都适用，这就需要对表格执行编辑操作。通过调整表格大小、合并表格以及编辑单元格文字属性等操作，可以完成对表格的编辑。

最后，将元件符号复制粘贴至单元格中，并在单元格中输入符号代码，就可以完成设备材料表的绘制。

10.5.1　创建表格

（1）创建表格样式。在【注释】面板上单击【表格样式】按钮，如图 10-58 所示。

（2）此时系统调出【表格样式】对话框，单击【新建】按钮，在【创建新的表格样式】对话框中设置新样式的名称为【电气表格】。

（3）在【新建表格样式：电气表格】对话框中分别设置表格的文字属性和常规属性，如图 10-59 所示。

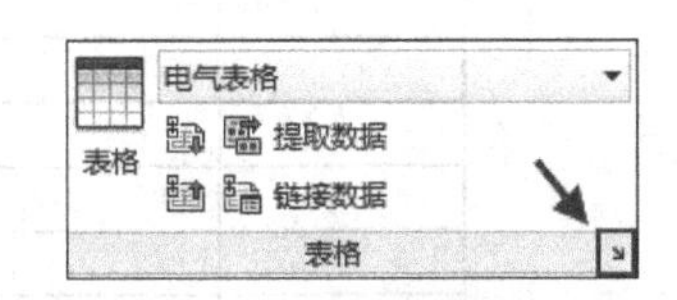

图 10-58　单击【表格样式】按钮

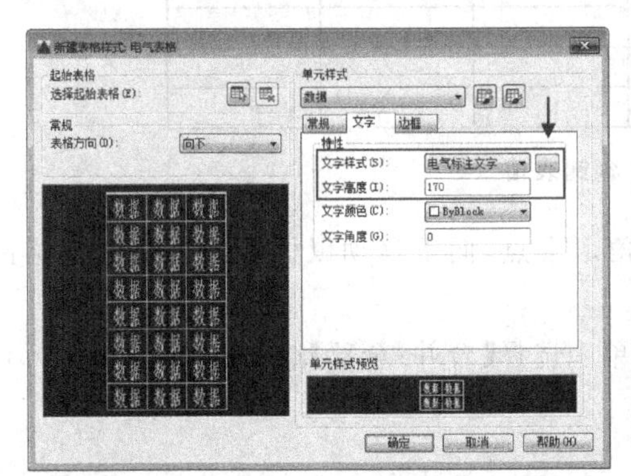

图 10-59　设置表格属性

(4) 创建表格。调用 TB【表格】命令,在【插入表格】对话框中设置参数,如图 10-60 所示。

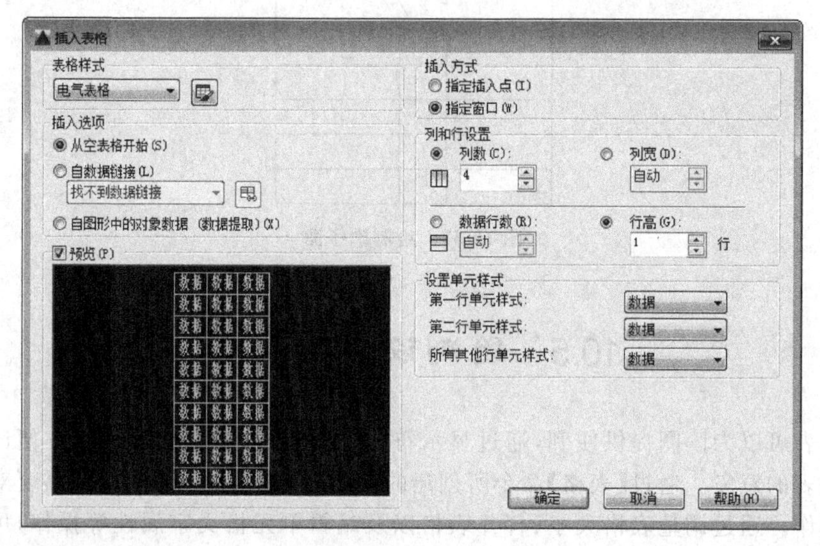

图 10-60 【插入表格】对话框

(5) 单击【确定】按钮,分别指定表格的对角点,创建表格的结果如图 10-61 所示。

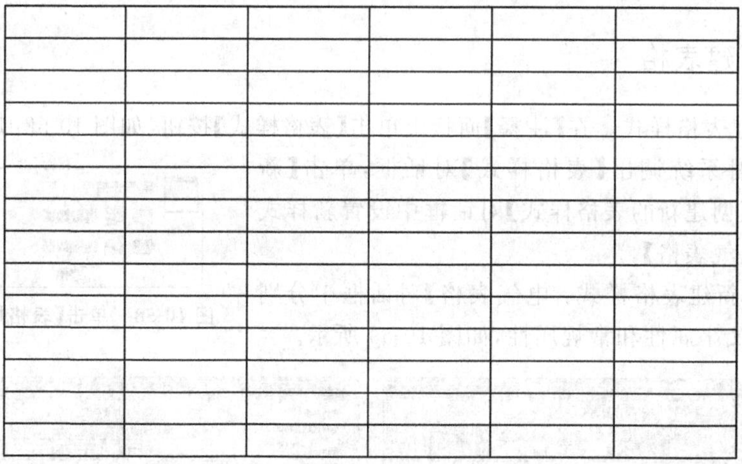

图 10-61 创建表格

(6) 选中表格,单击激活左下角点的三角形夹点,向下移动鼠标来统一拉伸表格高度,结果如图 10-62 所示。

(7) 选择表格的第一行,右击,在右键菜单中选择【合并/全部】选项,对单元格执行合并操作,如图 10-63 所示。

10.5.2 绘制表格内容

(1) 在单元格内双击,进入在位编辑模式,输入标注文字,如图 10-64 所示。

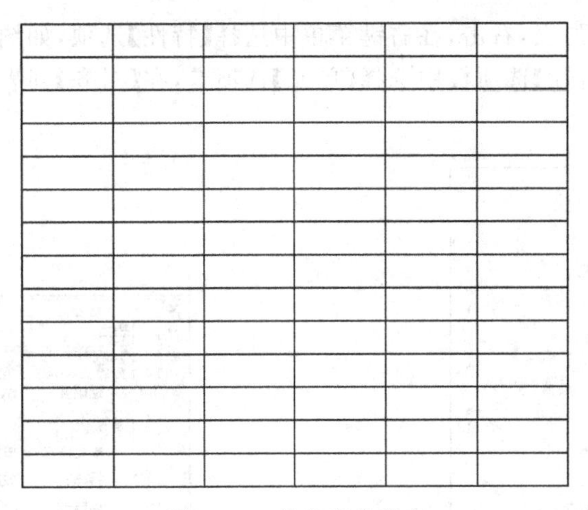

图 10-62　拉伸表格高度

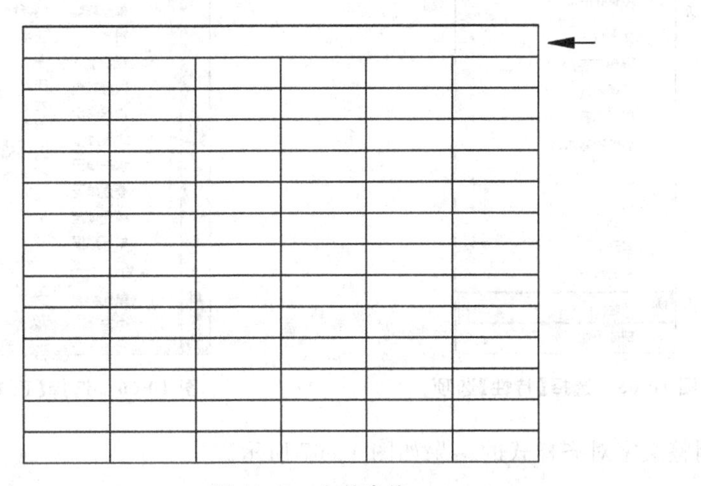

图 10-63　合并表格

设备材料表					
符号	名称	型式	单位	数量	备注
XI	端子	UK3N	节	20	
XT	端子	URTK/S	节	5	
-SA1	转换开关	LW39B-16R	个	1	
-C	接触器/接触器辅助触点		个	1	见一次线/接触器成套 AC220V
-QF	塑壳断路器/塑壳断路器辅助触点		个	1	见一次线 AC380V/塑壳开关成套 C220V
ZK1	空气开关	C65H C6A/3P	个	1	
-A1	智能型马达控制器	MACH200M-H	个	1	见一次线，附SPT-20电源模块
SPCT	电流变送器	AC220V,1A	个	1	与智能马达控制器成套
1LHa-1LHc	电流互感器	ALH-0.66	个	3	见一次线
-F11	空气开关	C65H C4A/2P	个	1	
-F1	空气开关	C65N C6A/1P	个	1	
-SDE	故障动作接点		个	1	塑壳开关成套

图 10-64　输入文字

(2) 选择【数量】列表，右击，在右键菜单中选择【特性】选项，如图 10-65 所示。

(3) 在调出的【特性】选项板中选择【单元】选项卡，在【对齐】列表中选择【正中】选项，如图 10-66 所示。

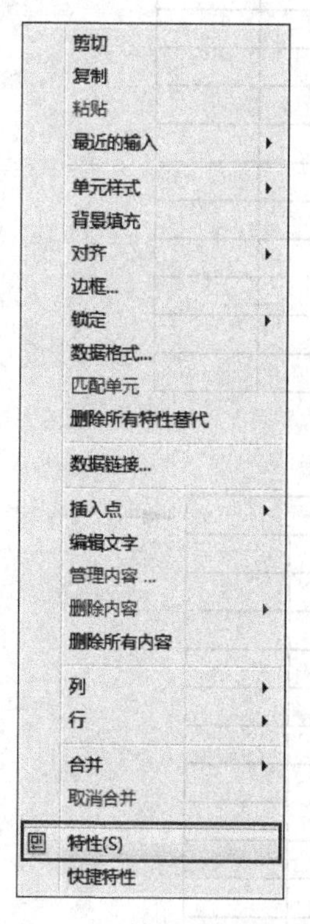

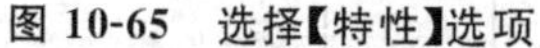

图 10-65　选择【特性】选项

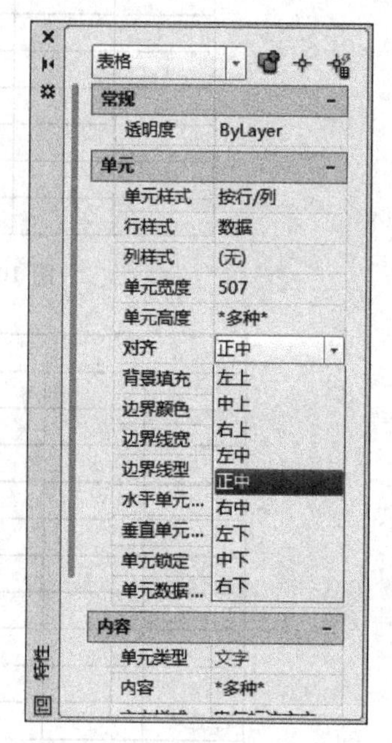

图 10-66　选择【正中】选项

(4) 调整文字对齐样式的结果如图 10-67 所示。

设备材料表					
符号	名称	型式	单位	数量	备注
XI	端子	UK3N	节	20	
XT	端子	URTK/S	节	5	
-SA1	转换开关	LW39B-16R	个	1	
-C	接触器/接触器辅助触点		个	1	见一次线/接触器成套 AC220V
-QF	塑壳断路器/塑壳断路器辅助触点		个	1	见一次线 AC380V/塑壳开关成套 C220V
ZK1	空气开关	C65H C6A/3P	个	1	
-A1	智能型马达控制器	MACH200M-H	个	1	见一次线，附SPT-20电源模块
SPCT	电流变送器	AC220V,1A	个	1	与智能马达控制器成套
1LHa-1LHc	电流互感器	ALH-0.66	个	3	见一次线
-F11	空气开关	C65H C4A/2P	个	1	
-F1	空气开关	C65N C6A/1P	个	1	
-SDE	故障动作接点		个	1	塑壳开关成套

图 10-67　对齐结果

第11章 chapter 11

绘制起重机电气图

起重机是一种用来吊起和放下重物、可使重物进行短距离水平移动的起重设备。起重机的类型主要分为桥式、塔式、门式等，不同场合使用的起重机类型也不相同。本章介绍桥式起重机电气图的绘制。

11.1 起重机电气系统概述

起重机的电气系统必须保证其传动系统和控制系统的准确、安全以及可靠，以便在紧急情况下能切断电源安全停车。本节介绍关于起重机电气系统的一些基础知识，包括电气系统的特点，以及电气图的绘制与识读。

11.1.1 起重机控制系统的特点

关于起重机控制系统的一些特点介绍如下。

(1) 因为起重机在工作时经常移动，同时大车与小车之间、大车与厂房之间都存在着相对运动，因此一般采用可移动的电源设备供电。

(2) 由于起重机的工作环境大多较为恶劣，而且常常在重载下进行频繁的起动、制动、反转、变速等操作，因此要求电动机具有较高的机械强度和较大的过载能力，同时还要求起动转矩大，起动电流小，所以起重机一般选用绕线式异步电动机。

(3) 起重机在空载、轻载时速度快，目的是减少辅助工时，重载时速度慢。所以普通的起重机调速范围一般为 3：1，要求较高的地方可以达到 5：1～10：1。

(4) 起重机的电动机运行状态可以自动转换为电动状态、倒拉反接状态或再生发电制动状态。

(5) 起重机有十分安全可靠的制动装置及电气保护环节。

11.1.2 识图提示

起重机电气回路基本上是由主回路、控制回路、保护回路等组成。常见的起重机设备主要有电动机、制动电磁铁、控制电器和保护电器。起重机各机构采用起重专用电动机，它要求具有较高的机械强度和较强的过载能力。应用最广泛的是绕线式异步电动机，这种电动机采用转子外接电阻逐级起动运转，既能限制电流，确保启动平稳，又可提供足够的启动力矩，并能适应频繁启动、反转、制动、停止等工作的需要。

（1）主回路

直接驱使各机构电动机运转的那部分回路称为主回路，它是由起重机主滑触线开始，经保护柜刀开关、保护柜接触器主触头，再经过各机构控制器定子触头至各相应电动机，即由电动机外接定子回路和外转子回路组成。

（2）控制回路

起重机的控制回路又称为联锁保护回路，它控制起重机总电源的接通与分断，从而实现对起重机的各种安全保护。由控制回路控制起重机总电源的通断，在主回路刀开关推合后，控制回路得电，而主回路因接触器 KM 主触头分断未能接电，因此整个起重机各机构电动机均未接通电源而无法工作。故起重机总电源的接通与分断，就取决于主接触器主触头 KM 是否接通，而控制回路就是控制主接触器 KM 主触头的接通与分断，即控制起重机总电源的接通与分断。

（3）过载和短路保护

在控制回路中，串有保护各电动机的过点流继电器常闭触头，当起重机因过载、某电动机过载、发生相间或对地短路时，强大的电流将使其相应的过电流继电器动作而顶开它的常闭触头，使接触器 KM 的线圈失电，促使起重机掉闸（接触器释放），从而实现起重机的过载和短路保护作用。

11.1.3 绘图提示

起重机电气图的基本绘图步骤如下。

（1）设置绘图环境，包括新建文件、设置文件名称、创建图层等。

（2）绘制起重机系统基本图形。

（3）总体调整图形布局，根据图形大小、形状做出调整。

（4）标注文字。

11.2 绘制起重机控制电路图

桥式起重机是桥架在高架轨道上运行的一种桥架型起重机，又称为天车。桥式起重机的桥架沿铺设在两侧高架上的轨道纵向运行，起重小车沿铺设在桥架上的轨道横向运行，构成一矩形的工作范围，就可以充分利用桥架下面的空间吊运物料，不受地面设备的阻碍。

普通桥式起重机主要由大车（桥梁、桥架金属结构）、小车（移动机构）和起重机提升机构组成。其中大车在轨道上行走，大车上有供小车运动的轨道，小车在大车上可做横向运动，小车的电源由大车的小滑线引入。小车上装有提升机，可以使大车在行走的范围内吊起重物。

起升机构包括电动机、制动器、减速器、卷筒和滑轮组。电动机通过减速器带动卷筒转动,使钢丝绳绕上卷筒或从卷筒放下,以升降重物。小车架是支托和安装起升机构和小车运行机构等部件的机架,通常为焊接结构。

如图 11-1 所示为绘制完成的桥式起重机控制图,本节介绍绘制方法。

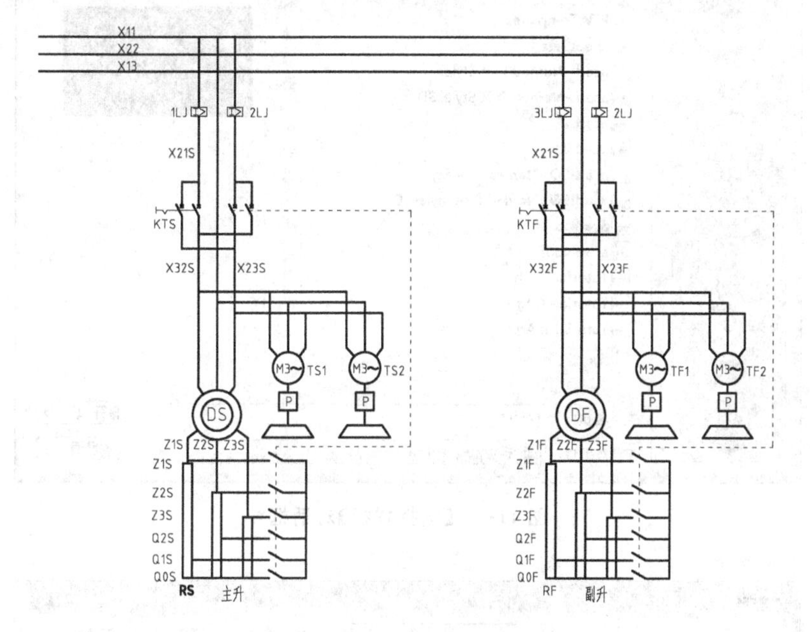

起重机控制电路图

说明:

过流调节为额定电流的2.25倍,通电前检查线路的接地情况,

注意通电安全。

图 11-1 起重机控制电路图

11.2.1 设置绘图环境

(1) 新建文件。打开 AutoCAD 应用程序,按下 Ctrl+N 组合键,在调出的【选择样板】对话框中选择【acadiso】图形样板,如图 11-2 所示,单击【打开】按钮新建一个空白图形文件。

(2) 保存文件。按下 Ctrl+S 组合键,在【图形另存为】对话框中设置文件名称为【起重机控制电路图】,如图 11-3 所示,单击【保存】按钮完成保存文件的操作。

(3) 创建图层。调用 LA【图层特性】命令,在【图层特性管理器】对话框中分别创建【标注】(绿色)图层、【电气元件】(青色)图层、【线框】(黄色)图层、【线路】(白色)图层,如图 11-4 所示。

11.2.2 绘制电路图

(1) 将【线路】图层置为当前图层。

(2) 绘制线路。调用 REC【矩形】命令,绘制尺寸为 50×52 的矩形,调用 X【分解】命

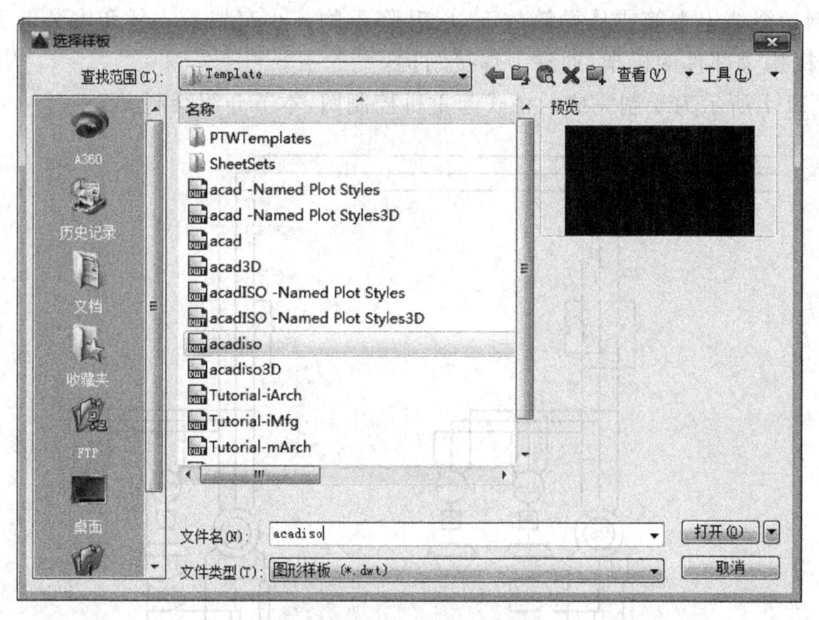

图 11-2 【选择样板】对话框

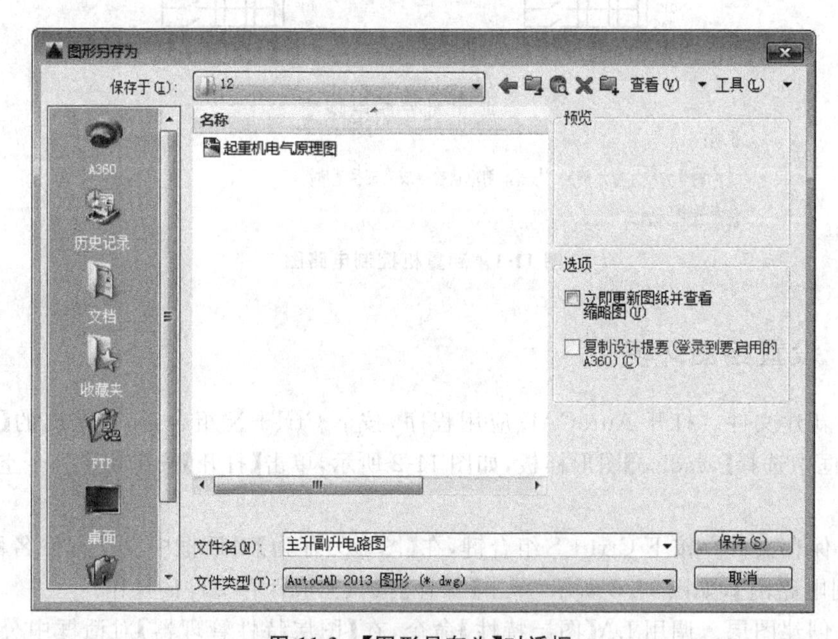

图 11-3 【图形另存为】对话框

令,分解矩形。

(3) 调用 O【偏移】命令,向内偏移矩形边,结果如图 11-5 所示。

(4) 将【电气元件】图层置为当前图层。

(5) 调入元件图块。“第 11 章/电气图例.dwg”文件,在其中选择电气元件并将其复制粘贴至电路图中,如图 11-6 所示。

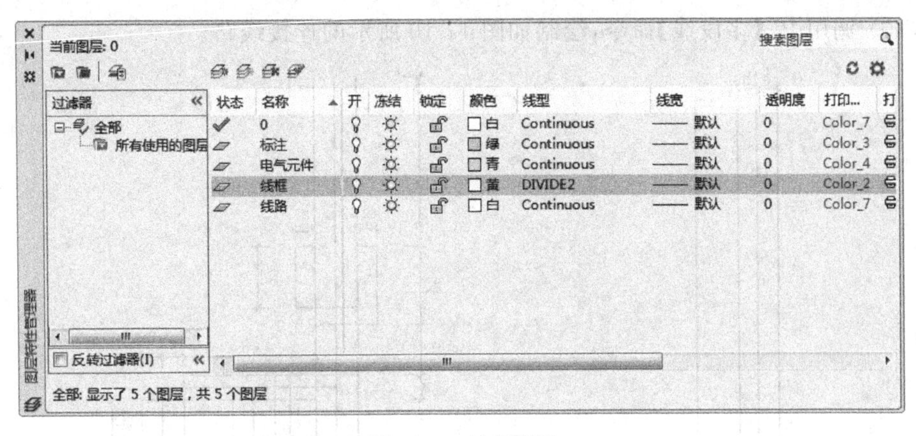

图 11-4　创建图层

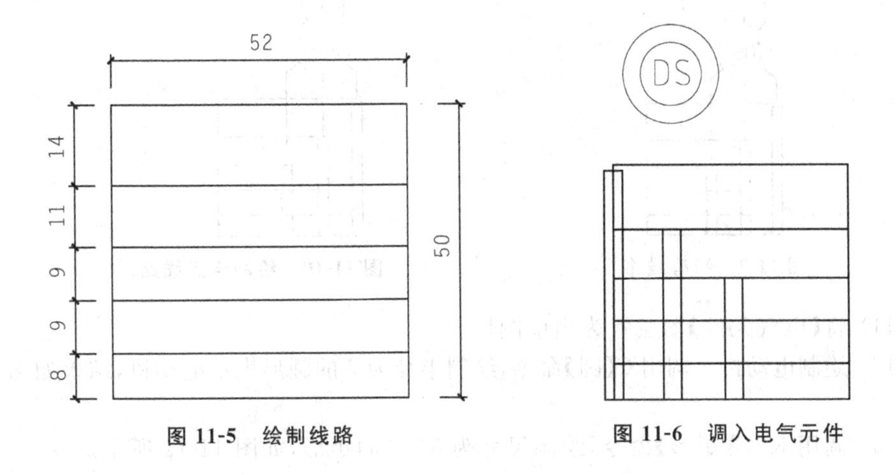

图 11-5　绘制线路　　　图 11-6　调入电气元件

(6) 调用 TR【修剪】命令，修剪线路，结果如图 11-7 所示。

(7) 调用 L【直线】命令，绘制线路连接电气元件，结果如图 11-8 所示。

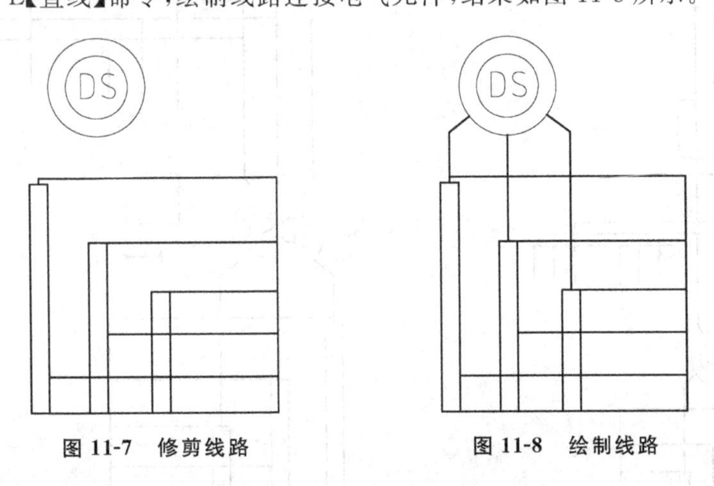

图 11-7　修剪线路　　　图 11-8　绘制线路

(8) 将【线路】图层置为当前图层。

(9) 绘制线路。调用 L【直线】命令，绘制如图 11-9 所示的线路。

(10) 调用 PL【多段线】命令，绘制如图 11-10 所示的连接线路。

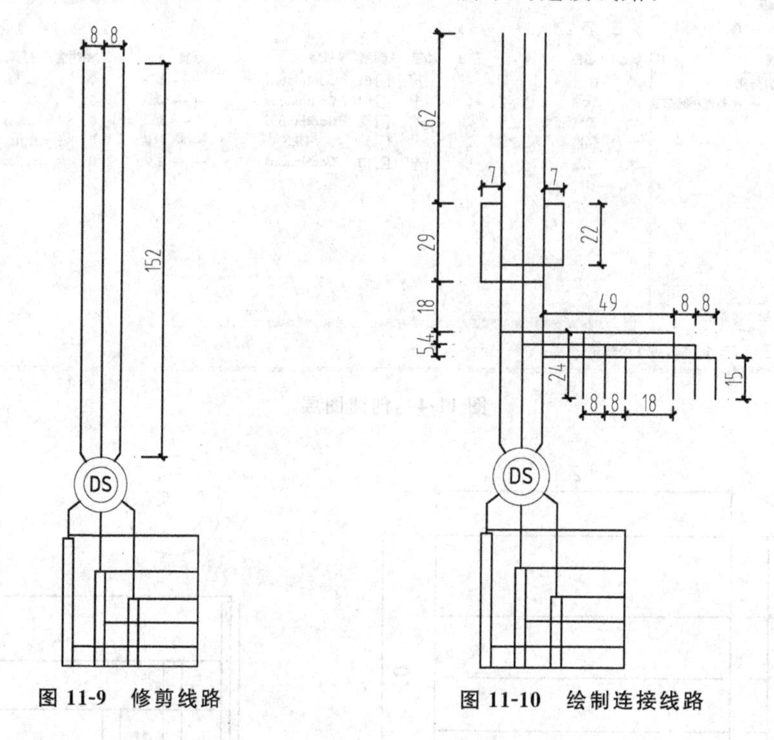

图 11-9 修剪线路

图 11-10 绘制连接线路

(11) 将【电气元件】图层置为当前图层。

(12) 绘制电动机。调用 C【圆】命令，绘制半径为 7 的圆形表示电动机，结果如图 11-11 所示。

(13) 调用 REC【矩形】命令，绘制尺寸为 8×8 的矩形，如图 11-12 所示。

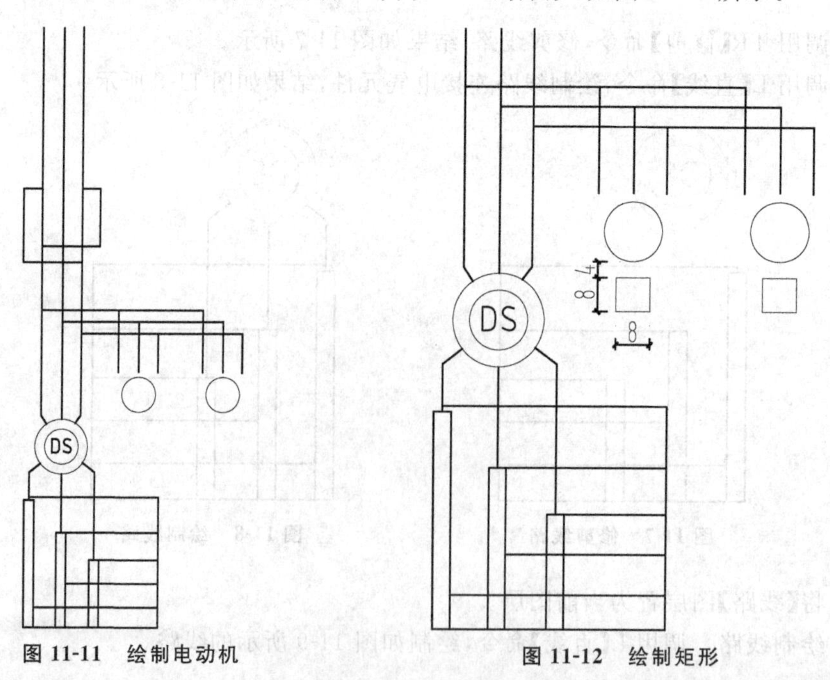

图 11-11 绘制电动机

图 11-12 绘制矩形

(14) 调用 L【直线】命令,绘制如图 11-13 所示的梯形。

(15) 将【线路】图层置为当前图层。

(16) 调用 L【直线】命令,绘制线路连接元件,结果如图 11-14 所示。

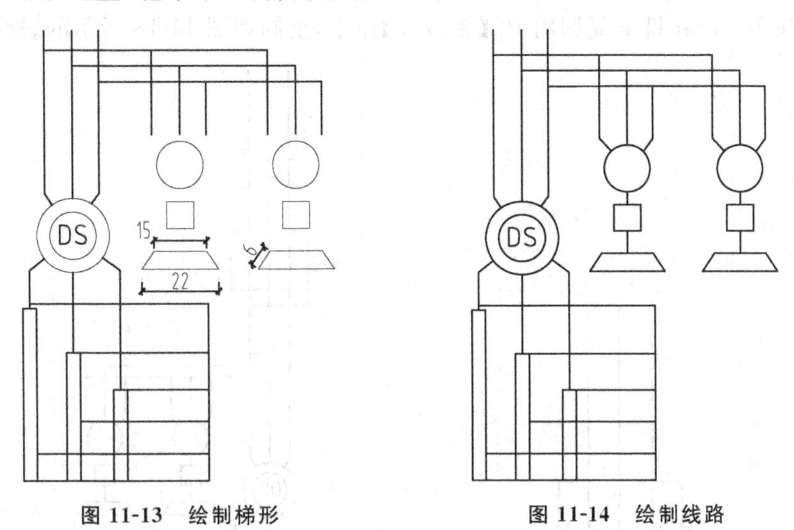

图 11-13　绘制梯形　　　　图 11-14　绘制线路

(17) 将【电气元件】图层置为当前图层。

(18) 调入元件图块。在"第 11 章/电气图例.dwg"文件中选择开关等图形,并将其复制粘贴至电路图中,如图 11-15 所示。

(19) 调用 TR【修剪】命令,修剪线路以方便识读电气元件,操作结果如图 11-16 所示。

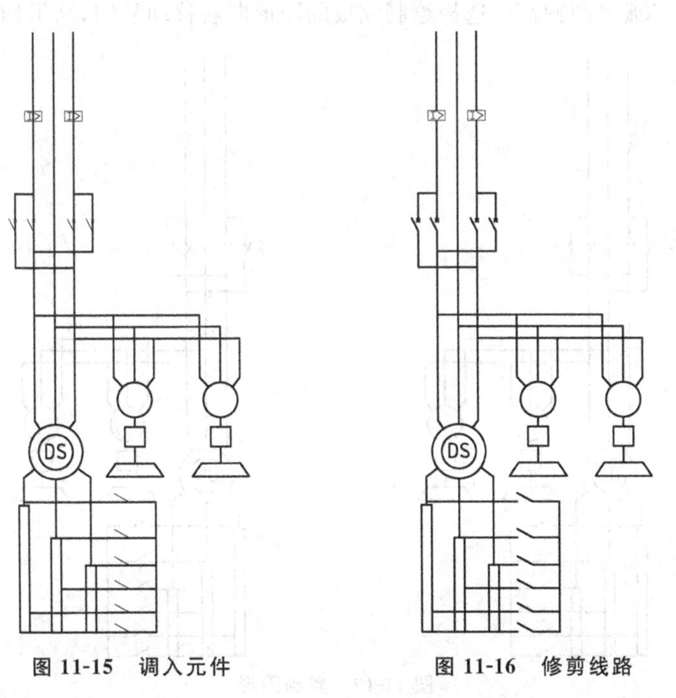

图 11-15　调入元件　　　　图 11-16　修剪线路

(20) 将【线框】图层置为当前图层。

(21) 调用 PL【多段线】命令,绘制如图 11-17 所示的折断线,并修改线段的样式属性,将其设置为细实线。

(22) 按下 Enter 键重复调用 PL【多段线】命令,绘制如图 11-18 所示的虚线。

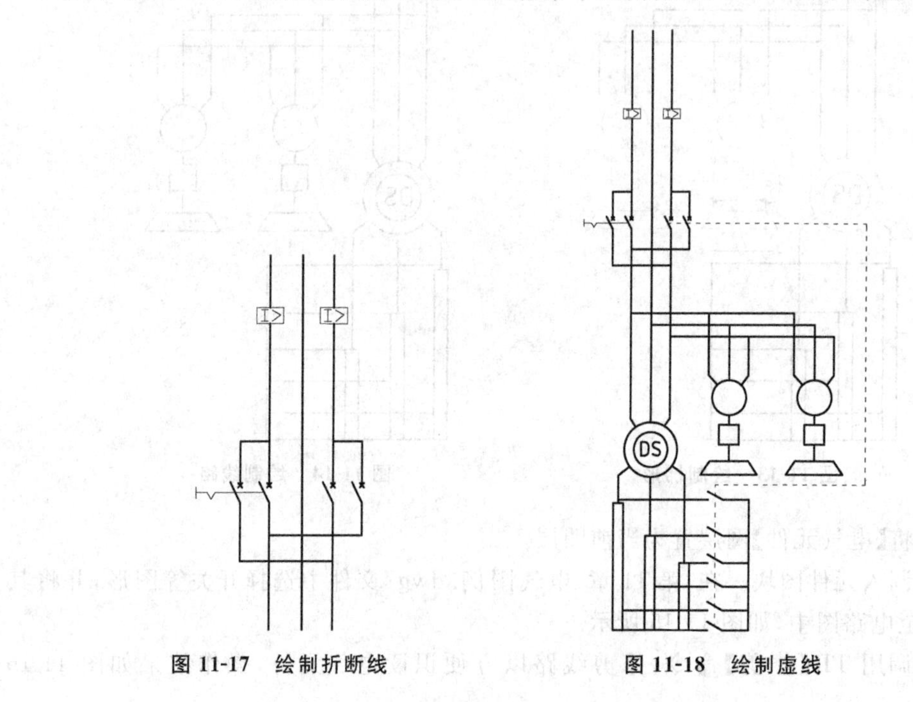

图 11-17 绘制折断线　　图 11-18 绘制虚线

(23) 调用 CO【复制】命令,选择绘制完成的图形向右移动复制,结果如图 11-19 所示。

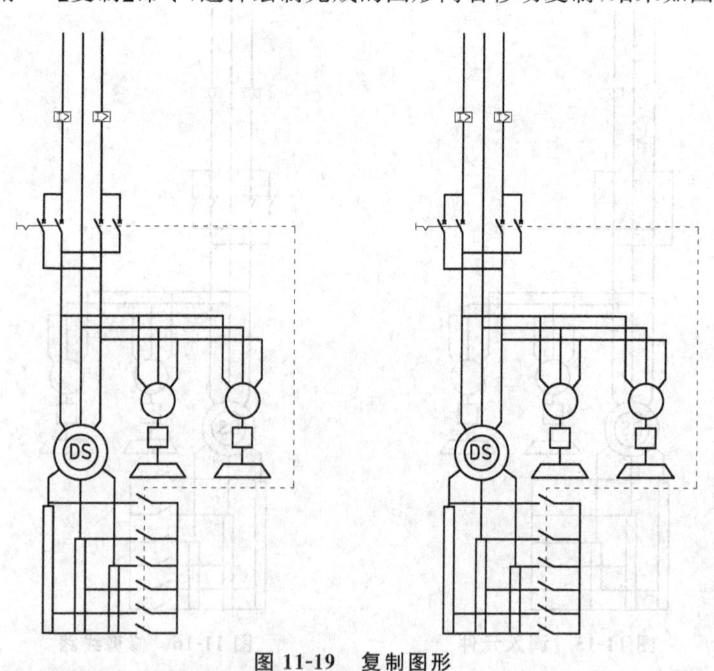

图 11-19 复制图形

（24）将【线路】图层置为当前图层。

（25）调用 L【直线】命令，绘制线路连接图形，调用 F【圆角】命令，设置圆角半径为 0，对线路执行圆角操作，结果如图 11-20 所示。

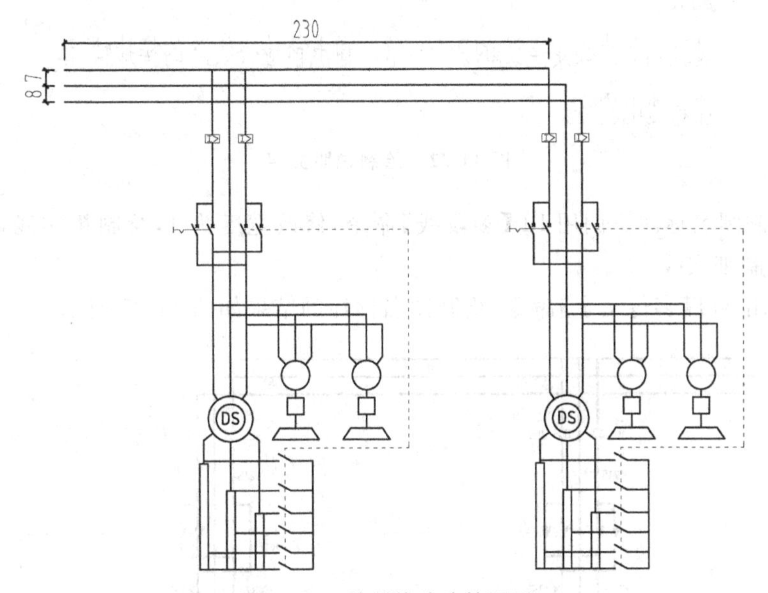

图 11-20 绘制线路连接图形

11.2.3 绘制图形标注

（1）将【标注】图层置为当前图层。

（2）调用 MT【多行文字】命令，绘制标注文字的结果如图 11-21 所示。

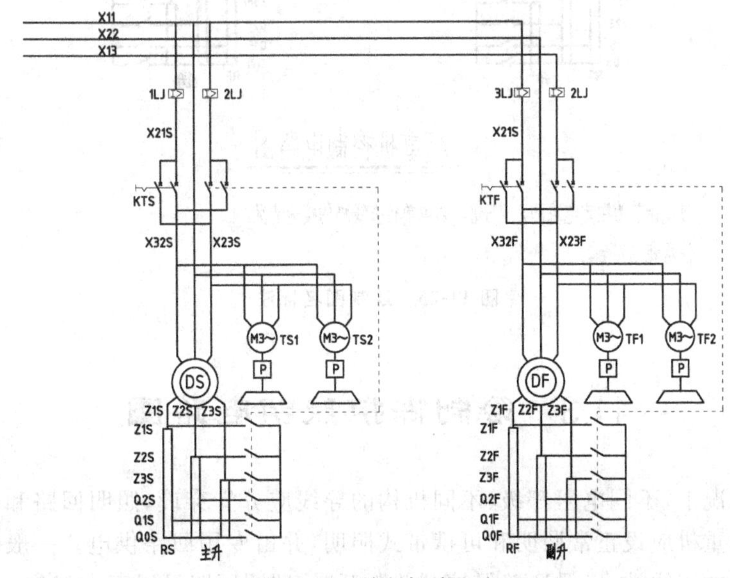

图 11-21 绘制标注文字

(3) 右击，在右键菜单中选择【重复】选项，重复执行 MT【多行文字】命令，绘制如图 11-22 所示的说明文字。

说明：

过流调节为额定电流的2.25倍，通电前检查线路的接地情况，

注意通电安全。

图 11-22 绘制说明文字

(4) 绘制图名标注。调用 PL【多段线】命令，修改宽度为 1，绘制粗实线，调用 L【直线】命令，绘制细实线。

(5) 调用 MT【多行文字】命令，绘制图名标注的结果如图 11-23 所示。

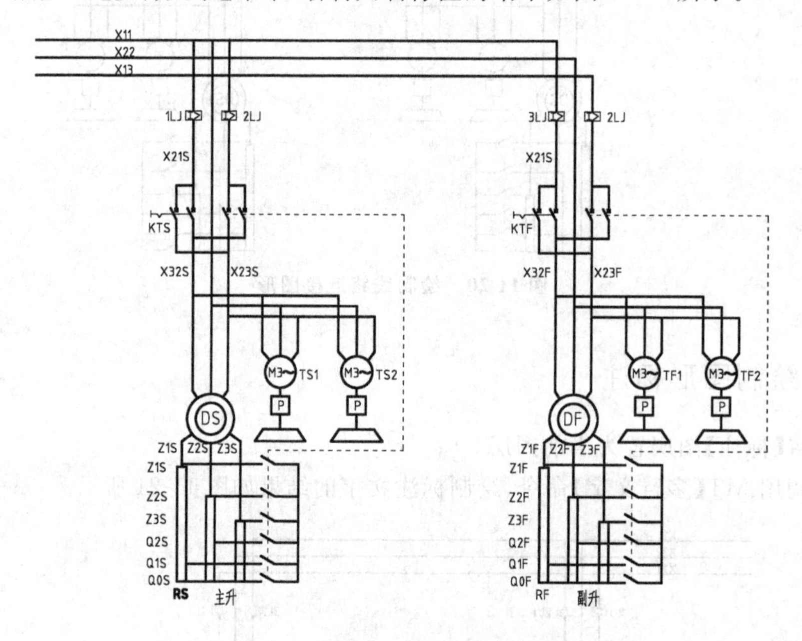

说明：

过流调节为额定电流的2.25倍，通电前检查线路的接地情况，

注意通电安全。

图 11-23 绘制图名标注

11.3 绘制保护照明电路图

在通常情况下，不同电压等级、不同机构的导线应分管穿设，照明回路和控制回路应单独敷设。起重机应设正常照明和可携带式照明，并由专用回路供电。一般应接于驾驶室总保护开关的进线端，以保证总保护开关断开时，照明回路可以正常工作。

正常照明回路的电压不超过220V,可携带式照明回路的电压应不超过36V。

桥式起重机保护照明电路图的绘制结果如图11-24所示,本节介绍其绘制方法。

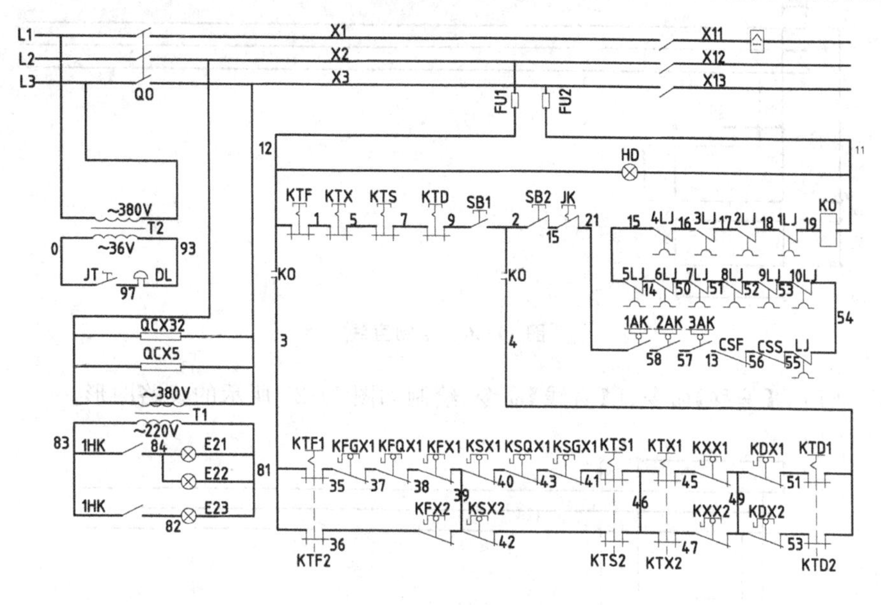

图11-24 保护照明电路图

11.3.1 设置绘图环境

(1) 新建文件。打开AutoCAD应用程序,按下Ctrl+N组合键,在调出的【选择样板】对话框中选择【acadiso】图形样板,单击【打开】按钮新建一个空白图形文件。

(2) 保存文件。按下Ctrl+S组合键,在【图形另存为】对话框中设置文件名称为"保护照明电路图",单击【保存】按钮完成保存文件的操作。

(3) 创建图层。调用LA【图层特性】命令,在【图层特性管理器】对话框中分别创建【标注】(绿色)图层、【电气元件】(青色)图层、【线路】(白色)图层。

11.3.2 绘制电路图

(1) 将【线路】图层置为当前图层。

(2) 绘制主线路。调用L【直线】命令,绘制水平线段,调用O【偏移】命令,偏移线段以完成主线路的绘制,结果如图11-25所示。

图11-25 绘制主线路

(3) 调用 L【直线】命令，绘制直线来表示线路，结果如图 11-26 所示。

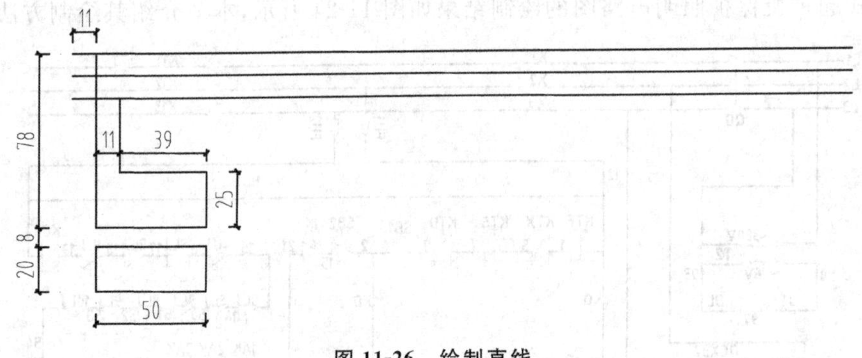

图 11-26 绘制直线

(4) 调用 O【偏移】命令、L【直线】命令，绘制如图 11-27 所示的线路图形。

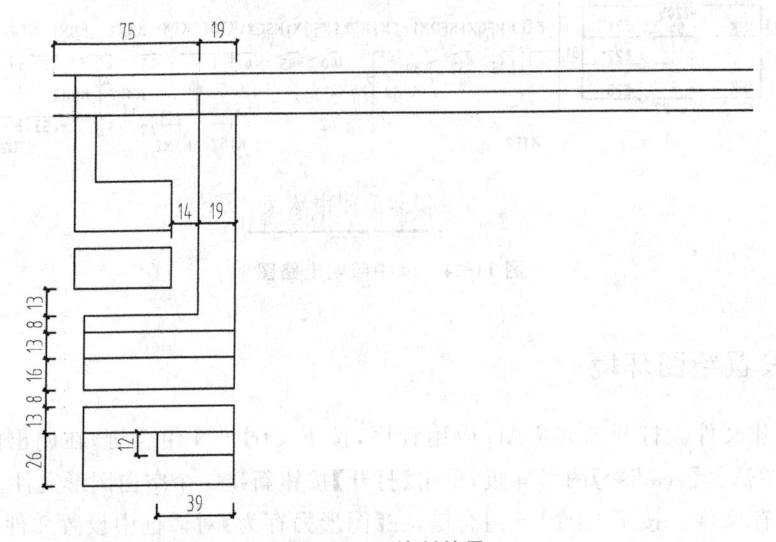

图 11-27 绘制结果

(5) 将【电气元件】图层置为当前图层。

(6) 调入元件图块。打开“第 11 章/电气图例.dwg”文件，将开关、熔断器等图形复制粘贴至电路图中，如图 11-28 所示。

(7) 调用 TR【修剪】命令，对线路执行修剪操作的结果如图 11-29 所示。

(8) 调用 L【直线】命令，绘制直线连接开关图形，结果如图 11-30 所示。

(9) 将【线路】图层置为当前图层。

(10) 调用 L【直线】命令、REC【矩形】命令，绘制如图 11-31 所示的连接线路。

(11) 调用 X【分解】命令，分解矩形；调用 O【偏移】命令，选择横向矩形边向内偏移，结果如图 11-32 所示。

(12) 调用 O【偏移】命令，选择竖向矩形边向内偏移，结果如图 11-33 所示。

(13) 调用 TR【修剪】命令，修剪线路，结果如图 11-34 所示。

(14) 将【电气元件】图层置为当前图层。

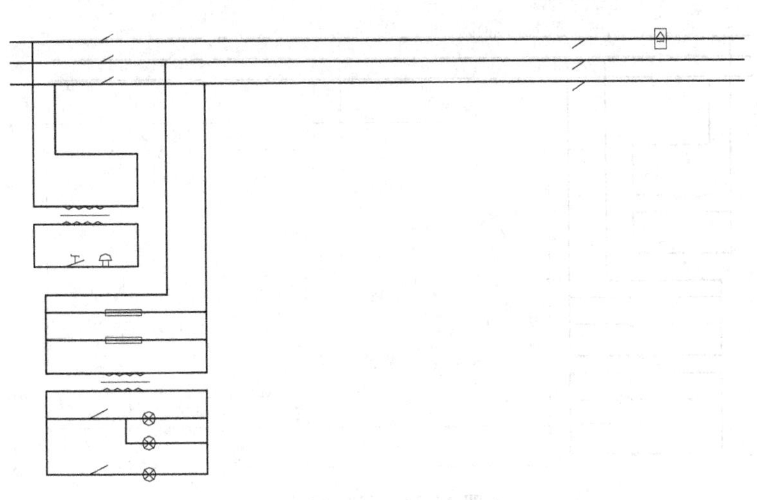

图 11-28 调入元件图块

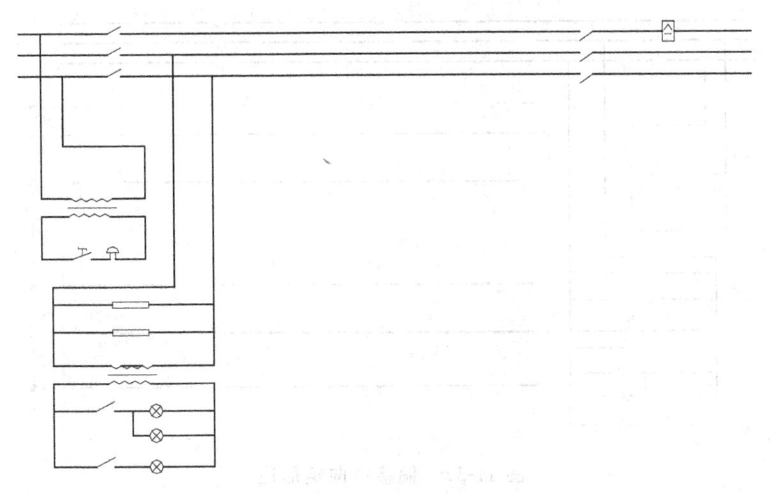

图 11-29 修剪线路

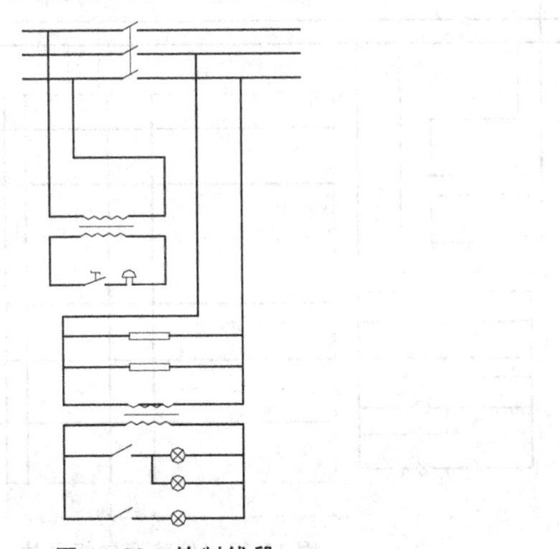

图 11-30 绘制线段

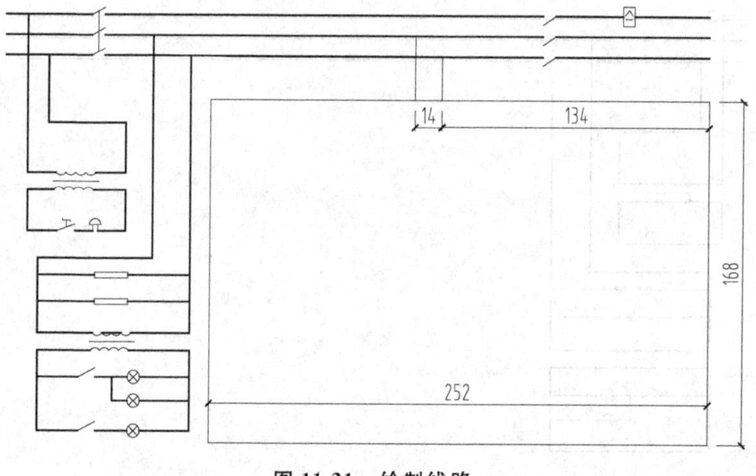

图 11-31　绘制线路

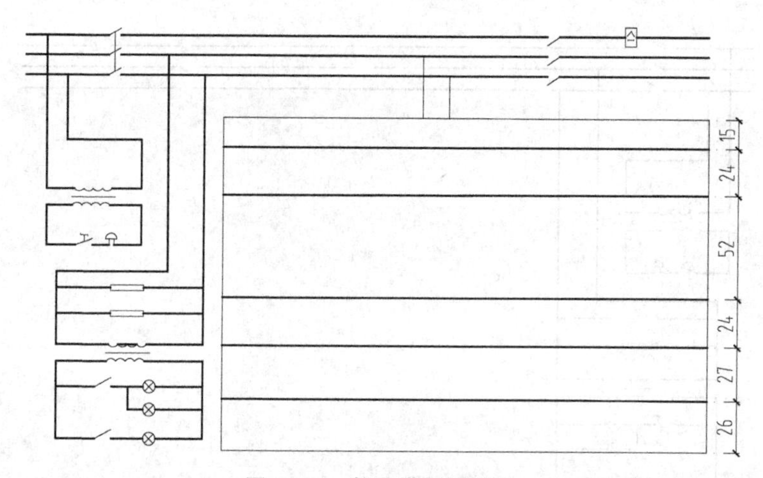

图 11-32　偏移横向矩形边

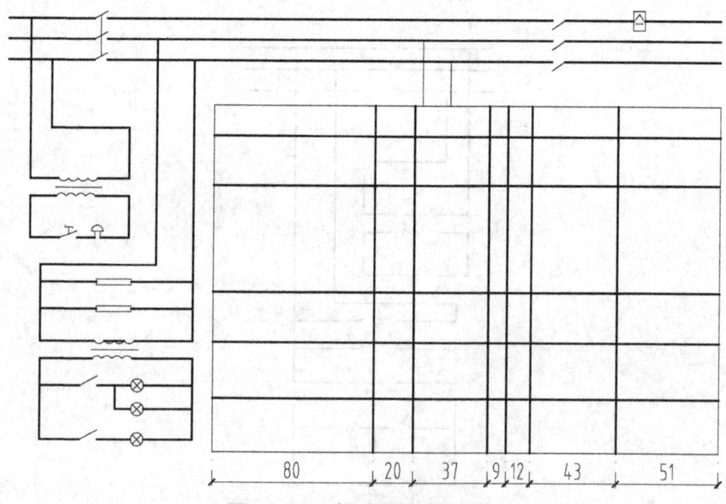

图 11-33　偏移竖向矩形边

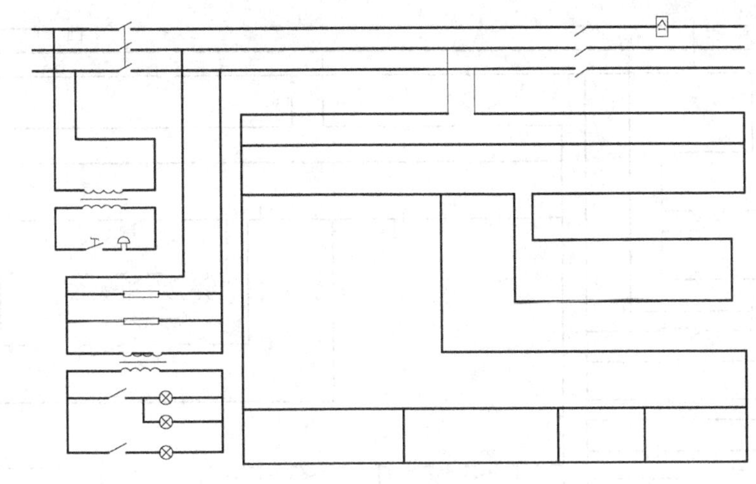

图 11-34 修剪线路

(15) 调入元件图块。在"第 11 章/电气图例. dwg"文件中选择各类电气图例，将其复制粘贴至电路图中，结果如图 11-35 所示。

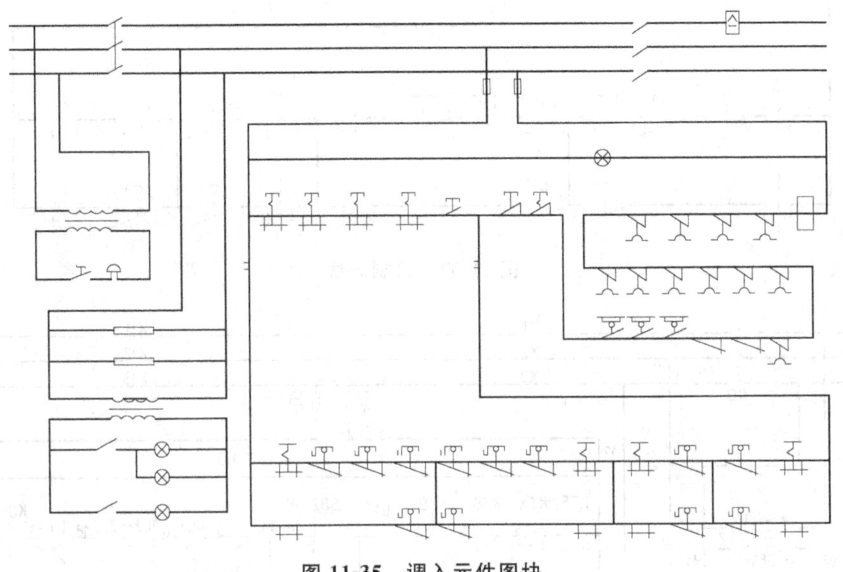

图 11-35 调入元件图块

(16) 调用 TR【修剪】命令，对线路执行修剪操作，结果如图 11-36 所示。

(17) 调用 L【直线】命令，绘制线段连接开关图形，并将线段的样式设置为虚线，结果如图 11-37 所示。

11.3.3 绘制标注

(1) 将【标注】图层置为当前图层。

(2) 调用 MT【多行文字】命令，为电气元件、连接线路绘制标注文字，结果如图 11-38 所示。

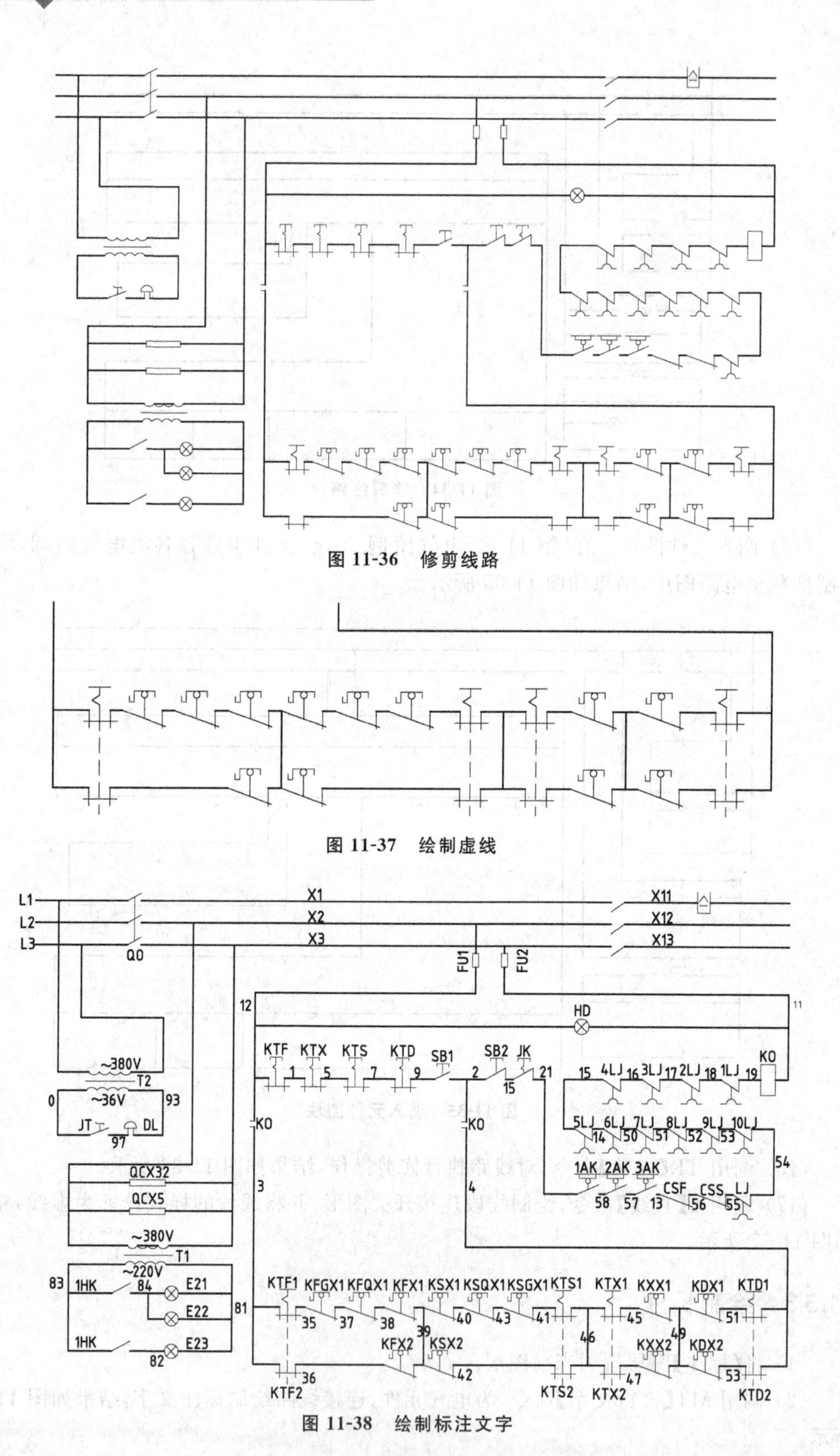

图 11-36 修剪线路

图 11-37 绘制虚线

图 11-38 绘制标注文字

(3) 绘制图名标注。调用 PL【多段线】命令，修改宽度为 1，绘制粗实线，调用 L【直线】命令，绘制细实线。

(4) 调用 MT【多行文字】命令，绘制图名标注的结果如图 11-39 所示。

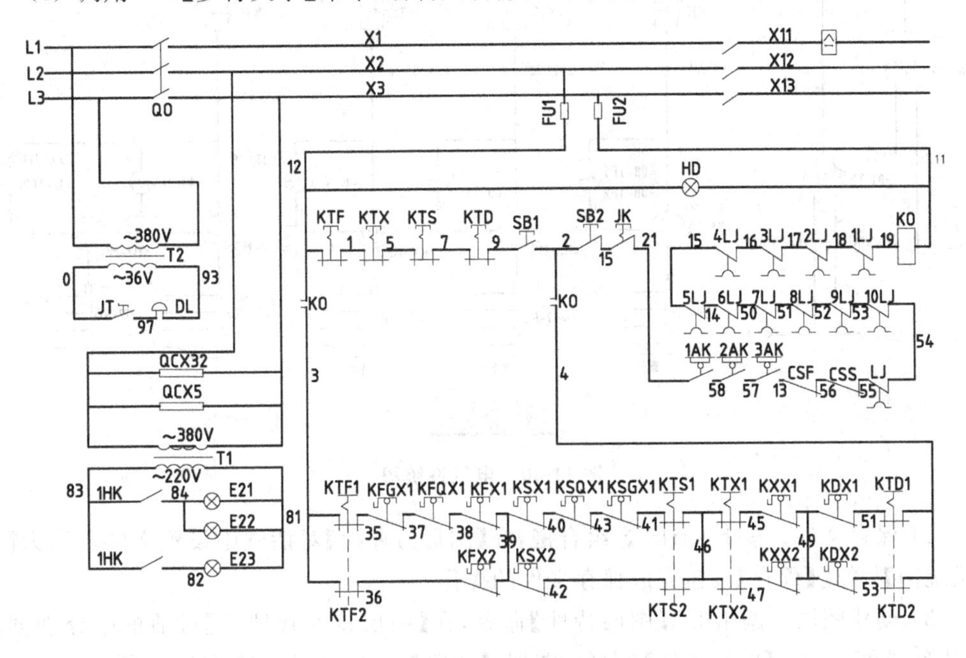

图 11-39　绘制图名标注

11.4 绘制电气系统图

起重机的电源一般为交流 380V，由公共交流电源供给。起重电磁铁应有专门的整流供电电源，必要时应配有备用的直流电源。

起重机应由专用馈线供电，当采用软电缆母线时应采用四芯或五芯电缆，除三相电源外，还应有专用的工作零线和保护地线。在采用滑线硬母线时，一般应采用三根电源滑线、一根保护地线(使用导轨代替)，专门设一根硬母线作为工作零线。

起重机专用馈线进线端与母线的连接处应设总断路器，总断路器的出线端不得与起重机无关的其他设备连接。

如图 11-40 所示为起重机电气系统图，本节介绍其绘制方法。

11.4.1 设置绘图环境

(1) 新建文件。打开 AutoCAD 应用程序，按下 Ctrl＋N 组合键，在调出的【选择样板】对话框中选择【acadiso】图形样板，单击【打开】按钮新建一个空白图形文件。

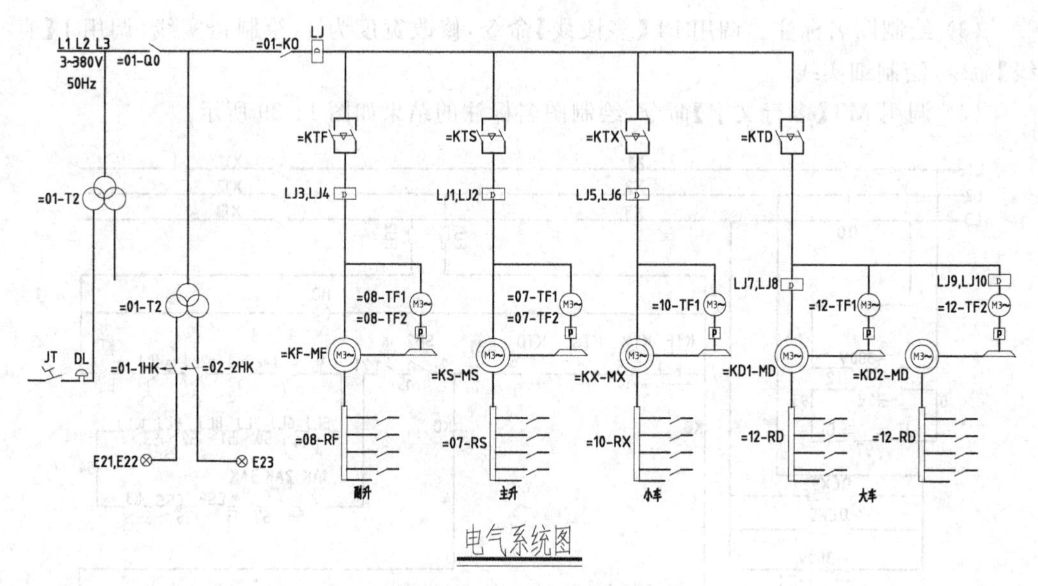

图 11-40　电气系统图

(2) 保存文件。按下 Ctrl+S 组合键，在【图形另存为】对话框中设置文件名称为【电气系统图】，单击【保存】按钮完成保存文件的操作。

(3) 创建图层。调用 LA【图层特性】命令，在【图层特性管理器】对话框中分别创建【标注】(绿色)图层、【电气元件】(青色)图层、【线路】(白色)图层，如图 11-4 所示。

11.4.2　绘制系统图

(1) 将【线路】图层置为当前图层。

(2) 绘制线路。调用 L【直线】命令，绘制如图 11-41 所示的电气线路。

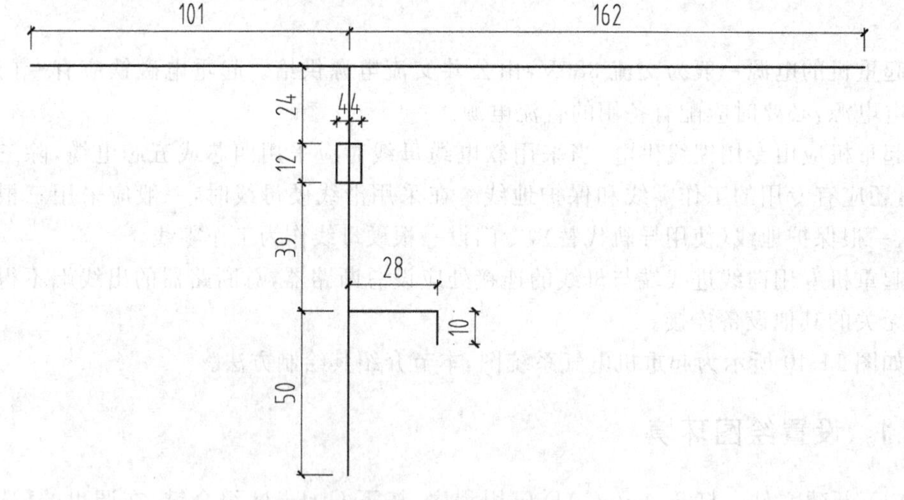

图 11-41　绘制线路

(3) 将【电气元件】图层置为当前图层。

(4) 调入元件图块。在“第 11 章/电气图例. dwg”文件中选择开关、电动机元件图块,将其复制粘贴至系统图中,结果如图 11-42 所示。

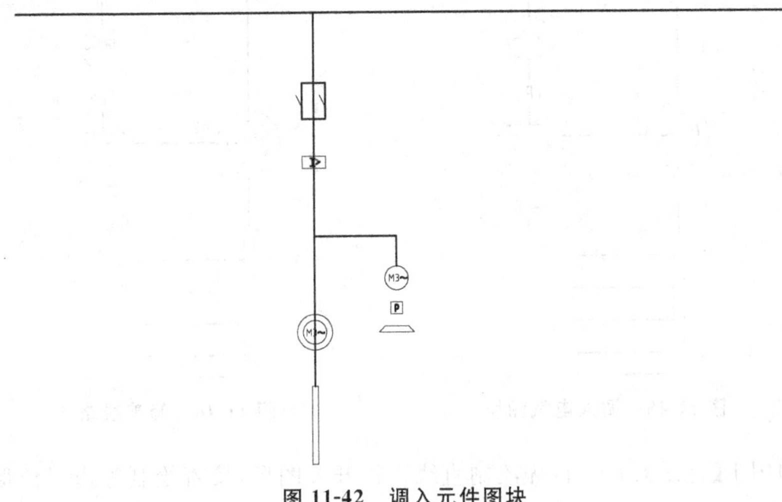

图 11-42 调入元件图块

(5) 调用 TR【修剪】命令,修剪线路,如图 11-43 所示。

(6) 将【线路】图层置为当前图层。

(7) 调用 L【直线】命令,绘制线路连接电气元件,结果如图 11-44 所示。

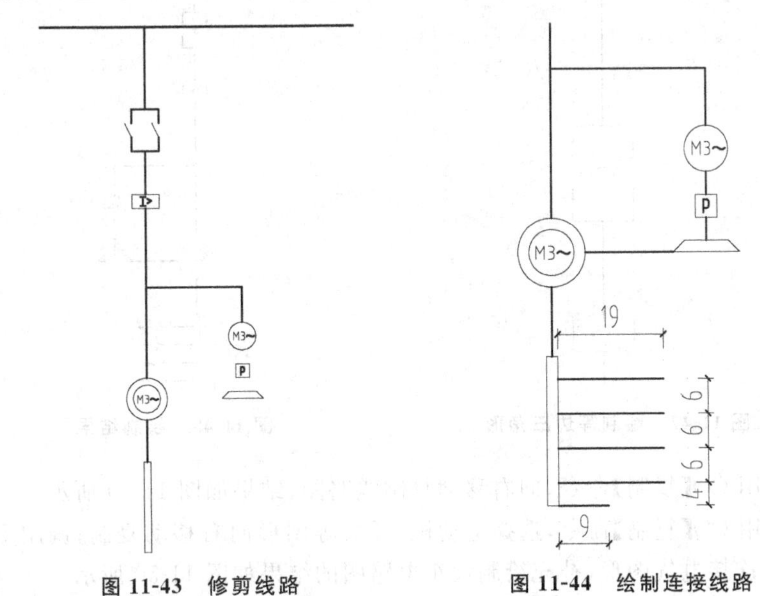

图 11-43 修剪线路　　　　图 11-44 绘制连接线路

(8) 将【电气元件】图层置为当前图层。

(9) 调入元件图块。在“第 11 章/电气图例. dwg”文件中选择开关图块,将其复制粘贴至系统图中,如图 11-45 所示。

(10) 调用 M【移动】命令,将电气元件图形移动至线路结构图中。

(11) 调用 TR【修剪】命令，修剪线路的结果如图 11-46 所示。

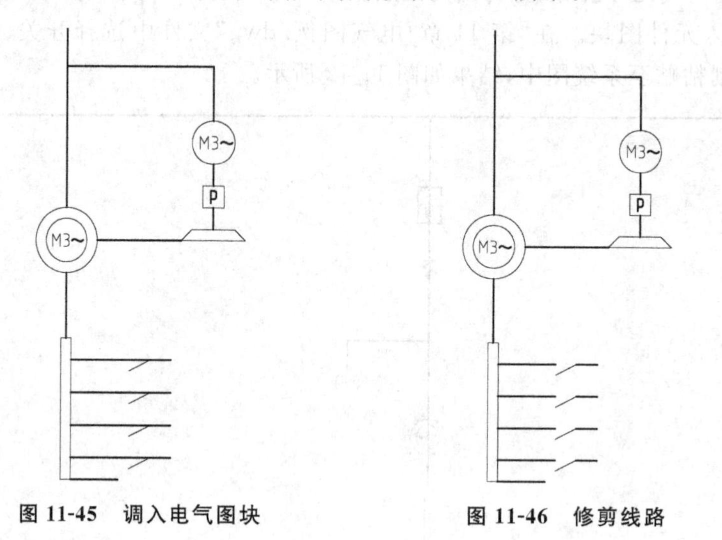

图 11-45　调入电气图块　　　　图 11-46　修剪线路

(12) 调用 L【直线】命令，首先绘制直线连接开关图形，接着绘制等边三角形，结果如图 11-47 所示。

(13) 至此，系统图线路的绘制结果如图 11-48 所示。

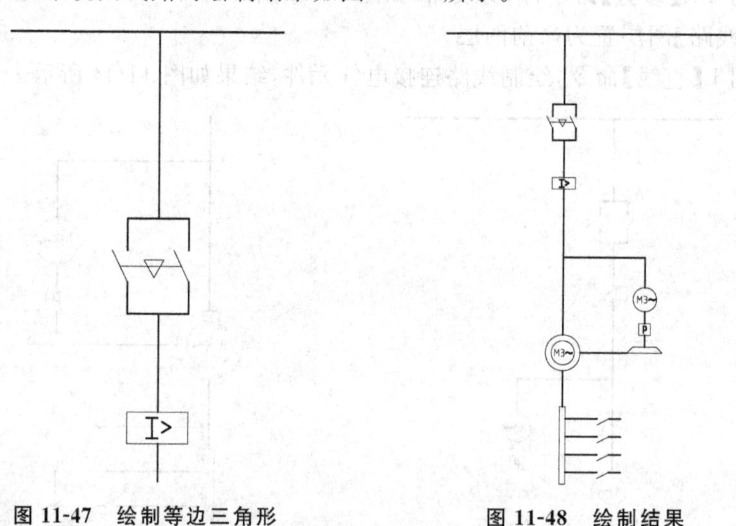

图 11-47　绘制等边三角形　　　　图 11-48　绘制结果

(14) 调用 CO【复制】命令，向右移动复制线路图，结果如图 11-49 所示。

(15) 调用 CO【复制】命令，选择电动机、开关等图形向右移动复制；调用 L【直线】命令，绘制线路连接电气图形，补充绘制大车电路图的结果如图 11-50 所示。

(16) 将“线路”图层置为当前图层。

(17) 调用 L【直线】命令，绘制垂直线段以表示线路，结果如图 11-51 所示。

(18) 将【电气元件】图层置为当前图层。

(19) 调入元件图块。在“第 11 章/电气图例. dwg”文件中选择三相绕组变压器图

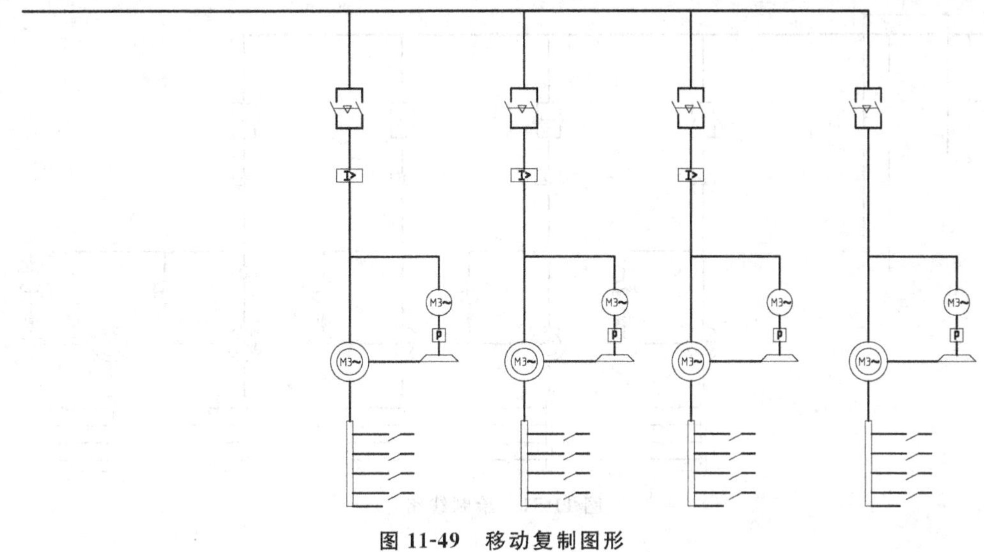

图 11-49 移动复制图形

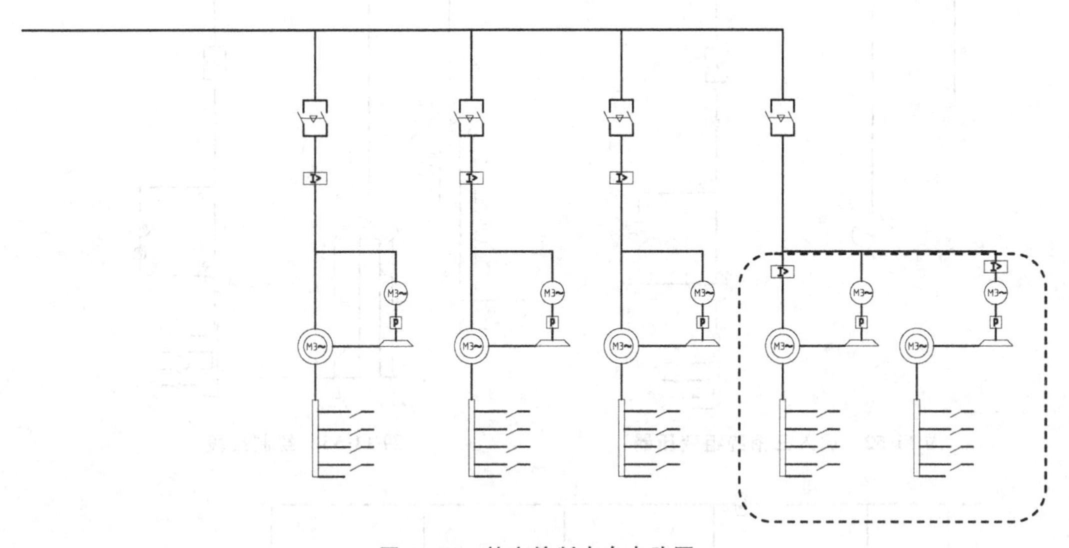

图 11-50 补充绘制大车电路图

块，将其复制粘贴至系统图中，如图 11-52 所示。

(20) 将【线路】图层置为当前图层。

(21) 调用 PL【直线】命令，绘制线段如图 11-53 所示。

(22) 将【电气元件】图层置为当前图层。

(23) 调入元件图块。在“第 11 章/电气图例.dwg”文件中选择开关、灯等图块，将其复制粘贴至系统图中；调用 TR【修剪】命令，修剪线路，结果如图 11-54 所示。

11.4.3 绘制标注

(1) 将【标注】图层置为当前图层。

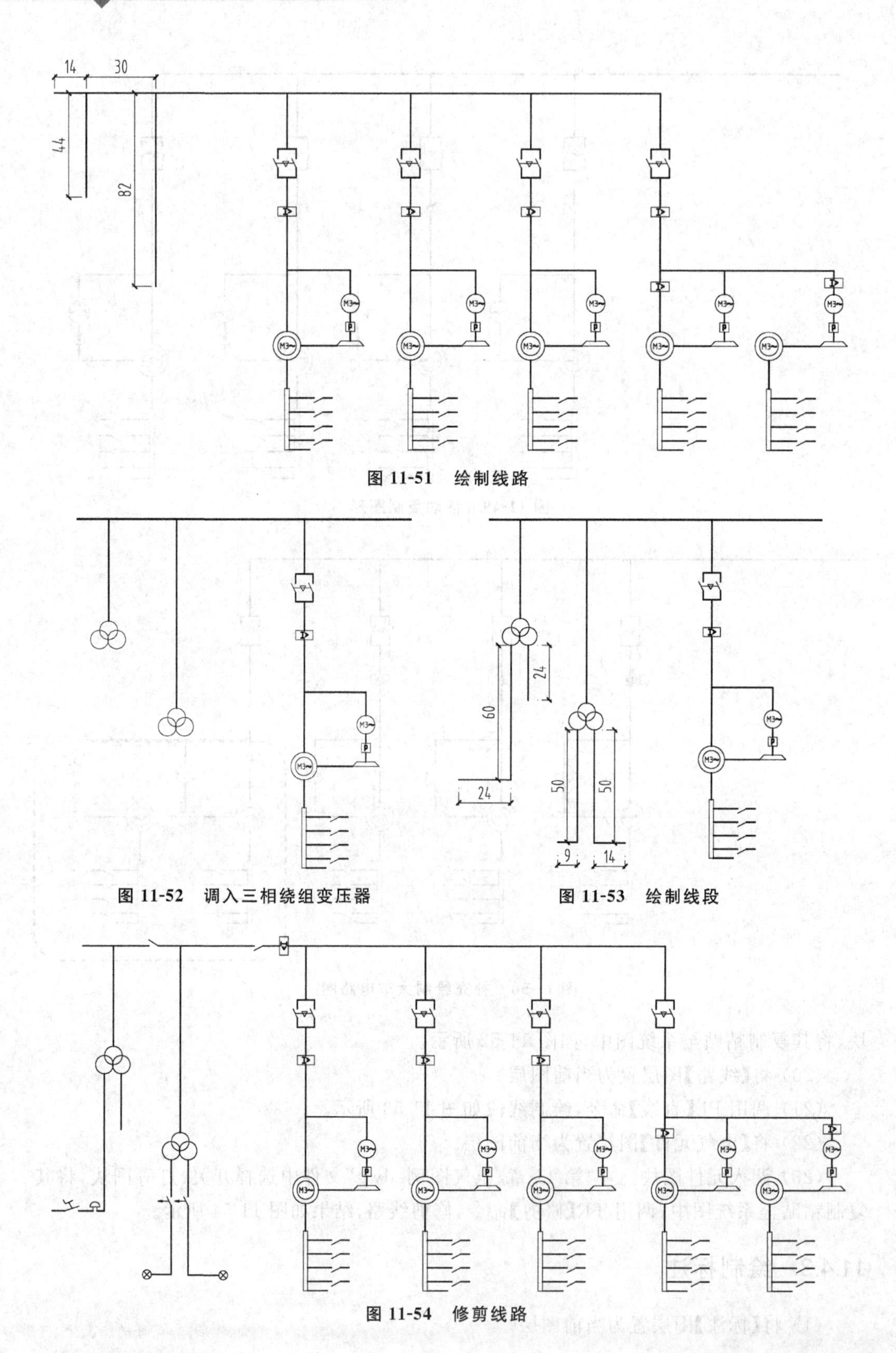

图 11-51 绘制线路

图 11-52 调入三相绕组变压器

图 11-53 绘制线段

图 11-54 修剪线路

（2）调用 MT【多行文字】命令，为系统图绘制标注文字，结果如图 11-55 所示。

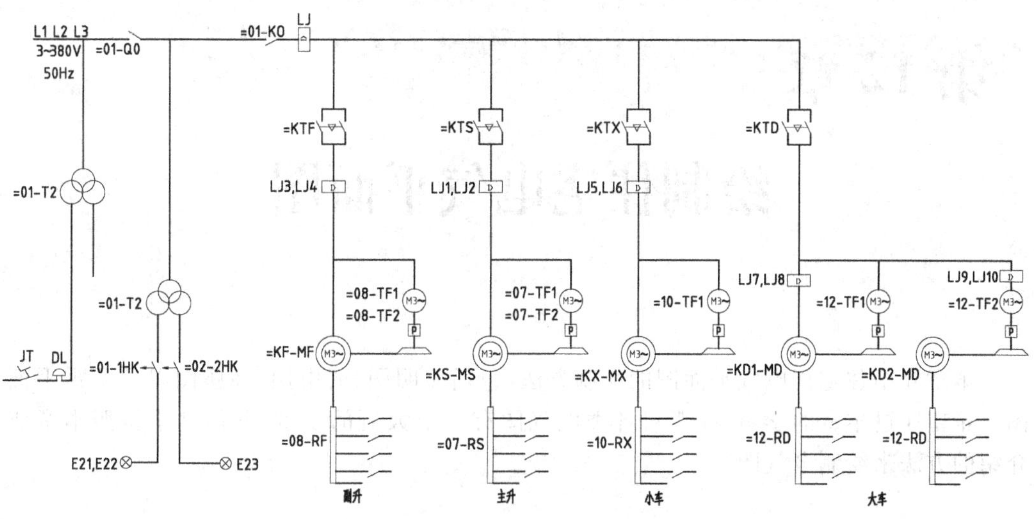

图 11-55　绘制标注文字

（3）绘制图名标注。调用 PL【多段线】命令，修改宽度为 1，绘制粗实线；调用 L【直线】命令，绘制细实线。

（4）调用 MT【多行文字】命令，绘制图名标注的结果如图 11-56 所示。

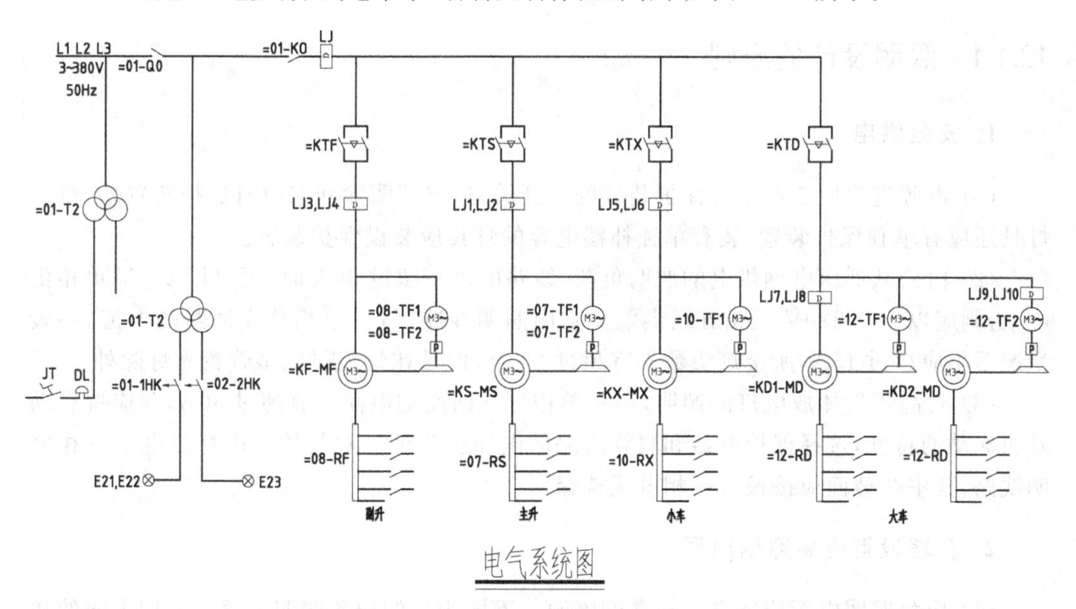

图 11-56　图名标注

第12章 chapter 12

绘制住宅电气平面图

本章介绍住宅楼电气平面图的绘制方法，包括照明图、弱电图、插座图以及防雷平面图。希望通过本章的学习，读者对各类电气图有一个大概的了解，并能动手按照本章所介绍的方法来绘制电气图。

12.1 照明系统设计

在学习如何绘制照明平面图前，应了解一些关于住宅楼照明系统的相关知识，本节为读者介绍这些基础知识，方便读者识读或绘制照明平面图。

12.1.1 照明设计的原则

1. 安全供电

(1) 电源进户应装设带有保护装置的总开关，道路照明除回路应有保护装置外，每个灯具还应有单独保护装置，装有单独补偿电容的灯具应装设保护装置。

(2) 由公共低压电网供电的照明负荷，线路电流不超过30A时，可以用220V单相供电，否则应以380/220V三相五线供电。室内照明线路，每一单相分支回路的电流，一般情况下不应超过15A，所接灯头数不宜超过25个，但是花灯、彩灯、多管荧光灯除外。

(3) 对高强气体放电灯的照明，每一单相分支回路的电流不宜超过30A，并应按启动及再启动的特性，选择保护电器和验算线路的电压损失值。对气体放电灯供电的三相照明线路，其中线截面应按最大一相电流选择。

2. 合理设置应急照明电源

(1) 应急照明电源应区别于正常的电源。不同用途的应急照明电源应采用不同的切换时间和连续供电时间。

(2) 地下室、电梯间、楼梯间、公共通道和主要出入口等场所设应急疏散指示照明及楼层指示等均应自带蓄电池，应急时间不少于30min。

(3) 地下室、电梯间、办公室、餐厅、变配电所、发电机房、消防控制室、水泵房、电梯机房、避难层、电话站等场所均应设应急照明并兼工作照明，应急照明分别占工作照明的

25%～100%。

(4) 应急照明的供电方式有以下几种。

① 独立于正常电源的发电机组。

② 蓄电池。

③ 供电网络中有效地独立于正常电源的馈电线路。

④ 应急照明灯自带直流逆变器。

⑤ 当装有两台及两台以上变压器时，应与正常照明的供电干线分别接自不同的变压器。

⑥ 装有一台变压器时，应与正常照明的供电干线自变电所低压屏上(或者母线上)分开。

⑦ 引自柴油发电机应急母线段。

3. 正常考虑照明负荷

(1) 照度的合理利用。照明负荷约占建筑总电量的30%，设计时按照度标准来推算照明负荷。其中要注意以下两点：

① 装修时经常只考虑使用功能和环境设置的要求，还应预留照明电源，将来由装修单位具体设计照明。

② 选择的光源和灯具不一样，用电量的大小也会有很大的差别。所以在一般情况下，对于局部照明区域尽量按大一级的照度负荷密度做估算，而对整个大楼的照明负荷再考虑一个同期系数。

(2) 对气体放电灯宜采用电容补偿，以提高功率因数。

4. 提高照明质量

(1) 为了减少动力设备用电对照明线路电压波动的影响，照明用电与动力用电线路尽量分开供给。

(2) 在气体放电灯的频闪效应对视觉作业有影响的场所，其同一灯具或不同灯具的相邻灯管(灯泡)应分别接在不同相位的线路上。

(3) 应用新型灯具及光源。用荧光灯(三基色荧光灯)、金属卤化物灯、高压钠灯合理代替白炽灯，将是照明工程节约能源的潜力所在。光纤照明器发热少并可隔离紫外线的特点很适合在商品陈列和展示品照明方面选用。同时，光纤照明器除了光源发生器外均不带电的优势很适合在潮湿场所使用。

12.1.2 住宅楼照明设计要点

1. 适宜的照度水平

(1) 照度水平对室内气氛有着显著影响，照度选择与光源色温的合理配合有利于创造舒适感。

(2) 为了满足不同的需要，住宅的起居室、卧室等宜选用具有调光控制功能的开关。

2. 合理选择光源

（1）主要房间的照明应选用色温不高于3300K、显色指数大于80的节能型光源，如紧凑型荧光灯、三基色圆管荧光灯等。

（2）眩光限制直流等级，不应低于Ⅱ级。

（3）应选用可立即点燃的光源，以利于安全。

（4）为了协调室内生态环境，可选用冷光束光源。

3. 不同房间的照明要求

（1）起居室

① 以房间净高定布灯方式：净高2.7m及以上可以用贴顶或吊灯，低于2.3m宜用檐口照明，吊装灯具应在餐桌、茶几上方人碰不到处。

② 灯具简洁大方，凸显艺术性。

③ 宜采用可调光控制。

（2）卧室

① 照明宜设在床具靠脚边缘上方。

② 灯具宜为深藏型，以防眩光。

③ 供床上阅读灯具，应使用冷光源，根据不同的需要选用壁灯或台灯。

④ 除特殊需要外，一般不设置一般照明。如设一般照明，则宜遥控，宜平滑调光。

（3）卫生间

① 避免在便器上方或者背后布灯。

② 以镜面等照明，宜布置在镜前上部壁装或顶装。

③ 布灯应避免映出人影及视觉反差。

④ 开关、插座及灯具应注意防潮。

4. 插座配置

（1）位置适当。位置设置不当，被柜、桌、沙发等物遮挡，会影响使用。

（2）数量充足。除了空调制冷机、电采暖、厨房电器具、电灶、电热水器等应按设备所在位置设置专用电源插座外，一般在每墙面上的数量不宜少于两组，每组由单相二孔和单相三孔插座面板各一只组成。

（3）插座间距合适。两组电源插座的间距不应该超过2～2.5m，距端墙不应该超过0.5m。

（4）方便使用。非照明使用的电源插座（包括专用电源插座）或通信系统、电视共用天线、安全防范等专用连接插件近旁有布灯的可能或设置电源要求时，应增加配置电源插座。

（5）注意形式。电源插座皆应选用安全型，一般可采用10A。

12.2 绘制住宅楼照明平面图

如图 12-1 所示，此图为普通单元住宅楼标准层照明平面图。标准层共三个楼梯，户型各异。以左边户型为代表叙述。左边户型共设主卧、客卧、客餐厅连用、一个厨房、一个卫生间，俗称两室一厅一厨一卫型。

住宅楼照明平面图的绘制步骤为：首先，布置局部区域的各类灯具，各类灯具是由不同的开关控制的，所以需要在房间内布置开关，并绘制线路连接开关与灯具。然后开关、灯具的电源由电源箱供给，需要绘制线路连接箱柜与开关、灯具。最后，绘制标注文字，完成照明平面图的绘制。

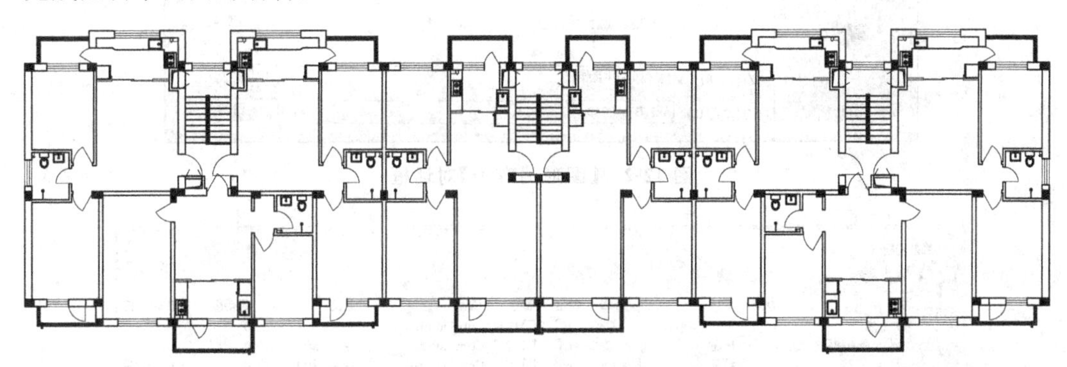

图 12-1 住宅一至四层建筑平面图

12.2.1 设置绘图环境

(1) 调用素材文件。打开配套光盘提供的“第 12 章/住宅一至四层建筑平面图.dwg”文件，如图 12-1 所示。

(2) 保存文件。按下 Ctrl＋Shift＋S 组合键，在【图形另存为】对话框中设置文件名称为【住宅楼照明平面图】，如图 12-2 所示。

(3) 创建图层。调用 LA【图层特性】命令，在【图层特性管理器】对话框中分别创建【标注】(绿色)图层、【灯具】(黄色)图层、【开关】(青色)图层、【设备】(黄色)图层、【线路】图层(白色)，如图 12-3 所示。

12.2.2 绘制照明平面图

(1) 将【灯具】图层置为当前图层。

(2) 调入灯具图块。打开“第 12 章/电气图例.dwg”文件，选择节能灯、防水灯图块，将其复制粘贴至当前图形中，如图 12-4 所示。

(3) 重复执行上述操作，继续调入灯具图形至平面图中，操作结果如图 12-5 所示。

(4) 将【开关】图层置为当前图层。

(5) 调入开关图块。从“第 12 章/电气图例.dwg”文件中选择开关图形，将其复制粘

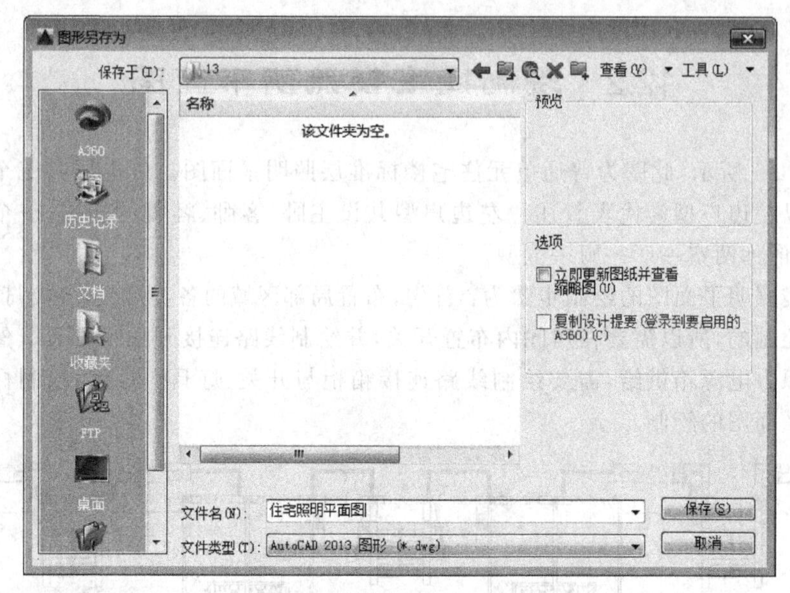

图 12-2 【图形另存为】对话框

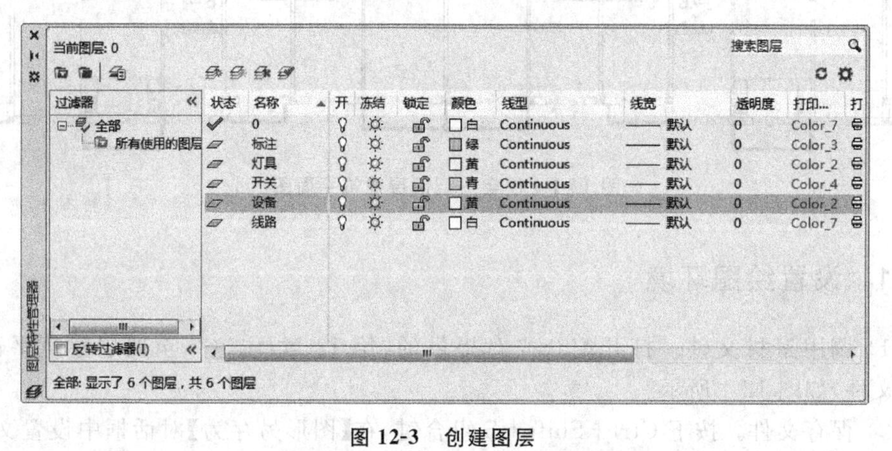

图 12-3 创建图层

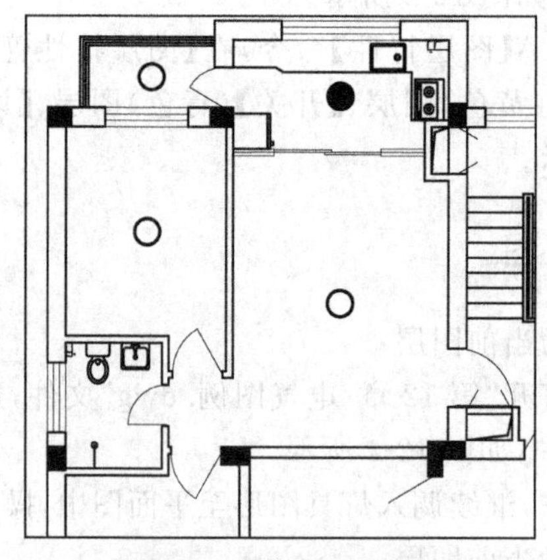

图 12-4 调入灯具图块-1

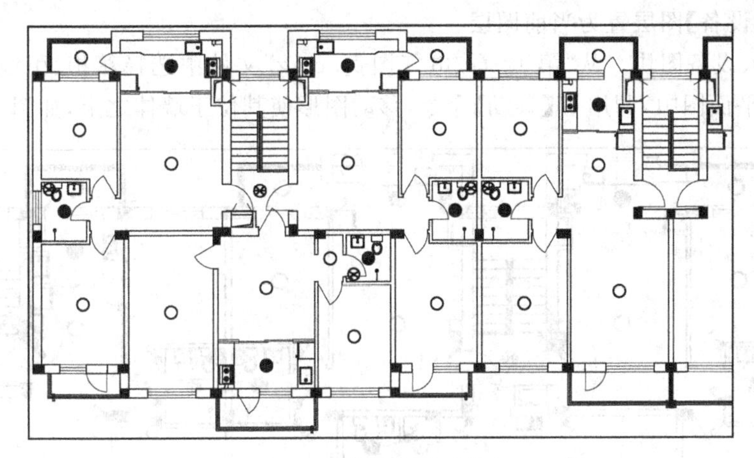

图 12-5 调入灯具图块-2

贴至平面图中，调用 M【移动】命令，移动开关使其位于墙体之上，如图 12-6 所示。

(6) 重复操作，在平面图其他区域布置开关图形，结果如图 12-7 所示。

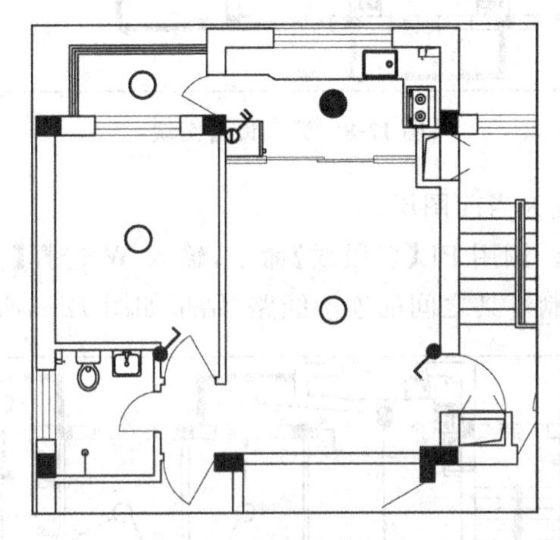

图 12-6 调入开关图块-1

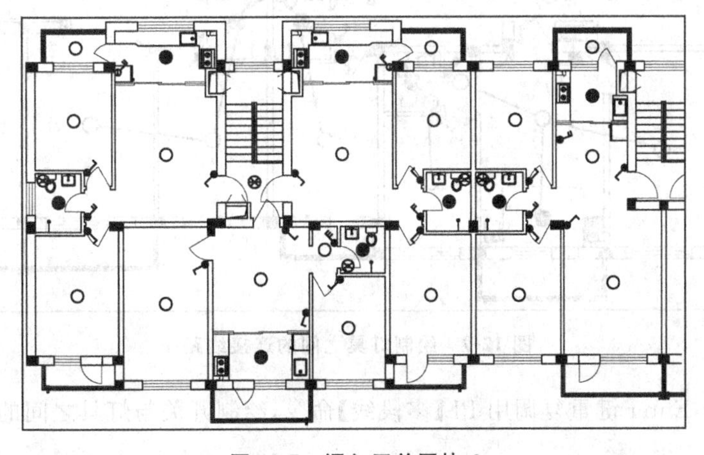

图 12-7 调入开关图块-2

(7) 将【设备】图层置为当前图层。

(8) 调入设备图块。从"第12章/电气图例.dwg"文件中选择箱柜、引线图形，将其复制粘贴至平面图中，调用M【移动】命令，移动图形使其位于墙体之上，如图12-8所示。

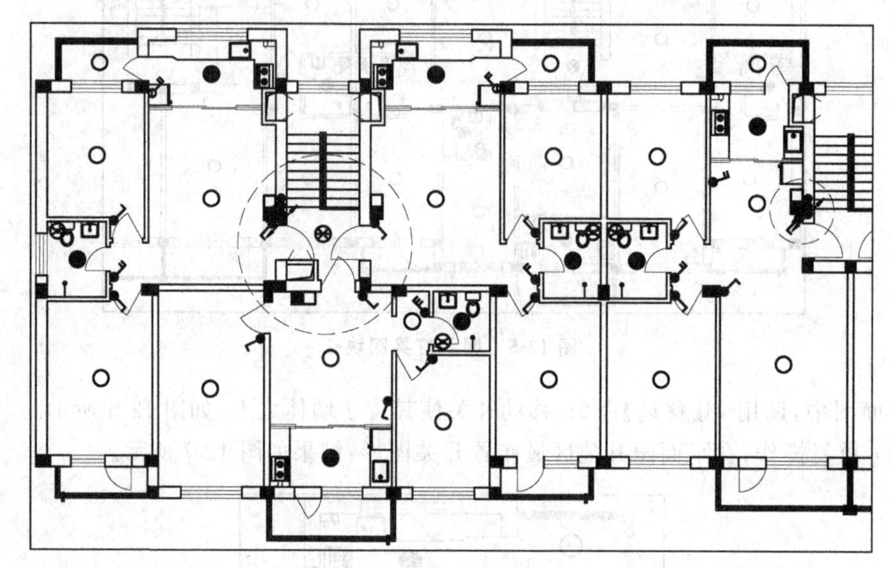

图12-8 调入设备图块

(9) 将【线路】图层置为当前图层。

(10) 绘制连接线路。调用PL【多段线】命令，输入W选择【宽度】选项，设置起点宽度、端点宽度均为50，绘制灯具之间的连接线路，结果如图12-9所示。

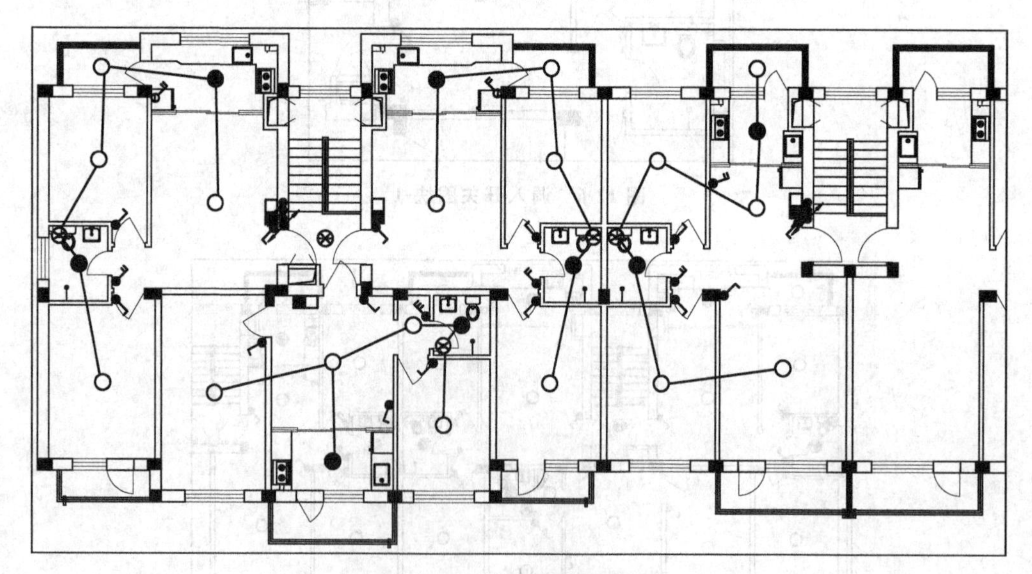

图12-9 绘制灯具之间的连接线路

(11) 按下Enter键重复调用PL【多段线】命令，绘制开关与灯具之间的连接线路，如图12-10所示。

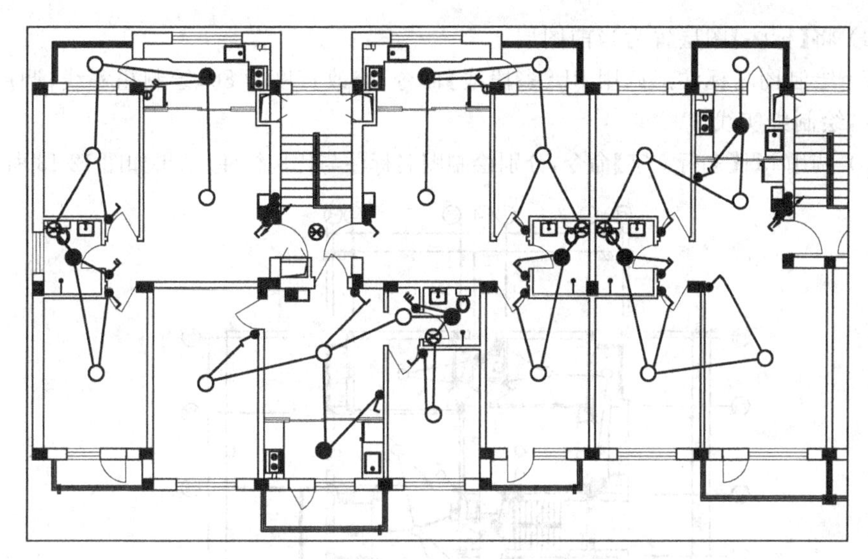

图 12-10 绘制开关与灯具之间的连接线路

(12) 调用 PL【多段线】命令绘制箱柜与灯具之间的连接线路,如图 12-11 所示。

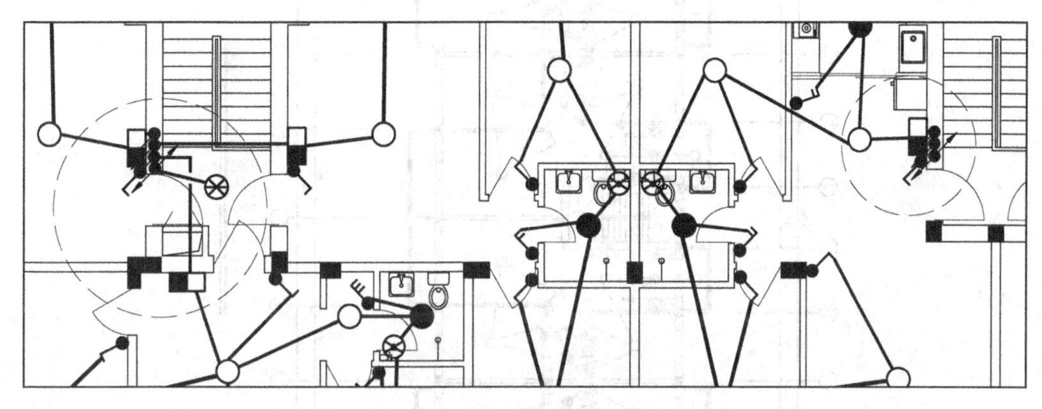

图 12-11 绘制箱柜与灯具之间的连接线路

(13) 调用 MI【镜像】命令,选择平面图左侧的电气图形,将图形复制至右侧;调用 PL【多段线】命令,补充完整电气设备之间的连接线路,操作结果如图 12-12 所示。

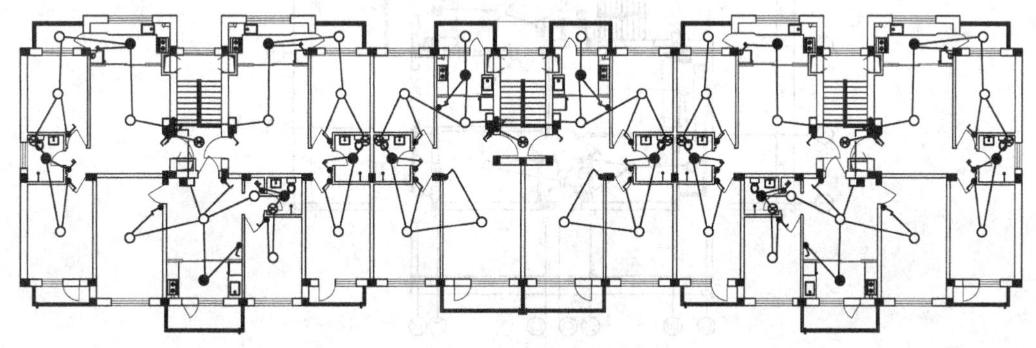

图 12-12 镜像复制图形

(14) 将【标注】图层置为当前图层。

(15) 绘制图名标注。调用 PL【多段线】命令，修改宽度为 80，绘制粗实线；调用 L【直线】命令，绘制细实线。

(16) 调用 MT【多行文字】命令，分别绘制图名标注与比例标注，结果如图 12-13 所示。

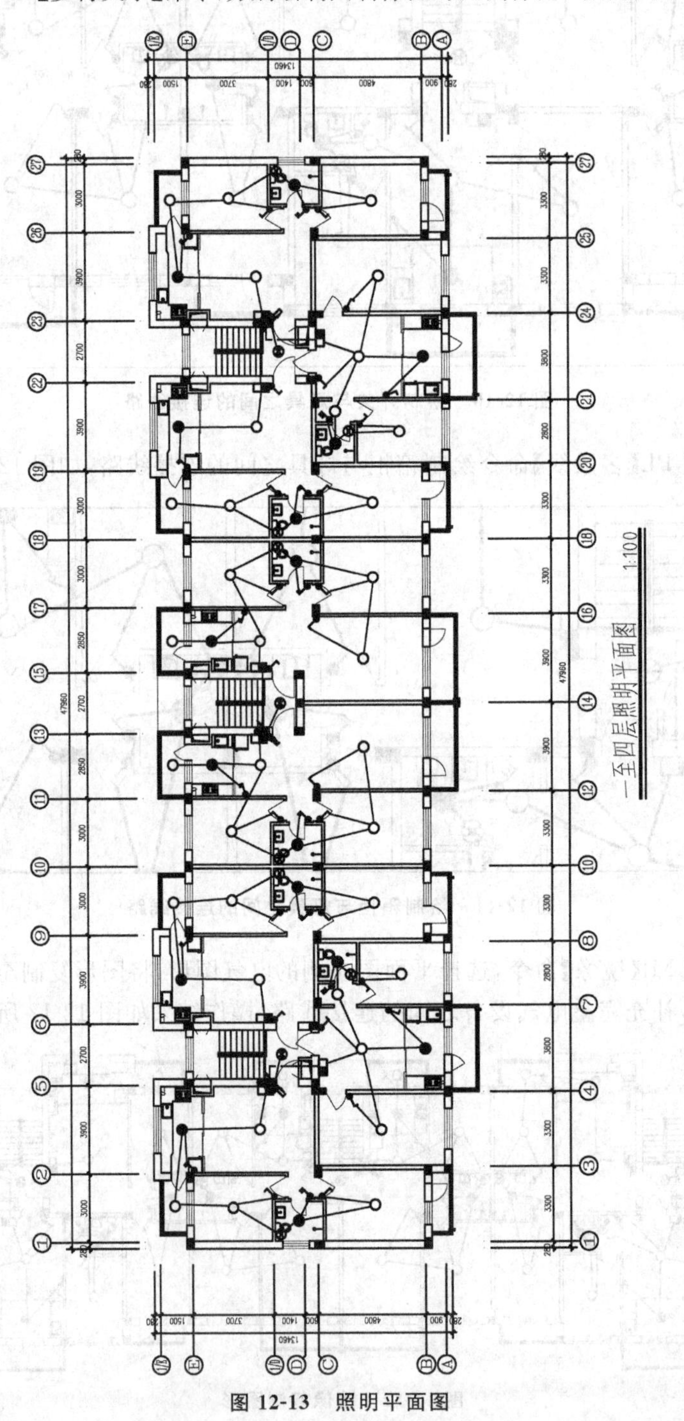

图 12-13　照明平面图

12.3　绘制住宅楼弱电平面图

通信网络系统属于弱电系统中的一部分，是在建筑群内传输语音、数据、图像并且与外部网络(如公用电话网、综合业务数字网、因特网、数据通信网络和卫星通信网等)相连接的系统，主要包括通信系统、卫星数字电视及有线电视系统、公共广播及紧急广播系统等各子系统及相关设施，其中通信系统包括电话交换系统、会议电视系统及接入网设备。

住宅楼弱电平面图的绘制步骤为：首先布置各类电气设备图块，如插座、分线盒，接着绘制线路连接图形，最后绘制标注文字可完成弱电平面图的绘制。

12.3.1　设置绘图环境

(1) 调用素材文件。打开"第 12 章/住宅一至四层建筑平面图.dwg"文件。

(2) 保存文件。按下 Ctrl+Shift+S 组合键，在【图形另存为】对话框中设置文件名称为【住宅楼弱电平面图】。

(3) 创建图层。调用 LA【图层特性】命令，在【图层特性管理器】对话框中分别创建【标注】(绿色)图层、【插座】(黄色)图层、【设备】(黄色)图层、【线路】图层(白色)。

12.3.2　绘制弱电平面图

(1) 将【插座】图层置为当前图层。

(2) 调入插座图块。打开"第 12 章/电气图例.dwg"文件，选择双孔信息插座、电视插座图块，将其复制粘贴至当前图形中，如图 12-14 所示。

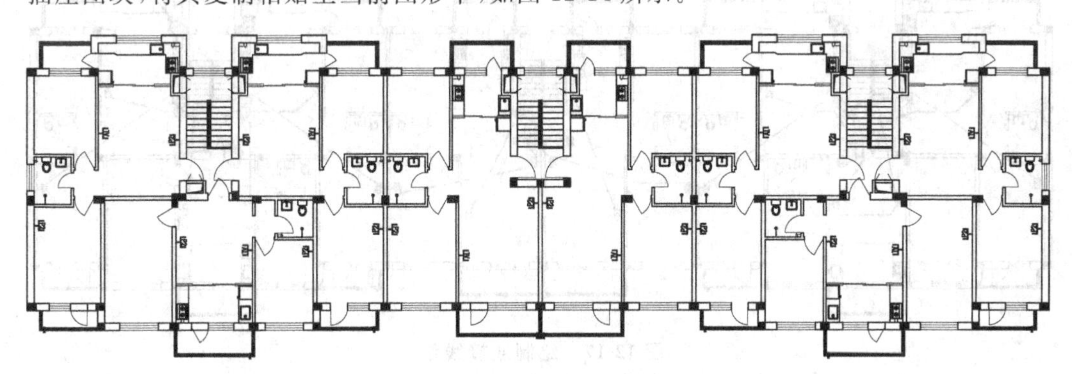

图 12-14　调入插座图块

(3) 将【设备】图层置为当前图层。

(4) 调入设备图块。在"第 12 章/电气图例.dwg"文件中选择对讲机、分线盒等图块，将其复制粘贴至当前图形中，如图 12-15 所示。

(5) 将【线路】图层置为当前图层。

(6) 绘制连接线路。调用 PL【多段线】命令，输入 W 选择【宽度】选项，设置起点宽度、端点宽度均为 50，绘制双孔信息插座之间的连接线路，结果如图 12-16 所示。

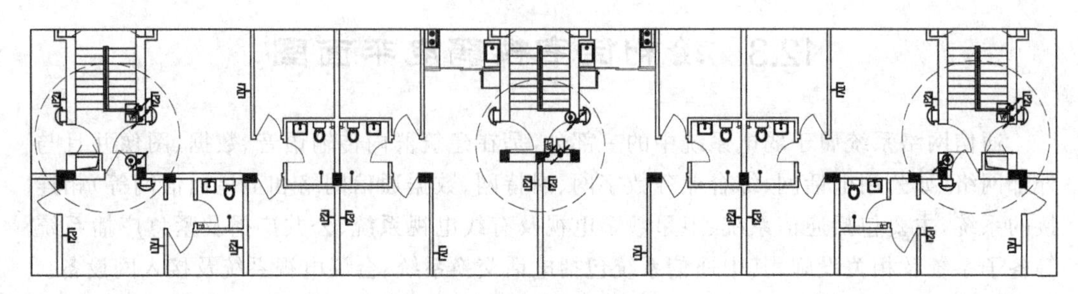

图 12-15 调入设备图块

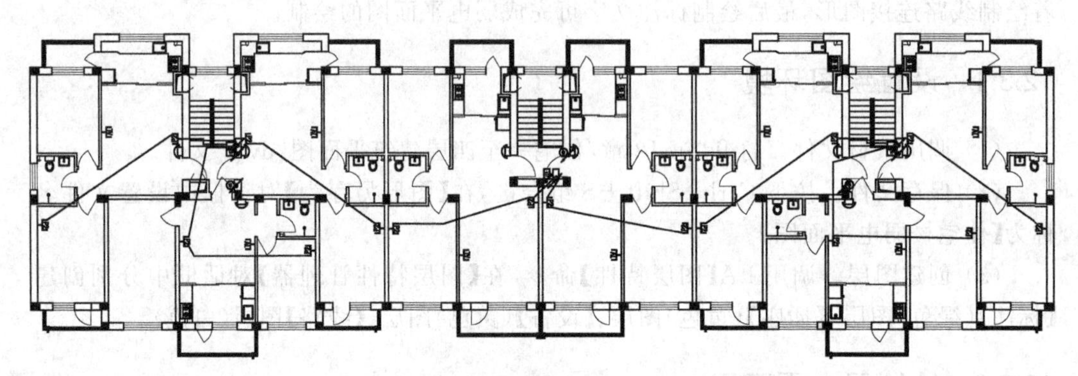

图 12-16 绘制双孔信息插座之间的连接线路

(7) 按下 Enter 键继续调用 PL【多段线】命令，分别指定多段线的起点和终点，绘制电视插座、对讲机、分线盒之间的连接线路，结果如图 12-17 所示。

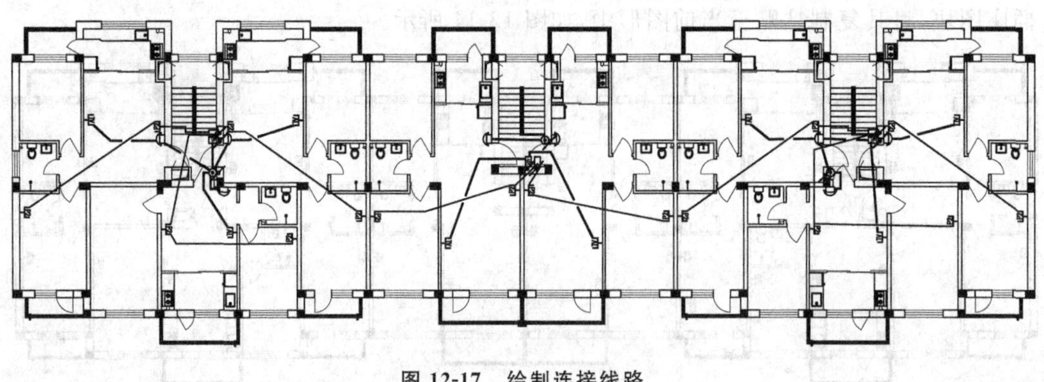

图 12-17 绘制连接线路

(8) 将【标注】图层置为当前图层。

(9) 绘制图名标注。调用 PL【多段线】命令，修改宽度为 80，绘制粗实线；调用 L【直线】命令，绘制细实线。

(10) 调用 MT【多行文字】命令，分别绘制图名标注与比例标注，结果如图 12-18 所示。

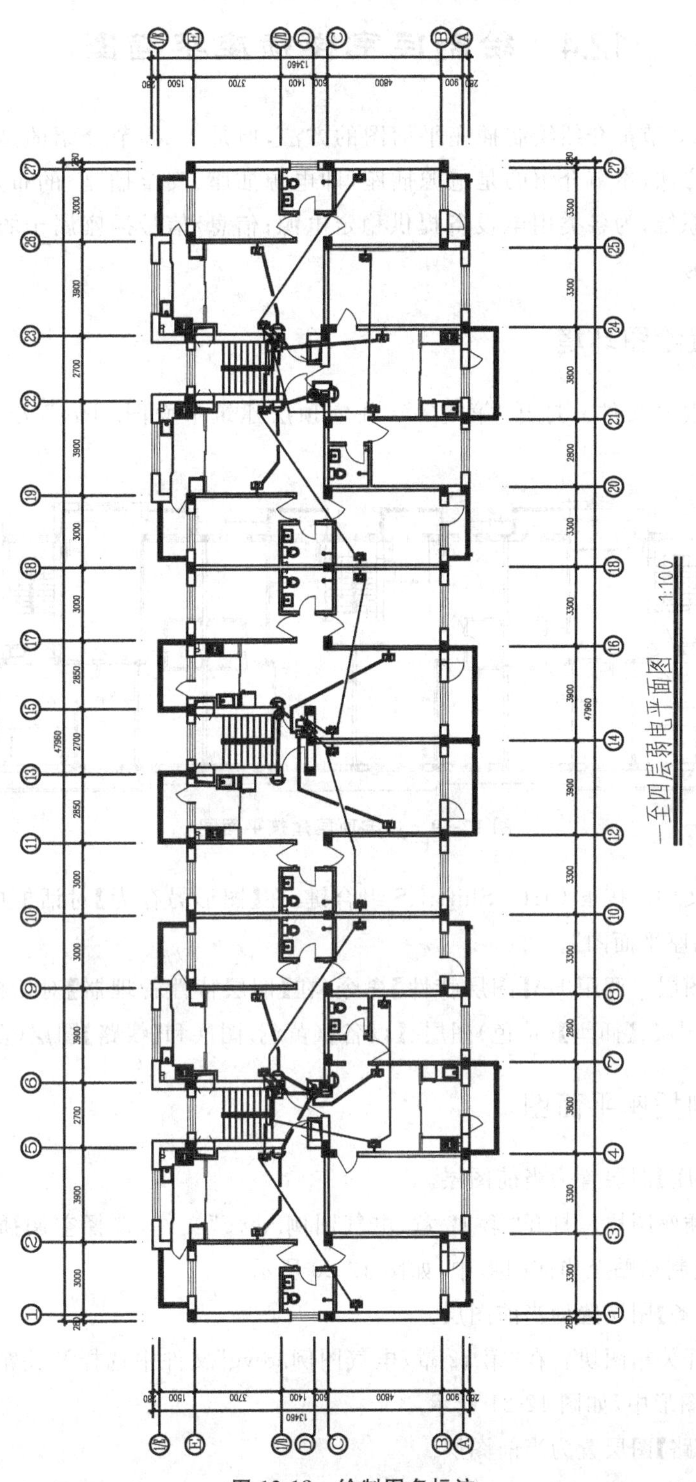

图 12-18 绘制图名标注

12.4 绘制住宅楼插座平面图

本节与12.3节都介绍绘制插座平面图的方法，但是12.3节介绍的是信息插座、信号插座的布置方法，本节介绍的是电源插座(即电源插座、安全插座)的布置方法。电源插座属于强电系统，为各类用电设备提供稳定电源；信息/信号插座属于弱电系统，为信号设备提供信号。

12.4.1 设置绘图环境

(1) 调用素材文件。打开“第12章/住宅顶层建筑平面图.dwg”文件，如图12-19所示。

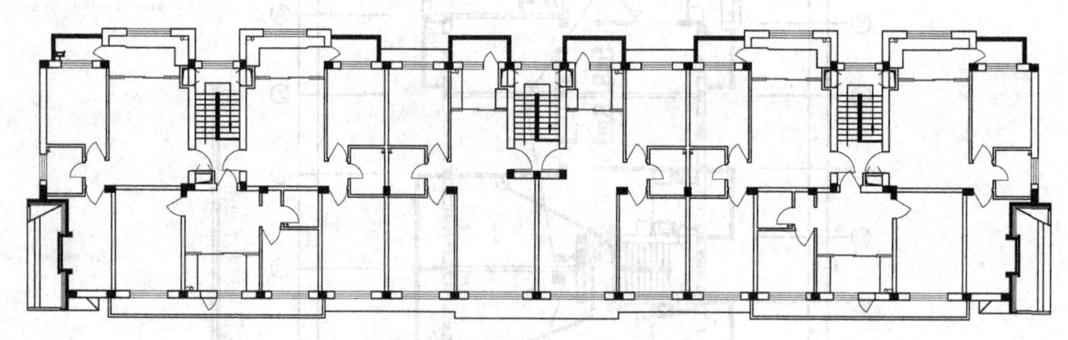

图 12-19 住宅顶层建筑平面图

(2) 保存文件。按下Ctrl+Shift+S组合键，在【图形另存为】对话框中设置文件名称为【住宅楼插座平面图】。

(3) 创建图层。调用LA【图层特性】命令，在【图层特性管理器】对话框中分别创建【标注】(绿色)图层、【插座】(黄色)图层、【设备】(黄色)图层和【线路】图层(白色)。

12.4.2 绘制插座平面图

(1) 将【插座】图层置为当前图层。

(2) 调入插座图块。打开“第12章/电气图例.dwg”文件，选择空调插座、安全插座等图块，将其复制粘贴至当前图形中，如图12-20所示。

(3) 将【设备】图层置为当前图层。

(4) 调入开关箱图块。在“第12章/电气图例.dwg”文件中选择开关箱图块，将其复制粘贴至当前图形中，如图12-21所示。

(5) 将【线路】图层置为当前图层。

(6) 绘制连接线路。调用PL【多段线】命令，输入W选择【宽度】选项，设置起点宽度、端点宽度均为50，绘制插座之间的连接线路，结果如图12-22所示。

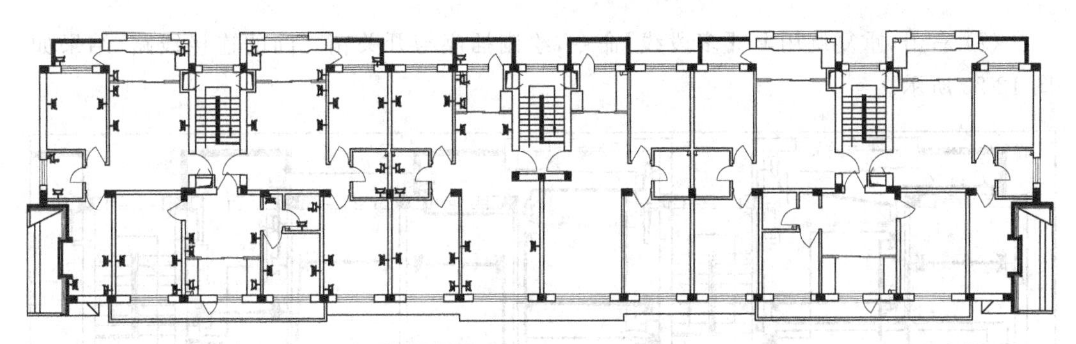

图 12-20 调入插座图块

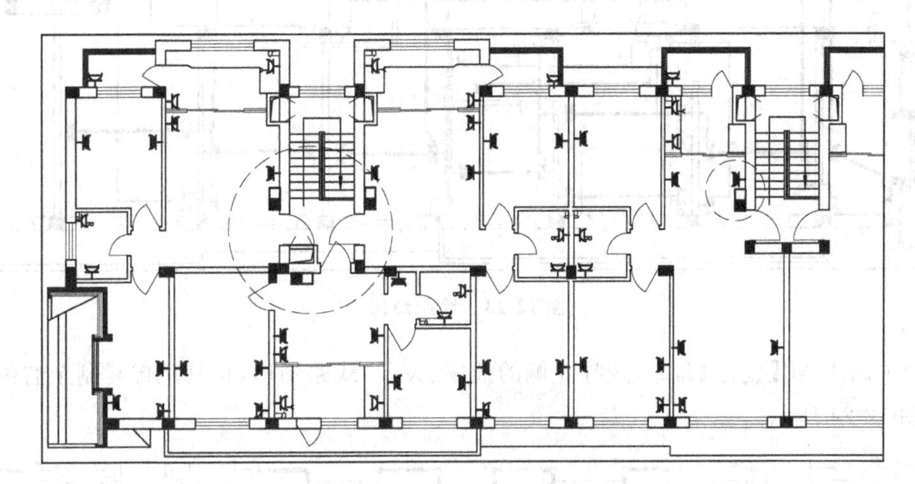

图 12-21 调入开关箱图块

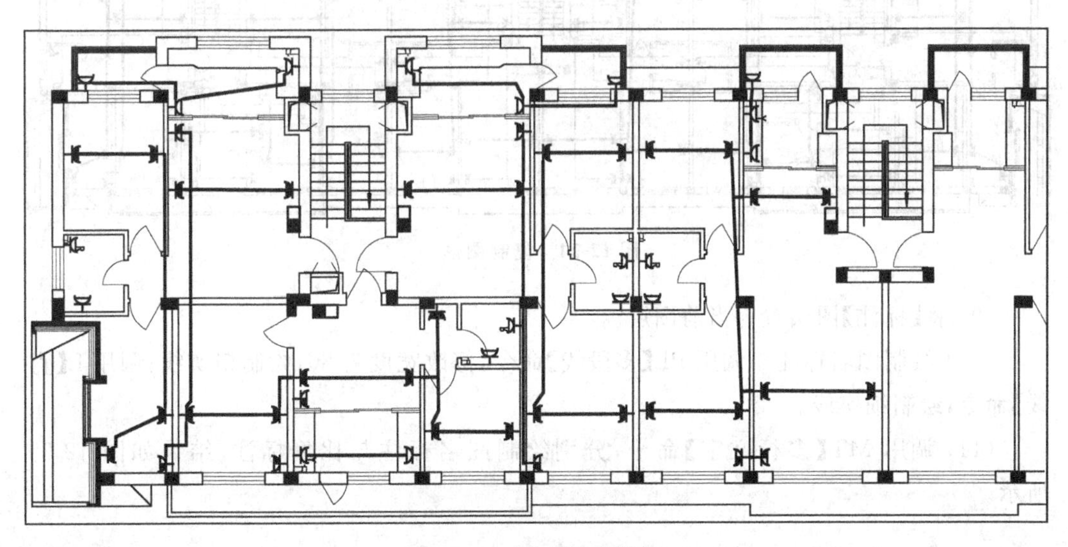

图 12-22 绘制连接线路

(7) 右击，重复调用 PL【多段线】命令，绘制插座与开关箱之间的连接线路，结果如图 12-23 所示。

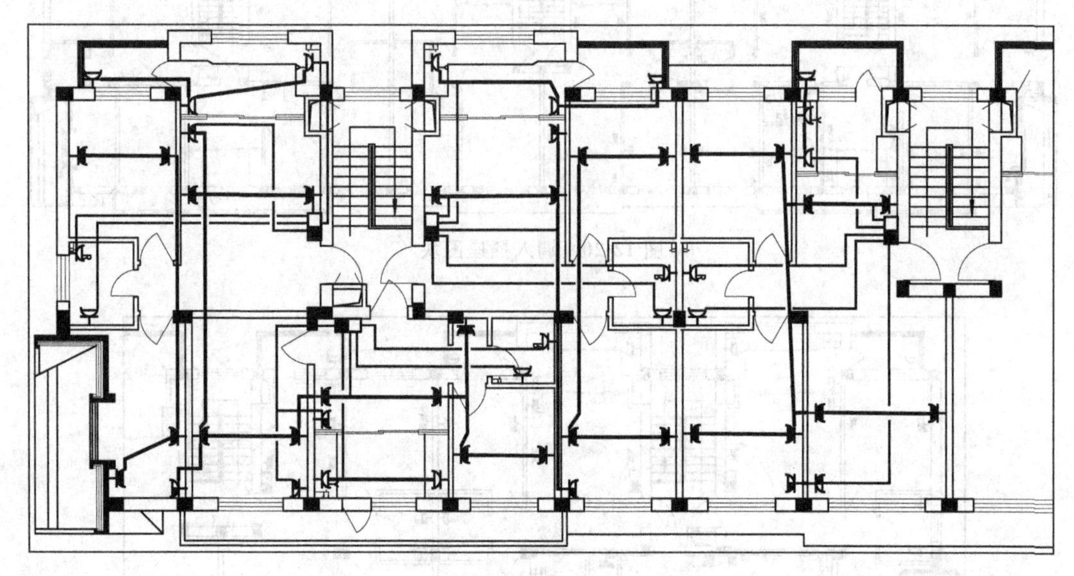

图 12-23　绘制结果

(8) 调用 MI【镜像】命令，选择左侧的插座、设备、线路图形，将其镜像复制至右侧，结果如图 12-24 所示。

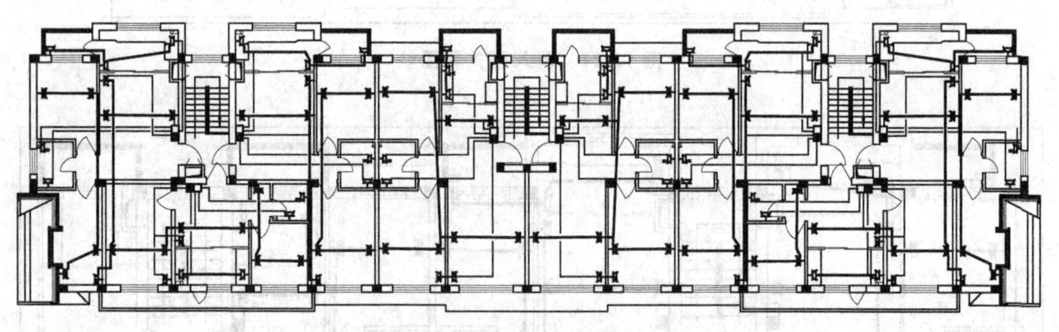

图 12-24　复制图形

(9) 将【标注】图层置为当前图层。

(10) 绘制图名标注。调用 PL【多段线】命令，修改宽度为 80，绘制粗实线；调用 L【直线】命令，绘制细实线。

(11) 调用 MT【多行文字】命令，分别绘制图名标注与比例标注，结果如图 12-25 所示。

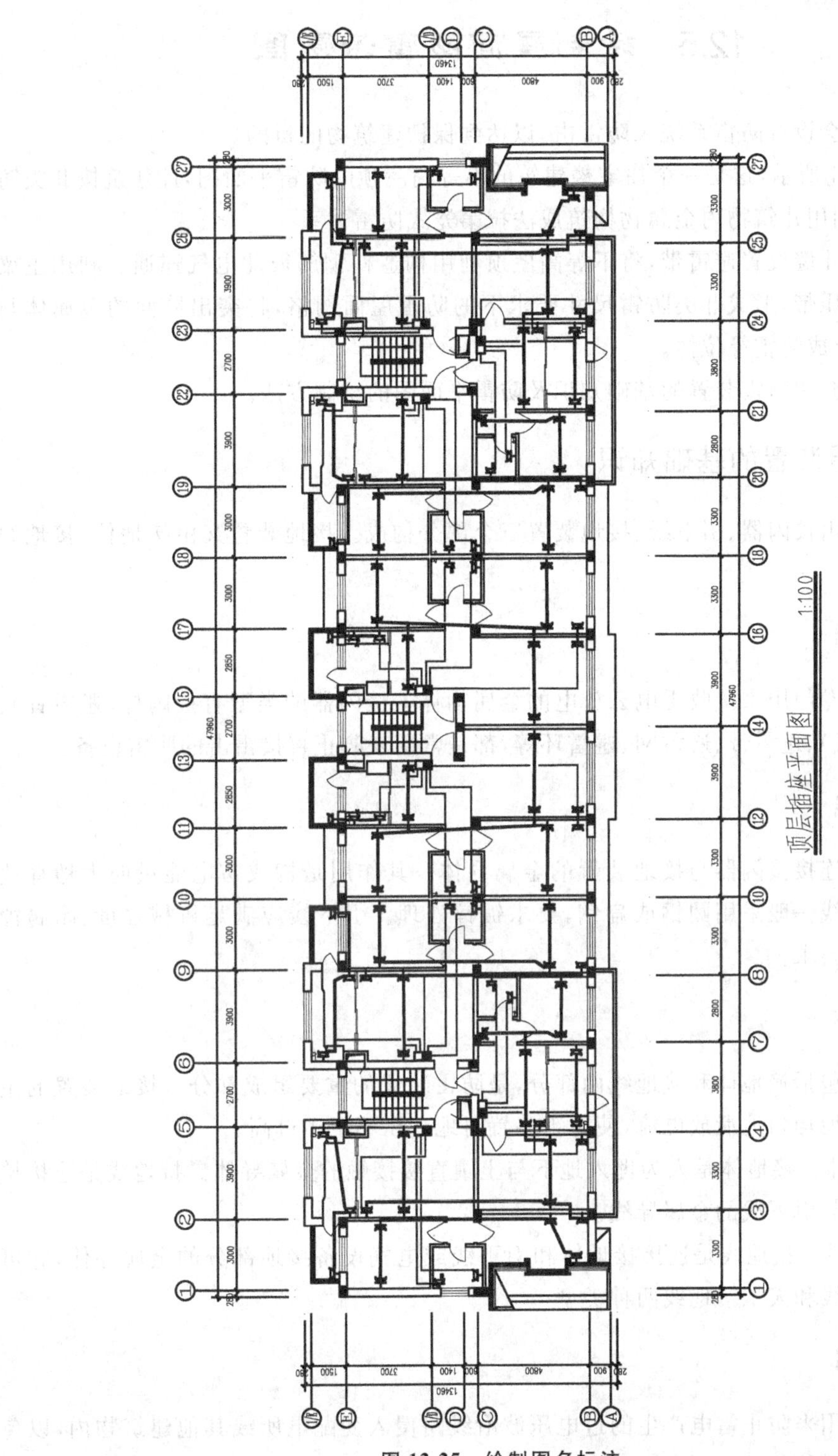

图 12-25　绘制图名标注

12.5 绘制屋面防雷示意图

建筑物都会设置防雷系统来防雷击，以达到保护建筑物的目的。

如图12-34所示，这是一个住宅楼建筑的不等高屋顶的防雷平面图，此建筑按Ⅱ类防雷建筑要求，利用建筑物内金属物构筑成法拉第笼式防雷体系。

沿屋顶女儿墙设置避雷带，将不等高屋顶利用构造柱钢筋彼此电气连通。利用主梁内主钢筋作均压带，形成Ⅱ类防雷尺寸要求下的防雷屋面网格，将突出屋面的金属体与此系统连通，形成防雷等位体。

本节分别介绍防雷装置的基础知识及防雷平面图的绘制方法。

12.5.1 防雷装置的基础知识

防雷装置由接闪器、引下线、接地装置三个部分构成。接地装置又由接地体、接地线组成。

1. 接闪器

接闪器是专门用来接收雷电云放电的金属物体。接闪器的类型有接闪杆(避雷针)、接闪线(避雷线)、避雷带、避雷网、避雷环等，都是常用来防止直接雷击的防雷设备。

2. 引下线

引下线是连接接闪器与接地装置的金属导体。其作用是构成雷电能量向大地释放的通道。引下线一般采用圆钢或扁钢，要求镀锌处理。引下线应满足机械强度、耐腐蚀和热稳定性的要求。

3. 接地体

接地装置包括接地体和接地线两部分，是防雷装置的重要组成部分。接地装置的主要作用是向大地均匀地泄放电流，使防雷装置对地电压不至于过高。

(1) 接地体。接地体是人为埋入地下与土壤直接接触的金属导体。接地线是连接接地体或接地体与引下线的金属导线。

(2) 接地线。接地线是连接接地体和引下线或电气设备接地部分的金属导体，它可分为自然接地线和人工接地线两种类型。

4. 避雷器

避雷器是用来防止雷电产生的过电压波沿线路侵入变配电所或其他建筑物内，以免危及被保护设备的器件。

避雷器的类型有阀型避雷器、排气式避雷器、金属氧化物避雷器、保护间隙。

12.5.2 设置绘图环境

(1) 调用素材文件。打开"第12章/屋面建筑平面图.dwg"文件，如图12-26所示。

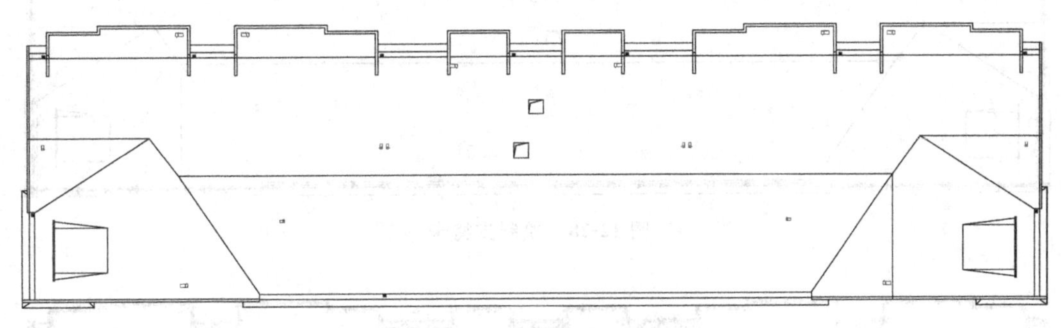

图 12-26 屋面建筑平面图

(2) 保存文件。按下 Ctrl+Shift+S 组合键，在【图形另存为】对话框中设置文件名称为【屋面防雷示意平面图】。

(3) 创建图层。调用 LA【图层特性】命令，在【图层特性管理器】对话框中分别创建【标注】(绿色)图层、【接闪线】(黄色)图层、【支持卡】(黄色)图层、【引线】图层(洋红色)、【线路】图层(白色)。

12.5.3 绘制防雷设备

(1) 将【接闪线】图层置为当前图层。

(2) 绘制接闪线。调用 PL【多段线】命令，输入 W 选择【宽度】选项，设置起点宽度、端点宽度均为50，沿着建筑物的外轮廓线来绘制接闪线，结果如图12-27所示。

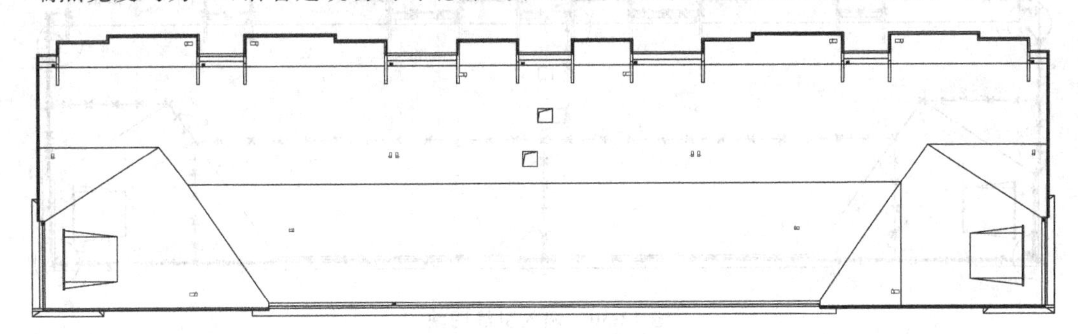

图 12-27 绘制接闪线

(3) 将【支持卡】图层置为当前图层。

(4) 按下 Enter 键重复调用 PL【多段线】命令，在接闪线上绘制相交斜线来表示支持卡，结果如图12-28所示。

(5) 沿用上述的操作方法，绘制屋面接闪线及支持卡，结果如图12-29所示。

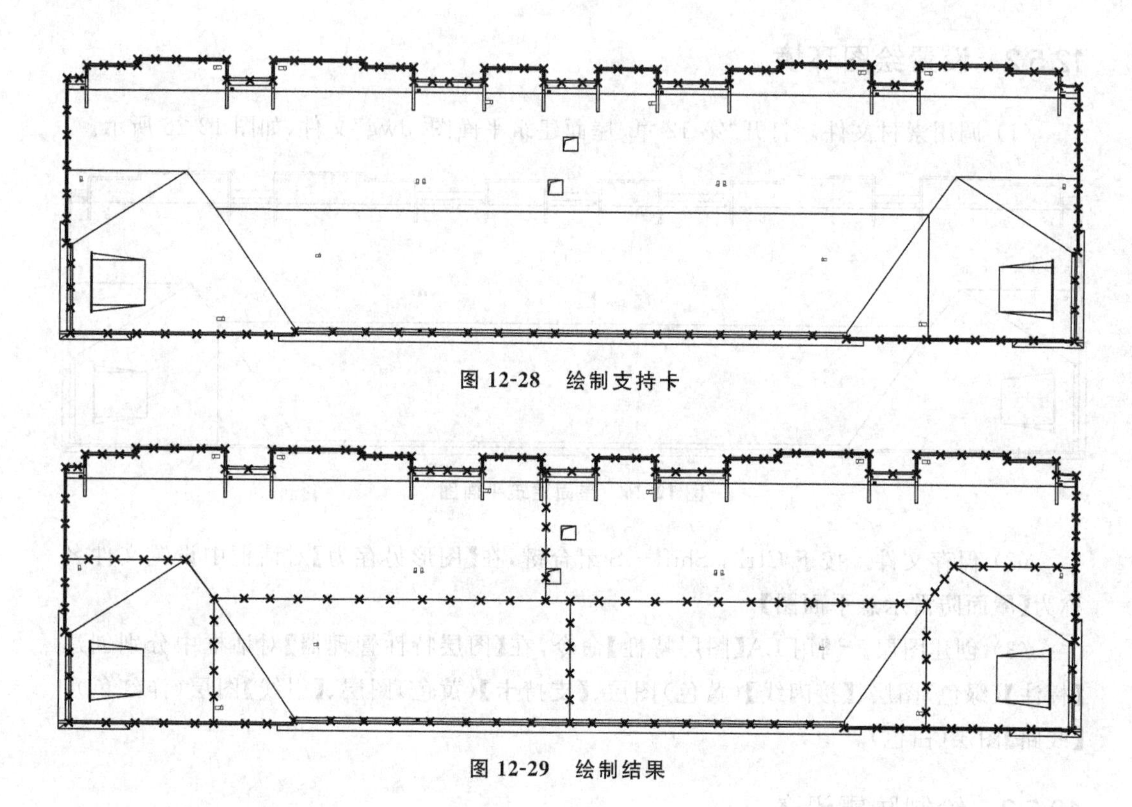

图 12-28 绘制支持卡

图 12-29 绘制结果

(6) 将【引线】图层置为当前图层。

(7) 调入引线图块。打开“第 12 章/电气图例.dwg”文件，选择地下引线图块，将其复制粘贴至当前图形中，如图 12-30 所示。

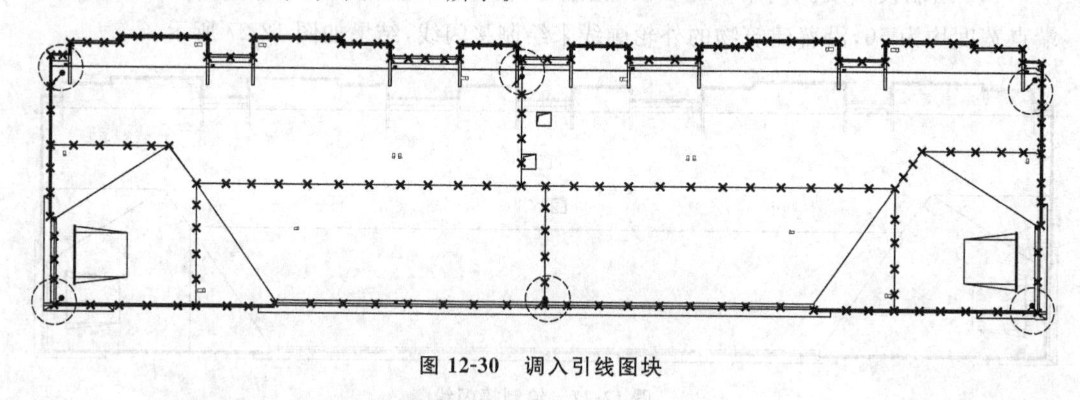

图 12-30 调入引线图块

(8) 将【线路】图层置为当前图层。

(9) 调用 PL【多段线】命令，绘制地下引线与接闪线之间的连接线路，结果如图 12-31 所示。

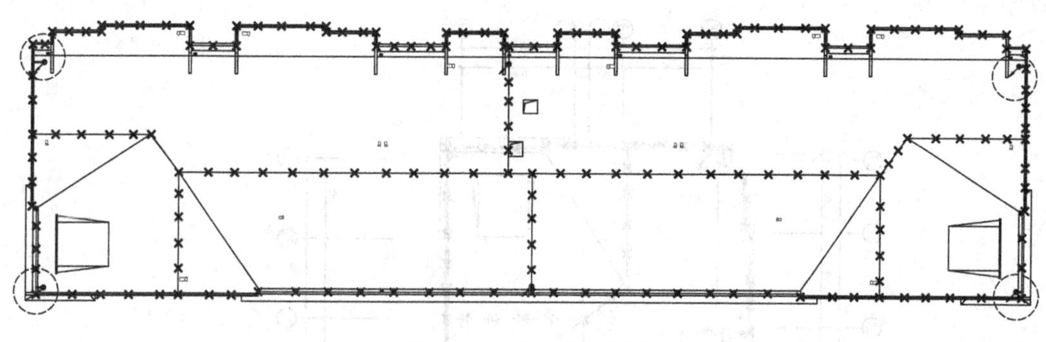

图 12-31 绘制连接线路

12.5.4 绘制标注

(1) 将【标注】图层置为当前图层。

(2) 调用 MT【多行文字】命令，绘制说明文字，如图 12-32 所示。

说明：

1.凸出屋面的金属物体均应用25X4的热镀锌扁钢与接闪线焊接。

2.不同标高的接闪线应采用25X4的热镀锌扁钢在变标高处连接。

图 12-32 绘制说明文字

(3) 调用 MT【多重引线】命令，为平面图绘制引线标注，结果如图 12-33 所示。

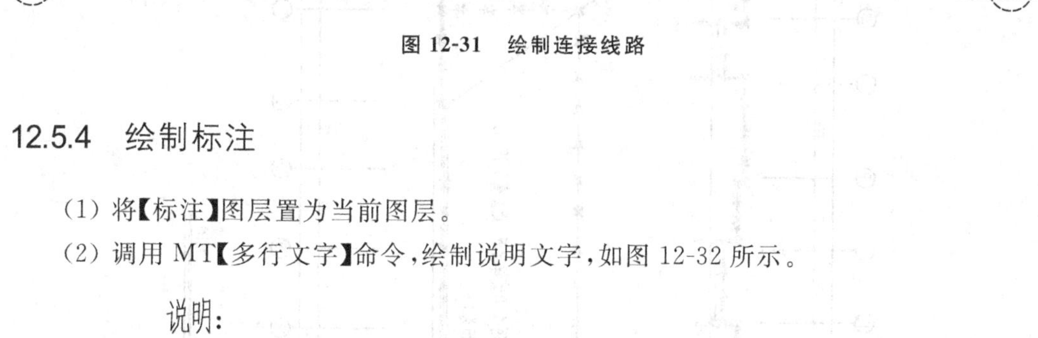

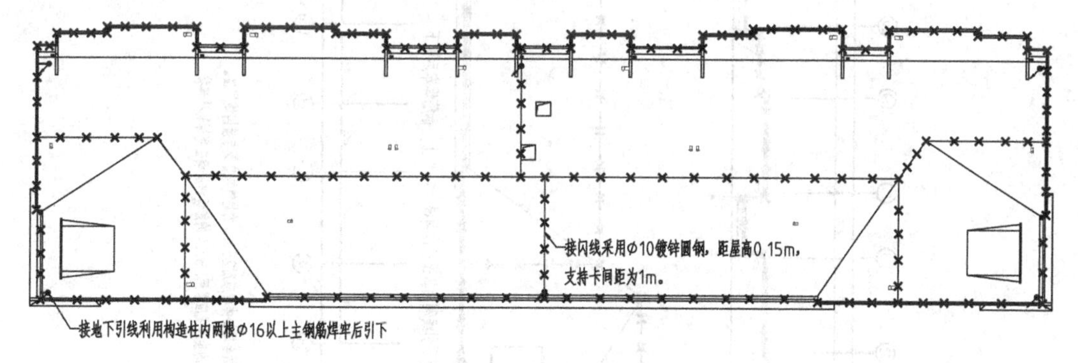

图 12-33 绘制引线标注

(4) 绘制图名标注。调用 PL【多段线】命令，修改宽度为 80，绘制粗实线；调用 L【直线】命令，绘制细实线。

(5) 调用 MT【多行文字】命令，分别绘制图名标注与比例标注，结果如图 12-34 所示。

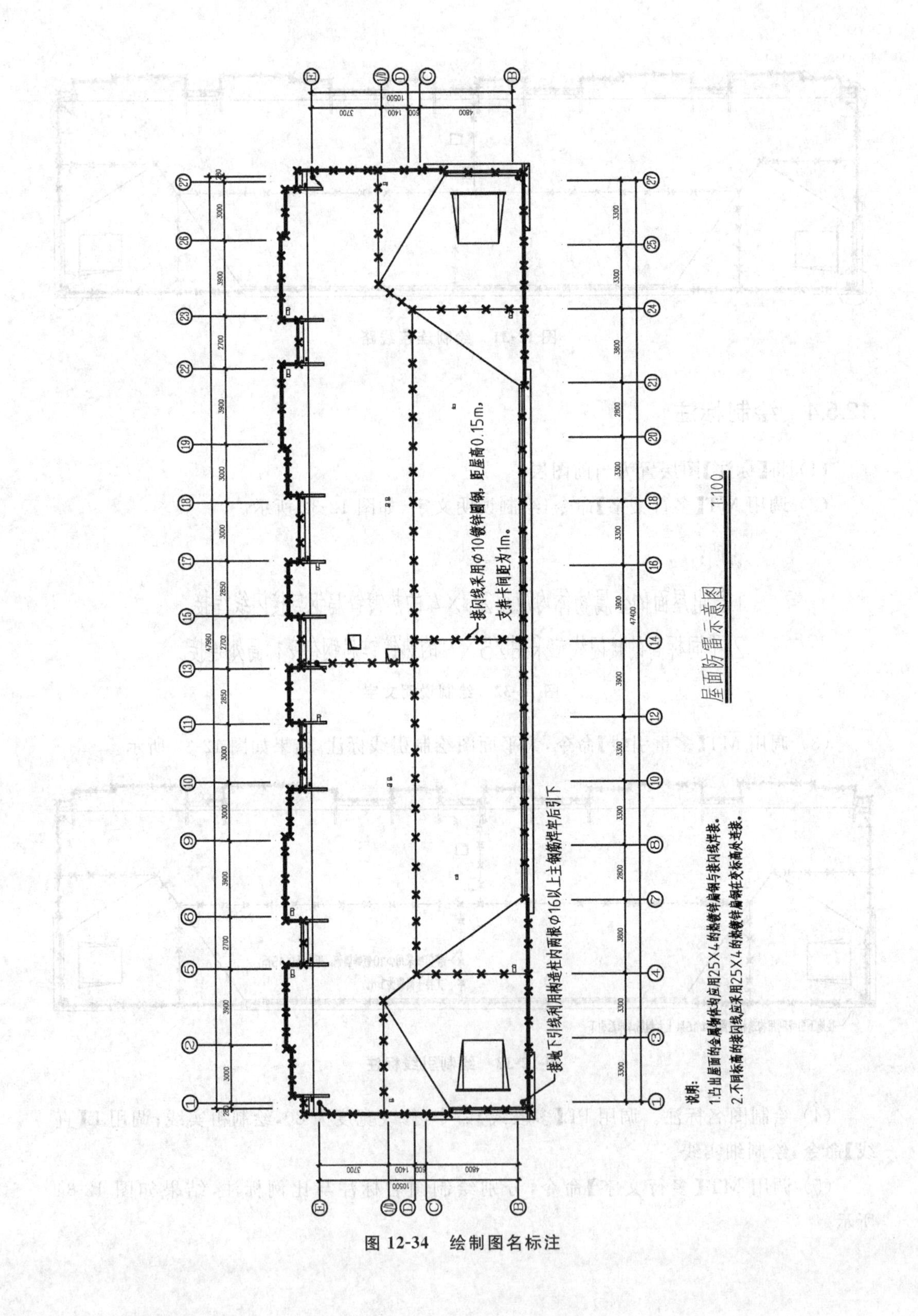

图 12-34　绘制图名标注

提示：表 12-1 所示为电气图例表，其中显示了各类电气图例的名称、型号规格以及其他信息。

表 12-1 电气图例表

序号	符号	设备名称	型号规格	备注	序号	符号	设备名称	型号规格	备注
1		进线开关箱		底距地 1500mm 暗设	14	L	漏电保护断路器		
2		照明表箱		暗设	15		密闭型(防溅型)暗插座	二极 三极	距地 1800m 86 系列预埋 厨房设备
3		用户开关箱		底距地 1800mm 暗设	16		暗装单联，双联及三联开关		
4	ZLEB	等电位端子箱	ZLEB(LEB)	300x300x120 底距地 0.3m	17		引下 引上 引上引下标记		
5		节能灯		吸顶	18		有线电视前端箱	所有弱电元件及定型产品，专用管线均由专业施工队伍及相关管理部门选型并安装、调试	底距地 1500mm, 1000mm 暗设
6		圆球防水灯	节能型	吸顶	19	VP	分支器分配器盒		底距地 1500mm 暗设
7		楼梯感应灯	25W 红外线光电感应灯	吸顶 节能型	20		用户分支器 系统图用		
8		换气扇		卫生间	21		进户电话电缆分线箱		底距地 1500mm, 1000mm 暗设
9		暗装单相安全插座	二极+三极	距地 300mm 86系列预埋	25		楼层分线盒		底距地 1500mm 暗设
10		密闭型(防溅型)暗插座	二极+三极	距地 1800mm86 系列预埋 卫生间	26		双孔信息插座		距地 300mm 86 系列预埋
11		密闭型(防溅型)暗插座	二极+三极	距地 1500mm86 系列预埋 卫生间 厨房	27		电视插座		距地 300mm 86 系列预埋
12		密闭型(防溅型)暗插座	二极+三极	距地 2.0m 86 系列预埋 厨房	28		对讲户机		距地 1500mm
13		空调插座	三极	距地 2200mm 86 系列预埋	29	DJ	对讲总箱		底距地 1500mm

第13章 chapter 13

绘制住宅楼电气系统图

本章介绍各类住宅楼电气系统的绘制方法，如照明系统图、电话/宽带系统图、有线电视系统图、对讲机系统图。希望通过学习本章后，读者不仅对各类电气系统图有一个基本的了解，而且可以按照本章所介绍的方法来自行绘制电气系统图。

13.1　绘制照明系统图

照明系统图在照明平面图的基础上表示建筑物在垂直方向上各照明设备的布置以及线路的走向情况。通过查看各线路的走向及设备布置情况，了解并识别各楼层电气照明系统的设计情况。

如果住宅楼通过三个楼梯将其分成三个单元，系统图也要相应的绘制三个单元的照明系统设计结果，最后绘制进户线将三个单元的线路连接起来，使各单元线路相互连接成为一个整体。

照明系统图的绘制结果如图13-1所示，本节介绍绘制方法。

13.1.1　设置绘图环境

(1) 新建文件。打开AutoCAD应用程序，按下Ctrl＋N组合键，在调出的【选择样板】对话框中选择【acadiso】图形样板，如图13-2所示，单击【打开】按钮新建一个空白图形文件。

(2) 保存文件。按下Ctrl＋S组合键，在【图形另存为】对话框中设置文件名称为【照明系统图】，如图13-3所示。

(3) 创建图层。调用LA【图层特性】命令，在【图层特性管理器】对话框中分别创建【标注】(绿色)图层、【电气元件】(青色)图层、【线框】(黄色)图层、【线路】(白色)图层，如图13-4所示。

13.1.2　绘制系统图

(1) 将【线路】图层置为当前图层。

(2) 绘制照明线路。调用PL【多段线】命令，设置起点宽度、端点宽度均为30，分别

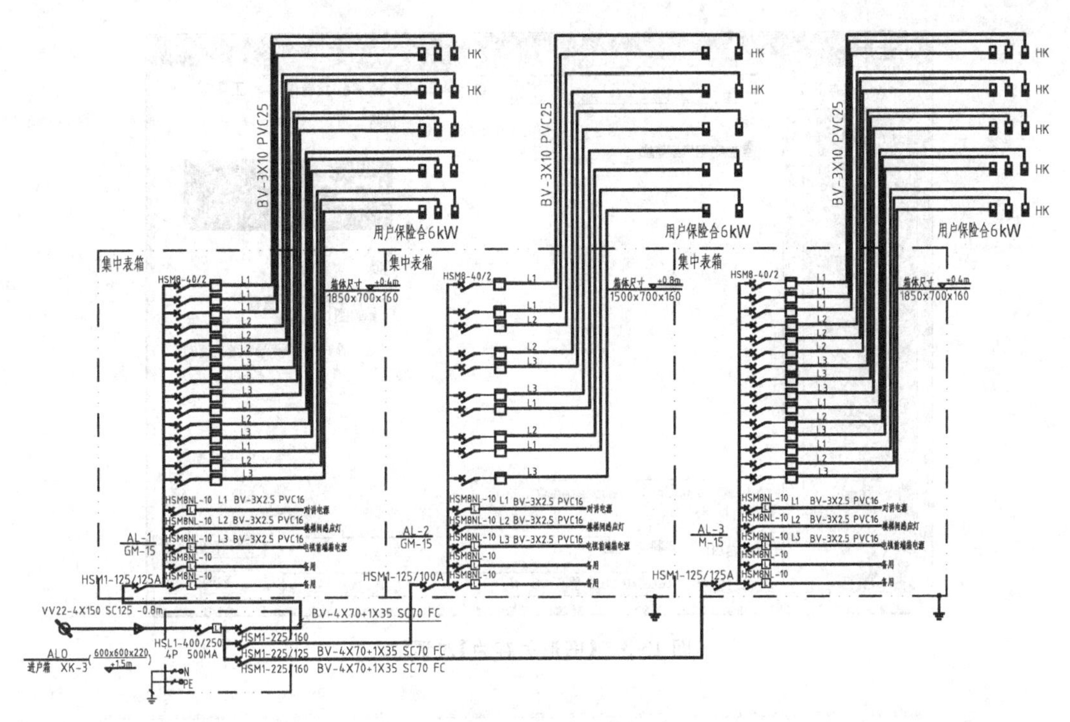

图 13-1 照明系统图

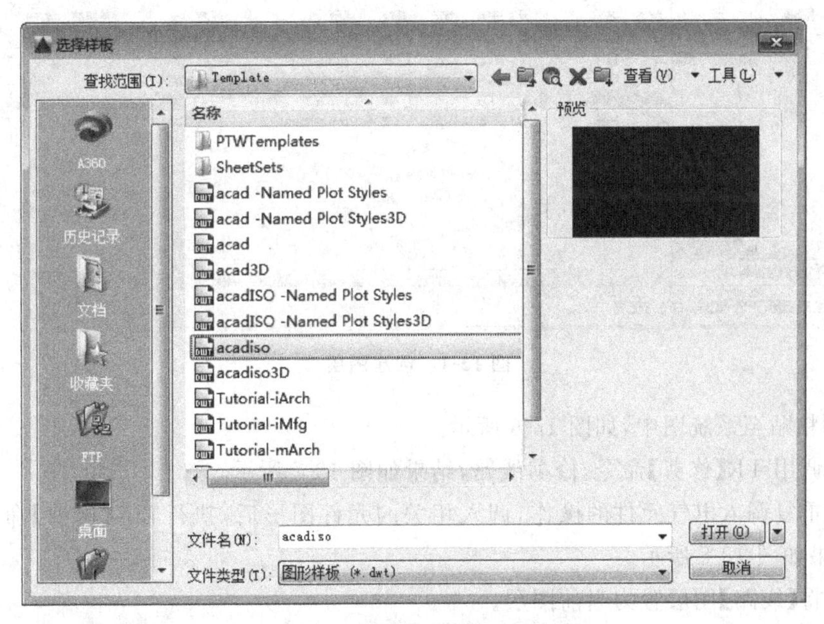

图 13-2 【选择样板】对话框

指定多段线的起点和端点，绘制图 13-5 所示的照明线路。

(3) 将【电气元件】图层置为当前图层。

(4) 调入元件图块。打开“第 14 章/电气图例.dwg”文件，从中选择开关、仪表图形，

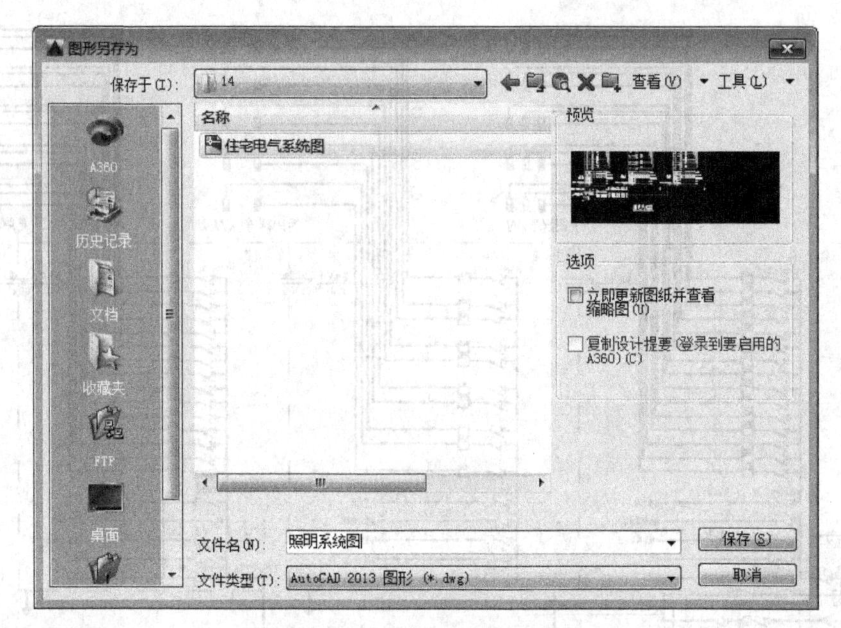

图 13-3 【图形另存为】对话框

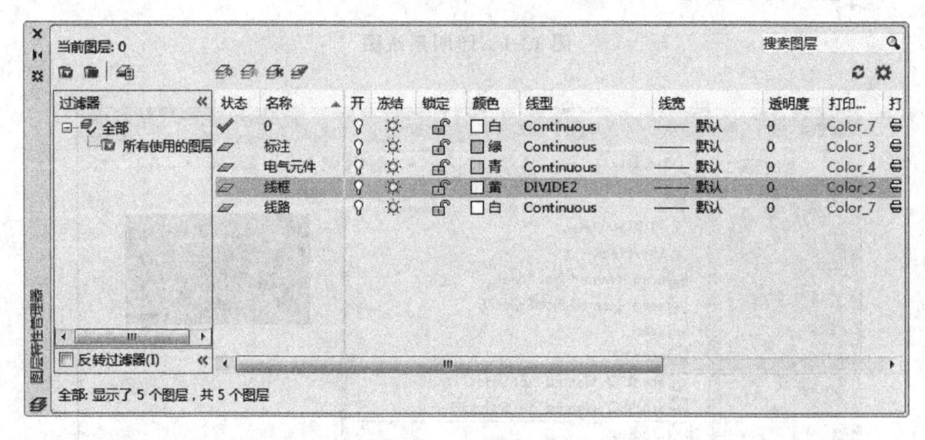

图 13-4 创建图层

将其复制粘贴至系统图中，如图 13-6 所示。

（5）调用 TR【修剪】命令，修剪线路，结果如图 13-7 所示。

（6）重复调入电气元件的操作，调入相关的元件图形后，执行 TR【修剪】命令，修剪线路，结果如图 13-8 所示。

（7）将【线路】图层置为当前图层。

（8）绘制照明线路。调用 PL【多段线】命令，绘制如图 13-9 所示的照明线路。

（9）将【电气元件】图层置为当前图层。

（10）调入元件图块。从“第 14 章/电气图例.dwg”文件中选择开关箱图形，将其复制粘贴至系统图中，如图 13-10 所示。

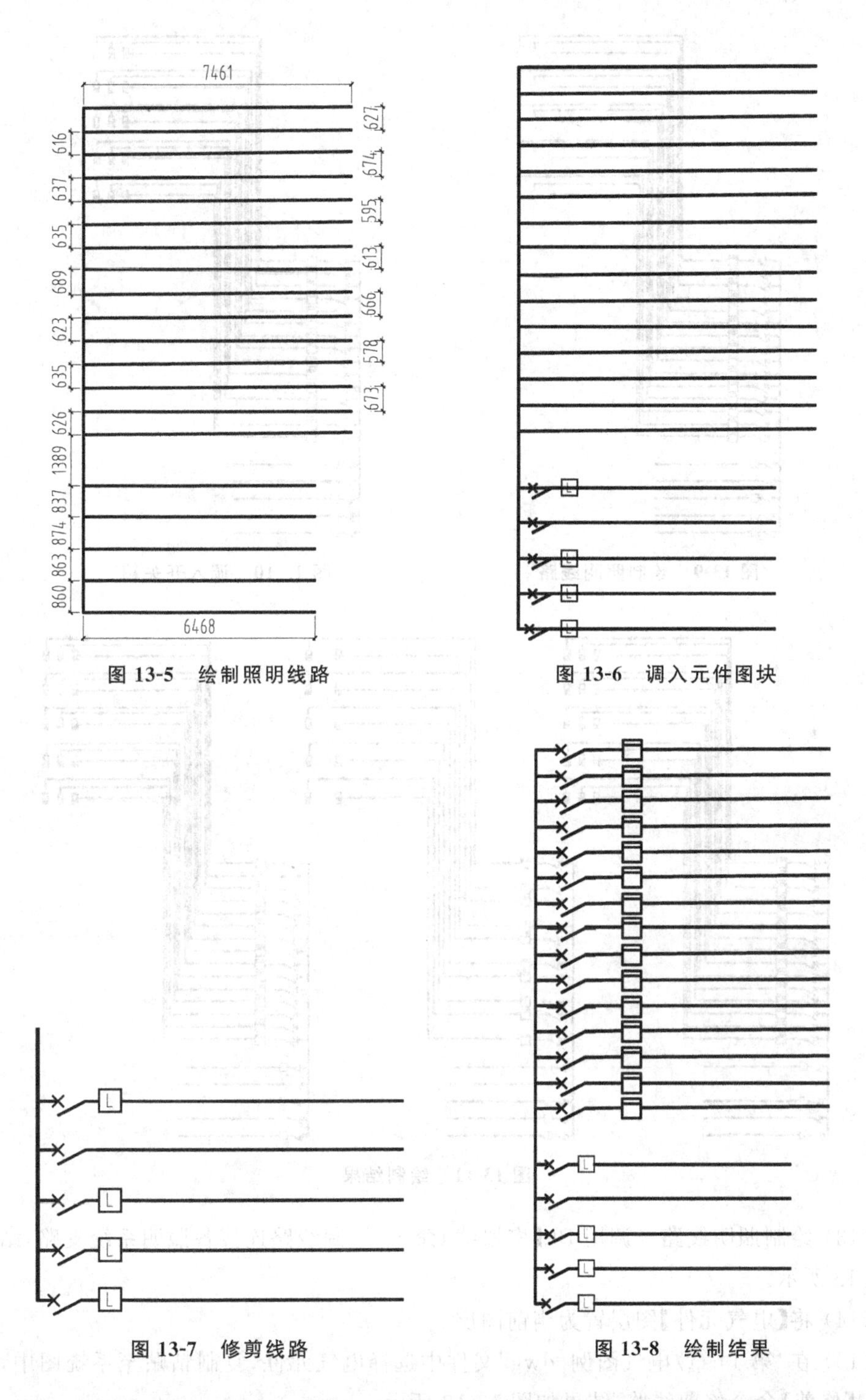

图 13-5 绘制照明线路

图 13-6 调入元件图块

图 13-7 修剪线路

图 13-8 绘制结果

(11) 沿用所介绍的绘制方式,在已绘制完成的系统图右侧继续绘制照明系统线路并调入相关的电气元件,绘制结果如图 13-11 所示。

(12) 将【线路】图层置为当前图层。

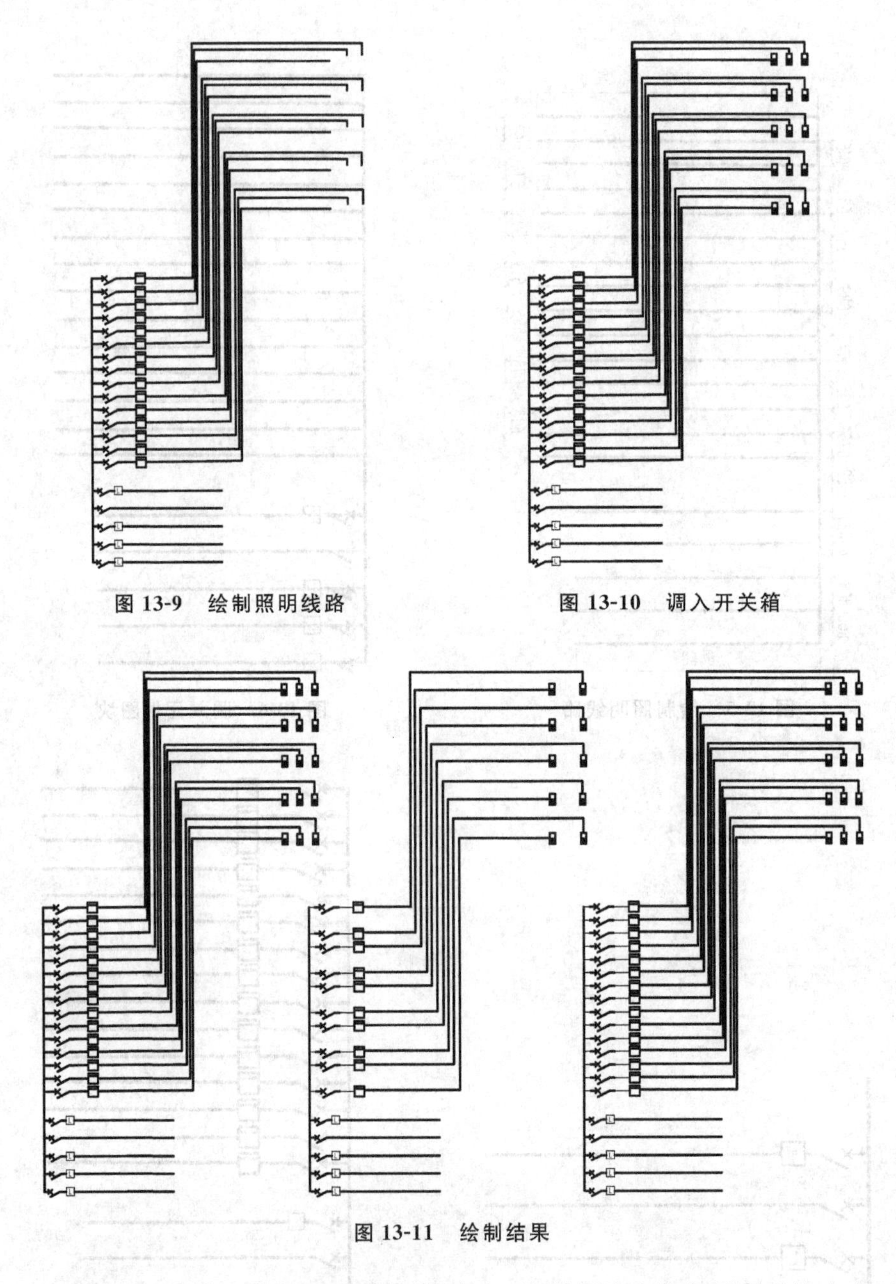

图 13-9　绘制照明线路

图 13-10　调入开关箱

图 13-11　绘制结果

(13) 绘制照明线路。调用 PL【多段线】命令，绘制线路连接各照明系统支路，结果如图 13-12 所示。

(14) 将【电气元件】图层置为当前图层。

(15) 在“第 14 章/电气图例. dwg”文件中选择电气元件，复制粘贴至系统图中，并调用 TR【修剪】命令修剪线路，结果如图 13-13 所示。

(16) 将【线框】图层置为当前图层。

(17) 调用 REC【矩形】命令，绘制矩形框选部分系统图图形，如图 13-14 所示。

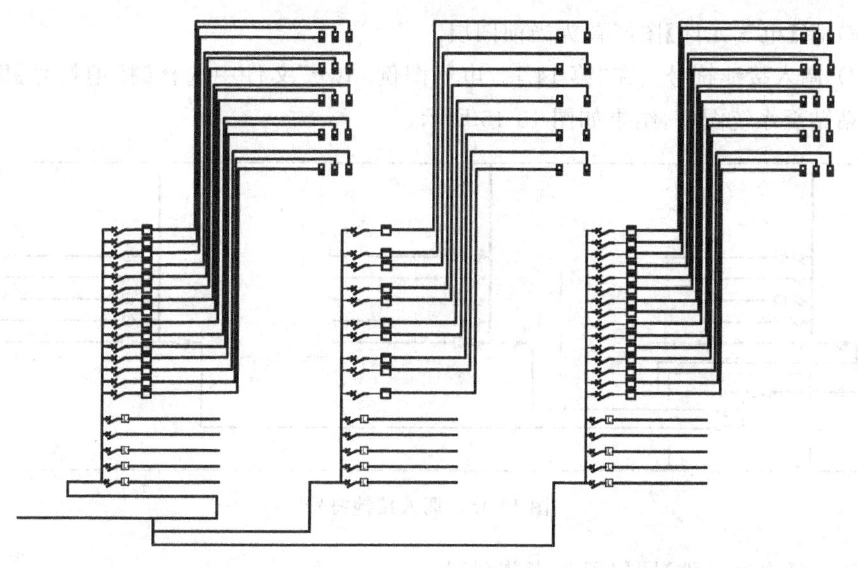

图 13-12 绘制照明线路

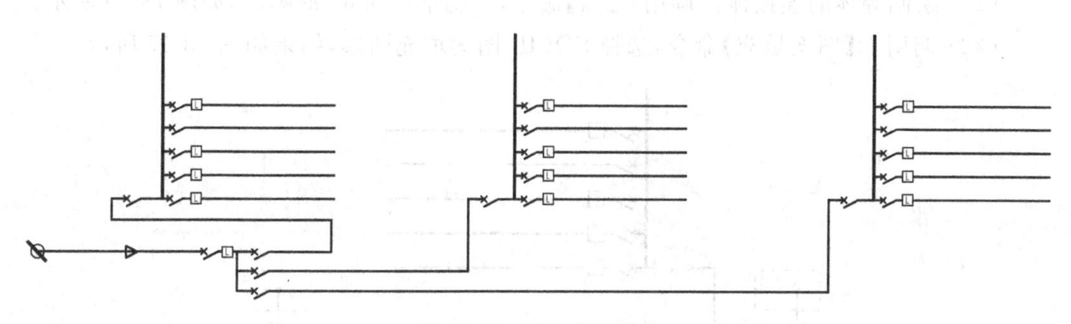

图 13-13 调入电气元件

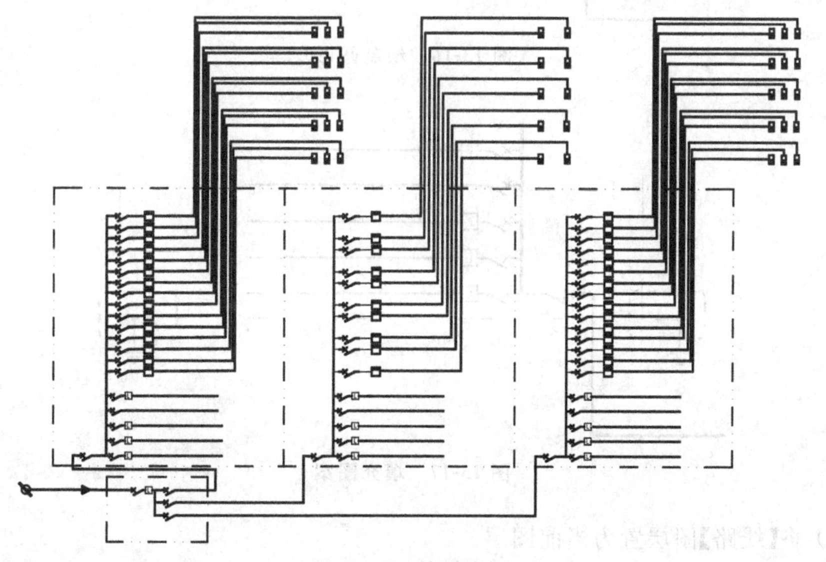

图 13-14 绘制线框

(18) 将【电气元件】图层置为当前图层。

(19) 调入接地符号。在“第 14 章/电气图例. dwg”文件中选择【接地符号】图形，将其复制粘贴至系统图中，结果如图 13-15 所示。

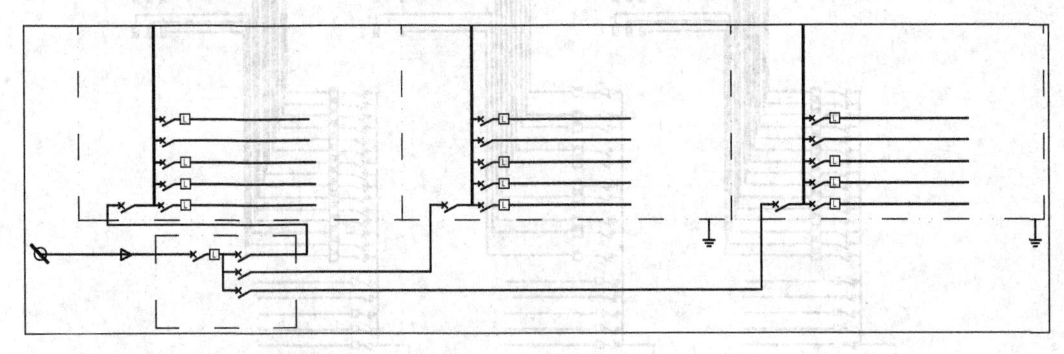

图 13-15　调入接地符号

(20) 将【电气元件】图层置为当前图层。

(21) 绘制导体的连接体。调用 C【圆】命令，绘制半径为 65 的圆形，如图 13-16 所示。

(22) 调用 H【图案填充】命令，选择 SOLID 图案填充圆形，结果如图 13-17 所示。

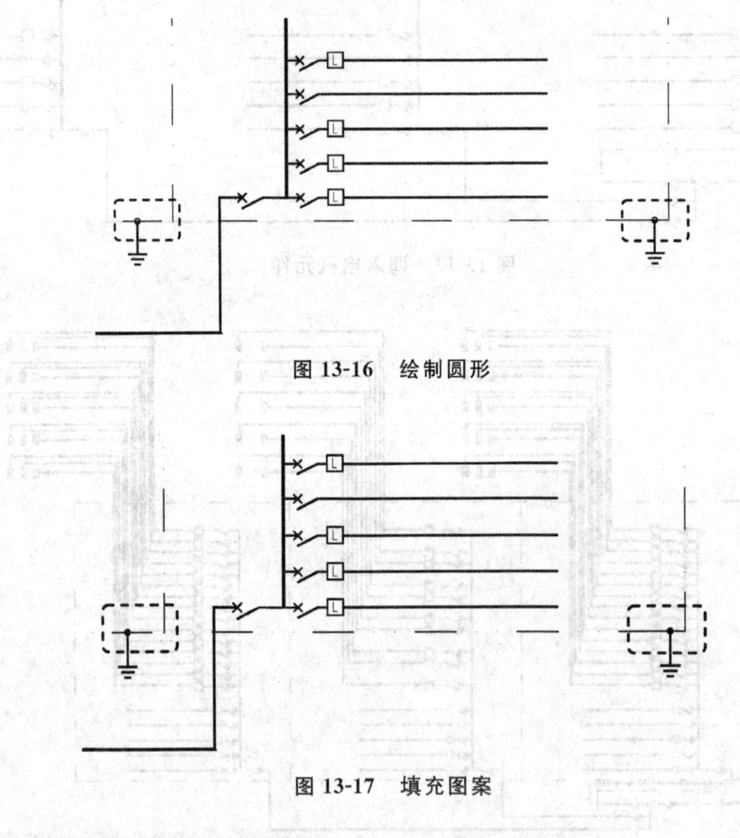

图 13-16　绘制圆形

图 13-17　填充图案

(23) 将【线路】图层置为当前图层。

(24) 调用 PL【多段线】命令,绘制图 13-18 所示的线路图形,并将线路的线型设置为虚线。

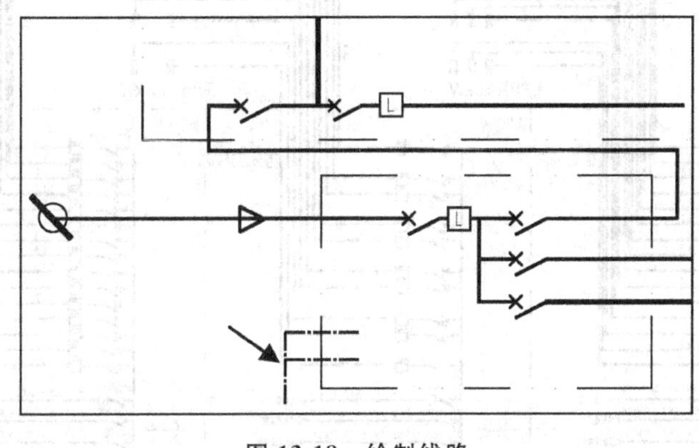

图 13-18 绘制线路

(25) 将【电气元件】图层置为当前图层。

(26) 在系统图中选择【接地符号】图形,移动复制至线路端点。

(27) 绘制端子。调用 C【圆】命令,绘制半径为 80 的圆形表示端子图形,结果如图 13-19 所示。

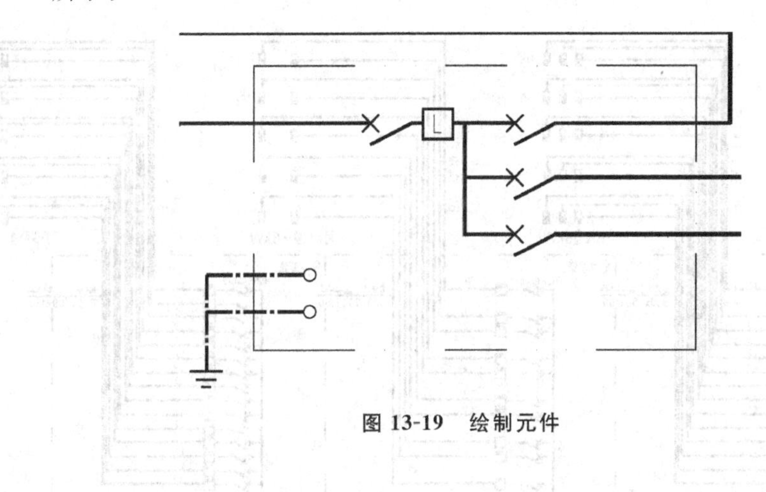

图 13-19 绘制元件

13.1.3 绘制标注

(1) 将【标注】图层置为当前图层。

(2) 调用 MT【多行文字】命令,为系统图绘制标注文字,结果如图 13-20 所示。

(3) 绘制图名标注。调用 PL【多段线】命令,修改宽度为 80,绘制粗实线;调用 L【直线】命令,绘制细实线。

(4) 调用 MT【多行文字】命令,绘制图名标注,结果如图 13-21 所示。

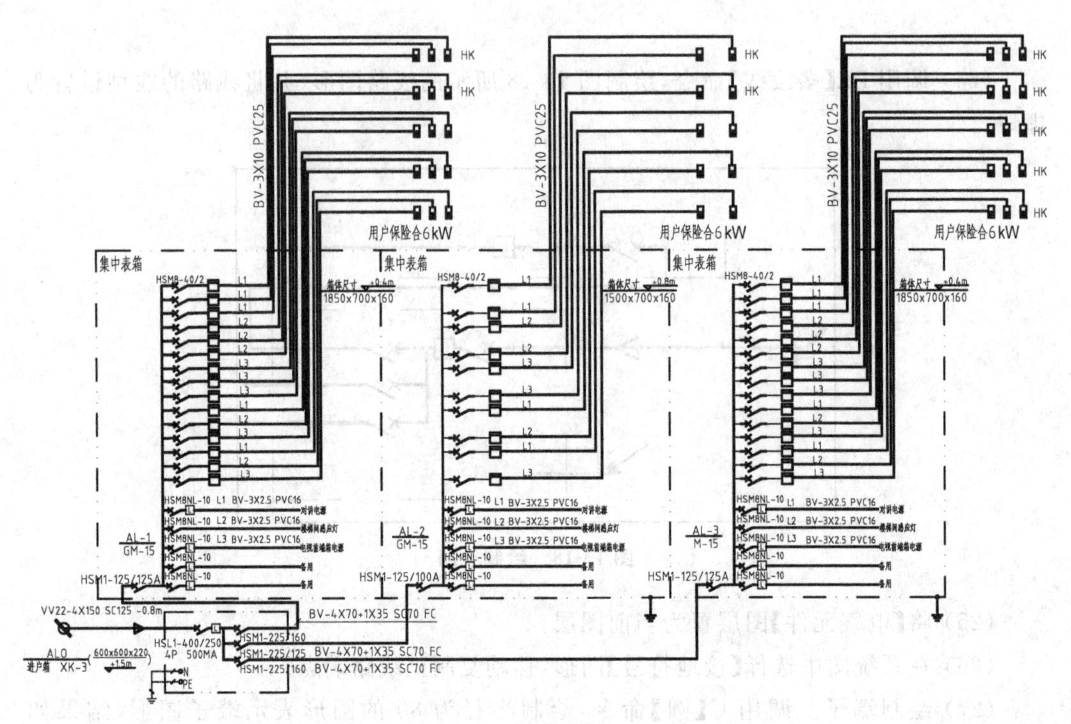

图 13-20　绘制标注文字

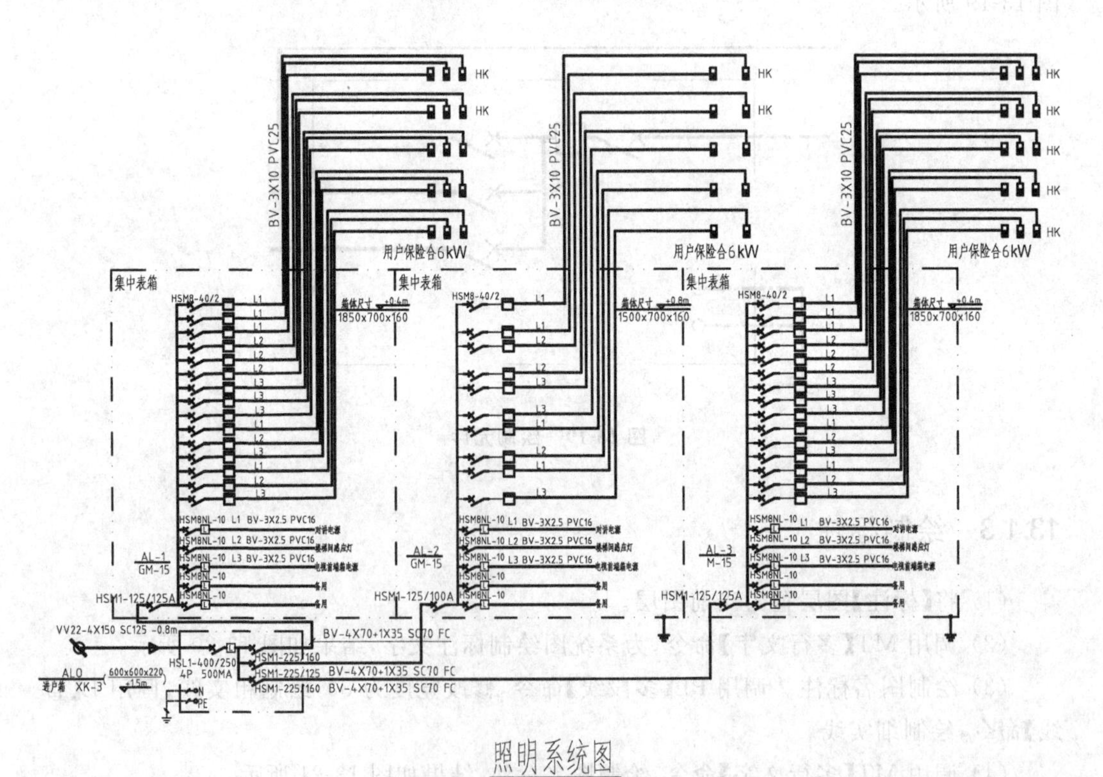

图 13-21　绘制图名标注

13.2 绘制电话、宽带系统图

电话系统属于通信网络系统的一部分，通信系统是在建筑物内传输语音、数据、图像且与外部网络（如公用电话网、综合业务数字网、因特网、数据通信网络和卫星通信网等）相连接的系统。

宽带系统属于信息网络系统的一部分，信息网络系统是应用计算机技术、通信技术、多媒体技术、信息安全技术和行为科学等，由相关设备构成，用以实现信息传递、信息处理、信息共享，并在此基础上开展各种业务的系统，主要包括计算机网络、应用软件及网络安全等。

电话系统与宽带系统都属于弱电系统，因此在这里将其系统图合在一起绘制，称为电话、宽带系统图，绘制结果如图13-22所示。

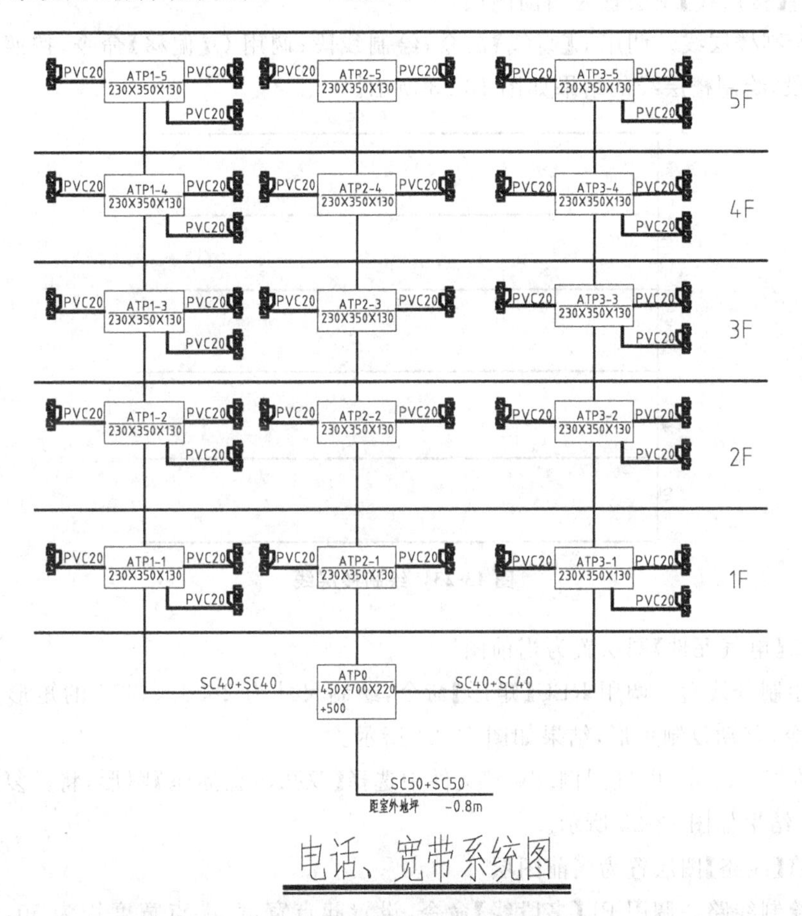

图13-22 电话、宽带系统图

系统图表现了弱电插座与箱柜设备的布置情况、线路与弱电设备的连接情况，通过识读系统图，可以了解住宅楼弱电系统的设计情况。

本节介绍绘制弱电系统图的操作步骤。

13.2.1 设置绘图环境

(1) 新建文件。打开 AutoCAD 应用程序，按下 Ctrl＋N 组合键，在调出的【选择样板】对话框中选择【acadiso】图形样板，单击【打开】按钮新建一个空白图形文件。

(2) 保存文件。按下 Ctrl＋S 组合键，在【图形另存为】对话框中设置文件名称为“电话、宽带系统图”。

(3) 创建图层。调用 LA【图层特性】命令，在【图层特性管理器】对话框中分别创建【标注】(绿色)图层、【电气元件】(青色)图层、【楼层线】(黄色)图层和【线路】(白色)图层。

13.2.2 绘制系统图

(1) 将【楼层线】图层置为当前图层。

(2) 绘制楼层线。调用 L【直线】命令，绘制线段；调用 O【偏移】命令，按照给出的距离偏移线段，绘制楼层线的结果如图 13-23 所示。

图 13-23 绘制楼层线

(3) 将【电气元件】图层置为当前图层。

(4) 绘制分线盒。调用 REC【矩形】命令，绘制尺寸为 2838×1455 的矩形；调用 CO【复制】命令，移动复制矩形，结果如图 13-24 所示。

(5) 在“第 14 章/电气图例. dwg”文件中选择【双孔信息插座】图形，将其复制粘贴至系统图中，结果如图 13-25 所示。

(6) 将【线路】图层置为当前图层。

(7) 绘制线路。调用 PL【多段线】命令，设置起点宽度、端点宽度均为 50，分别指定多段线的起点和端点，绘制图 13-26 所示的连接线路。

(8) 按下 Enter 键重复调用 PL【多段线】命令，输入 W，选择【线宽】选项，修改线宽为 30，绘制插座之间的连接线路，结果如图 13-27 所示。

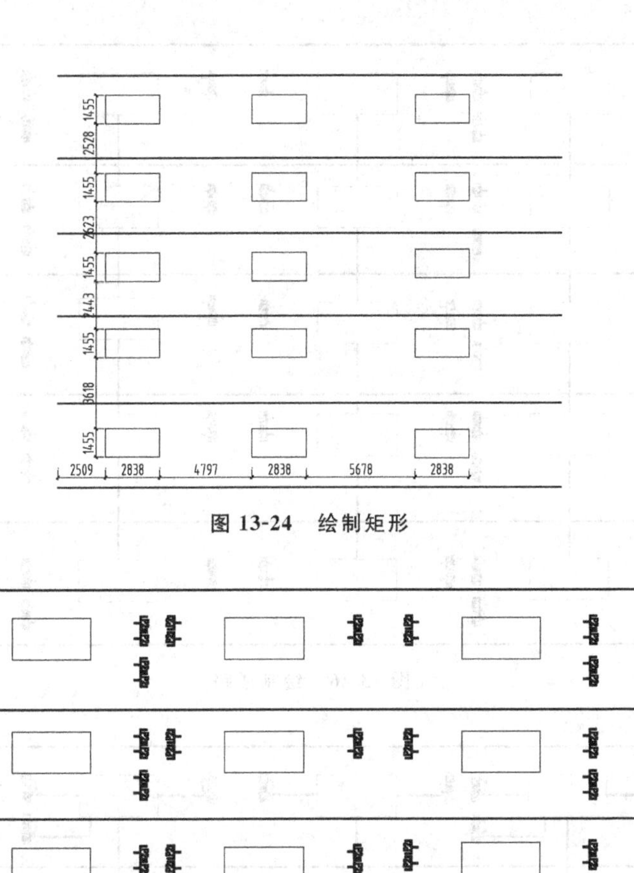

图 13-24 绘制矩形

图 13-25 调入双孔信息插座

(9) 将【电气元件】图层置为当前图层。

(10) 绘制总分线盒。调用 REC【矩形】命令,绘制尺寸为 2838×1900 的矩形,结果如图 13-28 所示。

(11) 将【线路】图层置为当前图层。

(12) 绘制线路。调用 PL【多段线】命令,设置线宽 50,绘制如图 13-29 所示的连接线路。

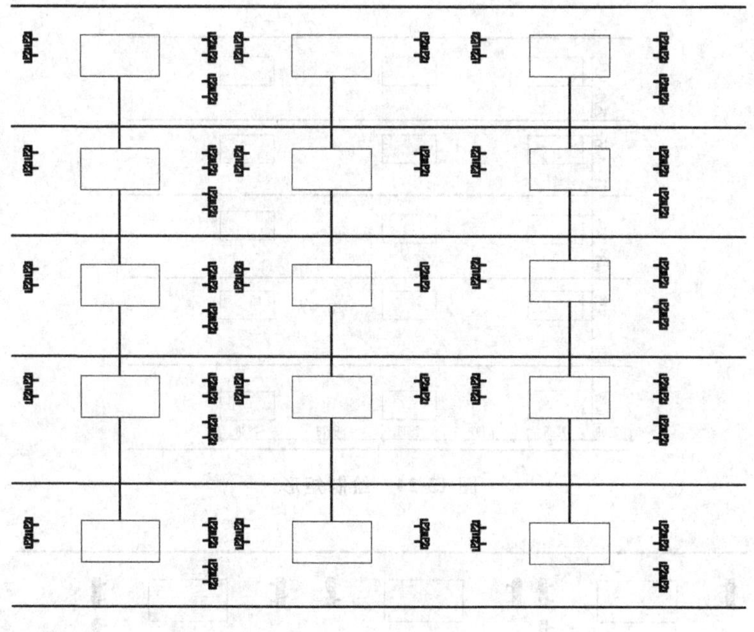

图 13-26　绘制线路

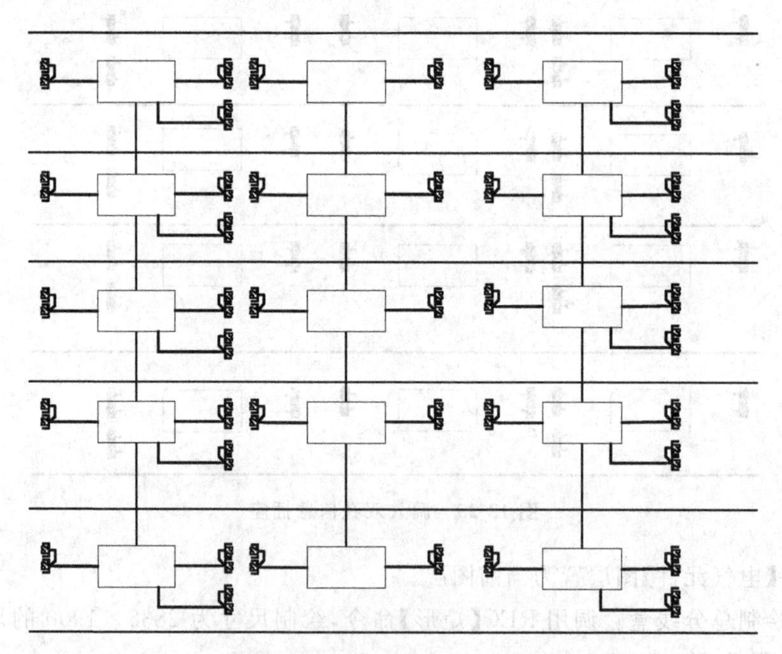

图 13-27　绘制结果

13.2.3　绘制标注

(1) 将【标注】图层置为当前图层。

(2) 调用 MT【多行文字】命令，绘制标注文字，如图 13-30 所示。

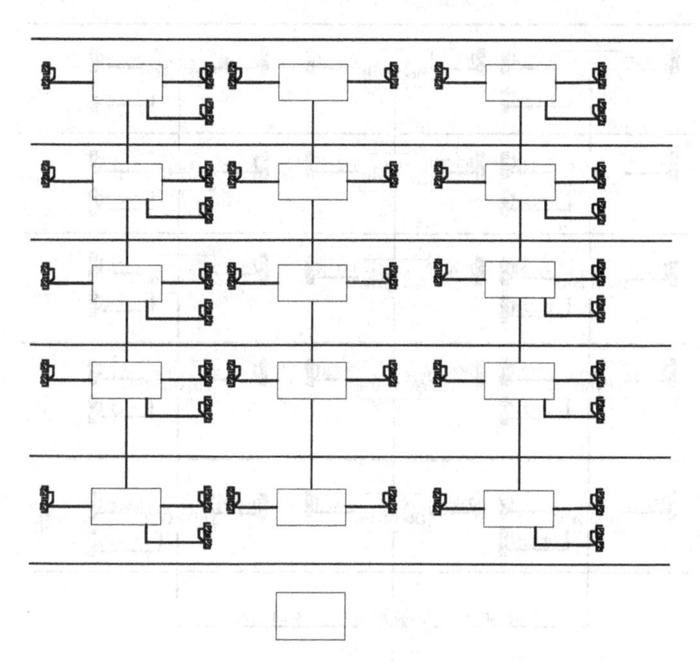

图 13-28 绘制总分线盒

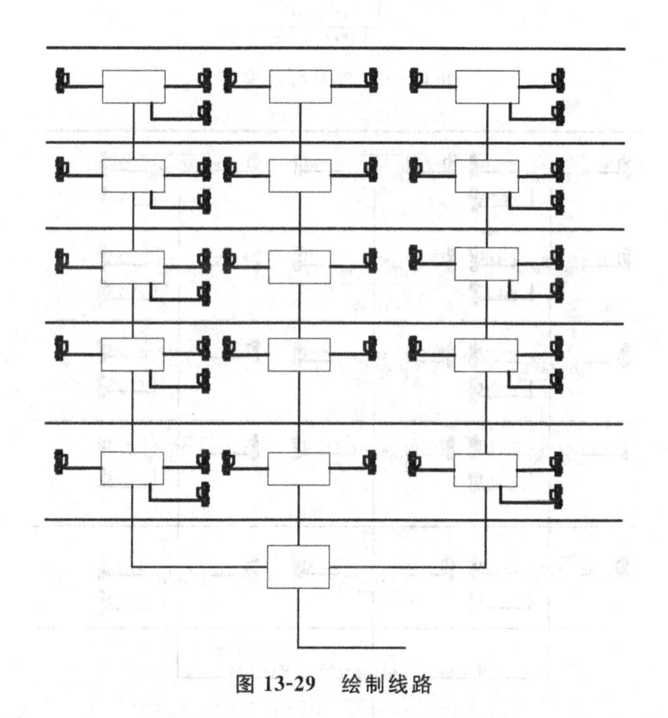

图 13-29 绘制线路

(3) 绘制图名标注。调用 PL【多段线】命令，修改宽度为 80，绘制粗实线；调用 L【直线】命令，绘制细实线。

(4) 调用 MT【多行文字】命令，绘制图名标注，结果如图 13-31 所示。

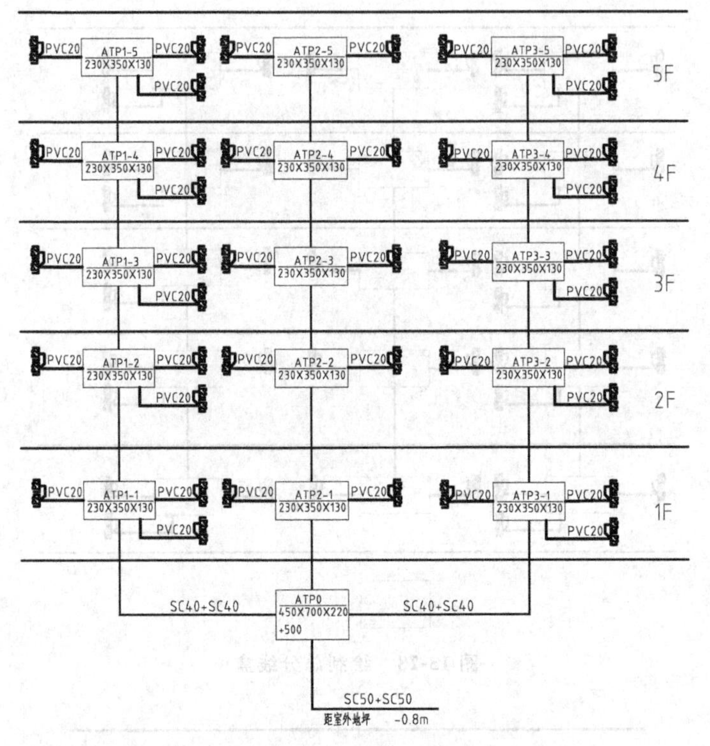

图 13-30　绘制标注文字

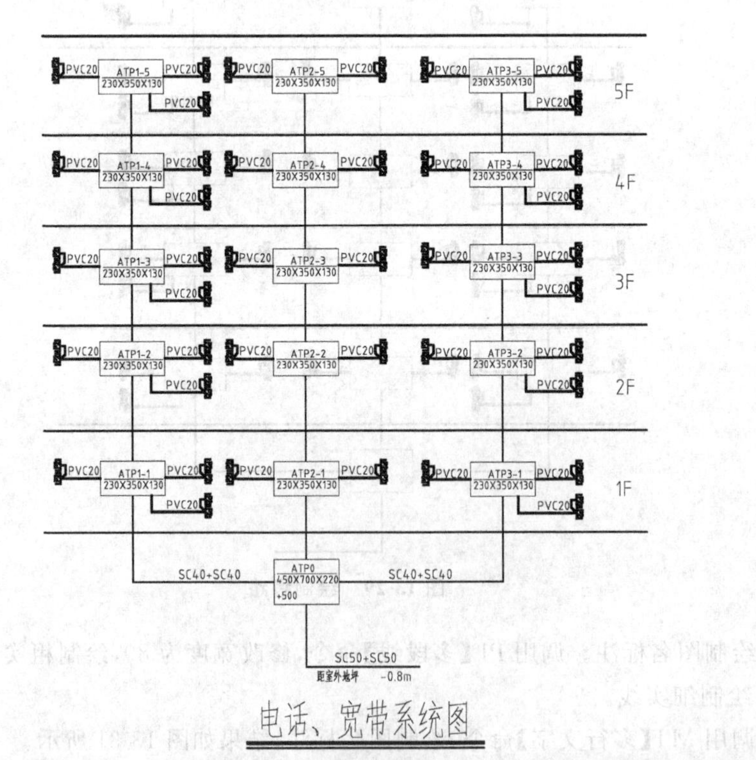

图 13-31　绘制图名标注

13.3 绘制有线电视系统图

公共天线将接收来的电视信号先经过处理(如放大、混合、频道变换等),然后由专用部件将信号合理地分配给各电视接收机。由于系统各部件之间采用了大量的同轴电缆作为信号传输线,因此称为电缆电视系统,即目前城市正在快速发展的有线电视。

如图 13-32 所示为有线电视系统图的绘制结果,通过绘制线路连接分支器、天线、分配器,通过识读可以大致了解住宅楼有线电视系统的设置情况。

本节介绍有线电视系统图的绘制步骤。

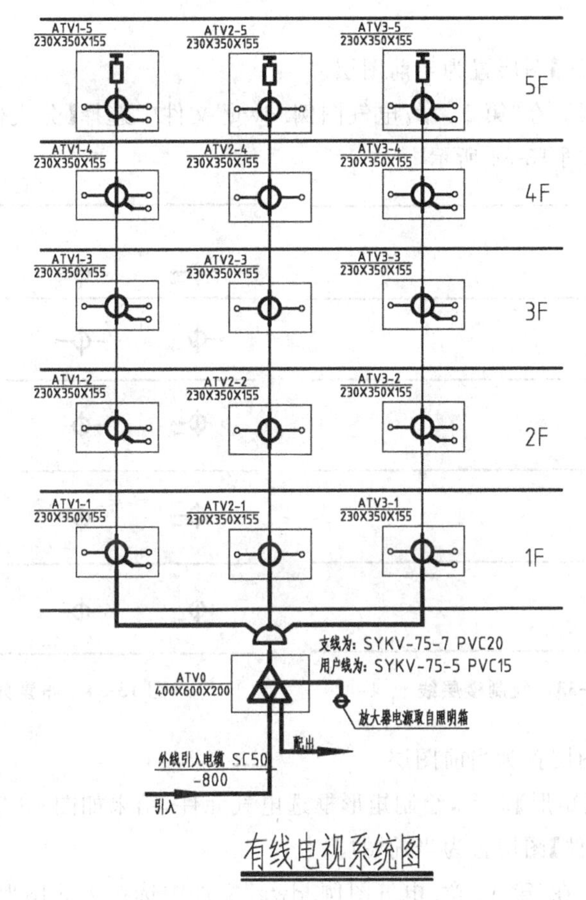

图 13-32 有线电视系统图

13.3.1 设置绘图环境

(1) 新建文件。打开 AutoCAD 应用程序,按下 Ctrl+N 组合键,在调出的【选择样板】对话框中选择【acadiso】图形样板,单击【打开】按钮新建一个空白图形文件。

(2) 保存文件。按下 Ctrl+S 组合键,在【图形另存为】对话框中设置文件名称为【有线电视系统图】。

(3) 创建图层。调用 LA【图层特性】命令,在【图层特性管理器】对话框中分别创建【标注】(绿色)图层、【电气元件】(青色)图层、【楼层线】(黄色)图层、【线路】(白色)图层、【线框】(灰色)图层。

13.3.2 绘制系统图

(1) 将【楼层线】图层置为当前图层。

(2) 绘制楼层线。调用 L【直线】命令、O【偏移】命令,绘制并偏移楼层线,结果如图 13-33 所示。

(3) 将【电气元件】图层置为当前图层。

(4) 布置分支器。在"第 14 章/电气图例. dwg"文件中选择【分支器】图形,将其复制粘贴至系统图中,如图 13-34 所示。

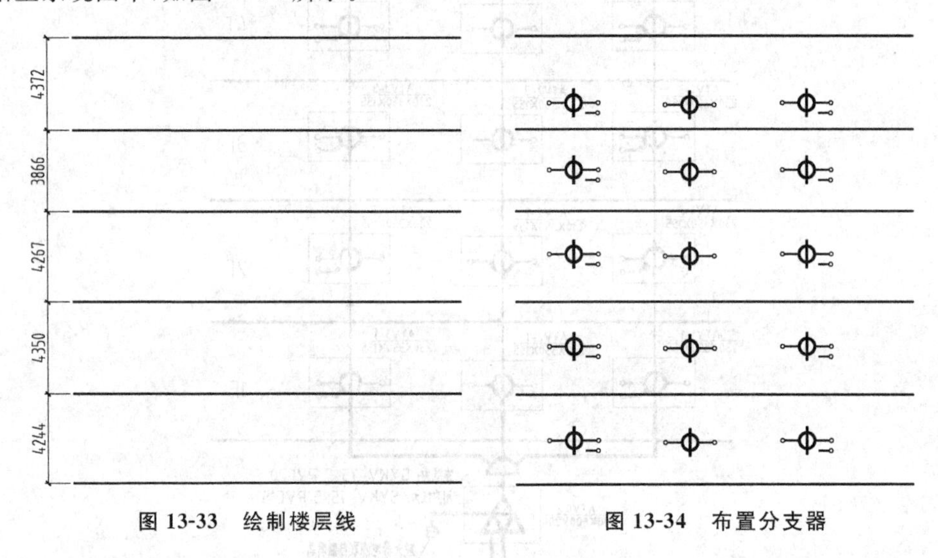

图 13-33 绘制楼层线　　图 13-34 布置分支器

(5) 将【线框】图层置为当前图层。

(6) 调用 REC【矩形】命令,绘制矩形框选电气元件,结果如图 13-35 所示。

(7) 将【电气元件】图层置为当前图层。

(8) 布置天线。在"第 14 章/电气图例. dwg"文件中选择天线图形,将其复制粘贴至系统图中,如图 13-36 所示。

(9) 将【线路】图层置为当前图层。

(10) 绘制线路。调用 PL【多段线】命令,设置起点宽度、端点宽度均为 50,分别指定多段线的起点和端点,绘制线路,结果如图 13-37 所示。

(11) 重复调用 PL【多段线】命令,修改线宽为 30,绘制线路连接分支器、天线图形,如图 13-38 所示。

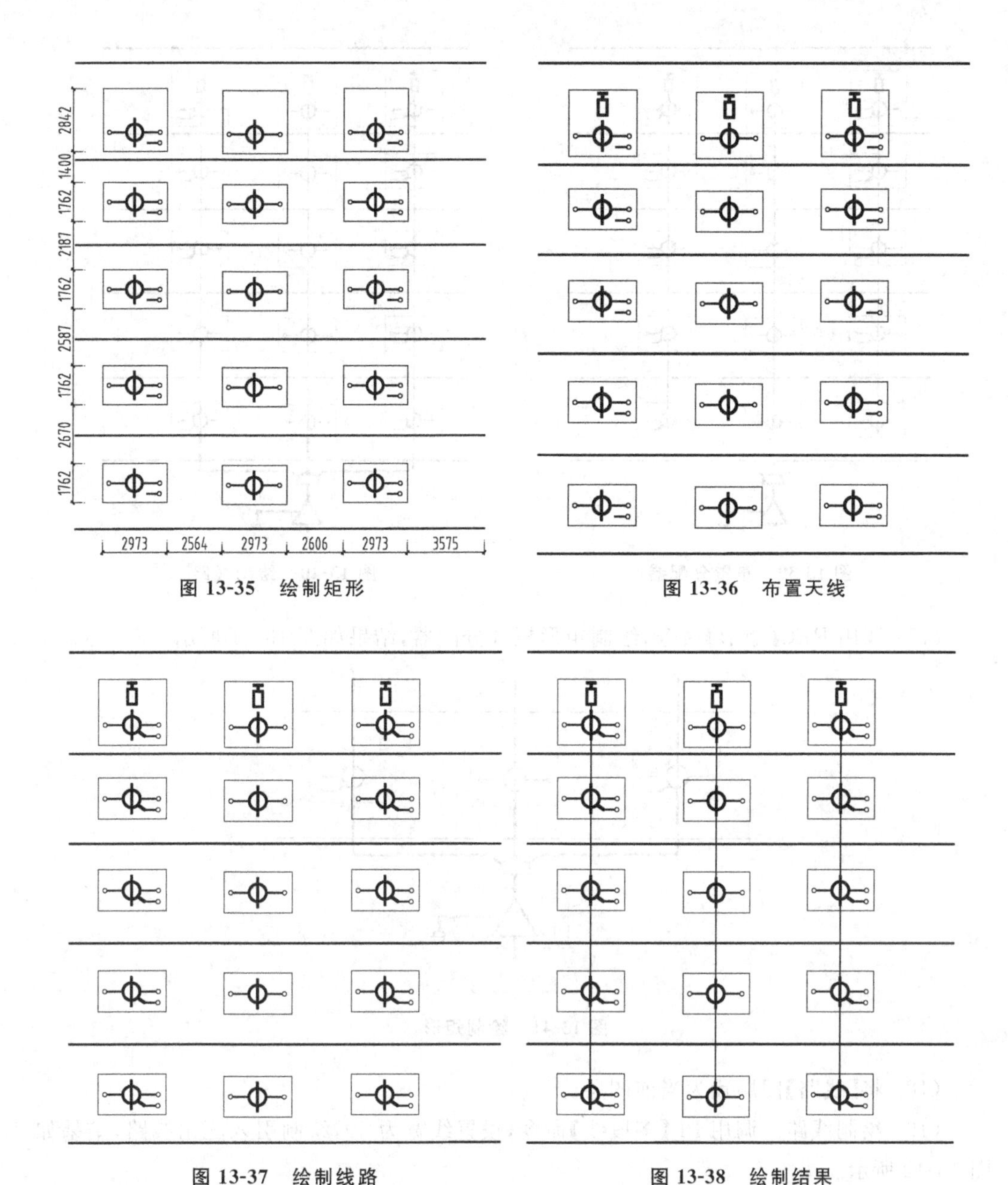

图 13-35 绘制矩形

图 13-36 布置天线

图 13-37 绘制线路

图 13-38 绘制结果

(12) 将【电气元件】图层置为当前图层。

(13) 布置分配器。在“第 14 章/电气图例.dwg”文件中选择分配器图形，将其复制粘贴至系统图中，如图 13-39 所示。

(14) 将【线路】图层置为当前图层。

(15) 绘制线路。调用 PL【多段线】命令，设置线宽为 50，绘制如图 13-40 所示的线路连接分配器。

(16) 将【线框】图层置为当前图层。

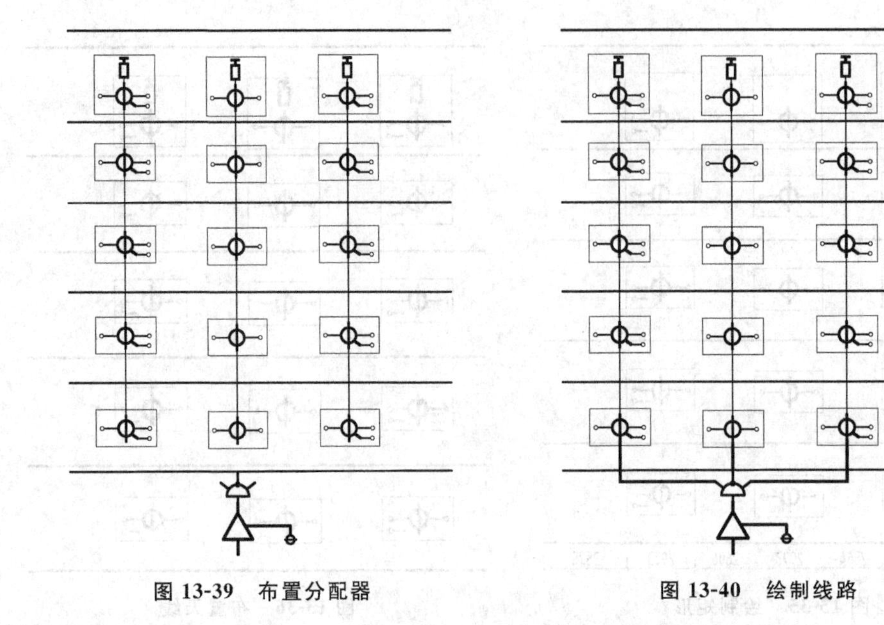

图 13-39 布置分配器　　　　图 13-40 绘制线路

(17) 调用 REC【矩形】命令，绘制矩形框选分配器，结果如图 13-41 所示。

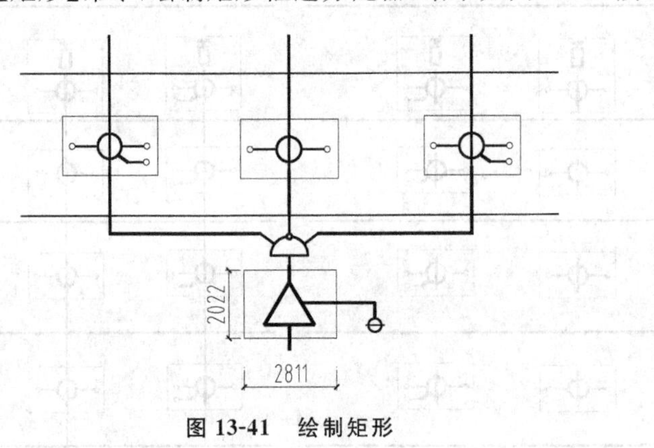

图 13-41 绘制矩形

(18) 将【线路】图层置为当前图层。

(19) 绘制线路。调用 PL【多段线】命令，设置线宽为 50，绘制引入配出线路，结果如图 13-42 所示。

(20) 绘制指示箭头。调用 PL【多段线】命令，设置起点宽度为 300，端点宽度为 0，绘制图 13-43 所示的指示箭头。

13.3.3 绘制标注

(1) 将【标注】图层置为当前图层。

(2) 调用 MT【多行文字】命令，绘制元件及线路的标注文字，结果如图 13-44 所示。

(3) 绘制图名标注。调用 PL【多段线】命令，修改宽度为 80，绘制粗实线；调用 L【直线】命令，绘制细实线。

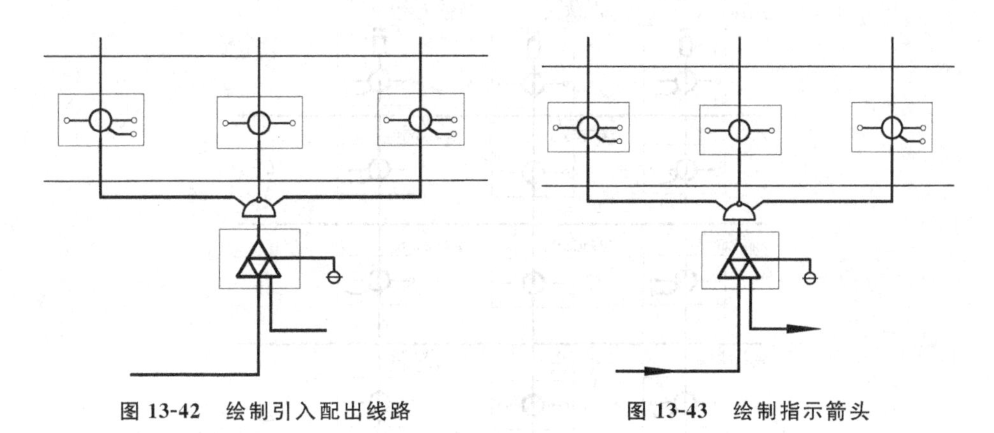

图 13-42　绘制引入配出线路

图 13-43　绘制指示箭头

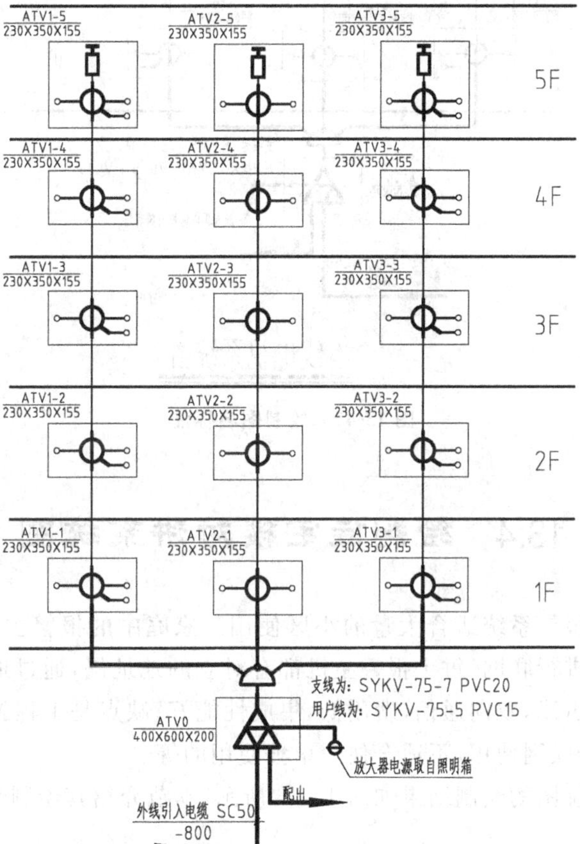

图 13-44　绘制标注文字

（4）调用 MT【多行文字】命令，绘制图名标注，结果如图 13-45 所示。

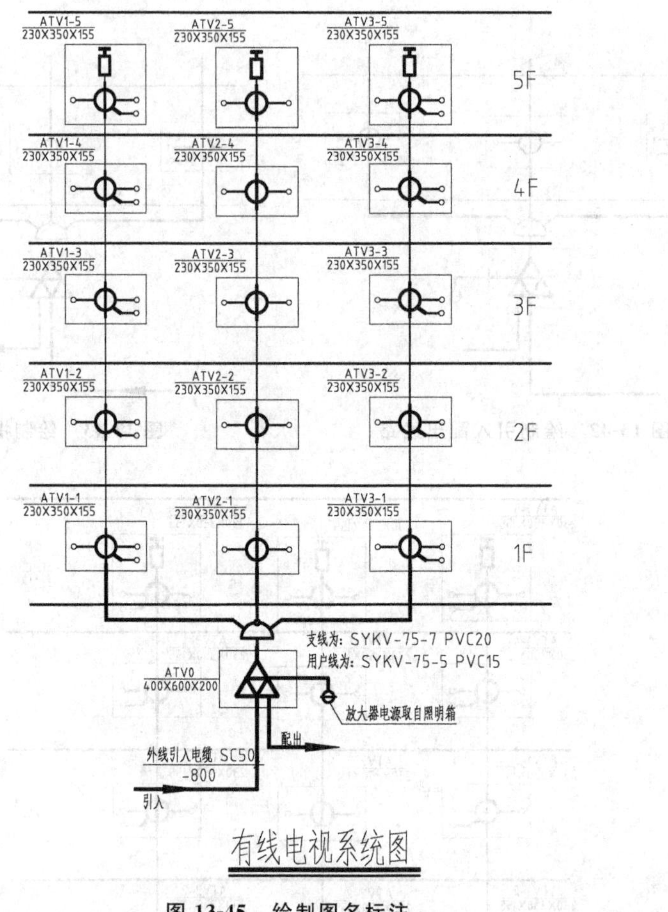

图 13-45 绘制图名标注

13.4 绘制住宅楼对讲系统图

总线制联网的报警系统适合大量的小区使用。家庭中的报警主机与管理中心之间通过专门的数据线进行联网，每个报警主机都有对立的地址码，通过地址码来识别警情。优点是中心基本不占线，双向通信，费用低，集成性能好；缺点是工程施工要求高，没有语音通信功能，只适合联网使用，不适合住户单独使用的等。

住宅楼对讲系统图的绘制结果如图 13-46 所示，本节介绍其绘制步骤。

13.4.1 设置绘图环境

(1) 新建文件。打开 AutoCAD 应用程序，按下 Ctrl＋N 组合键，在调出的【选择样板】对话框中选择【acadiso】图形样板，单击【打开】按钮新建一个空白图形文件。

(2) 保存文件。按下 Ctrl＋S 组合键，在【图形另存为】对话框中设置文件名称为【对讲机管线示意图】。

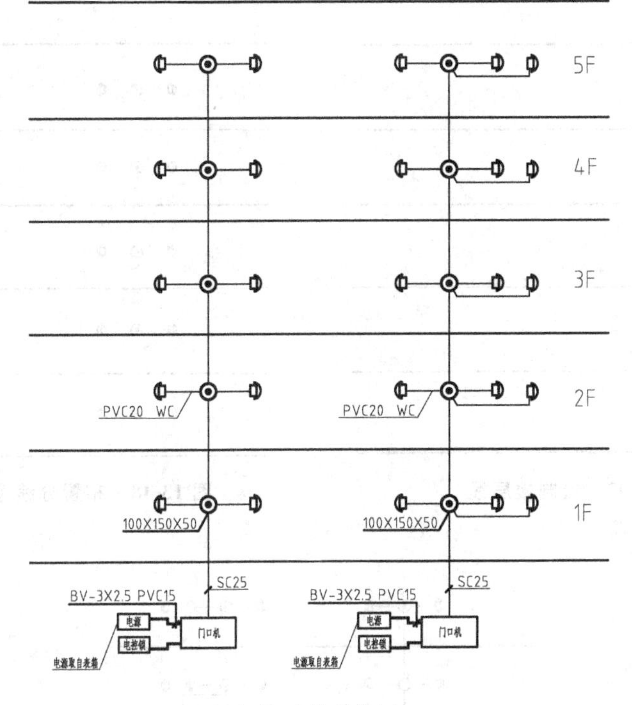

图 13-46 对讲机系统图

(3) 创建图层。调用 LA【图层特性】命令，在【图层特性管理器】对话框中分别创建【标注】(绿色)图层、【电气元件】(青色)图层、【楼层线】(黄色)图层、【线路】(白色)图层。

13.4.2 绘制系统图

(1) 将【楼层线】图层置为当前图层。

(2) 绘制楼层线。调用 L【直线】命令，绘制水平线；调用 O【偏移】命令，偏移线段以完成楼层线的绘制，结果如图 13-47 所示。

(3) 将【电气元件】图层置为当前图层。

(4) 布置分线盒及对讲机。在“第 14 章/电气图例.dwg”文件中选择【分线盒】及【对讲机】图形，将其复制粘贴至系统图中，如图 13-48 所示。

(5) 将【线路】图层置为当前图层。

(6) 绘制线路。调用 PL【多段线】命令，设置起点、端点宽度均为 30，分别指定多段线的起点和端点，绘制如图 13-49 所示的连接线路。

(7) 将【电气元件】图层置为当前图层。

(8) 调用 REC【矩形】命令，绘制矩形来表示门口机、电控锁等图形，结果如图 13-50 所示。

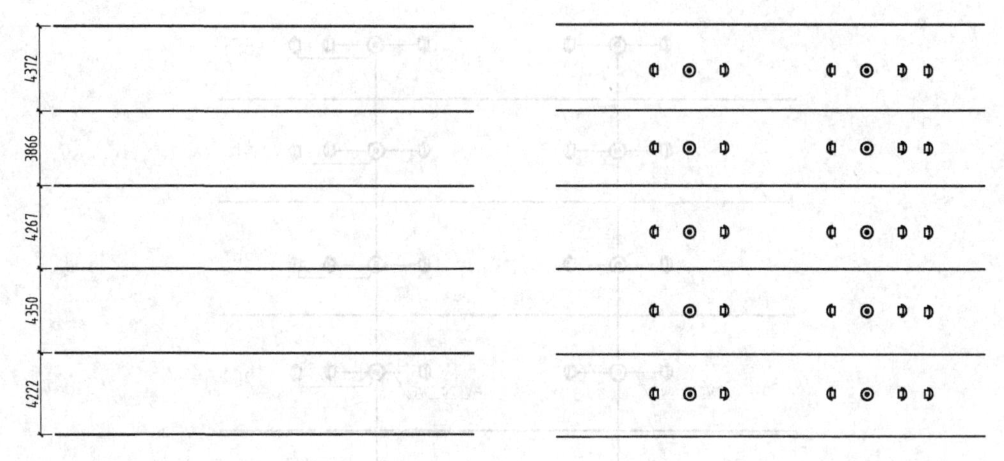

图 13-47 绘制楼层线　　　　图 13-48 布置分线盒及对讲机

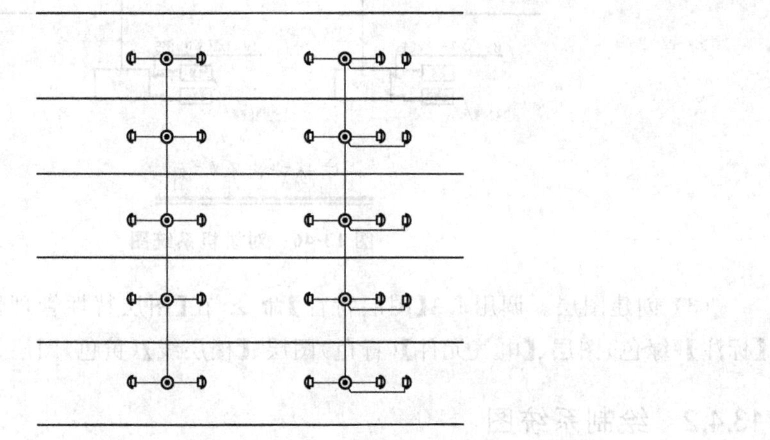

图 13-49 绘制线路

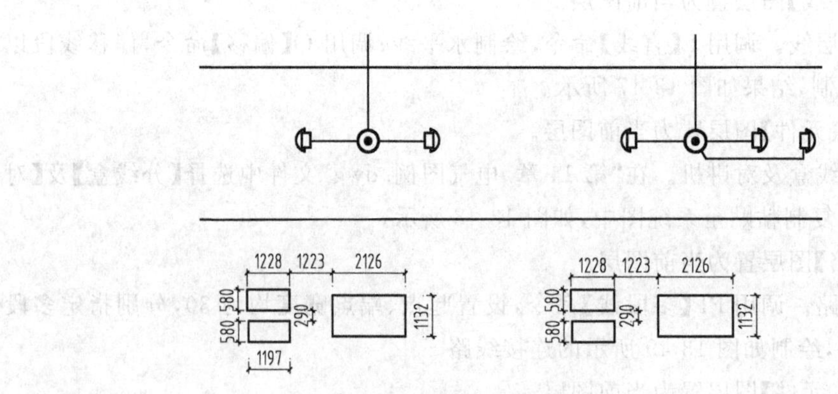

图 13-50 绘制矩形

(9) 将【线路】图层置为当前图层。

(10) 调用 PL【多段线】命令，绘制线路来连接矩形，结果如图 13-51 所示。

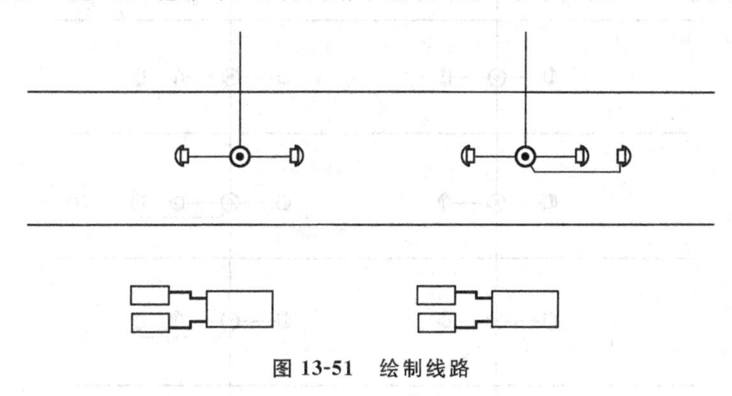

图 13-51 绘制线路

(11) 调用 EX【延伸】命令，延伸线路使其与矩形相连，结果如图 13-52 所示。

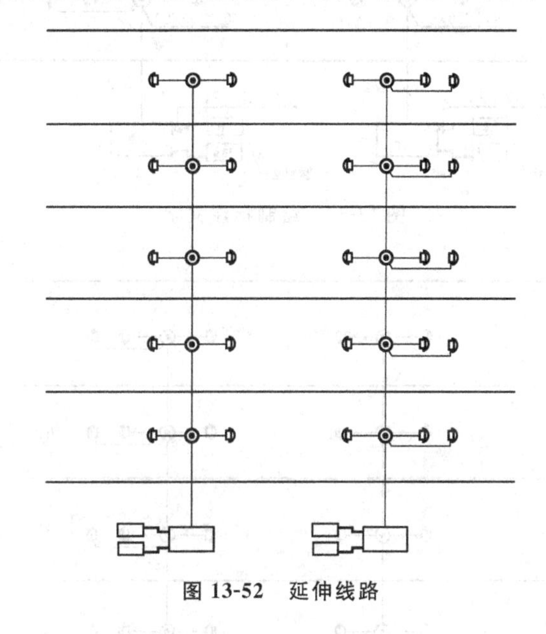

图 13-52 延伸线路

13.4.3 绘制标注

(1) 将【标注】图层置为当前图层。

(2) 调用 MT【多行文字】命令、L【直线】命令，绘制引线及标注文字，结果如图 13-53 所示。

(3) 绘制图名标注。调用 PL【多段线】命令，修改宽度为 80，绘制粗实线；调用 L【直线】命令，绘制细实线。

(4) 调用 MT【多行文字】命令，绘制图名标注的结果如图 13-54 所示。

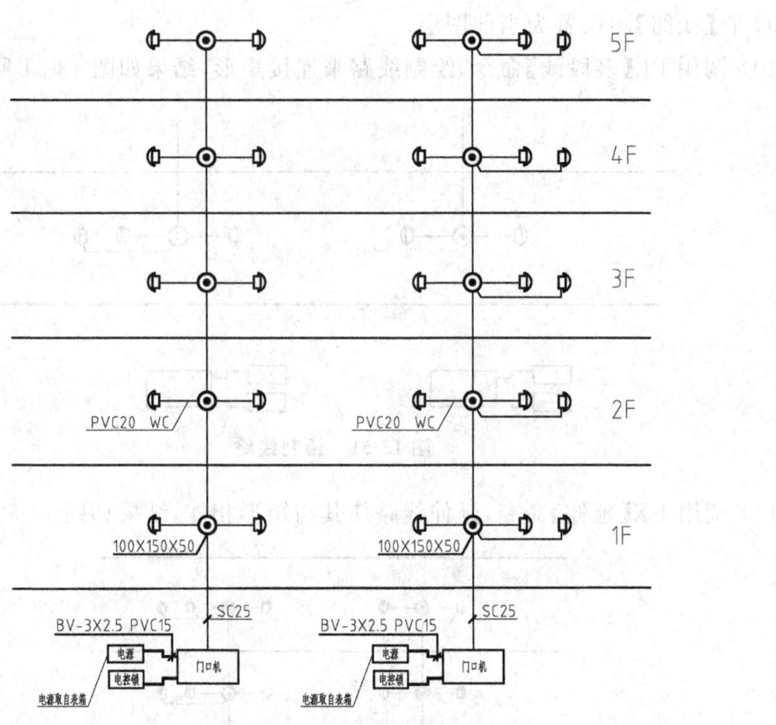

图 13-53　绘制标注文字

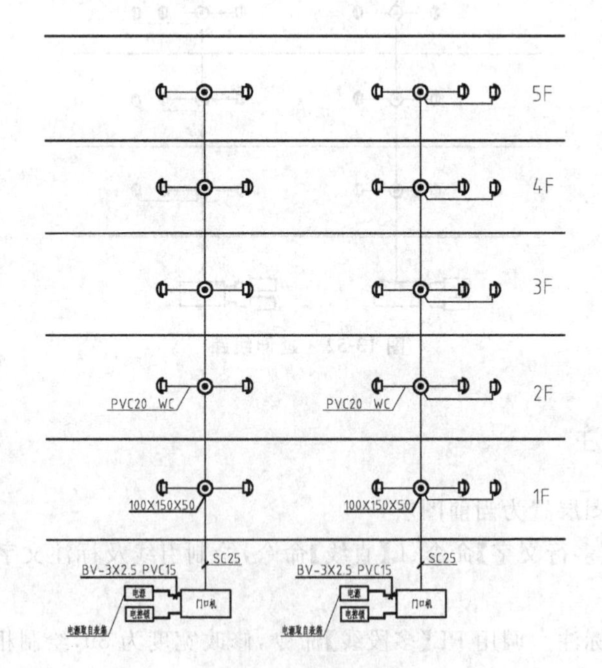

图 13-54　绘制图名标注